ANSI/AISC 360-10

美国建筑钢结构设计规范

Specification for Structural Steel Buildings

美国钢结构协会(AISC)　编
中国钢结构协会(CSCS)　译

北京
冶金工业出版社
2016

图书在版编目(CIP)数据

美国建筑钢结构设计规范 = Specification for Structural Steel Buildings (ANSI/AISC 360-10)/美国钢结构协会(AISC)编;中国钢结构协会(CSCS)译. —北京：冶金工业出版社，2016. 10
ISBN 978-7-5024-7390-7

Ⅰ. ①美…　Ⅱ. ①美…　②中…　Ⅲ. ①建筑结构—钢结构—设计规范—美国　Ⅳ. ①TU391. 04 - 65

中国版本图书馆 CIP 数据核字(2016) 第 244353 号

出 版 人　谭学余
地　　址　北京市东城区嵩祝院北巷 39 号　邮编　100009　电话　(010)64027926
网　　址　www. cnmip. com. cn　电子信箱　yjcbs@ cnmip. com. cn
责任编辑　张登科　夏小雪　于昕蕾　美术编辑　彭子赫　版式设计　彭子赫
责任校对　王永欣　责任印制　牛晓波
ISBN 978-7-5024-7390-7
冶金工业出版社出版发行；各地新华书店经销；北京建宏印刷有限公司印刷
2016 年 10 月第 1 版，2016 年 10 月第 1 次印刷
169mm × 239mm；36. 25 印张；707 千字；541 页
130. 00 元
冶金工业出版社　投稿电话　(010)64027932　投稿信箱　tougao@ cnmip. com. cn
冶金工业出版社营销中心　电话　(010)64044283　传真　(010)64027893
冶金书店　地址　北京市东四西大街 46 号(100010)　电话　(010)65289081(兼传真)
冶金工业出版社天猫旗舰店　yjgycbs. tmall. com
（本书如有印装质量问题，本社营销中心负责退换）

《美国建筑钢结构设计规范》
译审委员会

主任委员 聂建国　岳清瑞

委　　员 （按姓氏笔画为序）

石永久　田　睿　朱兴然　刘　毅

刘洪亮　李志明　李国强　李帼昌

张　伟[①]　张　伟[②]　吴耀华　陈国栋

周观根　郁银泉　贺明玄

总 译 审 李志明

译　　审 （按姓氏笔画为序）

石永久　李国强　李帼昌　吴耀华

郁银泉　贺明玄　聂建国　蔡益燕

责任编译 侯兆新　李　宁　戴长河

---

① 单位：上海绿地建设（集团）有限公司。

② 单位：巴特勒（上海）有限公司。

参 译 单 位

国家钢结构工程技术研究中心

中冶建筑研究总院有限公司

宝钢钢构有限公司

上海宝冶集团有限公司

云南昆钢钢构股份有限公司

浙江东南网架股份有限公司

多维联合集团有限公司

上海绿地建设（集团）有限公司

浙江精工钢结构集团有限公司

巴特勒（上海）有限公司

译 本 前 言

本书是美国国家标准《建筑钢结构设计规范》[Specification for Structural Steel Buildings(ANSI/AISC 360-10)]2010年版译本，中文译名定为《美国建筑钢结构设计规范》。

当前，我国正在经历一场深刻的经济社会发展转型过程，已经步入了全面建设小康社会、加快推进社会主义现代化发展的新阶段。“走出去”战略是改革开放以来中国经济社会发展到这一阶段的必然选择。及时掌握国外规范、标准的最新动态，借鉴其先进的理念和思路，找到与世界发达国家的差距，提升中国规范、标准在经济全球化中的国际竞争力，是实现“走出去”战略的重要组成部分。为了充分发挥行业协会的技术引领优势，搭建规范、标准制定平台，为实现“走出去”战略提供强有力的服务和支持，中国钢结构协会在得到美国钢结构协会授权后，组织了对美国国家标准《建筑钢结构设计规范》2010年版本的翻译，并委托冶金工业出版社公开出版发行，以供读者借鉴和参考。

美国国家标准《建筑钢结构设计规范》(ANSI/AISC 360-10)是由世界上最具权威的钢结构协会之一美国钢结构协会(AISC)批准颁发的一部“获得共识的标准(Consensus Standards)”，在钢结构设计领域享有盛名，并在国际上得到了广泛的应用，为钢结构设计、加工制作及安装等方面提供了及时可靠的技术信息和服务，已成为钢结构业界公认的权威规范。

美国钢结构协会(AISC)自1923年制定了第一本以容许应力法(Allowable Stress Design, ASD)为设计原则的钢结构设计规范后，历经多次修改，于1989年出版了最后一版ASD设计规范。1986年，美国钢结构协会(AISC)的规范委员会(COS)首次推出了第一版《荷载和抗力分项系数设计规范》(AISC,Load and Resistance Factor Design Specification for Structural Steel Buildings),此后在1991年和1993年对LRFD设计规范做了不断的改版,并于1999年12月27日发布了第三版LRFD设计规范。在充分考虑美国工程界的现状和实际需求的基础上,美国钢结构协会(AISC)决定着手制订新一版的钢结构设计规范,新版规范将是一部同时融合ASD与LRFD两种设计理念的统一的设计规范。2005年4月,美国钢结构协会(AISC)编制的《建筑钢结构设计规范》2005版本正式亮相,并经美国国家标准学会(ANSI)技术委员会审核,提升为美国国家标准并冠以ANSI标准号及分类号,即以《建筑钢结构设计规范》(ANSI/AISC 360-05)的形式正式发布和出版。至此,美国钢结构协会(AISC)每隔五年即对其制定的标准和规范进行更新和修订,并于2010年6月发布了2010版《建筑钢结构设计规范》(ANSI/AISC 360-10)[Specification for Structural Steel Buildings(ANSI/AISC 360-10)]。

美国国家标准《建筑钢结构设计规范》(ANSI/AISC 360-10)适合钢结构工程设计、加工制作、施工安装相关的工程师和技术人员使用,可供我国相关规范的编制人员、钢结构技术研发人员和高校相关专业的大学生及研究生参考,特别是对参与国外设计施工一体化(DB)项目和海外工程总承包(EPC)项目的人员,具有较强的实用价值。

本规范的中译本由李志明总译审,聂建国、李国强、石永久、吴耀华、贺明玄、李帼昌、郁银泉、蔡益燕译审(校勘),在此一并向他们表示诚挚的谢意。

我们虽然做了很多工作以完善这一译本,但由于水平所限,仍恐有许多力所不及之处,若有漏误和不妥之处,恳请读者和各方面专家不吝批评指教,以期改进和厘正。

中国钢结构协会

2016年9月

AISC © 2010 版权声明

本设计规范中所涉及的相关信息，其编制原则基本上都是根据公认的工程原理，并且本规范仅提供一般通用性的相关信息内容。虽然已经提供了这些精确的信息，但是，在未经许可的专业工程师、设计人员或建筑师对这些信息的准确性、适用性和应用范围进行专业判断和验证的情况下，不得任意使用或应用于特定的具体项目中。本设计规范中所包含的相关信息，不能作为美国钢结构协会及本规范所涉及的任何个人在将这些信息资料用于任何一般性的或特定用途时侵犯任何专利权益时的陈述或者担保。使用这些信息资料的任何人，则应承担由此而产生的全部责任。

当使用其他机构制订的并在本规范中加以引用的规范和标准时，必须予以特别的谨慎，因为这些规范和标准在本版设计规范付印后随时可能会进行修订或增补。针对这些规范和标准的内容有别于在本版设计规范初步出版发行时所引用内容的情况，本协会不承担由此引起的任何责任。

在美国印刷发行

第二次印刷：2012 年 2 月

第三次印刷：2013 年 2 月

第四次印刷：2015 年 2 月

原 版 序 言

（本序言不是 ANSI/AISC 360-10《建筑钢结构设计规范》
的组成部分，仅供参考）

本规范是根据以往实际应用的成功案例、最新的研究进展以及在设计实践中出现的变化而进行编制的。在美国钢结构协会制订的 2010 版《建筑钢结构设计规范》中，综合了容许应力设计法（ASD）和荷载与抗力分项系数设计法（LRFD）两种设计处理方法，并取代了早期的钢结构设计规范。按照本规范第 B 章的规定，钢结构设计可以按照 ASD 方法或者 LRFD 方法的相关规定进行。

本规范已经发展成为一种“获得共识的文件”（Consensus document），它提供了一种适用于钢框架房屋建筑及其他结构物设计的统一做法。本规范的目的是提供一种在常规钢结构建筑及其他结构物中所采用的设计标准，但不能作为针对某些非常规问题的特殊设计标准，这种设计标准适用于各种类型的结构设计。

本规范的发布，经过了一个具有广博经验和较高专业地位、在全美国地域分布上具有代表性的结构工程师委员会的审议，委员会对此达成了一致共识。该委员会的成员包括了私人企业及标准编制机构的代表，有从事科研和教育工作的人员，以及来自加工制作厂家和钢材生产公司的从业人员，各方的组成比例大致相当。在此，感谢分别在十个专业委员会协助工作的 50 多名专业志愿者所做出的贡献和协助。

本规范中的符号、术语及附录是本规范的一个不可分割的组成部分。在本规范中，针对规范的正文条款，提供了一份非强制性的条文说明，对规范条款的相关背景知识内容做了介绍，并且鼓励规范使用者查询相关内容。另外，在整篇规范中分布有非强制性的使用说明，在应用本规范相关规定时，可以为规范使用者提供简明的和实用的参考和指导。

在此要特别提醒规范使用者，正如同在本序言前面的免责声明中所述，采用本规范中的相关数据或建议时，必须对其进行相应的专业判断。

本规范得到了规范委员会的正式批准，该委员会的组成成员如下：

James M. Fisher，Chairman
Edward E. Garvin，Vice Chairman
Hansraj G. Ashar
William F. Baker
John M. Barsom
William D. Bast
Reidar Bjorhovde
Roger L. Brockenbrough
Gregory G. Deierlein
Bruce R. Ellingwood
Michael D. Engelhardt
Shu-Jin Fang
Steven J. Fenves
John W. Fisher
Theodore V. Galambos
R. Shankar Nair
Jack E. Petersen
Douglas A. Rees-Evans
Thomas A. Sabol
Louis F. Geschwindner
Lawrence G. Griffis
John L. Gross
Jerome F. Hajjar
Patrick M. Hassett
Tony C. Hazel
Mark V. Holland
Ronald J. Janowiak
Richard C. Kaehler
Lawrence A. Kloiber
Lawrence F. Kruth
Jay W. Larson
Roberto T. Leon
James O. Malley
Sanjeev R. Malushte
Raymond H. R. Tide
Chia-Ming Uang
Donald W. White
Cynthia J. Duncan，Secretary

规范委员会由衷地感谢各专业委员会的下列诸位成员和工作人员，

为制定本规范所做出的努力和贡献:

Allen Adams
Farid Alfawakhiri
Susan Burmeister
Bruce M. Butler
Charles J. Carter
Helen Chen
Bernard Cvijanovic
Robert Disque
Carol Drucker
W. Samuel Easterling
Duane Ellifritt
Marshall T. Ferrell
Christopher M. Foley
Steven Freed
Fernando Frias
Nancy Gavlin
Amanuel Gebremeskel
Rodney D. Gibble
Subhash Goel
Arvind Goverdhan
Kurt Gustafson
Tom Harrington
Todd Helwig
Richard Henige
Stephen Herlache
Steve Herth

Brent Leu
J. Walter Lewis
William Lindley
Stanley Lindsey
LeRoy Lutz
Bonnie Manley
Peter Marshall
Margaret Matthew
Curtis L. Mayes
William McGuire
Saul Mednick
James Milke
Heath Mitchell
Patrick Newman
Jeffrey Packer
Frederick Palmer
Dhiren Panda
Teoman Pekoz
Clarkson Pinkham
Thomas Poulos
Christopher Raebel
Thomas D. Reed
Clinton Rex
Benjamin Schafer
Thomas Schlafly
Monica Stockmann

Keith Hjelmstad
Nestor Iwankiw
William P. Jacobs, V
Matthew Johann
Daniel Kaufman
Keith Landwehr
Barbara Lane
Michael Lederle
Roberto Leon
Andres Lepage
James Swanson
Steven J. Thomas
Emile Troup
Brian Uy
Amit H. Varma
Sriramulu Vinnakota
Ralph Vosters
Robert Weber
Michael A. West
Ronald D. Ziemian

目　　录

符　　号

为了简洁起见，已对以下所列符号的定义做了简化。在所有情况下，均以本规范文本中给出的定义为准。对于无文字定义，在一处仅使用一次的符号，有时候则省略了对其的定义。在右侧的章节或表格号是指首次使用该符号的章节（或表格）的编号。

符号	定　义	章节号
A_{BM}	母材的横截面面积，in^2（mm^2）	J2. 4
A_b	螺栓或螺纹紧固件的无螺纹杆体的公称面积，in^2（mm^2）	J3. 6
A_{bi}	搭接支管的横截面面积，in^2（mm^2）	K2. 3
A_{bj}	被搭接支管的横截面面积，in^2（mm^2）	K2. 3
A_c	混凝土面积，in^2（mm^2）	I2. 1b
A_c	混凝土板的有效宽度内的面积，in^2（mm^2）	I3. 2d
A_e	有效净截面面积，in^2（mm^2）	D2
A_e	按折减的有效宽度 b_e 求得的有效截面面积之和，in^2（mm^2）	E7. 2
A_{fc}	受压翼缘的净截面面积，in^2（mm^2）	G3. 1
A_{fg}	受拉翼缘的毛截面面积，in^2（mm^2）	F13. 1
A_{fn}	受拉翼缘的净截面面积，in^2（mm^2）	F13. 1
A_{ft}	受拉翼缘的面积，in^2（mm^2）	G3. 1
A_g	构件的毛横截面面积，in^2（mm^2）	B3. 7
A_g	组合构件的毛截面面积，in^2（mm^2）	I2. 1
A_{gv}	受剪的毛截面面积，in^2（mm^2）	J4. 3
A_n	构件的净截面面积，in^2（mm^2）	B4. 3
A_n	直接连接的构件面积，in^2（mm^2）	表 D3-1
A_{nt}	受拉的净截面面积，in^2（mm^2）	J4. 3
A_{nv}	受剪的净截面面积，in^2（mm^2）	J4. 3
A_{pb}	承压的投影面积，in^2（mm^2）	J7
A_s	型钢横截面面积，in^2（mm^2）	I2. 1b
A_{sa}	钢抗剪栓钉的横截面面积，in^2（mm^2）	I8. 2a
A_{sf}	沿剪切失效路径上的面积，in^2（mm^2）	D5. 1

A_{sr} 连续纵向钢筋的面积，$in^2(mm^2)$ ……………………………… I2.1
A_{sr} 在混凝土板的有效宽度范围内，能充分发挥其强度的纵向钢筋面积，$in^2(mm^2)$ ……………………………… I3.2d
A_t 净受拉面积，$in^2(mm^2)$ ……………………………… App. 3.4
A_w 腹板面积，为全高乘以腹板厚度 d_{tw}，$in^2(mm^2)$ ……………………………… G2.1
A_{we} 焊缝的有效面积，$in^2(mm^2)$ ……………………………… J2.4
A_{wei} 第 i 条焊缝单元的焊喉有效面积，$in^2(mm^2)$ ……………………………… J2.4
A_1 受荷载作用的混凝土面积，$in^2(mm^2)$ ……………………………… I6.3a
A_1 在混凝土支座上，与混凝土支承面同心的钢柱的承压面积，$in^2(mm^2)$ ……………………………… J8
A_2 在阶梯形或斜坡形（放大脚）混凝土支座中，采用放大角求得的与承（压）载面积同心且几何形状相似的最大面积，$in^2(mm^2)$ ……………………………… J8
B 矩形钢管截面的外缘宽度，量测方向与接头平面成90°，in(mm) ……………………………… 表 D3-1
B 沿荷载传递面的矩形钢管的外缘宽度，in(mm) ……………………………… I6.3c
B_b 矩形支管构件的截面外缘宽度，量测方向与接头平面成90°，in(mm) ……………………………… K2.1
B_{bi} 搭接支管的外缘宽度，in(mm) ……………………………… K2.3
B_{bj} 被搭接支管的外缘宽度，in(mm) ……………………………… K2.3
B_p 钢板宽度，量测方向与接头平面成90°，in(mm) ……………………………… K1.1
B_1 考虑 P-δ 效应的因子 ……………………………… App. 8.2
B_2 考虑 P-Δ 效应的因子 ……………………………… App. 8.2
C 钢管扭转常数 ……………………………… H3.1
C_b 杆段受非均匀弯矩作用时的侧向扭转屈曲修正系数 ……………………………… F1
C_d 考虑在反弯点所增加的所需支撑刚度的系数 ……………………………… App. 6.3.1
C_f 根据疲劳类别的常数，见表 A-3-1 ……………………………… App. 3.3
C_m 考虑不均匀弯矩作用的系数 ……………………………… App. 8.2.1
C_p 在平屋盖中用于主要构件的积水柔度系数 ……………………………… App. 2.1
C_r 腹板侧向屈曲系数 ……………………………… J10.4
C_s 在平屋盖中用于次要构件的积水柔度系数 ……………………………… App. 2.1
C_v 腹板剪切系数 ……………………………… G2.1
C_w 翘曲常数，$in^6(mm^6)$ ……………………………… E4
C_2 边距增加值 ……………………………… 表 J3-5
D 圆钢管的外径，in(mm) ……………………………… 表 B4-1

D　圆主管构件的外径，in(mm) ……………………………… K2.1
D　静荷载标准值，kips(N) ……………………………… App.2.2
D_b　圆支管构件的外径，in(mm) ……………………………… K2.1
D_u　在摩擦型螺栓连接中，反映安装后螺栓的平均预拉力与规定的最小螺栓预拉力的因子 ……………………………… J3.8
E　钢材的弹性模量，取29000ksi(200000MPa) ……………… 表B4-1
E_c　混凝土弹性模量，取 $w_c^{1.5}\sqrt{f'_c}$，ksi($0.043w_c^{1.5}\sqrt{f'_c}$，MPa) …… I2.1b
$E_c(T)$　在高温条件下混凝土的弹性模量，ksi(MPa) ………… App.4.2.3.2
E_s　钢材弹性模量，取29000ksi(200000MPa) ……………… I2.1b
$E(T)$　在高温条件下钢材的弹性模量，ksi(MPa) ………… App.4.2.4.3
EI_{eff}　组合截面的有效刚度，kip·in^2(N·mm^2) ……………… I2.1b
F_c　有效应力值，ksi(MPa) ……………………………… K1.1
F_{ca}　计算点的有效轴向应力值，ksi(MPa) ……………………… H2
F_{cbw}，F_{cbz}　计算点的有效弯曲应力值，ksi(MPa) ……………………… H2
F_{cr}　临界应力值，ksi(MPa) ……………………………… E3
F_{cry}　绕 y 对称轴的临界应力值，ksi(MPa) ……………………… E4
F_{crz}　临界扭转屈曲应力值，ksi(MPa) ……………………… E4
F_e　弹性屈曲应力值，ksi(MPa) ……………………………… E3
$F_e(T)$　是根据高温条件下的弹性模型 $E(T)$ 计算得到的临界屈曲应力，ksi(MPa) ……………………………… App.4.2.4.3
F_{ex}　绕强主轴的弯曲弹性屈曲应力值，ksi(MPa) ……………… E4
F_{EXX}　焊材强度等级，ksi(MPa) ……………………………… J2.4
F_{ey}　绕强主轴弯曲的弹性屈曲应力值，ksi(MPa) ……………… E4
F_{ez}　扭转弹性屈曲应力值，ksi(MPa) ……………………… E4
F_{in}　黏接应力标准值，0.06ksi(0.40MPa) ……………………… I6.3c
F_L　在受压翼缘弯曲应力的大小，该翼缘受屈服的影响产生局部屈曲或侧向扭转屈曲，ksi(MPa) ……………………… 表B4-1
F_n　应力标准值，ksi(MPa) ……………………………… H3.3
F_n　表J3-2给出的拉应力标准值 F_{nt} 或剪应力 F_{nv}，ksi(MPa) ……… J3.6
F_{nBM}　母材的应力标准值，ksi(MPa) ……………………………… J2.4
F_{nt}　表J3-2给出的拉应力标准值，ksi(MPa) ……………………… J3.7
F'_{nt}　修正后的拉应力标准值，考虑了剪应力的影响，ksi(MPa) ……… J3.7
F_{nv}　表J3-2给出的剪应力标准值，ksi(MPa) ……………………… J3.7
F_{nw}　焊缝金属的应力标准值，ksi(MPa) ……………………… J2.4
F_{nw}　焊缝金属（见第J章）的应力标准值，由于荷载的方向性，

	不考虑焊缝强度的增加，ksi(MPa)	K4
F_{nwi}	第 i 条焊缝单元的应力标准值，ksi(MPa)	J2.4
F_{nwix}	应力标准值 F_{nwi} 的 x 方向分量，ksi(MPa)	J2.4
F_{nwiy}	应力标准值 F_{nwi} 的 y 方向分量，ksi(MPa)	J2.4
$F_p(T)$	是高温条件下的比例极限，ksi(MPa)	App. 4.2.3.2
F_{SR}	容许应力幅，ksi(MPa)	App. 3.3
F_{TH}	临界容许应力幅，在设计寿命不确定时为最大应力幅，见表 A-3-1，ksi(MPa)	App. 3.1
F_u	规定的最小抗拉强度，ksi(MPa)	D2
$F_u(T)$	在高温条件下的最小抗拉强度，ksi(MPa)	App. 4.2.3.2
F_y	规定的最小屈服应力，ksi(MPa)。如同在本规范中所使用的，“屈服”表示规定的最低屈服点（对于那些有屈服点的钢材），或者表示规定的屈服强度（对于那些没有屈服点的钢材）	B3.7
F_{yb}	支管构件用钢材的规定最小屈服应力，ksi(MPa)	K2.1
F_{ybi}	搭接的支管材料的规定最小屈服应力，ksi(MPa)	K2.3
F_{ybj}	被搭接的支管材料的规定最小屈服应力，ksi(MPa)	K2.3
F_{yf}	规定的翼缘最小屈服应力，ksi(MPa)	J10.1
F_{yp}	钢板的规定最小屈服应力，ksi(MPa)	K1.1
F_{ysr}	规定的钢筋最小屈服应力，ksi(MPa)	I2.1b
F_{yst}	加劲肋材料的规定最小屈服应力，ksi(MPa)	G3.3
$F_y(T)$	在高温条件下的屈服应力值，ksi(MPa)	App. 4.2.4.3
F_{yw}	腹板的规定最小屈服应力，ksi(MPa)	G3.3
G	钢材的弹性剪切模量，取11200ksi(77200MPa)	E4
$G(T)$	在高温条件下钢材的弹性剪切模量，ksi(MPa)	App. 4.2.3.2
H	弯曲常数	E4
H	在所考虑的平动方向上的楼层剪力，该剪力由侧向力产生，用来计算 ΔH，kips(N)	App. 8.2.2
H	矩形钢管构件的外缘高度，量测方向在接头平面内，in(mm)	表 D3-1
H_b	矩形支管构件的外缘高度，量测方向在接头平面内，in(mm)	K2.1
H_{bi}	搭接支管的外缘高度，in(mm)	K2.3
I	在弯曲平面内的惯性矩，$in^4(mm^4)$	App. 8.2.1
I_c	绕组合截面弹性中和轴的混凝土截面惯性矩，$in^4(mm^4)$	I2.1b
I_d	支承在次要构件上钢楼承板的惯性矩，$in^4(mm^4)$	App. 2.1

I_p　主要构件的惯性矩，$in^4(mm^4)$ ………………………… App. 2. 1
I_s　次要构件的惯性矩，$in^4(mm^4)$ ………………………… App. 2. 1
I_s　绕组合截面弹性中和轴的型钢截面惯性矩，$in^4(mm^4)$ ………… I2. 1b
I_{sr}　绕组合截面弹性中和轴的钢筋截面惯性矩，$in^4(mm^4)$ ………… I2. 1b
I_{st}　成对设置的横向加劲肋绕腹板中心轴的惯性矩，或单个加劲肋绕与腹板接触面的惯性矩，$in^4(mm^4)$ ………………………… G3. 3
I_{st1}　提供腹板抗剪切屈曲承载力（第 G2. 2 条）所必须的横向加劲肋最小惯性矩，$in^4(mm^4)$ ………………………… G3. 3
I_{st2}　提供腹板全截面抗剪切屈曲加上腹板拉力场承载力所必须的横向加劲肋最小惯性矩，$V_r = V_{c2}$，$in^4(mm^4)$ ………………………… G3. 3
I_x，I_y　分别为绕主轴的惯性矩，$in^4(mm^4)$ ………………………… E4
I_y　平面外的截面惯性矩，$in^4(mm^4)$ ………………………… App. 6. 3. 2a
I_{yc}　受压翼缘对截面 y 轴的惯性矩，$in^4(mm^4)$ ………………………… F4. 2
I_z　绕弱轴的惯性矩，$in^4(mm^4)$ ………………………… F10. 2
J　扭转常数，$in^4(mm^4)$ ………………………… E4
K　有效长度系数 ………………………… C3，E2
K_x　绕 x 轴弯曲屈曲时的有效长度系数 ………………………… E4
K_y　绕 y 轴弯曲屈曲时的有效长度系数 ………………………… E4
K_z　扭转屈曲时的有效长度系数 ………………………… E4
K_1　根据构件端部无横向平动假定计算得到的、在其弯曲平面内的有效长度系数设定为 1. 0，除非通过分析证明可以取更小值 ………………………… App. 8. 2. 1
L　楼层高度，in(mm) ………………………… App. 7. 3. 2
L　构件长度，in(mm) ………………………… H3. 1
L　使用活荷载标准值 ………………………… App. 4. 1. 4
L　构件的侧向无支撑长度，in(mm) ………………………… E2
L　跨度长，in(mm) ………………………… App. 6. 3. 2a
L　在桁架弦杆中心线上工作点之间的构件长度，in(mm) ………………………… E5
L_b　限制受压翼缘侧向位移或限制截面扭曲的侧向支撑点间的距离，in(mm) ………………………… F2. 2
L_b　支撑之间的距离，in(mm) ………………………… App. 6. 2
L_b　在荷载作用点处，沿任一翼缘的最大侧向无支撑长度，in(mm) ………………………… J10. 4
L_m　可以根据第 B3. 7 条的规定进行弯矩调幅的梁的最大无支撑长度 ………………………… F13. 5

L_p　针对屈服极限状态的最大侧向无支撑长度，in(mm) …………… F2.2

L_p　主要构件的长度，ft(m) …………… App.2.1

L_{pd}　用于塑性分析的最大无支撑长度，in(mm) …………… App.1.2.3

L_r　针对非弹性侧向扭转屈曲极限状态的最大侧向无支撑长度，in(mm) …………… F2.2

L_s　次要构件的长度，ft(m) …………… App.2.1

L_v　最大剪力点到零剪力点之间的距离，in(mm) …………… G6

M_A　无支撑杆段内 1/4 点处的弯矩绝对值，kip·in(N·mm) …………… F1

M_a　采用 ASD 荷载组合时的抗弯承载力，kip·in(N·mm) …………… J10.4

M_B　无支撑杆段内 1/2 点处的弯矩绝对值，kip·in(N·mm) …………… F1

M_C　无支撑杆段内 3/4 点处的弯矩绝对值，kip·in(N·mm) …………… F1

M_{cx}，M_{cy}　根据第 F 章的要求确定的一些抗弯承载力，kip·in(N·mm) …………… H1.1

M_{cx}　绕强轴弯曲的有效侧向扭转承载力，根据第 F 章确定且采用 $C_b=1.0$，kip·in(N·mm) …………… H1.3

M_{cx}　翼缘受拉断裂极限状态下绕 x 轴的有效抗弯承载力，根据第 F13.1 条确定，kip·in(N·mm) …………… H4

M_e　弹性侧向扭转屈曲弯矩，kip·in(N·mm) …………… F10.2

M_{lt}　使用 LRFD 或 ASD 荷载组合时，仅由结构横向平动所产生的一阶弯矩，kip·in(N·mm) …………… App.8.2

M_{max}　无支撑区段内的最大弯矩绝对值，kip·in(N·mm) …………… F1

M_{mid}　无支撑区段内的跨中弯矩值，kip·in(N·mm) …………… App.1.2.3

M_n　抗弯承载力标准值，kip·in(N·mm) …………… F1

M_{nt}　使用 LRFD 或 ASD 荷载组合时，结构横向平动受到约束时的一阶弯矩，kip·in(N·mm) …………… App.8.2

M_p　塑性弯矩，kip·in(N·mm) …………… 表 B4-1

M_p　组合截面上对应于塑性应力分布的弯矩，kip·in(N·mm) …………… I3.4b

M_r　在 LRFD 或 ASD 荷载组合作用下的二阶抗弯承载力，kip·in(N·mm) …………… App.8.2

M_r　使用 LRFD 或 ASD 荷载组合时的抗弯承载力，kip·in(N·mm) …………… H1.1

M_{rb}　使用 LRFD 或 ASD 荷载组合时所要求的支撑弯矩，kip·in(N·mm) …………… App.6.3.2

$M_{r\text{-}ip}$　使用 LRFD 或 ASD 荷载组合时，支管的平面内抗弯承载力，

kip · in(N · mm) ······································ K3.2

$M_{r\text{-}op}$ 使用 LRFD 或 ASD 荷载组合时，支管的平面外抗弯承载力，kip · in(N · mm) ······································ K3.2

M_{rx}，M_{ry} 抗弯承载力，kip · in(N · mm) ······································ H1.1

M_{rx} 在螺栓孔位置处的抗弯承载力，当所考虑的翼缘受拉时为正、受压时为负，kip · in(N · mm) ······································ H4

M_u 使用 LRFD 荷载组合时的抗弯承载力，kip · in(N · mm) ········· J10.4

M_y 边缘处的屈服弯矩，kip · in(N · mm) ······························ 表 B4-1

M_y 绕弯曲轴的屈服弯矩，kip · in(N · mm) ······························ F10.1

M_{yc} 受压翼缘最边缘处的屈服弯矩，kip · in(N · mm) ················ F4.2

M_{yt} 受拉翼缘最边缘处的屈服弯矩，kip · in(N · mm) ················ F4.4

M'_1 作用在无支撑长度另一端（与 M_2 对应）的有效弯矩，kip · in(N · mm) ······································ App. 1.2.3

M_1 在无支撑长度端部的较小弯矩值，kip · in (N · mm) ······································ F13.5，App. 1.2.3

M_2 在无支撑长度端部的较大弯矩值，kip · in (N · mm) ······································ F13.5，App. 1.2.3

N_i 作用于第 i 楼层标高上的假想荷载，kips(N) ························ C2.2b

N_i 附加的侧向荷载，kips(N) ······································ App. 7.3

O_v 搭接接头系数 ······································ K2.2

P_c 有效轴向承载力，kips(N) ······································ H1.1

P_{cy} 弯曲平面外的有效轴向抗压承载力，kips(N) ························ H1.3

P_e 根据第 C 章或附录 7 确定的弹性临界屈曲荷载，kips(N) ······ I2.1b

$P_{e\ story}$ 在所考虑的平动方向上，楼层的弹性临界屈曲承载力，kips(N) ······································ App. 8.2.2

P_{ey} 绕弱轴屈曲的弹性临界屈曲荷载，kips(N) ························ H1.2

P_{e1} 构件在其弯曲平面内的弹性临界屈曲承载力，kips(N) ······ App. 8.2.1

P_{lt} 使用 LRFD 或 ASD 荷载组合时，仅由结构横向平动所产生的一阶轴力，kips(N) ······································ App. 8.2

P_{mf} 在所考虑的平动方向上，属于承弯框架（如果存在的话）组成部分的楼层柱子上的总垂直荷载（对于带支撑框架体系，取值为 0），kips(N) ······································ App. 8.2.2

P_n 轴向承载力标准值，kips(N) ······································ D2

P_n 抗压承载力标准值，kips(N) ······································ E1

P_{no} 长度为零的双对称、受轴向荷载组合构件的抗压承载力

	标准值，kips(N)	I2
P_{nt}	使用 LRFD 或 ASD 荷载组合时，结构横向平动受到约束时的一阶轴力，kips(N)	App. 8. 2
P_p	承压承载力标准值，kips(N)	J8
P_r	使用 LRFD 或 ASD 荷载组合时的二阶轴向承载力，kips(N)	App. 8. 2
P_r	使用 LRFD 或 ASD 荷载组合时的轴向承载力，kips(N)	C2. 3
P_r	采用 LRFD 或 ASD 荷载组合的轴向抗压承载力，kips(N)	H1. 1
P_r	在螺栓孔位置处构件的轴向承载力，受拉时为正、受压时为负，kips(N)	H4
P_r	施加于组合构件的外部作用，kips(N)	I6. 2a
P_{rb}	采用 LRFD 或 ASD 荷载组合的支撑承载力，kips(N)	App. 6. 2
P_{ro}	在接头具有较低压应力一侧的弦管的轴向承载力，kips(N)	表 K1-1
P_{story}	使用 LRFD 或 ASD 荷载组合（视具体情况而定）时楼层所承受的总垂直荷载，包括不属于结构抗侧力体系的柱子上的荷载，kips(N)	App. 8. 2. 2
P_u	采用 LRFD 荷载组合的弦管的轴向承载力，kips(N)	K1. 1
P_u	轴向抗压承载力，kips(N)	App. 1. 2. 2
P_y	轴向屈服承载力，kips(N)	C2. 3
Q	考虑了全部薄柔型受压板件的实际折减系数	E7
Q_a	设置加劲的薄柔型板件的折减系数	E7. 2
Q_{ct}	有效抗拉承载力，kips(N)	I8. 3c
Q_{cv}	有效抗剪承载力，kips(N)	I8. 3c
Q_f	弦管的应力相互作用参数	K2. 2
Q_n	钢抗剪栓钉或槽钢锚固件的标准值，kips(N)	I3. 2
Q_{nt}	钢抗剪栓钉的抗拉承载力标准值，kips(N)	I8. 3b
Q_{nv}	钢抗剪栓钉的抗剪承载力标准值，kips(N)	I8. 3a
Q_{rt}	抗拉承载力，kips(N)	I8. 3c
Q_{rv}	抗剪承载力，kips(N)	I8. 3c
Q_s	未设置加劲的薄柔型板件的折减系数	E7. 1
R	接合面的半径，in(mm)	表 J2-2
R	雨或雪荷载标准值，不包括积水效应，ksi(MPa)	App. 2. 2
R	地震响应修正系数	A1. 1
R_a	使用 ASD 荷载组合时的承载力	B3. 4

R_{FIL}　仅当接头采用双面横向角焊缝时的折减系数 ………………… App. 3. 3
R_g　考虑螺栓群效应的系数 ……………………………………………… I8. 2a
R_M　考虑 P-δ 和 P-Δ 效应的系数 ……………………………… App. 8. 2. 2
R_n　第 B 章至第 K 章规定的承载力标准值 ……………………………… B3. 3
R_n　抗滑移承载力标准值，kips(N) …………………………………… J3. 8
R_n　通过相应传力机制的承载力标准值，kips(N) ……………………… I6. 3
R_{nwl}　纵向受荷的角焊缝的总的承载力标准值，根据表 J2-5 确定，kips(N) ……………………………………………………………… J2. 4
R_{nwt}　横向受荷的角焊缝的总的承载力标准值，根据表 J2-5 确定，与第 J2. 4（a）款没有区别，kips(N) ……………………………… J2. 4
R_{nx}　焊缝组的承载力标准值的水平分量，kips(N) ……………………… J2. 4
R_{ny}　焊缝组的承载力标准值的垂直分量，kips(N) ……………………… J2. 4
R_p　抗剪栓钉的位置效应系数 …………………………………………… I8. 2a
R_{pc}　腹板塑性系数 ………………………………………………………… F4. 1
R_{pg}　抗弯承载力折减系数 …………………………………………………… F5. 2
R_{PJP}　采用增强的或未增强的横向部分熔透坡口焊缝时的折减系数 ……………………………………………………… App. 3. 3
R_{pt}　对应于受拉翼缘屈服极限状态的腹板塑性系数 ……………………… F4. 4
R_u　采用 LRFD 荷载组合的承载力 ………………………………………… B3. 3
S　弹性截面模量，$in^3(mm^3)$ ……………………………………… F8. 2
S　次要构件的跨度，ft(m) ………………………………………… App. 2. 1
S　雪荷载标准值 ………………………………………………… App. 4. 1. 4
S_c　受压肢相对于弯曲轴的弹性截面模量，$in^3(mm^3)$ ………………… F10. 3
S_e　绕主轴的有效弹性截面模量，$in^3(mm^3)$ ……………………………… F7. 2
S_{ip}　平面内弯曲的焊缝有效弹性截面模量（见表 K4-1），$in^3(mm^3)$ ……………………………………………………………… K4
S_{min}　相当于弯曲走的最小弹性截面模量，$in^3(mm^3)$ ……………………… F12
S_{op}　平面外弯曲的焊缝有效弹性截面模量（见表 K4-1），$in^3(mm^3)$ ……………………………………………………………… K4
S_{xc}，S_{xt}　分别为受压和受拉翼缘的弹性截面模量，$in^3(mm^3)$ ………… 表 B4-1
S_x　对 x 轴的弹性截面模量，$in^3(mm^3)$ ………………………………… F2. 2
S_y　对 y 轴的弹性截面模量，对于槽钢，则取最小截面模量，$in^3(mm^3)$ ……………………………………………………………… F6. 2
T　按第 4. 2. 1 款规定的设计基准火灾所产生的力及变形之标准值 ……………………………………………………… App. 4. 1. 4

T_a 采用 ASD 荷载组合的抗拉承载力，kips(N) ………………………… J3.9
T_b 表 J3-1 或表 J3-1M 给出的紧固件的最小预拉力，kips(N) ……… J3.8
T_c 有效抗扭承载力，kip·in(N·mm) ………………………………… H3.2
T_n 抗扭承载力标准值，kip·in(N·mm) ……………………………… H3.1
T_r 使用 LRFD 或 ASD 荷载组合的抗扭承载力，kip·in (N·mm) …………………………………………………………… H3.2
T_u 使用 LRFD 荷载组合的抗拉承载力，kips(N) ……………………… J3.9
U 剪力滞后系数……………………………………………………………… D3
U 利用率………………………………………………………………… K2.2
U_{bs} 在计算块状剪切撕裂承载力时所采用的折减系数 ………………… J4.3
U_p 主要构件的应力指标 ……………………………………………… App. 2.2
U_s 次要构件的应力指标 ……………………………………………… App. 2.2
V' 通过钢锚固件在钢梁与混凝土之间所传递的剪力标准值 ……… I3.2d
V_c 有效抗剪承载力 ……………………………………………………… H3.2
V_{c1} 相邻腹板域的有效抗剪承载力（腹板域的 V_n 计算规定见第 G2.1 条）中之较小者，kips(N) ………………………………… G3.3
V_{c2} 相邻腹板域的有效抗剪承载力（腹板域的 V_n 计算规定见第 G3.2 条）中之较小者，kips(N) ………………………………… G3.3
V_n 抗剪承载力标准值，kips(N) ………………………………………… G1
V_r 采用 LRFD 或 ASD 的荷载组合，kips(N) ………………………… G3.3
V_r 使用 LRFD 或 ASD 荷载组合的抗剪承载力，kips(N) ………… H3.2
V'_r 要求传递至型钢或混凝土上的纵向剪力，kips(N) ……………… I6.2
Y_i 使用 LRFD 荷载组合或 ASD 荷载组合（视具体情况而定）时作用在第 i 个楼层上的重力荷载，kips(N) …… C2.2b，App. 7.3.2
Z 绕弯曲轴的截面塑性模量，in^3(mm^3) ………………………… F7.1
Z_b 支管绕弯曲轴的截面塑性模量，in^3(mm^3) …………………… K3.1
Z_x 对 x 轴的塑性截面模量，in^3(mm^3)……………………………… F2.1
Z_y 对 y 轴的塑性截面模量，in^3(mm^3)……………………………… F6.1
a 横向加劲肋之间的净距离，in(mm) ……………………………… F13.2
a 连接件的间距，in(mm) ………………………………………………… E6.1
a 销栓孔边至平行于受力方向的构件边缘的最短距离，in(mm) ………………………………………………………………… D5.1
a 沿受拉板件厚度方向的未焊接钝边高度之一半，in(mm) …… App. 3.3
a' 从连接盖板终止处沿盖板两侧、与小梁（或大梁）连续焊缝的长度，in(mm) ……………………………………………………… F13.3

a_w　两倍的受压腹板面积（仅由绕主轴弯曲作用产生）与受压翼缘板件面积之比值 …… F4. 2

b　受压角钢肢的全宽，in(mm) …… F10. 3

b　对于工字型构件的翼缘，取翼缘全宽 b_f 的 1/2；对于槽钢翼缘取翼缘的公称尺寸，in(mm) …… F6. 2

b　角钢长肢的全宽，in(mm) …… E7. 1

b　未设置加劲的受压板件的宽度，设置加劲的受压板件的宽度，in(mm) …… B4. 1

b　承受剪力的角钢肢宽度，in(mm) …… G4

b_{cf}　柱子翼缘宽度，in(mm) …… J10. 6

b_e　折减后的有效宽度，in(mm) …… E7. 2

b_e　用于计算销栓连接构件的受拉撕裂承载力的有效边距，in(mm) …… D5. 1

b_{eoi}　与弦管焊接的支管表面的有效宽度，in(mm) …… K2. 3

b_{eov}　与被搭接支撑焊接的支管表面的有效宽度，in(mm) …… K2. 3

b_f　翼缘宽度，in(mm) …… B4. 1

b_{fc}　受压翼缘宽度，in(mm) …… F4. 2

b_{ft}　受拉翼缘宽度，in(mm) …… G3. 1

b_l　角钢长肢宽度，in(mm) …… E5

b_s　角钢短肢宽度，in(mm) …… E5

b_s　单侧设置的加筋肋宽度，in(mm) …… App. 6. 3. 2

d　紧固件的公称直径，in(mm) …… J3. 3

d　螺栓的公称直径，in(mm) …… J3. 10

d　截面的整个公称高度，in(mm) …… B4. 1，J10. 3

d　矩形钢棒的高度，in(mm) …… F11. 2

d　直径，in(mm) …… J7

d　销栓直径，in(mm) …… D5. 1

d_b　梁高度，in(mm) …… J10. 6

d_b　公称直径（螺栓杆直径），in(mm) …… App. 3. 4

d_c　柱子高度，in(mm) …… J10. 6

e　桁架接头中的偏心距，e 远离支管取为正值，in(mm) …… K2. 1

$e_{mid\text{-}ht}$　从栓钉钉杆边缘至楼承板腹板的距离，in(mm) …… I8. 2a

f'_c　规定的混凝土的抗压承载力，ksi(MPa) …… I1. 2b

$f'_c(T)$　在高温条件下混凝土抗压强度，ksi(MPa) …… I1. 2b

f_o　由荷载组合 $D+R$（D—静荷载标准值，R—因雨或雪荷载标

准值，不包括积水效应）所产生的应力，ksi(MPa) ………… App. 2. 2

f_{ra} 使用 LRFD 或 ASD 荷载组合时，计算点的轴向应力承载力，ksi(MPa) …………………………………………………………………… H2

f_{rbw}，f_{rbz} 使用 LRFD 或 ASD 荷载组合时，计算点的弯曲应力承载力，ksi(MPa) …………………………………………………………………… H2

f_{rv} 采用 LRFD 或 ASD 荷载组合时所要求的抗剪应力值，ksi(MPa) ……………………………………………………………………… J3. 7

g 相邻两列紧固件沿横向的中至中间距（行距），in(mm) ………… B4. 3

g 在有间隙的 K-型接头中，支管趾尖之间的间隙，不计焊缝，in(mm) ……………………………………………………………………… K2. 1

h 设有加劲肋的受压板件的宽度，in(mm) ……………………… B4. 1

h 受剪板件的高度，in(mm) …………………………………………… G2. 1b

h 当采用轧制型钢时，为翼缘间的净距减去角焊缝或轧制圆角半径；当采用焊接组合型钢时，为相邻两排紧固件（焊缝）之间的距离或翼缘间的净距，in(mm) ……………………… J10. 4

h_c 对于热轧型钢的腹板，为截面重心至受压翼缘内表面减去圆角半径后的距离的两倍；对于组合型钢，为截面重心至受压翼缘上最近一列紧固件之间距离的两倍，当焊接时取至受压翼缘内表面距离的两倍，in(mm) …………………… B4. 1

h_o 翼缘形心之间的距离，in(mm) ………………………………… F2. 2

h_p 为截面塑性中和轴线至受压翼缘上最近一列紧固件之间距离的两倍，当焊接时取至受压翼缘内表面距离的两倍，in(mm) ……… B4. 1

h_r 楼承板的公称肋高，in(mm) ……………………………………… I8. 2a

k 翼缘外缘至腹板角焊缝趾部的距离，in(mm) ………………… J10. 2

k_c 用于薄柔型未设加劲肋的板件的系数 ………………………… 表 B4-1

k_{sc} 受拉剪组合作用的摩擦型连接的系数 ………………………… J3. 9

k_v 腹板剪切屈曲系数…………………………………………………… G2. 1

l 端部受荷焊缝的实际长度，in(mm) ……………………………… J2. 2

l 连接接头的长度，in(mm) ………………………………………… 表 D3-1

l_b 承压长度，in(mm) ………………………………………………… J7

l_c 沿受力方向，两相邻螺栓孔边缘之间或螺栓孔边缘与连接构件边缘之间的净距，in(mm) ………………………………………… J3. 10

l_{ca} 槽钢抗剪件的长度，in(mm) ……………………………………… I8. 2b

l_e 当计算焊缝承载力时，连接矩形钢管的坡口焊缝和角焊缝的总有效长度，in(mm) ………………………………………………… K4

l_{ov}　搭接长度，沿弦管（在两根支管下面）的接头表面量测，in(mm) ······ K2. 1

l_p　搭接支管在弦管上的投影长度，in(mm) ······ K2. 1

n　杆件跨长内结点支撑点的数量 ······ App. 6. 3

n　每英寸的螺纹数（每毫米的螺纹数） ······ App. 3. 4

n_b　承受拉力的螺栓根数 ······ J3. 9

n_s　允许连接产生滑移所要求的滑移面数量 ······ J3. 8

n_{SR}　在设计寿命期间内应力幅的波动数 ······ App. 3. 3

p　螺距，in/每道螺纹（mm/每道螺纹） ······ App. 3. 4

p_i　第 i 条焊缝单元的变形与该单元在最大应力时变形之比值 ······ J2. 4

r　回转半径，in(mm) ······ E2

r_{cr}　从瞬时转动中心到具有最小的 Δ_u/r_i 的焊缝单元的距离，in(mm) ······ J2. 4

r_i　单个部件的最小回转半径，in(mm) ······ E6. 1

r_i　瞬时转动中心到第 i 条焊缝单元的距离，in(mm) ······ J2. 4

$\overline{r_o}$　对剪切中心的极回转半径，in(mm) ······ E4

r_t　弯曲受压的翼缘板件加腹板受压面积（仅由绕主轴弯曲作用所产生的）的 1/3 部分的回转半径，in(mm) ······ F4. 2

r_{ts}　有效回转半径，in(mm) ······ F2. 2

r_x　绕 x 轴的回转半径，in(mm) ······ E4

r_x　绕平行于所连接角钢肢几何轴的回转半径，in(mm) ······ E5

r_y　绕 y 轴的回转半径，in(mm) ······ E4

r_z　绕角钢弱轴的回转半径，in(mm) ······ E5

s　任何两个相邻螺栓孔沿纵向的中至中间距（栓距），in(mm) ······ B4. 3

t　板件的厚度，in(mm) ······ E7. 1

t　壁厚，in(mm) ······ E7. 2

t　角钢肢厚度，in(mm) ······ F10. 2

t　平行于弯曲轴的矩形钢棒的宽度，in(mm) ······ F11. 2

t　连接材料的厚度，in(mm) ······ J3. 10

t　钢棒厚度，in(mm) ······ D5. 1

t　螺栓连接垫板的总厚度，in(mm) ······ J5. 2

t　钢管构件的设计壁厚，in(mm) ······ B4. 1，K1. 1

t_b　支管构件的设计壁厚，in(mm) ······ K2. 1

t_{bi}　搭接支管的厚度，in(mm) ······ K2. 3

t_{bj}　被搭接支管的厚度，in(mm) ······ K2. 3

t_{cf} 柱子翼缘的厚度，in(mm) …………………………………………… J10.6
t_f 翼缘厚度，in(mm) …………………………………………………… F6.2
t_f 作用有荷载翼缘的厚度，in(mm) ……………………………………… J10.1
t_f 槽钢锚固件翼缘的厚度，in(mm) ……………………………………… I8.2b
t_{fc} 受压翼缘的厚度，in(mm) …………………………………………… F4.2
t_p 钢板厚度，in(mm) …………………………………………………… K1.1
t_p 受拉板件厚度，in(mm) …………………………………………… App.3.3
t_{st} 腹板加劲肋的厚度，in(mm) ……………………………………… App.6.3.2a
t_w 腹板厚度，in(mm) …………………………………………………… 表 B4-1
t_w 绕支管或钢板的周边的最小有效焊喉，in(mm) ……………………… K4
t_w 槽钢锚固件腹板的厚度，in(mm) ……………………………………… I8.2b
w 盖板宽度，in(mm) …………………………………………………… F13.3
w 焊脚尺寸，in(mm) …………………………………………………… J2.2
w 绕强主轴弯曲的脚标符号 ……………………………………………… H2
w 钢板宽度，in(mm) …………………………………………………… 表 D3-1
w 若有加强高的角焊缝，为沿受拉板件厚度方向角焊缝的焊脚尺寸，in(mm) …………………………………………………… App.3.3
w_c 单位体积的混凝土的重量（$90 \leqslant w_c \leqslant 155$ lbs/ft^3 或 $1500 \leqslant w_c \leqslant 2500$kg/m^3） …………………………………………… I2.1
w_r 混凝土肋或板托的平均宽度，in(mm) ………………………………… I3.2
x 绕强轴弯曲的脚标符号 ………………………………………………… H1.1
x_i r_i的 x 方向分量 ……………………………………………………… J2.4
x_o，y_o 剪切中心相对于形心的坐标，in(mm) …………………………… E4
$\bar{x}$ 连接偏心，in(mm) …………………………………………………… 表 D3-1
y 绕弱轴弯曲的脚标符号 ………………………………………………… H1.1
y_i r_i的 y 方向分量 ……………………………………………………… J2.4
z 绕弱主轴弯曲的脚标符号 ……………………………………………… H2
α ASD/LRFD 力水平调整系数 ………………………………………… C2.3
β 由式（J2-1）给出的折减系数 …………………………………………… J2.2
β 宽度比；对于圆管，取支管直径与主管直径之比；对于矩形管，取支管外缘宽度与主管外缘宽度之比 ……………………………………… K2.1
β_T 整个支撑体系的刚度，kip · in/rad(N · mm/rad) ………… App.6.3.2a
β_{br} 所需要的支撑刚度，kips/in(N/mm) ………………………… App.6.2.1
β_{eff} 有效宽度比；K 型接头中，两个支管构件的外周长之和除以主管宽度的八倍 ……………………………………………………… K2.1

β_{eop}　有效外部冲切系数…………………………………………………… K2.3

β_{sec}　腹板扭曲刚度，考虑了腹板横向加劲肋的影响（如果有的话），kip · in/rad(N · mm/rad) …………………… App.6.3.2a

β_{Tb}　所需要的支点支撑的刚度，kip · in/rad(N · mm/rad) …… App.6.3.2a

β_w　不等边角钢的截面特性，短肢受压为正，长肢受压为负 ……… F10.2

Δ　由 LRFD 或 ASD 荷载组合作用所产生的一阶层间位移，in(mm) …………………………………………………………… App.7.3.2

ΔH　由于侧向力作用所产生的一阶层间侧移，in(mm) ………… App.8.2.2

Δ_i　在中等应力水平下第 i 条焊缝单元的变形，与该焊缝单元至瞬时转动中心的距离 r_i 有关，与临界变形呈线性关系，in(mm) ……… J2.4

Δ_{mi}　第 i 条焊缝单元在最大应力时的变形，in(mm) …………………… J2.4

Δ_{ui}　在极限应力（断裂）下第 i 条焊缝单元的变形，通常在距瞬时转动中心最远处的焊缝单元，in(mm) ………………………… J2.4

$\varepsilon_{cu}(T)$　在高温条件下混凝土的最大应变，% ………………… App.4.2.3.2

γ　弦管长细比；对于圆管，取主管外径的 1/2 除以壁厚；对于矩形管，取主管外缘宽度的 1/2 除以壁厚……………………… K2.1

ζ　间隙比；在一个带间隙的 K-型接头的支管间的间隙与矩形弦管的外缘宽度之比……………………………………………………… K2.1

η　荷载长度参数，仅适用于矩形管；为接头平面内的支管与弦管的接触长度与弦管的外缘宽度之比…………………………… K2.1

λ　宽厚比（长细比）…………………………………………………… F3.2

λ_p　厚实型截面板件的极限宽厚比………………………………………… B4

λ_{pd}　塑性设计的极限宽厚比 ……………………………………… App.1.2

λ_{pf}　厚实型截面翼缘的极限宽厚比……………………………………… F3.2

λ_{pw}　厚实型截面腹板的极限宽厚比………………………………………… F4

λ_r　非厚实型截面板件的极限宽厚比……………………………………… B4

λ_{rf}　非厚实型截面翼缘的极限宽厚比…………………………………… F3.2

λ_{rw}　非厚实型截面腹板的极限宽厚比…………………………………… F4.2

μ　A 级或 B 级表面的平均摩擦系数，按相关要求确定或通过试验确定 ……………………………………………………………… J3.8

ϕ　第 B 章至第 K 章所规定的抗力分项系数 ………………………… B3.3

ϕ_B　混凝土承压时的抗力分项系数 ……………………………………… I6.3a

ϕ_b　受弯时的抗力分项系数……………………………………………………… F1

ϕ_c　受压时的抗力分项系数…………………………………………………… B3.7

ϕ_c　受轴向荷载作用组合柱的抗力分项系数 …………………………… I2.1b

ϕ_{sf} 在剪切破坏路径上的抗力分项系数………………………………… D5. 1
ϕ_T 受扭时的抗力分项系数 ………………………………………………… H3. 1
ϕ_t 受拉时的抗力分项系数……………………………………………………… D2
ϕ_t 受拉钢栓钉的抗力分项系数 ………………………………………… I8. 3b
ϕ_v 受剪时的抗力分项系数……………………………………………………… G1
ϕ_v 受剪钢栓钉的抗力分项系数……………………………………………… I8. 3a
Ω 第 B 章至第 K 章所规定的安全系数 ………………………………… B3. 4
Ω_B 混凝土承压时的安全系数………………………………………………… I6. 1
Ω_b 弯曲时的安全系数……………………………………………………………… F1
Ω_c 受压时的安全系数…………………………………………………………… B3. 7
Ω_c 受轴向荷载作用组合柱的安全系数 ………………………………… I2. 1b
Ω_{sf} 在剪切破坏路径上的安全系数………………………………………… D5. 1
Ω_T 受扭时的安全系数 ……………………………………………………… H3. 1
Ω_t 受拉时的安全系数……………………………………………………………… D2
Ω_t 受拉钢栓钉的安全系数 …………………………………………………… I8. 3b
Ω_v 受剪时的安全系数……………………………………………………………… G1
Ω_v 受剪钢栓钉的安全系数 …………………………………………………… I8. 3a
ρ_{sr} 连续纵向钢筋的最小配筋率 ……………………………………………… I2. 1
ρ_{st} 取 F_{yw}/F_{yst} 和 1.0 中之较大者 ……………………………………… G3. 3
θ 荷载作用方向与焊缝纵轴线间的夹角，(°) …………………………… J2. 4
θ 支管与主管的夹角（锐角），(°) ……………………………………… K2. 1
θ_i 第 i 条焊缝单元的纵轴与作用于焊缝单元合力方向的
夹角，(°) ……………………………………………………………………… J2. 4
τ_b 刚度折减系数………………………………………………………………… C2. 3

术 语 表

在本术语表中所定义的术语，以及当术语在规范的章节或正文中首次出现时，使用斜体字型（译者注：在本规范的中文译本中，对此未作要求）。

说明：

（1）使用符号 + 标记的术语为 AISI-AISC 常用术语，以在 AISI 和 AISC 两协会的规范及标准编制人员间起到协调的作用。

（2）使用符号 * 标记的术语通常应用于荷载作用，如：抗拉承载力标准值、抗压承载力容许值、抗弯承载力设计值。

（3）使用符号 * * 标记的术语通常应用于各种构、部件，如：腹板局部屈曲、翼缘局部弯曲。

主动防火（*Active fire protection*）：由火灾激活的建筑材料和建筑系统，用以降低火灾产生的不利影响或提醒人们采取行动来减轻不利影响。

承载力容许值（*Allowable strength*）*+：承载力标准值除以安全系数，即 R_n/Ω。

容许应力（*Allowable stress*）*：承载力容许值除以相应的截面特性，如截面模量或横截面面积。

现行的建筑法规（*Applicable building code*）+：设计结构时所采用的建筑法规或规范。

***ASD*（容许应力设计法，*allowable strength design*）**+：使结构构件保持均衡的设计方法，以满足在 ASD 荷载组合作用下容许应力等于或大于构件承载力要求的条件。

***ASD* 荷载组合（*ASD load combination*）**+：在现行建筑法规中，用于容许强度设计（容许应力设计）法的荷载组合。

主管机构（*Authority having jurisdiction*，*AHJ*）：对管理和实施现行建筑法规条款负责的组织、政府团体、官方机构或个人。

有效承载力（*Available strength*）*+：承载力设计值或承载力容许值，视具体情况而定。

有效应力（*Available stress*）*：设计应力或容许应力，视具体情况而定。

平均肋宽（*Average rib width*）：冷轧成型楼承板肋部的平均宽度。

缀板（*Batten plate*）：在组合柱或梁中，刚性连接两个平行构件的板件，用于传递构件之间的剪切应力。

梁（*Beam*）：通常指主要用于承受弯矩作用的水平结构构件。

压弯构件（*Beam-column*）：同时承受轴力和弯矩的结构构件。

承压（局部受压屈服）（*Bearing*（*local compressive yielding*））$^{+}$：由于一根构件支承于另一构件或其表面上而产生局部受压屈服的极限状态。

承压型连接（*Bearing-type connection*）：通过螺栓与被连接板件的承压来传递剪力的螺栓连接。

块状剪切撕裂（*Block shear rupture*）$^{+}$：在连接中，沿某一路径的拉伸破裂和沿另一路径的剪切屈服或剪切破裂的极限状态。

带支撑框架（*Braced frame*）$^{+}$：具有抵抗侧向荷载和稳定结构体系作用的竖向桁架结构体系。

支撑（*Bracing*）：提供刚度和承载力，并能在支撑点限制另一根构件的平面外位移的构件和体系。

支管构件（*Branch member*）：用于钢管结构连接，交于弦管或主管的管构件。

屈曲（*Buckling*）$^{+}$：在临界荷载条件下，结构或其任一构件突然发生几何形状改变的极限状态。

抗屈曲承载力（*Buckling strength*）：用于不稳定极限状态下的承载力。

组合构件、横截面、截面及型钢（*Built-up member*，*cross section*，*section*，*shape*）：钢制零部件经过焊接或螺栓连接形成的构件、横截面、截面及型钢。

起拱（*Camber*）：将梁或桁架按反向受弯形状制作，以抵消由荷载引起的挠度。

夏比 *V* 型切口冲击韧性试验（*Charpy V-notch impact test*）：用于测定试件冲击韧性的标准动力试验。

弦杆构件（*Chord member*）：钢管结构在桁架节点连接处连续贯通的主管构件。

围护墙板（*Cladding*）：结构的外围护墙板。

冷成型钢结构构件（*Cold-formed steel structural member*）$^{+}$：对钢板、钢卷半成品进行弯边，剪边和长度定尺加工，或对冷轧或热轧钢卷、钢板进行冷轧加工成型的型材；这两种加工过程应在室温条件下进行，即不像热成型构件有明显加热。

系杆（*Collector*）：亦称受拉撑杆（drag strut）；在楼层横隔板和抗侧力体系的杆件之间传递荷载的构件。

柱（*Column*）：通常指主要用于承受轴力作用的竖向结构构件。

柱脚（*Column base*）：在柱子的底座由型钢、钢板、连接件、螺栓和锚栓装配在一起的结构部件，用来在上部钢结构和基础之间传递作用力。

厚实型截面（*Compact section*）：能够保证在发生局部屈曲之前，构件形成塑性铰并具有转动能力约等于 3 的截面。

防火分区（*Compartmentation*）：采用具有规定耐火极限部件进行封闭的建筑空间。

全熔透坡口焊缝（*CJP*，*Complete-joint-penetration*（*CJP*）*groove weld*）：焊接金属能熔合接头部位的全厚度的坡口焊缝。结构用钢管连接中不得使用。

组合（*Composite*）：在内力分配过程中，构件中的钢材及混凝土单元可以作为整体共同工作。

组合梁（*Composite beam*）：钢梁与钢筋混凝土楼板接触并与之组合共同受力的梁构件。

组合部件（*Composite component*）：在内力分配过程中，构件、连接在一起的结构单元和可以作为一个部件进行工作的组合件。对于采用钢锚固件被锚固在实心混凝土楼板或者浇筑在钢楼承板上的混凝土楼板中的组合梁，作为特殊情况不按组合部件考虑。

混凝土脱落面（*Concrete breakout surface*）：在钢栓钉周边连接的一块混凝土与其余混凝土分开的表面。

混凝土压碎（*Concrete crushing*）：混凝土已经达到极限应变，处于受压破坏的极限状态。

混凝土板托（*Concrete haunch*）：在采用钢楼承板的组合楼盖结构中，在主梁两侧压型钢板上形成的实体混凝土截面。

钢骨混凝土梁（*Concrete-encased beam*）：钢梁完全由混凝土包覆，且与混凝土板整体浇筑。

连接（*Connection*）⁺：结构构件和节点的结合体，用于在两个或多个构件之间的作用力的传递。

施工文件（*Construction documents*）：设计图纸、设计技术说明、加工制作详图及安装图。

翼缘切除部分（*Cope*）：切除构件的部分翼缘以满足相交型钢构件之间的连接。

盖板（*Cover plate*）：将钢板焊接或栓接在构件的翼缘上以增加横截面面积、截面模量或惯性矩。

***X* 形连接（*Cross connection*）**：钢管结构的连接形式，其中支管或所连接的杆件传递到主管上的力与其他方向的支管或所连接的杆件的作用力基本上保持平衡。

设计基准火灾（*Design-basis fire*）：定义遍及一栋建筑物或其一部分的火灾

的形成和燃烧生成物的蔓延所设定的条件。

设计图纸（*Design drawings*）：表示工程的设计、位置和尺寸大小的图形文件。通常包括平面图、剖面图、构造详图、明细表、图示和说明。

设计荷载（*Design load*）$^{*+}$：根据 LRFD 荷载组合或 ASD 荷载组合所确定的作用荷载，这两种荷载组合均适用。

承载力设计值（*Design strength*）$^{*+}$：由承载力标准值乘以抗力系数，ϕR_n。

壁厚设计值（*Design wall thickness*）：在确定截面特性时所采用的钢管设定壁厚值。

斜向加劲肋（*Diagonal stiffener*）：在柱腹板节点域上与翼缘板成一定角度的加劲肋，设置于腹板单侧或双侧。

隔板（*Diaphragm*）$^{+}$：屋盖、楼盖及其他蒙皮结构或支撑体系，可将平面内的力传递到抗侧力体系中。

横隔板（*Diaphragm plate*）：具有平面剪切刚度和承载力的钢板件，可将作用力传递到被支撑的构件上。

直接分析法（*Direct analysis method*）：在二阶分析中，通过降低刚度和施加虚拟水平力以反映残余应力及框架初始不垂直度影响的稳定设计方法。

直接黏结作用（*Direct bond interaction*）：在组合截面内，通过钢与混凝土之间的黏结应力来传递力的机制。

畸变破坏（*Distortional failure*）：一管桁架的矩形弦管扭曲为平行四边形（或菱形）时的极限状态。

畸变刚度（*Distortional stiffness*）：腹板的平面外弯曲刚度。

双曲率弯曲（*Double curvature*）：在跨中出现一个或多个拐点的梁变形曲线。

成对集中力（*Double-concentrated forces*）：作用在受力构件同一侧的两个大小相等、方向相反的力，形成一对力偶。

补强板（*Doubler*）：在梁或柱腹板上附加的钢板（与腹板平行），以增强对集中荷载的抵抗力。

侧移（*Drift*）：结构侧向变位。

有效长度（*Effective length*）：一根其他条件与所研究柱相同，且按两端铰接考虑并具有相同承载力的柱的长度。

有效长度系数 *K*（*Effective length factor*，*K*）：构件的有效长度和其无支撑长度之比。

有效净截面面积（*Effective net area*）：考虑剪力滞后效应进行修正的净截面面积。

有效截面模量（*Effective section modulus*）：考虑细长受压构件屈曲影响而予

以折减的截面模量。

有效宽度（*Effective width*）：折减后的钢板或混凝土板宽度。假设在此折减后的板宽上应力均匀分布，且与应力不均匀分布的实际板宽对结构构件特性所产生的效果相同。

弹性分析（*Elastic analysis*）：基于结构在移除荷载后能够恢复其初始几何形状假定的结构分析方法。

升温（*Elevated temperatures*）：建筑构件或结构因火灾所经受的受热条件，已经超过了预期的环境条件。

钢骨混凝土组合构件（*Encased composite member*）：由混凝土及一个或多个埋入的钢构件构成的组合构件。

端板（*End panel*）：腹板端部的连接板。

端部围焊（*End return*）：围绕在同一平面内构件拐角的一段连续角焊缝。

责任工程师（*Engineer of record*）：负责保证和批准合同文件的注册专业工程师。

摇摆伸缩支座（*Expansion rocker*）：支座表面为弧形，通过其上支承的构件的倾斜以适应伸缩的要求。

滚轴伸缩支座（*Expansion roller*）：支座为圆形钢棒，通过其上支承构件的滚动以适应伸缩的要求。

带环拉杆（眼杆）（*Eyebar*）：厚度均匀的带孔拉杆，其端部为锻造或热切割，宽度大于杆体，承载力和杆体接近。

荷载设计值（*Factored load*）$^{+}$：荷载分项系数与荷载标准值的乘积。

紧固件（*Fastener*）：一般是指螺栓、铆钉或其他连接装置。

疲劳（*Fatigue*）$^{+}$：由于反复施加活荷载致使裂缝产生和发展的极限状态。

摩擦面（*Faying surface*）：用于传递剪力的螺栓连接接触表面。

钢管混凝土组合构件（*Filled composite member*）：由钢管内部填充混凝土组成的组合构件。

填板（*Filler*）：用于增加一块板件厚度的钢板。

填充金属（*Filler metal*）：制作焊接接头的焊缝所填加的金属或合金材料。

角焊缝（*Fillet weld*）：在构件连接的交接面上的焊缝，其截面一般呈三角形。

角焊缝加强（*Fillet weld reinforcement*）：坡口焊表面附加的角焊缝。

精加工表面（*Finished surface*）：加工表面的粗糙度值按 ANSI/ASME B46.1 的要求进行量测，其值应小于等于 500μm。

火灾（*Fire*）：破坏性燃烧，表现为下列任意一种或所有现象的出现和发展，即光、火焰、热或烟气。

防火隔断（*Fire barrier*）：由耐火材料建造的单元，应根据获得批准的标准抗火试验方法进行测试，以确保其符合现行的建筑法规和规范的相关要求。

抗火性能（*Fire resistance*）：建造组件的特性，在使用条件下防止或延缓过多的热量、灼热气体或火焰的通过，使其能够继续履行规定的功能要求。

一阶分析（*First-order analysis*）：忽略二阶效应，在未变形结构中来确定平衡条件的结构分析方法；该方法忽略二阶分析的影响。

顶紧的承压加劲肋（*Fitted bearing stiffener*）：用于支座或集中荷载作用处的加劲肋，与梁的一个或上、下翼缘顶紧，以通过承压传递荷载。

单边 V 形坡口焊缝（*Flare bevel groove weld*）：坡口一侧呈弧形而与之相连接的另一侧呈平面的焊缝。

弧面 V 形坡口焊缝（*Flare V-groove weld*）：坡口两侧均呈弧形的焊缝。

闪燃（*Flashover*）：在一个封闭的空间中，火灾时可燃物表面全部卷入燃烧的一种瞬变状态。

平直部分的宽度（*Flat width*）：矩形钢管的公称宽度减去两倍的外侧圆角半径。当圆角半径未知时，平直部分的宽度可取全截面宽度减去 3 倍管壁厚。

受弯屈曲（*Flexural buckling*）⁺：受压构件侧向弯曲而不发生扭转且不改变横截面形状的屈曲模式。

弯扭屈曲（*Flexural-torsional buckling*）⁺：受压构件同时发生弯曲和扭转而不改变横截面形状的屈曲模式。

力（*Force*）：分布在指定面积上的应力的合力。

成型截面（*Formed section*）：参见冷弯型钢条目。

冷压成型的钢楼承板（*Formed steel deck*）：在组合结构施工中，薄钢板冷压成型用于混凝土的永久模板。

完全约束抗弯连接（*Fully restrained moment connection*）：能够传递弯矩并可忽略被连接构件间夹角变化的连接节点。

间距（*Gage*）：在横向紧固件中心至中心间的距离。

间隙节点连接（*Gapped connection*）：两个相交于弦管表面的支管之间有一定的间隙或距离的钢管桁架节点。

几何轴线（*Geometric axis*）：平行于腹板、翼缘或角钢肢的轴线。

主梁（*Girder*）：参见梁条目。

主梁填片（*Girder filler*）：在使用作模板用的钢楼承板建造的组合楼盖体系中，塞填在楼承板边缘与大梁翼缘之间的薄钢片。

刨削槽（*Gouge*）：因钢材塑性变形或材料被切除后所形成相对光滑的坡口表面或凹槽。

重力荷载（*Gravity load*）：由永久荷载和活荷载引起的荷载，其作用方向向下。

螺栓连接的板叠厚度（*Grip*（*of bolt*））：螺栓穿过钢材部分的厚度。

坡口焊缝（*Groove weld*）：在被连接构件间坡口中的焊接连接，参照 AWS D1. 1/D1. 1M。

节点板（*Gusset plate*）：用于桁架杆件间连接、支柱或支撑与梁或柱连接的板件。

热通量（*Heat flux*）：单位时间单位面积流过的热量。

热释放速率（*Heat release rate*）：是指在规定的试验条件下，在单位时间内一种材料燃烧所释放热量的速率。

高强度螺栓（*High-strength bolt*）：符合 ASTM A325、A325M、A490、A490M、F1852、F2280 规定要求或者本规范中第 J3. 1 条的其他紧固件。

水平剪力（*Horizontal shear*）：在组合梁内，钢材和混凝土接触界面上分布的力。

结构用钢管（*HSS*）：按照管道产品制作标准生产的方形、矩形或圆形空心管。

非弹性分析（*Inelastic analysis*）：考虑材料非弹性性能（包括塑性分析）的结构分析方法。

平面内失稳（*In-plane instability*）$^{+}$：在框架或结构构件平面内发生屈曲的极限状态。

失稳（*Instability*）$^{+}$：受荷载作用的结构构（部）件、框架或结构，在荷载或其形状有微小变化时，会产生较大位移的极限状态。

导入长度（*Introduction length*）：在钢骨混凝土组合柱中，假定柱子上的力传递至型钢上或从型钢上传递至混凝土的那段长度。

节点（*Joint*）$^{+}$：两个或多个端头、表面或边缘相互连接的区域。可根据紧固件或所使用的焊接方法的类型以及荷载传递的方法进行分类。

节点偏心距（*Joint eccentricity*）：在管桁架连接中，从主管（弦杆）截面重心到支管（腹杆）相交点的垂直距离。

***K* 区（*k-area*）**：从腹板-翼缘内圆角（AISC k 尺寸）和腹板之间的切线点开始，延伸距离为 $1\frac{1}{2}$ in(38mm）所形成的腹板区域。

***K* 形连接（*K-connection*）**：钢管结构的连接形式，支管或连接构件传递到主管上的荷载由在其同侧的另一支管或连接构件平衡。

缀条（*Lacing*）：按格栅状布置，连接两个型钢构件的钢板条、角钢或其他形式型钢。

搭接节点（*Lap joint*）：两个在同一平面内的重叠连接构件之间的节点。

侧向支撑（*Lateral bracing*）：对角斜支撑、剪力墙或其他等效形式，用以提供平面内的侧向稳定。

抗侧力体系（*Lateral force resisting system*）： 用于抵抗侧向荷载并提供结构整体稳定性的结构体系。

侧向荷载（*Lateral load*）： 因诸如风荷载或地震作用引起的侧向荷载。

侧向扭转屈曲（*Lateral-torsional buckling*）⁺： 受弯构件的屈曲模式，包括垂直于弯曲平面的变形并伴随有绕其横截面剪切中心的扭转。

摇摆柱（*Leaning column*）： 仅用以承受重力荷载且其两端为铰接连接、不能抵抗侧向荷载的柱子。

长度效应（*Length effects*）： 根据构件的无支撑长度，考虑其承载力折减。

轻质混凝土（*Lightweight concrete*）： 按照 ASTM C567 标准试验方法量测，平衡含水率状态下的密度为 115lb/ft^3（1840kg/m^3）的结构用混凝土。

极限状态（*Limit state*）⁺： 结构或构件不再满足其预定使用功能的要求（正常使用极限状态），或已达到其极限承载能力要求（承载力极限状态）的临界状态。

荷载（*Load*）⁺： 由建筑材料自重、使用人员及其所有物品、环境影响、不均匀运动或限制尺寸变化所引起的荷载或其他作用力。

荷载效应（*Load effect*）⁺： 由外加荷载在结构部件上所产生的力、应力及变形。

荷载分项系数（*Load factor*）⁺： 表示荷载标准值与实际荷载差异的系数。考虑了将荷载转化为荷载效应时分析中的不确定性以及从概率角度出发，可能会同时发生不止一个荷载达到极大或极小的情况。

局部弯曲（*Local bending*）⁺⁺： 翼缘在一个横向集中力作用下产生大变形的极限状态。

局部屈曲（*Local buckling*）⁺⁺： 横截面内受压板件出现屈曲的极限状态。

局部屈服（*Local yielding*）⁺⁺： 板件局部区域发生屈服。

荷载及抗力分项系数设计法（*LRFD，load and resistance factor design*）⁺： 参数化的结构构（部）件设计方法，按此设计方法，在 LRFD 荷载组合作用下，构（部）件的设计承载力应不低于其具有的承载力。

***LRFD* 荷载组合（*LRFD load combination*）⁺：** 现行的建筑法规和规范中，采用荷载及抗力分项系数设计法进行承载力设计的荷载组合。

主管（*Main member*）： 钢管结构连接、弦杆、柱或其他连接有支管或板件的钢管构件。

机构（*Mechanism*）： 包含有足够数量实铰或（和）塑性铰形成一个或多个刚体，刚体间以铰链连接的结构体系。

轧屑（*Mill scale*）： 在热轧成型过程中形成的钢材表面氧化皮。

抗弯连接（*Moment connection*）： 可在被连接构件之间传递弯矩的连接。

抗弯框架（*Moment frame*）$^+$：主要由框架构件及其连接节点的剪切和弯曲，来提供抗侧力和结构体系稳定的框架体系。

负弯矩区抗弯承载力（*Negative flexural strength*）：叠合（组合）梁受弯，梁顶面受拉区的抗弯承载力。

净截面面积（*Net area*）：毛截面面积减去被移除材料后的面积。

结点支撑（*Nodal brace*）：用于防止侧向移动或扭曲的支撑，且与邻近支撑点的其他支撑无关（参见相对支撑）。

公称尺寸（*Nominal dimension*）：在截面特性表中所规定的尺寸或理论尺寸。

荷载标准值（*Nominal load*）$^+$：在现行的建筑法规和规范中所给定的荷载值。

公称板肋高（*Nominal rib height*）：在作模板用楼承板中，从其最低点的下表面至最高点的顶面所测得的高度。

承载力标准值（*Nominal strength*）$^{*+}$：结构或构（部）件抵抗荷载效应的承载力值（未考虑抗力分项系数或安全系数），应符合本规范的相关规定。

非厚实型截面（*Non-compact section*）：在局部屈曲发生之前，截面受压区能够达到屈服，但其转动能力不会等于3。

无损检测（*Nondestructive testing*）：在不损坏材料以及不影响材料或构（部）件完整性的情况下所实施的检测过程。

冲击韧性（*Notch toughness*）：按夏比V型缺口冲击试验方法，在某个指定温度所吸收的冲击功。

虚拟荷载（*Notional load*）：在结构分析中，用于解释在结构设计条款中无法考虑的失稳效应而所施加的假想荷载。

平面外屈曲（*Out-of-plane buckling*）$^+$：当侧向支撑对梁、柱或压弯构件的侧向屈曲或侧向扭转屈曲没有加以限制时，所产生的绕其主轴弯曲的极限状态。

搭接连接（*Overlapped connection*）：在管桁架连接中，其相交支管在连接处搭接。

节点域（*Panel zone*）：将柱和梁的翼缘延长所形成的梁-柱连接的腹板区域，通过抗剪板传递弯矩。

部分熔透坡口焊缝（*PJP*，*Partial-joint-penetration*（*PJP*）*groove weld*）：熔透深度小于所连接构件厚度的坡口焊缝。

部分受约束的抗弯连接（*Partially restrained moment connection*）：可以传递弯矩且不能忽略所连接构件之间转动的连接。

伸长率（*Percent elongation*）：度量延性的标准，根据拉伸试验中标距的最大伸长除以原始标距长度来予以确定。

管道（*Pipe*）：参见空心结构型材（HSS）条目。

列距（螺距）（*Pitch*）：沿纵向紧固件的中心至中心的距离。沿螺栓轴线方向，螺纹的中至中距离。

塑性分析（*Plastic analysis*）：基于刚-塑性假定的结构分析方法，即整个结构满足平衡条件且应力等于或小于屈服应力。

塑性铰（*Plastic hinge*）：当达到塑性弯矩时，在结构构件中所形成的完全屈服区域。

塑性弯矩（*Plastic moment*）：在完全屈服的横截面内，理论上的抗弯承载力。

塑性应力分布法（*Plastic stress distribution method*）：用于确定组合构件内应力的方法，假定横截面上的钢材和混凝土完全进入塑性。

塑变（塑性失效）（*Plastification*）：在空心结构型材连接中，在弦管上位于支管连接处形成出平面弯曲塑性铰线机制时的极限状态。

板梁（*Plate girder*）：组合梁。

塞焊（*Plug weld*）：在节点连接处的一个构件上的圆孔内施焊，与另一构件熔合的焊接形式。

积水（*Ponding*）：仅由于平屋盖构架的挠曲变形而产生的积水。

正弯矩区的抗弯承载力（*Positive flexural strength*）：叠合（组合）梁受弯，梁顶面受压区的抗弯承载力。

施加预紧力的螺栓（*Pretensioned bolt*）：按规定的最小预紧力紧固的螺栓。

施加预紧力的接头（*Pretensioned joint*）：按规定最小预紧力紧固的高强度螺栓的连接接头。

恰当锚固（*Properly developed*）：在混凝土压碎之前，钢筋以延性状态达到完全屈服。当钢筋的锚固长度、间距和保护层满足 ACI 318 相关规定的要求时，可被视为恰当锚固。

撬力作用（*Prying action*）：由于荷载作用点与被连接构件的反作用力之间的杠杆作用而引起的螺栓内部拉力的放大效应。

冲切荷载（*Punching load*）：在钢管连接中，作用于弦管的支管作用力的垂直分量。

***P-δ* 效应（*P-δ effect*）**：当荷载作用在已处于偏移状态的节点之间的杆件上时，所产生的效应。

***P-Δ* 效应（*P-Δ effect*）**：当荷载作用在节点已处于侧移位置的结构上时，所产生的效应。在多层建筑结构中，则为荷载作用于已出现水平变位的楼层或屋盖上所产生的效应。

质量保证（*Quality assurance*）：由某一机构或公司（除制作商和安装承包商

外）履行监督和检查任务，以确保所提供的材料以及制作商和安装承包商完成的工作，符合获得批准的施工文件和引用的技术标准的要求。质量保证应包括由现行的建筑法规或规范所规定的“专项检查”内容。

质量保证检查员（***QAI*，*Quality assurance inspector***）：对正在实施的工程项目，所指定的进行质量保证检查的个人。

质量保证计划（***QAP*，*Quality assurance plan***）：由某机构或公司负责质量保证的实施计划，该计划必须坚持详细的监督和检查程序，以确保符合获得批准的施工文件和引用的技术标准的要求。

质量控制（***Quality control***）：由制作商和安装承包商履行的质量管理和质量检验，以确保所提供的材料以及所完成的工作，符合获得批准的施工文件和引用的技术标准的要求。

质量控制检验员（***QCI*，*Quality control inspector***）：对正在实施的工程项目，所指定的进行质量控制检验的个人。

质量控制计划（***QCP*，*Quality control program***）：由制作商或安装承包商（视具体情况而定）负责质量控制的实施计划，该计划必须坚持详细的制作或安装以及质量检验程序，以确保符合获得批准的施工图纸、技术说明和引用的技术标准的要求。

凹角（***Reentrant***）：翼缘切除或扇形焊接孔处，在方向突变处所做的切口，其外露表面所呈是凹面。

相对支撑（***Relative brace***）：设置于梁或柱长度范围内，用以控制两个相邻支撑点间的相对运动或框架中两个楼层的相对侧向位移的支撑（参见支点支撑）。

承载力要求（***Required strength***）*+：由结构分析确定的作用于结构构件上的力、应力及其变形等，可以采用 LRFD 或 ASD 荷载组合（视具体情况而定），也可根据本规范的相关规定指定。

抗力系数 ϕ（***Resistance factor*** ϕ）+：该系数用以反映实际承载力与承载力标准值之间不可避免的偏差，并考虑了破坏方式和破坏后果。

受约束的结构构造（***Restrained construction***）：建筑物的楼盖、屋盖和单独梁，在整个预期的高温范围内，其周边或支承结构具有承担较大的热膨胀的能力。

反向弯曲（***Reverse curvature***）：参见双曲率弯曲条目。

节点根部（***Root of joint***）：焊接节点的组成部分，该处的杆件之间最为靠近。

转动能力（***Rotation capacity***）：在卸除过多的荷载之前，可以承担的一个给定形状的增量转角。定义为在达到屈服点时，可能发生的非弹性转动与理想的弹性转动之比值。

破裂承载力（*Rupture strength*）$^+$： 由构件或所连接单元的拉断或撕裂所确定的承载力值。

安全系数 Ω（*Safety factor*，Ω）$^+$： 该系数用于表述实际承载力与承载力标准值、实际荷载与荷载标准值之间的偏差，考虑了在结构分析中将荷载转化为荷载效应，以及其破坏方式和破坏后果所具有的不确定性。

二阶效应（*Second-order effect*）： 荷载作用在已产生变形结构上所产生的效应，包括 $P\text{-}\delta$ 效应和 $P\text{-}\Delta$ 效应。

地震响应修正系数（*Seismic response modification factor*）： 将地震作用效应折减为承载力等级的修正系数。

正常使用荷载（*Service load*）$^+$： 正常使用极限状态下的荷载。

正常使用荷载组合（*Service load combination*）： 正常使用极限状态下的荷载组合。

正常使用极限状态（*Serviceability limit state*）$^+$： 在正常使用情况下，影响结构保持其外观、可维护（修）性、耐久性及居住者的舒适感或机械设备功能的极限条件。

剪切屈曲（*Shear buckling*）$^+$： 板件（如梁腹板）在板平面内的纯剪作用下产生变形的屈曲模式。

剪力滞后（*Shear lag*）： 在连接周围的构件或所连接单元中的不均匀拉应力分布。

剪力墙（*Shear wall*）$^+$： 平面内具有承受侧向荷载的能力并为结构体系提供稳定性的墙体。

剪切屈服（冲切）（*Shear yielding*（*punching*））： 在空心结构型材连接中，基于支管与弦管连接处的弦管壁平面外剪切承载力的极限状态。

薄钢板（*Sheet steel*）： 在组合楼盖体系中，用于作模板用钢楼承板的封边或各种零星配料。

填隙片（*Shim*）： 用于填充接触面或支承面间的空隙的薄钢片。

侧移失稳（框架）（*Sidesway buckling*（*frame*））： 与框架侧移不稳定性相关的稳定极限状态。

铰接连接（*Simple connection*）： 在被连接构件之间，可忽略弯矩传递的连接。

单一集中力（*Single-concentrated force*）： 垂直施加于构件翼缘上的拉力或压力。

单曲率弯曲（*Single curvature*）： 在跨度内没有拐点的梁变形曲线。

薄柔型件截面（*Slender-element section*）： 由足够细柔板件组成的构件，在弹性范围内板件会发生局部屈曲。

滑移（*Slip*）：在螺栓连接达到设计承载力前，所连接的部分间发生相对运动的极限状态。

摩擦型连接（*Slip-critical connection*）：在螺栓夹紧力的作用下，通过接触面上的摩擦力来抵抗连接接触面之间位移的螺栓连接形式。

槽焊（*Slot weld*）：在一个构件上的槽孔内施焊，且与另一构件熔合的焊接形式。

拧紧至紧贴状态的连接（*Snug-tightened joint*）：将被连接件紧密贴合的连接，应符合本规范第J章的相关规定。

技术说明（*Specifications*）：所编制的技术文件，内容包括材料要求、所采用的规范及标准和工艺等。

规定的最小抗拉强度（*Specified minimum tensile strength*）：按照ASTM标准规定的材料抗拉强度下限值。

规定的最小屈服应力（*Specified minimum yield stress*）⁺：按照ASTM标准规定的材料屈服应力下限值。

拼接（*Splice*）：在两个结构构件的端头相连，来形成一个较长的单一构件。

稳定性（*Stability*）：当构件、框架或结构承受荷载作用时，在荷载或几何尺寸有较小变动而不会导致较大位移的状态。

静力加载（*Statically loaded*）：不承受显著的疲劳应力。重力、风和地震荷载作用被认为是静态荷载。

钢锚固件（*Steel anchor*）：焊接在构件上、埋置在组合构件的混凝土中的剪力栓钉或热轧槽钢，用以在两种材料的连接界面上传递剪力、拉力或拉剪组合作用。

加劲板件（*Stiffened element*）：扁平受压板件，且在沿平行于荷载的方向上板件的两边与平面外板件相连。

加劲肋（*Stiffener*）：结构板件，通常采用角钢或钢板，与构件连接以分配荷载、传递剪力或防止屈曲。

刚度（*Stiffness*）：用于抵抗构件或结构的变形，用所施加的作用力（或弯矩）与产生的位移（或转角）的比值来度量。

应变协调法（*Strain compatibility method*）：在组合构件中确定应力的方法，考虑了各种材料的应力-应变关系，以及该应力相对于横截面中和轴的位置。

承载能力极限状态（*Strength limit state*）⁺：当结构达到极限承载能力并影响结构安全的极限状态。

应力（*Stress*）：因轴力、弯矩、剪力或扭矩引起的单位面积上的作用力。

应力集中（*Stress concentration*）：由于几何形状或局部荷载的突然变化而产

生的高于应力平均值（指均匀厚度的横截面均匀受荷）的局部应力。

强轴（*Strong axis*）：横截面的主要形心主轴。

结构分析（*Structural analysis*）$^{+}$：基于结构力学原理确定作用于构件及其连接的荷载效应。

结构部件（*Structural component*）$^{+}$：构件、连接材料、连接件或上述各项的组合。

钢结构（*Structural steel*）：符合 AISC《建筑及桥梁钢结构标准施工规范》中第 2.1 条定义的钢构件。

结构体系（*Structural system*）：连接在一起以提供相互作用或相互依赖关系的受荷构件的组合。

***T*型连接（*T-connection*）**：钢管结构连接形式，支管或连接件与主管垂直，其传递到主管上的荷载由主管内的剪力平衡。

材料的抗拉强度（*Tensile strength*（*of material*））$^{+}$：按照 ASTM 标准所定义的材料能够承受的最大拉应力。

构件的受拉承载力（*Tensile strength*（*of member*））：构件能够承受的最大拉力。

拉剪撕裂（*Tension and shear rupture*）$^{+}$：在螺栓或其他机械的紧固件中，因拉力及剪力同时作用所引起撕裂的极限状态。

拉力场效应（*Tension field action*）：板梁在剪力作用下的性状，在其腹板上产生沿对角线方向的拉力，在其横向加劲肋中产生压应力，其受力形式类似于普拉特（Pratt）桁架。

热切割（*Thermally cut*）：采用气体、等离子气体或激光的切割方式。

系板（*Tie plate*）：钢板构件，用于连接组合柱、大梁的两平行构件或与平行构件刚接的撑杆，以在平行构件之间传递剪力。

角焊缝的焊趾（*Toe of fillet*）：角焊缝表面和母材间的交界处，轧制截面角焊缝的正切点部位。

抗扭支撑（*Torsional bracing*）：用于防止梁或柱发生扭曲的支撑。

扭转屈曲（*Torsional buckling*）$^{+}$：受压构件绕其剪切中心轴的屈曲模式。

横向钢筋（*Transverse reinforcement*）：在型钢混凝土组合柱中，采用封闭钢箍或焊接钢筋网形式的钢筋，以对型钢周围的混凝土提供约束。

横向加劲肋（*Transverse stiffener*）：垂直于翼缘并与腹板连结的腹板加劲肋。

管道（*Tubing*）：参见空心结构型材（HSS）条目。

转角法（*Turn-of-nut method*）：在螺栓被拧至贴紧状态后，通过对螺帽预定转动值的控制，来达到对高强螺栓规定预拉力。

无支撑长度（自由长度）（*Unbraced length*）：构件上被支撑点之间的距离，取支撑构件重心间的距离。

荷载的不平衡分布（*Uneven load distribution*）：在钢管连接中，所连接的结构单元的横截面上荷载以不确定方式分布的情况。

无约束端部（*Unframed end*）：构件端部未设置加劲肋或连接件来限制其转动。

无约束的结构构造（*Unrestrained construction*）：建筑物楼盖、屋盖和单独的梁，假定在整个预期的高温范围内，可以自由转动和伸长。

未加劲板件（*Unstiffened element*）：扁平受压板件，且在沿平行于荷载的方向上板件的一侧与平面外板件相连。

弱轴（*Weak axis*）：横截面的次要形心主轴。

耐候钢（*Weathering steel*）：高强度低合金钢材，在采取适当的预防措施后，可暴露于一般的大气环境中（非海洋环境）而无须防护涂装。

腹板压屈（*Web crippling*）$^{+}$：在集中荷载或反力直接作用点的周围区域，腹板产生局部失效的极限状态。

腹板侧向屈曲（*Web sidesway buckling*）：在与集中压力荷载作用位置相对的受拉翼缘产生的侧向屈曲的极限状态。

焊缝金属（*Weld metal*）：在焊接过程中已完全熔化的焊接材料。在焊接热循环过程中，焊材和母材相互熔合，形成焊接金属。

焊根（*Weld root*）：参见节点根部条目。

***Y*型连接（*Y-connection*）**：钢管结构的连接形式，支管或连接构件不垂直于主管，由主管中的剪力来平衡传递到主管上的荷载。

屈服弯矩（*Yield moment*）$^{+}$：在受弯构件中，其最外层纤维首先达到屈服应力时的弯矩。

屈服点（*Yield point*）$^{+}$：按照ASTM标准的定义，材料应变增加但其应力不再增加时首次达到的应力值。

屈服强度（*Yield strength*）$^{+}$：按照ASTM标准的定义，材料开始显示出应力与应变的非线性关系的最大应力值。

屈服应力（*Yield stress*）$^{+}$：对应于不同材料，表示屈服点或屈服强度的常用术语。

屈服（*Yielding*）$^{+}$：在达到屈服应力后发生非弹性变形的极限状态。

屈服（塑性弯矩）（*Yielding*（*plastic moment*））$^{+}$：在弯矩达到塑性弯矩时，构件的整个横截面屈服。

屈服（屈服弯矩）（*Yielding*（*yield moment*））$^{+}$：在弯矩达到屈服弯矩时，构件的横截面上最外层纤维屈服。

A 总 则

本章规定本规范的适用范围，对所引用的相关规范及标准进行了归纳，并给出了材料和结构设计文件的相关要求。

本章的组织结构如下：

A1. 适用范围

A2. 所引用的规范及标准

A3. 材料

A4. 结构设计图纸及技术说明

A1. 适用范围

《建筑钢结构设计规范》（ANSI/AISC 360），以下简称为“规范”，适用于钢结构体系或与钢筋混凝土结构之间存在组合作用的钢结构的设计，其中钢构件的定义见 AISC《建筑及桥梁钢结构标准施工规范》（*Code of Standard Practice for Steel Buildings and Bridges*）第 2.1 条，以下简称为“标准施工规范”。

本规范包括符号、术语表、第 A 章至第 N 章，以及附录 1 至附录 8。条文说明和穿插于规范正文中的**使用说明（User Notes）**并不属于本规范的组成部分。

使用说明：使用说明旨在为规范条款提供简明而实用的指导。

本规范对建筑钢结构和其他钢结构的设计、制作和安装所采用的相关标准做了详细介绍，其中“其他钢结构”定义为按建筑物进行设计、制作和安装，并且具有与建筑物相似的竖向和抗侧力构件的结构。

无论本规范是否引用了相关现行建筑法规，其中的荷载、荷载组合、对结构体系的限制以及通用设计要求均应符合 ASCE/SEI 7《建筑物及其他结构的最小设计荷载》的要求。

对于本规范未能涵盖的情况，可以根据试验或分析结果进行设计，但必须得到相应主管机构的批准。

也可使用（本规范以外的）其他分析和设计方法，但这些分析方法或设计准则应获得相应主管机构的接受和认可。

1. 在抗震设防区域中的应用

除了在现行建筑法规中有专门规定外，在进行钢结构或钢-混凝土组合结构的抗震设计时，应符合 ANSI/AISC 341《钢结构建筑抗震设计规定》（*The Seismic Provisions for Structural Steel Buildings*）中的相关要求。

使用说明：对于抗震设计类别为 B 类和 C 类的钢结构建筑，按本规范进行设计且计算地震荷载作用时取地震响应修正系数 R 等于 3 时，可不受 ASCE/SEI 7（表 12.2-1，第 H 款）对建筑物的抗侧力体系要求的限制，但组合结构体系除外。ASCE/SEI 7 同时规定了抗震设计类别为 A 类的建筑物的侧向地震作用力计算方法，计算该侧向地震力不需要考虑地震响应修正系数 R。因此，对于抗震设计类别为 A 类的建筑物，没有必要专门指定满足抗震要求的抗侧力体系，也不需要按《钢结构建筑抗震设计规定》进行设计。

本规范中附录 1 的条款不适用于建筑物和其他结构物的抗震设计。

2. 在核设施中的应用

对于核设施结构的设计、制作和安装，除了符合本规范的相关规定外，还应符合 ANSI/AISC N690《核设施中与安全相关的钢结构技术规程》（*Specification for Safety-Related Steel Structures for Nuclear Facilities*）中的规定。

A2. 所引用的规范及标准

在本规范中参考和引用了下列技术规程、规范及标准：

美国混凝土协会（ACI）

ACI 318-08《混凝土结构建筑规范及条文说明》（*Building Code Requirements for Structural Concrete and Commentary*）。

ACI 318M-08《混凝土结构建筑规范（公制）及条文说明》（*Metric Building Code Requirements for Structural Concrete and Commentary*）。

ACI 349-06《与核安全相关的混凝土结构规范及条文说明》（*Code Requirements for Nuclear Safety-Related Concrete Structures and Commentary*）。

美国钢结构协会（AISC）

AISC303-10《建筑及桥梁钢结构标准施工规范》（*Code of Standard Practice for Steel Buildings and Bridges*）。

ANSI/AISC341-10《钢结构建筑抗震设计规定》（*Seismic Provisions for Structural Steel Buildings*）。

ANSI/AISC N690-06《核设施中与安全相关的钢结构技术规程》（*Specification for Safety-Related Steel Structures for Nuclear Facilities*）。

美国土木工程师协会（ASCE）

ASCE/SEI 7-10《建筑物及其他结构的最小设计荷载》（*Minimum Design*

Loads for Buildings and Other Structures)。

ASCE/SFPE29-05《结构防火的标准计算方法》(*Standard Calculation Methods for Structural Fire Protection*)。

美国机械工程师协会（ASME）

ASME B18. 2. 6-06《结构用紧固件》(*Fasteners for Use in Structural Applications*)。

ASME B46. 1-02《表面纹理、粗糙度、波浪度及形态》(*Surface Texture, Surface Roughness, Waviness, and Lay*)。

美国无损检测协会（ASNT）

ANSI/ASNT CP-189-2006《无损检测人员资质和认证标准》(*Standard for Qualification and Certification of Nondestructive Testing Personnel*)。

推荐实施细则 No. SNT-TC-1A-2006《无损检测人员资质和认证》(*Personnel Qualification and Certification in Nondestructive Testing*)。

美国材料与试验协会（ASTM）

A6/A6M-09《结构用轧制棒材、板材、型材及板桩通用标准技术条件》(*Standard Specification for General Requirements for Rolled Structural Steel Bars, Plates, Shapes, and Sheet Piling*)。

A36/A36M-08《碳素结构钢标准技术条件》(*Standard Specification for Carbon Structural Steel*)。

A53/A53M-07《无镀层和热浸、镀锌、焊接及无缝钢制管标准技术条件》(*Standard Specification for Pipe, Steel, Black and Hot-Dipped, Zinc-Coated, Welded and Seamless*)。

A193/A193M-08b《高温或高压设备用和其他特殊用途的合金钢及不锈钢螺栓标准技术条件》(*Standard Specification for Alloy-Steel and Stainless Steel Bolting Materials for High Temperature or High Pressure Service and Other Special Purpose Applications*)。

A194/A194M-09《高压或（和）高温设备螺栓用碳素钢及合金钢螺帽标准技术条件》(*Standard Specification for Carbon and Alloy Steel Nuts for Bolts for High Pressure or High Temperature Service, or Both*)。

A216/A216M-08《高温设备用、适用于熔融焊的碳钢铸件标准技术条件》(*Standard Specification for Steel Castings, Carbon, Suitable for Fusion Welding, for High Temperature Service*)。

A242/A242M-04（2009）《结构用高强度低合金钢标准技术条件》(*Standard Specification for High-Strength Low-Alloy Structural Steel*)。

A283/A283M-03（2007）《低强度及中等强度的碳素钢钢板标准技术条件》

(*Standard Specification for Low and Intermediate Tensile Strength Carbon Steel Plates*)。

A307-07b《碳素钢螺栓及螺柱（抗拉强度 60000Psi）标准技术条件》(*Standard Specification for Carbon Steel Bolts and Studs*, 60000PSI *Tensile Strength*)。

A325-09《经热处理的结构用钢制螺栓（最小抗拉强度 120/105ksi）标准技术条件》(*Standard Specification for Structural Bolts*, *Steel*, *Heat Treated*, 120/105ksi *Minimum Tensile Strength*)。

A325M-09《经热处理的结构用钢螺栓（最小抗拉强度 830MPa）标准技术条件（公制）》(*Standard Specification for Structural Bolts*, *Steel*, *Heat Treated* 830MPa *Minimum Tensile Strength* (*Metric*))。

A354-07a《调质合金钢螺栓、螺柱及其他外螺纹紧固件标准技术条件》(*Standard Specification for Quenched and Tempered Alloy Steel Bolts*, *Studs and Other Externally Threaded Fasteners*)。

A370-09《钢材制品力学性能标准试验方法及定义》(*Standard Test Methods and Definitions for Mechanical Testing of Steel Products*)。

A449-07b《适用于一般用途、经热处理的六角螺钉、螺栓和螺柱（最小抗拉强度 120/105/90ksi）标准技术条件》(*Standard Specification for Hex Cap Screws*, *Bolts and Studs*, *Steel*, *Heat Treated*, 120/105/90ksi *Minimum Tensile Strength*, *General Use*)。

A490-08b《结构用热处理合金钢螺栓（最小抗拉强度 150ksi）标准技术条件》(*Standard Specification for Heat-Treated Steel Structural Bolts*, *Alloy Steel*, *Heat Treated*, 150ksi *Minimum Tensile Strength*)。

A490M-08《结构用 10.9 级和 10.9.3 级高强螺栓标准技术条件（公制）》(*Standard Specification for High-Strength Steel Bolts*, *Classes* 10.9 *and* 10.9.3, *for Structural Steel Joints* (*Metric*))。

A500/A500M-07《结构用冷成型焊管及无缝碳素钢管（圆形或其他形状）标准技术条件》(*Standard Specification for Cold-Formed Welded and Seamless Carbon Steel Structural Tubing in Rounds and Shapes*)。

A501-07《结构用热成型焊管及无缝碳素钢管标准技术条件》(*Standard Specification for Hot-Formed Welded and Seamless Carbon Steel Structural Tubing*)。

A502-03《结构用钢铆钉标准技术条件》(*Standard Specification for Steel Structural Rivets*, *Steel*, *Structural*)。

A514/A514M-05《焊接用高屈服强度、调质合金钢钢板标准技术条件》(*Standard Specification for High-Yield Strength*, *Quenched and Tempered Alloy Steel Plate*, *Suitable for Welding*)。

A529/A529M-05《结构用优质高强度碳锰合金钢标准技术条件》(*Standard*

Specification for High-Strength Carbon-Manganese Steel of Structural Quality)。

A563-07a《碳素钢和合金钢螺母标准技术条件》(*Standard Specification for Carbon and Alloy Steel Nuts*)。

A563M-07《碳素钢和合金钢螺母标准技术条件(公制)》(*Standard Specification for Carbon and Alloy Steel Nuts (Metric)*)。

A568/A568M-09《热轧及冷轧高强度低合金碳素钢薄板通用标准技术条件》(*Standard Specification for Steel, Sheet, Carbon, Structural and High-Strength, Low-Alloy, Hot-Rolled and Cold-Rolled, General Requirements for*)。

A572/A572M-07《结构用高强度低合金铌-钒钢标准技术条件》(*Standard Specification for High-Strength Low-Alloy Columbium-Vanadium Structural Steel*)。

A588/A588M-05《结构用高强度低合金耐候钢(厚度达4in[100mm],屈服点最低为50ksi[345MPa])标准技术条件》(*Standard Specification for High-Strength Low-Alloy Structural Steel, up to* 50ksi [345MPa] *Minimum Yield Point, with Atmospheric Corrosion Resistance*)。

A606/A606M-09《具有增强耐候性能的热轧和冷轧高强度低合金钢材、薄钢板和带材标准技术条件》(*Standard Specification for Steel, Sheet and Strip, High-Strength, Low-Alloy, Hot-Rolled and Cold-Rolled, with Improved Atmospheric Corrosion Resistance*)。

A618/A618M-04《结构用热轧焊接及无缝高强度低合金钢管标准技术条件》(*Standard Specification for Hot-Formed Welded and Seamless High-Strength Low-Alloy Structural Tubing*)。

A668/A668M-04《一般工业用碳素钢和合金钢锻件标准技术条件》(*Standard Specification for Steel Forgings, Carbon and Alloy, for General Industrial Use*)。

A673/A673M-04《结构用钢冲击韧性试验采样方法标准》(*Standard Specification for Sampling Procedure for Impact Testing of Structural Steel*)。

A709/A709M-09《桥梁结构用钢标准技术条件》(*Standard Specification for Structural Steel for Bridges*)。

A751-08《钢材产品化学分析的标准试验方法、操作及术语》(*Standard Test Methods, Practices, and Terminology for Chemical Analysis of Steel Products*)。

A847/A847M-05《具有增强耐候性能的冷轧焊接及无缝高强度低合金钢管标准技术条件》(*Standard Specification for Cold-Formed Welded and Seamless High-Strength, Low-Alloy Structural Tubing with Improved Atmospheric Corrosion Resistance*)。

A852/A852M-03(2007)《结构用调质低合金钢板(厚度4in[100mm],屈服点最低为70ksi[485MPa])标准技术条件》(*Standard Specification for Quenched and Tempered Low-Alloy Structural Steel Plate with* 70ksi [485MPa] *Minimum Yield*

Strength to 4in［100mm］*Thick*）。

A913/A913M-07《经淬火和自回火（QST）处理的结构用高强度低合金型材标准技术条件》（*Standard Specification for High-Strength Low-Alloy Steel Shapes of Structural Quality, Produced by Quenching and Self-Tempering Process*（*QST*））。

A992/A992M-06a《结构用型钢标准技术条件》（*Standard Specification for Structural Steel Shapes*）。

使用说明：ASTM A992 是 W 型钢最常用的参考技术标准。

A1011/A1011M-09a《结构用高强度低合金、具有良好成型性能的热轧碳素钢钢材、薄钢板和带材标准技术条件》（*Standard Specification for Steel, Sheet and Strip, Hot-Rolled, Carbon, Structural, High-Strength, Low-Alloy, High-Strength Low-Alloy with Improved Formability, and Ultra-High Strength*）。

A1043/A1043M-05《具有低屈强比的建筑结构用钢材标准技术条件》（*Standard Specification for Structural Steel with Low Yield to Tensile Ratio for Use in Buildings*）。

C567-05a《确定结构用轻骨料混凝土容重的标准试验方法》（*Standard Test Method for Determining Density of Structural Lightweight Concrete*）。

E119-08a《建筑构造做法和材料抗火试验的标准试验方法》（*Standard Test Methods for Fire Tests of Building Construction and Materials*）。

E165-02《液体渗透检查的标准试验方法》（*Standard Test Method for Liquid Penetrant Examination*）。

E709-08《磁粉检验的标准指南》（*Standard Guide for Magnetic Particle Examination*）。

F436-09《硬化钢垫圈标准技术条件》（*Standard Specification for Hardened Steel Washers*）。

F436M-09《经淬火的钢垫圈标准技术条件（公制）》（*Standard Specification for Hardened Steel Washers*（*Metric*））。

F606-07《带螺纹紧固件、垫圈、紧固轴力指示器和铆钉的力学性能标准试验方法》（*Standard Test Methods for Determining the Mechanical Properties of Externally and Internally Threaded Fasteners, Washers, Direct Tension Indicators, and Rivets*）。

F606M-07《带螺纹紧固件、垫圈、紧固轴力指示器和铆钉的力学性能标准试验方法（公制）》（*Standard Test Methods for Determining the Mechanical Properties of Externally and Internally Threaded Fasteners, Washers, and Rivets*（*Metric*））。

F844-07a《适用于一般用途、未经淬火的光面钢垫圈标准技术条件》（*Standard Specification for Washers, Steel, Plain*(*Flat*), *Unhardened for General Use*）。

F959-09《结构紧固件用的可压缩垫圈型紧固轴力指示器标准技术条件》

(*Standard Specification for Compressible- Washer- Type Direct Tension Indicators for Use with Structural Fasteners*)。

F959M-07《结构紧固件用的可压缩垫圈型紧固轴力指示器标准技术条件(公制)》(*Standard Specification for Compressible- Washer- Type Direct Tension Indicators for Use with Structural Fasteners* (*Metric*))。

F1554-07a《屈服强度为 36ksi、55ksi 及 105ksi 的钢锚栓标准技术条件》(*Standard Specification for Anchor Bolts*, *Steel*, 36ksi, 55ksi *and* 105ksi *Yield Strength*)。

使用说明： ASTM F1554 是最常用的锚栓参考标准，使用时必须确定钢材强度等级和可焊性。

F1852-08《经热处理的结构用扭剪型高强度螺栓/螺母/垫圈连接副（最小抗拉强度为 120/105ksi）标准技术条件》(*Standard Specification for "Twist- Off" Type Tension Control Structural Bolt/Nut/Washer Assemblies*, *Steel*, *Heat Treated*, 120/105ksi *Minimum Tensile Strength*)。

F2280-08《经热处理的结构用扭剪型高强度螺栓/螺母/垫圈连接副（最小抗拉强度为 150ksi）标准技术条件》(*Standard Specification for "Twist Off" Type Tension Control Structural Bolt/Nut/Washer Assemblies*, *Steel*, *Heat Treated*, 150ksi *Minimum Tensile Strength*)。

美国焊接学会（AWS）

AWS A5. 1-2004《熔化极自动保护电弧焊用碳钢焊条技术标准》(*Specification for Carbon Steel Electrodes for Shielded Metal Arc Welding*)。

AWS A5. 5/A5. 5M-2004《熔化极自动保护电弧焊用低合金钢焊条技术标准》(*Specification for Low-Alloy Steel Electrodes for Shielded Metal Arc Welding*)。

AWS A5. 17/A5. 17M-1997 (R2007)《埋弧焊用碳钢焊条技术标准》(*Specification for Carbon Steel Electrodes and Fluxes for Submerged Arc Welding*)。

AWS A5. 18/A5. 18M-2005《气体保护电弧焊用焊条技术标准》(*Specification for Carbon Steel Electrodes and Rods for Gas Shielded Arc Welding*)。

AWS A5. 20/A5. 20M-2005《药芯焊丝电弧焊用碳钢焊条技术标准》(*Specification for Carbon Steel Electrodes for Flux Cored Arc Welding*)。

AWS A5. 23/A5. 23M-2007《埋弧焊用低合金钢焊条和焊剂技术标准》(*Specification for Low-Alloy Steel Electrodes and Fluxes for Submerged Arc Welding*)。

AWS A5. 25/A5. 25M-2007《电渣焊用碳钢和低合金钢焊条和焊剂技术标准》(*Specification for Carbon and Low-Alloy Steel Electrodes and Fluxes for Electroslag Welding*)。

AWS A5. 26/A5. 26M-1997 (R2009)《气电焊用碳钢和低合金焊条技术标

准》(*Specification for Carbon and Low-Alloy Steel Electrodes for Electrogas Welding*)。

AWS A5.28/A5.28M-2005《气体保护电弧焊用低合金钢焊条技术标准》(*Specification for Low-Alloy Steel Electrodes and Rods for Gas Shielded Arc Welding*)。

AWS A5.29/A5.29M-2005《药芯焊丝电弧焊用低合金钢焊条技术标准》(*Specification for Low-Alloy Steel Electrodes for Flux Cored Arc Welding*)。

AWS A5.32/A5.32M-1997 (R2007)《焊接保护气体技术标准》(*Specification for Welding Shielding Gases*)。

AWS B5.1-2003《焊接检查人员资格》(*Specification for the Qualification of Welding Inspectors*)。

AWS D1.1/D1.1M-2010《结构焊接规范——钢材》(*Structural Welding Code—Steel*)。

AWS D1.3 -2008《结构焊接规范——薄钢板》(*Structural Welding Code—Sheet Steel*)。

结构连接研究委员会(RCSC)

《高强度螺栓连接结构节点的技术标准,2009》(*Specification for Structural Joints Using High-Strength Bolts*, 2009)。

A3. 材料

1. 结构用钢材

材料试验报告或由制作商或实验室提供的试验报告,应提供足够的证据,证明与第 A3.1a 条中所列的 ASTM 标准技术条件之一相符合。对于结构用热轧型材、板材及棒材,试验应符合 ASTM A6/A6M 中的相关规定;对于薄钢板,试验应符合 ASTM A568/A568M 中的相关规定;对于管材,试验应符合与相应产品形式相适应的上述现行 ASTM 标准中的相关规定。

1a. ASTM 标准代号

符合下列 ASTM 标准之一的结构用钢材,获准在本规范中使用:

(1) 结构用热轧型材。

ASTM A36/A36M　　ASTM A709/A709M

ASTM A529/A529M　　ASTM A913/A913M

ASTM A572/A572M　　ASTM A992/A992M

ASTM A588/A588M　　ASTM A1043/A1043M

(2) 结构用管材。

ASTM A500　　ASTM A618/A618M

ASTM A501　　ASTM A847/A847M

（3）管道。

ASTM A53/A53M，Gr. B

（4）钢板。

ASTM A36/A36M　　ASTM A588/A588M

ASTM A242/A242M　　ASTM A709/A709M

ASTM A283/A283M　　ASTM A852/A852M

ASTM A514/A514M　　ASTM A1011/A1011M

ASTM A529/A529M　　ASTM A1043/A1043M

ASTM A572/A572M

（5）钢棒。

ASTM A36/A36M　　ASTM A572/A572M

ASTM A529/A529M　　ASTM A709/A709M

（6）薄钢板。

ASTM A606/A606M

ASTM A1011/A1011M SS，HSLAS 以及 HSLAS-F

1b. 未经认可的钢材

对于无损害性缺陷的未经认可的钢材，仅允许在非关键性的构件和构造部位中使用，不会因其失效而降低结构的局部或整体强度。使用此类材料时应得到责任工程师的批准。

使用说明：在那些钢材具体的力学性能和可焊性可能影响不大的构造部位，可以采用未经认可的钢材。如封边板、填隙片和其他类似的钢条、钢片等。

1c. 重型轧制型材

当 ASTM A6/A6M 热轧型材的翼缘厚度超过 2in(50mm) 时，可将其定义为重型轧制型材。重型轧制型材用于因受拉或受弯而主要承受拉力的构件，以及采用全熔透坡口焊缝焊接（翼缘或翼缘和腹板全厚度熔透）的拼接和连接部位，需符合下列规定。结构设计文件应要求对此类型材进行夏比 V 型切口冲击韧性试验（CVN），试验须符合 ASTM A6/A6M 的补充要求 S30 中结构用型材夏比 V 型切口冲击韧性试验：备用取样位置（Alternate Core Location）的规定。冲击韧性试验应满足在温度不高于 +70℉（+21℃）时平均冲击功不低于 20ft · lb(27J)。

如果采用螺栓接头和连接时，上述要求不再适用。当重型轧制型钢与另一个型钢的表面采用坡口焊缝焊接时，上述要求只适用于焊缝穿过横截面的型材。

使用说明：在第 J1.5、J1.6、J2.6 和 M2.2 条中，给出了有关轧制重型型钢构件中节点连接的附加要求。

1d. 重型组合型材

当组合截面采用的钢板厚度大于 2in(50mm) 时，可定义为重型组合型材。重型组合型材用于因受拉或受弯而主要承受拉力的构件，以及采用全熔透坡口焊缝焊接（组合板件全厚度熔透）的拼接和连接部位，需符合下列规定。结构设计文件应要求对钢材进行夏比 V 型切口冲击韧性试验，试验须符合 ASTM A6/A6M 的补充要求 S5 中夏比 V 型缺口冲击试验的规定。冲击韧性试验应按照 ASTM A673/A673M 中的要求执行，试验频率为 P，并应满足在温度不高于 +70℉(+21℃) 时平均冲击功不低于 20ft·lb(27J)。

当重型组合型材与另一个构件的表面采用坡口焊缝焊接时，上述要求只适用于焊缝穿过横截面的型材。

使用说明：在第 J1.5、J1.6、J2.6 和 M2.2 条中，给出了有关重型组合型钢构件中节点连接的附加要求。

2. 铸钢和锻钢

铸钢应符合 ASTM A216/A216M，Gr. WCB 的补充要求 S11 标准。锻钢应符合 ASTM A668/A668M 标准。按前述标准技术条件所提供的试验报告应提供足够的证据，以证明与标准技术条件的一致性。

3. 螺栓、垫圈及螺母

符合下列 ASTM 标准之一的螺栓、垫圈及螺母材料，获准在本规范中使用：

(1) 螺栓。

ASTM A307
ASTM A325
ASTM A325M
ASTM A354
ASTM A449
ASTM A490
ASTM A490M
ASTM F1852
ASTM F2280

(2) 螺母。

ASTM A194/A194M
ASTM A563
ASTM A563M

(3) 垫圈。

ASTM F436

ASTM F436M

ASTM F844

(4) 可压缩垫圈型直接张力指示器。

ASTM F959

ASTM F959M

制作商应提供足够的证据，以证明与这些标准技术条件的一致性。

4. 锚栓和螺杆

符合下列 ASTM 标准之一的锚栓和螺杆材料，获准在本规范中使用：

ASTM A36/A36M

ASTM A193/A193M

ASTM A354

ASTM A449

ASTM A572/A572M

ASTM A588/A588M

ASTM F1554

使用说明：ASTM F1554 为锚栓材料的首选标准技术条件。

A449 材料适用于任意直径的高强度锚栓和螺杆。

锚栓和螺杆上的螺纹应符合统一标准系列 ASME B18. 2. 6，并且满足 2A 级公差。

制作商应提供足够的证据，以证明与这些标准技术条件的一致性。

5. 焊接耗材

焊材及焊剂应符合下列美国焊接协会的规范之一：

AWS A5. 1/A5. 1M

AWS A5. 5/A5. 5M

AWS A5. 17/A5. 17M

AWS A5. 18/A5. 18M

AWS A5. 20/A5. 20M

AWS A5. 23/A5. 23M

AWS A5. 25/A5. 25M

AWS A5. 26/A5. 26M

AWS A5. 28/A5. 28M

AWS A5. 29/A5. 29M

AWS A5. 32/A5. 32M

制作商应提供足够的证据，以证明与这些标准技术条件的一致性。应选用适合于实施焊接的焊材和焊剂。

6. 栓钉

栓钉应符合《结构焊接规范——钢材》（AWS D1. 1/D1. 1M）中的相关要求。

制作商应提供足够的证据，以证明与 AWS D1. 1/D1. 1M 规范的一致性。

A4. 结构设计图纸及技术说明

结构设计图纸及技术说明必须符合《建筑及桥梁钢结构标准施工规范》中的相关要求。

使用说明：本规范规定，在设计图纸上应包含以下信息：

（1）当采用重型轧制型材（见第 A3.1c 条）时，需要提供备用材料样品的夏比 V 型切口冲击韧性试验（CVN）的试验结果。

（2）当采用重型组合型材（见第 A3.1d 条）时，需要提供冲击韧性试验（CVN）的试验结果。

（3）使用预拉螺栓（见第 J3.1 条）连接的位置。

制作方或安装方所需要的，并应在设计图纸上给出的其他信息包括：

（1）要求无损检测的疲劳设计参数（见附录 3，如表 A3-1 中的第 5.1 ~ 5.4 项）。

（2）风险类别（见第 N 章）。

（3）标明承受拉力的全熔透坡口焊缝（见第 N 章）。

B 设 计 要 求

本章所给出的钢结构分析及设计的一般要求，适用于本规范的所有章节。

本章的组织结构如下：

B1. 一般规定
B2. 荷载及荷载组合
B3. 设计基础
B4. 构件特性
B5. 加工制作及安装
B6. 质量控制及质量保证
B7. 对已有结构的评估

B1. 一般规定

构件及连接的设计，应与预期的结构体系性能相一致，也应与结构分析中所使用的假定相一致。除现行建筑法规有限制的情形之外，结构的抗侧力能力和稳定性可以由构件和连接的任何组合形式来提供。

B2. 荷载及荷载组合

荷载及荷载组合应符合现行建筑法规的规定。在没有相关的建筑规范时，荷载及荷载组合应符合 ASCE/SEI 7《建筑物及其他结构的最小设计荷载》（*Minimum Design Loads for Buildings and Other Structures*）中的相关规定。在设计中，应在现行建筑规范中选用相应的荷载标准值。

使用说明： 在采用 ASCE/SEI 7 时，当按照本章第 B3. 3 条（LRFD 方法）进行设计时应按 ASCE/SEI 7 中第 2. 3 节的荷载组合。当按照本章第 B3. 4 条（ASD 方法）进行设计时应按 ASCE/SEI 7 中第 2. 4 节的荷载组合。

B3. 设计基础

应按照荷载和抗力分项系数设计法（LRFD）或容许应力设计法（ASD）的

相关规定进行设计。

1. 承载力要求

应按照第 B2 节中规定的荷载组合进行结构分析并确定结构构件及连接的承载力要求。可以采用弹性、非弹性或塑性分析方法进行设计。关于非弹性及塑性分析的相关条款见附录 1：非弹性分析设计。

2. 极限状态

结构设计的基本原则是：结构在承受所有可能的荷载组合作用下，应不超过其实际的承载能力及正常使用极限状态。

除非在现行的建筑法规和规范中有专门说明，在按照现行建筑法规和规范进行结构整体性要求设计时，应使用承载力标准值而不是承载力设计值（LRFD）或承载力容许值（ASD）。为了满足结构整体性要求，不需要考虑连接组件的极限变形或屈服的极限状态。

为了达到现行建筑规范中所规定的结构整体性要求，在承压螺栓连接中可以使用与拉力荷载方向平行的短槽孔，并假定螺栓位于槽的端部。

3. 荷载和抗力分项系数设计法（LRFD）

当每一个结构构（部）件的承载力设计值等于或大于其由 LRFD 荷载组合所确定的承载力要求时，按照荷载和抗力分项系数设计法（LRFD）相关规定所进行的设计，即可满足本规范中除第 B3.4 条以外的所有相关要求。

设计应符合式（B3-1）的规定：

$$R_u \leqslant \phi R_n \tag{B3-1}$$

式中 R_u——承载力要求（LRFD）；

R_n——承载力标准值，按照第 B 章至第 K 章的规定；

ϕ——抗力系数，按照第 B 章至第 K 章的规定；

ϕR_n——承载力设计值。

4. 容许应力设计法（ASD）

当每一个结构构（部）件的承载力容许值等于或大于其由 ASD 荷载组合所确定的承载力要求时，按照容许应力设计法（ASD）的相关规定所进行的设计，即可满足本规范中除第 B3.3 条以外的所有相关要求。

设计时应符合式（B3-2）的规定：

$$R_a \leqslant R_n/\Omega \tag{B3-2}$$

式中 R_a——承载力要求（ASD）；

R_n——承载力标准值，按照第 B 章至第 K 章的规定；

Ω——安全系数，按照第 B 章至第 K 章的规定；

R_n/Ω——承载力容许值。

5. 稳定设计

应按照第 C 章的相关规定确定结构及其构件的稳定性。

6. 连接设计

应根据第 J 章和第 K 章中的相关规定进行连接部件设计。在设计中所采用的力和变形设计值，应与预期的连接性状相一致，也应与结构分析中所使用假定相一致。允许连接部位有自限性的非弹性变形（译者注：自限性是指当连接部位发生塑性变形后，变形将趋于协调，应力也就不再增加的现象）。应在梁和桁架支座处对绕其纵轴的转动自由度进行约束，除非结构分析结果表明这是不必要的。

使用说明：在 AISC《建筑及桥梁钢结构标准施工规范》的第 3.1.2 条中，有关连接设计所必须的信息资料有明确的说明。

6a. 简单（铰接）连接

简单（铰接）连接所传递的弯矩可以忽略不计。在进行结构分析时，可以假定铰接部位的被连接结构构件之间的相对转动不受约束。铰接连接应具有足够的转动能力，来满足结构分析所确定的转动需求。

6b. 抗弯连接

抗弯连接可分为两种类型：完全约束抗弯连接（FR）和部分约束抗弯连接（PR），亦可称为刚性连接和半刚性连接。

（1）完全约束抗弯连接（FR）。完全约束抗弯连接（FR）能够传递弯矩，且可以忽略被连接构件之间的转动。在进行结构分析时，可以假定这种连接没有相对转动。完全约束抗弯连接必须具有足够的强度和刚度，保证在达到承载力极限状态时被连接构件间的夹角可以保持不变。

（2）部分约束抗弯连接（PR）。部分约束抗弯连接（PR）能够传递弯矩，但不可忽略被连接构件之间的转动。在进行结构分析时，应考虑该连接的力-变形的反应特性。部分约束抗弯连接的反应特性必须在有关技术参考文献中或通过分析或试验手段得到验证。当达到承载力极限状态时，部分约束抗弯连接的部件应具有足够的强度、刚度和变形能力。

7. 梁弯矩的重分配

按第 B4.1 条定义的厚实型截面构成的，并满足第 F13.5 条无支撑长度要求的梁的抗弯承载力，如果最大正弯矩增加了平均负弯矩（按弹性分析方法计算）

的十分之一，则可以在支座处按负弯矩的十分之九取值（该负弯矩是在重力荷载作用下，满足本规范中第 C 章的要求按弹性分析方法计算得到的）。对于下列情形：如构件的最小屈服应力 F_y超过 65ksi(450MPa)，弯矩是由作用在悬臂上的荷载所产生的，设计中采用了部分约束抗弯连接（PR），或者按照本规范附录 1 中非弹性分析方法进行设计，则不允许进行弯矩重分配。当按第 B3.3 条（LRFD）和第 B3.4 条（ASD）进行设计时，可以进行弯矩重分配。对于抗力分项系数设计法（LRFD），轴向承载力不得超过 $0.15\phi_c F_y A_g$；对于容许应力设计法（ASD），轴向承载力不得超过 $0.15F_yA_g/\Omega_c$，其中 ϕ_c和 Ω_c根据第 E1 节要求确定，A_g为构件的毛截面积 $in^2(mm^2)$，F_y为规定的最小屈服应力 ksi(MPa)。

8. 横隔板和系杆

应根据第 B2 节规定的荷载所产生的力来设计隔板和系杆。应遵照本规范中第 C 章至第 K 章的相关条款对其进行具体设计（视具体情况而定）。

9. 正常使用极限状态设计

应对整个结构、单个构件、连接和连接件进行正常使用极限状态下的验算。在第 L 章中规定了有关正常使用极限状态设计的相关要求。

10. 积水设计

除非向自由排水口的屋面设计坡度不小于 1/4 in/ft(20mm/m)，或者配置有充足的排水系统来预防积水，否则应通过结构分析以确保屋盖体系在积水条件下具有足够的强度和稳定性。

有关积水的验算方法，参见本规范附录 2：积水设计。

11. 疲劳设计

有关构件及其连接在受到反复荷载作用时的疲劳问题，应符合本规范附录 3：疲劳设计中的相关规定。疲劳设计时不需要考虑作用于建筑物抗侧力体系及建筑物围护墙上的地震作用或风荷载。

12. 抗火设计

本规范附录 4 给出了在火灾条件下的两种结构设计方法，即合格性测试方法（*Qualification Testing*）和工程分析方法。满足现行建筑法规和规范中的有关消防要求，即可满足本规范附录 4 及本章节中的相关内容。

对于负责结构设计的责任工程师或设计团队中的任何其他成员而言，本节中的任何内容均不能构成或暗示为一种合同要求。

使用说明：合格性测试方法是大多数现行建筑法规和规范中的指定做法。传统上，在大多数工程项目中建筑师是主导的专业人员，应负责确定和协调防火设计要求。采用工程分析方法进行设计，是一种新的抗火工程设计方法。对于每个工程项目，应在合同条款中明确指定专人负责抗火设计。

13. 抗腐蚀设计

对于因腐蚀可能会降低结构承载力或影响其正常使用的部位，应对结构构件进行耐腐蚀设计或采取防腐蚀保护。

14. 与混凝土的锚固

应按照本规范中第 I 章的相关要求设计起组合作用的钢和混凝土之间的锚固。应按照本规范中第 J 章的相关要求设计柱脚和锚栓。

B4. 构件特性

1. 用于局部屈曲的截面分类

受压构件截面可分为非薄柔型或薄柔型两类。非薄柔型截面的受压板件的宽厚比不得超过表 B4-1a 中所规定的极限宽厚比 λ_r 值，当超过此界限值时，则该截面属于薄柔型截面。

受弯构件截面可分成厚实型、非厚实型或薄柔型三类。厚实型截面的翼缘与腹板（或多块腹板）之间必须是连续连接的，且其受压板件的宽厚比不得超过表 B4-1b 中所规定的极限宽厚比 λ_p 值。如果截面中有一块或几块受压板件的宽厚比超过 λ_p 值，但没有超过表 B4-1b 中规定的 λ_r 值，则该截面属于非厚实型截面。如果截面中任意一块受压板件的宽厚比超过了 λ_r 值，则该截面属于薄柔型截面。

1a. 未设加劲肋的板件

对于沿平行于压力方向、仅一边支承的未设加劲肋的板件，其宽度应满足如下规定：

（1）对于工字形和 T 形构件截面的翼缘，宽度 b 取整个翼缘宽度 b_f 的 1/2。

（2）对于角钢肢、槽钢及 Z 形钢截面的翼缘，宽度 b 取截面的整个公称尺寸。

（3）对于钢板，宽度 b 取从自由边缘到第一排紧固件或焊缝的距离。

（4）对于 T 形截面的腹板，d 取截面的整个公称高度。

使用说明：有关未设加劲肋的板件尺寸的图示，可参阅表 B4-1。

1b. 设有加劲肋的板件

对于沿平行于压力方向、两边支撑的设有加劲肋的板件，其宽度应满足如下规定：

（1）对于热轧或冷弯型钢的腹板，h 取翼缘之间的净距减去焊脚或翼缘处圆角半径；h_c为截面重心至受压翼缘内表面减去焊脚或圆角半径后的距离的两倍。

（2）对于组合截面的腹板，h 取相邻两列紧固件的距离，当焊接时取翼缘间的净距；h_c取截面重心至受压翼缘上最近一列紧固件之间距离的两倍，当焊接时取至受压翼缘内表面距离的两倍；h_p为截面塑性中和轴线至受压翼缘上最近一列紧固件之间距离的两倍，当焊接时取至受压翼缘内表面距离的两倍。

（3）对于组合截面中的翼缘或隔板，其宽度 b 为相邻紧固件或焊缝间的距离。

（4）对于矩形钢管的翼缘，其宽度 b 取腹板间的净距减去两侧内圆角半径。对于矩形钢管的腹板，h 为翼缘之间的净距减去两侧内圆角半径；若圆角半径未知时，b 和 h 应取相应的外延尺寸减去 3 倍的壁厚。厚度 t 为设计壁厚，由第 B4.2 条给定。

（5）对于带孔的盖板，b 取最接近的两列紧固件之间的横向距离，在孔径最大的位置处计取盖板的净截面面积。

使用说明：有关设有加劲肋的板件尺寸的图示，可参阅表 B4-1。

当轧制型钢的翼缘为楔形时，其厚度取自由边至所对应的腹板表面处之中点的公称厚度值。

2. 结构用矩形钢管的设计壁厚

计算矩形钢管的壁厚需要使用设计壁厚值 t。当采用电阻焊（ERW）矩形钢管时，t 应取其公称壁厚的 0.93 倍；当采用埋弧焊（SAW）矩形钢管时，t 应取其公称壁厚。

表 B4-1a 受压构件中受压板件的宽厚比

	项次	板件描述	宽厚比	极限宽厚比 λ_r（非薄柔型/薄柔型）	图示
未设劲肋的板件	1	轧制工字形截面之翼缘，轧制工字形截面上的外伸板；连续连接的成对角钢中突出的角钢肢，槽钢翼缘及 T 型钢翼缘	b/t	$0.56\sqrt{\frac{E}{F_y}}$	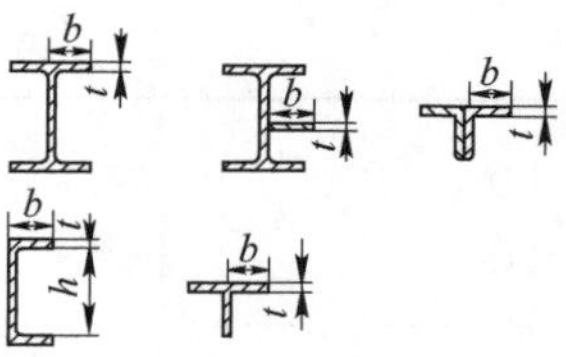
	2	组合工字形截面之翼缘，以及组合工字形截面上的外伸板或突出的角钢	b/t	$0.64\sqrt{\frac{k_cE}{F_y}}$ ①	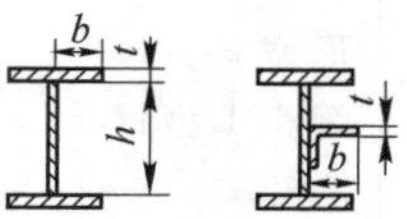

续表 B4-1a

	项次	板件描述	宽厚比	极限宽厚比 λ_r（非薄柔型/薄柔型）	图示
未设劲肋的板件	3	单角钢肢，带有分割块的双角钢的肢，以及其他任何未设加劲肋的板件	b/t	$0.45\sqrt{\frac{E}{F_y}}$	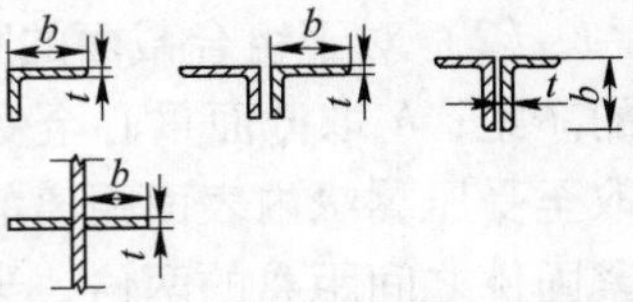
	4	T形截面腹板	d/t	$0.75\sqrt{\frac{E}{E_y}}$	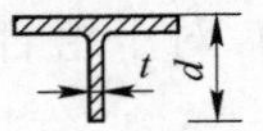
设有加劲肋的板件	5	双轴对称工字型截面和槽钢的腹板	h/t_w	$1.49\sqrt{\frac{E}{F_y}}$	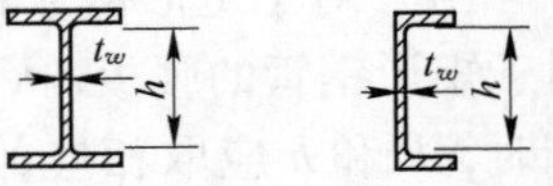
	6	结构用矩形钢管和等壁厚的箱形型材的（管）壁	b/t	$1.40\sqrt{\frac{E}{F_y}}$	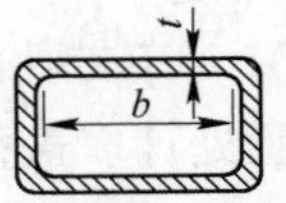
	7	翼缘盖板和在紧固件或焊缝之间的隔板	b/t	$1.40\sqrt{\frac{E}{F_y}}$	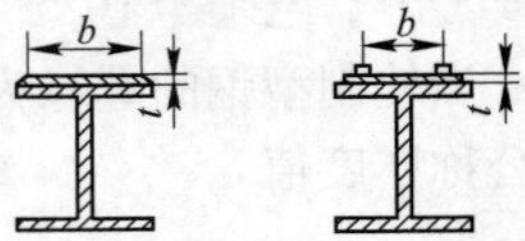
	8	所有其他设有加劲肋的板件	b/t	$1.49\sqrt{\frac{E}{F_y}}$	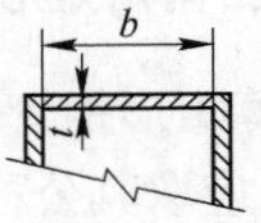
	9	圆形空心管材	D/t	$0.11\frac{E}{F_y}$	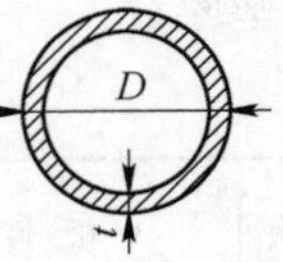

表 B4-1b　受弯构件中受压板件的宽厚比

	项次	板件描述	宽厚比	极限宽厚比		图示
				λ_p（厚实型/非厚实型）	λ_r（非厚实型/薄柔型）	
未设加劲肋的板件	10	轧制工字形截面、槽钢和T型钢之翼缘	b/t	$0.38\sqrt{\frac{E}{F_y}}$	$1.0\sqrt{\frac{E}{F_y}}$	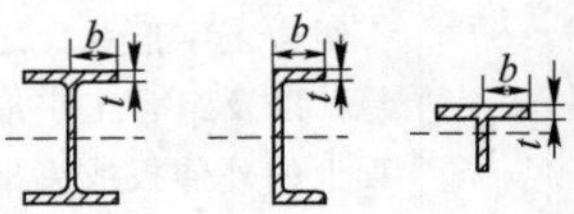

续表 B4-1b

	项次	板件描述	宽厚比	极限宽厚比 λ_p（厚实型/非厚实型）	极限宽厚比 λ_r（非厚实型/薄柔型）	图示
未设加劲肋的板件	11	双轴和单轴对称工字形组合截面之腹板	b/t	$0.38\sqrt{\frac{E}{E_y}}$	$0.95\sqrt{\frac{k_cE}{F_L}}$ ①②	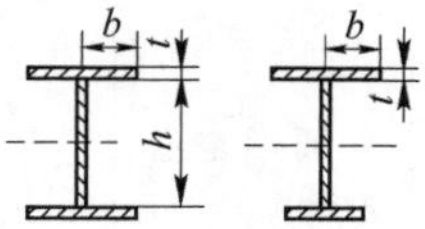
	12	单角钢肢	b/t	$0.54\sqrt{\frac{E}{F_y}}$	$0.91\sqrt{\frac{E}{F_y}}$	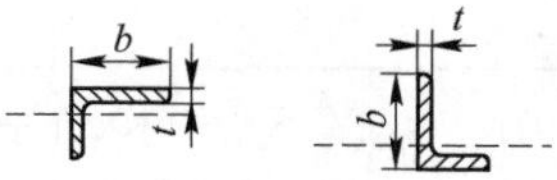
	13	所有沿弱轴受弯的工字形截面和槽钢之翼缘	d/t	$0.38\sqrt{\frac{E}{F_y}}$	$1.0\sqrt{\frac{E}{F_y}}$	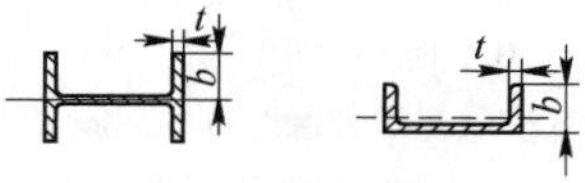
	14	T形截面腹板	d/t	$0.84\sqrt{\frac{E}{F_y}}$	$1.03\sqrt{\frac{E}{F_y}}$	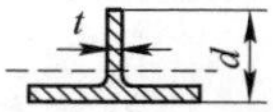
设有加劲肋的板件	15	双轴对称工字形截面和槽钢之腹板	h/t_w	$3.76\sqrt{\frac{E}{F_y}}$	$5.70\sqrt{\frac{E}{F_y}}$	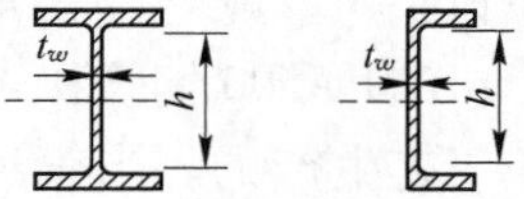
	16	单轴对称的工字形截面之腹板	h_c/t_w	$\dfrac{\frac{h_0}{h_p}\sqrt{\frac{E}{F_y}}}{\left(0.54\frac{M_p}{M_y}-0.09\right)^2}\leqslant\lambda_r$ ③	$5.70\sqrt{\frac{E}{F_y}}$	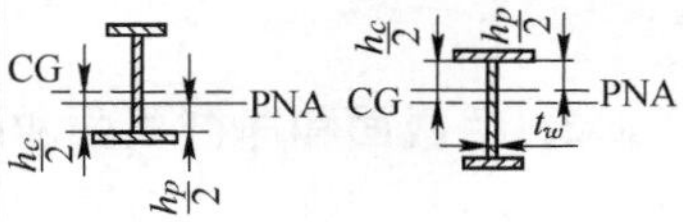 CG PNA $\frac{h_c}{2}$ $\frac{h_p}{2}$ t_w
	17	结构用矩形钢管和等壁厚箱形型材之翼缘	b/t	$1.12\sqrt{\frac{E}{F_y}}$	$1.40\sqrt{\frac{E}{F_y}}$	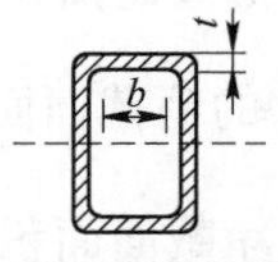
	18	翼缘盖板和在紧固件或焊缝之间的隔板	b/t	$1.12\sqrt{\frac{E}{F_y}}$	$1.40\sqrt{\frac{E}{F_y}}$	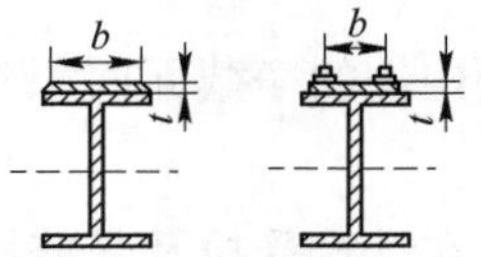
	19	结构用矩形钢管和箱形构件之腹板	h/t	$2.42\sqrt{\frac{E}{F_y}}$	$5.70\sqrt{\frac{E}{F_y}}$	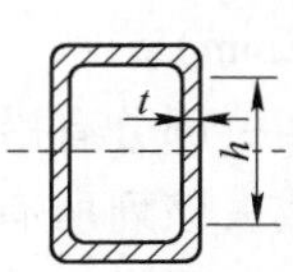

续表 B4-1b

	项次	板件描述	宽厚比	极限宽厚比		图示
				λ_p（厚实型/非厚实型）	λ_r（非厚实型/薄柔型）	
设有加劲肋的板件	20	圆形空心型材	D/t	$0.07\frac{E}{F_y}$	$0.31\frac{E}{F_y}$	

①$k_c=4/\sqrt{h/t_w}$，但不得小于 0.35 且不大于 0.76。

②$F_L=0.7F_y$，用于厚实型和非厚实型腹板的组合工字形构件沿强轴弯曲（当 $S_{xt}/S_{xc}\geqslant0.7$ 时）；

$F_L=0.7F_yS_{xt}/S_{xc}\geqslant0.5F_y$，用于厚实型和非厚实型腹板的组合工字形构件沿强轴弯曲（当 $S_{xt}/S_{xc}<0.7$ 时）。

③M_y 是最外缘纤维的屈服弯矩；M_p 为塑性弯矩，kip · in(N · mm)；

E 为钢材的弹性模量，取 29000ksi(200000MPa)；

F_y 为规定的最小屈服应力，ksi(MPa)。

使用说明：只要满足 ASTM A53 材料等级 B 级和本规范所规定的相应限定条件，就可以采用本规范用于结构用圆形钢管的条款来设计管道。

ASTM A500 钢管和 ASTM A53 材料等级 B 级的管道是采用电阻焊（ERW）加工工艺生产的。当管道横截面超过 ASTM A500 所规定时，可以采用埋弧焊（SAW）工艺生产的管道。

3. 毛截面和净截面面积确定

3a. 毛截面面积

构件的毛截面面积 A_g 是总的横截面面积。

3b. 净截面面积

构件的净截面面积 A_n 是每一个板件的净宽度和净厚度的乘积之和，计算方法如下：

在计算受拉及受剪构件的净截面面积时，螺栓孔的孔径应为孔的公称尺寸加 1/16in(2mm)。

当某一部分有沿斜线或折线形式排列的成列孔洞时，该部分的净宽度应从总宽度中减去该列所有孔洞的孔径或孔长（如本节所述）之总和，对于该列中的每个行距，再增加数值 $s^2/4g$。

式中，s 为任何两个相邻螺栓孔中心沿纵向的间距（栓距），in(mm)；g 为相邻两列紧固件中心沿横向的间距（行距），in(mm)。

对于角钢而言，分别设于角钢两肢上孔洞的行距应为从孔洞中心至角钢背的距离之和再减去角钢肢厚度。

当开槽的空心结构型材与节点板焊接时，其净截面面积 A_n 为毛截面面积减去槽的总宽与管材壁厚之乘积。

当构件横截面上有塞焊或槽焊缝时，在净截面积中不应考虑焊接金属的面积。

当构件上无孔洞时，净截面面积 A_n 等于毛截面面积 A_g。

使用说明：对于有孔的拼接板，在第 J4.1(2) 款中规定 A_n 的最大值取 $0.85A_g$。

B5. 加工制作及安装

加工详图、制作、工厂涂装以及安装必须符合第 M 章：加工制作及安装中的相关要求。

B6. 质量控制及质量保证

质量控制及质量保证必须符合第 N 章：质量控制及质量保证中的相关要求。

B7. 对已有结构的评估

对已有结构的评估应满足附录 5：对已有结构的评估中的相关要求。

C 稳定分析与设计

本章介绍了结构稳定分析及设计的相关要求。本章给出了结构稳定的直接分析设计方法，在附录 7 中则给出了一种替代的设计方法。

本章的组织结构如下：

C1. 稳定设计的一般要求

C2. 承载力计算

C3. 有效承载力计算

C1. 稳定设计的一般要求

结构作为一个整体以及它的每个构件，均应具有足够的稳定性。应充分考虑对结构及其每个构件稳定性所产生的下述影响：（1）构件的弯曲、剪切及轴向变形，以及对结构位移有影响的所有变形；（2）二阶效应（包括 ρ-Δ 和 ρ-δ 效应）；（3）几何缺陷；（4）因非弹性变形而导致的构件刚度退化；（5）刚度和强度的不确定性。应在 LRFD 荷载组合或 1.6 倍的 ASD 荷载组合作用下，计算所有与荷载有关的所产生的影响。

允许使用任何考虑了上述影响的合理的稳定设计方法，包括本节第 C1.1 条和第 C1.2 条中给出的设计方法。

当采用非弹性分析方法进行结构设计时，必须符合附录 1 中的相关规定。

使用说明：在规范条款中所使用的术语“设计”一词，是指结合分析来确定结构构件的承载力以及构件中具有足够有效承载力的各个部件的尺寸。

关于如何用第 C1.1 条和第 C1.2 条所列的设计方法来满足第 C1 节中的（1）~（5）款要求，可参见第 C1 节条文说明和表 C-C1-1。

1. 直接分析设计法

直接分析设计法包括按第 C2 节要求的承载力计算，以及按第 C3 节要求的有效承载力计算，适用于所有类型的结构。

2. 其他设计方法

附录 7 中的有效长度设计法和一阶分析方法，当结构满足附录 7 中所规定的限制条件时，可以作为直接分析法的替代方法。

C2. 承载力计算

当采用直接分析设计法时，应按符合第 C2.1 条要求的分析方法确定结构构（部）件的承载力。分析时应按第 C2.2 条的要求考虑初始缺陷的影响，并按第 C2.3 条的要求进行刚度调整。

1. 一般设计要求

结构分析应满足下列要求：

（1）分析中应考虑构件的弯曲、剪切及轴向变形，以及对结构位移会有所影响的所有其他部件和节点连接的变形。同时，分析时还应根据第 C2.3 条规定，对于有助于提高结构稳定性的全部刚度进行折减。

（2）直接分析法是一种二阶分析方法，应同时考虑 $P\text{-}\delta$ 和 $P\text{-}\Delta$ 效应的影响，除非满足以下条件时才可以忽略 $P\text{-}\Delta$ 效应对结构的影响：1）结构主要通过名义上铅直的柱子、墙或框架来承受重力荷载；2）所有楼层中的最大二阶侧移与最大一阶侧移之比（均须按 LRFD 荷载组合或 1.6 倍的 ASD 荷载组合作用下求得，并根据第 C2.3 节的规定考虑刚度调整）不大于 1.7；3）属于在所考虑侧移方向上的抗弯框架的组成部分的柱子，其所承受的重力荷载不超过总重力荷载的 1/3。在所有情况下，在对单独的受压和受弯构件进行评估时，都应考虑 $P\text{-}\delta$ 效应的影响。

使用说明：在符合上述所列各项条件时，可以使用只考虑 $P\text{-}\Delta$ 效应的二阶分析方法（忽略 $P\text{-}\delta$ 效应对结构的影响）。对单独的受压和受弯构件进行评估时，可以通过乘以 B_1 因子（附录 8 给出）来考虑 $P\text{-}\delta$ 效应的影响。

附录 8 中给出的二阶分析的近似方法，可以作为精确二阶分析方法的替代方法。

（3）分析中应考虑全部重力荷载以及其他可能会影响结构稳定的外加荷载。

使用说明：相当重要的是，在分析中应考虑的全部重力荷载，包括作用在摇摆柱上，以及不属于抗侧力体系的其他构件上的荷载。

（4）当采用荷载及抗力分项系数法（LRFD）设计时，应使用 LRFD 荷载组合进行二阶分析。当采用容许应力法（ASD）设计时，应使用 1.6 倍的 ASD 荷载组合进行二阶分析，将分析结果除以 1.6，得到构（部）件的承载力。

2. 考虑初始缺陷

在分析中，可以采用第 C2.2a 条中所规定的缺陷直接建模方法，或者按第 C2.2b 条中所规定的采用概念荷载（假想水平力）方法，考虑初始缺陷对结构稳定性的影响。

使用说明：本节所考虑的是构件连接点处的缺陷。在一般的建筑结构中，这一类主要的缺陷是指柱子的不垂直度，单根构件的初始不平直缺陷则不属于本节所讨论的范围；对此，会在第 E 章受压构件设计的相关条款中加以说明，只要这种缺陷在 AISC《标准施工规范》所要求的限值之内，就不必在分析中很精确地加以考虑。

2a. 缺陷的直接建模

在任何情况下，都可以通过在分析中直接包含缺陷的方法来考虑初始缺陷的影响。对于构件的交接点偏离其理论位置的结构，应对其进行分析。在设计中应取最大初始偏移值，并应按会产生最大失稳效应的情况来确定初始缺陷的形式。

使用说明：在进行缺陷建模时，应同时考虑因荷载产生的位移和预期的屈曲模态所构成的初始位移。应根据 AISC《标准施工规范》或其他规定中所允许的施工容许偏差，来确定初始位移的大小，也可以采用实际缺陷值（如果知道的话）。

在对主要由名义上垂直的柱子、墙或框架来承受重力荷载的结构进行分析时，当其各楼层的最大二阶侧移与最大一阶侧移之比（均应按 LRFD 荷载组合或 1.6 倍的 ASD 荷载组合作用下计算侧移，并根据第 C2.3 条规定考虑刚度调整）不大于 1.7 时，只在重力荷载组合分析中，可以考虑初始缺陷，而在包括外加侧向荷载的荷载组合分析中，不考虑初始缺陷。

2b. 使用假想水平荷载表示缺陷

对于主要由名义上垂直的柱子、墙或框架来承受重力荷载的结构，按照本节的规定，可以使用假想水平荷载来表示初始缺陷。应将假想水平荷载施加于基于公称几何尺寸的结构模型上。

使用说明：假想水平荷载的概念适用于所有类型的结构，但是第 C2.2b 条（1）~（4）款中的特殊要求仅适用于上述所规定的结构。

（1）假想水平荷载是作用在框架各个楼层的侧向荷载，可以和其他侧向荷载叠加，并且适用于任何荷载组合，但本条第（4）款的情况除外。假想水平荷载应按下式取值：

$$N_i = 0.002\alpha Y_i \quad \text{(C2-1)}$$

式中，当按荷载及抗力分项系数法设计时，$\alpha = 1.0$，当按容许应力法设计时，$\alpha = 1.6$；N_i为作用在第 i 个楼层的假想水平荷载，kips(N)；Y_i为使用 LRFD 荷载组合或 ASD 荷载组合（视具体情况而定）时作用在第 i 个楼层上的重力荷载，kips (N)。

使用说明：假想水平荷载会在结构中引起附加的（通常很小）虚拟基底剪力。为了求得正确的基础水平反力，可以在全部假想水平荷载的合力方向上，于结构基础处施加一个大小与之相等、方向相反的附加水平力，作用在竖向承载构件上的假想水平力，其大小分布与这些构件所承受的重力荷载成正比。假想水平荷载还会产生附加的倾覆效应，这种倾覆效应是实际存在的。

（2）在任一楼层标高上的假想水平荷载 N_i，其大小分布方式与作用在该楼层上的重力荷载相一致，并且应将假想水平荷载施加在会产生最大失稳效应的方向上。

使用说明：对于绝大多数结构而言，假想水平荷载的作用方向宜满足下列要求：当荷载组合中不包括侧向荷载时，将假想水平荷载分别施加于结构的两个正交方向上，其中的任一个方向从正反两向作用，各楼层上的假想水平荷载作用方向相同；当荷载组合中包括侧向荷载时，将假想水平荷载施加于荷载组合中侧向荷载的合力方向上。

（3）式（C2-1）中的假想水平荷载系数 0.002 是基于一个假想的初始楼层不垂直度 1/500；当有确实依据采用不同的最大不垂直度时，可以按比例调整假想水平荷载系数。

使用说明：不垂直度 1/500 表示 AISC《标准施工规范》中所规定的柱子最大容许偏差。在某些情况下，其他所规定的容许偏差（如有关柱子的平面位置的偏差）会起控制作用，并且会对柱子的垂直度偏差有更严格的要求。

（4）当各楼层的最大二阶侧移与最大一阶侧移之比（均应按 LRFD 荷载组合或 1.6 倍的 ASD 荷载组合作用下计算侧移，并根据第 C2.3 条规定考虑刚度调整）不大于 1.7 时，只在重力荷载组合分析中可以施加假想水平荷载 N_i，而在包括其他侧向荷载的荷载组合分析中，不应施加假想水平荷载。

3. 刚度调整

用结构分析方法来确定构件的承载力时，应按下述要求使用折减后的刚度：

（1）对于所有被认为对结构稳定性有影响的构件刚度，可采用系数 0.80 予以折减。

使用说明：在某些情况下，对某些构件采取刚度折减，而不是采用其他方法，从而在荷载和可能出现意想不到的内力再分配作用下可能会导致结构的人为变形，通过对所有构件进行刚度折减（包括对结构稳定性没有影响的构件），就可以避免发生此类现象。

（2）对于所有被认为对结构稳定性有影响的构件的弯曲刚度，可另外采用

系数 τ_b 予以折减。

1）当 $\alpha P_r/P_y \leqslant 0.5$ 时：

$$\tau_b = 1.0 \tag{C2-2a}$$

2）当 $\alpha P_r/P_y > 0.5$ 时：

$$\tau_b = 4(\alpha P_r/P_y)[1-(\alpha P_r/P_y)] \tag{C2-2b}$$

式中，当按荷载及抗力分项系数法设计时，$\alpha = 1.0$，当按容许应力法设计时，$\alpha = 1.6$；P_r 为使用 LRFD 或 ASD 荷载组合时的轴向抗压承载力，kips（N）；P_y 为轴向屈服承载力（$=F_yA_g$），kips（N）。

使用说明： 综上所述，本条第（1）款及第（2）款要求将弹性抗弯刚度的标准值乘以 $0.8\tau_b$，而对结构分析中其他钢构件的弹性刚度标准值则乘以 0.8。

（3）在适用第 C2.2b 条规定的结构中，当 $\alpha P_r/P_y > 0.5$ 时，可以用 $\tau_b < 1.0$ 来代替，如果在所有楼层上施加大小为 $0.001\alpha Y_i$，方向符合第 C2.2b（2）款规定并参与到所有荷载组合中的假想水平荷载［式中 Y_i 的定义见第 C2.2b（1）款］，则对所有构件可以采用 $\tau_b = 1.0$。这些假想水平荷载要与那些缺陷（如果有的话）相叠加，并且可以不受第 C2.2b（4）款的限制。

（4）当构件的组（部）件的材料不是钢材时，要考虑这些材料对结构稳定性的影响，并且要考虑其他材料的规范和标准会要求刚度有更大的折减，对这些组（部）件应采用较大的刚度折减。

C3. 有效承载力计算

当设计采用直接分析法时，应按照第 D、E、F、G、H、J 和 K 章各章的相关规定（视具体情况而定）计算构件和连接的有效承载力，而不用进一步考虑整体结构的稳定性。所有构件的有效长度系数 K 应采用统一值，除非通过分析来证明采用较小的有效长度系数 K 是合理的。

用来确定构件无支撑长度的支撑，应具有足够的刚度和承载力，以限制构件在支撑点处的位移。

对于单独的柱子、梁和压弯构件，在附录 6 中给出了满足支撑要求的方法。当支撑作为整体抗力体系的组成部分时，附件 6 中的要求不再适用。

D　受拉杆件设计

本章适用于承受轴向拉力的构件，该拉力由通过截面形心轴的静力作用产生。

本章由下列内容构成：

D1. 长细比限制值

D2. 抗拉承载力

D3. 有效净截面面积

D4. 组合构件

D5. 销轴连接构件

D6. 带环拉杆（眼杆）

使用说明：将在下列各章节中给出本章所未涉及的相关内容：

- ■ 第 B3.11 条　受疲劳作用的构件
- ■ 第 H 章　承受组合力及扭矩作用的构件设计
- ■ 第 J3 节　带螺纹杆件
- ■ 第 J4.1 条　受拉连接板件
- ■ 第 J4.3 条　块状剪切撕裂承载力

D1. 长细比限制值

受拉杆件无最大长细比限制。

使用说明：当根据拉力设计构件时，其长细比 L/r 不宜超过 300，本建议值不适用于受拉棒材或吊杆。

D2. 抗拉承载力

受拉杆件的抗拉承载力设计值 $\phi_t P_n$ 和抗拉承载力容许值 P_n/Ω_t，应取毛截面抗拉屈服强度承载力与净截面受拉破裂强度两者中的较小值。

（1）当考虑毛截面受拉屈服时：

$$P_n = F_y A_g \tag{D2-1}$$

$$\phi_t = 0.90(\text{LRFD}) \qquad \Omega_t = 1.67(\text{ASD})$$

（2） 当考虑净截面受拉破裂时：

$$P_n = F_u A_e \tag{D2-2}$$

$$\phi_t = 0.75(\text{LRFD}) \qquad \Omega_t = 2.00(\text{ASD})$$

式中 A_e——有效净截面面积，$in^2(mm^2)$；

A_g——构件的毛截面面积，$in^2(mm^2)$；

F_y——规定的最小屈服应力，ksi(MPa)；

F_u——规定的最小抗拉强度，ksi(MPa)。

当无孔洞的构件全部采用焊接连接时，式（D2-2）中的有效净截面面积应符合第 D3 节中的相关规定。当杆端焊接的构件上有孔洞，或以塞焊或槽焊连接时，应在式（D2-2）中取通过孔洞的有效净截面面积。

D3. 有效净截面面积

应根据第 B4.3 条的相关规定确定受拉构件的毛截面面积 A_g 和净截面面积 A_n。

受拉构件的有效净截面面积应按下式确定：

$$A_e = A_n U \tag{D3-1}$$

式中，U 为剪力滞后系数，其值按表 D3-1 确定。

对于开口的横截面，如 W、M、S、C 或 HP 型钢、WT、ST 型钢，以及单（双）角钢，其剪切滞后系数 U 不必小于所连接板件的毛截面面积与构件毛截面面积之比。本规定不适用于闭口的截面，如钢管结构型材，也不适用于板材。

使用说明：根据第 J4.1 条的要求，螺栓连接的拼接板，其 $A_e = A_n \leqslant 0.85A_g$。

D4. 组合构件

有关由钢板和型钢或两块钢板组成的、连续接触的板件之间的紧固件纵向间距的限制，可参阅第 J3.5 条的相关规定。

在组合受拉构件的开敞侧，可以使用穿孔盖板或不带缀条的系板。系板长度应不小于将系板连接到构件部件上所采用的焊缝或紧固件之间距离的 2/3。系板厚度不得小于上述间距的 1/50。系板上沿受力方向的间断焊缝或紧固件间距不应超过 6in(150mm)。

使用说明：宜限制部件之间连接件的纵向间距，任何连接件之间部件的长细比小于 300。

表 D3-1　受拉构件连接的剪切滞后系数

项次	构件说明		剪切滞后系数 U	图例
1	所有受拉杆件，拉力通过紧固件或焊缝直接传至横截面的每个板件上（项次4、5和6除外）		$U=1.0$	—
2	除钢板及空心管截面外的受拉构件，拉力通过紧固件或纵向焊缝传至部分但不是全部横截面的板件上（此外，对于W、M、S和HP型钢截面，亦可以采用项次7）		$U=1-\bar{x}/l$	
3	所有受拉构件，拉力通过横向焊缝传至部分但不是全部横截面的板件上		$U=1.0$ A_n = 直接连接的板件面积	—
4	钢板，仅通过纵向焊缝传递拉力		$l\geqslant 2w\cdots U=1.0$ $2w>l\geqslant 1.5w\cdots U=0.87$ $1.5w>l\geqslant w\cdots U=0.75$	
5	带有一个中心节点连接板的圆形空心型材		$l\geqslant 1.3D\cdots U=1.0$ $D\leqslant l<1.3D\cdots U=1-\frac{\bar{x}}{l}$ $\bar{x}=\frac{D}{\pi}$	
6	矩形空心型材	带有一个中心节点连接板	$l\geqslant H\cdots U=1-\frac{\bar{x}}{l}$ $\bar{x}=\frac{B^2+2BH}{4(B+H)}$	
		管两侧有节点连接板	$l\geqslant H\cdots U=1-\frac{\bar{x}}{l}$ $\bar{x}=\frac{B^2}{4(B+H)}$	
7	W、M、S或HP型钢截面或从这些型钢剖分的T型钢（如果U按项次2进行计算，则允许取较大值）	翼缘连接，沿受力方向每排紧固件的数量不少于3个	$b_f\geqslant 2/3d\cdots U=0.90$ $b_f<2/3d\cdots U=0.85$	—
		腹板连接，沿受力方向每排紧固件的数量不少于4个	$U=0.70$	—

续表 D3-1

项次	构 件 说 明		剪切滞后系数 U	图　例
8	单角钢或双角钢（如果 U 按项次 2 进行计算，则允许取较大值）	沿受力方向每排紧固件的数量不少于 4 个	$U=0.80$	—
		沿受力方向每排紧固件的数量为 2~3 个（对项次 2，则沿受力方向每排紧固件的数量为 2 个）	$U=0.60$	—

注：l 为连接接头的长度，in(mm)；w 为钢板宽度，in(mm)；x 为连接偏心，in(mm)；B 为矩形空心管构件的总宽度，与连接板成 90°方向的尺寸，in(mm)；H 为矩形空心管构件的外缘高度，与连接板平行方向的尺寸，in(mm)。

D5. 销轴连接构件

1. 抗拉承载力

销轴连接构件的抗拉承载力设计值 $\phi_t P_n$，及抗拉承载力容许值 P_n/Ω_t，应取受拉破裂极限强度、剪切撕裂极限强度、承压极限强度及屈服强度中的最小值。

（1）当在有效净截面上受拉破裂时：

$$P_n = F_u(2tb_e) \tag{D5-1}$$

$$\phi_t = 0.75(\mathrm{LRFD}) \qquad \Omega_t = 2.00(\mathrm{ASD})$$

（2）当在有效截面上剪切撕裂时：

$$P_n = 0.6F_u A_{sf} \tag{D5-2}$$

$$\phi_{sf} = 0.75(\mathrm{LRFD}) \qquad \Omega_{sf} = 2.00(\mathrm{ASD})$$

式中，$A_{sf} = 2t(a + d/2)$，$\mathrm{in}^2(\mathrm{mm}^2)$，为沿剪切失效路径上的面积；$a$ 为销轴孔边至平行于受力方向的构件边缘的最短距离，in(mm)；$b_e = 2t + 0.63$，in($2t+16$，mm)，但不大于从销轴孔边至垂直于受力方向的构件的实际距离；d 为销轴直径，in(mm)；t 为钢板厚度，in(mm)。

（3）对于销轴投影面积上的承压计算，按第 J7 节计算。

（4）当在毛截面上屈服时，按第 D2(1) 款计算。

2. 尺寸要求

在垂直于受力的方向上，销轴孔应位于构件两边缘的中间。当预计销轴在满负荷情况下，与所连接的部件之间会出现相对移动时，销轴孔直径不得超过销轴直径加 1/32in(1mm)。

销轴孔位置处的板件宽度，不能小于 $2b_e + d$，并且在平行于构件轴向的方向上，销轴孔的承压端距构件边缘的距离 a，不得小于 $1.33b_e$。

可以将销轴孔外的转角处切成与构件轴线成45°的斜角，但在与斜角垂直方向上，从孔边缘至斜角边缘的距离不得小于在构件轴线方向上孔边缘至构件边缘的距离。

D6. 带环拉杆（眼杆）

1. 抗拉承载力

应根据第 D2 节中的有关规定确定带环拉杆（眼杆）的有效抗拉承载力，A_g 取杆体的横截面面积。

计算时，带环拉杆（眼杆）杆体的宽度不得超过其厚度的 8 倍。

2. 尺寸要求

带环拉杆（眼杆）的厚度应均匀，销轴孔处无须加强，且杆端圆头应与销轴孔同心。

杆端圆头与杆体间的过渡半径不得小于圆头直径。销轴直径不应小于杆体宽度的 7/8，且销轴孔不得大于销栓直径加 1/32in(1mm)。

当钢材的 F_y 大于 70ksi(485MPa) 时，孔径不应大于 5 倍板厚，并且杆体的宽度应相应减小。

只有当采用外螺母来紧固销轴盖板和垫板时，则允许带环拉杆（眼杆）的厚度小于 1/2in(13mm)。从销轴孔边至垂直于荷载作用方向的板边的宽度应大于 2/3 杆体宽度，并且在计算时，不应大于杆体宽度的 3/4。

E 受压构件设计

本章适用于承受通过中心轴的轴向压力的构件。

本章的组织结构如下：

E1. 一般规定

E2. 有效长度

E3. 由非薄柔型板件组成构件的弯曲屈曲

E4. 由非薄柔型板件组成构件的扭转和弯-扭屈曲

E5. 单角钢受压构件

E6. 组合构件

E7. 由薄柔型板件构成的受压构件

使用说明：对于本章未曾包括的有关内容，应使用下列章节中的相关规定：

- 第 H1 ~ H2 节　承受轴向压力和弯曲组合作用的构件
- 第 H4 节　承受轴向压力和扭矩的构件
- 第 I2 节　轴向受力的构件
- 第 J4. 4 条　连接件的抗压承载力

E1. 一般规定

应按下列规定确定抗压承载力设计值 $\phi_c P_n$，及抗压承载力容许值 P_n/Ω_c：

抗压承载力标准值 P_n，应取弯曲屈曲、扭转屈曲和弯扭屈曲极限状态中的最小者。

$$\phi_c = 0.90(\text{LRFD}) \quad \Omega_c = 1.67(\text{ASD})$$

使用说明：表 E1-1　第 E 章规范条款应用选择表

截面类型	不包含薄柔型板件		包含薄柔型板件	
	第 E 章中的节号	极限状态	第 E 章中的节号	极限状态
工字形截面（双轴对称）	E3 E4	FB TB	E7	LB FB TB
槽形、T形、单轴对称工字形截面	E3 E4	FB FTB	E7	LB FB FTB

续表 E1-1

截面类型	不包含薄柔型板件		包含薄柔型板件	
	第 E 章中的节号	极限状态	第 E 章中的节号	极限状态
	E3	FB	E7	LB FB
	E3	FB	E7	LB FB
	E3 E4	FB FTB	E7	LB FB FTB
	E6 E3 E4	FB FTB	E6 E7	LB FB FTB
	E5		E5	
	E3	FB	N/A	N/A
除单角钢外的非对称截面	E4	FTB	E7	LB FTB

注：FB—弯曲屈曲；TB—扭转屈曲；FTB—弯-扭屈曲；LB—局部屈曲。

E2. 有效长度

在计算构件的长细比 KL/r 时，应根据第 C 章或附录 7 的要求确定其有效长度系数 K。

式中，L 为构件的侧向无支撑长度，in(mm)；r 为回转半径，in(mm)。

使用说明： 对于按受压设计的构件，其有效长细比 KL/r 不宜大于 200。

E3. 由非薄柔型板件组成构件的弯曲屈曲

本节适用于由非薄柔型板件组成的受压构件，关于均匀受压板件之定义见第 B4. 1 节的相关规定。

使用说明：当扭转无支撑长度大于侧向无支撑长度时，宽翼缘和类似的型钢截面柱设计可按第 E4 节的有关规定进行。

应根据弯曲屈曲极限状态确定抗压承载力标准值 P_n：

$$P_n = F_{cr}A_g \quad \text{(E3-1)}$$

临界应力 F_{cr} 可按下式确定：

(1) 当 $\frac{KL}{r} \leqslant 4.71\sqrt{\frac{E}{F_y}}$（或 $\frac{F_y}{F_e} \leqslant 2.25$）时：

$$F_{cr} = \left[0.658^{\frac{F_y}{F_e}}\right]F_y \quad \text{(E3-2)}$$

(2) 当 $\frac{KL}{r} > 4.71\sqrt{\frac{E}{F_y}}$（或 $\frac{F_y}{F_e} > 2.25$）时：

$$F_{cr} = 0.877F_e \quad \text{(E3-3)}$$

式中，F_e 为根据附录 7 第 7. 2. 3（b）款的规定按式（E3-4），或者通过弹性屈曲分析（如果可行）确定的弹性屈曲应力［ksi(MPa)］：

$$F_e = \frac{\pi^2 E}{\left(\frac{KL}{r}\right)^2} \quad \text{(E3-4)}$$

使用说明：第 E3(1) 条及第 E3(2) 条的两个不等式给出了计算的限制条件和适用范围，一个是基于 KL/r，而另一个则是基于 F_y/F_e，两者给出了相同的结果。

E4. 由非薄柔型板件组成构件的扭转和弯-扭屈曲

本节适用于单轴对称、无对称轴以及某些双轴对称的构件，例如全部由非薄柔型板件组成的十字形或组合截面柱，关于其均匀受压板件之定义见第 B4. 1 条的相关规定。另外，所有由非薄柔型板件组成的双轴对称构件，当其扭转无支撑长度大于侧向无支撑长度时可以采用本节的相应规定。本节中的规定要求单角钢的 $b/t > 20$。

应根据扭转屈曲和弯-扭屈曲极限状态确定抗压承载力标准值 P_n，其计算式如下：

$$P_n = F_{cr}A_g \quad \text{(E4-1)}$$

临界应力 F_{cr} 可按下式确定：

（1）对于双角钢及 T 形截面受压构件：

$$F_{cr} = \left(\frac{F_{cry} + F_{crz}}{2H}\right)\left(1 - \sqrt{\frac{4F_{cry}F_{crz}H}{F_{cry} + F_{crz}}}\right) \tag{E4-2}$$

式中，对于绕对称 y 轴发生的弯曲屈曲，F_{cry} 可按式（E3-2）或式（E3-3）中的 F_{cr} 取值，对满足 $\frac{KL}{r} = \frac{K_yL}{r_y}$ 的 T 形截面受压构件，以及满足 $\frac{KL}{r} = \left(\frac{KL}{r}\right)_y$ 的第 E6 节的双角钢受压构件，则：

$$F_{crz} = \frac{GJ}{A_g\bar{r}_0^2} \tag{E4-3}$$

（2）对于所有其他的情况，应按式（E3-2）或式（E3-3）确定 F_{cr}，式中的扭转或弯-扭弹性屈曲应力 F_e，应按下式确定：

1）对双轴对称构件：

$$F_e = \left[\frac{\pi^2EC_w}{(K_zL)^2} + GJ\right]\frac{1}{I_x + I_y} \tag{E4-4}$$

2）对关于 y 轴对称的单轴对称构件：

$$F_e = \left(\frac{F_{ey} + F_{ez}}{2H}\right)\left[1 - \sqrt{1 - \frac{4F_{ey}F_{ez}H}{(F_{ey} + F_{ez})^2}}\right] \tag{E4-5}$$

3）对无对称轴的构件，F_e 取下述三次方程式中的最小根：

$$(F_e - F_{ex})(F_e - F_{ey})(F_e - F_{ez}) - F_e^2(F_e - F_{ey})\left(\frac{x_0}{\bar{r}_0}\right)^2 - F_e^2(F_e - F_{ex})\left(\frac{y_0}{\bar{r}_0}\right)^2 = 0 \tag{E4-6}$$

式中　A_g——构件的毛截面面积，$in^2(mm^2)$；

C_w——翘曲常数，$in^6(mm^6)$；

$$F_{ex} = \frac{\pi^2E}{\left(\frac{K_xL}{r_x}\right)^2} \tag{E4-7}$$

$$F_{ey} = \frac{\pi^2E}{\left(\frac{K_yL}{r_y}\right)^2} \tag{E4-8}$$

$$F_{ez} = \left(\frac{\pi^2EC_w}{(K_zL)^2} + GJ\right)\frac{1}{A_g\bar{r}_0^2} \tag{E4-9}$$

G——钢材的弹性剪切模量，取 11200ksi（77200MPa）；

$$H = 1 - \frac{x_0^2 + y_0^2}{\bar{r}_0^2} \tag{E4-10}$$

I_x，I_y——分别为绕主轴的惯性矩，in^4(mm^4)；

J——扭转常数，in^4(mm^4)；

K_x——绕 x 轴弯曲屈曲时的有效长度系数；

K_y——绕 y 轴弯曲屈曲时的有效长度系数；

K_z——扭转屈曲时的有效长度系数；

$\bar{r}_0$——对剪切中心的极回转半径，in(mm)，计算公式如下：

$$\bar{r}_0^2 = x_0^2 + y_0^2 + \frac{I_x + I_y}{A_g} \tag{E4-11}$$

r_x——绕 x 轴的回转半径，in(mm)；

r_y——绕 y 轴的回转半径，in(mm)；

x_0，y_0——剪切中心相对于形心的坐标，in(mm)。

使用说明：对于双轴对称的工字形截面，C_w 值可取 $I_y h_0^2/4$，以代替更精确的分析，式中，h_0 为翼缘形心之间的距离。对于 T 型钢及双角钢，计算 F_{ez} 时忽略 C_w 项，且 x_0 取 0。

E5. 单角钢受压构件

当单角钢构件承受轴向压力作用时，应酌情按第 E3 节或第 E7 节的要求确定其抗压承载力标准值 P_n。对于 $b/t>20$ 的单角钢，应采用第 E4 节的相应规定。满足第 E5(a) 条或第 E5(b) 条所规定标准的构件，可以按照承受轴向荷载作用的构件进行设计，构件的有效长细比取 KL/r。

当确定单角钢构件为轴向受压，且采用了第 E5(a) 条或第 E5(b) 条所规定的有效长细比，如果满足下列条件之一时，则可以忽略偏心对单角钢构件的影响：

（1）单角钢构件两端受压，荷载施加于同一角钢肢；

（2）单角钢构件之间焊接连接，或至少通过两个螺栓连接；

（3）单角钢构件中间无侧向荷载作用。

当构件端部边界条件与第 E5(a) 条或第 E5(b) 条所规定的不同，且长肢与短肢的肢宽比大于 1.7 或有侧向荷载作用时，应根据第 H 章的规定，按受轴压和弯曲组合荷载作用的构件（压弯构件）进行设计。

(a) 对于等肢角钢或长肢相连的不等肢角钢的单个构件，或用于平面桁架的腹杆（与相邻腹杆在桁架弦杆或节点板的同一侧相连）：

（i）当 $0 \leqslant \dfrac{L}{r_x} \leqslant 80$ 时：

$$\frac{KL}{r} = 72 + 0.75\frac{L}{r_x} \tag{E5-1}$$

（ⅱ）当 $\frac{L}{r_x} > 80$ 时：

$$\frac{KL}{r} = 32 + 1.25\frac{L}{r_x} \leqslant 200 \tag{E5-2}$$

对于短肢相连的不等边角钢，且长肢与短肢的肢宽比小于 1.7 时，根据式（E5-1）和式（E5-2）确定的 KL/r 应增加 $4\left[(b_l/b_s)^2-1\right]$，但构件的 KL/r 不得小于 $0.95L/r_z$。

（b）对于等肢角钢或长肢相连的不等肢角钢，用于箱形或空间桁架的腹杆（与相邻腹杆在桁架弦杆或节点板的同一侧相连接）：

（ⅰ）当 $0 \leqslant \frac{L}{r_x} \leqslant 75$ 时：

$$\frac{KL}{r} = 60 + 0.8\frac{L}{r_x} \tag{E5-3}$$

（ⅱ）当 $\frac{L}{r_x} > 75$ 时：

$$\frac{KL}{r} = 45 + \frac{L}{r_x} \leqslant 200 \tag{E5-4}$$

对于短肢相连的不等边角钢，且长肢与短肢的肢宽比小于 1.7 时，根据式（E5-3）和式（E5-4）确定的 KL/r 应增加 $6\left[(b_l/b_s)^2-1\right]$，但构件的 KL/r 不得小于 $0.82L/r_z$。

式中 L——在桁架弦杆轴线上交点之间的构件长度，in(mm)；

b_l——角钢长肢宽度，in(mm)；

b_s——角钢短肢宽度，in(mm)；

r_x——绕平行于所连接角钢肢几何轴的回转半径，in(mm)；

r_z——绕角钢弱轴的回转半径，in(mm)。

E6. 组合构件

1. 抗压承载力

本节适用于由两个型钢构成的组合构件，其型钢之间或（1）通过螺栓或焊缝相互连接，或（2）至少一个敞开边通过穿孔盖板或缀条相互连接。组合构件的端部连接应采用焊接或通过摩擦面为 A 级或 B 级的施加预紧力的螺栓连接。

使用说明：端部螺栓连接的全截面受压构件可以按承压设计，螺栓则可按抗剪强度设计，但螺栓必须施加预紧力。在受压的组合构件中，如桁架中的双角钢压杆、连接板件之间（尤其是在端部连接中）的微小相对滑动，都可能将组合截面的有效长度增大到单个截面的有效长度，并显著降低压杆的抗压承载力。因此，设计时应考虑组合构件端部连接板件之间的抗滑移。

由两个通过螺栓或焊缝相互连接的型钢构成的组合构件的抗压强度标准值，应根据第 E3、E4 或 E7 节的相关要求确定，并按下列规定修正。如果屈曲所导致的变形在各型钢的连接件之间产生剪力时，可按下式所确定的（KL/r）$_m$来替换 KL/r，以代替更精确的分析：

（1）当中间螺栓连接件拧至贴紧状态时：

$$\left(\frac{KL}{r}\right)_m = \sqrt{\left(\frac{KL}{r}\right)_0^2 + \left(\frac{a}{r_i}\right)^2} \tag{E6-1}$$

（2）当中间连接件采用焊接或施加预紧力的螺栓连接时：

$$\left(\frac{KL}{r}\right)_m = \sqrt{\left(\frac{KL}{r}\right)_0^2 + 0.82\frac{\alpha^2}{1+\alpha^2}\left(\frac{a}{r_{ib}}\right)^2} \tag{E6-2}$$

1）当 $\frac{a}{r_x} \leqslant 40$ 时：

$$\left(\frac{KL}{r}\right)_m = \left(\frac{KL}{r}\right)_0 \tag{E6-2a}$$

2）当 $\frac{a}{r_i} > 40$ 时：

$$\left(\frac{KL}{r}\right)_m = \sqrt{\left(\frac{KL}{r}\right)_0^2 + \left(\frac{K_i a}{r_i}\right)^2} \tag{E6-2b}$$

式中 $\left(\frac{KL}{r}\right)_m$——修正后的组合构件长细比；

$\left(\frac{KL}{r}\right)_0$——在屈曲方向按一个受力单元考虑的组合构件的长细比；

K_i——背靠背角钢取 0.50，背靠背槽钢取 0.75，其他情况取 0.86；

a——连接件的部间距，in(mm)；

r_i——单个组件的最小回转半径，in(mm)。

2. 尺寸要求

由两个或两个以上型钢组成的受压组合构件的单个组件之间，应按间距 a 相互连接，在连接件之间的各组件的有效长细比 Ka/r_i 不得超过组合构件控制长细比的 3/4。在计算各组件的有效长细比时应采用最小回转半径 r_i。

当组合受压构件端部支撑在柱脚板或机加工表面上时，所有相互接触的组件之间应采用焊接连接，且焊缝长度应不小于构件的最大宽度；或者采用螺栓连接，沿受力方向螺栓的栓距不得大于4倍栓径，且连接的长度不应小于构件最大宽度的1.5倍。

在上述端部连接之间的受压组合构件长度方向上，间断焊缝或螺栓的纵向间距应能满足所需的承载力要求。由一块钢板和一个型钢或由两块钢板组对，且板件间靠紧固件连续紧密结合时，沿构件受力方向紧固件的间距，可参见第J3.5条中的相关要求。在组合受压构件中的一个组件包括外伸板的场合，当沿组件边缘采用间断焊或采用非错列布置的紧固件连接时，其连接的最大间距不得超过外伸板最小厚度的0.75 $\sqrt{E/F_y}$ 倍，也不得超过12in(305mm)。当紧固件采用错列布置时，每一行紧固件的最大间距不得超过较薄外伸板厚度的1.12 $\sqrt{E/F_y}$ 倍，也不得超过18in(460mm)。

由钢板或型钢组合而成的受压构件，其敞开一侧应采用带有检查孔的盖板通长连接。如第B4.1条中所规定的，如果检查孔处的这种钢板的无支撑宽度满足下列要求，则可认为参与受力：

（1）连接盖板的允许宽厚比应符合第B.14条中的相关规定。

使用说明：表B4-1a中项次7的允许宽厚比值是偏于保守的，其中 b 可取最近两列紧固件之间的横向间距。钢板的净截面面积应取最大孔洞处。也可以通过分析确定允许宽厚比，来代替这种方法。

（2）在受力方向上，孔洞的长宽比不得超过2。

（3）在受力方向上，孔洞之间的净距不应小于两列紧固件或两条焊缝之间的最小横向间距。

（4）孔洞边各处的最小曲率半径应为1.5in(38mm)。

如果在组合构件的端部和中间部位的拉结被中断，可以用系板代替带孔盖板进行拉结。系板应尽可能靠近构件端部设置。如果系板参与受力，端部系板的长度不得小于将系板连接到构件组件的紧固件或焊缝之间的距离。中间系板的长度不得小于该间距的一半。系板厚度不得小于将系板连接到构件段的紧固件或焊缝间距的1/50。在焊接结构中，连接系板的焊缝总长不得小于系板长度的1/3。在螺栓连接结构中，沿受力方向在系板上螺栓栓距不得大于6倍栓径，且每段构件至少使用3个螺栓。

采用扁铁、角钢、槽钢或其他型钢作缀条时，缀条的间距布置应保证在连接点之间构件翼缘的 L/r 比值不超过构件整体的控制长细比的3/4。在垂直于构件轴线方向上缀条应提供大小为构件抗压承载力设计值2%的抗剪强度。当采用单缀条连接时，缀条的 L/r 值不得超过140。当采用双缀条连接时，缀条的 L/r 值不得超过 200。双缀条在交叉点处应相互连接。当缀条受压时，如果为单缀条连接，L 可取将缀条连接到组合构件组件的紧固件或焊缝之间的无支撑长度；如果是双缀条连接，则可取上述长度的 70%。

使用说明：缀条与构件轴线的夹角，单缀条时不宜小于 60°，双缀条时不宜小于 45°。当组合构件翼缘上的焊缝或紧固件之间的距离大于 15in(380mm) 时，缀条宜采用双缀条或采用角钢制成。

关于间距的其他要求，可参见第 J3. 5 条的有关规定。

E7. 由薄柔型板件组成的受压构件

本节适用于由薄柔型板件组成的受压构件，对于均匀受压的薄柔型板件之定义见第 B4. 1 条的相关规定。

应根据相应的弯曲屈曲、扭转屈曲及弯-扭屈曲极限状态中之最小值确定抗压强度标准值 P_n。

$$P_n = F_{cr}A_g \tag{E7-1}$$

临界应力 F_{cr} 可按下式确定：

（1）当 $\frac{KL}{r} \leqslant 4.71\sqrt{\frac{E}{QF_y}}$（或 $\frac{QF_e}{F_y} \leqslant 2.25$）时：

$$F_{cr} = Q\left[0.658^{\frac{QF_y}{F_e}}\right]F_y \tag{E7-2}$$

（2）当 $\frac{KL}{r} > 4.71\sqrt{\frac{E}{QF_y}}$（或 $\frac{QF_e}{F_y} > 2.25$）时：

$$F_{cr} = 0.877F_e \tag{E7-3}$$

式中 F_e——弹性屈曲应力，对于双轴对称构件，使用式（E3-4）和式（E4-4）进行计算；对于单轴对称构件，使用式（E3-4）和式（E4-5）进行计算；除了 $b/t \leqslant 20$ 的单角钢的 F_e 使用式（E3-4）计算外，其他非对称构件，则使用式（E4-6）进行计算，ksi（MPa）；

Q——考虑了全部薄柔型受压板件的实际折减系数；由非薄柔型（厚实型和非厚实型）板件组成的构件，取 1.0，对于均匀受压的非薄柔型板件之定义见第 B4. 1 节的相关规定；由薄柔型板件组成的构件，取 $Q_s Q_a$，对于均匀受压的薄柔型板件之定义见第 B4. 1 节的相关规定。

使用说明：对仅由未设置加劲肋的薄柔型板件组成的横截面，取 $Q = Q_s$（Q_a = 1.0）。对仅由设置加劲肋的薄柔型板件组成的横截面，取 $Q = Q_a$（Q_s = 1.0）。对同时有未设置和设置有加劲的薄柔型板件组成的横截面，取 $Q = Q_sQ_a$。对由多重未设置加劲的薄柔型板件组成的横截面，在确定构件受纯压情况下的承载力时，使用薄柔板件的较低 Q_s值是偏于保守的。

1. 未设置加劲的薄柔型板件，折减系数 Q_s

对未设置加劲的薄柔型板件，其折减系数 Q_s按下式确定：

（1）对轧制柱的外伸翼缘、角钢及钢板，或者其他受压构件：

1）当 $\dfrac{b}{t} \leqslant 0.56\sqrt{\dfrac{E}{F_y}}$ 时：

$$Q_s = 1.0 \tag{E7-4}$$

2）当 $0.56\sqrt{E/F_y} < b/t < 1.03\sqrt{E/F_y}$ 时：

$$Q_s = 1.415 - 0.74\left(\frac{b}{t}\right)\sqrt{\frac{F_y}{E}} \tag{E7-5}$$

3）当 $b/t \geqslant 1.03\sqrt{E/F_y}$ 时：

$$Q_s = \frac{0.69E}{F_y\left(\dfrac{b}{t}\right)^2} \tag{E7-6}$$

（2）对于组合工字形柱的外伸翼缘、角钢及钢板或其他受压构件：

1）当 $\dfrac{b}{t} \leqslant 0.64\sqrt{\dfrac{Ek_c}{F_y}}$ 时：

$$Q_s = 1.0 \tag{E7-7}$$

2）当 $0.64\sqrt{\dfrac{Ek_c}{F_y}} < \dfrac{b}{t} \leqslant 1.17\sqrt{\dfrac{Ek_c}{F_y}}$ 时：

$$Q_s = 1.415 - 0.65\left(\frac{b}{t}\right)\sqrt{\frac{F_y}{Ek_c}} \tag{E7-8}$$

3）当 $\dfrac{b}{t} > 1.17\sqrt{\dfrac{Ek_c}{F_y}}$ 时：

$$Q_s = \frac{0.90Ek_c}{F_y\left(\dfrac{b}{t}\right)^2} \tag{E7-9}$$

式中 b——未设置加劲的受压板件之宽度，其定义见第 B4.1 节的相关规定，in (mm)；

$k_c = \dfrac{4}{\sqrt{h/t_w}}$，且该计算值不得小于 0.35，也不得大于 0.76；

t——板件厚度，in(mm)。

（3）对于单角钢：

1）当 $\frac{b}{t} \leqslant 0.45\sqrt{\frac{E}{F_y}}$ 时：

$$Q_s = 1.0 \tag{E7-10}$$

2）当 $0.45\sqrt{E/F_y} < \frac{b}{t} \leqslant 0.91\sqrt{E/F_y}$ 时：

$$Q_s = 1.34 - 0.76\left(\frac{b}{t}\right)\sqrt{\frac{F_y}{E}} \tag{E7-11}$$

3）当 $\frac{b}{t} > 0.91\sqrt{\frac{E}{F_y}}$ 时：

$$Q_s = \frac{0.53E}{F_y\left(\frac{b}{t}\right)^2} \tag{E7-12}$$

式中，b 为角钢长肢的全宽，in（mm）。

（4）对于 T 型钢的腹板：

1）当 $\frac{b}{t} \leqslant 0.75\sqrt{\frac{E}{F_y}}$ 时：

$$Q_s = 1.0 \tag{E7-13}$$

2）当 $0.75\sqrt{\frac{E}{F_y}} < \frac{d}{t} \leqslant 1.03\sqrt{\frac{E}{F_y}}$ 时：

$$Q_s = 1.908 - 1.22\left(\frac{d}{t}\right)\sqrt{\frac{F_y}{E}} \tag{E7-14}$$

3）当 $\frac{d}{t} > 1.03\sqrt{\frac{E}{F_y}}$ 时：

$$Q_s = \frac{0.69E}{F_y\left(\frac{d}{t}\right)^2} \tag{E7-15}$$

式中，d 为 T 型钢的全公称高度，in（mm）。

2. 设置有加劲的薄柔型板件，折减系数 Q_a

对于设置有加劲的薄柔型板件，其折减系数 Q_a 按下式确定：

$$Q_a = \frac{A_e}{A_g} \tag{E7-16}$$

式中　A_g——构件的毛截面面积，in^2（mm^2）；

A_e——按折减的有效宽度 b_e 求得的有效截面面积之和，in^2（mm^2）。

折减后的有效宽度 b_e，按下式确定：

（1）对于均匀受压，且 $\frac{b}{t} \geqslant 1.49\sqrt{\frac{E}{f}}$ 的薄柔型板件，等壁厚的方形或矩形

钢管的翼缘除外：

$$b_e = 1.92t\sqrt{\frac{E}{f}}\left(1 - \frac{0.34}{b/t}\sqrt{\frac{E}{f}}\right) \leqslant b \tag{E7-17}$$

式中，当 F_{cr}根据 $Q = 1.0$ 计算时，f 取等于 F_{cr}。

（2）对于等壁厚的方形及矩形钢管的薄柔型翼缘，且 $\frac{b}{t} \geqslant 1.40\sqrt{\frac{E}{f}}$：

$$b_e = 1.92t\sqrt{\frac{E}{f}}\left(1 - \frac{0.38}{b/t}\sqrt{\frac{E}{f}}\right) \leqslant b \tag{E7-18}$$

式中，$f = P_n/A_e$。

使用说明：在计算 $f = P_n/A_e$ 时需要进行迭代，作为替代的方法，f 可按 F_y 取值。这样计算柱承载能力时会导致偏于保守的结果。

（3）对于轴向受力的圆形钢管：

当 $0.11\frac{E}{F_y} < \frac{D}{t} < 0.45\frac{E}{F_y}$ 时：

$$Q = Q_a = \frac{0.038E}{F_y(D/t)} + \frac{2}{3} \tag{E7-19}$$

式中　D——圆钢管外径，in(mm)；

　　　t——钢管壁厚，in(mm)。

F　受弯构件设计

本章适用于绕构件一个主轴纯弯曲的构件。当构件承受纯弯曲时，荷载作用平面与构件主轴平行，且荷载作用平面通过构件的剪切中心，或构件在荷载作用点及支撑点受到约束而不会产生扭曲。

本章的组织结构如下：

F1. 一般规定

F2. 绕强轴弯曲的双轴对称的厚实型工字形截面构件和槽钢

F3. 绕强轴弯曲的双轴对称的工字形截面构件（具有厚实型腹板、非厚实型或薄柔型翼缘）

F4. 绕强轴弯曲的其他工字形截面构件（具有厚实型或非厚实型腹板）

F5. 绕强轴弯曲的双轴和单轴对称的工字形截面构件（具有薄柔型腹板）

F6. 绕弱轴弯曲的工字形及槽钢截面构件

F7. 方形或矩形钢管截面以及箱形截面构件

F8. 圆形钢管截面

F9. 在对称轴平面内承受荷载的 T 型钢及双角钢

F10. 单角钢

F11. 方（矩）钢和圆钢棒材

F12. 非对称型钢

F13. 对小梁和大梁的设计要求

使用说明：对于本章未曾包括的有关内容，应使用下列章节中的相关规定：

- 第 G 章　　抗剪设计条款
- 第 H1 ~ H3 节　　承受双向弯曲或承受弯曲和轴力组合作用的构件
- 第 H3 节　　承受弯扭作用的构件
- 附录 3　　承受疲劳荷载的构件

在确定本章所采用的相应章节时，表 F1-1 可以作为使用指南。

使用说明：表 F1-1　第 F 章中规范条款使用选择

章节编号	截 面 形 式	翼缘宽厚比	腹板宽厚比	极限状态
F2	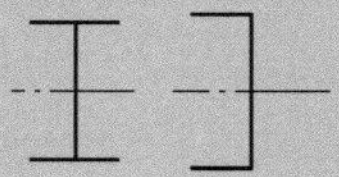	C	C	Y，LTB

续表 F1-1

章节编号	截面形式	翼缘宽厚比	腹板宽厚比	极限状态
F3	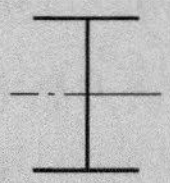	NC，S	C	LTB，FLB
F4	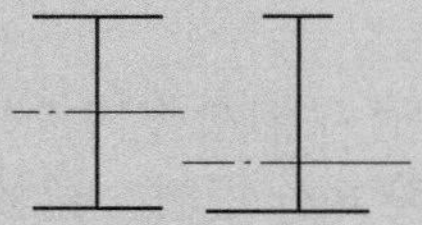	C，NC，S	NC	Y，LTB FLB，TFY
F5	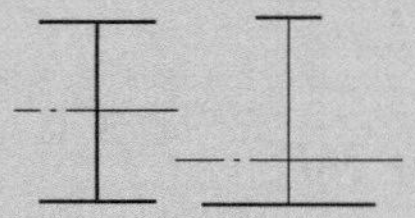	C，NC，S	S	Y，LTB FLB，TFY
F6	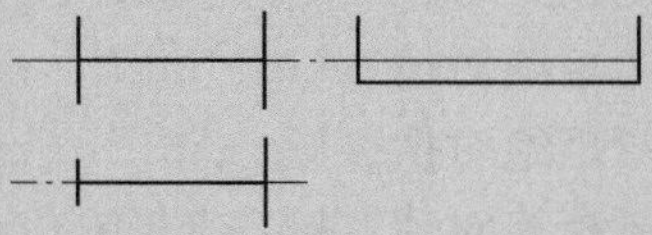	C，NC，S	N/A	Y，FLB
F7	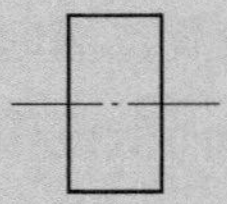	C，NC，S	C，NC	Y，FLB，WLB
F8	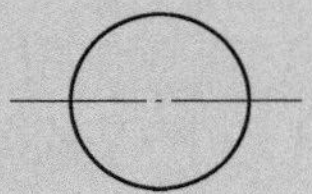	N/A	N/A	Y，LB
F9	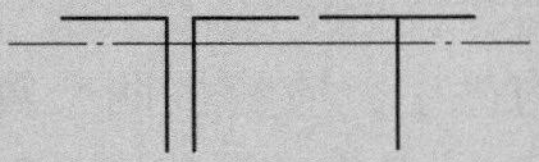	C，NC，S	N/A	Y，LTB，FLB
F10	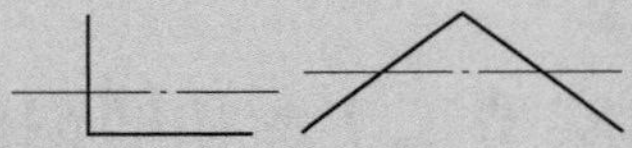	N/A	N/A	Y，LTB，LLB
F11		N/A	N/A	Y，LTB
F12	非对称形状	N/A	N/A	所有极限状态

注：Y 为屈服，LTB 为侧向扭转压曲，FLB 为翼缘局部屈曲，WLB 为腹板局部屈曲，TFY 为受拉翼缘屈服，LLB 为角钢肢局部屈曲，LB 为局部屈曲，C 为厚实型，NC 为非厚实型，S 为薄柔型。

F1. 一般规定

应根据下列规定确定抗弯承载力设计值 $\phi_b M_n$，及抗弯承载力容许

值 M_n/Ω_b：

（1）针对本章的所有条款：

$$\phi_b = 0.90(\mathrm{LRFD}) \qquad \Omega_b = 1.67(\mathrm{ASD})$$

应按照第 F2 ~ F12 节中的相关规定确定抗弯承载力标准值 M_n。

（2）本章的各项条款基于如下假定，即在次梁和主梁的支撑点处，应对其沿纵轴的转动进行约束。

（3）针对单曲率弯曲的单轴对称构件和所有双轴对称构件：

当梁段两端设置有支撑，且梁段受非均匀弯矩作用时，梁段的侧向扭转屈曲修正系数 C_b，可按下式计算：

$$C_b = \frac{12.5M_{\max}}{2.5M_{\max} + 3M_A + 4M_B + 3M_C}R_m \leqslant 3.0 \tag{F1-1}$$

式中 $M_{\max}$——无支撑梁段内最大弯矩绝对值，kip · in(N · mm)；

M_A——无支撑梁段内 1/4 点处的弯矩绝对值，kip · in(N · mm)；

M_B——无支撑梁段内 1/2 点处的弯矩绝对值，kip · in(N · mm)；

M_C——无支撑梁段内 3/4 点处的弯矩绝对值，kip · in(N · mm)。

当悬臂梁或外伸梁（overhangs）的自由端未设置支撑时，取 $C_b = 1.0$。

使用说明：当双轴对称构件的两个支撑点之间无横向荷载作用时，针对端部受大小相等、方向相反（均匀弯矩）弯矩作用的情况，式（F1-1）中 C_b 减少为 1.0，对于端部受大小相等、方向相同（反向曲率弯曲）弯矩作用的情况，式（F1-1）中 C_b 减少为 2.27；当一端弯矩为 0 时，式（F1-1）中 C_b 减少为 1.67。对于单轴对称构件，会在条文说明中给出有关 C_b 的更详细分析。

（4）在承受反向曲率弯曲的单轴对称构件中，应校核两个翼缘的侧向扭转屈曲承载力。其有效抗弯承载力应不小于导致所考虑的翼缘受压时的最大弯矩。

F2. 绕强轴弯曲的双轴对称的厚实型工字形和槽钢截面构件

本节适用于绕强轴弯曲的双轴对称的厚实型工字形截面和槽钢，关于厚实型腹板及翼缘之定义见第 B4.1 条中的有关受弯构件截面的规定。

使用说明：当钢材强度等级 F_y = 50ksi(345MPa）时，除了 W21 ×48、W14 ×99、W14 × 90、W12 × 65、W10 × 12、W8 × 31、W8 × 10、W6 × 15、W6 × 9、W6 ×8.5 及 M4 ×6 型钢以外，现行 ASTMA6 标准中的 W、S、M、C 和 MC 型钢都具有厚实型翼缘；钢材强度等级 F_y ≤65ksi(450MPa）时，所有 W、S、M、HP、C 和 MC 型钢都具有厚实型腹板。

抗弯承载力标准值 M_n，应取屈服极限状态（塑性弯矩）和侧向扭转屈曲极限状态中的较小者。

1. 屈服

$$M_n = M_p = F_y Z_x \tag{F2-1}$$

式中 F_y ——所使用钢材的规定最小屈服应力，ksi（MPa）；

Z_x ——对 x 轴的塑性截面模量，in^3（mm^3）。

2. 侧向扭转屈曲

（1）当 $L_b \leqslant L_p$ 时，不会发生侧向扭转屈曲极限状态。

（2）当 $L_p < L_b \leqslant L_r$ 时：

$$M_n = C_b\left[M_p - (M_p - 0.7F_yS_x)\left(\frac{L_b - L_p}{L_r - L_p}\right)\right] \leqslant M_p \tag{F2-2}$$

（3）当 $L_b > L_r$ 时：

$$M_n = F_{cr}S_x \leqslant M_p \tag{F2-3}$$

式中，L_b 为限制受压翼缘侧向位移或限制截面扭曲的侧向支撑点间的距离，in（mm）。

$$F_{cr} = \frac{C_b\pi^2 E}{\left(\dfrac{L_b}{r_{ts}}\right)^2}\sqrt{1 + 0.078\frac{Jc}{S_xh_o}\left(\frac{L_b}{r_{ts}}\right)} \tag{F2-4}$$

式中，E 为钢材的弹性模量，取 29000ksi（200000MPa）；J 为扭转常数，in^4（mm^4）；S_x 为对 x 轴的弹性截面模量，in^3（mm^3）；h_o 为翼缘形心之间的距离，in（mm）。

使用说明：式（F2-4）中的平方根项可以偏于保守地取为 1.0。

使用说明：式（F2-3）和式（F2-4）给出了针对双对称轴截面的侧向扭转屈曲的下述表达式的完全相同的解，该表达式在以往版本的 AISC LRFD 规范中已经出现过：

$$M_{cr} = C_b\frac{\pi}{L_b}\sqrt{EI_yGJ + \left(\frac{\pi E}{L_b}\right)I_yC_w}$$

式（F2-3）和式（F2-4）的优点是与式（F4-4）和式（F4-5）中给出的针对单轴对称截面侧向扭转屈曲的计算公式，在形式上非常相似。

最大长度 L_p 和 L_r 按照下列公式确定：

$$L_p = 1.76r_y\sqrt{\frac{E}{F_y}} \tag{F2-5}$$

$$L_r = 1.95r_{ts}\frac{E}{0.7F_y}\sqrt{\frac{J_c}{S_xh_o}}\sqrt{1 + \sqrt{1 + 6.76\left(\frac{0.7F_y}{E} \times \frac{S_xh_o}{J_c}\right)}} \tag{F2-6}$$

式中
$$r_{ts}^2 = \frac{\sqrt{I_y C_w}}{S_x} \qquad (F2\text{-}7)$$

确定系数 c 的方法如下：

（1）对于双轴对称的工字钢：
$$c = 1 \qquad (F2\text{-}8a)$$

（2）对于槽钢：
$$c = \frac{h_o}{2}\sqrt{\frac{I_y}{C_w}} \qquad (F2\text{-}8b)$$

使用说明：对翼缘为矩形的双轴对称工字钢，$C_w = \frac{I_y h_o^2}{4}$。因此式（F2-7）可变为：

$$r_{ts}^2 = \frac{I_y h_o}{2S_x}$$

r_{ts} 可近似取为受压翼缘加 1/6 腹板的回转半径，该值足够准确并偏于安全，即

$$r_{ts} = \frac{b_f}{\sqrt{12\left(1 + \frac{1}{6} \times \frac{h t_w}{b_f t_f}\right)}}$$

F3. 绕强轴弯曲的双轴对称的工字形截面构件（具有厚实型腹板、非厚实型或薄柔型翼缘）

本节适用于绕主轴弯曲的双轴对称的工字型截面构件，关于厚实型、非厚实型或薄柔型板件之定义见第 B4.1 条中有关受弯构件截面的规定。

使用说明：钢材强度等级 F_y = 50ksi（345MPa）时的 W21×48、W14×99、W14×90、W12×65、W10×12、W8×31、W8×10、W6×15、W6×9、W6×8.5 和 M4×6 型钢具有非厚实型翼缘。在现行的 ASTMA6 标准中，当强度等级 $F_y \leq$ 50ksi（345MPa）时的所有其他 W、S、M 及 HP 型钢具有厚实型翼缘。

抗弯承载力标准值 M_n，应取侧向扭转屈曲极限状态和受压翼缘局部屈曲极限状态中的较小者。

1. 侧向扭转屈曲

侧向扭转屈曲应符合第 F2.2 条的相关规定。

2. 受压翼缘局部屈曲

（1）对于具有非厚实型翼缘的截面：

$$M_n = \left[M_p - (M_p - 0.7F_yS_x)\left(\frac{\lambda - \lambda_{pf}}{\lambda_{rf} - \lambda_{pf}}\right)\right] \tag{F3-1}$$

（2）对于具有薄柔型翼缘的截面：

$$M_n = \frac{0.9Ek_cS_x}{\lambda^2} \tag{F3-2}$$

式中 $\lambda = \dfrac{b_f}{2t_f}$；

λ_{pf}——取厚实型翼缘的长细比限值 λ_p，见表 B4-1b；

λ_{rf}——取非厚实型翼缘的长细比限值 λ_r，见表 B4-1b；

$k_c = \dfrac{4}{\sqrt{h/t_w}}$，计算值不得小于 0.35 或大于 0.76；

h——距离，见第 B4.1b 定义，in(mm)。

F4. 绕强轴弯曲的其他工字形截面构件（具有厚实型或非厚实型腹板）

本节适用于绕主轴弯曲的双轴对称的工字形截面构件（具有非厚实型腹板），以及绕主轴弯曲的单轴对称的工字形截面构件（其厚实型或非厚实型腹板位于翼缘的中心部位），关于厚实型、非厚实型或薄柔型板件之定义见第 B4.1 条中有关受弯构件截面的规定。

使用说明：本节中所涉及的工字形截面构件，亦可用第 F5 节的方法进行设计，其结果会偏于安全。

抗弯承载力标准值 M_n，应取受压翼缘屈服、侧向扭转屈曲、受压翼缘局部屈曲及受拉翼缘屈服极限状态中的较小者。

1. 受压翼缘屈服

$$M_n = R_{pc}M_{yc} = R_{pc}F_yS_{xc} \tag{F4-1}$$

式中，M_{yc} 为受压翼缘最边缘处的屈服弯矩，kip · in(N · mm)。

2. 侧向扭转屈曲

（1）当 $L_b \leq L_p$ 时，不会发生侧向扭转屈曲；

（2）当 $L_p < L_b \leq L_r$ 时，

$$M_n = C_b\left[R_{pc}M_{yc} - (R_{pc}M_{yc} - F_LS_{xc})\left(\frac{L_b - L_p}{L_r - L_p}\right)\right] \leq R_{pc}M_{yc} \tag{F4-2}$$

（3）当 $L_b > L_r$ 时，

$$M_n = F_{cr}S_{xc} \leqslant R_{pc}M_{yc} \tag{F4-3}$$

式中

$$M_{yc} = F_y S_{xc} \tag{F4-4}$$

$$F_{cr} = \frac{C_b \pi^2 E}{\left(\frac{L_b}{r_t}\right)^2}\sqrt{1 + 0.078\frac{J}{S_{xc}h_o}\left(\frac{L_b}{r_t}\right)^2} \tag{F4-5}$$

当 $\frac{I_{yc}}{I_y} \leqslant 0.23$ 时，应取 J 为零；其中，I_{yc} 为受压翼缘对截面 y 轴的惯性矩，in^4（mm^4）。

按下述方法确定应力 F_L：

1）当 $\frac{S_{xt}}{S_{xc}} \geqslant 0.7$ 时，

$$F_L = 0.7F_y \tag{F4-6a}$$

2）当 $\frac{S_{xt}}{S_{xc}} < 0.7$ 时，

$$F_L = F_y\frac{S_{xt}}{S_{xc}} \geqslant 0.5F_y \tag{F4-6b}$$

按下式确定屈服极限状态下的侧向无支撑长度限值 L_p：

$$L_p = 1.1r_t\sqrt{\frac{E}{F_y}} \tag{F4-7}$$

按下式确定非弹性侧向扭转屈曲极限状态下的侧向无支撑长度限值 L_r：

$$L_r = 1.95r_t\frac{E}{F_L}\sqrt{\frac{J}{S_{xc}h_o}}\sqrt{1 + \sqrt{1 + 6.76\left(\frac{F_L}{E} \times \frac{S_{xc}h_o}{J}\right)^2}} \tag{F4-8}$$

按下式确定腹板塑性修正系数 R_{pc}：

1）当 $I_{yc}/I_y > 0.23$ 时：

①当 $\frac{h_c}{t_w} \leqslant \lambda_{pw}$ 时，

$$R_{pc} = \frac{M_p}{M_{yc}} \tag{F4-9a}$$

②当 $\frac{h_c}{t_w} > \lambda_{pw}$ 时，

$$R_{pc} = \left[\frac{M_p}{M_{yc}} - \left(\frac{M_p}{M_{yc}} - 1\right)\left(\frac{\lambda - \lambda_{pw}}{\lambda_{rw} - \lambda_{pw}}\right)\right] \leqslant \frac{M_p}{M_{yc}} \tag{F4-9b}$$

2）当 $I_{yc}/I_y \leqslant 0.23$ 时，

$$R_{pc} = 1.0 \tag{F4-10}$$

式中 $M_p = Z_xF_y \leqslant 1.6S_{xc}F_y$；

S_{xc}，S_{xt} ——分别为受拉翼缘和受压翼缘的截面弹性模量，in³（mm³）；

$\lambda = \dfrac{h_c}{t_w}$；

$\lambda_{pw} = \lambda_p$ 为厚实型腹板的宽厚比限值，见表 B4-1b；

$\lambda_{rw} = \lambda_r$ 为非厚实型腹板的宽厚比限值，见表 B4-1b；

h_c ——对于轧制型钢，取截面形心到受压翼缘内侧距离减去轧制内圆角半径的两倍；对于组合型钢，取截面形心到距受压翼缘最近紧固件行距离的两倍（栓接组合型钢），或者取截面形心到受压翼缘内侧距离的两倍（焊接组合型钢），in（mm）。

侧向扭转屈曲的有效回转半径 r_t 确定如下：

1）对于受压翼缘为矩形的工字钢：

$$r_t = \frac{b_{fc}}{\sqrt{12\left(\dfrac{h_0}{d} + \dfrac{1}{6}a_w \dfrac{h^2}{h_0 d}\right)}} \tag{F4-11}$$

$$a_w = \frac{h_c t_w}{b_{fc} t_{fc}} \tag{F4-12}$$

式中　b_{fc} ——受压翼缘宽度，in（mm）；

t_{fc} ——受压翼缘厚度，in（mm）。

2）对于在受压翼缘上加设槽钢或盖板的工字钢：

r_t ——弯曲受压的翼缘板件加腹板受压面积（仅由绕主轴弯曲作用所产生的）的 1/3 部分的回转半径，in（mm）；

a_w ——两倍的受压腹板面积（仅由绕主轴弯曲作用产生）与受压翼缘板件面积之比值。

使用说明：当工字钢的受压翼缘为矩形时，可以按受压翼缘加上腹板受压部分面积的 1/3 来计算回转半径 r_t，其值准确且偏于安全，即

$$r_t = \frac{b_{fc}}{\sqrt{12\left(1 + \dfrac{1}{6}a_w\right)}}$$

3. 受压翼缘局部屈曲

（1）对于具有厚实型翼缘的截面，不会发生局部屈曲极限状态。

（2）对于具有非厚实型翼缘的截面：

$$M_n = \left[R_{pc}M_{yc} - (R_{pc}M_{yc} - F_L S_{xc})\left(\frac{\lambda - \lambda_{pf}}{\lambda_{rf} - \lambda_{pf}}\right)\right] \tag{F4-13}$$

（3）对于具有薄柔型翼缘的截面：

$$M_n = \frac{0.9Ek_c S_{xc}}{\lambda^2} \tag{F4-14}$$

式中，F_L 由式（F4-6）和式（F4-6b）确定；R_{pc} 为腹板塑性系数，由式（F4-9）确定；$k_c = \frac{4}{\sqrt{h/t_w}}$；$\lambda = \frac{b_{fc}}{2t_{fc}}$，计算值不得小于0.35或大于0.76；$\lambda_{pf}$ 取厚实型腹板的长细比限值 λ_p，见表B4-1b；λ_{rf} 取非厚实型腹板的长细比限值 λ_r，见表B4-1b。

4. 受拉翼缘屈服

（1）当 $S_{xt} \geqslant S_{xc}$ 时，不会发生受拉翼缘屈服极限状态。

（2）当 $S_{xt} < S_{xc}$ 时，

$$M_n = R_{pt} M_{yt} \tag{F4-15}$$

式中，$M_{yt} = F_y S_{xt}$。

对应于受拉翼缘屈服极限状态的腹板塑性系数 R_{pt}，可根据下式确定：

（1）当 $\frac{h_c}{t_w} \leqslant \lambda_{pw}$ 时，

$$R_{pt} = \frac{M_p}{M_{yt}} \tag{F4-16a}$$

（2）当 $\frac{h_c}{t_w} > \lambda_{pw}$ 时，

$$R_{pt} = \left[\frac{M_p}{M_{yt}} - \left(\frac{M_p}{M_{yt}} - 1\right)\left(\frac{\lambda - \lambda_{pw}}{\lambda_{rw} - \lambda_{pw}}\right)\right] \leqslant \frac{M_p}{M_{yt}} \tag{F4-16b}$$

式中，$\lambda = \frac{h_c}{t_w}$；$\lambda_{pw}$ 取厚实型腹板的长细比限值 λ_p，见表B4-1b；λ_{rw} 取非厚实型腹板的长细比限值 λ_r，见表B4-1b。

F5. 绕强轴弯曲的双轴和单轴对称的工字形截面构件（具有薄柔型腹板）

本节适用于绕主轴弯曲的双轴及单轴对称的工字形截面构件（其薄柔型腹板位于翼缘的中心部位），关于厚实型、非厚实型或薄柔型板件之定义见第B4.1条中有关受弯构件截面的规定。抗弯承载力标准值 M_n，应取受压翼缘屈服、侧向扭转屈曲、受压翼缘局部屈曲和受拉翼缘屈服极限状态中的最小者。

1. 受压翼缘屈服

$$M_n = R_{pg} F_y S_{xc} \tag{F5-1}$$

2. 侧向扭转屈曲

$$M_n = R_{pg}F_{cr}S_{xc} \tag{F5-2}$$

（1）当 $L_b \leqslant L_p$ 时，不会发生侧向扭转屈曲极限状态。

（2）当 $L_p < L_b \leqslant L_r$ 时，

$$F_{cr} = C_b\left[F_y - (0.3F_y)\left(\frac{L_b - L_p}{L_r - L_p}\right)\right] \leqslant F_y \tag{F5-3}$$

（3）当 $L_b > L_r$ 时，

$$F_{cr} = \frac{C_b\pi^2 E}{\left(\frac{L_b}{r_t}\right)^2} \leqslant F_y \tag{F5-4}$$

式中　L_p 由式（F4-7）确定；

$L_r = \pi r_t\sqrt{\frac{E}{0.7F_y}}$ ；　(F5-5)

R_{pg} ——抗弯承载力折减系数，由下式确定：

$$R_{pg} = 1 - \frac{a_w}{1200 + 300a_w}\left(\frac{h_c}{t_w} - 5.7\sqrt{\frac{E}{F_y}}\right) \leqslant 1.0 \tag{F5-6}$$

a_w 由式（F4-11）确定，但是不应超过 10；

r_t 是按第 F4 节定义的侧向屈曲的有效回转半径。

3. 受压翼缘局部屈曲

$$M_n = R_{pg}F_{cr}S_{xc} \tag{F5-7}$$

（1）对于具有厚实型翼缘的截面，不会发生受压翼缘局部屈曲极限状态。

（2）对于具有非厚实型翼缘的截面：

$$F_{cr} = \left[F_y - 0.3F_y\left(\frac{\lambda - \lambda_{pf}}{\lambda_{rf} - \lambda_{pf}}\right)\right] \tag{F5-8}$$

（3）对于具有薄柔型翼缘的截面：

$$F_{cr} = \frac{0.9Ek_c}{\left(\frac{b_f}{2t_f}\right)^2} \tag{F5-9}$$

式中，$k_c = \frac{4}{\sqrt{h/t_w}}$，其计算值不得小于 0.35 或大于 0.76；$\lambda = \frac{b_{fc}}{2t_{fc}}$；$\lambda_{pf}$ 取厚实型腹板的长细比限值 λ_p，见表 B4-1b；λ_{rf} 取非厚实型腹板的长细比限值 λ_r，见表 B4-1b。

4. 受拉翼缘屈服

（1）当 $S_{xt} \geqslant S_{xc}$，不会发生受拉翼缘屈服极限状态。

（2）当 $S_{xt} < S_{xc}$ 时：

$$M_n = F_y S_{xt} \tag{F5-10}$$

F6. 绕弱轴弯曲的工字形截面构件及槽钢

本节适用于绕弱轴弯曲的工字形截面构件及槽钢。

抗弯承载力标准值 M_n，应取屈服（塑性弯矩）及受压翼缘局部屈曲极限状态中的较小者。

1. 屈服

$$M_n = M_p = F_y Z_y \leqslant 1.6 F_y S_y \tag{F6-1}$$

2. 翼缘局部压曲

（1）对于具有厚实型翼缘的截面，不会发生翼缘局部屈服极限状态。

使用说明： 除了型钢 W21×48、W14×99、W14×90、W12×65、W10×12、W8×31、W8×10、W6×15、W6×9、W6×8.5 及 M4×6 外，在现行 ASTM A6 标准中，钢材强度等级 F_y = 50ksi(345MPa) 时的所有 W、S、M、C 和 MC 型钢，均具有厚实型翼缘。

（2）对于具有非厚实型翼缘的截面：

$$M_n = \left[M_p - (M_p - 0.7F_y S_y)\left(\frac{\lambda - \lambda_{pf}}{\lambda_{rf} - \lambda_{pf}}\right)\right] \tag{F6-2}$$

（3）对于具有薄柔型翼缘的截面：

$$M_n = F_{cr} S_y \tag{F6-3}$$

式中 $F_{cr} = \dfrac{0.69E}{\left(\dfrac{b}{2t_f}\right)^2}$； (F6-4)

λ_{pf} 取厚实型翼缘的长细比限值 λ_p，见表 B4-1b；

λ_{rf} 取非厚实型翼缘的长细比限值 λ_r，见表 B4-1b；

b 对于工字形构件的翼缘，取翼缘全宽 b_f 的 1/2，对于槽钢翼缘取翼缘的公称尺寸，in(mm)；

t_f 为翼缘厚，in(mm)；

S_y 为对 y 轴的弹性截面模量，$in^3(mm^3)$，对于槽钢，S_y 应取最小截面模量。

F7. 方形或矩形钢管截面及箱形截面构件

本节适用于绕构件任意一个轴弯曲的、具有厚实型或非厚实型腹板以及厚实型、非厚实型或薄柔型翼缘的方形或矩形钢管截面及双轴对称的箱形截面构件，关于厚实型、非厚实型或薄柔型板件之定义见第 B4. 1 条中有关受弯构件截面的规定。

抗弯承载力标准值 M_n，应取在纯弯作用下的屈服（塑性力矩）、翼缘局部屈曲及腹板局部屈曲极限状态中的最小者。

使用说明：绕主轴弯曲的超长矩形钢管会发生侧向扭转屈曲，但本规范对于这种极限状态没有给出相应的承载力计算公式，因为在所有实际使用情况中，起控制作用的主要是梁的挠度。

1. 屈服

$$M_n = M_p = F_y Z \tag{F7-1}$$

式中，Z 为绕弯曲轴的截面塑性模量，$in^3(mm^3)$。

2. 翼缘局部屈曲

（1）对于厚实型截面，不会发生翼缘局部屈曲的极限状态。

（2）对于具有非厚实型翼缘的截面：

$$M_n = M_p - (M_p - F_y S)\left(3.57\frac{b}{t}\sqrt{\frac{F_y}{E}} - 4.0\right) \leqslant M_p \tag{F7-2}$$

（3）对于具有薄柔型翼缘的截面：

$$M_n = F_y S_e \tag{F7-3}$$

式中，S_e 为由有效受压翼缘宽度 b_e 确定的有效截面模量，有效受压翼缘宽度按下式确定：

$$b_e = 1.92 t_f \sqrt{\frac{E}{F_y}}\left[1 - \frac{0.38}{b/t_f}\sqrt{\frac{E}{F_y}}\right] \leqslant b \tag{F7-4}$$

3. 腹板局部屈曲

（1）对于厚实型截面，不会发生腹板局部屈曲极限状态。

（2）对于具有非厚实型腹板的截面：

$$M_n = M_p - (M_p - F_y S_x)\left(0.305\frac{h}{t_w}\sqrt{\frac{F_y}{E}} - 0.738\right) \leqslant M_p \tag{F7-5}$$

F8. 圆形钢管

本节适用于 $D/t < \frac{0.45E}{F_y}$ 的圆形钢管。

抗弯承载力标准值 M_n，应取屈服极限状态（塑性弯矩）及局部屈曲极限状态中的较小者。

1. 屈服

$$M_n = M_p = F_y Z \tag{F8-1}$$

2. 局部屈曲

（1）对于厚实型截面，不会发生翼缘局部屈曲极限状态。

（2）对于非厚实型截面：

$$M_n = \left(\frac{0.021E}{\frac{D}{t}} + F_y\right)s \tag{F8-2}$$

（3）对于具有薄柔型管壁的截面：

$$M_n = F_{cr}S \tag{F8-3}$$

式中，$F_{cr} = \frac{0.33E}{\frac{D}{t}}$；$S$ 为截面弹性模量，$\text{in}^3(\text{mm}^3)$；t 为管壁厚，in(mm)。

F9. 在对称轴平面内承受荷载作用的 T 型钢及双角钢

本节适用于在对称轴平面内受荷载作用的 T 型钢及双角钢。

抗弯承载力标准值 M_n，应取屈服（塑性弯矩）、侧向扭转屈曲及翼缘局部压曲极限状态中的较小者。

1. 屈服

$$M_n = M_p \tag{F9-1}$$

式中，

（1）当 T 型钢（双角钢）的腹板受拉时：

$$M_p = F_y Z_x < 1.6M_y \tag{F9-2}$$

（2）当 T 型钢（双角钢）的腹板受压时：

$$M_p = F_y Z_x \leqslant M_y \tag{F9-3}$$

2. 侧向扭转屈曲

$$M_n = M_{cr} = \frac{\pi\sqrt{EI_yGJ}}{L_b}(B + \sqrt{1 + B^2}) \quad (F9\text{-}4)$$

式中

$$B = \pm 2.3\left(\frac{d}{L_b}\right)\sqrt{\frac{I_y}{J}} \quad (F9\text{-}5)$$

当T型钢（双角钢）腹板受拉时 B 取“+”号，受压时取“-”号。如果沿无支撑长度的任意部位T型钢（双角钢）的腹板尖部受压，则 B 应取负值。

3. T型钢翼缘的局部屈曲

（1）对于具有厚实型翼缘的截面，在弯曲受压时不会发生翼缘局部屈曲极限状态。

（2）对于具有非厚实型翼缘的截面，在弯曲受压时：

$$M_n = M_p - (M_p - 0.7F_yS_{xc})\left(\frac{\lambda - \lambda_{pf}}{\lambda_{rf} - \lambda_{pf}}\right) \leqslant 1.6M_y \quad (F9\text{-}6)$$

（3）对于具有薄柔型翼缘的截面，在弯曲受压时：

$$M_n = \frac{0.7ES_{xc}}{\left(\frac{b_f}{2t_f}\right)^2} \quad (F9\text{-}7)$$

式中，S_{xc} 为受压翼缘的截面弹性模量，$in^3(mm^3)$；$\lambda = \frac{b_f}{2t_f}$；$\lambda_{pf}$ 为取厚实型腹板的长细比限值 λ_p，见表B4-1b；λ_{rf} 为取非厚实型腹板的长细比限值 λ_r，见表B4-1b。

使用说明： 对于翼缘肢受压的双角钢，应基于局部屈曲采用第F10.3条的规定来确定 M_n，且计算式中用翼缘肢的 b/t，取式（F10-1）的计算值为其上限。

4. 弯曲受压的T型钢腹板的局部屈曲

$$M_n = F_{cr}S_x \quad (F9\text{-}8)$$

式中，S_x 为截面弹性模量，$in^3(mm^3)$；临界应力 F_{cr} 按下式确定：

（1）当 $\frac{d}{t_w} \leqslant 0.84\sqrt{\frac{E}{F_y}}$ 时：

$$F_{cr} = F_y \quad (F9\text{-}9)$$

（2）当 $0.84\sqrt{\frac{E}{F_y}} < \frac{d}{t_w} \leqslant 1.03\sqrt{\frac{E}{F_y}}$ 时：

$$F_{cr} = \left(2.55 - 1.84\frac{d}{t_w}\sqrt{\frac{F_y}{E}}\right)F_y \quad (F9\text{-}10)$$

（3）当 $\frac{d}{t_w} > 1.03\sqrt{\frac{E}{F_y}}$ 时：

$$F_{cr} = \frac{0.69E}{\left(\frac{d}{t_w}\right)^2} \tag{F9-11}$$

使用说明：对于腹板肢受压的双角钢，应基于局部屈曲采用第 F10.3 条的规定确定 M_n，且计算式中用腹板肢的 b/t，取式（F10-1）的计算值为其上限。

F10. 单角钢

本节适用于沿构件长度方向设置有或未设置连续侧向抗扭约束的单角钢。

沿长度方向设置有连续侧向抗扭约束的单角钢，可按绕其几何轴（x、y 轴）弯曲进行设计。沿长度方向未设置连续侧向抗扭约束的单角钢，除规范规定允许按绕其几何轴受弯设计外，应按绕其主轴弯曲进行设计。

如果弯矩计算结果中有绕两个主轴方向作用且有或没有轴向荷载，或者绕一个主轴方向作用且有轴向荷载的弯矩分量，那么应采用第 H2 节的规定确定其组合应力比。

使用说明：按绕几何轴（x，y 轴）弯曲进行设计，是指按绕角钢的 x 和 y 轴计算其截面特性，即平行及垂直于角钢肢的轴线。按绕主轴弯曲进行设计，是指按绕角钢的强轴和弱轴计算其截面特性。

抗弯承载力标准值 M_n，应取屈服（塑性力矩）、侧向扭转屈曲及角钢肢局部屈曲极限状态中的较小者。

使用说明：当绕弱轴弯曲时，只有屈服和角钢肢的局部屈曲的极限状态适用。

1. 屈服

$$M_n = 1.5M_y \tag{F10-1}$$

式中，M_y 为绕弯曲轴的屈服弯矩，kip · in(N · mm)。

2. 侧向扭转屈曲

对于沿长度方向未设连续侧向抗扭约束的单角钢：

（1）当 $M_e \leqslant M_y$ 时：

$$M_n = \left(0.92 - \frac{0.17M_e}{M_y}\right)M_e \tag{F10-2}$$

（2）当 $M_e > M_y$ 时：

$$M_n = \left(1.92 - 1.17\sqrt{\frac{M_y}{M_e}}\right)M_y \leqslant 1.5M_y \tag{F10-3}$$

式中，按下述要求确定弹性侧向扭转屈曲弯矩 M_e：

1）对于绕主轴弯曲的等肢角钢：

$$M_e = \frac{0.46Eb^2t^2C_b}{L_b} \tag{F10-4}$$

2）对于绕主轴弯曲的不等肢角钢：

$$M_e = \frac{4.9EI_zC_b}{L_b^2}\left(\sqrt{\beta_w^2 + 0.052\left(\frac{L_bt}{r_z}\right)^2} + \beta_w\right) \tag{F10-5}$$

式中 C_b ——根据式（F1-1）计算，且最大值为 1.5；

L_b ——构件的侧向无支撑长度。in(mm)；

I_z ——绕弱轴的惯性矩，$in^4(mm^4)$；

r_z ——绕弱轴的回转半径，in(mm)；

t ——角钢肢厚，in(mm)；

β_w ——不等边角钢的截面特性，短肢受压为正，长肢受压为负。若沿构件的长度范围内的任意处角钢构件的长肢受压，则 β_w 应取负值。

使用说明：β_w 的计算公式和常用角钢的 β_w 值可参见本章节的条文说明。

3）对于绕其中一个几何轴弯曲且无轴压作用的等肢角钢：

①且无侧向抗扭约束：

（i）最大压应力作用于角钢肢尖：

$$M_e = \frac{0.66Eb^4tC_b}{L_b^2}\left(\sqrt{1 + 0.78\left(\frac{L_bt}{b^2}\right)^2} - 1\right) \tag{F10-6a}$$

（ii）最大拉应力作用于角钢肢尖：

$$M_e = \frac{0.66Eb^4tC_b}{L_b^2}\left(\sqrt{1 + 0.78\left(\frac{L_bt}{b^2}\right)^2} + 1\right) \tag{F10-6b}$$

M_y 应取按几何轴截面模量计算得到的屈服弯矩的 0.8 倍。

式中，b 为受压肢的全宽，in(mm)。

使用说明：当单角钢与其相垂直一肢的肢尖受压，且跨高比不大于下式近似值时，M_n 可取 M_y：

$$\frac{1.64}{F_y}\sqrt{\left(\frac{t}{b}\right)^2 - 1.4\frac{F_y}{E}}$$

②仅在最大弯矩作用点处设置有侧向抗扭约束：

M_e 应取按式（F10-4a）或式（F10-4b）所得到计算值的 1.25 倍。

M_y 应取根据绕几何轴截面模量计算得到的屈服弯矩。

3. 角钢肢局部屈曲

角钢肢局部屈曲极限状态适用于角钢肢尖受压的情况。

（1）当角钢肢为厚实型截面时，不会发生角钢肢局部屈曲极限状态。

（2）当角钢肢为非厚实型截面时：

$$M_n = F_y S_c \left(2.43 - 1.72\left(\frac{b}{t}\right)\sqrt{\frac{F_y}{E}}\right) \quad (F10\text{-}7)$$

（3）当角钢肢为薄柔型截面时：

$$M_n = F_{cr} S_c \quad (F10\text{-}8)$$

$$F_{cr} = \frac{0.71E}{\left(\frac{b}{t}\right)^2} \quad (F10\text{-}9)$$

式中，S_c 为当角钢肢尖受压时，受压肢相对于弯曲轴的弹性截面模量，in^3（mm^3）。对于绕角钢的一个几何轴弯曲且无侧向扭转约束的等肢角钢，S_c应取绕几何轴截面模量的0.8倍。

F11. 方（矩）钢和圆钢棒材

本节适用于绕几何轴弯曲的方（矩）钢和圆钢棒材。

抗弯承载力标准值 M_n，应取屈服（塑性弯矩）及侧向扭转屈曲极限状态中的较小者。

1. 屈服

对于 $\frac{L_{bd}}{t^2} \leqslant \frac{0.08E}{F_y}$ 绕强轴弯曲的矩形钢棒、绕弱轴弯曲的矩形钢棒及圆形钢棒：

$$M_n = M_p = F_y Z \leqslant 1.6M_y \quad (F11\text{-}1)$$

2. 侧向扭转屈曲

（1）对于 $\frac{0.08E}{F_y} < \frac{L_b d}{t^2} \leqslant \frac{1.9E}{F_y}$ 绕强轴弯曲的矩形钢棒：

$$M_n = C_b\left[1.52 - 0.274\left(\frac{L_b d}{t^2}\right)\frac{F_y}{E}\right]M_y \leqslant M_p \quad (F11\text{-}2)$$

（2）对于 $\frac{L_b d}{t^2} > \frac{1.9E}{F_y}$ 绕强轴弯曲的矩形钢棒：

$$M_n = F_{cr} S_x \leqslant M_p \quad (F11\text{-}3)$$

$$F_{cr} = \frac{1.9EC_b}{\frac{L_b d}{t^2}} \quad (F11\text{-}4)$$

式中，L_b 为限制受压区段侧向位移或防止截面扭转的支撑点之间的长度，in(mm)；d 为矩形钢棒的高度，in(mm)；t 为平行于弯曲轴的矩形钢棒宽度，in(mm)。

（3）对于绕弱轴弯曲的圆形或矩形钢棒，无须考虑侧向扭转屈曲极限状态。

F12. 非对称型钢

本节适用于除单角钢外的所有非对称截面型钢。

弯曲承载力标准值 M_n，应取屈服（屈服弯矩）、侧向扭转屈曲及局部屈曲极限状态中的最小者。M_n 按下式确定：

$$M_n = F_n S_{min} \tag{F12-1}$$

式中，S_{min} 为相对于弯曲轴的最小弹性截面模量，$in^3(mm^3)$。

1. 屈服

$$F_n = F_y \tag{F12-2}$$

2. 侧向扭转屈曲

$$F_n = F_{cr} \leqslant F_y \tag{F12-3}$$

式中，F_{cr} 为由分析确定的截面侧向扭转屈曲应力，ksi(MPa)。

使用说明：如果采用 Z 形截面构件，建议其 F_{cr} 取具有相同翼缘及腹板截面特性的槽钢的 F_{cr} 的 0.5 倍。

3. 局部屈曲

$$F_n = F_{cr} \leqslant F_y \tag{F12-4}$$

式中，F_{cr} 为由分析确定的截面屈曲应力，ksi(MPa)。

F13. 对大/小梁的设计要求

1. 受拉翼缘上开孔构件的承载力折减

本节适用于受拉翼缘上开孔的轧制或组合型钢以及设置有盖板的梁，依据毛截面的抗弯承载力设计。

除了在本章的其他各节中所规定的极限状态外，必须根据受拉翼缘的拉伸断裂极限状态确定弯曲承载力标准值 M_n。

（1）当 $F_u A f_n \geqslant Y_t F_y A f_g$ 时，不会发生拉伸断裂极限状态。

（2）当 $F_u A f_n < Y_t F_y A f_g$ 时，在受拉翼缘上有孔位置处的抗弯承载力标准值

M_n，不得大于下式的计算值：

$$M_n = \frac{F_u A_{fn}}{A_{fg}} S_x \tag{F13-1}$$

式中，A_{fg} 为受拉翼缘毛截面面积，按第 B4. 3a 条的相关规定计算，$in^2(mm^2)$；A_{fn} 为受拉翼缘净截面面积，按第 B4. 3b 条的相关规定计算，$in^2(mm^2)$；Y_t 为当 $F_y/F_u \leqslant 0.8$ 时，取 1.0，其他情况，取 1.1。

2. 工字形截面构件的设计要求

单轴对称的工字形截面构件应满足下列要求：

$$0.1 \leqslant \frac{I_{yc}}{I_y} \leqslant 0.9 \tag{F13-2}$$

具有薄柔型腹板的工字形截面构件还应满足下列要求：

（1）当 $\frac{a}{h} \leqslant 1.5$ 时：

$$\left(\frac{h}{t_w}\right)_{\max} = 12.0\sqrt{\frac{E}{F_y}} \tag{F13-3}$$

（2）当 $\frac{a}{h} > 1.5$ 时：

$$\left(\frac{h}{t_w}\right)_{\max} = \frac{0.40E}{F_y} \tag{F13-4}$$

式中，a 为横向加劲肋之间的净距离，in(mm)。

对未设置加劲肋的大梁，梁高与腹板之比 h/t_w 不应大于 260。腹板面积与受压翼缘面积之比不应大于 10。

3. 盖板

焊接小梁或大梁的翼缘，可以通过钢板叠接或加盖板来改变其厚度或宽度。

螺栓连接大梁盖板的毛截面面积，不应超过翼缘毛截面面积的 70%。

连接大梁翼缘与腹板或盖板与翼缘的高强度螺栓或焊缝应按承担由于弯曲而在大梁上所产生的总水平剪力设计。高强螺栓或间断焊缝沿梁纵向的布置应与梁的剪力分布成比例。

但是，高强度螺栓或间断焊缝的纵向间距不得超过第 E6 节或第 D4 节中针对受压或受拉构件所分别规定的最大值。连接翼缘与腹板的螺栓或焊缝应按将直接作用在翼缘上的荷载传递到腹板上设计，除非有可以通过直接承压来传递荷载的相应规定。

当盖板不沿全长设置时，盖板的长度应超过其理论截断点，其延长部分应采用摩擦型高强螺栓或贴角焊缝与小梁（或大梁）连接。应适当设置这些螺栓或焊缝，满足第 J2.2 条、第 J3.8 条或第 B3.9 条中的相应的承载力要求，以充分发挥理论截断点处盖板部分的小梁（或大梁）的抗弯承载力。

当采用焊接盖板时，盖板与小梁（或大梁）的焊缝，应为从盖板终止处沿盖板两侧的连续焊缝，其焊缝长度为 a'（见下式规定），且应适当设置以充分发挥距盖板端头 a'处的小梁（或大梁）的有效承载力。

（1）当盖板端头与翼缘的连续焊缝高度不小于盖板厚度的 3/4 时：

$$a' = w \tag{F13-5}$$

式中，w 为盖板宽度，in(mm)。

（2）当盖板端头与翼缘的连续焊缝高度小于盖板厚度的 3/4 时：

$$a' = 1.5w \tag{F13-6}$$

（3）在盖板端头与翼缘不焊接时：

$$a' = 2w \tag{F13-7}$$

4. 组合梁

当两个或两个以上小梁或槽钢并排组合成一根受弯构件时，应根据第 E6.2 条的规定将各个组件相互连接起来。当集中荷载从一根梁向另一根梁传递，或荷载在这些小梁之间进行分配时，要求连接小梁的横隔板应有足够的刚度以满足荷载分配的要求，且应采用焊接或螺栓连接。

5. 弯矩调幅时的无支撑长度

梁中的弯矩调幅应遵照第 B3.7 条的相关规定，邻近于弯矩调幅支座位置的受压翼缘的侧向无支撑长度 L_b 不得大于 L_m，L_m 由下式确定：

（1）对于受压翼缘不小于受拉翼缘的双轴对称或单轴对称工字形截面梁，且在腹板平面内受荷载作用：

$$L_m = \left[0.17 + 0.10\left(\frac{M_1}{M_2}\right)\right]\left(\frac{E}{F_y}\right)r_y \tag{F13-8}$$

（2）对于绕主轴弯曲的实心矩形钢棒和对称箱形梁：

$$L_m = \left[0.17 + 0.10\left(\frac{M_1}{M_2}\right)\right]\left(\frac{E}{F_y}\right)r_y \geqslant 0.10\left(\frac{E}{F_y}\right)r_y \tag{F13-9}$$

式中 F_y——受压翼缘的规定最小屈服应力，ksi(MPa)；

M_1——在无支撑长度端部的弯矩较小值，kip · in(N · mm)；

M_2——在无支撑长度端部的弯矩较大值，kip · in(N · mm)；

r_y——绕 y 轴的曲率半径，in(mm)。

当弯矩作用引起反向弯曲时 M_1/M_2 为正，当引起单向弯曲时 M_1/M_2 为负。

当构件截面为圆形或方形，或任何梁构件绕其弱轴弯曲，则对其 L_b 不作限制。

G 受剪构件设计

本章适用于在腹板平面内受剪的单轴或双轴对称的构件腹板、单角钢和空心钢管（HSS）截面构件，以及在弱轴方向受剪的单轴或双轴对称型钢构件。

本章的组织结构如下：

G1. 一般规定

G2. 腹板未设置加劲肋或设置加劲肋的构件

G3. 拉力场作用

G4. 单角钢

G5. 矩形空心钢管截面及箱形截面构件

G6. 圆形空心钢管截面

G7. 沿弱轴受剪的单轴或双轴对称型钢构件

G8. 腹板开洞的大/小梁

使用说明：针对本章中未曾包括的相关情况，可采用下列章节中的有关规定：

- 第 H3.3 条非对称的截面
- 第 J4.2 条连接板件的抗剪承载力
- 第 J10.6 条腹板节点域受剪

G1. 一般规定

计算抗剪承载力的两种方法为：第 G2 节中所给出的方法不考虑构件的屈曲后承载力（即拉力场作用），第 G3 节中所给出的方法考虑了拉力场作用。

抗剪承载力设计值 $\phi_v V_n$ 以及抗剪承载力容许值 V_n/Ω_v，可按下式确定：

除第 G2.1a 条之外，下式适用于本章中的所有条款：

$$\phi_v = 0.90(\mathrm{LRLD}) \qquad \Omega_v = 1.67(\mathrm{ASD})$$

G2. 腹板未设置加劲肋或设置加劲肋的构件

1. 抗剪承载力

本节适用于在腹板平面内受剪的单轴或双轴对称构件以及槽钢的腹板。

腹板未设置加劲肋或设置加劲肋的构件，应根据剪切屈服或剪切屈曲极限状态确定其抗剪承载力标准值 V_n：

$$V_n = 0.6F_yA_wC_v \tag{G2-1}$$

（1）当轧制工字形截面构件腹板满足 $h/t_w \leqslant 2.24\sqrt{E/F_y}$ 时：

$$\phi_v = 1.00(\text{LRFD}) \qquad \Omega_v = 1.50(\text{ASD})$$

并且

$$C_v = 1.0 \tag{G2-2}$$

使用说明： 当钢材强度等级 $F_y = 50\text{ksi}(345\text{MPa})$ 时，除了 W44 × 230、W40 × 149、W36 × 135、W33 × 118、W30 × 90、W24 × 55、W16 × 26 和 W12 × 14 型钢之外，现行 ASTMA6 标准中的所有 W、S 和 HP 型钢均满足第 G2.1(1) 款的规定。

（2）除圆形空心管截面外，对于所有其他双轴对称及单轴对称的型钢及槽钢腹板的剪切系数 C_v 按下式确定：

1）当 $h/t_w \leqslant 1.10\sqrt{k_vE/F_y}$ 时：

$$C_v = 1.0 \tag{G2-3}$$

2）当 $1.10\sqrt{k_vE/F_y} < h/t_w \leqslant 1.37\sqrt{k_vE/F_y}$ 时：

$$C_v = \frac{1.10\sqrt{k_vE/F_y}}{h/t_w} \tag{G2-4}$$

3）当 $h/t_w > 1.37\sqrt{k_vE/F_y}$ 时：

$$C_v = \frac{1.51Ek_v}{(h/t_w)^2F_y} \tag{G2-5}$$

式中 A_w ——腹板面积，取全高乘以腹板厚度 dt_w，$\text{in}^2(\text{mm}^2)$；

h ——对于轧制型钢，取翼缘间净距减去腹板与翼缘的圆角高度或轧制圆角半径，in(mm)；对于焊接组合型钢，取翼缘间的净距，in(mm)；对于螺栓连接组合型钢，取紧固件列间距离，in(mm)；对于 T 型钢，取全高，in(mm)；

t_w ——腹板厚度，in(mm)。

腹板剪切屈曲系数 k_v 按下式确定：

1）当腹板未设置横向加劲肋且 $h/t_w < 260$ 时：

$$k_v = 5$$

对于 T 型钢腹板取 $k_v = 1.2$。

2）当腹板设置横向加劲肋时：

$$k_v = 5 + \frac{5}{(a/h)^2} \tag{G2-6}$$

$$k_v = 5 \ \left(当\ a/h > 3.0\ 或\ a/h > \left(\frac{260}{h/t_w}\right)^2\ 时\right)$$

式中，a 为横向加劲肋之间的净距，in(mm)。

使用说明：当钢材屈服强度 F_y =50kis(345MPa) 时，除了 M12.5×12.4、M12.5×11.6、M12×11.8、M12×10.8、M12×10、M10×8 和 M10×7.5 型钢之外，现行 ASTMA6 标准中的所有 W、S、M 和 HP 型钢，均取腹板剪切系数 $C_v=1.0$。

2. 横向加劲肋

当 $h/t_w \leqslant 2.46\sqrt{E/F_y}$ 时，或者当按第 G2.1 条中腹板屈曲系数 $k_v=5$ 得到的有效抗剪承载力大于其抗剪承载力要求时，则无须设置横向加劲肋。

横向加劲肋用于提高腹板的有效抗剪承载力，根据第 G2.1 条要求，成对设置的横向加劲肋绕腹板中心轴的惯性矩，或单个加劲肋绕其与腹板接触面的惯性矩 I_{st}，应满足以下要求

$$I_{st} \geqslant bt_w^3 j \tag{G2-7}$$

$$j = \frac{2.5}{(a/h)^2} - 2 \geqslant 0.5 \tag{G2-8}$$

式中，b 为 a 和 h 中的较小者。

如果不需要通过承压传递集中荷载或反力，横向加劲肋则可以与受拉翼缘断开。横向加劲肋与腹板间的焊缝到腹板-翼缘连接焊缝焊趾间的距离，应大于 4 倍并小于 6 倍的腹板厚度。当采用单个加劲肋时，如果加劲肋为矩形钢板，则应与受压翼缘相连，以防止受压翼缘因扭曲而出现上翘现象。

当加劲肋与大梁腹板采用螺栓连接时，螺栓的中-中间距不得超过 12in(305mm)。若采用间断贴角焊连接，焊缝段之间的净距不应大于腹板厚度的 16 倍，且不大于 10in(250mm)。

G3. 拉力场作用

1. 拉力场作用的使用限制

当腹板受翼缘或加劲肋四边支撑时，带翼缘的构件可以考虑拉力场作用。下列各种情形，不允许考虑拉力场作用：

(1) 所有设置横向加劲肋的构件之端头腹板域；

(2) 当构件的 $a/h>3.0$ 或 $a/h>[260/(h/t_w)]^2$ 时；

(3) 当 $2A_w/(A_{fc}+A_{ft})>2.5$ 时；

(4) 当 h/b_{fc} 或 $h/b_{ft}>6.0$ 时。

式中 A_{fc} ——受压翼缘面积，$in^2(mm^2)$；

A_{ft} ——受拉翼缘面积，$in^2(mm^2)$；

b_{fc} ——受压翼缘宽度，in(mm)；

b_{ft} ——受拉翼缘宽度，in(mm)。

此时，应按第 G2 节的要求确定抗剪承载力标准值 V_n 。

2. 考虑拉力场作用的抗剪承载力

当按照第 G3.1 条规定允许考虑拉力场作用时，应根据拉力场屈服极限状态确定具有拉力场作用的抗剪承载力标准值 V_n ：

（1）当 $h/t_w \leqslant 1.10\sqrt{k_v E/F_y}$ 时：

$$V_n = 0.6F_y A_w \tag{G3-1}$$

（2）当 $h/t_w > 1.10\sqrt{k_v E/F_y}$ 时：

$$V_n = 0.6F_y A_w\left(C_v + \frac{1 - C_v}{1.15\sqrt{1 + (a/h)^2}}\right) \tag{G3-2}$$

式中，k_v 和 C_v 根据第 G2.1 条确定。

3. 横向加劲肋

考虑拉力场作用的横向加劲肋，应满足第 G2.2 条的相关要求及下列限制：

（1）
$$(b/t)_{st} \leqslant 0.56\sqrt{\frac{E}{F_{yst}}} \tag{G3-3}$$

（2）
$$I_{st} \geqslant I_{st1} + (I_{st2} - I_{st1})\left[\frac{V_r - V_{c1}}{V_{c2} - V_{c1}}\right] \tag{G3-4}$$

式中 $(b/t)_{st}$——加劲肋的宽厚比；

F_{yst} ——加劲肋钢材的规定的最小屈服应力，ksi(MPa)；

I_{st} ——成对设置的横向加劲肋绕腹板中心轴的惯性矩，或单个加劲肋绕与腹板接触面的惯性矩，$in^4(mm^4)$；

I_{st1} ——提供腹板抗剪切屈曲承载力（第 G2.2 条）所必需的横向加劲肋最小惯性矩，$in^4(mm^4)$；

I_{st2} ——同时提供腹板全截面抗剪切屈曲和腹板拉力场作用承载力所必须的横向加劲肋之最小惯性矩，$V_r = V_{c2}$ ，$in^4(mm^4)$；

$$= \frac{h^4\rho_{st}^{1.3}}{40}\left(\frac{F_{yw}}{E}\right)^{1.5} \tag{G3-5}$$

V_r ——采用 LRFD 或 ASD 荷载组合时相邻腹板域抗剪承载力之较大者，kips(N)；

V_{c1} ——按第 G2.1 条计算的相邻腹板域有效抗剪承载力 V_n 之较小者，kips(N)；

V_{c2} ——按第 G3.2 条计算的相邻腹板域有效抗剪承载力 V_n 之较小者，

kips(N)；

ρ_{st} ——取 F_{yw}/F_{yst} 和1.0中之较大者；

F_{yw} ——腹板钢材的规定最小屈服应力，ksi(MPa)。

G4. 单角钢

应按式（G2-1）和第G2.1(2)款的规定（其中取 $A_w = bt$）确定单角钢肢的抗剪承载力标准值 V_n。

式中，b 为承受剪力的角钢肢宽度，mm；t 为角钢肢的厚度，in(mm)；$h/t_w = b/t$；$k_v = 1.2$。

G5. 矩形钢管截面及箱形截面构件

应按第G2.1条的规定（其中取 $A_w = 2ht$），确定矩形空心管截面（HSS）及箱形截面构件的抗剪承载力标准值 V_n。

式中，h 为承受剪力的腹板宽度，取翼缘间净距减去两侧轧制圆角的半径；t 为设计壁厚，电阻焊管（ERW）取其公称壁厚的0.93倍，埋弧焊管（SAW）取其公称壁厚，in(mm)；$t_w = t$，in(mm)；$k_v = 5$。

如果轧制圆角半径未知时，h 应取相应的外轮廓尺寸减去3倍的板厚。

G6. 圆钢管截面

应根据剪切屈服或剪切屈曲极限状态，按下式确定圆形空心管截面的抗剪承载力标准值 V_n：

$$V_n = F_{cr}A_g/2 \tag{G6-1}$$

式中，F_{cr} 应取下列两式中之较大者：

$$F_{cr} = \frac{1.60E}{\sqrt{\frac{L_v}{D}}\left(\frac{D}{t}\right)^{\frac{5}{4}}} \tag{G6-2a}$$

及

$$F_{cr} = \frac{0.78E}{\left(\frac{D}{t}\right)^{\frac{3}{2}}} \tag{G6-2b}$$

但不应超过 $0.6F_y$；A_g 为构件的毛截面面积，$in^2(mm^2)$；D 为圆钢管外径，in(mm)；L_v 为最大剪力点到零剪力点之间的距离，in(mm)；t 为设计壁厚，电阻焊管（ERW）取其公称壁厚的 0.93 倍，埋弧焊管（SAW）取其公称壁厚，in(mm)。

使用说明：当 D/t 值超过 100，且采用高强度钢材及构件超长时，主要受剪切屈曲计算式（G6-2a）和式（G6-2b）的控制。当为常规截面时，通常由剪切屈服极限状态控制。

G7. 沿弱轴受剪的单轴或双轴对称型钢构件

当单轴及双重对称截面的型钢沿弱轴受力但无扭矩作用时，应按公式（G2-1）及第 G2.1(2) 款确定各抗剪板件的抗剪承载力标准值 V_n，式中取 $A_w = b_f t_f$、$h/t_w = b/t_f$、$k_v = 1.2$，对于工字形截面构件，b 取其翼缘宽度的 1/2；对于槽钢，则取全翼缘的公称宽度，in(mm)。

使用说明：当钢材屈服强度 $F_y \leqslant 50$ksi(345MPa) 时，现行 ASTM A6 标准中的所有 W、S、M 和 HP 型钢，均取腹板剪切系数 $C_v = 1.0$。

G8. 腹板开洞的小梁和大梁

应确定腹板开洞对钢梁和组合梁的抗剪承载力的影响。当构件开洞部位的承载力要求超过其有效承载力时，应进行适当加固补强。

H 受组合力及扭矩作用的构件设计

本章适用于承受轴力和绕一个轴或两个轴弯曲、且有/无扭矩作用的构件，以及适用于纯扭构件。

本章的组织结构如下：

H1. 承受弯矩及轴力作用的双轴及单轴对称截面构件

H2. 承受弯矩及轴力作用的非对称及其他截面构件

H3. 承受扭矩和扭、弯、剪和/或轴力组合作用的构件

H4. 带孔洞翼缘的受拉断裂

使用说明：有关组合构件设计，可参见第 I 章的相关内容。

H1. 承受弯矩及轴力作用的双轴及单轴对称截面构件

1. 承受弯矩和轴压力作用的双轴和单轴对称截面构件

承受弯矩和轴压力共同作用的双轴对称和单轴对称截面构件，绕截面几何轴（x 轴和/或 y 轴）受弯，当 $0.1 \leqslant (I_{yc}/I_y) \leqslant 0.9$ 时，应满足式（H1-1a）和式（H1-1b）的相关规定，其中，I_{yc} 为受压翼缘绕 y 轴的惯性矩，$in^4(mm^4)$。

使用说明：可以使用第 H2 节的方法来替代本节的条款。

（1）当 $\dfrac{P_r}{P_c} \geqslant 0.2$ 时：

$$\frac{P_r}{P_c} + \frac{8}{9}\left(\frac{M_{rx}}{M_{cx}} + \frac{M_{ry}}{M_{cy}}\right) \leqslant 1.0 \qquad \text{(H1-1a)}$$

（2）当 $\dfrac{P_r}{P_c} < 0.2$ 时：

$$\frac{P_r}{2P_c} + \left(\frac{M_{rx}}{M_{cx}} + \frac{M_{ry}}{M_{cy}}\right) \leqslant 1.0 \qquad \text{(H1-1b)}$$

式中 P_r ——采用 LRFD 或 ASD 荷载组合的轴向承载力要求，kips(N)；

P_c ——有效轴向抗压承载力，kips(N)；

M_r ——采用 LRFD 或 ASD 荷载组合的抗弯承载力要求，kip · in(N · mm)；

M_c ——有效抗弯承载力，kip · in(N · mm)；

x——绕强轴弯曲的脚标符号；

y——绕弱轴弯曲的脚标符号。

当按第 B3.3 条（LRFD 方法）设计时：

P_r——采用 LRFD 荷载组合的轴向承载力要求，kips(N)；

$P_c = \phi_c P_n$，为轴向抗压承载力设计值，根据第 E 章要求确定，kips(N)；

M_r——采用 LRFD 荷载组合的抗弯承载力要求，kip · in(N · mm)；

$M_c = f_b M_n$，为抗弯承载力设计值，根据第 F 章要求确定，kip · in(N · mm)；

ϕ_c——受压抗力分项系数，取 0.90；

ϕ_b——受弯抗力分项系数，取 0.90。

当按第 B3.4 条（ASD 方法）设计时：

P_r——采用 ASD 荷载组合的轴向承载力要求，kips(N)；

P_c——P_n/Ω_c，为轴向抗压承载力容许值，根据第 E 章要求确定，kips (N)；

M_r——采用 ASD 荷载组合的抗弯承载力要求，kip · in(N · mm)；

M_c——M_n/Ω_b，为抗弯承载力容许值，根据第 F 章要求确定，kip · in(N)；

Ω_c——受压时的安全系数，取 1.67；

Ω_b——受弯时的安全系数，取 1.67。

2. 承受弯曲及轴向拉力作用的双轴及单轴对称截面构件

承受弯矩和轴向拉力共同作用的双轴对称和单轴对称截面构件，绕截面几何轴（x 和／或 y）受弯，应满足式（H1-1a）和式（H1-1b）相关规定。

其中：

当按第 B3.3 条（LRFD 方法）设计时：

P_r——采用 LRFD 荷载组合的抗拉承载力要求，kips(N)；

$P_c = \phi_t P_n$，为轴向抗拉承载力设计值，根据第 D2 节要求确定，kips(N)；

M_r——采用 LRFD 荷载组合下的抗弯承载力要求，kip · in(N · mm)；

M_c——$\phi_b M_n$，为抗弯承载力设计值，根据第 F 章要求确定，kip · in(N · mm)；

ϕ_t——抗拉抗力分项系数（见第 D2 节）；

ϕ_b——抗弯抗力分项系数，取 0.90。

当按第 B3.4 条（ASD 方法）设计时：

P_r——采用 ASD 荷载组合的抗拉承载力要求，kips(N)；

P_c——P_n/Ω_t，为抗拉承载力容许值，根据第 D2 节要求确定，kips(N)；

M_r——采用 ASD 荷载组合的抗弯承载力要求，kip · in(N · mm)；

M_c——M_n/Ω_b，为抗弯承载力容许值，根据第 F 章要求确定，kip · in(N · mm)；

Ω_t ——抗拉安全系数（见第 D2 节）；

Ω_b ——抗弯安全系数，取 1.67。

对于双轴对称截面构件，当同时承受轴向拉力和弯矩作用时，第 F 章中的系数 C_b 可乘以 $\sqrt{1+\frac{\alpha P_r}{P_{ey}}}$。

式中，$P_{ey}=\frac{\pi^2 EI_y}{L_b^2}$；$\alpha=1.0$(LRFD)，$\alpha=1.6$(ASD)。

可以对弯矩和拉力的相互作用做更详尽的分析，来替代式（H1-1a）和式（H1-1b）。

3. 承受绕单轴弯曲和轴压作用的双轴对称轧制厚实型截面构件

对于双轴对称的轧制厚实型截面构件，且满足 $(KL)_z \leqslant (KL)_y$，承受轴压和主要是绕主轴的弯矩作用时，可考虑平面内失稳和平面外屈曲或侧向扭转屈曲两种独立的极限状态，来分别代替第 H1.1 条中给出的弯矩和轴向压力组合作用的计算方法。

当构件的 $M_{ry}/M_{cy} \geqslant 0.05$ 时，应符合第 H1.1 条的相关规定。

（1）对于平面内失稳的极限状态，应采用式（H1-1），式中所使用的 P_c、M_{rx} 和 M_{cx} 可根据弯曲平面确定。

（2）对于平面外屈曲和侧向扭转屈曲的极限状态：

$$\frac{P_r}{P_{cy}}\left(1.5-0.5\frac{P_r}{P_{cy}}\right)+\left(\frac{M_{rx}}{C_b M_{cx}}\right)^2 \leqslant 1.0 \qquad \text{(H1-2)}$$

式中 P_{cy} ——平面外弯曲的有效抗压承载力，kips(N)；

C_b——侧向扭转屈曲修正系数，根据第 F1 节确定；

M_{cx}——绕强轴弯曲的有效扭转屈曲强度值，根据第 F 章确定且采用 $C_b=1.0$，kip · in(N · mm)。

使用说明：在式（H1-2）中，$C_b M_{cx}$ 可能会大于 $\phi_b M_{px}$（LRFD 方法）或大于 M_{px}/Ω_b（ASD 方法）。压弯构件的屈服承载力可由式（H1-1）求得。

H2. 承受弯矩及轴力作用的非对称及其他截面构件

本节适用于第 H1 节中没有涵盖的截面、承受弯矩及轴力共同作用的构件。对于任何形状的截面，可以使用本章规定来代替第 H1 节中的条款。

$$\left|\frac{f_{ra}}{F_{ca}}+\frac{f_{rbw}}{F_{cbw}}+\frac{f_{rbz}}{F_{cbz}}\right| \leqslant 1.0 \qquad \text{(H2-1)}$$

式中 f_{ra} ——采用 LRFD 或 ASD 荷载组合时，计算点的轴向（应力）承载力要求，ksi(MPa)；

F_{ca} ——计算点的有效轴向（应力）承载力，ksi(MPa)；

f_{rbw}，f_{rbz} ——采用 LRFD 或 ASD 荷载组合时，计算点的弯曲（应力）承载力要求，ksi(MPa)；

F_{rbw}，F_{rbz} ——计算点的有效弯曲（应力）承载力，ksi(MPa)；

w ——绕强主轴弯曲的脚标符号；

z ——绕弱主轴弯曲的脚标符号。

当按第 B3.3 条（LRFD 方法）设计时：

f_{ra} ——采用 LRFD 荷载组合时，计算点的轴向（应力）承载力要求，ksi(MPa)；

$F_{ca}=\phi_c F_{cr}$ ——轴向（应力）承载力设计值，受压构件根据第 E 章确定，受拉构件根据第 D2 节确定，ksi(MPa)；

f_{rbw}，f_{rbz} ——采用 LRFD 或 ASD 荷载组合时，计算点的弯曲（应力）承载力要求，ksi(MPa)；

$F_{cbw},F_{cbz}=\dfrac{\phi_b M_n}{S}$ ——弯曲（应力）承载力要求设计值，根据第 F 章确定，ksi(MPa)，使用指定位置横截面处的截面模量，且考虑应力的正负号；

ϕ_c ——受压抗力分项系数，取 0.90；

ϕ_t ——受拉抗力分项系数（见第 D2 节）；

ϕ_b ——受弯抗力分项系数，取 0.90。

当按第 B3.4 条（ASD 方法）设计时：

f_{ra} ——采用 ASD 荷载组合时，计算点的（应力）承载力要求，ksi(MPa)；

$F_{ca}=\dfrac{F_{cr}}{\Omega_c}$ ——轴向（应力）承载力容许值。受压构件根据第 E 章确定，受拉构件根据第 D2 节确定，ksi(MPa)；

f_{rbw}，f_{rbz} ——采用 ASD 荷载组合时，指定位置横截面处的弯曲（应力）承载力要求，ksi(MPa)；

$F_{cbw},F_{cbz}=\dfrac{M_n}{\Omega_b S}$ ——弯曲（应力）承载力容许值。根据第 F 章确定，ksi(MPa)，使用指定位置横截面处的截面模量，且考虑应力的正负号；

Ω_c ——受压安全系数，取 1.67；

Ω_t ——受拉安全系数（见第 D2 节）；

Ω_b ——受弯安全系数，取 1.67。

应通过考虑在横截面临界点处弯曲应力的方向，使用绕主弯曲轴按式（H2-

1）进行计算。应酌情考虑弯曲应力项是加到轴向应力项上，还是从轴向应力项中减去。在轴向受压时，应根据第 C 章中的相关规定，考虑二阶效应的影响。

当受拉弯共同作用时，可以采用更详细的分析来代替式（H2-1）。

H3. 承受扭矩和扭、弯、剪和/或轴力组合作用的构件

1. 承受扭矩作用的结构用圆形及矩形钢管

应根据扭转屈服和扭转屈曲极限状态来确定结构用圆形及矩形钢管抗扭承载力设计值 $\phi_T T_n$，和抗扭承载力容许值 T_n/Ω_T，其规定如下：

$$\phi_T = 0.90\,(\text{LRFD}) \qquad \Omega_T = 1.67\,(\text{ASD})$$

$$T_n = F_{cr} C \tag{H3-1}$$

式中，C 为钢管扭转常数。

应根据下列规定确定临界应力 F_{cr}：

（1）对于圆钢管，F_{cr} 应取

1）
$$F_{cr} = \frac{1.23E}{\sqrt{\dfrac{L}{D}}\left(\dfrac{D}{t}\right)^{\frac{5}{4}}} \tag{H3-2a}$$

和

2）
$$F_{cr} = \frac{0.60E}{\left(\dfrac{D}{t}\right)^{\frac{3}{2}}} \tag{H3-2b}$$

中的较大者，但不得大于 $0.6F_y$。

式中 L——构件长度，in(mm)；

D——圆钢管外径，in(mm)。

（2）对于矩形钢管

1）当 $h/t \leqslant 2.45\sqrt{\dfrac{E}{F_y}}$ 时：

$$F_{cr} = 0.6F_y \tag{H3-3}$$

2）当 $2.45\sqrt{\dfrac{E}{F_y}} < h/t \leqslant 3.07\sqrt{\dfrac{E}{F_y}}$ 时：

$$F_{cr} = \frac{0.6F_y\left(2.45\sqrt{E/F_y}\right)}{\dfrac{h}{t}} \tag{H3-4}$$

3）当 $3.07\sqrt{\dfrac{E}{F_y}} < h/t \leqslant 260$ 时：

$$F_{cr}=\frac{0.458\pi^2E}{\left(\frac{h}{t}\right)^2} \tag{H3-5}$$

式中　h——矩形钢管较长边的宽度，见第 B4. 1b（4）款规定，in(mm)；

t——设计壁厚，见第 B4. 2 条规定，in(mm)。

使用说明：扭转常数 C，可以保守地按下式取值：

对于圆钢管，$C=\frac{\pi(D-t)^2t}{2}$；

对于矩形钢管，$C=2(B-t)(H-t)t-4.5(4-\pi)t^3$。

2. 承受扭、剪、弯及轴力组合作用的结构用钢管

当抗扭承载力要求 T_r 不大于 20% 的抗扭强度有效值 T_c 时，应按第 H1 节的要求确定扭矩、剪力、弯矩和/或轴力对于结构用钢管截面的相互影响，且可忽略扭转效应。当 $T_r>20\%\ T_c$ 时，扭矩、剪力、弯矩和/或轴力的相互作用关系应满足下式要求：

$$\left(\frac{P_r}{P_c}+\frac{M_r}{M_c}\right)+\left(\frac{V_r}{V_c}+\frac{T_r}{T_c}\right)^2\leqslant 1.0 \tag{H3-6}$$

式中，

当按第 B3. 3 节（LRFD 方法）设计时：

P_r——采用 LRFD 荷载组合时的轴向承载力要求，kips(N)；

$P_c=\phi P_n$，抗拉或抗压承载力设计值，根据第 D 章或第 E 章确定，kips (N)；

M_r——采用 LRFD 荷载组合时的抗弯承载力要求，kip · in(N · mm)；

$M_c=\phi_bM_n$，抗弯承载力设计值，根据第 F 章确定，kip · in(N · mm)；

V_r——在 LRFD 荷载组合下的抗剪承载力要求，kips(N)；

$V_c=\phi_vV_n$，抗剪承载力设计值，根据第 G 章确定，kips(N)；

T_r——采用 LRFD 荷载组合时的抗扭承载力要求，kip · in(N · mm)；

$T_c=\phi_TT_n$，抗扭承载力设计值，根据第 H3. 1 节确定，kip · in(N · mm)。

当按第 B3. 4 节（ASD 方法）设计时：

P_r——采用 ASD 荷载组合时的轴向承载力要求，kips(N)；

$P_c=P_n/\Omega$，抗拉或抗压承载力容许值，根据第 D 章或第 E 章确定，kips(N)；

M_r——采用 ASD 荷载组合时的抗弯承载力要求，根据第 B5 节确定，kip · in (N · mm)；

$M_c=M_n/\Omega_b$，抗弯承载力容许值，根据第 F 章确定，kip · in(N · mm)；

V_r——采用 ASD 荷载组合时的抗剪承载力要求，kips(N)；

$V_c=V_n/\Omega_v$，抗剪承载力容许值，根据第 G 章确定，kips(N)；

T_r ——采用 ASD 荷载组合时的抗扭承载力要求，kip · in(N · mm)；

$T_c = T_n/\Omega_T$，抗扭承载力容许值，根据第 H3.1 节确定，kip · in(N · mm)。

3. 承受扭矩及组合应力作用的非结构用钢管构件

非结构用钢管构件的抗扭承载力设计值 $\phi_T F_n$ 及抗扭承载力容许值 F_n/Ω_T，应取正应力作用下屈服、剪应力作用下剪切屈服或屈曲极限状态中的最小者，规定如下：

$$\phi_T = 0.90(\text{LRFD}) \qquad \Omega_T = 1.67(\text{ASD})$$

(1) 当为正应力作用下的屈服极限状态时：

$$F_n = F_y \tag{H3-7}$$

(2) 当为剪应力作用下的剪切屈服极限状态时：

$$F_n = 0.6F_y \tag{H3-8}$$

(3) 当为屈曲极限状态时：

$$F_n = F_{cr} \tag{H3-9}$$

式中，F_{cr} 为由分析所确定的截面屈曲应力，ksi(MPa)。

在弹性状态区域的附近，允许出现一些受到约束的局部屈服。

H4. 带孔洞翼缘的受拉断裂

在拉力（该拉力是因轴力和绕主轴弯曲的组合作用产生的）作用下翼缘上螺栓孔的位置处，该翼缘的受拉断裂强度应根据式（H4-1）来确定。应分别校核每个翼缘所承受的因轴力和弯矩而产生的拉力：

$$\frac{P_r}{P_c} + \frac{M_{rx}}{M_{cx}} \leqslant 1.0 \tag{H4-1}$$

式中 P_r ——在螺栓孔位置处构件的轴向承载力要求，kips(N)；

P_c ——在螺栓孔位置的净截面处，受拉断裂极限状态下的轴向承载力设计值，kips(N)；

M_{rx} ——在螺栓孔位置处的抗弯承载力要求，当所考虑的翼缘受拉时为正，受压时为负，kip · in(N · mm)；

M_{cx} ——翼缘受拉断裂极限状态下绕 x 轴的有效抗弯承载力，根据第 F13.1 条确定。当受弯拉伸断裂的极限状态不适用时，可以采用不考虑螺栓孔的塑性弯矩 M_p，kip · in(N · mm)。

当按第 B3.3 节（LRFD 方法）设计时：

P_r ——采用 LRFD 荷载组合时的轴向承载力要求，kips(N)；

$P_c = \phi_t P_n$ ——受拉断裂极限状态下的轴向承载力设计值，根据第 D2(2) 款确定，kips(N)；

M_{rx} ——采用 LRFD 荷载组合时的抗弯承载力要求，kip · in(N · mm)；

$M_{cx} = \phi_b M_n$ ——抗弯承载力设计值，根据第 F13.1 条确定，或采用不考虑螺栓孔的塑性弯矩 M_p，视具体情况而定，kip · in(N · mm)；

ϕ_t ——受拉断裂的抗力分项系数，取 0.75；

ϕ_b ——受弯抗力分项系数，取 0.90。

当按第 B3.4 节（ASD 方法）设计时：

P_r ——采用 ASD 荷载组合时的轴向承载力要求，kips(N)；

$P_c = \dfrac{P_n}{\Omega_t}$ ——受拉断裂极限状态下的轴向承载力容许值，根据第 D2(b) 款确定，kips(N)；

M_{rx} ——采用 ASD 荷载组合时的抗弯承载力要求，kip · in(N · mm)；

$M_{cx} = \dfrac{M_n}{\Omega_b}$ ——抗弯承载力容许值，根据第 F13.1 条确定，或采用不考虑螺栓孔的塑性弯矩 M_p，视具体情况而定，kip · in(N · mm)；

Ω_t ——受拉断裂安全系数，取 2.00；

Ω_b ——受弯安全系数，取 1.67。

I　组合构件设计

本章适用于由热轧、焊接组合型钢或钢管和混凝土共同工作的组合柱，以及支承钢筋混凝土板且与钢梁共同工作以承受弯矩的组合梁。简支或连续的配置抗剪连接件的组合梁、钢骨混凝土梁、钢管混凝土梁，施工时无论设置或不设临时支撑，均包括在本章的组合构件范畴之内。

本章的组织结构如下：

I1. 一般规定
I2. 轴向受力构件
I3. 受弯构件
I4. 受剪构件
I5. 轴力及弯矩组合作用
I6. 荷载传递
I7. 组合隔板和系梁
I8. 钢锚固件
I9. 特殊情况

I1. 一般规定

在包含组合构件的结构中，确定构件及连接的荷载效应时，应考虑作用荷载各阶段的有效截面。

1. 混凝土和钢筋

组合结构中有关混凝土和钢筋的设计、构造和材料特性应符合现行的房屋建筑规范中有关混凝土和钢筋的规定。此外，ACI 318 中的规定应满足以下特殊情况和限定条件的要求：

（1）ACI 318 中的第 7.8.2 款、第 10.13 条，以及第 21 章的规定应不予考虑。

（2）混凝土和钢筋的材料特性应符合本规范中第 I1.3 条的相关规定。

（3）关于横向钢筋，除了满足 ACI 318 中的相关要求外，应符合本规范中第 I2.1a（2）款的相关规定。

（4）钢骨混凝土组合构件的纵向钢筋配筋率应符合本规范中第 I2.1a（3）款的相关规定。

根据 ACI 318 所设计的混凝土和钢筋组件，应以与 LRFD 荷载组合相对应的荷载水平为基础。

使用说明：本规范的目的是利用按本规范修改后的 ACI 318 的非组合条款，对组合混凝土构件中的混凝土和钢筋组件进行详细说明。

应该注意的是，ACI 318 的设计基础为强度设计。设计人员针对钢材采用容许应力设计法时，必须充分注意荷载系数的不同。

2. 组合截面的承载力标准值

组合截面的强度标准值，应按照塑性应力分布法或应变协调法予以确定，关于应力分布法或应变协调法详见本节之相关规定。

在确定组合构件的强度标准值时，混凝土的抗拉强度可忽略不计。

对于钢管混凝土组合构件（详见第 I1.4 条之规定），应考虑局部屈曲的影响。而对于钢骨混凝土组合构件则无需考虑局部屈曲的影响。

2a. 塑性应力分布法

当采用塑性应力分布法计算强度标准值时，假定无论在受拉区还是在受压区，钢材已达到屈服应力 F_y，且因轴力和/或弯矩所产生的受压混凝土应力达到 $0.85f'_c$。对于圆形钢管混凝土构件，考虑到钢管对混凝土的约束，因轴力和/或弯矩所产生的受压混凝土应力可以取为 $0.95f'_c$。

2b. 应变协调法

当采用应变协调法计算强度标准值时，应假定截面应变为线性分布，混凝土的最大压应变为 0.003in/in(mm/mm)。应根据试验或采用针对类似材料的研究结果，确定钢材和混凝土的应力-应变关系。

使用说明：对于不规则截面以及钢材没有进入弹塑性阶段的情况，应采用应变协调法确定其承载力标准值。对于承受轴向荷载、弯矩或两者同时作用的钢骨混凝土组合构件的应变协调法，AISC 设计指南 6 和 ACI 318 中给出了常用的设计指南［译注：AISC 设计指南 6 为《宽翼缘 H 钢骨混凝土柱的荷载和抗力分项系数设计法》(Load and Resistance Factor Design of w-Shapes Encased in Concrete)］。

3. 材料限定条件

除了有试验或分析验证为依据外，组合结构中的混凝土、结构用钢材及钢筋应符合下列限定条件：

（1）在确定承载力设计值时，普通混凝土的抗压强度 f'_c 应不低于 3ksi（21MPa）且不高于 10ksi（70MPa），轻骨料混凝土的抗压强度应不低于 3ksi（21MPa）且不高于 6ksi(42MPa)。

使用说明：高强混凝土材料特性只可以用于刚度计算，而不可用于强度计算，除非有试验或分析验证其合理性。

（2）在计算组合构件强度时，结构用钢材及钢筋的规定最小屈服应力不得高于 75ksi(525MPa)。

4. 钢管混凝土组合构件局部屈曲的截面分类

钢管混凝土组合构件受压时，截面可分为厚实型、非厚实型或薄柔型三类。当满足厚实型截面要求时，其受压钢组件的最大宽厚比不得大于表 I1-1a 中的宽厚比界限值 λ_p。如果其中一个或几个钢组件的最大宽厚比超过 λ_p 但不大于表 I1-1a 中的 λ_r，则组合截面属于非厚实型截面。如果其中任何钢组件的最大宽厚比超过 λ_r，则截面属于薄柔型截面。最大允许宽厚比应取该表所规定值。

钢管混凝土组合构件受弯时，截面可分为厚实型、非厚实型或薄柔型三类。当满足厚实型截面要求时，其受压钢组件的最大宽厚比不得大于表 I1-1b 中的宽厚比界限值 λ_p。如果其中一个或几个钢组件的最大宽厚比超过 λ_p 但不大于表 I1-1b 中的 λ_r，则组合截面属于非厚实型截面。如果其中任何钢组件的最大宽厚比超过 λ_r，则截面属于薄柔型截面。最大允许宽厚比应取该表所规定值。

对于矩形和圆形钢管截面，宽度（b 和 D）及厚度（t）的定义，请参见表 B4-1a 和表 B4-1b 的相关规定。

使用说明：根据表 I1-1a 和表 I1-1b 中的限值规定，现行 ASTM A500 标准中的所有 B 级结构用方钢管均为厚实型截面，除了同时承受轴压和弯矩作用的 HSS7 × 7 ×1/8，HSS8 ×8 ×1/8，HSS9 ×9 ×1/8 和 HSS12 ×12 ×3/16 为非厚实型截面。

根据表 I1-1a 和表 I1-1b 中的限值规定，对于受轴压和受弯的情况，现行 ASTM A500 标准中的所有 B 级结构用圆钢管截面均为厚实型截面，除了 HSS16.0 ×0.25 在受弯情况下为非厚实型截面。

表 I1-1a　当使用第 I2.2 条条款时，承受轴压的组合构件中钢组件的宽厚比限值

钢组件种类	宽厚比	λ_p 厚实型/非厚实型	λ_r 非厚实型/薄柔型	最大允许宽厚比
矩形钢管和等壁厚箱形截面的管壁	b/t	$2.26\sqrt{\dfrac{E}{F_y}}$	$3.00\sqrt{\dfrac{E}{F_y}}$	$5.00\sqrt{\dfrac{E}{F_y}}$
圆形钢管	D/t	$\dfrac{0.15E}{F_y}$	$\dfrac{0.19E}{F_y}$	$\dfrac{0.31E}{F_y}$

表 I1-1b　当使用第 I3.4 条条款时，承受弯矩的组合构件中钢组件的宽厚比限值

钢组件种类	宽厚比	λ_p 厚实型/非厚实型	λ_r 非厚实型/薄柔型	最大允许宽厚比
矩形钢管和等壁厚箱形截面的翼缘	b/t	$2.26\sqrt{\dfrac{E}{F_y}}$	$3.00\sqrt{\dfrac{E}{F_y}}$	$5.00\sqrt{\dfrac{E}{F_y}}$
矩形钢管和等壁厚箱形截面的腹板	h/t	$3.00\sqrt{\dfrac{E}{F_y}}$	$5.70\sqrt{\dfrac{E}{F_y}}$	$5.70\sqrt{\dfrac{E}{F_y}}$
圆形钢管	D/t	$\dfrac{0.09E}{F_y}$	$\dfrac{0.31E}{F_y}$	$\dfrac{0.31E}{F_y}$

I2. 轴向受力构件

本节适用于承受轴向力作用的两种组合构件：钢骨混凝土构件和钢管混凝土组合构件。

1. 钢骨混凝土组合构件

1a. 适用条件

钢骨混凝土组合构件应满足下列适用条件：

（1）型钢的截面面积不得少于组合截面总面积的 1%。

（2）在外包型钢的混凝土中，应设置连续的纵向钢筋以及横向或螺旋箍筋。选用横向箍筋时，最小直径应为 3 号（10mm），最大间距为中-中 12in(305mm)，或选用直径为 4 号（13mm）以上，最大间距为中-中 16in(406mm)。允许使用变形钢丝或等截面的焊接钢筋网片。

横向箍筋的最大间距不得超过最小柱子边长的 0.5 倍。

（3）连续纵向钢筋的最小配筋率 ρ_{sr} 应为 0.004，其中 ρ_{sr} 由下式确定：

$$\rho_{sr} = \frac{A_{sr}}{A_g} \tag{I2-1}$$

式中　A_g——组合构件的毛截面面积，$in^2(mm^2)$；

A_{sr}——连续纵向钢筋的截面积，$in^2(mm^2)$。

使用说明：当采用附加箍筋和螺旋钢筋时，请参阅 ACI 318 中第 7.10 条和第 10.9.3 款的相关规定。

1b. 抗压承载力

对于轴向受力、双轴对称的钢骨混凝土组合构件，其抗压承载力设计值 ϕ_c

P_n及抗压承载力容许值 P_n/Ω_c，应根据构件的长细比，按受弯屈曲的极限状态确定：

$$\phi_c = 0.75(\text{LRFD}) \qquad \Omega_c = 2.00(\text{ASD})$$

（1）当 $\dfrac{P_{no}}{P_e} \leqslant 2.25$ 时

$$P_n = P_{no}\left[0.658^{\left(\frac{P_{no}}{P_e}\right)}\right] \tag{I2-2}$$

（2）当 $\dfrac{P_{no}}{P_e} > 2.25$ 时

$$P_n = 0.877P_e \tag{I2-3}$$

式中 $P_{no} = F_y A_s + F_{ysr} A_{sr} + 0.85 f'_c A_c$； (I2-4)

P_e——根据第 C 章或附录 7 确定的弹性临界屈曲荷载，kips(N)，

$$P_e = \pi^2 (EI_{eff})/(KL)^2； \tag{I2-5}$$

A_c——混凝土面积，$\text{in}^2(\text{mm}^2)$；

A_s——钢骨的横截面面积，$\text{in}^2(\text{mm}^2)$；

EI_{eff}——组合截面的有效刚度，$\text{kip}\cdot\text{in}^2(\text{N}\cdot\text{mm}^2)$，

$$EI_{eff} = E_s I_s + 0.5 E_s I_{sr} + C_1 E_c I_c； \tag{I2-6}$$

E_c——混凝土弹性模量，取 $w_c^{1.5}\sqrt{f'_c}$，ksi($0.043 w_c^{1.5}\sqrt{f'_c}$，MPa)；

C_1——钢骨混凝土组合受压构件有效刚度的计算系数，

$$C_1 = 0.1 + 2\left(\frac{A_s}{A_c + A_s}\right) \leqslant 0.3； \tag{I2-7}$$

E_s——钢材弹性模量，取 29000ksi(210MPa)；

F_y——钢材最小屈服应力，ksi(MPa)；

F_{ysr}——钢筋最小屈服应力，ksi(MPa)；

I_c——绕组合截面弹性中和轴的混凝土截面惯性矩，$\text{in}^4(\text{mm}^4)$；

I_s——绕组合截面弹性中和轴的钢骨截面惯性矩，$\text{in}^4(\text{mm}^4)$；

I_{sr}——绕组合截面弹性中和轴的钢筋截面惯性矩，$\text{in}^4(\text{mm}^4)$；

K——有效长度系数；

L——构件的侧向无支撑（自由）长度，in(mm)；

f'_c——规定的混凝土抗压强度，ksi(MPa)；

w_c——单位体积的混凝土的重量（$90 \leqslant w_c \leqslant 155\text{lbs/ft}^3$ 或 $1500 \leqslant w_c \leqslant 2500\text{kg/m}^3$）。

有效抗压承载力必须高于第 E 章所规定的对纯钢构件的承载力要求。

1c. 抗拉承载力

对于轴向受力的钢骨混凝土组合构件，在屈服极限状态下，其抗拉承载力设

计值 $\phi_t P_n$ 及抗拉承载力容许值 P_n/Ω_t，应由下式确定：

$$P_n = A_s F_y + A_{sr} F_{ysr} \tag{I2-8}$$

$$\phi_t = 0.90(\text{LRFD}) \qquad \Omega_t = 1.67(\text{ASD})$$

1d. 荷载传递

钢骨混凝土组合构件中的荷载传递应遵照第 I6 节的相关要求。

1e. 构造要求

型钢与纵向钢筋之间的最小净距应为纵向钢筋直径的 1.5 倍，且不得小于 1.5in(38mm)。

如果组合截面是由两个或两个以上型钢所组成，则型钢间应以拉条、系板、缀板或类似部件相互拉结，以避免在混凝土凝固前单个型钢受荷而产生屈曲。

2. 钢管混凝土组合构件

2a. 适用条件

对于钢管混凝土组合构件，钢管的横截面面积至少应为总截面面积的 1%。

当考虑局部屈曲时，钢管混凝土组合构件应按第 I1.4 条进行截面分类。

2b. 抗压承载力

对于轴向受力、双轴对称的钢骨混凝土组合构件，其抗压承载力设计值应按第 I2.1b 条规定的弯曲屈曲极限状态确定，且作以下调整：

（1）对于厚实型截面：

$$P_{no} = P_p \tag{I2-9a}$$

式中，$P_p = F_y A_s + C_2 f'_c\left(A_c + A_{sr}\dfrac{E_s}{E_c}\right)$，矩形截面时 $C_2 = 0.85$，圆形截面时 $C_2 = 0.95$。 （I2-9b）

（2）对于非厚实型截面：

$$P_{no} = P_p - \frac{P_p - P_y}{(\lambda_r - \lambda_p)^2}(\lambda - \lambda_p)^2 \tag{I2-9c}$$

式中，λ、λ_p及λ_r为长细比值，按表 I1-1a 取值；P_p按式（I2-9b）取值；

$$P_y = F_y A_s + 0.7 f'_c\left(A_c + A_{sr}\frac{E_s}{E_c}\right) \tag{I2-9d}$$

（3）对于薄柔型截面：

$$P_{no} = F_{cr} A_s + 0.7 f'_c\left(A_c + A_{sr}\frac{E_s}{E_c}\right) \tag{I2-9e}$$

式中，对于矩形钢管混凝土组合截面：

$$F_{cr} = \frac{9E_s}{\left(\frac{b}{t}\right)^2} \tag{I2-10}$$

当为圆形钢管混凝土组合截面时：

$$F_{cr} = \frac{0.72F_y}{\left[\left(\frac{D}{t}\right)\frac{F_y}{E_s}\right]^{0.2}} \tag{I2-11}$$

对于所有形状的截面，组合截面的有效刚度 EI_{eff}应按下式取值：

$$EI_{eff} = E_sI_s + E_sI_{sr} + C_3E_cI_c \tag{I2-12}$$

式中，C_3为钢管混凝土组合受压构件有效刚度的计算系数，

$$C_3 = 0.6 + 2\left(\frac{A_s}{A_c + A_s}\right) \leqslant 0.9 \tag{I2-13}$$

有效抗压承载力或抗压承载力容许值必须高于第 E 章所规定的对纯钢构件的承载力要求。

2c. 抗拉承载力

承受轴向荷载的钢管混凝土组合构件，其有效抗拉承载力或抗拉承载力容许值，应按屈服极限状态确定如下：

$$P_n = A_sF_y + A_{sr}F_{ysr} \tag{I2-14}$$

$$\phi_t = 0.90(\text{LRFD}) \qquad \Omega_t = 1.67(\text{ASD})$$

2d. 荷载传递

钢管混凝土组合构件中的荷载传递应遵照第 I6 节的相关要求。

I3. 受弯构件

本节适用于三种受弯的组合构件：设有抗剪连接件（栓钉或槽钢抗剪连接件）的组合梁、钢骨混凝土组合构件和钢管混凝土组合构件。

1. 概述

1a. 有效宽度

混凝土板的有效宽度为梁中心线两侧有效宽度之和，其每侧宽度不得超过：

（1）梁跨度的 1/8，梁跨为两端支承点中心的距离。

（2）至相邻梁中心线距离的 1/2。

（3）至混凝土板边缘的距离。

1b. 施工时的承载力

如果在施工过程中不设置临时支撑，在混凝土达到其规定的抗压强度 f'_c 的75%以前，组合构件中的钢骨应有足够的承载力来单独承担全部荷载。钢骨截面的有效抗弯承载力设计值，应按第 F.1c 条中的相关规定确定。

2. 设有栓钉或槽钢抗剪连接件的组合梁

2a. 正弯矩区段抗弯承载力

正弯矩区段抗弯承载力设计值 $\phi_b M_n$，以及抗弯强度容许值 M_n/Ω_b，应按照屈服极限状态确定如下：

$$\phi_b = 0.90(\text{LRFD}) \qquad \Omega_b = 1.67(\text{ASD})$$

（1）当 $h/t_w \leqslant 3.76\sqrt{E/F_y}$ 时，应在塑性屈服极限状态（塑性弯矩）下，根据组合截面的塑性应力分布确定 M_n。

使用说明：当钢材的屈服强度等级 $F_y \leqslant 50$ksi(345MPa) 时，现行 ASTM A6 标准中的所有 W、S 和 HP 型钢，均满足第 I3.2a（1）条所规定的条件。

（2）当 $h/t_w > 3.76\sqrt{E/F_y}$ 时，应在弹性屈服极限状态（屈服弯矩）下，考虑施工临时支撑的影响，根据弹性应力叠加确定 M_n。

2b. 负弯矩区段的抗弯承载力

根据第 F 章的规定，负弯矩区段的有效抗弯承载力应按仅考虑钢骨截面予以确定。

另外，负弯矩区段的有效抗弯承载力，可在（塑性弯矩）屈服极限状态下，按组合截面上的塑性应力分布予以确定，其中：

$$\phi_b = 0.90(\text{LRFD}) \qquad \Omega_b = 1.67(\text{ASD})$$

但需满足下列条件：

（1）钢梁应采用厚实型截面，且应符合第 F 章的规定设置足够的侧向支撑。

（2）在负弯矩区段内，应设置栓钉或槽钢抗剪连接件来连接混凝土板和钢梁。

（3）应在混凝土板的有效宽度范围内，配置平行于钢梁的钢筋，且使钢筋发挥其强度。

2c. 组合梁

（1）一般规定

由混凝土板及与钢梁相连的冷压成型钢楼承板构成的组合结构，应按照章节 I3. 2a 和 I3. 2b 中的相关部分确定其有效抗弯承载力，并符合下列要求：

1）钢楼承板的公称肋高不得大于 3in(75mm)。混凝土肋或板托（concrete haunch）的平均宽度 w_r 不得小于 2in(50mm)。但在计算时，w_r 的取值不得大于钢楼承板肋顶部的净宽。

2）应采用焊接栓钉连接混凝土与钢梁，栓钉直径应小于或等于 0.75in (19mm)，(AWSD1. 1/D1. 1M)。栓钉应焊穿钢楼承板或直接与钢梁焊接。安装完成后，栓钉高出钢楼承板波峰的高度不得小于 1.5in(38mm)，并且栓钉顶面的混凝土保护层厚度不得小于 0.5in(13mm)。

3）钢楼承板上的混凝土板的厚度不应小于 2in(50mm)。

4）钢楼承板必须锚固在其所有的支承构件上，锚固间距不得超过 18in (460mm)。可采用栓钉、栓钉结合电弧焊（熔焊）或由合同文件所指定的其他方法进行锚固。

（2）钢楼承板板肋与钢梁垂直

当钢楼承板板肋与钢梁垂直时，在确定组合截面的截面特性及混凝土截面积 A_c 时，应忽略不计钢楼承板波峰以下（即板肋）部分的混凝土。

（3）钢楼承板板肋与钢梁平行

在计算组合截面的截面特性时，应考虑钢楼承板波峰以下（即板肋）部分混凝土参与计算，并计入截面积 A_c 中。

可以将钢梁上冷压成型钢楼承板沿纵向切开并横向拉开，以加宽板肋形成混凝土板托。

当钢楼承板的公称高度大于或等于 1.5in(38mm) 时，在横向为一排栓钉时的混凝土支承板托或板肋的平均宽度 w_r 不得小于 2in(50mm)，横向每增加一排栓钉，其板托或板肋的平均宽度应增加 4 倍的栓钉直径。

2d. 钢梁与混凝土板之间的荷载传递

（1）正弯矩区段内的荷载传递

除了在第 I3. 3 条中所定义的钢骨混凝土组合构件外，假定钢骨与混凝土板接触面之间的全部水平剪力是通过栓钉或槽钢抗剪连接件进行传递的。当组合截面中混凝土部分承受压弯组合作用时，在最大正弯矩点与零弯矩点之间通过抗剪连接件传递的剪力标准值 V'，应取混凝土破碎、钢骨截面受拉屈服或抗剪连接件达到剪切强度极限状态中的较小者。

1）混凝土破碎极限状态：

$$V' = 0.85f'_c A_c \qquad (I3\text{-}1a)$$

2）钢骨截面受拉屈服极限状态：

$$V' = F_y A_s \tag{I3-1b}$$

3）栓钉或槽钢抗剪连接件达到剪切强度极限状态：

$$V' = \sum Q_n \tag{I3-1c}$$

式中 A_c——混凝土板在有效宽度内的面积，$in^2(mm^2)$；

A_s——钢骨截面面积，$in^2(mm^2)$；

$\sum Q_n$——在最大正弯矩点和零弯矩点之间，栓钉或槽钢抗剪连接件的承载力标准值之和，ksi(N)。

（2）负弯矩区段内的荷载传递

在组合连续梁中，应考虑设置于负弯矩区段内的纵向钢筋与钢梁的共同作用，在最大负弯矩点与零弯矩点之间的水平剪力，应取以下极限状态下的较小者。

1）混凝土板内钢筋拉伸屈服极限状态：

$$V' = F_{ysr} A_{sr} \tag{I3-2a}$$

式中 A_{sr}——在混凝土板的有效宽度范围内，能充分发挥其强度的纵向钢筋面积，$in^2(mm^2)$；

F_{ysr}——钢筋的规定最小屈服应力，ksi(MPa)。

2）栓钉或槽钢抗剪连接件的剪切强度极限状态：

$$V' = \sum Q_n \tag{I3-2b}$$

3. 钢骨混凝土组合构件

应按以下要求确定钢骨混凝土组合构件的有效抗弯承载力：

$$\phi_b = 0.90(\text{LRFD}) \qquad \Omega_b = 1.67(\text{ASD})$$

采用下列方法之一来确定抗弯承载力标准值 M_n：

（1）对于弹性屈服极限状态（屈服弯矩），考虑施工临时支撑的影响，在组合截面上叠加弹性应力进行计算。

（2）对于塑性屈服极限状态（极限弯矩），仅考虑型钢截面上的塑性应力分布进行计算。

（3）对于塑性屈服极限状态（极限弯矩），考虑组合截面上的塑性应力分布或采取应变协调法进行计算。钢骨混凝土组合构件使用此方法时应设置抗剪连接件。

4. 钢管混凝土组合构件

4a. 适用条件

钢管混凝土组合截面局部屈曲时，其截面分类应根据第 I1.4 条的相关要求。

4b. 抗弯承载力

应按以下要求确定钢管混凝土组合构件的有效抗弯承载力：

$$\phi_b = 0.90(\mathrm{LRFD}) \qquad \Omega_b = 1.67(\mathrm{ASD})$$

采用下列方法确定抗弯承载力标准值 M_n：

（1）对于厚实型截面

$$M_n = M_p \tag{I3-3a}$$

式中，M_p为对应于组合截面塑性应力分布的弯矩，kip · in(N · mm)。

（2）对于非厚实型截面：

$$M_n = M_p - (M_p - M_y)\left(\frac{\lambda - \lambda_p}{\lambda_r - \lambda_p}\right) \tag{I3-3b}$$

式中，λ、λ_p及 λ_r为长细比值，按表 I1-1a 取值；M_y为与受拉翼缘屈服和受压翼缘首次屈服（first yield）相对应的屈服弯矩，kip · in(N · mm)。计算首次屈服的极限承载力，应假定截面上的应力分布为线弹性，混凝土的最大压应力不超过 $0.7f'_c$，钢骨的最大应力不超过其屈服强度 F_y。

（3）对于薄柔型截面，应根据首次屈服弯矩确定抗弯承载力标准值 M_n。受压翼缘应力不超过局部屈曲应力 F_{cr}，其值按式（I2-7）两种情况计算。混凝土的应力分布应假定为线弹性，其最大压应力不超过 $0.7f'_c$。

I4. 受剪构件

1. 钢管混凝土和钢骨混凝土组合构件

应根据以下方法之一确定抗剪承载力设计值 $\phi_v V_n$ 和抗剪承载力容许值 V_n/Ω_v：

（1）按第 G 章要求确定型钢截面的有效抗剪承载力。

（2）按 ACI 318 的规定确定钢筋混凝土部分（混凝土及钢筋）的有效抗剪承载力，其中：

$$\phi_v = 0.75(\mathrm{LRFD}), \qquad \Omega_v = 2.00(\mathrm{ASD})$$

（3）按第 G 章要求确定钢骨截面的抗剪承载力标准值，以及按 ACI 318 规定确定钢筋强度标准值，其中组合抗力分项系数或安全系数为：

$$\phi_v = 0.75(\mathrm{LRFD}), \qquad \Omega_v = 2.00(\mathrm{ASD})$$

2. 带有冷压成型钢楼承板的组合梁

应按第 G 章要求，基于型钢截面特性来确定带有钢抗剪栓钉或槽钢锚固件的组合梁的抗剪承载力设计值。

$$V'_r = P_r(F_y A_s / P_{no})$$

I5. 轴力及弯矩组合作用

受轴力及弯矩共同作用的组合构件，应按第 C 章所规定的要求考虑其稳定性。应分别按照第 I2 节和第 I3 节的要求确定其有效抗压承载力和有效抗弯承载力。为了考虑长度效应对构件轴向承载力的影响，构件的轴向承载力标准值应按第 I2 节的要求确定。

对于钢骨混凝土组合构件和具有厚实型截面的钢管混凝土组合构件，应根据第 H1. 1 条的相互作用关系式或者根据第 I1. 2 条所规定方法之一，来确定其轴力和弯矩之间的相互作用。

对于非厚实型或薄柔型截面的钢管混凝土组合构件，应根据第 H1. 1 条的相互作用关系式，来确定其轴力和弯矩之间的相互作用。

使用说明：在本章的条文说明中，会对组合压弯构件承载力的计算方法进行讨论和介绍。

I6. 荷载传递

1. 概述

当一个轴向受荷的钢骨混凝土或钢管混凝土组合构件承受外力作用时，应按照本节所提出的作用力分配公式计算构件各部分的作用力以及构件内传递的纵向剪力。

根据第 I6. 3 条所确定的相应作用力传递机制计算得到的承载力设计值 ϕR_n 或承载力容许值 R_n/Ω，应大于或等于根据第 I6. 2 条所确定的传递的纵向剪力要求 V'_r。

2. 作用力分配

应按照以下要求，根据外力的分布来确定作用力的分配。

使用说明：在第 J8 节中给出了当受外力作用时的承压承载力计算公式。对于钢管混凝土组合构件，由于钢管对混凝土存在约束效应，式（J8-2）中的 $\sqrt{A_2/A_1}$ 项可以取 2. 0。

2a. 外力作用于型钢上

当全部外力直接作用在型钢截面上时，应按下式确定需要传递至混凝土上的作用力：

$$V'_r = P_r(1 - F_y A_s / P_{no}) \tag{I6-1}$$

式中 P_{no}——不考虑构件长度影响的轴向受压承载力标准值，钢骨混凝土构件按式（I2-2）计算，钢管混凝土构件按式（I2-5）计算，kips(N)；

P_r——根据结构分析得到的施加于组合构件的作用力，kips(N)。

2b. 外力作用于混凝土上

当全部外力直接作用在外包混凝土或充填混凝土上时，应按下式确定传递至钢管或钢骨上的作用力：

$$V'_r = P_r(F_y A_s / P_{no}) \tag{I6-2}$$

式中 P_{no}——不考虑构件长度影响的轴向受压承载力标准值，钢骨混凝土构件按式（I2-3）计算，钢管混凝土构件按式（I2-5）计算，kips(N)；

P_r——作用于组合构件的作用力，kips(N)。

2c. 外力同时作用于型钢和混凝土上

当外力同时作用在型钢和外包混凝土或充填混凝土上时，应根据截面平衡来确定 V'_r。

使用说明：在本章的条文说明中给出了一种根据截面平衡确定纵向剪力的计算方法，可供参考。

3. 传力机制

通过直接黏结相互作用、抗剪连接件及直接承压等传力机制形成的承载力标准值 R_n，应按本条要求确定。承载力标准值可取传力机制所给出的最大值，但传力机制不得进行叠加。

对于钢骨混凝土组合构件，不得考虑直接黏结相互作用这一传力机制。

3a. 直接承压

直接承压作用时，在力通过内部承压机制传递到钢骨混凝土或钢管混凝土组合构件的情况下，混凝土达到破碎极限状态时，混凝土的有效承压承载力应按下式确定：

$$R_n = 1.7 f'_c A_1 \tag{I6-3}$$

$$\phi_B = 0.65\text{(LRFD)} \qquad \Omega_B = 2.31\text{(ASD)}$$

式中，A_1 为受荷载作用的混凝土面积，in^2(mm^2)。

使用说明： 内部承压机制的传力方式可以通过在钢管混凝土组合构件中设置内部钢板键加以实现。

3b. 抗剪连接件

在钢骨混凝土或钢管混凝土组合构件通过抗剪连接件传力的情况下，钢抗剪栓钉或槽钢锚固件有效抗剪承载力应按下式确定：

$$R_c = \sum Q_{cv} \tag{I6-4}$$

式中，$\sum Q_{cv}$为钢抗剪栓钉或槽钢锚固件的有效抗剪承载力 ϕQ_{nv}或抗剪承载力容许值 Q_{nv}/Ω（视具体情况而定），应分别按第 I8. 3a 条或第 I8. 3d 条确定，设置抗剪连接件的荷载导入长度（load introduction length）应符合第 I6. 4 条的规定，kips(N)。

3c. 直接黏结相互作用

当钢管混凝土组合构件通过直接黏结相互作用传力时，钢筋与混凝土之间的有效黏结承载力应按下式确定：

$$\phi = 0.45(\text{LRFD}) \qquad \Omega = 3.33(\text{ASD})$$

（1）对于充填混凝土的矩形钢管：

$$R_n = B^2 C_{in} F_{in} \tag{I6-5}$$

（2）对于充填混凝土的圆形钢管：

$$R_n = 0.25\pi D^2 C_{in} F_{in} \tag{I6-6}$$

式中 C_{in}——如果钢管混凝土组合构件的一侧有力传递点，取 2，如果钢管混凝土组合构件的两侧都有力传递点，则取 4；

R_n——黏结承载力标准值，kips(N)；

F_{in}——黏结应力标准值，取值为 0. 06ksi(0. 40MPa)；

B——沿荷载传递面的矩形钢管的整个宽度，in(mm)；

D——圆形钢管的外径，in(mm)。

4. 构造要求

4a. 钢骨混凝土组合构件

应在荷载导入长度（load introduction length）范围内设置用来传递纵向剪力的钢锚固件，该导入长度超出荷载传递区域的前、后方的距离，不应大于钢骨混凝土组合构件最小横向尺寸的 2 倍。至少应在型钢（其形状绕型钢轴大致对称）的两面，设置传递纵向剪力的钢锚固件。

荷载导入长度范围内、外的钢锚固件间距，均应符合第 I8. 3e 条的规定。

4b. 钢管混凝土组合构件

如果需要，应在荷载导入长度范围内设置传递纵向剪力的钢锚固件，该导入长度超出荷载传递区域的前、后方的距离，不应超过矩形钢构件最小横向尺寸的 2 倍，或圆形钢构件直径的 2 倍。荷载导入长度内的钢锚固件间距，应符合第 I8. 3e 条的规定。

I7. 组合隔板和系梁

组合楼盖和系梁的设计和构造处理应满足楼盖、楼盖的周边构件、连梁（系杆）单元和抗侧力体系的结构单元之间传递荷载的要求。

使用说明：在本章的条文说明中有关于组合隔板和系梁的设计指南，可供参考。

I8. 钢锚固件

1. 概述

钢抗剪栓钉的直径不得超过其所焊接的母材厚度的 2. 5 倍，除非栓钉直接焊接在腹板正上方的翼缘处。

第 I8. 2 条适用于钢锚固件埋设于实心混凝土板中或埋设在冷压成型钢楼承板上的现浇混凝土板中的组合抗弯构件。第 I8. 3 条则适用于所有其他情况。

2. 组合梁中的钢锚固件

安装钢抗剪栓钉之后，从其底部至顶部的长度不得小于钢抗剪栓钉杆直径的 4 倍。

2a. 钢抗剪栓钉的承载力

埋设于实心混凝土板中或带有冷压成型钢楼承板的混凝土组合板中的钢抗剪栓钉，其抗剪承载力标准值应按下式确定：

$$Q_n = 0.5A_{sa}\sqrt{f'_c E_c} \leqslant R_g R_p A_{sa} F_u \tag{I8-1}$$

式中 A_{sa}——钢抗剪栓钉的横截面面积，$\text{in}^2(\text{mm}^2)$；

E_c——混凝土弹性模量，$w_c^{1.5}\sqrt{f'_c}$，ksi（$0.043w_c^{1.5}\sqrt{f'_c}$，MPa）；

F_u——规定的钢抗剪栓钉的最小抗拉强度，ksi（MPa）；

R_g——当满足下列条件时，取 1.0：（1）钢楼承板的一个板肋焊一颗栓钉，楼承板铺设方向与型钢垂直；（2）栓钉数量任意，直接与型钢焊接且排成一行；（3）栓钉数量任意，穿透楼承板与钢梁焊接且排成一行，楼承板铺设方向与型钢平行，其平均肋宽与肋高之比≥1.5，当满足下列条件时，取0.85：（1）钢楼承板的一个板肋焊两颗栓钉，楼承板铺设方向与型钢垂直；（2）一颗栓钉穿透楼承板与钢梁焊接，楼承板铺设方向与型钢平行，其平均肋宽与肋高之比<1.5，当满足下列条件时，取0.7：钢楼承板的一个板肋焊三颗或多颗栓钉，楼承板铺设方向与型钢垂直；

R_p——当满足下列条件时，取0.75：（1）栓钉直接与型钢焊接；（2）栓钉与带有楼承板的组合楼板焊接，楼承板铺设方向与钢梁垂直，且$e_{mid\text{-}ht}\geqslant 2$in(50mm)；（3）栓钉穿透楼承板与钢梁焊接，或钢板作为主梁填充材料埋入组合楼板内，楼承板铺设方向与梁垂直；当满足下列条件时，取0.6：栓钉与带有楼承板的组合楼板焊接，楼承板铺设方向与梁垂直，且$e_{mid\text{-}ht}<2$in(50mm)；$e_{mid\text{-}ht}$为在栓钉受荷方向（即简支梁的最大弯矩方向）上，从栓钉钉杆边缘至楼承板腹板的距离，按楼承板板肋的1/2高度处取值，in(mm)。

使用说明：下表所列为不同条件下的R_g和R_p数值。钢抗剪栓钉的承载力可以在相关的设计手册中查找。

条　件	R_g	R_p
无楼承板	1.0	0.75
楼承板铺设方向与型钢平行		
$\frac{W_r}{h_r}\geqslant 1.5$	1.0	0.75
$\frac{W_r}{h_r}<1.5$	0.85①	0.75
楼承板铺设方向与型钢垂直 在一个楼承板板肋上栓钉的数量		
1颗	1.0	0.6②
2颗	0.85	0.6②
3颗或多颗	0.7	0.6②

注：h_r—楼承板的公称肋高，in(mm)。

W_r—混凝土肋或板托的平均宽度（根据第I3.2c条确定），in(mm)。

①适用于单颗栓钉。

②当$e_{mid\text{-}ht}\geqslant 2$in(51mm）时，此值可增大至0.75。

2b. 槽钢抗剪连接件的承载力

埋设于实心混凝土板中的槽钢抗剪连接件，其强度标准值应按下式确定：

$$Q_n = 0.3(t_f + 0.5t_w)L_a\sqrt{f'_c E_c} \tag{I8-2}$$

式中 L_a——槽钢抗剪件的长度，in(mm)；

t_f——槽钢抗剪件的翼缘厚度，in(mm)；

t_w——槽钢抗剪件的腹板厚度，in(mm)。

槽钢抗剪件的强度相当于通过与钢梁翼缘焊接的槽钢抗剪件来承受一个等于Q_n的作用力，并考虑了抗剪件的偏心。

2c. 钢锚固件的数量

在最大弯矩截面（正弯矩或负弯矩）与相邻的零弯矩点截面之间的抗剪件数量应等于水平剪力［按第 I3. 2d(1) 条和第 I3. 2d(2) 条确定］除以单个抗剪件的抗剪承载力标准值（按第 I8. 2a 条或第 I8. 2b 条确定）。在任一集中荷载和最靠近的零弯矩点之间所需的抗剪件数量，应满足集中荷载作用点处产生最大弯矩的需要。

2d. 构造要求

除了在合同文件中有专门规定外，最大弯矩点（正弯矩或负弯矩）两侧的钢锚固件，应在该点与相邻的零弯矩点之间均匀布置。

钢锚固件在与受剪方向相垂直的混凝土侧面的保护层厚度应不小于 1in(25mm)，除非钢锚固件设置在楼承板的板肋内。从钢锚固件中心至受剪方向楼承板板边的最小距离，如果为普通混凝土则取 8in(203mm)，如果为轻骨料混凝土则取 10in(250mm)。可以采用 ACI 318 中附录 D 的规定来代替以上这些值。

钢锚固件之间的最小中至中间距，在支承组合梁纵轴方向上应为栓钉直径的 6 倍，在与支承组合梁纵轴垂直的方向上应为栓钉直径的 4 倍，但当钢楼承板板肋与钢梁垂直时，钢锚固件之间的最小中至中间距，在两个方向上均应为栓钉直径的 4 倍。钢锚固件之间的最大中至中间距不得超过总板厚的 8 倍或 36in(900mm)。

3. 组合部件中的钢锚固件

本节内容适用于现浇组合构件中钢抗剪栓钉或槽钢锚固件的设计。

可以采用现行的房屋建筑法规或 ACI 318 的附录 D 中的规定来代替本节的相关内容。

使用说明：本节中关于钢抗剪栓钉的强度规定，主要适用于组合柱和组合压弯构件、型钢外包混凝土和钢管混凝土组合梁、组合连梁及组合墙（其中型钢和混凝土在构件中组合工作）中位于荷载传递区域（连接部位）的锚固件。这些规定对于混合结构并不适用，混合结构中型钢和混凝土在构件中并不组合工作，例如用埋设件连接混凝土与钢构件。

对于埋设于实心混凝土板或冷压成型钢楼承板上的混凝土板中的钢锚固件强度，第 I8.2 条做了详细说明。

本节规定中直接涵盖了栓钉杆体的承载力极限状态和受剪时混凝土脱开的情况。此外，这些规定中所给出的栓钉间距和尺寸要求，防止了栓钉受剪时出现混凝土撬出（pry-out）和栓钉受拉时从混凝土中拔出的极限状态，相关内容可参考 ACI 318 的附录 D。

对于普通混凝土：仅承受剪力的钢抗剪栓钉的长度（栓钉安装后，从其底部至顶部计）不得小于栓钉直径的 5 倍。承受拉力或拉剪相互作用的钢抗剪栓钉的长度（栓钉安装后，从其底部至顶部计）不得小于栓钉直径的 8 倍。

对于轻骨料混凝土：仅承受剪力的钢抗剪栓钉的长度（栓钉安装后，从其底部量至顶部）不得小于栓钉直径的 7 倍。承受拉力的钢抗剪栓钉的长度（栓钉安装后，从其底部量至顶部）不得小于栓钉直径的 10 倍。承受拉剪相互作用的钢抗剪栓钉的强度标准值，当为轻骨料混凝土时，应根据现行的建筑法规或 ACI 318 的附录 D 确定。

承受拉力或拉剪相互作用的钢抗剪栓钉，其栓钉头的直径应大于等于栓钉杆体直径的 1.6 倍。

使用说明：下表所列为本规范中各种荷载条件下的钢抗剪栓钉的最小 h/d 值：

荷载条件	普通混凝土	轻骨料混凝土
受剪	$h/d \geqslant 5$	$h/d \geqslant 7$
受拉	$h/d \geqslant 8$	$h/d \geqslant 10$
受剪和受拉	$h/d \geqslant 8$	不适用①

注：h/d—钢抗剪栓钉至其顶部的长度与栓钉杆体直径之比。

①有关埋设于轻骨料混凝土中的钢抗剪栓钉相互作用的计算内容，请参阅 ACI 318 附录 D。

3a. 组合部件中钢锚固件的抗剪承载力

在栓钉受剪时不会发生混凝土脱开极限状态的情况下，单根钢抗剪栓钉的抗剪承载力设计值 $\phi_v Q_{nv}$ 和抗剪承载力容许值 Q_{nv}/Ω_v，应按下式确定：

$$Q_{nv} = F_u A_{sa} \tag{I8-3}$$

$$\phi_v = 0.65(\text{LRFD}) \qquad \Omega_v = 2.31(\text{ASD})$$

式中 Q_{nv}——钢抗剪栓钉的抗剪承载力标准值，kips(N)；

A_{sa}——钢抗剪栓钉截面积，in^2(mm^2)；

F_u——钢抗剪栓钉的规定最小抗拉强度，ksi(MPa)。

在栓钉受剪时发生混凝土脱开极限状态的情况下，单根钢抗剪栓钉的有效抗剪承载力，应由以下方法之一确定：

（1）根据 ACI 318 第 12 章的要求，在钢抗剪栓钉混凝土脱开面的两侧设置有锚固钢筋，抗剪栓钉的抗剪承载力标准值 Q_{nv} 应取由式（I8-3）计算的抗剪承载力标准值和锚固钢筋承载力标准值中的较小者。

（2）采用现行的建筑法规或 ACI 318 的附录 D 中的相关规定。

使用说明：如果受剪时混凝土脱开强度达到极限状态（例如，在脱开的混凝土柱体不受相邻钢板、翼缘或腹板约束的部位），需要按本节的规定设置适当的锚固钢筋。另外，也可以采用现行的建筑法规或 ACI 318 附录 D 中的相关规定。

3b. 组合部件中钢抗剪栓钉的抗拉承载力

当栓钉中心至混凝土板自由边的距离大于或等于栓钉高度（从其底部量至顶部）的 1.5 倍时，且当栓钉之间的中至中间距大于或等于栓钉高度（从其底部量至顶部）的 3 倍时，单根钢抗剪栓钉的有效抗拉承载力，应按下述方法确定：

$$Q_{nt} = F_u A_{sa} \tag{I8-4}$$

$$\phi_t = 0.75(\text{LRFD}) \qquad \Omega_t = 2.00(\text{ASD})$$

式中，Q_{nt} 为钢抗剪栓钉的抗拉承载力标准值，kips(N)。

当栓钉中心至混凝土板自由边的距离小于栓钉高度（从其底部量至顶部）的 1.5 倍时，或者当栓钉的中至中间距小于栓钉高度（从其底部量至顶部）的 3 倍时，单根钢抗剪栓钉的抗拉强度标准值，应由以下方法之一确定：

（1）根据 ACI 318 第 12 章的要求，在钢抗剪栓钉混凝土脱开面的两侧设置有锚固钢筋，抗剪栓钉的抗拉承载力标准值 Q_{nt} 应取由式（I8-4）计算的抗拉承载力标准值和锚固钢筋承载力标准值中的较小者。

（2）采用现行的建筑法规或 ACI 318 的附录 D 中的相关规定。

使用说明：对于受拉或拉剪相互作用的钢抗剪栓钉，建议在栓钉周围增设附加约束钢筋，以避免边缘效应或临近栓钉的影响。相关内容可参见 ACI 318 第 D5.2.9 款的介绍。

3c. 组合构件中受拉剪共同作用的钢抗剪栓钉的承载力

当栓钉受剪时混凝土脱开不是起控制作用的极限状态时，以及当栓钉中心至混凝土板自由板边的距离大于或等于栓钉高度（从其底部量至顶部）的 1.5 倍，且栓钉之间的中至中间距大于或等于栓钉高度（从其底部量至顶部）的 3 倍时，单根钢抗剪栓钉受拉剪共同作用的承载力标准值，应按下述方法确定：

$$\left[\left(\frac{Q_{rt}}{Q_{ct}}\right)^{5/3} + \left(\frac{Q_{rv}}{Q_{cv}}\right)^{5/3}\right] \leqslant 1.0 \tag{I8-5}$$

式中 Q_{ct}——有效抗拉承载力，kips(N)；

Q_{rt}——抗拉承载力要求，kips(N)；

Q_{cv}——有效抗剪承载力，kips(N)；

Q_{rv}——抗剪承载力要求，kips(N)。

当按第 B3.3 条（LRFD 方法）设计时：

Q_{rt}为采用 LRFD 荷载组合的抗拉承载力要求，kips(N)；

$Q_{ct}=\phi_t Q_{nt}$为抗拉承载力设计值，根据第 I8.3b 条要求确定，kips(N)；

Q_{rv}为采用 LRFD 荷载组合的抗剪承载力要求，kips(N)；

$Q_{cv}=\phi_v Q_{nv}$为抗剪承载力设计值，根据第 I8.3a 条要求确定，kips(N)；

ϕ_t为受拉抗力分项系数，取 0.75；

ϕ_v为受剪抗力分项系数，取 0.65。

当按第 B3.4 条（ASD 方法）设计时：

Q_{rt}为采用 ASD 荷载组合的抗拉承载力要求，kips(N)；

$Q_{ct}=\dfrac{Q_{nt}}{\Omega_t}$为抗拉承载力容许值，根据第 I8.3b 条要求确定，kips(N)；

Q_{rv}为采用 ASD 荷载组合的抗剪承载力要求，kips(N)；

$Q_{cv}=\dfrac{Q_{nv}}{\Omega_v}$为抗剪承载力容许值，根据第 I8.3a 条要求确定，kips(N)；

Ω_t为抗拉安全系数，取 2.00；

Ω_v为抗剪安全系数，取 2.31。

当栓钉受剪时混凝土脱开为起控制作用的极限状态时，或者当栓钉中心至混凝土板自由板边的距离小于栓钉高度（从其底部量至顶部）的 1.5 倍，或者栓钉的中至中间距小于栓钉高度（从其底部量至顶部）的 3 倍时，单根钢抗剪栓钉受拉剪相互作用的强度标准值，应由以下方法之一确定：

（1）根据 ACI 318 第 12 章的要求，在钢抗剪栓钉混凝土脱开面的两侧设置有锚固钢筋，抗剪栓钉的抗剪承载力标准值 Q_{nv}应取由式（I8-3）计算的抗剪承载力标准值和锚固钢筋承载力标准值中的较小者；抗剪栓钉的抗拉承载力标准值 Q_{nt}应取由式（I8-4）计算的抗拉承载力标准值和锚固钢筋承载力标准值中的较小者，并将其用于式（I8-5）的计算。

（2）采用现行的建筑法规或 ACI 318 的附录 D 中的相关规定。

3d. 组合构件中槽钢抗剪连接件的抗剪承载力

槽钢抗剪连接件的有效抗剪承载力应按第 I8.2b 条确定，其抗力分项系数和安全系数取值如下：

$$\phi_v=0.75(\text{LRFD}) \qquad \Omega_v=2.00(\text{ASD})$$

3e. 组合构件中的构造要求

钢锚固件的侧向混凝土净保护层厚度应不小于 1in(25mm)。钢抗剪栓钉之间在任一方向上的最小中至中间距应为栓钉直径的 4 倍。钢抗剪栓钉之间的最大中至中间距不得超过栓钉直径的 32 倍。槽钢锚固件之间的最大中至中间距应为 24in(600mm)。

使用说明：本节所给出的构造要求是必须遵守的限值。针对避免边缘效应以及对栓钉群效应的考虑，所需要的附加限制可参见第 I8. 3a、I8. 3b 和 I8. 3c 条的相关规定。

I9. 特殊情况

对于不符合第 I1 节至第 I8 节中相关要求的组合结构，其中钢锚固件的强度和构造措施应通过试验确定。

J 连 接 设 计

本章适用于不承受疲劳荷载作用的连接板件、连接件及已连接构件的各相关板件。

本章的组织结构如下：

J1. 一般规定

J2. 焊缝

J3. 带螺纹杆件

J4. 构件的相关板件及连接件

J5. 垫板

J6. 拼接接头

J7. 承压承载力

J8. 混凝土上的柱脚及承压

J9. 锚栓和埋设件

J10. 受集中荷载作用的翼缘和腹板

使用说明：本章未涉及的连接内容，将在下列章节中提供：

■ 第 K 章 结构用钢管（HSS）及箱型构件的连接设计

■ 附录 3 疲劳设计

J1. 一般规定

1. 设计基础

连接的承载力设计值 ϕR_n 及承载力容许值 R_n/Ω，应根据本章和第 B 章中的有关规定确定。

连接的承载力设计值，应根据规定的设计荷载（与所指定的建筑类型相一致）通过结构分析确定，或当有规定时，应按所连接构件的承载力设计值的一定比例取值。

当轴向受荷构件的荷载作用点与其截面重心不重合时，应考虑偏心作用。

2. 简单（铰接）连接

除了在设计文件中有规定外，梁、大梁和桁架的简单连接应设计为可转动的，且仅允许承受一部分剪力。可转动的梁的连接应能适应简支梁端的转动。允许在连接中有一定程度的非弹性（但自限性的）变形来适应简支梁端的转动。

3. 抗弯连接

转动受约束的梁、大梁和桁架的端部连接，应通过连接的刚度来承受由弯矩和剪力而产生的联合效应来进行设计。抗弯连接的有关设计准则见第 B3. 6b 条。

使用说明：当确定连接设计所需的承载力要求时，有关分析要求请参见第 C 章和附录 7。

4. 带有承压接头的受压构件

依靠承压传递荷载的受压构件应满足下列要求：

（1）当柱支撑在承压板上或其端部铣平后支撑在拼接接头上时，应设置足够的连接件以确保被连接构件的定位。

（2）当其他受压构件端部铣平后支撑在拼接接头上时，应适当配置拼接材料和其连接件以确保被连接构件的位置正确，且其承载力应取以下各项中之较小者：

1）构件抗压承载力 50% 的轴向拉力。

2）由等于构件抗压承载力 2% 的侧向荷载所产生的弯矩和剪力。该侧向荷载应作用在拼接接头处，不考虑作用在构件上的其他荷载。当确定构件拼接接头处的剪力和弯矩时，应视拼接接头处为铰接。

使用说明：所有受压节点亦应承担一部分由第 B2 节所规定的荷载组合而产生的拉力。

5. 重型型钢的拼接

当在重型型钢的拼接接头处传递因受拉或受弯所产生的拉力，并采用根据第 A3. 1c 条和 A3. 1d 条所规定的全熔透坡口焊（CJP）时，应符合下列要求：（1）第 A3. 1c 条和 A3. 1d 条所规定的母材冲击韧性要求；（2）第 J1. 6 条中的扇形过焊孔要求；（3）第 J2. 6 条给出的焊材要求；（4）第 M2. 2 条给出的热切割表面处理和检查要求。对于组合型钢中组对前施焊的各个板件拼接接头，上述规定不再适用。

使用说明：重型型钢拼接接头的全熔透坡口焊（CJP）会产生焊接收缩变形的不利影响。如果翼缘在拼接接头处采用部分熔透坡口焊（PJP）、腹板采用角焊缝，或者部分或全部采用螺栓连接，那么按受压确定截面、同时也承受拉力作用的构件，就可能不易受到焊接收缩变形的影响。

6. 过焊孔

为方便焊接操作，应详细设置所有的过焊孔，以提供焊缝衬板所需要的空间。过焊孔的长度，从焊趾算起，应不小于制孔处板厚的 $1\frac{1}{2}$ 倍，也不应小于 $1\frac{1}{2}$in(38mm)。过焊孔的高度应不小于制孔处的板厚，也不应小于 $\frac{3}{4}$ in (19mm)，且不超过 2in(50mm)。

当切割前为轧制型钢或焊接型钢时，应在腹板的边缘与翼缘结合处以一定的斜度或弧度切出凹角，以形成扇形过焊孔。在热轧型钢、腹板与翼缘采用全熔透坡口焊（CJP）焊接而成的焊接型钢中，其过焊孔应去除切口及尖锐的凹角。过焊孔弧度的半径应不小于 3/8in(10mm)。

在腹板与翼缘采用角焊缝或部分熔透坡口焊（PJP）焊接而成的焊接型钢中，其过焊孔应去除切口及尖锐的凹角。如果焊缝终止点与过焊孔的距离大于焊缝的尺寸，则允许过焊孔垂直于翼缘。

对于第 A3. 1c 条和 A3. 1d 条所规定的重型型钢，过焊孔的热切割表面应打磨至富有光泽的金属面，并在焊接前经磁粉探伤或渗透探伤检查。如果过焊孔的曲线过渡段采用预钻孔或锯孔成型，则过焊孔不需打磨。其他形状的过焊孔不需要打磨，也无需进行磁粉探伤和渗透探伤检查。

7. 焊缝和螺栓的布置

在传递轴向力的构件中，其端部的焊缝组或螺栓群的中心应与构件重心保持一致，除非对偏心有特别的规定。对于单角钢、双角钢或其他类似构件的端部连接，可不按上述规定。

8. 螺栓与焊缝结合

在螺栓与焊缝结合使用时，不应考虑螺栓与焊缝共同分担荷载，除非抗剪连接采用了第 A3. 3 条所允许的、采用标准圆孔或与荷载作用方向垂直的短槽孔的螺栓，则可以与纵向受荷的角焊缝共同分担荷载。在这种连接中，螺栓的有效承载力取值不得大于承压型螺栓连接有效承载力的 50% 。

在对结构采用焊接进行改造时，既有的铆钉和摩擦型连接中达到紧固要求的高强度螺栓，可用于承受改造时的荷载，而焊缝只需提供附加的承载力。

9. 高强度螺栓与铆钉结合

在新建或改建工程中，符合第 J3 节规定所设计的摩擦型连接，允许高强度螺栓与既有的铆钉共同分担荷载。

10. 螺栓和焊接连接的适用条件

下列连接中可采用预拉型螺栓连接或焊接：

（1）在所有高度超过 125ft(38m) 的多层结构中，柱的拼接接头。

（2）在高度超过 125ft(38m) 结构中，所有主次梁与柱的连接节点，或任何其他主次梁上有柱子支撑相连的连接节点。

（3）在所有设置起重量超过 5t(50kN) 吊车的结构中：屋架的拼接接头、屋架与柱的连接、柱的拼接接头、柱支撑、隅撑以及吊车梁支座连接（crane supports）。

（4）用于设备支座或承受其他冲击或循环荷载的连接。

除另有规定外，允许使用栓紧至密贴状态的高强度螺栓连接节点或使用 ASTM A307 螺栓的连接节点。

J2. 焊缝

除了以下所列 AISC 钢结构设计规范中有关条款代替了美国焊接协会（AWS）规范中所列条款外，AWS D1. 1/D1. 1M 中的所有规定均适用于本规范：

（1）本规范中的第 J1. 6 条代替 AWS D1. 1/D1. 1M 中的第 5. 17. 1 款。

（2）本规范中的第 J2. 2a 条代替 AWS D1. 1/D1. 1M 中的第 2. 3. 2 款。

（3）本规范中的表 J2-2 代替 AWS D1. 1/D1. 1M 中的表 2-1。

（4）本规范中的表 J2-5 代替 AWS D1. 1/D1. 1M 中的表 2-3。

（5）本规范中的附录 3、表 A-3-1 代替 AWS D1. 1/D1. 1M 中的表 2-5。

（6）本规范中的第 B3. 9 条和附录 3 代替 AWS D1. 1/D1. 1M 中的第 2 章部分 C。

（7）本规范中的第 M2. 2 条代替 AWS D1. 1/D1. 1M 中的第 5. 15. 4. 3 款和第 5. 15. 4. 4 款。

1. 坡口焊缝

1a. 有效面积

坡口焊缝的有效面积为焊缝长度与有效焊喉高度的乘积。全熔透坡口焊缝（CJP）的有效焊喉高度为接头处较薄板件的板厚。部分熔透坡口焊缝（PJP）的有效焊喉高度参见表 J2-1。

表 J2-1 部分熔透坡口焊（PJP）有效焊喉高度

焊接方法	焊接位置 F（平焊） H（横焊） V（立焊） OH（仰焊）	坡口类型 （根据 AWS D1.1/D1.1M，图 3-3）	有效焊喉高度
手工电弧焊（SMAW）	全部	J或U型坡口 60°V型坡口	坡口深
气体保护电弧焊（GMAW） 药芯焊丝电弧焊（FCAW）	全部		
埋弧焊（SAW）	F	J或U型坡口 60°单面坡口或V坡口	
气体保护电弧焊（GMAW） 药芯焊丝电弧焊（FCAW）	F、H	45°单坡口	坡口深
手工电弧焊（SMAW）	全部	45°单坡口	坡口深减 1/8in(3mm)
气体保护电弧焊（GMAW） 药芯焊丝电弧焊（FCAW）	V、OH	45°单坡口	坡口深减 1/8in(3mm)

使用说明：部分熔透坡口焊缝（PJP）的有效焊喉高度取决于焊接方法和焊接位置。设计图纸应给出有效焊喉高度要求或焊缝承载力要求，制作商应根据所采用的焊接方法和焊接位置，对焊接接头进行细部设计。

当喇叭型坡口焊缝与圆钢棒、90°弯折成型型钢或矩形钢管（HSS）的表面齐平时，其焊缝的有效焊喉高度应按表 J2-2 取值，除非另经试验确定其他的有效焊喉高度。如果喇叭形坡口焊缝并没有焊至与母材表面齐平，则有效焊缝尺寸应为表 J2-2 中数值减去母材表面齐平线至焊缝表面之间的最大垂直距离。

允许针对特定的焊接工艺说明书（WPS）的要求，采用大于表 J2-2 中规定的有效焊喉高度，只要制作商能够通过质量文件来保证在采用这样大的焊喉时仍能保持焊接工艺的一致性。质量证明文件应包括取自与焊缝轴垂直，且位于焊道中部和端部的焊缝切片。制作焊缝切片试样应采用在加工时所使用的材料，且选择各种有代表性的材料尺寸的组合。

表 J2-2 喇叭型坡口焊缝有效焊喉高度

焊接方法	单斜喇叭坡口焊缝①	V型喇叭坡口焊缝
气体保护电弧焊和药芯焊丝电弧焊—气体保护	5/8R	3/4R
手工电弧焊和药芯焊丝电弧焊—自保护	5/16R	5/8R
埋弧焊	5/16R	1/2R

注：R—接合面的半径（对于管截面，可取 2t)in(mm)。

①当单斜喇叭型坡口焊缝的 $R<3/8$in(10mm) 时，只在平接头位置角焊缝增强。

1b. 限定条件

部分熔透坡口焊缝（PJP）的最小有效焊喉高度，不得小于传递计算作用力所要求的尺寸，也不得小于表 J2-3 中的规定值。最小焊缝尺寸由焊接接头处两板件中之较薄者决定。

表 J2-3 部分熔透坡口焊缝（PJP）的最小有效焊喉高度

焊接处的较薄板厚/in(mm)	最小有效焊喉高度①/in(mm)
小于等于$\frac{1}{4}$(6)	$\frac{1}{8}$(3)
$\frac{1}{4}$(6) ~ $\frac{1}{2}$(13)	$\frac{3}{16}$(5)
$\frac{1}{2}$(13) ~ $\frac{3}{4}$(19)	$\frac{1}{4}$(6)
$\frac{3}{4}$(19) ~ $1\frac{1}{2}$(38)	$\frac{5}{16}$(8)
$1\frac{1}{2}$(38) ~ $2\frac{1}{4}$(57)	$\frac{3}{8}$(10)
$2\frac{1}{4}$(57) ~ 6(150)	$\frac{1}{2}$(13)
大于 6(150)	$\frac{5}{8}$(16)

①见表 J2-1。

2. 角焊缝

2a. 有效面积

角焊缝的有效面积为有效焊缝长度与有效焊喉高度之乘积。角焊缝的有效焊喉高度为焊缝根部至焊缝外表面的最短距离。如果通过改变焊接工艺和焊接过程，并且经试验证明在焊缝根部可以产生均匀的熔透效果，则允许加大有效焊喉高度。

对于圆孔或槽孔中的角焊缝，焊缝的有效长度为通过其焊喉平面中心线的长度。当角焊缝有重叠时，焊缝的有效面积不得大于在接触面上的圆孔或槽孔的公称截面面积。

2b. 限定条件

角焊缝的最小尺寸不得小于传递计算作用力所要求的尺寸，亦不得小于表 J2-4 中的规定值。这些规定不适用于对部分熔透或全熔透坡口焊缝进行补强而采用的角焊缝。

表 J2-4 角焊缝最小尺寸

接头处较薄板件厚度/in(mm)	角焊缝最小焊脚尺寸①/in(mm)
$\leqslant\frac{1}{4}$ (6)	$\frac{1}{8}$ (3)
$\frac{1}{4}$ (6) ~ $\frac{1}{2}$ (13)	$\frac{3}{16}$ (5)
$\frac{1}{2}$ (13) ~ $\frac{3}{4}$ (19)	$\frac{1}{4}$ (6)
$>\frac{3}{4}$ (19)	$\frac{5}{16}$ (8)

注：角焊缝最大焊接尺寸见第 J2.2b 条规定。

①角焊缝焊脚尺寸，必须为单焊道焊接。

连接板件处角焊缝的最大焊脚尺寸应为：

（1）当沿厚度小于$\frac{1}{4}$in(6mm）的钢板边缘焊接时，不得大于钢板厚度。

（2）当沿厚度不小于$\frac{1}{4}$in(6mm）的钢板边缘焊接时，不得大于钢板厚度减$\frac{1}{16}$in(2mm)，除了在图纸上对焊缝有专门说明，以满足全焊喉高度的要求。如果可以在焊后明确查验焊缝尺寸，那么母材边缘距焊缝趾部的距离可以小于$\frac{1}{16}$in(2mm)。

基于承载力计算所确定的角焊缝的最小长度，不得小于焊缝的焊脚尺寸的 4 倍，否则焊缝的有效长度只能按其长度的$\frac{1}{4}$考虑。如果受拉扁钢构件端部连接仅采用纵向角焊缝时，每条角焊缝的长度不得小于焊缝之间的垂直距离（译者注：即扁钢构件的宽度，考虑剪力滞后的影响）。在端部连接中，纵向角焊缝长度对被连接构件有效面积的影响，可参见第 D3 节的相关内容。

对于长度不超过焊脚尺寸 100 倍的端部受荷的角焊缝，允许该焊缝的有效长度等于其实际长度。当端部受荷的焊缝长度超过 100 倍焊脚尺寸时，则有效长度应为实际长度乘以折减系数β，其值可按下式确定：

$$\beta = 1.2 - 0.002(l/w) \leqslant 1.0 \tag{J2-1}$$

式中 l——端部受荷焊缝的实际长度，in(mm)；

w——焊脚尺寸，in(mm)。

当焊缝长度超过焊脚尺寸 w 的 300 倍时，β 值可取为 180w。

组合构件中连接接头或接触面上的应力传递可以采用间断角焊缝，任何一段间断焊缝的长度不得小于焊缝尺寸的 4 倍，最小长度为 $1\frac{1}{2}$in(38mm)。

在搭接接头中，最小搭接长度应为接头处较薄板件厚度的 5 倍，且不小于 1in(25mm)。当仅使用横向角焊缝来承受连接钢板或棒条的搭接接头中的轴向应力时，应在两块搭接板件的两端均使用角焊缝连接，来避免最大荷载作用下接头处出现张开，除非可以完全约束搭接处板件的变形。

除了受下述各条的限制外，可以随时截止角焊缝，亦可延伸至板件的端部或侧边终止，或者采取围焊：

（1）对于搭接的构件部件，当一个连接部件搭接跨过另一个承受拉力的部件的边缘时，角焊缝的端点距被搭接构件边缘的长度不得小于焊脚尺寸。

（2）对于要求具有一定的可变形性能的外伸板件，当采用端部绕焊连接时，绕焊焊缝的长度不得超过焊脚尺寸的 4 倍，亦不得大于板宽度的一半。

（3）当横向加劲肋与板厚不大于$\frac{3}{4}$in（19mm）的板梁腹板采用角焊缝连接时，角焊缝的端点距梁腹板与翼缘焊缝趾部的距离不得小于腹板厚的 4 倍，亦不得大于腹板厚的 6 倍，除非横向加劲肋的两端焊在翼缘上。

（4）在同一个平面板件两边的角焊缝，必须在两条焊缝与横向焊缝的拐角处断开。

使用说明：角焊缝应在距连接的边缘约一个焊缝尺寸处终止，以减小在母材上出现弧坑。除了加劲肋与梁腹板的连接角焊缝不应在其端部收弧外，其他角焊缝可以不做处理。

允许在圆孔或槽孔内采用角焊缝来传递剪力，并承受垂直于搭接接头接触面的荷载，或防止搭接板件的屈曲或分离，且可把组合构件的组件连接在一起。这种角焊缝可能会出现重叠，为此应符合第 J2 节的相关规定。圆孔或槽孔内的角焊缝不按塞焊缝或槽焊缝考虑。

3. 塞焊缝和槽焊缝

3a. 有效面积

塞焊缝和槽焊缝的有效抗剪面积，应为接触平面上的圆孔或槽孔的公称横截面面积。

3b. 限定条件

允许采用塞焊或槽焊缝来传递搭接接头中的剪力，或用以防止搭接板件的屈曲或分离，且可把组合构件的组件连接在一起。

当采用塞焊缝时，孔的直径不得小于开孔件的厚度加$\frac{5}{16}$in（8mm），可按$\frac{1}{16}$in（8mm），四舍五入至下一个$\frac{1}{16}$in（取奇数）（以 mm 计，应取偶数），也不得大于最小直径加$\frac{1}{8}$in（3mm）或焊缝高度的$2\frac{1}{4}$倍。

塞焊缝的中至中最小的间距应为孔径的 4 倍。

槽焊的槽孔长度不得超过焊缝厚度的 10 倍。宽度不应小于开孔件的厚度加 $\frac{5}{16}$ in(8mm)，四舍五入至下一个 $\frac{1}{16}$ in(取奇数)（以 mm 计，应取偶数），也不得大于焊缝厚度的 $2\frac{1}{4}$ 倍。除了端头已延伸到板件边缘的槽孔外，槽孔端头应为半圆形或制成半径不小于开孔件板厚的圆弧形。

两列槽焊缝之间沿槽孔宽度方向的最小间距，应为槽孔宽度的 4 倍。任意两列槽焊缝沿槽孔长度方向的中至中的最小间距，应为槽孔长度的 2 倍。

当板厚小于或等于 $\frac{5}{8}$in(16mm）时，其中的塞焊缝或槽焊缝的焊缝高度应等于板厚。当板厚大于 $\frac{5}{8}$in(16mm）时，焊缝高度至少是板件厚度的一半，且不小于 $\frac{5}{8}$in(16mm)。

4. 承载力

焊接接头的承载力设计值 ϕR_n 和承载力容许值 R_n/Ω 应取母材强度和敷焊的焊缝金属（焊材）强度中的较低者，其中母材强度根据受拉断裂、剪切断裂极限状态确定，焊缝金属强度根据断裂极限状态确定。

对于母材：

$$R_n = F_{nBM} A_{BM} \tag{J2-2}$$

对于焊材：

$$R_n = F_{nw} A_{we} \tag{J2-3}$$

式中 F_{nBM}——母材的强度标准值，ksi(MPa)；

F_{nw}——焊缝金属的强度标准值，ksi(MPa)；

A_{BM}——母材的横截面面积，$in^2(mm^2)$；

A_{we}——焊缝的有效面积，$in^2(mm^2)$。

ϕ、Ω、F_{nBM}、F_{nw} 的取值和限定条件见表 J2-5。

另外，对于角焊缝，其有效承载力可按下式确定：

$$\phi = 0.75(\text{LRFD}) \qquad \Omega = 2.00(\text{ASD})$$

(1) 当焊脚尺寸相同的直焊缝组受通过其重心的荷载作用时：

$$R_n = F_{nw} A_{we} \tag{J2-4}$$

$$F_w = 0.60 F_{EXX}(1.0 + 0.50 \sin^{1.5}\theta) \tag{J2-5}$$

式中 F_{EXX}——焊材强度等级，ksi(MPa)；

θ——荷载作用方向与焊缝纵轴线间的夹角，度。

使用说明：直焊缝组是指一组在同一直线上或相互平行的焊缝单元。

(2) 当采用瞬时转动中心法分析焊缝组中的焊缝单元时，该焊缝组的承载

力标准值分量 R_{nx} 和 R_{ny} 以及抗弯承载力标准值 M_n，可分别按下式确定：

$$R_{nx} = \sum F_{nwix} A_{wei} \tag{J2-6a}$$

$$R_{ny} = \sum F_{nwiy} A_{wei} \tag{J2-6b}$$

$$M_n = \sum [F_{nwiy} A_{wei}(x_i) - F_{nwix} A_{wei}(y_i)] \tag{J2-7}$$

式中 A_{wei}——第 i 条焊缝单元的焊喉有效面积，$in^2(mm^2)$；

F_{nwi}——$F_{nwi} = 0.60F_{EXX}(1.0 + 0.50\sin^{1.5}\theta_i)f(p_i)$，（J2-8）

$f(p_i) = [p_i(1.9 - 0.9p_i)]^{0.3}$；（J2-9）

F_{nwi}——第 i 条焊缝单元的应力承载力值，ksi(MPa)；

F_{nwix}——承载力标准值 F_{nwi} 的 x 方向分量，ksi(MPa)；

F_{nwiy}——承载力标准值 F_{nwi} 的 y 方向分量，ksi(MPa)；

p_i——Δ_i/Δ_{mi}，第 i 条焊缝单元的变形与该单元在最大应力点处变形之比值；

r_{cr}——从瞬时转动中心到具有 $\Delta u/r_i$ 的焊缝单元的最小距离，in(mm)；

r_i——瞬时转动中心到第 i 条焊缝单元的距离，in(mm)；

x_i——r_i 的 x 方向分量；

y_i——r_i 的 y 方向分量；

Δ_i——$r_i\Delta_{ucr}/r_{cr}$，在中等应力水平下第 i 条焊缝单元的变形，与该焊缝单元至瞬时转动中心的距离 r_i 有关，与临界变形呈线性关系，in(mm)；

Δ_{mi}——$0.209(\theta_i + 2)^{-0.32}w$，第 i 条焊缝单元在最大应力时的变形，in(mm)；

Δ_{ucr}——在极限应力（断裂）下 Δ_{ui}/r_{cr} 比值为最小的焊缝单元变形，通常在距瞬时转动中心最远处的焊缝单元，in(mm)；

Δ_{ui}——$1.087(\theta_i + 6)^{-0.65}w \leqslant 0.17w$，在极限应力（断裂）下第 i 条焊缝单元的变形，in(mm)；

θ_i——第 i 条焊缝单元的纵轴与作用于焊缝单元合力方向的夹角，度。

（3）当角焊缝组承受集中荷载且组成角焊缝组的焊缝单元的焊脚尺寸相同时，所有焊缝的方向均与作用力方向平行或垂直，则角焊缝组的组合承载力 R_n，应取下列两式中的较大者：

$$R_n = R_{nwl} + R_{nwt} \tag{J2-10a}$$

或

$$R_n = 0.85R_{nwl} + 1.5R_{nwt} \tag{J2-10b}$$

式中 R_{nwl}——纵向受荷的角焊缝的总的承载力标准值，根据表 J2-5 确定，kips(N)；

R_{nwt}——横向受荷的角焊缝的总的承载力标准值，根据表 J2-5 确定，与第

J2-4(1) 条没有区别，kips(N)。

5. 组合焊缝

如果在一个接头中有两种或两种以上焊缝（如坡口焊缝、角焊缝、塞焊缝和槽焊缝）组合使用时，应分别计算每条焊缝关于焊缝组中心轴的设计承载力，以确定其组合焊缝的承载力。

表 J2-5 焊接接头的有效承载力，ksi(MPa)

<table>
<tr><th>荷载类型及受荷方向
（相对于焊缝轴线）</th><th>相关材料</th><th>ϕ 和 Ω</th><th>承载力标准值
（F_{nBM}或 F_{nw}）
/kips(N)</th><th>有效面积
（A_{bm}或 A_{we}）
/in^2(mm^2)</th><th>要求的焊材强度等级①②</th></tr>
<tr><td colspan="6">全熔透坡口焊缝（CJP）</td></tr>
<tr><td>受拉
垂直于焊缝轴线</td><td colspan="4">接头承载力由母材强度控制</td><td>应使用匹配的焊材；对于带垫板的T型接头或角接头焊缝，焊材应具有一定的冲击韧性，参见第 J2.6 条</td></tr>
<tr><td>受压
垂直于焊缝轴线</td><td colspan="4">接头承载力由母材强度控制</td><td>可用同等强度级别的焊材或低一个强度等级的匹配焊材</td></tr>
<tr><td>受拉或受压
平行于焊缝轴线</td><td colspan="4">当拉力或压力平行于部件的接头焊缝时，在设计中不需考虑部件接头焊缝</td><td>可用同等强度级别的焊材或低强度等级的匹配焊材</td></tr>
<tr><td>受剪</td><td colspan="4">接头承载力由母材强度控制</td><td>使用匹配焊材③</td></tr>
<tr><td colspan="6">部分熔透坡口焊缝（PJP）（包括 V 形喇叭坡口焊缝和斜喇叭坡口焊缝）</td></tr>
<tr><td rowspan="2">受拉
垂直于焊缝轴线</td><td>母材</td><td>$\phi=0.75$
$\Omega=2.00$</td><td>F_u</td><td>见第 J4 节</td><td rowspan="10">允许使用与匹配焊材强度等级相等或低的焊材</td></tr>
<tr><td>焊材</td><td>$\phi=0.80$
$\Omega=1.88$</td><td>$0.60F_{EXX}$</td><td>见第 J2.1a 条</td></tr>
<tr><td>受压
根据第 J1.4（1）条要求设计的柱与柱脚板接头或柱拼接接头</td><td colspan="4">部件接头焊缝设计时无须考虑压应力</td></tr>
<tr><td rowspan="2">除第 J1.4（2）条所述的柱以外，按承压设计的构件受压连接</td><td>母材</td><td>$\phi=0.90$
$\Omega=1.67$</td><td>F_y</td><td>见第 J4 节</td></tr>
<tr><td>焊材</td><td>$\phi=0.80$
$\Omega=1.88$</td><td>$0.60F_{EXX}$</td><td>见第 J2.1a 条</td></tr>
<tr><td rowspan="2">受压
非铣平承压</td><td>母材</td><td>$\phi=0.90$
$\Omega=1.67$</td><td>F_y</td><td>见第 J4 节</td></tr>
<tr><td>焊材</td><td>$\phi=0.80$
$\Omega=1.88$</td><td>$0.60F_{EXX}$</td><td>见第 J2.1a 条</td></tr>
<tr><td>受拉或受压
平行于焊缝轴线</td><td colspan="4">当拉力或压力平行于部件接头焊缝时，在设计中不需考虑部件接头焊缝</td></tr>
<tr><td rowspan="2">受剪</td><td>母材</td><td colspan="3">由第 J4 节的规定决定</td></tr>
<tr><td>焊材</td><td>$\phi=0.75$
$\Omega=2.00$</td><td>$0.60F_{EXX}$</td><td>见第 J2.1a 条</td></tr>
</table>

续表 J2-5

<table>
<tr><th>荷载类型及受荷方向
（相对于焊缝轴线）</th><th colspan="2">相关材料</th><th>ϕ 和 Ω</th><th>承载力标准值
（F_{nBM} 或 F_{nw}）
/kips（N）</th><th>有效面积
（A_{bm} 或 A_{we}）
/in^2（mm^2）</th><th>要求的焊材强度等级①②</th></tr>
<tr><td colspan="7">角焊缝，包括圆孔或槽孔内的角焊缝以及斜接的 T 型接头焊缝</td></tr>
<tr><td rowspan="2">受剪</td><td>母材</td><td colspan="4">由第 J4 节的规定决定</td><td rowspan="3">允许使用与匹配焊材强度等级相等或低的焊材</td></tr>
<tr><td>焊材</td><td>$\phi = 0.75$
$\Omega = 2.00$</td><td>$0.60F_{EXX}$④</td><td>见第 J2.2a 条</td></tr>
<tr><td>受拉或受压
平行于焊缝轴线</td><td colspan="5">当拉力或压力平行于部件的接头焊缝时，在设计中不需考虑部件接头焊缝</td></tr>
<tr><td colspan="7">塞焊缝和槽焊缝</td></tr>
<tr><td rowspan="2">受剪
平行于有效面积表面的接触面上</td><td>母材</td><td colspan="4">由第 J4 节的规定决定</td><td rowspan="2">允许使用与匹配焊材强度等级相等或低的焊材</td></tr>
<tr><td>焊材</td><td>$\phi = 0.80$
$\Omega = 2.0$</td><td>$0.60F_{EXX}$</td><td>见第 J2.3a 条</td></tr>
</table>

① 关于匹配焊接，参见 AWSD1.1/D1.1M 第 3.3 节。

② 允许使用焊材的强度等级比匹配焊材的强度等级高一个等级。

③ 在用以传递剪切荷载的组合型钢的翼缘与腹板的坡口焊缝中或关注“高约束”的场合，焊材的强度等级可低于匹配焊材的强度等级。在这些情况下，应仔细处理焊接接头构造，且应按母材厚度作为有效焊喉来设计焊缝，其承载力标准值取 $\phi = 0.80$，$\Omega = 1.88$ 及 $0.60F_{EXX}$。

④ 另外，如果考虑了各种焊接件之间的变形协调，则可以用第 J2.4（1）条的规定，而第 J2.4（2）和（3）条则为提供变形协调的 J2（1）条的特例。

6. 敷焊金属要求

当采用全焊透坡口焊缝（CJP）来承受与焊缝有效面积相垂直的拉力作用时，所选用的焊材应符合 AWS D1.1/D1.1M 中有关焊材匹配的要求。

使用说明：下列使用说明表中，归纳了 AWS D1.1/D1.1M 中有关匹配焊材的规定，以及其他限制条件。母材与预审合格的匹配焊材的完整清单，可参见 AWS D1.1/D1.1 M 中的表 3-1。

<table>
<tr><th colspan="2">母　材</th><th>匹 配 焊 材</th></tr>
<tr><td colspan="2">A36≤3/4in 厚</td><td>60&70ksi 焊条</td></tr>
<tr><td>A36 >3/4in
A588①
A1011</td><td>A572（Gr50&55）
A913（Gr50）
A992
A1018</td><td>手工电弧焊（SMAW）：E7015、E7016、E7018、E7028
其他方式：70ksi 焊条</td></tr>
<tr><td colspan="2">A913（Gr60&65）</td><td>80ksi 焊条</td></tr>
</table>

① 要求焊材具有与母材相似的抗腐蚀性能和颜色，参见 AWS D1.1/D1.1M 第 3.73 条（译者注：A588 为耐候钢标准）。

使用说明：

1. 焊条应符合 AWS A5.1、A5.5、A5.17、A5.18、A5.20、A5.23、A5.28 和 A5.29 条的规定。
2. 在焊接不同强度的母材时，可使用与较高强度母材匹配的焊材，亦可使用与低强度母材匹配的焊材及低氢熔敷金属（译者注：即须采用该系列焊条中的低氢系焊条）。

具有在 40°F(4°C)或更低时的最低冲击功夏比 V 形切口（CVN）冲击韧性为 20ft-lbs(27J)的焊材，可以在下列接头中使用：

（1）承受与焊缝有效面积相垂直的拉力作用、采用全熔透坡口焊缝（焊喉保留焊缝衬板）的 T 型接头或角接头。除了用于接头设计时采用承载力标准值，或设计中采用了适用于部分熔透坡口焊缝的承载力标准值、抗力分项系数或安全系数的接头。

（2）承受与焊缝有效面积相垂直的拉力作用、采用全熔透坡口焊缝的重型型钢（按第 A3. 1c 条和 A3. 1d 条定义）拼接接头。

制作商应在质量证明文件中提供足够的合规性证据。

7. 混合焊材

当对焊材夏比 V 形切口（CVN）冲击韧性有要求时，焊接过程中的耗材，包括接头中的所有焊材、定位焊缝（点焊）、根部焊道和后续焊道的焊材，应互相兼容，以保证焊道完成后混合焊材的冲击韧性要求。

J3. 螺栓和螺纹紧固件

1. 高强度螺栓

除在本规范中另有规定外，使用高强度螺栓，应符合 RCSC《使用高强度螺栓的结构连接规范》(*Specification for Structural Joints Using High-Strength Bolts*) 的规定，以下简称 RCSC 规范，该规范得到结构连接研究委员会（Research Council on Structural Connections）的批准。本规范中的高强度螺栓按照其材料强度做如下分组：

A 组（Group A）——ASTM A325、A325M、F1852、A354 Grade BC 和 A449

B 组（Group B）——ASTM A490、A490M、F2280 和 A354 Grade BD

螺栓安装时，所有连接结合面，包括与垫圈的接触面，除牢固黏贴的轧屑外，应无其他异物。

当螺栓用于下列情况时，允许螺栓拧紧至密贴状态：

（1）承压型连接，本规范中第 E6 节或第 J1. 10 条中所注明的除外。

（2）受拉或受拉剪组合作用的连接，只针对 A 组螺栓，连接设计不考虑因振动或荷载波动而导致的松动或疲劳。

将几层钢板紧密接触连接达到所需要的紧密程度定义为密贴状态。对于要求螺栓拧紧至非密贴状态的部位，应在设计图纸上明确标明。

在设计图纸上规定使用预拉型或摩擦型接头的所有高强度螺栓，其紧固力应不小于表 J3-1 或表 J3-1M 中所给定的螺栓拉力。螺栓安装应采用下列任何一种方法：转角法、直接拉力指示器法、扭剪型螺栓（twist-off-type tension-control bolt）、校准扳手法或其他形式的螺栓紧固法。

使用说明：对于拧紧至密贴状态螺栓，没有专门的最小或最大拉力要求。除了在设计图纸上有禁止使用的明确要求外，可以采用如 ASTM F1852 或 F2280 的全预拉螺栓。

表 J3-1　最小螺栓预拉力，kips①

螺栓规格/in	A 组（如 A325 螺栓）	B 组（A490 螺栓）
1/2	12	15
5/8	19	24
3/4	28	35
7/8	39	49
1	51	64
11/8	56	80
11/4	71	102
13/8	85	121
11/2	103	148

① 相当于螺栓最小抗拉承载力的 0.70 倍，四舍五入至最接近的 kip 值，根据带统一标准粗牙（UNC）螺纹的 A325 和 A490 螺栓的 ASTM 标准。

表 J3-1M　最小螺栓预拉力，kN①

螺栓规格/mm	A 组（如 A325M 螺栓）	B 组（A490M 螺栓）
M16	91	114
M20	142	179
M22	176	221
M24	205	257
M27	267	334
M30	326	408
M36	475	595

① 相当于 0.70 倍于螺栓最小抗拉承载力，四舍五入至最接近 kN 值，根据带统一标准粗牙（UNC）螺纹的 A325 和 A490 螺栓的 ASTM 标准。

当螺栓长度超过螺栓直径的 12 倍或直径超过 $1\frac{1}{2}$ in(38mm)，超出了 RCSC 规范的适用范围时，可以采用使用符合 A 组或 B 组材料要求的螺栓或螺纹紧固件，且应符合表 J3-2 中关于螺纹紧固件的规定。

当在摩擦型连接中使用 ASTM A354 BC 级、A354 BD 级或 A449 螺栓和带螺纹紧固件时，螺栓的几何尺寸（包括螺距、螺纹长度、螺栓头和螺母），应等于或与 RCSC 规范所要求的尺寸成比例（如果直径较大）。螺栓安装应符合 RCSC 规范中有关螺栓直径和/或长度增加所做修改的全部要求，以提供设计预拉力。

表 J3-2 紧固件和螺杆的应力标准值，ksi(MPa)

紧固件规格	抗拉强度标准值 F_{nt} /ksi(MPa)①	承压型连接的抗剪强度标准值 F_{nv}/ksi(MPa)②
A307 螺栓	45（310）	27（188）③④
A 组（如 A325）螺栓，当螺纹在受剪平面内	90（620）	54（372）
A 组（如 A325）螺栓，当螺纹不在剪力平面内	90（620）	68（457）
B 组（如 A490）螺栓，当螺纹在剪力平面内	113（780）	68（457）
B 组（如 A490）螺栓，当螺纹不在剪力平面内	113（780）	84（579）
带螺纹紧固件，符合第 A3.4 条的规定，且当螺纹在剪力平面内	$0.75F_u$	$0.450F_u$
带螺纹紧固件，符合第 A3.4 条的规定，且当螺纹不在剪力平面内	$0.75F_u$	$0.563F_u$

① 当高强度螺栓承受拉伸疲劳荷载时，参见附录 3。

② 当端部受荷载作用的连接，其紧固件布置长度大于 38in(965mm）时，F_{nv}应按表中值的 83.3% 进行折减。紧固件布置长度是连接两个具有一个接触表面的部件的螺栓的最大距离，且与沿螺栓中心线作用的力剪相平行。

③ 对于 A307 螺栓，当其所连接的钢板厚度超过螺栓直径的 5 倍时，每增加$\frac{1}{16}$in(2mm)，表列数值应折减 1%。

④ 允许螺纹在剪力平面内。

2. 螺栓孔尺寸和应用

螺栓孔的最大尺寸参见表 J3-3 或表 J3-3M，除了由于在混凝土基础中锚栓安装偏差的要求，可以在柱脚板构造中采用大孔。

除责任工程师批准使用大圆孔、槽长方向与荷载方向平行的短槽孔或长槽孔外，应采用符合本规范中相关规定的标准圆孔或槽长方向与荷载方向垂直的短槽孔。在按标准圆孔设计的摩擦型连接中可以使用厚度小于 1/4in(6mm）的填隙片，且紧固件的抗剪承载力标准值无须按槽孔的抗剪承载力标准值折减。

表 J3-3 螺栓孔的公称尺寸，in

螺栓直径	螺栓孔尺寸规格			
	标准圆孔（直径）	大圆孔（直径）	短槽孔（宽 × 长）	长槽孔（宽 × 长）
$\frac{1}{2}$	$\frac{9}{16}$	$\frac{5}{8}$	$\frac{9}{16}\times\frac{11}{16}$	$\frac{9}{16}\times1\frac{1}{4}$

续表 J3-3

螺栓直径	螺栓孔尺寸规格			
	标准圆孔（直径）	大圆孔（直径）	短槽孔（宽×长）	长槽孔（宽×长）
$\frac{5}{8}$	$\frac{11}{16}$	$\frac{13}{16}$	$\frac{11}{16}\times\frac{7}{8}$	$\frac{11}{16}\times1\frac{9}{16}$
$\frac{3}{4}$	$\frac{13}{16}$	$\frac{15}{16}$	$\frac{13}{16}\times1$	$\frac{13}{16}\times1\frac{7}{8}$
$\frac{7}{8}$	$\frac{15}{16}$	$1\frac{1}{16}$	$\frac{15}{16}\times1\frac{1}{8}$	$\frac{15}{16}\times2\frac{3}{16}$
1	$1\frac{1}{16}$	$1\frac{1}{4}$	$1\frac{1}{16}\times1\frac{5}{16}$	$1\frac{1}{16}\times2\frac{1}{2}$
$\geqslant1\frac{1}{8}$	$d+\frac{1}{16}$	$d+\frac{5}{16}$	$\left(d+\frac{1}{16}\right)\times\left(d+\frac{3}{8}\right)$	$\left(d+\frac{1}{16}\right)\times(2.5\times d)$

表 J3-3M　螺栓孔的公称尺寸，mm

螺栓直径	螺栓孔尺寸规格			
	标准圆孔（直径）	大圆孔（直径）	短槽孔（宽×长）	长槽孔（宽×长）
M16	18	20	18×22	18×40
M20	22	24	22×26	22×50
M22	24	28	24×30	24×55
M24	27①	30	27×32	27×60
M27	30	35	30×37	30×67
M30	33	38	33×40	33×75
≥M36	$d+3$	$d+8$	$(d+3)\times(d+10)$	$(d+3)\times2.5d$

① 如果需要，标准圆孔所提供的间隙允许使用直径为 1in 的螺栓。

可以在摩擦型连接中的任何一层钢板或者所有钢板上使用大圆孔，但是大圆孔不可在承压型连接上使用。在最外层钢板的大圆孔上应设置淬硬钢垫圈。

可以在摩擦型连接或承压型连接中的任何一层钢板或者全部钢板上使用短槽孔。摩擦型连接中，槽长方向可任意而不需考虑荷载方向，但是在承压型连接中，则槽长方向应垂直于荷载作用方向。在短槽孔的最外一层钢板上应设置垫圈，当采用高强度螺栓时，应采用符合 ASTM F436 标准的淬硬钢垫圈。

当在外层钢板上的槽孔或大圆孔中使用直径超过 1in(25mm）的 B 组螺栓时，应采用符合 ASTM F436 标准、厚度大于 5/16(8mm）的淬硬钢垫圈来代替标准垫圈。

使用说明：在 RCSC 规范第 6 章中，给出了垫圈的相关要求。

在单一接触面的摩擦型连接或承压性连接中，只允许在两板件中之一块钢板上采用长槽孔。对于摩擦型连接，可以采用长槽孔而不需考虑荷载方向，但在承压型连接中，则长槽孔的槽长方向应垂直于荷载方向。

在最外层钢板采用长槽孔的部位，应设置钢板垫圈或带有标准圆孔的连续钢板条，且应在安装后完全盖住槽孔。如果高强度螺栓要求采用淬硬钢垫圈，则淬硬钢垫圈应设在钢板垫圈或钢板条的外侧。

3. 最小间距

标准圆孔、大圆孔或槽孔中心的间距，应不小于紧固件公称直径 d 的 $2\frac{2}{3}$ 倍，宜取公称直径 d 的 3 倍。

使用说明：按照产品标准的要求可以提供栓杆直径小于公称直径的 ASTM F1554 锚栓。应根据产品标准所允许的最小直径来计算荷载效应，如弯曲和伸长率。相关内容可参见 ASTM F1554 和《AISC 钢结构施工手册》第 2 部分的“各种类型结构紧固件的适用 ASTM 标准”表中所述内容。

4. 最小边距

标准圆孔中心至所连接板件边缘的距离，在任意方向不得小于表 J3-4 或表 J3-4M 中的规定，或符合第 J3.10 条的规定。大圆孔或槽孔的中心距所连接板件边缘的距离，不得小于标准圆孔至所连接板件边缘的距离加上表 J3-5 或表 J3-5M 中所规定的相应增加值 C_2。

使用说明：表 J3-4 和表 J3-4M 中的边距值是基于常规制作和工艺制造误差的最小边距，必须满足第 J3.10 条和 J4 节中的相应条款。

5. 最大间距和边距

任一螺栓中心至最近连接板件边缘的最大距离，应为所连接板件厚度的 12 倍，且不得超过 6in(150mm)。由一块钢板和一个型钢或两块钢板组成的部件，且钢板间靠紧固件连续紧密结合时，螺栓间的纵向间距应符合下列规定：

(1) 涂装构件或不受腐蚀作用的未经涂装构件，螺栓孔间距不得超过较薄板件板厚的 24 倍或 12in(305mm)。

(2) 对于暴露于大气腐蚀作用中、未经涂装的耐候钢构件，螺栓孔间距不得超过较薄板件板厚的 14 倍或 7in(180mm)。

使用说明：(1) 和 (2) 中的尺寸不适用于由两根连续紧密结合的型钢所组成的部件。

表 J3-4 从标准圆孔中心①至所连接板件边缘的最小距离②，in

螺栓直径/in	最小边距
$\frac{1}{2}$	$\frac{3}{4}$
$\frac{5}{8}$	$\frac{7}{8}$

续表 J3-4

螺 栓 直 径/in	最 小 边 距
$\frac{3}{4}$	1
$\frac{7}{8}$	$1\frac{1}{8}$
1	$1\frac{1}{4}$
$1\frac{1}{8}$	$1\frac{1}{2}$
$1\frac{1}{4}$	$1\frac{5}{8}$
超过 $1\frac{1}{4}$	$1\frac{1}{4}\times d$

① 当采用大圆孔或槽孔时，参见表 J3-5 的有关规定。

② 如果有必要，在第 J3. 10 条和第 J4 节的规定得到满足的条件下，可以采用更小的边距（但不得小于一个螺栓直径），而无须经责任工程师的批准。

表 J3-4M　从标准圆孔中心①至所连接板件边缘的最小距离②，mm

螺栓直径/mm	最 小 边 距
16	22
20	26
22	28
24	30
27	34
30	38
36	46
超过 36	1. 25d

① 当采用大圆孔或槽孔时，参见表 J3-5M 的有关规定。

② 如果有必要，在第 J3. 10 条和第 J4 节的规定得到满足的条件下，可以采用更小的边距（但不得小于一个螺栓直径），而无须经责任工程师的批准。

表 J3-5　边距增加值 C_2，in

紧固件的公称直径/in	大圆孔	槽孔		
		槽孔长轴垂直于边缘		槽孔长轴平行于边缘
		短槽孔	长槽孔①	
$\leqslant\frac{7}{8}$	$\frac{1}{16}$	$\frac{1}{8}$	3/4d	0
1	$\frac{1}{8}$	$\frac{1}{8}$		
$\geqslant 1\frac{1}{8}$	$\frac{1}{8}$	3/16		

① 当槽孔的长度小于最大允许值（见表 J3-3）时，则 C_2 值可按表 J3-3 中规定的最大值与实际长度之差的一半予以折减。

表 J3-5M 边距增量值 C_2，mm

<table>
<tr><td rowspan="3">紧固件的公称直径/mm</td><td rowspan="3">大圆孔</td><td colspan="3">槽孔</td></tr>
<tr><td colspan="2">槽孔长轴垂直于边缘</td><td rowspan="2">槽孔长轴平行边缘</td></tr>
<tr><td>短槽孔</td><td>长槽孔①</td></tr>
<tr><td>≤22</td><td>2</td><td>3</td><td rowspan="3">0.75d</td><td rowspan="3">0</td></tr>
<tr><td>24</td><td>3</td><td>3</td></tr>
<tr><td>≥27</td><td>3</td><td>5</td></tr>
</table>

① 当槽孔的长度小于最大允许值（见表 J3-3M）时，则 C_2 值可按表 J3-3M 中规定的最大值与实际长度之差的一半予以折减。

6. 螺栓和螺纹紧固件的抗拉及抗剪承载力

拧紧至密贴状态或受预拉力的高强度螺栓以及螺纹紧固件的抗拉或抗剪承载力设计值 ϕR_n 和抗拉与抗剪承载力容许值 R_n/Ω，应根据受拉断裂或受剪断裂破坏极限状态进行确定：

$$R_n = F_n A_b \tag{J3-1}$$

$$\phi = 0.75(\text{LRFD}) \quad \Omega = 2.00(\text{ASD})$$

式中 A_b——螺栓或螺纹紧固件的无螺纹杆体的公称面积，$in^2(mm^2)$；

F_n——表 J3-2 给出的拉应力标准值 F_{nt} 或剪应力 F_{nv}，ksi(MPa)。

抗拉承载力应考虑由于所连接板件变形而产生撬力作用所导致的任何拉力。

使用说明：能够通过拧紧至密贴状态或受预拉力的高强度螺栓以及螺纹紧固件承担的作用力，可以由螺栓孔的承压承载力（根据第 J3.10 条）来限制。单根紧固件的有效承载力可以取紧固件抗剪承载力（根据第 J3.6 条）或螺栓孔的承压承载力（根据第 J3.10 节）中之较小者。螺栓群的承载力可以取单根紧固件的有效承载力之和。

7. 承压型连接中的拉剪组合作用

螺栓承受拉剪组合作用时的有效抗拉承载力，应根据受拉断裂和受剪断裂破坏极限状态确定：

$$R_n = F'_{nt} A_b \tag{J3-2}$$

$$\phi = 0.75(\text{LRFD}) \quad \Omega = 2.00(\text{ASD})$$

式中 F'_{nt}——修正后的拉应力标准值，考虑了剪应力的影响，ksi(MPa)，

$$F'_{nt} = 1.3F_{nt} - \frac{F_{nt}}{\phi F_{nv}} f_{rv} \leqslant F_{nt}(\text{LRFD}) \tag{J3-3a}$$

$$F'_{nt} = 1.3F_{nt} - \frac{\Omega F_{nt}}{F} f_{rv} \leqslant F_{nt}(\text{ASD}) \tag{J3-3b}$$

F_{nt}——拉应力标准值，参见表 J3-2，ksi(MPa)；
F_{nv}——剪应力标准值，参见表 J3-2，ksi(MPa)；
f_{rv}——采用 LRFD 或 ASD 荷载组合时所要求的抗剪应力值，ksi(MPa)。

紧固件的有效抗剪应力应等于或大于抗剪应力设计值f_{rv}。

使用说明：应该注意，当要求的应力 f（无论是剪应力或拉应力），小于或等于相应的有效应力值的 30% 时，则不需要考虑组合应力的影响。另外，可将式（J3-3a）和式（J3-3b）进行改写，则抗剪应力标准值 F'_{nv}为抗拉应力承载力 f_t的函数。

8. 摩擦型连接中的高强度螺栓

摩擦型连接应按避免连接出现滑移和承压型连接的极限状态进行设计。当摩擦型螺栓穿过垫板连接时，要事先对所有经受滑移的接触面进行必要的加工制备，以达到设计所要求的抗滑移承载力。

对于滑移极限状态的抗滑移承载力或容许滑移抗力，应根据下式确定：

$$R_n = \mu D_u h_f T_b n_s \tag{J3-4}$$

（1）当采用标准圆孔或槽长方向与荷载方向垂直的短槽孔时：

$$\phi = 1.00(\text{LRFD}) \qquad \Omega = 1.50(\text{ASD})$$

（2）当采用大圆孔或槽长方向与荷载方向平行的短槽孔时：

$$\phi = 0.85(\text{LRFD}) \qquad \Omega = 1.76(\text{ASD})$$

（3）当采用长槽孔时：

$$\phi = 0.70(\text{LRFD}) \qquad \Omega = 2.14(\text{ASD})$$

式中　μ——A 级或 B 级表面的平均抗滑移系数，按以下要求确定或通过试验确定：

1）A 级表面（未经涂装的、无轧制氧化皮的钢材表面，或者在喷砂处理后进行 A 级涂装的钢材表面，或热镀锌表面以及粗糙的表面）：$\mu = 0.30$；

2）B 级表面（喷砂后未经涂装的钢材表面，或喷砂后进行 B 级涂装的钢材表面）：$\mu = 0.50$；

D_u——1.13；系数，反映安装后螺栓的平均预拉力与规定的最小螺栓预拉力的因子；当使用其他值时，需要得到责任工程师的批准；

T_b——表 J3-1 或表 J3-1M 给出的紧固件的最小预拉力，量纲分别为 kips 或 kN；

h_f——垫板折减系数，按如下要求确定：

1）当未设垫板或者由螺栓来承受垫板上所分配的荷载时：$h_f = 1.0$；

2）当螺栓不承受垫板上所分配的荷载时：

①所连接板件之间有一块垫板：$h_f = 1.0$；

②所连接板件之间有两块或两块以上垫板：$h_f=0.85$；

n_s——允许连接产生滑移所要求的滑移面数量。

9. 摩擦型连接中的拉剪组合作用

当摩擦型连接承受一个会降低其锁紧力的拉力作用时，按第 J3.8 条计算的每根螺栓的有效抗滑移承载力应乘以系数 k_{sc}，k_{sc}按下式计算：

$$k_{sc} = 1 - \frac{T_u}{D_u T_b n_b} \text{(LRFD)} \tag{J3-5a}$$

$$k_{sc} = 1 - \frac{1.5T_a}{D_u T_b n_b} \text{(ASD)} \tag{J3-5b}$$

式中 T_a——ASD 荷载组合作用下的抗拉承载力要求，kips(kN)；

T_u——LRFD 荷载组合作用下的抗拉承载力要求，kips(kN)；

n_b——承受拉力的螺栓根数。

10. 螺栓孔的承压承载力

螺栓孔的有效承压承载力 ϕR_n和 R_n/Ω，应根据承压极限状态确定如下：

$\phi=0.75$(LRFD) $\Omega=2.00$(ASD)

所连接材料的承压承载力标准值确定如下：

(1) 当螺栓连接采用标准圆孔、大圆孔及与荷载作用方向无关的短槽孔或者槽长方向与承压力方向平行的长槽孔时：

1）设计时不允许在使用荷载下螺栓孔变形时：

$$R_n = 1.2l_c tF_u \leqslant 2.4dtF_u \tag{J3-6a}$$

2）设计时允许使用荷载下螺栓孔变形时：

$$R_n = 1.5l_c tF_u \leqslant 3.0dtF_u \tag{J3-6b}$$

(2) 当螺栓连接采用槽长方向与承压力方向垂直的长槽孔时：

$$R_n = 1.0l_c tF_u \leqslant 2.0dtF_u \tag{J3-6c}$$

(3) 当连接使用的螺栓完全穿过未设加劲肋的箱型构件或钢管截面时，可参见第 J7 节与式（J7-1）中的相关内容。

式中 F_u——所连接材料的规定最小抗拉强度，ksi(MPa)；

d——螺栓公称直径，in(mm)；

l_c——沿受力方向，两相邻螺栓孔边缘之间或螺栓孔边缘与连接构件边缘之间的净距，in(mm)；

t——所连接材料的厚度，in(mm)。

螺栓连接的承压承载力应为单个螺栓承压承载力之和。

承压型和摩擦型连接均需进行承压承载力验算。根据第 J3.2 条的要求，仅在摩擦型连接中可以使用大圆孔、短槽孔和槽长方向与荷载方向平行的长槽孔。

使用说明：单根紧固件的有效承载力可以取紧固件抗剪承载力（根据第 J3.6 条）或螺栓孔的承压承载力（根据第 J3.10 条）中之较小者。螺栓群的承载力可以取单根紧固件的有效承载力之和。

11. 特殊紧固件

除了表 J3-2 中所给出的螺栓之外，其他特殊紧固件的承载力标准值应经试验确定。

12. 受拉紧固件

当受拉螺栓或其他紧固件安装在未设加劲肋的箱型或钢管的管壁上时，管壁强度应通过合理的分析予以确定。

J4. 构件连接处的部件及连接件

本章节适用于连接处构件上的部件及连接件，如连接钢板、节点板、角钢和隅撑等。

1. 构件连接处部件及连接件的抗拉承载力

在连接处的构件部件及连接件受拉时，其抗拉承载力设计值 ϕR_n 及容许抗拉承载力 R_n/Ω，应取受拉屈服极限状态及受拉断裂极限状态中之较小值。

（1）当部件受拉屈服时：

$$R_n = F_y A_g \tag{J4-1}$$

$$\phi = 0.90(\text{LRFD}) \qquad \Omega = 1.67(\text{ASD})$$

（2）当部件受拉断裂时：

$$R_n = F_u A_e \tag{J4-2}$$

$$\phi = 0.75(\text{LRFD}) \qquad \Omega = 2.00(\text{ASD})$$

式中 A_e——根据第 D3.3 条定义的有效净截面面积，$in^2(mm^2)$；当采用螺栓连接拼接接头板时，$A_e = A_n \leqslant 0.85A_g$。

使用说明：由于采用 Whitmore section 法来计算应力分布，连接板的有效净截面面积可能会受到限制（译者注：A Whitmore section 给出了一种在承受拉力或压力作用的连接端头（如支撑与节点板连接处或其他类似部位），计算有效截面面积的理论方法）。

2. 构件连接处部件及连接件的抗剪承载力

构件连接处的部件及连接件受剪时，其抗剪承载力设计值和容许抗剪承载力应取受剪屈服极限状态及受剪切断裂极限状态中之较小值。

（1）当部件受剪屈服时：

$$R_n = 0.60F_yA_{gv} \quad (J4\text{-}3)$$

$$\phi = 1.00(\text{LRFD}) \qquad \Omega = 1.50(\text{ASD})$$

式中 A_{gv}——受剪毛截面面积，$in^2(mm^2)$。

（2）当部件受剪断裂时：

$$R_n = 0.6F_uA_{nv} \quad (J4\text{-}4)$$

$$\phi = 0.75(\text{LRFD}) \qquad \Omega = 2.00(\text{ASD})$$

式中 A_{nv}——受剪净截面面积，$in^2(mm^2)$。

3. 块状剪切破裂承载力

当沿一条或多条剪切破坏路径和与之正交的受拉破坏路径达到块状剪切撕裂极限状态时，其块状剪切破裂承载力设计值和容许块状剪切破裂承载力应按下式确定：

$$R_n = 0.6F_uA_{nv} + U_{bs}F_uA_{nt} \leqslant 0.6F_yA_{gv} + U_{bs}F_uA_{nt} \quad (J4\text{-}5)$$

$$\phi = 0.75(\text{LRFD}) \qquad \Omega = 2.00(\text{ASD})$$

式中 A_{nt}——受拉净截面面积，$in^2(mm^2)$。

当拉应力均匀分布时，$U_{bs}=1$；当拉应力不均匀分布时，$U_{bs}=0.5$。

使用说明：常规情况下，应取 U_{bs} 为 0.5，见条文说明中的相关解释。

4. 构件连接处部件及连接件的抗压承载力

当连接处构件部件及连接件达到屈服和屈曲极限状态时，其抗压承载力设计值及容许抗压承载力应按下式确定：

（1）当 $KL/r \leqslant 25$ 时：

$$P_n = F_yA_g \quad (J4\text{-}6)$$

$$\phi = 0.90(\text{LRFD}) \qquad \Omega = 1.67(\text{ASD})$$

（2）当 $KL/r > 25$ 时，采用第 E 章中的规定。

5. 构件连接处部件及连接件的抗弯承载力

连接处构件部件及连接件受弯时，其抗弯承载力设计值和抗弯承载力容许值应取弯曲屈服、局部屈曲、弯曲侧向扭转屈曲和受弯断裂极限状态中之较小值。

J5. 垫板

1. 焊接连接中的垫板

在连接接头中需要使用垫板来传递作用力时，垫板和连接焊缝应符合第

J5. 1a 条或 J5. 1b 条的相关要求。

1a. 薄垫板

不应采用厚度小于 1/4in(6mm) 的垫板来传递应力。当垫板厚度小于或等于 1/4in(6mm)，或者虽然厚度大于 1/4in(6mm) 但不足以在所连接板件之间传递作用力时，其边缘应与所连接板件或拼接板边缘齐平，连接焊缝尺寸应为与拼接板连接所要求的焊缝尺寸上再加垫板厚度。

1b. 厚垫板

当垫板的厚度足以在所连接板件之间传递作用力时，垫板应超过拼接板的边缘。拼接接头板与垫板之间的焊缝应足以向垫板传递荷载，且应保证有足够的承载焊缝截面，以防止垫板受力过大。结构构件与垫板之间的焊缝应能传递作用荷载。

2. 螺栓连接中的垫板

当承受荷载的螺栓穿过厚度等于或小于 1/4in(6mm) 的垫板时，螺栓的抗剪承载力不需要折减。当承受荷载的螺栓穿过厚度大于 1/4in(6mm) 的垫板时，应符合下列要求之一：

(1) 螺栓的抗剪承载力应乘以由下式给出的系数：$1-0.4(t-0.25)$ [公制：$1-0.0154(t-6)$]，但不应小于 0.85，其中 t 是垫板的总厚度。

(2) 垫板应比拼接接头长，其长出的部分应设置足够的螺栓，以使所连接部件上的作用力均匀分布至拼接板和垫板形成的组合截面上。

(3) 应加大拼接接头的尺寸，来满足上述第（2）款中螺栓总数的要求。

(4) 拼接接头应按照第 J3. 8 条要求进行设计，使用 B 级表面或螺栓被拧紧至密贴状态的 A 级表面，防止出现滑移。

J6. 拼接接头

板梁或一般梁的坡口焊拼接接头，其承载力应按较小拼接截面处的承载力标准值取值。在板梁或一般梁截面中的其他拼接形式，其拼接承载力应根据拼接点处的承载力确定。

J7. 承压承载力

承压接触面上的承压承载力设计值 ϕR_n 及承压承载力容许值 R_n/Ω，应根据承压（局部压缩屈服）极限状态确定如下：

$$\phi = 0.75(\mathrm{LRFD}) \qquad \Omega = 2.00(\mathrm{ASD})$$

承压承载力标准值 R_n 应按下式确定：

（1）对于铣平加工表面，采用铰孔、钻孔及搪孔，以及承压加劲肋的端部：

$$R_n = 1.8 F_y A_{pb} \tag{J7-1}$$

式中 A_{pb}——承压的投影面积，$\mathrm{in}^2(\mathrm{mm}^2)$；

F_y——规定的最小屈服应力，ksi(MPa)。

（2）对于滚轴支承及摇摆支承：

1）如果 $d \leqslant 25$ in(635mm)：

$$R_n = 1.2(F_y - 13) l_b d/20 \tag{J7-2}$$

公制：

$$R_n = 1.2(F_y - 90) l_b d/20 \tag{J7-2M}$$

2）如果 $d > 25$ in(635mm)：

$$R_n = 6.0(F_y - 13) l_b \sqrt{d}/20 \tag{J7-3}$$

公制：

$$R_n = 30.2(F_y - 90) l_b \sqrt{d}/20 \tag{J7-3M}$$

式中 d——直径，in(mm)；

l_b——承压长度，in(mm)。

J8. 柱脚及在混凝土上的承压

应制定适当的规定以保证柱子荷载及弯矩传递到柱底板及基础上。

当规范没有规定时，在混凝土压碎极限状态下的承压承载力设计值 $\phi_c P_p$ 及承压承载力容许值 P_p/Ω_c 可确定如下：

$$\phi_c = 0.65(\mathrm{LRFD}) \qquad \Omega_c = 2.31(\mathrm{ASD})$$

承压承载力标准值 P_p，按下式确定：

（1）当承压面积等于混凝土支座面积：

$$P_p = 0.85 f'_c A_1 \tag{J8-1}$$

（2）当承压面积小于混凝土支座面积：

$$P_p = 0.85 f'_c A_1 \sqrt{A_2/A_1} \leqslant 1.7 f'_c A_1 \tag{J8-2}$$

式中 A_1——在混凝土支座上，与混凝土支承面同心的钢柱的承压面积，$\mathrm{in}^2(\mathrm{mm}^2)$；

A_2——在阶梯形或斜坡形（放大脚）混凝土支座中，采用放大角求得的与承（压）载面积同心且几何形状相似的最大面积，$\mathrm{in}^2(\mathrm{mm}^2)$；

f'_c——规定的混凝土抗压强度，ksi(MPa)。

J9. 锚栓及埋设件

锚栓应能承受已完工结构作用在柱脚上的全部荷载，包括根据本规范第 B2 节所规定的荷载组合所产生的任何弯矩而导致的净拉力分量。锚栓设计应满足表 J3-2 中有关螺纹紧固件的相关规定。

对于向混凝土基础传力（包括对混凝土部件的承压）的柱脚和锚栓，其设计应满足 ACI 318 或 ACI 349 的相关要求。

使用说明：当要求柱子承受柱脚板处水平力时，应考虑对混凝土部分的承压作用。

当设计中采用锚栓来抵抗水平力时，应考虑柱底板上锚栓孔尺寸、锚栓的安装偏差和柱子的水平位移等。

当使用 ASTM F844 垫圈或盖住锚栓孔的钢板垫圈、螺帽可以提供足够的承压作用时，柱子底板上可以采用更大的大圆孔或槽孔。

使用说明：在《AISC 钢结构设计手册》和 ASTM F1554 中，给出了容许孔径以及相应的垫圈、螺帽规格。

使用说明：关于锚栓的埋置设计和摩擦抗剪设计，请参见 ACI 318。关于锚栓的特殊安装要求，请参见《OSHA 职业安全与健康局标准》（*Occupational Safety and Health Administration*）。

J10. 受集中荷载作用的翼缘和腹板

本节适用于受单个或成对集中荷载作用的宽翼缘型钢和类似组合型钢的翼缘，其集中荷载的作用方向与翼缘垂直。单个集中荷载可以是拉力或压力。成对集中荷载为一个拉力和一个压力，在受荷构件的同一侧形成一个力偶。

当承载力要求超过按本节所列出极限状态确定的有效承载力时，应根据相应极限状态下承载力要求和有效承载力之间的差值，设计加劲肋和/或补强板并确定其大小尺寸。加劲肋应满足第 J10.8 条中的设计要求，补强板还应满足第 J10.9 条的设计要求。

使用说明：对于悬臂构件端部的要求，参见附录 6.3。

在未与其他构件连接的梁端部，应根据第 J10.7 条的要求设置加劲肋。

1. 翼缘局部弯曲

本条适用于承受单个集中拉力荷载和成对集中荷载拉力分量作用的构件。

在翼缘局部弯曲的极限状态下，承载力设计值 ϕR_n 和承载力容许值 R_n/Ω 应按下式确定：

$$R_n = 6.25t_f^2 F_{yf} \tag{J10-1}$$

$$\phi = 0.90(\text{LRFD}) \qquad \Omega = 1.67(\text{ASD})$$

式中 F_{yf}——规定的翼缘最小屈服应力，ksi(MPa)；

t_f——受拉翼缘厚度，in(mm)。

如果荷载在翼缘横向的作用长度小于 $0.15b_f$（b_f是构件翼缘宽度）时，则无须按式（J10-1）验算。

当集中荷载的作用点距构件端部小于 $10t_f$时，则 R_n应折减50%。必要时，应设置成对加劲肋。

2. 腹板局部屈服

本条适用于承受单个集中荷载和成对集中荷载的拉力或压力分量作用的构件。

在腹板局部屈服的极限状态下，其有效承载力应按以下要求确定：

$$\phi = 1.00(\text{LRFD}) \qquad \Omega = 1.50(\text{ASD})$$

承载力标准值 R_n，应按下式确定：

（1）当集中荷载的作用点距构件端部大于构件的高度 d 时：

$$R_n = F_{yw}t_w(5k + l_b) \tag{J10-2}$$

（2）当集中荷载的作用点距构件端部小于或等于构件的高度 d 时：

$$R_n = F_{yw}t_w(2.5k + l_b) \tag{J10-3}$$

式中 F_{yw}——规定的腹板最小屈服应力，ksi(MPa)；

k——翼缘外缘至腹板角焊缝趾部的距离，in(mm)；

l_b——支承长度（当集中荷载为梁端反力时，应不小于 k），in(mm)；

t_w——腹板厚度，in(mm)。

必要时，应设置成对横向加劲肋或补强板。

3. 腹板压屈

本条适用于承受单个集中压力荷载或成对集中荷载压力分量作用的构件。

腹板在局部压屈极限状态下，其有效承载力按以下要求确定：

$$\phi = 0.75(\text{LRFD}) \qquad \Omega = 2.00(\text{ASD})$$

承载力标准值 R_n，应按下式确定：

（1）当集中压力的作用点距构件端部大于或等于$\frac{d}{2}$时：

$$R_n = 0.80t_w^2\left[1 + 3\left(\frac{l_b}{d}\right)\left(\frac{t_w}{t_f}\right)^{1.5}\right]\sqrt{\frac{EF_{yw}t_f}{t_w}} \tag{J10-4}$$

（2）当集中压力的作用点距构件端部小于$\frac{d}{2}$时：

1）当 $l_b/d \leqslant 0.2$ 时：

$$R_n = 0.40t_w^2\left[1 + 3\left(\frac{l_b}{d}\right)\left(\frac{t_w}{t_f}\right)^{1.5}\right]\sqrt{\frac{EF_{yw}t_f}{t_w}} \quad \text{(J10-5a)}$$

2）当 $l_b/d > 0.2$ 时：

$$R_n = 0.40t_w^2\left[1 + \left(\frac{4l_b}{d} - 0.2\right)\left(\frac{t_w}{t_f}\right)^{1.5}\right]\sqrt{\frac{EF_{yw}t_f}{t_w}} \quad \text{(J10-5b)}$$

式中　d——截面的总公称高度，in(mm)。

必要时，应设置横向加劲肋或成对的横向加劲肋，或设置补强板，且加劲肋或补强板的长度应至少不小于腹板高度的一半。

4. 腹板侧向屈曲

本条仅适用于承受单个集中压力荷载，在集中荷载作用点处构件的受压翼缘与受拉翼缘间的相对侧向位移未加约束的构件。

腹板在侧向屈曲极限状态下，其有效承载力按以下要求确定：

$\phi = 0.85$（LRFD）　　$\Omega = 1.76$（ASD）

承载力标准值 R_n，应按下式确定：

（1）如果受压翼缘的转动受到约束：

1）当 $(h/t_w)/(L_b/b_f) \leqslant 2.3$ 时：

$$R_n = \frac{C_r t_w^3 t_f}{h^2}\left[1 + 0.4\left(\frac{h/t_w}{L_b/b_f}\right)^3\right] \quad \text{(J10-6)}$$

2）当 $(h/t_w)/(L_b/b_f) > 2.3$ 时，腹板侧向屈曲极限状态不适用。

当腹板的承载力要求超过其有效承载力时，则应在受拉翼缘处设置局部侧向支撑，或者成对设置横向加劲肋或补强板。

（2）如果受压翼缘的转动没有受到约束：

1）当 $(h/t_w)/(L_b/b_f) \leqslant 1.7$ 时：

$$R_n = \frac{C_r t_w^3 t_f}{h^2}\left[0.4\left(\frac{h/t_w}{L_b/b_f}\right)^3\right] \quad \text{(J10-7)}$$

2）当 $(h/t_w)/(L_b/b_f) > 1.7$ 时，腹板侧向屈曲极限状态不适用。

当腹板的承载力要求超过其有效承载力时，则应在集中荷载作用点的上、下翼缘处均设置局部侧向支撑。

在式（J10-6）和式（J10-7）中：C_r为当在荷载作用点处的 $M_u < M_y$（LRFD）或 $1.5M_a < M_y$（ASD）时，取值为 960000ksi（6.62×10^6MPa）；当在荷载作用点处的 $M_u > M_y$（LRFD）或 $1.5M_a > M_y$（ASD）时，取值为 480000ksi（3.31×10^6MPa）；

L_b为在荷载作用点处，沿任一翼缘的最大侧向无支撑长度，in(mm)；M_a为采用ASD 荷载组合时的抗弯承载力要求，kip · in(N · mm)；M_u为采用 LRFD 荷载组合时的抗弯承载力要求，kip · in(N · mm)；b_f为翼缘宽度，in(mm)；h 为当采用轧制型钢时，为翼缘间的净距减去角焊缝或轧制圆角半径；当采用组合型钢时，为相邻两排紧固件之间的距离，或翼缘间的净距（对于焊接型钢），in(mm)。

使用说明：关于符合要求约束的确定方法，可参照附录6 的相关规定。

5. 腹板受压屈曲

本条适用于在上下翼缘的同一位置承受一对单个集中压力荷载或一对成对集中荷载的压力分量作用的构件。

在腹板局部屈曲极限状态下，其有效承载力应按下式确定：

$$R_n = \frac{24t_w^3\sqrt{EF_{yw}}}{h} \quad \text{(J10-8)}$$

$$\phi = 0.90(\text{LRFD}) \qquad \Omega = 1.67(\text{ASD})$$

当一对集中压力荷载的作用点距构件端部小于 $d/2$ 时，R_n应按 50% 折减。

必要时，应在腹板全高设置单个横向加劲肋、成对横向加劲肋或补强板。

6. 腹板节点域受剪

本条适用一个翼缘或两翼缘在同一位置上承受成对集中荷载作用的构件。

在剪切屈服极限状态下，腹板节点域的有效承载力应确定如下：

$$\phi = 0.90(\text{LRFD}) \qquad \Omega = 1.67(\text{ASD})$$

承载力标准值 R_n，应确定如下：

（1）如果框架分析中没有考虑腹板节点域变形对整个框架稳定性的影响：

1）当 $P_r \leqslant 0.4P_c$ 时：

$$R_n = 0.60F_y d_c t_w \quad \text{(J10-9)}$$

2）当 $P_r > 0.4P_c$ 时：

$$R_n = 0.60F_y d_c t_w\left(1.4 - \frac{P_r}{P_c}\right) \quad \text{(J10-10)}$$

（2）如果在框架分析中考虑了腹板节点域塑性变形对其稳定性的影响：

1）当 $P_r \leqslant 0.75P_c$ 时：

$$R_n = 0.60F_y d_c t_w\left(1 + \frac{3b_{cf}t_{cf}^2}{d_b d_c t_w}\right) \quad \text{(J10-11)}$$

2）当 $P_r > 0.75P_c$ 时：

$$R_n = 0.60F_y d_c t_w\left(1 + \frac{3b_{cf}t_{cf}^2}{d_b d_c t_w}\right)\left(1.9 - \frac{1.2P_r}{P_c}\right) \quad \text{(J10-12)}$$

在式（J10-9）~式（J10-12）中：A_g为柱子的横截面面积，$in^2(mm^2)$；b_{cf}为柱子翼缘的宽度，in(mm)；d_b为梁高，in(mm)；d_c为柱高，in(mm)；F_y为规定的柱腹板的最小屈服应力，ksi(MPa)；$P_c = P_y$，kips(N)（当采用 LRFD 荷载组合时）；$P_c = 0.6P_y$，kips(N)(当采用 ASD 荷载组合时)；P_r为采用 LRFD 或 ASD 荷载组合时的轴向承载力要求，kips(N)；$P_y = F_y A_g$，柱子的轴向屈服承载力，kips(N)；t_{cf}为柱子翼缘厚度，in(mm)；t_w为柱子腹板厚度，in(mm)。

必要时，应在梁柱连接的刚性节点域（梁柱腹板共有一个平面）内设置补强板或一对对角加劲肋。

关于补强板的设计要求，可参见本章第 J10.9 条的相关要求。

7. 未与其他构件连接的大/小梁端部

在未与其他构件连接的大/小梁端部，当对绕其纵轴的转动没有受到约束时，应在其腹板全高设置一对横向加劲肋。

8. 受集中荷载作用时加劲肋设计的附加要求

如果采用加劲肋来承受集中拉力荷载，则加劲肋应按照第 J4.1 条的相关要求进行设计，且应与受荷翼缘及腹板焊接。加劲肋与翼缘焊接的焊缝尺寸应根据其承载力要求与有效承载力的差值确定。加劲肋与腹板焊接的焊缝尺寸应保证将加劲肋两端的拉力荷载的代数差传至腹板。

如果采用加劲肋来抵抗集中压力荷载，则加劲肋应按照第 J4.4 条的相关要求进行设计，且应直接支承在或焊接在受荷翼缘上并与腹板焊接。与翼缘焊接的焊缝尺寸应根据承载力要求和极限状态下的有效承载力的差值确定。加劲肋与腹板的焊缝尺寸应保证将加劲肋两端的压力荷载的代数差传至腹板。当加劲肋采用顶紧支承时，其相关要求可参见第 J7 节的规定。

当小梁或板梁的翼缘承受压力作用时，应根据第 E6.2 条和 J4.4 条的要求，沿梁腹板的全高设置横向承压加劲肋，加劲肋应按轴向受压构件（柱构件）进行设计。计算加劲肋的截面特性时，有效长度取 $0.75h$，对设在构件中部的加劲肋，轴向受压截面取两个加劲肋及宽度为 $25t_w$的一条腹板的面积；对设在构件端部的加劲肋，取两个加劲肋及宽度为 $12t_w$的一条腹板的面积。沿腹板全高设置的承压加劲肋，其连接焊缝尺寸应保证每个加劲肋将压力差值传至腹板。

柱子的横向和对角加劲肋应满足以下附加要求：

（1）每块加劲肋的宽度加上柱腹板厚度的一半，应不小于柱翼缘的 1/3 或传递集中力的承弯连接板的宽度。

（2）加劲肋的厚度应不小于柱翼缘的一半或传递集中荷载的承弯连接板的厚度，且不小于承弯连接板宽度除以 16。

（3）除了第 J10.5 条和 J10.7 条中的要求外，横向加劲肋的长度不得小于柱子的腹板高度的一半。

9. 受集中荷载作用时补强板设计的附加要求

补强板的抗压承载力，应根据第 E 章的相关要求确定。

补强板的抗拉承载力，应根据第 D 章的相关要求确定。

补强板的抗剪承载力（参见第 J10.6 条），应根据第 G 章的相关要求确定。

另外，补强板设计应符合以下附加要求：

（1）补强板的厚度和大小应提供等于或大于满足承载力要求所必需的附加截面。

（2）应将补强板与构件部件（柱子腹板）焊接，以承担传递到补强板上的一部分作用力。

K 钢管和箱型构件连接设计

本章包括了壁厚均匀的结构用钢管截面（HSS）及箱型截面构件的连接设计内容。

使用说明：连接承载力通常由钢管构件的截面尺寸所控制，尤其是桁架弦杆的壁厚，必须在初步设计时对此予以考虑。

本章的组织结构如下：

K1. 承受集中荷载作用的钢管截面

K2. 钢管-钢管桁架接头

K3. 钢管-钢管承弯接头

K4. 钢板及支管与矩形钢管的焊缝

使用说明：有关采用螺栓与钢管截面连接的附加要求，见第 J 章的相关内容。关于双头贯穿螺栓（through-bolts），见第 J3. 10(c) 条的相关要求。

使用说明：接头的截面特性参数必须在适用范围内。当接头的几何形状或受荷载作用情况在极限状态说明中所给出的参数范围之内时，只需要验算极限状态下的连接承载力。

K1. 承受集中荷载作用的钢管截面

连接的承载力设计值 ϕR_n 和承载力容许值 R_n/Ω，应按照本章规定和第 B3. 6 条的规定确定。

1. 参数定义

A_g——构件的毛截面面积，$in^2(mm^2)$；

B——矩形钢管截面的外缘宽度，量测方向与接头平面成 90°，in(mm)；

B_p——钢板宽度，量测方向与接头平面成 90°，in(mm)；

D——圆钢管构件的外径，in(mm)；

F_y——钢管构件用钢材的规定最小屈服应力，ksi(MPa)；

F_{yp}——钢板的规定最小屈服应力，ksi(MPa)；

F_u——钢管用钢材的规定最小抗拉强度，ksi(MPa)；

H——矩形钢管构件的外缘高度，量测方向在接头平面内，in(mm)；

l_b——荷载的承载长度，量测方向平行于钢管轴线（如果荷载作用在钢管的端头板上时，则为钢管的宽度），in(mm)；

S——构件的弹性截面模量，$in^3(mm^3)$；

t——钢管构件的设计壁厚，in(mm)；

t_p——钢板厚，in(mm)。

2. 圆形钢管

承受集中荷载作用并符合表 K1-1A 适用范围的接头，其有效承载力应取表 K1-1 所列值。

3. 矩形钢管

承受集中荷载作用并符合表 K1-2A 适用范围的接头，其有效承载力应取表 K1-2 中适当的承载力极限状态中之最小值。

表 K1-1 钢板-圆钢管接头的有效承载力

接头种类	接头的有效承载力	钢板受弯	
		平面内	平面外
横向钢板 T 型和 X 型连接 R θ M D t B_p	极限状态：钢管局部屈服钢板受轴向力作用 $R_n\sin\theta = F_y t^2\left(\dfrac{5.5}{1-0.81\dfrac{B_p}{D}}\right)Q_f$ (K1-1) $\phi = 0.90$(LRFD) $\Omega = 1.67$(ASD)	—	$M_n = 0.5B_pR_n$
纵向钢板 T 型、Y 型和 X 型接头 M R θ D t l_b	极限状态：钢管进入塑性钢板受轴向力作用 $R_n\sin\theta = 5.5F_y t^2\left(1+0.25\dfrac{l_b}{D}\right)Q_f$ (K1-2) $\phi = 0.90$(LRFD) $\Omega = 1.67$(ASD)	$M_n = 0.8l_bR_n$	—

续表 K1-1

接 头 种 类	接头的有效承载力	钢板受弯	
		平面内	平面外
纵向钢板 T 型接头 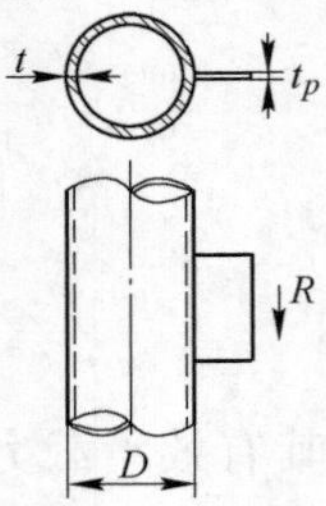	极限状态：钢板达到极限状态钢管受冲切剪力作用，钢板受剪力作用 关于 R_n，见第 J 章的相关要求 另外，应满足下列要求： $t_p \leqslant \frac{F_u}{F_{yp}}t$ （K1-3）	—	—
盖板接头 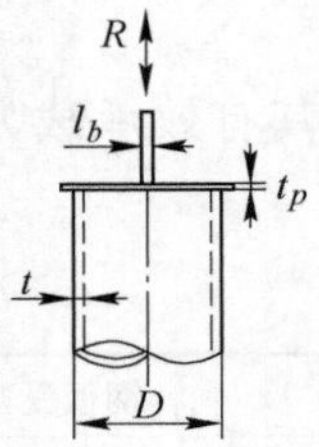	极限状态：受轴向力作用的钢管局部屈服 $R_n = 2F_yt(5t_p + l_b) \leqslant F_yA$ （K1-4） $\phi = 1.00$(LRFD)　$\Omega = 1.50$(ASD)	—	—

表列变量的相应定义

$Q_f = 1$（当钢管（连接表面）受拉时）

$= 1.0 - 0.3U(1 + U)$（当钢管（连接表面）受压时） （K1-5）

$$U = \left| \frac{P_{ro}}{F_cA_g} + \frac{M_{ro}}{F_cS} \right| \quad \text{(K1-6)}$$

式中，根据接头具有较低压应力的一侧来确定 P_{ro} 和 M_{ro}，P_{ro} 和 M_{ro} 为钢管的承载力，

$P_{ro} = P_u$(LRFD)，P_a(ASD)；$M_{ro} = M_u$(LRFD)，M_a(ASD)

表 K1-1A　表 K1-1 的适用范围

钢板加载角度：	$\theta \geqslant 30°$
钢管壁： 径厚比：	$D/t \leqslant 50$，对于支板受轴向或弯曲荷载的 T 型接头
	$D/t \leqslant 40$，对于支板受轴向或弯曲荷载的 X 型接头
	$D/t \leqslant 0.11E/F_y$，支板受剪切荷载作用
	$D/t \leqslant 0.11E/F_y$，对于受压的盖板接头
宽度比：	$0.2 < B_p/D \leqslant 1.0$，对于横向支板接头
材料强度：	$F_y \leqslant 52$ksi(360MPa)
屈强比：	$F_y/F_u \leqslant 0.8$

注：可以采用 ASTM A500 等级 C 钢材。

表 K1-2 钢板-矩形钢管接头的有效承载力

<table>
<tr><th>接 头 类 型</th><th>接头有效承载力</th></tr>
<tr><td rowspan="5">横向钢板的 T 型和 X 型接头，钢板受轴向荷载

$\beta = \frac{B_p}{B}$</td><td>极限状态：钢板局部屈服，适用于所有 β
$$R_n = \frac{10}{B/t}F_y t B_p \leqslant F_{yp} t_p B_p \quad \text{(K1-7)}$$
$\phi = 0.95$(LRFD) $\Omega = 1.58$(ASD)</td></tr>
<tr><td>极限状态：钢管剪切屈服（冲剪）
当 $0.85B \leqslant B_p \leqslant B - 2t$
$$R_n = 0.6F_y t(2t_p + 2B_{ep}) \quad \text{(K1-8)}$$
$\phi = 0.95$(LRFD) $\Omega = 1.58$(ASD)</td></tr>
<tr><td>极限状态：钢管壁局部屈服
当 $\beta = 1.0$
$$R_n = 2F_y t(5k + l_b) \quad \text{(K1-9)}$$
$\phi = 1.00$(LRFD) $\Omega = 1.50$(ASD)</td></tr>
<tr><td>极限状态：钢管壁的局部失稳
对于 T 型接头，当 $\beta = 1.0$ 和钢板受压时
$$R_n = 1.6t^2\left(1 + \frac{3l_b}{H - 3t}\right)\sqrt{EF_y}Q_f \quad \text{(K1-10)}$$
$\phi = 0.75$(LRFD) $\Omega = 2.00$(ASD)</td></tr>
<tr><td>极限状态：钢管壁的局部失稳
对于 X 型接头，当 $\beta = 1.0$ 和钢板受压时
$$R_n = \left(\frac{48t^3}{H - 3t}\right)\sqrt{EF_y}Q_f \quad \text{(K1-11)}$$
$\phi = 0.90$(LRFD) $\Omega = 1.67$(ASD)</td></tr>
<tr><td>纵向钢板的 T 型、Y 型和 X 型接头，钢板受轴向荷载
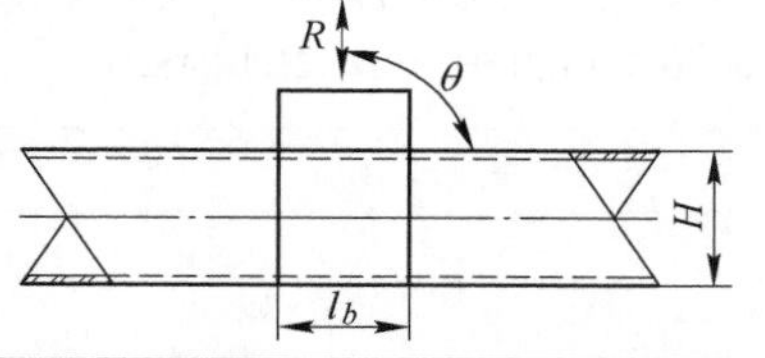

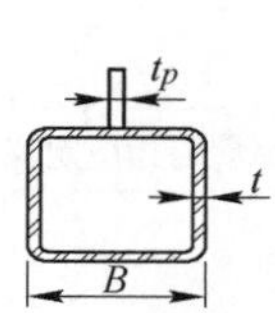
</td><td>极限状态：钢管塑性化
$$R_n \sin\theta = \frac{F_y t^2}{1 - \frac{t_p}{B}}\left(\frac{2l_b}{B} + 4\sqrt{1 - \frac{t_p}{B}Q_f}\right) \quad \text{(K1-12)}$$
$\phi = 1.00$(LRFD) $\Omega = 1.50$(ASD)</td></tr>
<tr><td>纵向穿透钢板的 T 型和 Y 型接头，钢板受轴向荷载
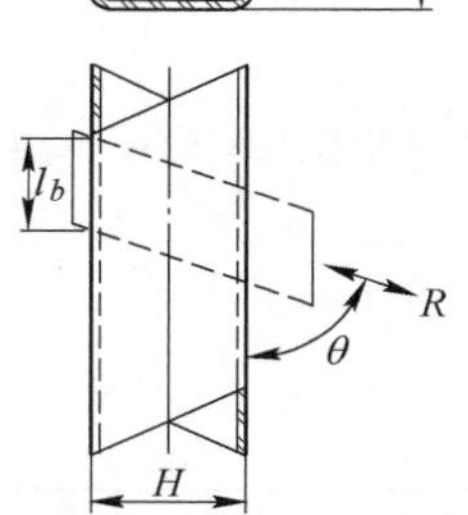
</td><td>极限状态：钢管壁塑性化
$$R_n \sin\theta = \frac{2F_y t^2}{1 - \frac{t_p}{B}}\left(\frac{2l_b}{B} + 4\sqrt{1 - \frac{t_p}{B}Q_f}\right) \quad \text{(K1-13)}$$
$\phi = 1.00$(LRFD) $\Omega = 1.50$(ASD)</td></tr>
</table>

续表 K1-2

<table>
<tr><th>接 头 类 型</th><th>接头有效承载力</th></tr>
<tr><td>纵向钢板的 T 型接头，钢板受剪切荷载
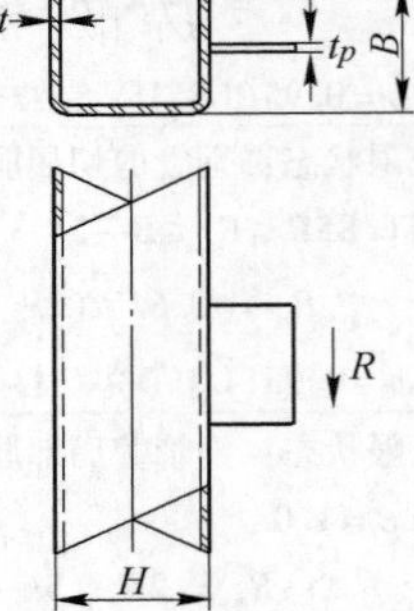
</td><td>极限状态：钢板达到极限状态并且钢管受冲剪
关于 R_n 参见第 J 章的相关内容
另外，必须满足下列关系式
$$t_p \leqslant \frac{F_u}{F_{yp}} t \quad \text{(K1-3)}$$</td></tr>
<tr><td rowspan="2">盖板接头，受轴向荷载作用
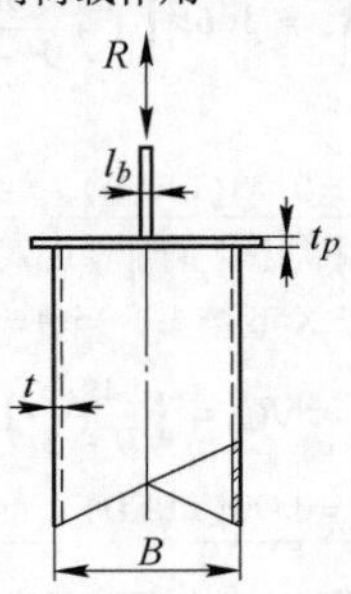
</td><td>极限状态：钢管壁局部屈服
$$R_n = 2F_y t(5t_p + l_b), 当(5t_p + l_b) < B 时 \quad \text{(K1-14a)}$$
$$R_n = F_y A, 当(5t_p + l_b) \geqslant B 时 \quad \text{(K1-14b)}$$
$\phi = 1.00$(LRFD) $\Omega = 1.50$(ASD)</td></tr>
<tr><td>极限状态：当钢板受压时，钢管壁局部失稳
$$R_n = 1.6t^2 \left[1 + \frac{6l_b}{B} \left(\frac{t}{t_p} \right)^{1.5} \right] \sqrt{EE_y \frac{t_p}{t}}$$
当$(5t_p + l_b)$时 (K1-15)
$\phi = 0.75$(LRFD) $\Omega = 2.00$(ASD)</td></tr>
<tr><td colspan="2">表列变量的相应定义</td></tr>
</table>

$Q_f = 1$，当钢管（接头表面）受拉时

$= 1.3 - 0.4 \dfrac{U}{\beta} \leqslant 1.0$　当钢管（接头表面）受压时，用于横向钢板接头　(K1-16)

$= \sqrt{1 - U^2}$　当钢管（接头表面）受压时，用于纵向钢板接头和纵向穿透钢板接头　(K1-17)

$$U = \left| \frac{P_{ro}}{F_c A_g} + \frac{M_{ro}}{F_c S} \right| \quad \text{(K1-6)}$$

式中，根据节点具有较低压应力一侧来确定 P_{ro} 和 M_{ro}，P_{ro} 和 M_{ro} 为钢管的承载力，$P_{ro} = P_u$(LRFD)，P_a(ASD)；$M_{ro} = M_u$(LRFD)，M_a(ASD)。

$$B_{ep} = \frac{10B_p}{B/t} \leqslant B_p \quad \text{(K1-18)}$$

k 为钢管的外部圆角半径，取 $k \geqslant 1.5t$

表 K1-2A 表 K1-2 的适用范围

钢板加载角度：	$\theta \geq 30°$
钢管宽厚比或高厚比：	B/t 或 $H/t \leq 35$，对于横向支板受力接头
	B/t 或 $H/t \leq 40$，对于纵向支板受力接头及穿过管件的接头
	$(B-3t)/t$ 或 $(H-3t)/t \leq 1.4\sqrt{E/F_y}$，支板受剪切荷载作用
宽度比：	$0.25 < B_p/B \leq 1.0$，对于横向支板接头
材料强度：	$F_y \leq 52\text{ksi}(360\text{MPa})$
屈强比：	$F_y/F_u \leq 0.8$

注：可以采用 ASTM A500 等级 C 钢材。

K2. 钢管-钢管桁架接头

连接的承载力设计值 ϕR_n 和承载力容许值 R_n/Ω，应按照本章规定和第 B3.6 条的规定确定。

钢管-钢管桁架接头的定义是，由一根主管与一根或多根支管所组成的接头，这些支管构件直接焊接在一根穿过该接头的连续弦杆上，钢管-钢管桁架接头可分类为：

（1）当支管构件中的冲切力 $P_r\sin\theta$ 与弦杆构件中的梁剪力取得平衡时，这种支管与弦管相垂直的接头为 T 型接头，否则（支管与弦管不垂直）为 Y 型接头。

（2）当支管构件中的冲切力 $P_r\sin\theta$ 基本上（20% 以内）由接头同一侧的其他构件来平衡时，这种接头为 K 型接头。间隙是作用力取得平衡的主要支管构件之间的距离。N 型接头可以被视为 K 型接头的一种。

使用说明：一个带有一根垂直于弦管的支管的 K 型接头，通常称为 N 型接头。

（3）当冲切力 $P_r\sin\theta$ 穿过弦管传递并且与另一侧的支管构件取得平衡时，这种接头为 X 型接头。

（4）当接头有两个以上的主要支管构件，或者支管构件分别位于多个平面上时，这种接头应列为立体空间接头。

在支管构件将其一部分作用力按 K 型接头传递，而其另一部分作用力按 T 型接头、Y 型接头或 X 型接头传递时，应根据每种类型接头的有效承载力在总有效承载力中所占的比例，来确定该接头是否具有足够的承载力。

就本规范而言，支管构件和弦管构件的中心线应位于同一个平面上。对矩形钢管接头的进一步限制是，所有矩形管构件的侧壁应与该平面平行。当钢管桁架的支管构件和弦管构件通过焊接连接时，允许有符合适用范围的偏心存在，而且在接头设计时可以不考虑因偏心所导致的弯矩。

1. 参数定义

A_g——构件的毛截面面积，$in^2(mm^2)$；

B——矩形主管构件的截面外缘宽度，量测方向与接头平面成 90°，in(mm)；

B_b——矩形支管构件的截面外缘宽度，量测方向与接头平面成 90°，in(mm)；

D——圆主管构件的外径，in(mm)；

D_b——圆支管构件的外径，in(mm)；

F_c——弦杆中的有效应力，ksi(MPa)；

当采用 LRFD 方法设计时，取 F_y；当采用 ASD 方法设计时，取 $0.60F_y$；

F_y——主管构件用钢材的规定最小屈服应力，ksi(MPa)；

F_{yb}——支管构件用钢材的规定最小屈服应力，ksi(MPa)；

F_u——钢管用钢材的规定最小抗拉强度，ksi(MPa)；

H——矩形主管构件的外缘高度，量测方向在接头平面内，in(mm)；

H_b——矩形支管构件的外缘高度，量测方向在接头平面内，in(mm)；

O_v——$l_{ov}/l_p \times 100$，%；

S——构件的弹性截面模量，$in^3(mm^3)$；

e——桁架接头中的偏心距，e 远离支管取为正值，in(mm)；

g——在有间隙的 K 型接头中，支管趾尖之间的间隙，不计焊缝，in(mm)；

l_b——$H_b/\sin\theta$，in(mm)；

l_{ov}——搭接长度，沿弦管（在两根支管下面）的接头表面量测，in(mm)；

l_p——搭接支管在弦管上的投影长度，in(mm)；

t——主管的设计壁厚，in(mm)；

t_b——支管的设计壁厚，in(mm)；

β——宽度比，对于圆管，取支管直径与主管直径之比，D_b/D；对于矩形管，取支管外缘宽度与主管外缘宽度之比，B_b/B；

β_{eff}——有效宽度比，K 型接头中，两个支管构件的外周长之和除以主管宽度的 8 倍；

γ——弦管长细比，对于圆管，取主管外径的 1/2 除以壁厚，为 $D/2t$；对于矩形管，取主管外缘宽度的 1/2 除以壁厚，为 $B/2t$；

η——荷载长度参数，仅适用于矩形管；为接头节点平面内的支管与主管的接触长度与主管外缘宽度之比，l_b/B；

θ——支管与主管的夹角（锐角），(°)；

ζ——间隙比，在一个带间隙的 K 型接头的支管间的间隙与主管外缘宽度之比，对于矩形管，取 g/B。

2. 圆形钢管

符合表 K2-1A 规定的适用范围的圆钢管桁架接头，其有效承载力应取表 K2-1 中适当的承载力极限状态中之最小值。

3. 矩形钢管

符合表 K2-2A 规定的适用范围的矩形钢管桁架接头，其有效承载力应取表 K2-2 中所列适当的承载力极限状态值。

表 K2-1　圆钢管–圆钢管桁架接头的有效承载力

接头类型	接头有效承载力
常规校核 对有间隙的 T 型、Y 型、X 型和 K 型接头 $D_{b(\text{tens/comp})} < (D-2t)$	极限状态：剪切屈服（冲剪） $P_n = 0.6F_y t\pi D_b\left(\frac{1+\sin\theta}{2\sin^2\theta}\right)$　(K2-1) $\phi=0.95$(LRFD)　$\Omega=1.58$(ASD)
T 型和 Y 型接头 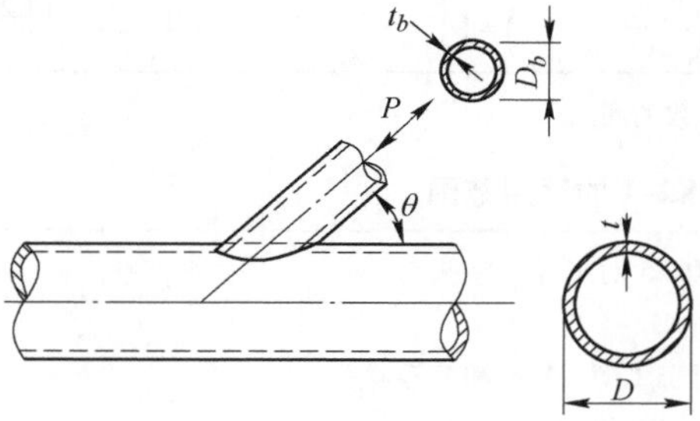 t_b　D_b　P　θ　t　D	极限状态：弦管塑性化 $P_n\sin\theta = F_y t^2(3.1+15.6\beta^2)\gamma^{0.2}Q_f$　(K2-2) $\phi=0.90$(LRFD)　$\Omega=1.67$(ASD)
X 型接头 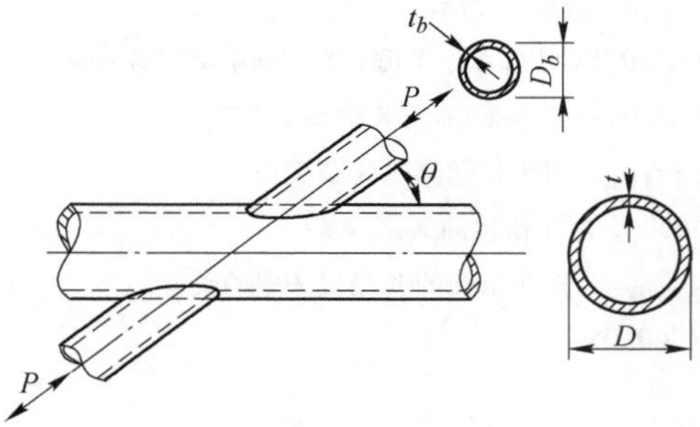 t_b　D_b　P　θ　t　D　P	极限状态：弦管塑性化 $P_n\sin\theta = F_y t^2\left(\frac{5.7}{1-0.81\beta}\right)Q_f$　(K2-3) $\phi=0.90$(LRFD)　$\Omega=1.67$(ASD)

续表 K2-1

接 头 类 型	接头有效承载力
有间隙的或搭接 K 型接头 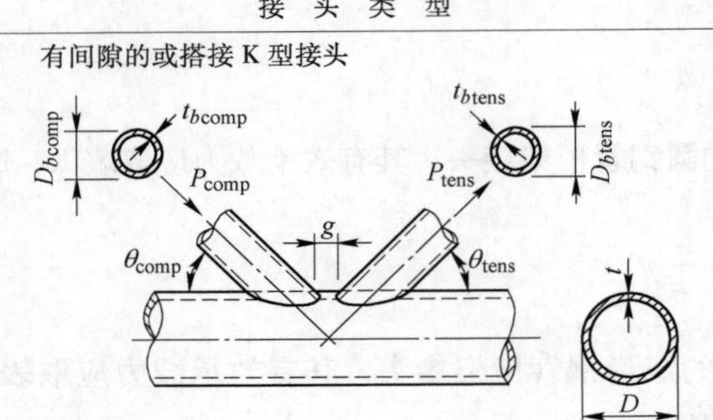	极限状态：弦管塑性化 $(P_n\sin\theta)_{\text{compression branch}} = F_y t^2\left(2.0 + 11.33\dfrac{D_{b\text{ comp}}}{D}\right)Q_g Q_f$ (K2-4) $(P_n\sin\theta)_{\text{tension branch}} = (P_n\sin\theta)_{\text{compression branch}}$ (K2-5) $\phi = 0.90(\text{LRFD}) \quad \Omega = 1.67(\text{ASD})$

表列变量的相应定义

当弦管（接头表面）受拉时

$$Q_f = 1 \tag{K1-5a}$$

当钢管（接头表面）受压时

$$Q_f = 1.0 - 0.3U(1+U) \tag{K1-5b}$$

$$U = \left|\frac{P_{ro}}{F_c A_g} + \frac{M_{ro}}{F_c S}\right| \tag{K1-6}$$

式中，根据接头具有较低压应力一侧来确定 P_{ro} 和 M_{ro}，P_{ro}和 M_{ro}为钢管的承载力

$$P_{ro} = P_u(\text{LRFD}), P_a(\text{ASD}); M_{ro} = M_u(\text{LRFD}), M_a(\text{ASD}) \tag{K1-6}$$

$$Q_g = \gamma^{0.2}\left[1 + \frac{0.024\gamma^{1.2}}{\exp\left(\dfrac{0.5g}{t} - 1.33\right) + 1}\right]^{①} \tag{K2-6}$$

①exp(*x*) 等于 e^x，其中 e = 2.71828，为自然对数的底。

表 K2-1A　表 K2-1 的适用范围

接头偏心：	−0.55	$\leqslant e/D \leqslant 0.25$ 对于 K 型接头
支管夹角：	θ	$\geqslant 30°$
弦管壁径厚比：	D/t	$\leqslant 50$，对于 T 型、Y 型和 K 型接头
	D/t	$\leqslant 40$，对于 X 型接头
支管壁径厚比：	D_b/t_b	$\leqslant 50$，当支管受压时
	D_b/t_b	$\leqslant 0.05E/F_y b$，当支管受压时
宽度比：	0.2	$< D_b/D \leqslant 1.0$，对于 T 型、Y 型、X 型和搭接的 K 型接头
	0.4	$\leqslant D_b/D \leqslant 1.0$，对于带间隙的 K 型接头
间隙：	g	$\geqslant t_{b\text{ comp}} + t_{b\text{ tens}}$，对于带间隙的 K 型接头
搭接率：	25%	$\leqslant O_v \leqslant 100\%$，对于搭接的 K 型接头
支管壁厚：	$t_{b\text{搭接支管壁厚}}$	$\leqslant t_{b\text{被搭接支管壁厚}}$，对于搭接的 K 型接头中的支管
材料强度：	F_y和 F_{yb}	$\leqslant$52ksi(360MPa)
屈强比：	F_y/F_u和 F_{yb}/F_{ub}	$\leqslant 0.8$

注：可以采用 ASTM A500 等级 C 钢材。

表 K2-2　矩形管桁架接头的有效承载力

接　头　类　型	接头有效承载力
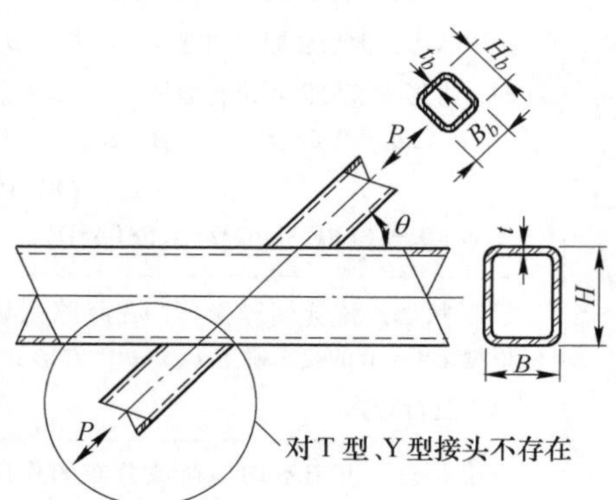	极限状态：弦管壁塑性化，当$\beta \leqslant 0.85$ $P_n\sin\theta = F_y t^2\left[\frac{2\eta}{1-\beta}+\frac{4}{\sqrt{1-\beta}}\right]Q_t$　(K2-7) $\phi = 1.00$(LRFD)　$\Omega = 1.50$(ASD)
	极限状态：剪切屈服（冲剪），当 $0.85 < \beta \leqslant 1-1/\gamma$ 或 $B/t < 10$ $P_n\sin\theta = 0.6F_y tB(2\eta + 2\beta_{eop})$　(K2-8) $\phi = 0.95$(LRFD)　$\Omega = 1.58$(ASD)
	极限状态：弦管侧壁的局部失稳屈服，当$\beta = 1.0$ $P_n\sin\theta = 2F_y t(5k + l_b)$　(K2-9) $\phi = 1.00$(LRFD)　$\Omega = 1.50$(ASD)
校核弦管侧壁受剪极限状态的情况 P 抗剪板 θ 投影间隙 对T型、Y型接头不存在 P	极限状态：弦管侧壁的局部失稳屈服，当$\beta = 1.0$且支管受压，适用于T型或Y型接头 $P_n\sin\theta = 1.6t^2\left(1+\frac{3l_b}{H-3t}\right)\sqrt{EF_y}Q_f$　(K2-10) $\phi = 0.75$(LRFD)　$\Omega = 2.00$(ASD)
	极限状态：弦管侧壁的局部失稳屈服，当$\beta = 1.0$且支管受压，适用于X型接头 $P_n\sin\theta = \left(\frac{48t^3}{H-3t}\right)\sqrt{EF_y}Q_f$　(K2-11) $\phi = 0.90$(LRFD)　$\Omega = 1.67$(ASD)
	极限状态：由于不均匀荷载分布的作用，支管的局部屈服，当$\beta = 0.85$ $P_n = F_{yb}t_b(2H_b + 2b_{eoi} - 4t_b)$　(K2-12) $\phi = 0.95$(LRFD)　$\Omega = 1.58$(ASD) 式中，$b_{eoi} = \frac{10}{B/t}\left(\frac{F_y t}{F_{yb}t_b}\right)B_b \leqslant B_b$　(K2-13)
T型、Y型和X型接头	极限状态：当$\theta < 90°$且斜交形成了间隙的X型接头（见图示），弦管侧壁受剪，应根据第G5节的要求确定$P_n\sin\theta$

续表 K2-2

<table>
<tr><th>接 头 类 型</th><th>接头有效承载力</th></tr>
<tr><td rowspan="4">带间隙的 K-型接头
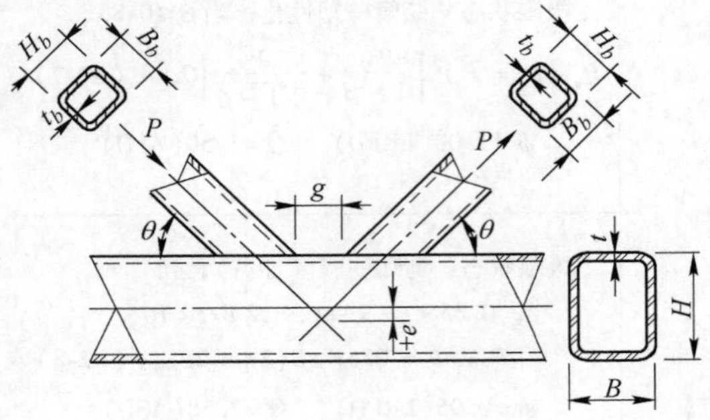
</td><td>极限状态：弦管壁塑性化，对于所有 β
$$P_n\sin\theta = F_y t^2(9.8\beta_{eff}\gamma^{0.5})Q_f \quad (K2\text{-}14)$$
$\phi = 0.90$(LRFD)　$\Omega = 1.67$(ASD)</td></tr>
<tr><td>极限状态：剪切屈服（冲剪），当 $B_b < B - 2t$ 时，方形支管可以不进行验算
$$P_n\sin\theta = 0.6F_y tB(2\eta + \beta + \beta_{eop}) \quad (K2\text{-}15)$$
$\phi = 0.95$(LRFD)　$\Omega = 1.58$(ASD)</td></tr>
<tr><td>极限状态：弦管侧壁受剪，在间隙区域，应根据第 G5 节的要求确定 $P_n\sin\theta$，方形支管可以不进行验算</td></tr>
<tr><td>极限状态：由于不均匀荷载分布的作用，支管/多根支管的局部屈服方形支管，或者如果 $B/t \geqslant 15$ 则可以不进行验算
$$P_n = F_{yb}t_b(2H_b + B_b + b_{eoi} - 4t_b) \quad (K2\text{-}16)$$
$\phi = 0.95$(LRFD)　$\Omega = 1.58$(ASD)
式中，$$b_{eoi} = \frac{10}{B/t}\left(\frac{F_y t}{F_{yb}t_b}\right)B_b \leqslant B_b \quad (K2\text{-}13)$$</td></tr>
<tr><td>搭接的 K 型接头
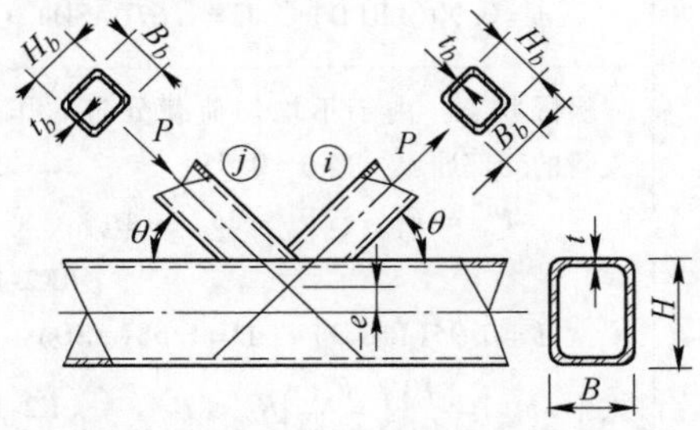

注：上图所表示搭接的 K 型接头上的作用力箭头可能会反向</td><td>极限状态：由于不均匀荷载分布的作用，支管/多根支管的局部屈服
$\phi = 0.95$(LRFD)　$\Omega = 1.58$(ASD)
当 $25\% \leqslant O_v < 50\%$ 时：
$$P_{\eta,i} = F_{ybi}t_{bi}\left[\frac{O_v}{50}(2H_{bi} - 4t_{bi}) + b_{eoi} + b_{eov}\right] \quad (K2\text{-}17)$$
当 $50\% \leqslant O_v < 80\%$ 时：
$$P_{n,i} = F_{ybi}t_{bi}(2H_{bi} - 4t_{bi} + b_{eoi} + b_{eov}) \quad (K2\text{-}18)$$
当 $80\% \leqslant O_v < 100\%$ 时：
$$P_{n,i} = F_{ybi}t_{bi}(2H_{bi} - 4t_{bi} + B_{bi} + b_{eov}) \quad (K2\text{-}19)$$
$$b_{eoi} = \frac{10}{B/t}\left(\frac{F_y t}{F_{ybi}t_{bi}}\right)B_{bi} \leqslant B_{bi} \quad (K2\text{-}20)$$</td></tr>
</table>

续表 K2-2

<table>
<tr><th>接 头 类 型</th><th>接头有效承载力</th></tr>
<tr><td>搭接的 K 型接头
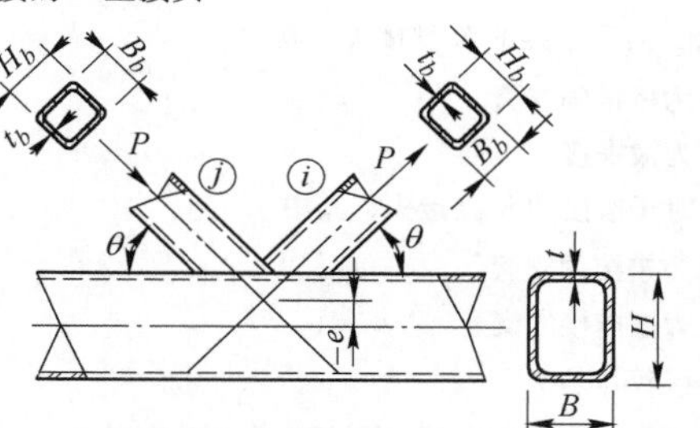

注：上图所表示搭接的 K 型接头上的作用力箭头可能会反向</td><td>$$b_{eov}=\frac{10}{B_{bj}/t_{bj}}\left(\frac{F_{ybj}t_{bj}}{F_{ybi}t_{bi}}\right)B_{bi}\leqslant B_{bi}$$ (K2-21)
脚标 i 为搭接的支管
脚标 j 为被搭接的支管
$$P_{n,j}=P_{n,i}\left(\frac{F_{ybj}A_{bj}}{F_{ybi}A_{bi}}\right)$$ (K2-22)</td></tr>
</table>

表列变量的相应定义

$Q_f=1$，当弦管（接头表面）受拉时　(K1-5a)

$=1.3-0.4\dfrac{U}{\beta}\leqslant1.0$　当弦管（接头表面）受压时，适用于 T 型、Y 型和 X 型接头　(K1-16)

$=1.3-0.4\dfrac{U}{\beta_{eff}}\leqslant1.0$　当弦管（接头表面）受压时，适用于带间隙的 K 型接头　(K2-23)

$$U=\left|\frac{P_{ro}}{F_cA_g}+\frac{M_{ro}}{F_cS}\right| \quad (K1\text{-}6)$$

式中，根据接头具有较低压应力一侧来确定 P_{ro} 和 M_{ro}，P_{ro} 和 M_{ro} 为钢管的承载力，

$$P_{ro}=P_u(\text{LRFD}),\ P_a(\text{ASD});\ M_{ro}=M_u(\text{LRFD}),\ M_a(\text{ASD})$$

$$\beta_{eff}=[(B_b+H_b)_{受压支管}+(B_b+H_b)_{受拉支管}]/4B \quad (K2\text{-}24)$$

$$\beta_{eop}=\frac{5\beta}{\gamma}\leqslant\beta \quad (K2\text{-}25)$$

表 K2-2A　表 K2-2 的适用范围

接头偏心：	-0.55	$\leqslant e/H\leqslant0.25$，对于 K 型接头
支管夹角：	θ	$\geqslant30°$
弦管宽厚比、高厚比：	B/t 和 H/t	$\leqslant35$，对于带间隙的 K 型接头及 T 型、Y 型和 X 型接头
支管宽厚比、高厚比：	B/t	$\leqslant30$，对于搭接的 K 型接头
	H/t	$\leqslant35$，对于搭接的 K 型接头
	B_b/t_b 和 H_b/t_b	$\leqslant35$，对于受拉支管
		$\leqslant1.25$，对于带间隙的 K 型、T 型、Y 型和 X 型接头的受压支管
		$\leqslant35$，对于带间隙的 K 型、T 型、Y 型和 X 型接头的受压支管
		$\leqslant1.1\sqrt{\dfrac{E}{F_{yb}}}$，对于搭接的 K 型接头的受压支管
（支管/弦管）宽度比：	B_b/B 和 H_b/B	$\geqslant0.25$，对于 T 型、Y 型和搭接的 K 型接头

续表 K2-2A

高宽比：	0.5	$\leqslant H_b/B_b \leqslant 2.0$ 和 $0.5 \leqslant H/B \leqslant 2.0$
搭接率：	25%	$\leqslant O_v \leqslant 100\%$，对于搭接的 K 型接头
（i 和 j）支管的宽度比：	B_{bi}/B_{bj}	$\geqslant 0.75$，对于搭接的 K 型接头，其中 脚标 i 为搭接的支管 脚标 j 为被搭接的支管
（i 和 j）支管壁厚：	t_{bi}/t_{bj}	$\leqslant 1.0$ 对于搭接的 K 型接头，其中 脚标 i 为搭接的支管 脚标 j 为被搭接的支管
材料强度：	F_y 和 F_{yb}	$\leqslant$52ksi(360MPa)
屈强比：	F_y/F_u 和 F_{yb}/F_{ub}	$\leqslant 0.8$，注：可以采用 ASTM A500 等级 C 钢材
对带间隙的 K 型接头的附加限制条件		
（支管/弦管）宽度比：	B_b/B 和 H_b/B	$\geqslant 0.1+\gamma/50$
	β_{eff}	$\geqslant 0.35$
间隙比：	$\zeta=g/B$	$\geqslant 0.5(1-\beta_{eff})$
间隙：	g	$\geqslant t_{b受压支管}+t_{b受拉支管}$
支管尺寸：	较小的 B_b	$\geqslant 0.63$（较大的 B_b），如果两根支管均为方管

注：间隙的大小将受 e/H 限值的控制，如果间隙较大时，可以按两个 Y 型接头处理

K3. 钢管-钢管抗弯接头

连接的承载力设计值 ϕR_n 和承载力容许值 R_n/Ω，应按照本章规定和第 B3.6 条的规定确定。

钢管-钢管抗弯接头的定义是，由一根主管与一根或两根支管所组成的接头，这些支管构件直接焊接在连续弦管上，且这些支管受弯矩作用。

钢管-钢管抗弯接头可分类为：

（1）当一根支管垂直于弦管时，为 T 型接头，当一根支管与弦管不垂直时则为 Y 型接头。

（2）当一根支管设于弦管的方向相反的两侧时为 X 型接头。

对于本规范，支管和弦管构件的中心线应位于同一平面内。

1. 参数定义

A_g——构件的毛截面面积，$in^2(mm^2)$；

B——矩形主管构件的截面外缘宽度，量测方向与接头平面成 90°，in(mm)；

B_b——矩形支管构件的截面外缘宽度，量测方向与接头平面成 90°，in(mm)；

D——圆主管构件的外径，in(mm)；

D_b——圆支管构件的外径，in(mm)；

F_c——有效应力，ksi(MPa)，当采用 LRFD 方法设计时，取 F_y；当采用 ASD 方法设计时，取 $0.60F_y$；

F_y——主管构件用钢材的规定最小屈服应力，ksi(MPa)；

F_{yb}——支管构件用钢材的规定最小屈服应力，ksi(MPa)；

F_u——钢管用钢材的规定最小抗拉强度，ksi(MPa)；

H——矩形主管构件的外缘高度，量测方向在接头平面内，in(mm)；

H_b——矩形支管构件的外缘高度，量测方向在接头平面内，in(mm)；

S——构件的弹性截面模量，$in^3(mm^3)$；

Z_b——支管关于弯曲轴的塑性截面模量，$in^3(mm^3)$；

t——主管的设计壁厚，in(mm)；

t_b——支管的设计壁厚，in(mm)；

β——宽度比，$\beta = D_b/D$，适用于圆管，为支管直径与主管直径之比；$\beta = B_b/B$，适用于矩形管，为支管与主管的外缘宽度之比；

γ——弦管长细比，$\gamma = D/2t$，适用于圆管，为主管外径的$\frac{1}{2}$除以壁厚；$\gamma = B/2t$，适用于矩形管，为取主管外缘宽度的$\frac{1}{2}$除以壁厚；

η——荷载长度参数，仅适用于矩形管，$\eta = l_b/B$，接头平面内的支管与主管的接触长度与主管外缘宽度之比，其中 $l_b = H_b/\sin\theta$；

θ——支管与主管的夹角（锐角），(°)。

2. 圆形钢管

符合表 K3-1A 适用范围的圆钢管抗弯接头，其节点承载力应取表 K3-1 中适当的承载力极限状态中之最小值。

3. 矩形钢管

符合表 K3-2A 适用范围的矩形钢管抗弯接头，其节点承载力应取表 K3-2 中所列适当的承载力极限状态中之最小值。

表 K3-1　圆钢管抗弯接头的有效承载力

接 头 类 型	接头有效抗弯承载力
支管承受平面内弯曲的 T 型、Y 型和 X 型接头 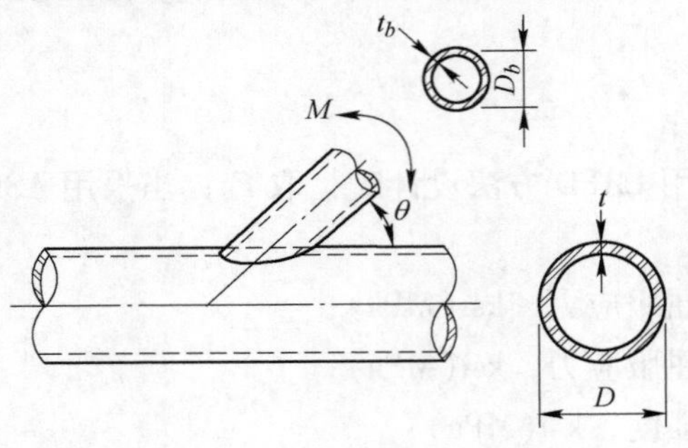 	极限状态：弦管塑性化 $M_n\sin\theta = 5.39F_y t^2\gamma^{0.5}\beta D_b Q_f$　(K3-1) $\phi = 0.90$(LRFD)　$\Omega = 1.67$(ASD)
	极限状态：剪切屈服（冲剪），当 $D_b < (D - 2t)$ $M_n = 0.6F_y t D_b^2\left(\frac{1+3\sin\theta}{4\sin^2\theta}\right)$　(K3-2) $\phi = 0.95$(LRFD)　$\Omega = 1.58$(ASD)
支管承受平面外弯曲的 T 型、Y 型和 X 型接头 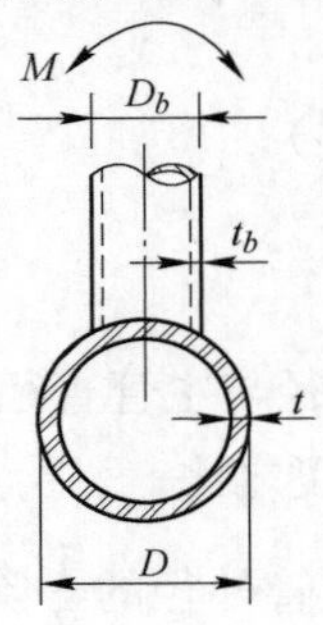 	极限状态：弦管塑性化 $M_n\sin\theta = F_y t^2 D_b\left(\frac{3.0}{1-0.81\beta}\right)Q_f$　(K3-3) $\phi = 0.90$(LRFD)　$\Omega = 1.67$(ASD)
	极限状态：剪切屈服（冲剪），当 $D_b < (D - 2t)$ $M_n = 0.6F_y t D_b^2\left(\frac{3+\sin\theta}{4\sin^2\theta}\right)$　(K3-4) $\phi = 0.95$(LRFD)　$\Omega = 1.58$(ASD)

当 T 型、Y 型和 X 型接头的支管受轴向荷载、平面内弯曲和平面外弯曲的组合作用，或这些荷载的任意组合作用时

$$\frac{P_r}{P_c} + \left(\frac{M_{r-ip}}{M_{c-ip}}\right)^2 + \left(\frac{M_{r-op}}{M_{c-op}}\right) \leqslant 1.0 \qquad \text{(K3-5)}$$

$M_{c-ip} = \phi M_n$，按表 K3-1 的平面内弯曲的抗弯承载力设计值，kip · in(N · mm)

$= M_n/\Omega$，按表 K3-1 的平面内弯曲的抗弯承载力容许值，kip · in(N · mm)

$M_{c-op} = \phi M_n$，按表 K3-1 的平面外弯曲的抗弯承载力设计值，kip · in(N · mm)

$= M_n/\Omega$，按表 K3-1 的平面外弯曲的抗弯承载力容许值，kip · in(N · mm)

M_{r-ip}——平面内弯曲的抗弯承载力要求，使用 LRFD 或 ASD 荷载组合，视具体情况而定，kip · in(N · mm)

M_{r-op}——平面外弯曲的抗弯承载力要求，使用 LRFD 或 ASD 荷载组合，视具体情况而定，kip · in(N · mm)

$P_c = \phi P_n$，按表 K2-1 的轴向承载力设计值，kips (N)

$= P_n/\Omega$，按表 K2-1 的容许轴向强度，kips (N)

P_r——轴向承载力要求，使用 LRFD 或 ASD 荷载组合，视具体情况而定，kips (N)

续表 K3-1

接 头 类 型	接头有效抗弯承载力
表列变量的相应定义	

$Q_f=1$，当弦管（接头表面）受拉时

$=1.0-0.3U(1+U)$，当钢管（接头表面）受压时 (K1-5)

$$U=\left|\frac{P_{ro}}{F_cA_g}+\frac{M_{ro}}{F_cS}\right| \quad (K1-6)$$

式中，根据接头具有较低压应力一侧来确定 P_{ro} 和 M_{ro}，P_{ro} 和 M_{ro} 为钢管的承载力，

$P_{ro}=P_u$(LRFD)，P_a(ASD)；$M_{ro}=M_u$(LRFD)，M_a(ASD)

表 K3-1A 表 K3-1 的适用范围

支管夹角：	θ	≥30°
弦管壁径厚比：	D/t	≤50，对于 T 型和 Y 型接头
	D/t	≤40，对于 X 型接头
支管壁径厚比：	D_b/t_b	≤50
	D_b/t_b	$\leq 0.05E/F_{yb}$
宽度比：	0.2	$<D_b/D\leq 1.0$
材料强度：	F_y 和 F_{yb}	≤52ksi(360MPa)
屈强比：	F_y/F_u 和 F_{yb}/F_{ub}	≤0.8

注：可以采用 ASTM A500 等级 C 钢材。

表 K3-2 矩形管-矩形管抗弯接头的有效承载力

接 头 类 型	接头有效抗弯承载力
支管承受平面内弯曲的 T 型和 X 型接头 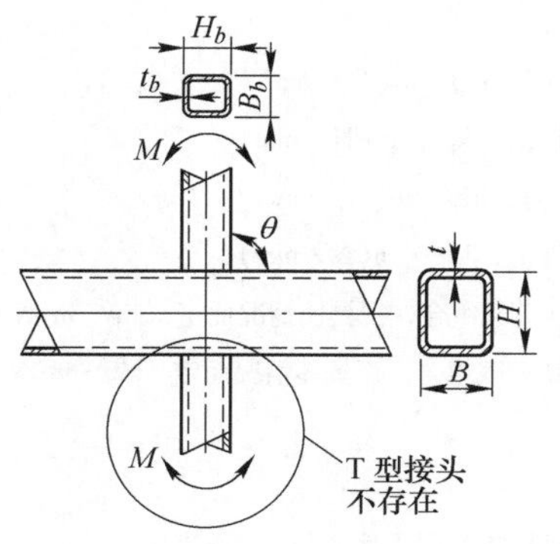 	极限状态：弦管壁塑性化，当 $\beta\leq 0.85$ $M_n=F_yt^2H_b\left(\frac{1}{2\eta}+\frac{2}{\sqrt{1-\beta}}+\frac{\eta}{1-\beta}\right)Q_f$ (K3-6) $\phi=1.00$(LRFD) $\Omega=1.50$(ASD)
	极限状态：管侧壁局部屈服，当 $\beta>0.85$ $M_n=0.5F_y^*t(H_b+5t)^2$ (K3-7) $\phi=1.00$(LRFD) $\Omega=1.50$(ASD)
	极限状态：由于不均匀荷载分布的作用，支管局部屈服，当 $\beta>0.85$ $M_n=F_{yb}\left[Z_b-\left(1-\frac{b_{eoi}}{B_h}\right)B_bH_bt_b\right]$ (K3-8) $\phi=0.95$(LRFD) $\Omega=1.58$(ASD)

续表 K3-2

<table>
<tr><th>接 头 类 型</th><th>接头有效抗弯承载力</th></tr>
<tr><td rowspan="3">支管承受平面外弯曲的 T 型和 X 型接头</td><td>极限状态：弦管壁塑性化，当 $\beta \leqslant 0.85$
$$M_n = F_y t^2 \left[\frac{0.5H_b(1+\beta)}{1-\beta} + \sqrt{\frac{2BB_b(1+\beta)}{1-\beta}} \right] Q_f \quad (K3\text{-}9)$$
$\phi = 1.00$(LRFD)　$\Omega = 1.50$(ASD)</td></tr>
<tr><td>极限状态：管侧壁局部屈服，当 $\beta > 0.85$
$$M_n = F_y^* t(B-t)(H_b+5t) \quad (K3\text{-}10)$$
$\phi = 1.00$(LRFD)　$\Omega = 1.50$(ASD)</td></tr>
<tr><td>极限状态：由于不均匀荷载分布的作用，支管局部屈服，当 $\beta > 0.85$
$$M_n = F_{yb} \left[Z_b - 0.5\left(1 - \frac{b_{eoi}}{B_b}\right)^2 B_b^2 t_b \right] \quad (K3\text{-}11)$$
$\phi = 0.95$(LRFD)　$\Omega = 1.58$(ASD)</td></tr>
<tr><td>支管承受平面外弯曲的 T 型和 X 型接头</td><td>极限状态：弦管扭曲破坏，适用于 T 型和非平衡 X 型接头
$$M_n = 2F_y t\left[H_b t + \sqrt{BHt(B+H)}\right] \quad (K3\text{-}12)$$
$\phi = 1.00$(LRFD)　$\Omega = 1.50$(ASD)</td></tr>
</table>

当 T 型和 X 型接头的支管受轴向荷载、平面内弯曲和平面外弯曲的组合作用，或这些荷载的任意组合作用时

$$\frac{P_r}{P_c} + \left(\frac{M_{r-ip}}{M_{c-ip}}\right) + \left(\frac{M_{r-op}}{M_{c-op}}\right) \leqslant 1.0 \quad (K3\text{-}13)$$

$M_{c-ip} = \phi M_n$，按表 K3-2 的平面内弯曲的抗弯承载力设计值，kip · in(N · mm)

$= M_n/\Omega$，按表 K3-2 的平面内弯曲的抗弯承载力容许值，kip · in(N · mm)

$M_{c-op} = \phi M_n$，按表 K3-2 的平面外弯曲的抗弯承载力设计值，kip · in(N · mm)

$= M_n/\Omega$，按表 K3-2 的平面外弯曲的抗弯承载力容许值，kip · in(N · mm)

M_{r-ip}——平面内弯曲的抗弯承载力要求，使用 LRFD 或 ASD 荷载组合，视具体情况而定，kip · in(N · mm)

M_{r-op}——平面外弯曲的抗弯承载力要求，使用 LRFD 或 ASD 荷载组合，视具体情况而定，kip · in(N · mm)

$P_c = \phi P_n$，按表 K2-1 的轴向承载力设计值，kips（N）

$= P_n/\Omega$，按表 K2-1 的容许轴向强度，kips（N）

P_r——轴向承载力要求，使用 LRFD 或 ASD 荷载组合，视具体情况而定，kips（N）

续表 K3-2

接 头 类 型	接头有效抗弯承载力
表列变量的相应定义	

$Q_f = 1$，当弦管（接头表面）受拉时 (K1-15)

$= 1.3 - 0.4\dfrac{U}{\beta} \leqslant 1.0$ 当弦管（接头表面）受压时 (K1-16)

$$U = \left|\frac{P_{ro}}{F_c A_g} + \frac{M_{ro}}{F_c S}\right| \quad \text{(K1-6)}$$

式中，根据接头具有较低压应力一侧来确定 P_{ro} 和 M_{ro}，P_{ro} 和 M_{ro} 为钢管的承载力，

$$P_{ro} = P_u(\text{LRFD}), P_a(\text{ASD}); M_{ro} = M_u(\text{LRFD}), M_a(\text{ASD})$$

$F_y^* = F_y$，适用于 T 型接头；$F_y^* = 0.8F_y$，适用于 X 型接头

$$b_{eoi} = \frac{10}{B/t}\left(\frac{F_y t}{F_{yb} t_b}\right)B_b \leqslant B_b \quad \text{(K2-13)}$$

表 K3-2A 表 K3-2 的适用范围

支管夹角：	θ	$\approx 90°$
弦管壁径厚比：	B/t 和 H/t	$\leqslant 35$
支管壁径厚比：	B_b/t_b 和 H_b/t_b	$\leqslant 35$
		$\leqslant 1.25\sqrt{\dfrac{E}{F_{yb}}}$
宽度比：	B_b/B	$\geqslant 0.25$
宽高比：	0.5	$\leqslant H_b/B_b \leqslant 2.0$，$0.5 \leqslant H/B \leqslant 2.0$
材料强度：	F_y 和 F_{yb}	$\leqslant$52ksi（360MPa）
屈强比：	F_y/F_u 和 F_{yb}/F_{ub}	$\leqslant 0.8$

注：可以采用 ASTm A500 等级 C 钢材。

K4. 钢板及支管与矩形钢管的焊缝

连接的承载力设计值 ϕR_n、ϕM_n 和 ϕP_n 与承载力容许值 R_n/Ω、M_n/Ω 和 P_n/Ω，应按照本章规定和第 B3.6 条的规定确定。

由于在钢管-钢管接头中以及在横向钢板-钢管接头中管壁相对刚度的差异，应根据沿焊缝荷载传递不均匀的极限状态来确定支管连接的有效承载力，其计算式如下：

$$R_n \text{ 或 } P_n = E_{nw} t_w l_e \tag{K4-1}$$

$$M_{n-ip} = F_{nw} S_{ip} \tag{K4-2}$$

$$M_{n-op} = F_{nw} S_{op} \tag{K4-3}$$

当有荷载相互作用存在时，其关系见式（K3-13）。

（1）当采用角焊缝时

$\phi = 0.75$(LRFD)　　　$\Omega = 2.00$(ASD)

（2）当采用部分熔透坡口焊缝时

$\phi = 0.80$(LRFD)　　　$\Omega = 1.88$(ASD)

式中 F_{nw}——焊缝金属（见第 J 章）的应力标准值，由于荷载的方向性，不考虑焊缝强度的增加，ksi(MPa)；

S_{ip}——当平面内受弯时（表 K4-1），焊缝的有效弹性截面模量，in^3(mm^3)；

S_{op}——当平面外受弯时（表 K4-1），焊缝的有效弹性截面模量，in^3(mm^3)；

l_e——当计算焊缝承载力时，连接矩形钢管的坡口焊缝和角焊缝的总有效长度，in(mm)；

t_w——绕支管或钢板的周边的最小有效焊喉，in(mm)。

根据本章表 K2-2 设计搭接的 K 型接头，如果垂直于弦管的支管构件分力的 80% 被“平衡”（即各支管垂直于弦管面的分力相差不超过 20%），而且所有被搭接支管的被覆盖处以外的剩余焊缝可以发挥被搭接支管壁的全部承载力，那么就可以忽略“隐藏”在搭接支管下面的焊缝。

如果沿支管壁的周边（或沿钢板的全长），焊缝可以充分发挥支管壁的全部承载力，那么可以不进行表 K4-1 中的焊缝验算。

使用说明：在这里使用的减小焊缝（down-sizing of welds）方法，假定沿钢管周边的焊缝尺寸是不变的。需要特别注意的是，对于等宽（或接近等宽）的接头，沿接头的相贯边缘采用部分熔透坡口焊缝，与角焊缝相结合。

表 K4-1　矩形钢管接头的有效焊缝特性

接 头 类 型	接头焊缝承载力
钢板受轴向荷载作用的横向钢板 T 型和 X 型接头 R　t_p　B_p　H　t　B	有效焊缝特性 $$l_e = 2\left(\frac{10}{B/t}\right)\left(\frac{F_y t}{F_{yp} t_p}\right) B_p \leqslant 2B_p \quad \text{(K4-4)}$$ 式中，l_e 为当横向钢板的两侧均有焊缝时，取总的有效焊缝长度

续表 K4-1

<table>
<tr><th>接　头　类　型</th><th>接头焊缝承载力</th></tr>
<tr><td>支管受轴向或弯曲荷载作用的 T 型、Y 型和 X 型接头
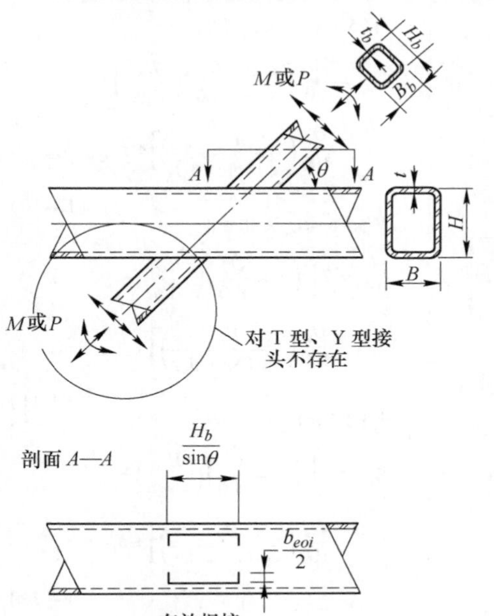</td><td>有效焊缝特性
$$l_e = \frac{2H_b}{\sin\theta} + 2b_{eoi} \quad \text{(K4-5)}$$
$$S_{ip} = \frac{t_w}{3}\left(\frac{H_b}{\sin\theta}\right)^2 + t_w b_{eoi}\left(\frac{H_b}{\sin\theta}\right) \quad \text{(K4-6)}$$
$$S_{op} = t_w\left(\frac{H_b}{\sin\theta}\right)B_b + \frac{t_w}{3}(B_b^2) - \frac{(t_w/3)(B_b - b_{eoi})^3}{B_b} \quad \text{(K4-7)}$$
$$b_{eoi} = \frac{10}{B/t}\left(\frac{F_y t}{F_{yb} t_b}\right)B_b \leqslant B_b \quad \text{(K2-13)}$$
当 $\beta > 0.85$ 或 $\theta > 50°$ 时，$b_{eoi}/2$ 不得超过 $2t$</td></tr>
<tr><td>支管受轴向荷载作用的带间隙的 K 型接头
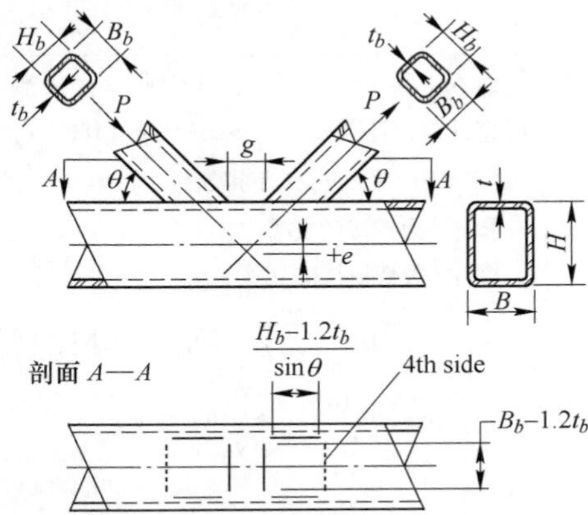
有效焊缝 $\theta \geqslant 60°$，当 $\theta \leqslant 50°$时，第 4 边有效</td><td>有效焊缝特性
当 $\theta \leqslant 50°$时：
$$l_e = \frac{2(H_b - 1.2t_b)}{\sin\theta} + 2(B_b - 1.2t_b) \quad \text{(K4-8)}$$
当 $\theta \geqslant 60°$时
$$l_e = \frac{2(H_b - 1.2t_b)}{\sin\theta} + (B_b - 1.2t_b) \quad \text{(K4-9)}$$
当 $50° < \theta < 60°$ 时，应使用线性插值确定 l_e</td></tr>
</table>

续表 K4-1

<table>
<tr><th>接 头 类 型</th><th>接头焊缝承载力</th></tr>
<tr><td>

支管受轴向荷载作用的搭接 K-型接头

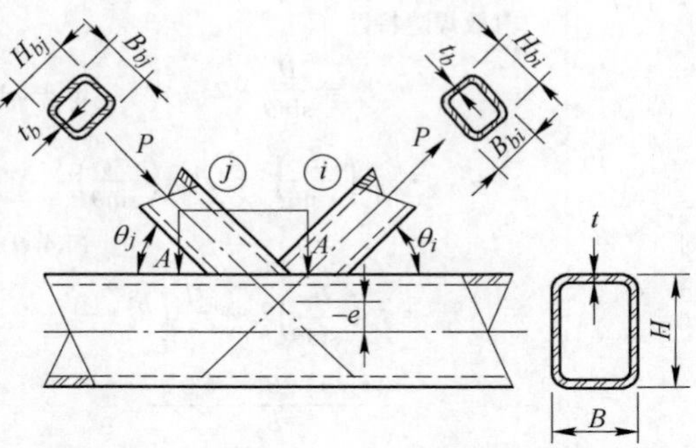

注：上图所表示搭接的 K 型接头上的作用力箭头可能会反向

i 和 j 用来识别构件

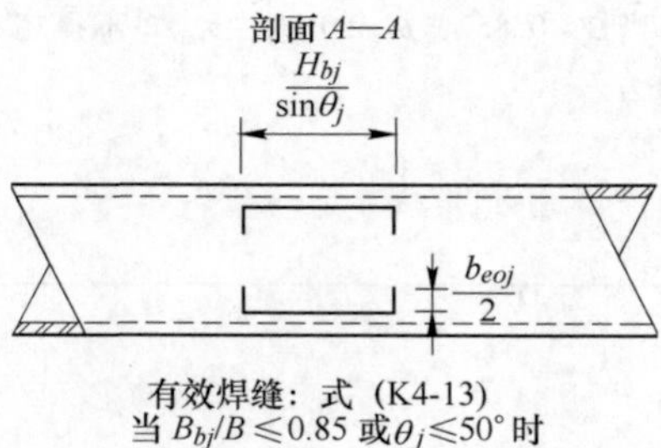

有效焊缝：式（K4-13）
当 $B_{bj}/B \leqslant 0.85$ 或 $\theta_j \leqslant 50°$ 时

</td><td>

搭接构件的有效焊缝特性

（全部尺寸均为第 i 根搭接支管的尺寸）

当 $25\% \leqslant O_v < 50\%$ 时

$$l_{e,i} = \frac{2O_v}{50}\left[\left(1 - \frac{O_v}{100}\right)\left(\frac{H_{bi}}{\sin\theta_i}\right) + \frac{O_v}{100}\left(\frac{H_{bi}}{\sin(\theta_i + \theta_j)}\right)\right] + b_{eoi} + b_{eov} \tag{K4-10}$$

当 $50\% \leqslant O_v < 80\%$ 时

$$l_{e,i} = 2\left[\left(1 - \frac{O_v}{100}\right)\left(\frac{H_{bi}}{\sin\theta_i}\right) + \frac{O_v}{100}\left(\frac{H_{bi}}{\sin(\theta_i + \theta_j)}\right)\right] + b_{eoi} + b_{eov} \tag{K4-11}$$

当 $80\% \leqslant O_v < 100\%$ 时

$$l_{e,i} = 2\left[\left(1 - \frac{O_v}{100}\right)\left(\frac{H_{bi}}{\sin\theta_i}\right) + \frac{O_v}{100}\left(\frac{H_{bi}}{\sin(\theta_i + \theta_j)}\right)\right] + b_{bi} + b_{eov} \tag{K4-12}$$

$$b_{eoi} = \frac{10}{B/t}\left(\frac{F_y t}{F_{ybi} t_{bi}}\right) B_{bi} \leqslant B_{bi} \tag{K2-20}$$

$$b_{eov} = \frac{10}{B_{bj}/t_{bj}}\left(\frac{F_{ybj} t_{bj}}{F_{ybi} t_{bi}}\right) B_{bi} \leqslant B_{bi} \tag{K2-21}$$

</td></tr>
<tr><td>

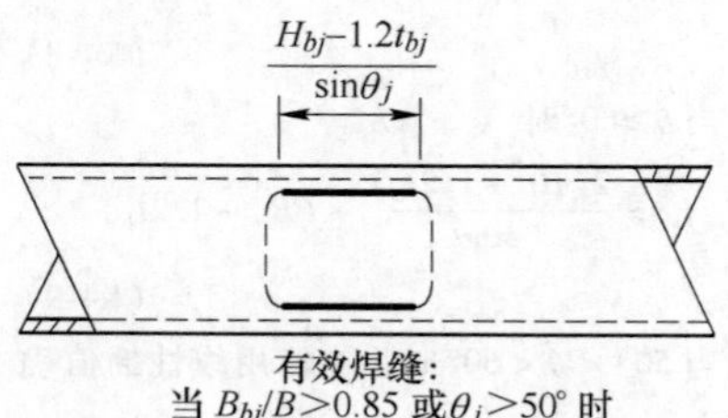

有效焊缝：
当 $B_{bj}/B > 0.85$ 或 $\theta_j > 50°$ 时

</td><td>

当 $B_{bi}/B_b > 0.85$ 或 $\theta_i > 50°$ 时，$b_{eoi}/2$ 不得超过 $2t$，且当 $B_{bi}/B_{bj} > 0.85$ 或 $(180 - \theta_i - \theta_j) > 50°$ 时，$b_{eoi}/2$ 不得超过 $2t_{bj}$

脚标 i 为搭接的支管

脚标 j 为被搭接的支管

$$l_{e,j} = \frac{2H_{bj}}{\sin\theta_j} + 2b_{eoj} \tag{K4-13}$$

$$b_{eoj} = \frac{10}{B/t}\left(\frac{F_y t}{F_{ybj} t_{bj}}\right) B_{bj} \leqslant B_{bj} \tag{K4-14}$$

当 $B_{bi}/B_b > 0.85$ 或 $\theta_i > 50°$ 时

$$l_{e,j} = 2(H_{bj} - 1.2t_{bj})/\sin\theta_j$$

</td></tr>
</table>

L　正常使用极限状态设计

本章包括了正常使用极限状态设计的相关内容。

本章的组织结构如下：

L1. 一般规定
L2. 起拱
L3. 挠度
L4. 侧移
L5. 振动
L6. 风致运动
L7. 膨胀及收缩
L8. 节点滑移

L1. 一般规定

正常使用极限状态是一种建筑物功能的状态，即建筑物在正常使用情况下，能够保持其外观、可维护（修）性、耐久性及居住者的舒适感。正常使用状态的结构性能的极限值（如最大位移和加速度等）应充分考虑结构的预期功能要求。应采用适当的荷载组合，在指定的正常使用极限状态下进行适用性评估。

使用说明： 正常使用极限状态、使用荷载和与正常使用极限状态设计要求相应的荷载组合，可参见 ASCE7 附录 C 及附录 C 的条文说明。本章中关于正常使用极限状态的性能要求与上述要求是一致的。在本章所规定的作用荷载，是指在任意时间点上作用在结构上的荷载。通常，并不将其作为荷载标准值。

L2. 起拱

起拱用于使结构达到适当的定位和位置，起拱的大小、方向和位置应在结构图纸中说明。

L3. 挠度

在适当的使用荷载组合作用下，结构构件和结构体系的挠度不得损害和削弱结构正常使用的要求。

使用说明：需要考虑的情况有：楼层的水平度、结构构件的对齐（同轴性）、建筑物饰面的完整性以及影响结构正常使用和功能的其他因素。对于组合结构构件，应考虑因混凝土的收缩和徐变而产生的附加挠度。

L4. 侧移

应在使用荷载作用下对结构侧移进行评估，以保证结构的正常使用，包括建筑物内隔墙和外围护墙板的完整性等。在强度荷载组合（译者注：1997 统一建筑规范（UBC）中引入了强度级（strength-level）设计地震力（相对于使用级（service-level））的概念，即在强度设计荷载组合中 E（地震作用）的荷载分项系数取 1.0，要求这样的强度级水平力作用下直接计算侧移。）作用下的结构侧移，不应与相邻结构产生碰撞，且不超过在现行的建筑规范中所规定的侧移极限值。

L5. 振动

应考虑振动对居住者舒适度和结构功能的影响。所涉及的振动源包括行走荷载、振动机械设备和对结构有确定影响的其他因素。

L6. 风致运动

应考虑建筑物的风致运动对居住者舒适度的影响。

L7. 膨胀及收缩

应考虑建筑物受温度膨胀和收缩的影响。建筑物外围护板的破坏会引起漏水并导致腐蚀破坏。

L8. 连接滑移

应在设计中考虑节点连接滑移的影响，螺栓连接的滑移可能会引起削弱结构正常使用功能的变形。在适当的情况下，节点连接设计应不允许滑移。

使用说明：有关摩擦型连接的设计要求，可参见第 J3.8 条和第 J3.9 条。有关连接滑移的更多资料，可参见 RCSC《使用高强度螺栓的结构连接接头规范》（*Specification for Structural Joints Using High-Strength Bolts*）的相应规定。

M 制作和安装

本章阐述了施工详图、加工制作、工厂涂装及安装的相关要求。

本章的组织结构如下：

M1. 施工详图

M2. 加工制作

M3. 工厂涂装

M4. 安装

M1. 施工详图

施工详图设计可以分阶段实施。加工制作开始之前，应提交施工详图，图中应包括所有结构的每个构（部）件制作的完整信息，包括位置、焊缝和螺栓的型号和尺寸。同时，还应提供完整的结构安装信息。施工详图应明确区分工厂焊缝和螺栓及工地现场焊缝和螺栓，应明确确定预拉型和摩擦型高强度螺栓连接。施工详图应充分考虑加工制作及安装的进度和经济性要求。

M2. 加工制作

1. 起拱、弯曲和矫直

允许采用局部加热及机械方法用于构件校正、起拱、弯曲和矫直。对于A514/A514M 和 A852/A852M 钢材，加热区的温度不应超过 1100℉(593℃)，对于其他钢材，温度不应超过 1200℉(649℃)。

2. 热切割

除了要承受疲劳荷载的热切割自由边缘不得有深度大于 3/16in(5mm) 的凹槽和 V 形缺口外，其他热切割边缘均应满足 AWS D1. 1/D1. 1M，第 5. 15. 1. 2 款、第 5. 15. 4. 3 款和第 5. 15. 4. 4 款的要求。当凹槽深度大于 3/16in(5mm) 和有缺口时，应磨平或用焊接方法修补。

凹角应具有弧形过渡。凹角半径可以不超过安装连接所需要的半径。不得将由两条直线火焰切割在一点相交处所形成的表面视为弧形。为了避免在角部出现变形和相应的应力集中，把不连续凹角两边的材料都与一块板件相连，这时则允许有不连续凹角存在。

使用说明：当受静力荷载作用时，凹角半径可以为1/2～3/8in(13～10mm)。其板件应紧密结合在一起，如果两块板件在靠近不连续凹角两边的角部连接，则允许有不连续凹角存在。插在结构钢管中的节点板，其端部应制成半圆形或用弧形。如果节点板的边缘与钢管采用焊接连接，则其端头可以为方形。

过焊孔应满足第J1.6条中的几何尺寸要求。当要求对成型的梁翼缘切除或过焊孔进行镀锌处理时，则应进行将其打磨至显出光亮的金属色。根据ASME B46.1（译者注：《表面结构特征（表面粗糙度、波浪度及分层）》）的规定，对于翼缘厚度不超过2in(50mm）的型钢，梁翼缘切除的热切割表面粗糙度不应大于2000μin(50μm)。对于ASTM A6/A6M钢材、翼缘厚度大于2in(50mm）的热轧型钢及板厚大于2in(50mm）的焊接型钢，当梁翼缘切除或过焊孔的弧形部分采用热切割时，热切割之前应进行预热，预热温度不得低于150℉(66℃)。对于ASTM A6/A6M钢材、翼缘厚度大于2in(50mm）的热轧型钢及板厚大于2in(50mm）的焊接型钢，其过焊孔的热切割表面应进行打磨。

使用说明：AWS《氧气切割表面描述标准表面粗糙度的量测》（*AWS C4.1-77 Criteria for Describing Oxygen-Cut Surfaces, and Oxygen Cutting Surface Roughness Gauge*）中的2号样本，可作为评估型钢翼缘厚度小于2in(50mm）的翼缘切除热切割表面粗糙度的依据。

3. 刨边

除合同文件有特别要求或焊接准备中要求在指定的边缘进行加工外，钢板或型钢的热切割边或剪切边可不进行刨铣加工。

4. 焊接施工

除了本规范的第J2节中对AWS规范进行的部分修正补充外，其他关于焊接工艺、焊工资格、焊缝外观、焊缝质量及校正不合格项时所采用的焊接方法等，均应符合AWS D1.1/D1.1M的要求。

5. 螺栓施工

在安装时，应将栓接构件的各构（部）件牢固销紧或拧紧，安装时在螺栓孔中使用冲头，不得损坏螺孔或扩孔。不得使用不匹配的螺栓孔。

除了侧壁表面粗糙度不超过1000μin(25μm）的热切割孔（根据ASME B46.1的要求），螺栓孔应符合RCSC《使用高强度螺栓的结构连接规范》（*RCSC Specification for Structural Joints Using High-Strength Bolts*）中第3.3条的相关规定。

不得有深度大于 1/16in(2mm) 的凿痕。也可以采用水射流切割孔工艺 (Water jet cut holes)。

使用说明：AWS《氧气切割表面描述标准表面粗糙度的量测》(AWS C4.1-77) 中的 3 号样本，可作为评估热切割表面粗糙度的依据。

可以在一个螺栓连接处完全插入总厚度不超过 1/4in(6mm) 的填隙片，而无须在节点设计时改变其强度（根据孔的类型）。填隙片的垫塞方向与荷载作用方向无关。

除了本规范第 J3 节中的修订外，使用高强度螺栓应符合 RCSC 规范的相关规定。

6. 受压接头

依靠接触面承压作为一部分拼接接头承载力的受压连接，则每个所加工制作板件的承压面都应经过铣削、锯切或其他适当的方法进行加工处理。

7. 尺寸允许偏差

尺寸允许偏差应符合 AISC《建筑及桥梁钢结构施工标准规范》中的相关规定。

8. 柱脚加工

柱脚和柱底板的加工应满足下列要求：

(1) 当钢制承压板板厚小于等于 2in(50mm) 时，则其板面可不需铣平处理而可以满足承压接触面的要求；当钢制承压板板厚大于 2in(50mm) 但不超过 4in (100mm) 时，则可以采用压力矫平（直）进行处理，若无法进行压力矫平（直）时，则可对承压面进行铣平处理（除了本节中第 (2)、(3) 款所指情况外），以满足承压接触面的要求；当钢制承压板板厚超过 4in(100mm) 时，应对承压面进行铣平处理（除了本节中第 (2)、(3) 款所指情况外）。

(2) 当通过灌浆来保证承压板的底表面和柱脚在基础上的完全承压接触时，则可以不进行铣平加工。

(3) 当柱子与承压板之间采用完全熔透坡口焊时，则承压板的上表面不需进行铣平加工。

9. 地脚螺栓孔

地脚螺栓孔可以根据第 M2.2 条的规定进行热切割成孔。

10. 排水孔

在施工或使用过程中可能会在钢管或箱型截面构件内部积水，应密封构件且在构件底部上开排水孔，或采用其他适当的方法避免构件内部积水。

11. 构件镀锌要求

对于需要进行镀锌的构件和部件，其构件设计、构造和加工制作，因保证酸洗液和锌液的流动和排放，以避免在封闭构件内部产生压力。

使用说明：有关镀锌构件设计和构造要求的实用资料，可参见“美国电镀业者协会”出版的《加工制作后进行热浸锌的产品设计》和 ASTM A123、A153、A384 及 A780 等相关标准。有关成型构件翼缘切除部位进行镀锌处理时，参见 M2. 2 条。

M3. 工厂涂装

1. 一般要求

构件的表面处理及工厂涂装，应符合 AISC《建筑及桥梁钢结构实用标准规范》第 6 章中的相关规定。

除非合同文件有规定，一般无须进行工厂涂装。

2. 无法接触的表面

除了接触表面外，若设计文件有要求，对在工厂组装后无法触及的表面，应在组装前对其进行表面清理和涂装。

3. 接触表面

在承压型连接中可以对接触表面进行涂装；在摩擦型连接中，摩擦面要求应符合 RCSC 规范中第 3. 2. 2（b）款的相关规定。

4. 机加工表面

机加工表面应采用防锈涂层进行保护，在安装前可以清除防锈涂层，或者可以不清除而不会对安装产生影响。

5. 与现场焊缝邻近的表面

除非设计文件另有说明，任何现场焊接位置 2in（50mm）以内的表面，应没有妨碍正确施焊或在焊接过程中会产生有害气体的材料。

M4. 安装

1. 柱脚找平

应根据 AISC《建筑及桥梁钢结构施工标准规范》中第 7 章的要求，对柱脚进行找平并调整其标高，以保证在混凝土或砌体基面上的完全承压接触。

2. 稳定性和连接

钢结构建筑物的框架应保证铅直，其垂直度应符合 AISC《建筑及桥梁钢结构施工标准规范》中第 7 章的相关允许偏差要求。随着施工的进行，该结构必须承受静荷载、吊装荷载和在安装期间预期会产生的其他荷载。应按照 AISC《建筑及桥梁钢结构实用标准规范》的要求，在结构可能承受荷载作用（包括设备和操作荷载）的位置，设置临时支撑。为安全起见，应尽可能推迟拆除临时支撑的时间。

3. 对准

在对结构的相邻受影响的部分进行定位对齐前，不得采用永久性的焊缝和螺栓连接。

4. 柱受压接头和柱基础底板安装

无论采用哪种拼接连接形式（部分熔透坡口焊接或螺栓连接），承压接触面允许有不超过 1/16in(2mm) 的缝隙。如果缝隙超过 1/16in(2mm)，但等于或小于 1/4in(6mm)，且经调查实际工程中确实接触面不够时，则应使用平的钢间隙片对该缝隙进行塞填。无论母材是何种等级的钢材，间隙片的材质只能是低碳钢。

5. 现场焊接

如有必要，应对采用现场焊接的接头表面和接头周围的表面进行处理，以保证焊接质量。这种准备工作应包括为了矫正在加工制造后出现的损坏或污染而需要采取的表面处理。

6. 工地涂装

负责涂膜修补、清洁及工地涂装工作，可按照得到认可的地方标准执行，且应在设计文件中予以明确规定。

N 质量控制和质量保证

本章所涉及内容，包括房屋建筑和其他结构物的钢结构体系和组合构件中的钢部件的质量控制、质量保证和无损检测的最低要求。

使用说明：本章不涉及混凝土用钢筋、混凝土材料或组合构件中的混凝土浇筑的质量控制或质量保证内容。不涉及表面处理和涂层的质量控制或质量保证内容。

使用说明：本规范中不包括钢（空腹）格栅、格栅梁、槽罐、压力容器、钢索、冷成型钢制品，或压型金属制品的检验和检测内容。

本章的组织结构如下：

N1. 适用范围

N2. 加工制作和安装质量控制计划

N3. 加工制作方和安装方技术文件

N4. 检验和无损检测人员

N5. 建筑钢结构检测的最低要求

N6. 组合结构检测的最低要求

N7. 获得认可的加工制作方和安装方

N8. 不合格材料和工艺

N1. 适用范围

根据本章规定，质量控制（QC）应由加工制作方和安装方提供。当主管部门（AHJ)、现行的建筑法规（ABC)、买方、业主或者责任工程师（EOR）有要求时，根据本章规定，质量保证（QA）应当由相应其他方提供。除了第 N7 节有许可外，无损检测（NDT）应由负责质量保证的机构或公司来进行。

使用说明：对于大多数钢结构而言，第 N 章中的 QA/QC 要求是合适的和有效的，且强烈建议对此不要加以修改。当 ABC（现行的建筑法规）和 AHJ（主管部门）要求采用质量保证计划时，本章概述了在钢结构建筑施工中能有效地提供满意结果的最低要求。在某些情况下，对检验和检测内容要进行适当的补充。此外，如果证明承包商的质量控制计划有能力来执行指派给质量保证计划的某些任务，可能要考虑修改该计划。

使用说明：按照本规范第 A3 节中所引用的标准来进行生产的材料生产商和钢楼承板生产厂家，不属于加工制作方和安装方。

N2. 加工制作和安装质量控制计划

加工制作方和安装方应建立和维护质量控制程序和实施检查，以确保其工作符合本规范和施工文件。

材料识别程序应符合《建筑及桥梁钢结构施工规范》（*Code of Standard Practice for Steel Buildings*）第 6.1 条的规定，并应受加工制作方的质量控制检验员（QCI）的检查和监督。

加工制作方的质量控制检验员应至少检查以下内容（视具体情况而定）：

（1）工厂焊接、高强度螺栓连接和构造要求，应符合第 N5 节的规定。

（2）工厂切割和机加工表面，应符合第 M2 节的规定。

（3）加热矫直、起拱和弯曲，应符合第 M2.1 条的规定。

（4）工厂加工制作允许偏差，应符合《建筑及桥梁钢结构施工规范》第 6 章的规定。

安装方的质量控制检验员应至少检查以下内容（视具体情况而定）：

（1）现场焊接、高强度螺栓连接和构造要求，应符合第 N5 节的规定。

（2）钢楼承板、钢栓钉锚固位置及配件，应符合第 N6 节的规定。

（3）现场切割表面，应符合第 M2.2 条的规定。

（4）现场加热矫直，应符合第 M2.1 条的规定。

（5）现场安装允许偏差，应符合《建筑及桥梁钢结构施工规范》第 7.13 条的规定。

N3. 加工制作方和安装方技术文件

1. 钢结构施工文件的报批（Submittals for Steel Construction）

加工制作方或安装方应当在加工制作或安装之前提交下列文件（视具体情况而定），供责任工程师（EOR）或责任工程师指定的代表进行审核，要求符合《建筑及桥梁钢结构施工标准规范》第 4 章或第 A4.4 条的相关规定：

（1）提供加工制作部分的施工详图，除非已由其他方提供。

（2）提供现场安装部分的施工详图，除非已由其他方提供。

2. 钢结构施工的有效文件（Available Documents for Steel Construction）

在加工制作或安装之前，应提交下列文件的电子版或打印版（视具体情况而定），供责任工程师（EOR）或责任工程师指定的代表进行审核，除非在合同文件中对应提交文件另有规定：

（1）对于主要钢结构构（部）件，提交材料试验报告的复印件，应符合本规范中第 A3.1 条的规定。

（2）对于铸钢件和锻钢件，提交材料试验报告的复印件，应符合本规范中第 A3.2 条的规定。

（3）对于紧固件，提交生产厂家资质证书的复印件，应符合本规范中第 A3.3 条的规定。

（4）对于楼承板锚固件，提交生产厂家的产品资料或产品样本的复印件。产品资料应包括产品介绍、产品的适用范围，以及使用建议或典型的安装说明。

（5）对于锚栓和螺杆，提交材料试验报告的复印件，应符合本规范中第 A3.4 条的规定。

（6）对于焊接耗材，提交生产厂家资质证书的复印件，应符合本规范中第 A3.5 条的规定。

（7）对于栓钉，提交生产厂家资质证书的复印件，应符合本规范中第 A3.6 条的规定。

（8）对于所使用的焊接填充金属（焊条）和焊剂，提交生产厂家的产品资料或产品样本。产品资料应包括产品介绍、产品的适用范围、使用建议或典型的焊接参数，以及储藏和大气中放置（包括烘干）的要求（如果有的话）。

（9）焊接工艺指导书（WPSs）。

（10）对于尚未按照 AWS D1.1/D1.1M 或 AWS D1.3/D1.3M 的要求（视具体情况而定），免于评定的焊接工艺指导书，应提交焊接工艺评定报告（PQRs）。

（11）焊接人员技能评定记录（WPQR）和连续性记录。

（12）加工制作方或安装方（视具体情况而定）的书面质量控制手册，应至少包括：1）材料管理程序；2）检验程序；3）不合格项处理程序。

（13）加工制作方或安装方（视具体情况而定）的质量控制（QC）检验人员的任职资格。

N4. 检验和无损检测人员

1. 质量控制检验人员资格

质量控制（QC）焊接检验人员应具有相应的任职资格，以满足加工制作方或安装方（视具体情况而定）的质量控制计划，并应符合下列任一条件：

（1）按照 AWS B5.1 的规定，焊接检验员资格标准应为助理焊接检验员（AWI）或更高级别。

（2）符合 AWS D1. 1/D1. 1M 第 6. 1. 4 款的规定。

质量控制（QC）螺栓连接检验人员应具有相应的资格，备有在结构螺栓连接方面的培训和实际操作经验的证明文件。

2. 质量保证检验人员资格

质量保证（QA）焊接检验人员应具有相应的任职资格，以满足质量保证机构的资格认可规程，并应符合下列任一条件：

（1）按照 AWS B5. 1 的规定，焊接检验员资格标准为焊接检验员（WIs）或高级焊接检验员，除非有焊接检验员的直接监督，则可以使用助理焊接检验员（AWIs），即焊接检验员就在焊接检验的现场。

（2）符合 AWS D1. 1/D1. 1M 第 6. 1. 4 款的规定。

质量控制（QC）螺栓连接检验人员应具有相应的资格，备有在结构螺栓连接方面的培训和实际操作经验的证明文件。

3. 无损检测人员资格

当采取无损检测而不是目测检测时，无损检测人员应满足雇主的资格认可规程，该资格认可规程应达到或超过 AWS D1. 1/D1. 1M《结构焊接规范-钢材》（*Structural Welding Code-Steel*）第 6. 14. 6 款的标准，以及如下：

（1）美国无损检测协会（ASNT）（American Society for Nondestructive Testing，ASNT）的 SNT-TC-1A《无损检测人员资质和认证的推荐实施细则》（*Recommended Practice for the Qualification and Certification of Nondestructive Testing Personnel*）。

（2）ASNT CP-189《无损检测人员资质和认证标准》（*Standard for the Qualification and Certification of Nondestructive Testing Personnel*）。

N5. 建筑钢结构检测的最低要求

1. 质量控制

应按照本章第 N5. 4 条、第 N5. 6 条和第 N5. 7 条的相关要求，由加工制作方或安装方（视具体情况而定）的质量控制检验员（QCI）实施质量控制检验任务。

表 N5-4-1 ~ 表 N5-4-3 和表 N5-6-1 ~ 表 N5-6-3 中所列各项，为质量控制检验员（QCI）执行的质量控制任务，以确保所实施的工作符合施工文件的要求。

当执行质量控制检验时，施工文件应包括施工详图，以及相关技术说明、标准和规范等。

使用说明：质量控制检验员不需要参考设计图纸和工程技术说明。《建筑及桥梁钢结构施工规范》第 4.2（a）条要求，合同文件中的信息（设计图和工程技术说明）应准确、完整地在施工详图中予以表述，这样只需根据施工详图即可执行质量控制检验。

2. 质量保证

应在加工制作方的工厂中对已完成加工制作的构（部）件进行质量保证（QA）检查。质量保证检验员（QAI）应合理安排检查工作，以减少对加工制作工作的干扰和中断。

应在项目工地对已安装完成的钢结构体系进行质量保证检查。质量保证检验员（QAI）应合理安排检查工作，以减少对安装工作的干扰和中断。

质量保证检验员应审查第 N3.2 条所列的材料试验报告和合格证，确认其符合施工文件的要求。

质量保证检验员（QAI）应按照本章第 N5.4 条、第 N5.6 条和第 N5.7 条的相关要求实施质量保证检验任务。

表 N5-4-1 ~ 表 N5-4-3 和表 N5-6-1 ~ 表 N5-6-3 中所列各项，为质量保证检验员（QAI）执行的质量保证任务，以确保所实施的工作符合施工文件的要求。

在向主管部门（AHJ）、责任工程师（EOR）或业主提交下列报告的同时，质量保证机构还应将其交付于制作方和安装方：

（1）检验报告。

（2）无损检测报告。

3. 检验协调

当同时要由质量控制和质量保证来执行检验任务时，则在质量控制检验员和质量保证检验员之间可以就检验功能进行协调，以便只有一方来实施检验职能。当质量保证与质量控制所实施的检验功能密切相关时，则需要得到责任工程师和相关主管部门的批准。

4. 焊接检验

观察焊接操作和在焊接过程中及对已完成焊缝的目测检查，应作为确认焊接材料、焊接程序和焊接工艺是否符合施工文件的主要方法。AWS D1.1/D1.1M《结构焊接规范-钢材》（*Structural Welding Code-Steel*）的全部规定，适用于承受静荷载作用的钢结构。

使用说明：本规范第 J2 节中包括了 AWS D1.1/D1.1M 的例外情况。

作为最低要求，焊接检验任务应符合表 N5-4-1 ~ 表 N5-4-3。在这些表中，检验任务的要求为：

O——抽样观察项目。无须停止焊接操作来等待检验。

P——对每个焊接接头或构件，执行焊接检验任务。

表 N5-4-1 焊前检验任务

焊前检验任务	QC	QA
有效的焊接工艺指导书（WPSs）	P	P
焊接材料生产厂家的有效合格证明	P	P
材料标识（类型/等级）	O	O
焊工辨识系统①	O	O
坡口焊缝组装（包括焊接接头的形式）： （1）接头制备； （2）尺寸（被焊件的平行度，根部间隙宽度、焊缝坡口钝边、坡口斜角）； （3）洁净度（钢材表面条件）； （4）定位焊（定位焊缝质量和位置）； （5）垫板类型及安装（如果有的话）	O	O
过焊孔形状和表面修整	O	O
角焊缝组对： （1）尺寸（被焊件的平行度、根部间隙）； （2）洁净度（钢材表面条件）； （3）定位焊（定位焊缝质量和位置）	O	O
焊接设备检查	O	—

①加工制作方或安装方（视具体情况而定）应具有一种能够对参与了接头或构件的焊接作业的焊工加以识别的系统。钢印（如果采用的话），则应打印于低应力区域。

表 N5-4-2 焊中检验任务

焊中检验任务	QC	QA
使用合格的焊工	O	O
焊接材料的控制和管理： （1）包装； （2）大气中放置控制	O	O
在开裂的定位焊缝上不得施焊	O	O
焊接环境条件： （1）风速在限定范围内； （2）降雨量和温度	O	O
符合焊接工艺指导书要求： （1）焊接设备设置； （2）焊接速度； （3）所选定的焊接材料；	O	O

续表 N5-4-2

焊 中 检 验 任 务	QC	QA
(4) 保护气体类型/流量; (5) 采用预热; (6) 保持焊道间的温度(最大/最小); (7) 合适的焊接位置(平焊 F, 立焊 V, 横焊 H, 仰焊 OH)	O	O
焊接技术要求: (1) 焊道间和最终焊缝清理; (2) 每个焊道在焊缝轮廓界限内; (3) 每个焊道满足质量要求	O	O

表 N5-4-3 焊后检验任务

焊 后 检 验 任 务	QC	QA
焊缝清理	O	O
焊缝尺寸、长度和位置	P	P
焊缝满足外观质量标准: (1) 无裂纹; (2) 焊缝/母材熔合良好; (3) 焊弧坑横截面; (4) 焊缝剖面; (5) 焊缝尺寸; (6) 咬边; (7) 气孔	P	P
焊弧裂纹	P	P
K-区域①	P	P
去除焊缝衬垫和引弧板(如果有要求的话)	P	P
焊缝修复	P	P
焊接接头或构件的接受或拒收记录	P	P

①当在 *K*-区域内有补强板、连续板或加劲肋的焊接时,在焊缝的 3in(75mm) 范围内对腹板 *K*-区域内是否存在裂纹进行目测检查

5. 焊接接头的无损检测

5a. 流程

应由质量保证部门按照 AWS D1. 1/D1. 1M 的要求实施超声波探伤(UT)、磁粉探伤(MT)、渗透探伤(PT)和射线检测(RT)(视要求而定)。应根据 AWS D1. 1/D1. 1M 中受静载作用结构的标准来确定验收标准,除非在设计图纸或项目技术说明中另有指定。

5b. 全熔透坡口焊缝无损检测

对属于 ASCE/SEI 7《房屋建筑和其他结构物的最小设计荷载》(*Minimum Design Loads for Buildings and Other Structures*) 表 1-1 “受洪水、风、雪、地震和冰荷载作用的房屋建筑和其他结构物的危险性类别”中的危险性类别Ⅲ类或Ⅳ类的结构，对钢材厚度大于等于 5/16in(8mm)、且承受横向拉伸荷载作用的对接接头、T 型接头和角接接头中的所有全熔透坡口焊缝，应由质量保证部门进行超声波探伤（UT)。

使用说明：对属于危险性类别Ⅰ的结构，对结构中的全熔透坡口焊缝，不需要进行无损检测。对所有危险性类别的各种结构，当钢材厚度小于 5/16in(8mm) 时，全熔透坡口焊缝，不需要进行无损检测。

5c. 过焊孔的无损检测

当轧制型钢的翼缘厚度超过 2in(50mm)，或者组合型钢的腹板厚度超过 2in (50mm) 时，应由质量保证部门，使用磁粉探伤（MT）或渗透探伤（PT）对过焊孔的热切割表面进行无损检测。过焊孔的热切割表面不允许发生任何裂纹（不论裂纹的大小或裂纹发生的位置)。

使用说明：详见本规范中第 M2.2 条。

5d. 承受疲劳作用的焊接接头

当本规范附录 3 表 A-3-1 有要求时，应由质量保证部门按规定使用射线或超声波探伤来确保焊缝的可靠性。严禁减少超声波探伤的检测率。

5e. 减少超声波探伤的检查率

如果得到责任工程师（EOR）和主管部门（AHJ）的批准，则可以减少超声波检测的检查率。如果最初要求超声波检测的检查率为 100%，当单个焊工或者焊接操作人员的焊缝不合格率（包含不可接受缺陷的焊缝数量除以已完成的焊缝数量）低于或等于 5% 时，则单个焊工或者焊接操作人员的无损检测率可以减少至 25%。至少要从一个焊接作业中抽取 40 条已完成的焊缝来评估是否可以减少检查率。当对长度超过 3ft(1m)、焊缝的有效焊喉小于等于 1in (25mm) 的连续焊缝不合格率进行评估时，每增加 12in(300mm)（或带有零头)，则应视其为一条焊缝。当对长度超过 3ft(1m)、焊缝的有效焊喉大于 1in (25mm) 的连续焊缝进行评估时，每 6in(150mm)（或带有零头）长，应视为一条焊缝。

5f. 增加超声波探伤的检查率

对属于危险性类别Ⅱ类的结构，如果最初要求超声波检测的检查率为10%，当焊工或焊接操作人员的焊缝不合格率（包含不可接受缺陷的焊缝数量除以已完成的焊缝数量）超过5%时，则对于焊工或者焊接操作人员的无损检测率可以增加到100%。在增加超声检测率之前，至少要从一个焊接作业中抽取20条已完成的焊缝来对此作出评估。当对40条（至少）已完成的焊缝取样检测后，焊工或焊接操作人员的焊缝不合格率已降至5%或更低时，则无损检测率应恢复至10%。当对长度超过3ft(1m)、焊缝的有效焊喉小于等于1in(25mm)的连续焊缝不合格率进行评估时，每增加12in(300mm)（或带有零头），则应视其为一条焊缝。当对长度超过3ft(1m)、焊缝的有效焊喉大于1in(25mm)的连续焊缝进行评估时，每6in(150mm)（或带有零头）长，应视为一条焊缝。

5g. 记录和归档

对所有已实施的无损检测均应记录归档。当钢结构在工厂中加工制作时，无损检测报告将通过工件号和焊缝在工件中的位置来识别所检测的焊缝。当钢结构在现场制作时，无损检测报告将通过焊缝在结构中的位置、工件号和焊缝在工件中的位置来识别所检测的焊缝。

当根据无损检测确定为不合格焊缝时，无损检测记录应指明缺陷的位置和不合格的依据。

6. 高强度螺栓连接检测

观察螺栓连接操作，应作为确认在螺栓连接施工中的连接材料、连接程序和连接工艺是否符合施工文件和RCSC规范的主要方法。

（1）表N5-6-1所规定的安装前检测和表N5-6-2中所规定的对安装过程的检查项目，不适用于栓紧至密贴状态的螺栓连接接头。在安装栓紧至密贴状态接头的紧固件时，质量控制检验员和质量保证检验员不必在场。

（2）对于采用带标识装置的转角法、直接轴力指示器法或拧断（脱扣）式拉力控制螺栓法的预拉型和摩擦型螺栓连接接头，应按表N5-6-2中的规定检查螺栓的预紧方法。当安装人员使用这些方法时，在安装紧固件过程中，质量控制检验员和质量保证检验员不必在场。

（3）对于采用校准扳手法或不带标识装置的转角法的预拉型和摩擦型螺栓连接接头，应按表N5-6-2中的规定检查螺栓的预紧方法。当安装人员使用这些方法时，质量控制检验员和质量保证检验员应在安装紧固件过程中行使其指定的检查职责。

作为最低要求，螺栓检验任务应符合表 N5-6-1 ~ 表 N5-6-3 的规定。在这些表中，检验任务的要求为：

O——抽样观察项目。无须停止操作来等待检验。

P——对每个螺栓连接接头或构件，执行检验任务。

表 N5-6-1 螺栓连接前的检验任务

螺栓连接前的检验任务	QC	QA
紧固件材料生产厂家的有效合格证明	O	P
紧固件标识符合 ASTM 要求	O	O
根据接头构造选择合适的紧固件［强度等级、类型、螺栓长度（不包括螺纹段）］	O	O
根据接头构造选择合适的螺栓连接方法	O	O
所连接的部件，包括适当的结合面状态和螺栓孔制备（如果有规定的话）满足相应的要求	O	O
通过安装人员观测和所记录的紧固件连接副和所使用的连接方法，进行预拼装检验	P	O
适当的螺栓、螺帽、垫圈和其他紧固配件储存方式	O	O

表 N5-6-2 螺栓连接过程中的检验任务

螺栓连接过程中的检验任务	QC	QA
置于所有螺栓孔和垫圈（如有要求的话）中、处于良好状态的紧固件连接副应按要求定位	O	O
在进行预紧前，接头处于初拧状态	O	O
不应用扳手转动紧固件组件，以防止其发生旋转	O	O
对紧固件的施拧顺序应符合 RCSC 规范的要求，从刚度大的部位向约束小的方向拧紧	O	O

表 N5-6-3 螺栓连接后的检验任务

螺栓连接后的检验任务	QC	QA
螺栓连接的合格或不合格品记录	P	P

7. 其他检验任务

加工制作方的质量控制检验员应对所加工制作的钢材进行检查，以核实是否符合施工详图上所给出的具体要求，如在每个连接部位采用适当的接头构造。安装方的质量控制检验员应对钢框架进行检查，以核实是否符合施工详图上的具体要求，如支撑、加劲板、构件位置和在每个连接部位采用适当的接头构造等。

在设置锚栓和其他支承钢结构的预埋件过程中，质量保证检验员应提前进行检查，以保证其符合相关的施工文件要求。在浇筑混凝土前，作为最低要求，应检查其直径、强度等级、锚栓或预埋件的种类和长度，以及埋入混凝土的范围或深度等。

质量保证检验员应对所加工制作的钢材或钢框架进行检查（视具体情况而定），以保证其符合相关的施工文件中给出的构造要求，如支撑、加劲板、构件位置和在每个连接部位采用适当的接头构造等。

N6. 组合结构检测的最低要求

应遵照本章的相应要求，对组合结构中所使用的钢结构和钢楼承板进行检查。

应采用 AWS D1. 1/D1. 1M《结构焊接规范-钢材》（*Structural Welding Code-Steel*）的规定，对钢栓钉焊接进行检查。

对于钢楼承板焊接检查，主要方法为观察焊接操作和对焊中和焊后焊缝的目测检查，以确认材料、过程和工艺符合施工文件的要求。AWS D1. 3/D1. 3M《结构焊接规范-薄钢板》（*Structural Welding Code-Sheet Steel*）的全部相应规定，均适用于钢楼承板焊接检查。楼承板焊接检查应包括本次作业开始前核查焊接材料、焊接工艺评定和焊接人员的资格、作业进行中的观测资料，以及对所有已完成焊缝的目测检查结果。当通过紧固件体系而不是焊接来连接楼承板时，检查工作应包括本次作业开始前核查所使用的紧固件、作业进行中的观测资料，以保证安装作业符合生产商的技术建议，并对已完成的安装作业进行目测检查。

当表 N6-1 的这些质量控制（QC）栏中包括有一个指定的观察项时，应由安装方的质量控制检验员（QCI）执行质量控制检验。在表 N6-1 中，检验任务的要求为：

O——抽样观察项目。无须停止操作来等待检验。

P——对每个钢制部件，执行检验任务。

表 N6-1　浇筑混凝土前组合结构中的钢部件检验

浇筑混凝土前组合结构中的钢部件检验	QC	QA
钢楼承板的布置和安装	P	P
钢栓钉的布置和安装	P	P
钢制部件的合格或不合格品记录	P	P

N7. 获得认可的加工制作方和安装方

当作业在制作车间进行或经主管部门（AHJ）认可的安装方来完成此作业而无须进行质量保证时，则可以不进行质量保证（QA）检查，但无损检测（NDT）

除外。当经主管部门（AHJ）认可时，可以由加工制作方对在其车间内所完成的焊缝进行无损检测。但在加工制作方进行无损检测时，质量保证机构应审查加工制作方的无损检测报告。

在完成加工制作时，获得认可的加工制作方应向主管部门提交一份合格证明，证明由加工制作方提供的材料和所完成的作业符合施工文件的要求。在完成安装时，获得认可的安装方应向主管部门提交一份合格证明，证明由安装方提供的材料和所完成的作业符合施工文件的要求。

N8. 不合格材料和工艺

可以在作业进行期间随时对不符合施工文件的材料或工艺予以识别和拒收。但这项规定并不应减轻和降低业主或检验员及时、有序执行检验的职责。应立即将不合格材料和工艺的情况告知加工制作方或安装方（视具体情况而定）。

不合格材料或工艺应得到纠正，或适合于责任工程师所确定的预期目的。

在向主管部门（AHJ）、责任工程师（EOR）或业主提交下列报告的同时，质量保证机构还应将其交付于制作方和安装方：

（1）不合格项报告。

（2）不合格项的返修、更换和验收。

附录1 非弹性分析设计

本附录内容涉及非弹性分析设计，在设计中允许考虑因局部屈服而产生的构件和连接的力和弯矩的重分配。

本附录的组织结构如下：

1.1. 一般规定

1.2. 延性要求

1.3. 分析要求

1.1. 一般规定

应根据第 B3.3 条的要求，使用荷载和抗力分项系数设计法（LRFD）进行非弹性分析设计。结构体系及其构件和连接的设计承载力应不小于由非弹性分析所确定的承载力。本附录的规定不适用于抗震设计。

非弹性分析应考虑以下内容：（1）导致结构产生位移变形的受弯、受剪和轴压构件以及其他所有组件和连接的变形；（2）二阶效应（包括 $P\text{-}\Delta$ 和 $P\text{-}\delta$ 效应）；（3）几何缺陷；（4）由于非弹性所引起的刚度下降，包括残余应力和部分横截面屈服所产生的影响；（5）结构体系、构件和连接的承载力和刚度的不确定性。

当非弹性分析提供了相当的或较高的可靠度水平时，由非弹性分析（包含了上述所有要求）得出的承载力极限状态不受本规范相应条款的约束。未通过非弹性分析得出的承载力极限状态则应使用第 D ~ K 章的相应规定予以确定。

连接应满足第 B3.6 条的要求。

受非弹性变形影响的构件和连接必须具有足够的延性，以与预期的结构体系性状相一致。不允许出现因构件或连接的断裂而导致的内力重分配。

可以对一部分构件和连接采用任何非弹性分析方法来满足这些一般规定。以符合上述承载力要求、延性要求（本附录第 1.2 条）和分析要求（本附录第 1.3 条）的非弹性分析为基础的设计方法可以满足本节的一般规定。

1.2. 延性要求

当构件和连接中的一部分板件会产生屈服时，应使其各部分板件符合一定的比例，这样所有的非弹性变形要求会不大于其非弹性变形能力。为了确保非弹性变形要求不大于其非弹性变形能力，对于会出现塑性铰的钢构件，应满足下列必要条件。

1. 材料

会出现塑性铰的构件，其规定的最小屈服应力 F_y不得超过65ksi(450MPa)。

2. 横截面

在塑性铰处，构件横截面应采用双轴对称截面，其受压板件的宽厚比不超过 λ_{pd}，其中 λ_{pd}等于表 B4-1b 中所列 λ_p值，除了按以下修改的以外：

（1）在承受弯矩和轴压组合作用下，工字形截面、矩形钢管及箱形截面的腹板宽厚比 h/t_w，

1）当 $P_u/\phi_c P_y \leqslant 0.125$ 时：

$$\lambda_{pd} = 3.76\sqrt{\frac{E}{F_y}}\left(1 - \frac{2.75P_u}{\phi_c P_y}\right) \tag{A-1-1}$$

2）当 $P_u/\phi_c P_y > 0.125$ 时：

$$\lambda_{pd} = 1.12\sqrt{\frac{E}{F_y}}\left(2.33 - \frac{P_u}{\phi_c P_y}\right) \geqslant 1.49\sqrt{\frac{E}{F_y}} \tag{A-1-2}$$

式中　h——参见第 B4.1 条规定，in(mm)；

t_w——腹板厚度，in(mm)；

P_u——轴向抗压承载力，kips(N)；

$P_y = F_y A_g$——轴向屈服承载力，kips(N)；

ϕ_c——受压抗力分项系数，取0.90。

（2）对于矩形钢管或箱形截面的翼缘、翼缘盖板以及焊缝或紧固件间的内隔板的宽厚比 b/t：

$$b/t \leqslant 0.94\sqrt{E/F_y} \tag{A-1-3}$$

式中　b——参见第 B4.1 条规定，in(mm)；

t——参见第 B4.1 条规定，in(mm)。

（3）对于受弯圆钢管的径厚比 D/t：

$$\lambda_{pd} = 0.045E/F_y \tag{A-1-4}$$

式中，D 为圆钢管外径，in(mm)。

3. 无支撑长度

在包含塑性铰的等截面构件杆段中，侧向支撑点的距离 L_b不得超过按下述方

法计算的 L_{pd}。当构件只受弯，或者受弯和轴向拉力共同作用时，L_b 可取防止受压翼缘侧向位移或防止横截面扭曲所设支撑点之间的距离。当构件受弯和轴向压力共同作用时，L_b 可取防止弱轴方向侧向位移和横截面扭曲所设支撑点之间的距离。

（1）当工字形截面构件绕强轴弯曲时：

$$L_{pd} = \left(0.12 - 0.076\frac{M_1'}{M_2}\right)\frac{E}{F_y}r_y \tag{A-1-5}$$

式中，r_y 为绕弱轴的曲率半径，in(mm)。

1）当在无支撑长度内任一位置的弯矩值超过 M_2 时：

$$M_1'/M_2 = +1 \tag{A-1-6a}$$

2）当 $M_{mid} \leqslant (M_1 + M_2)/2$ 时：

$$M_1' = M_1 \tag{A-1-6b}$$

3）当 $M_{mid} > (M_1 + M_2)/2$ 时：

$$M_1' = 2M_{mid} - M_2 < M_2 \tag{A-1-6c}$$

式中 M_1——作用在无支撑长度端部的较小弯矩，kip · in(N · mm)；

M_2——作用在无支撑长度端部的较大弯矩，kip · in(N · mm)，在所有情况下，M_2 应取正值；

M_{mid}——无支撑长度中点处的弯矩，kip · in(N · mm)；

M_1'——作用在无支撑长度另一端（与 M_2 对应）的有效弯矩，kip · in(N · mm)。

当弯矩 M_1 和 M_{mid} 如同 M_2 一样在同一翼缘中产生压力时，则 M_1 和 M_{mid} 分别取正值，否则取负值。

（2）当实心矩形钢棒和矩形钢管及箱形构件绕强轴弯曲时：

$$L_{pd} = \left(0.17 - 0.10\frac{M_1'}{M_2}\right)\frac{E}{F_y}r_y \geqslant 0.10\frac{E}{F_y}r_y \tag{A-1-7}$$

对于受轴向压力且包含塑性铰的各种类型构件，关于横截面强轴和弱轴的侧向无支撑长度分别不得大于 $4.71r_x\sqrt{E/F_y}$ 和 $4.71r_y\sqrt{E/F_y}$。

在下述情况下，对包含塑性铰的杆段的 L_{pd} 不作限制：

1）仅受弯或受拉弯组合作用的圆形或方形截面构件；

2）仅受绕弱轴的弯曲作用或绕弱轴拉弯组合作用的构件；

3）仅受拉力作用的构件。

4. 轴向承载力

为了确保带塑性铰的受压构件具有足够的延性，受压承载力设计值不应超过 $0.75F_yA_g$。

1.3. 分析要求

结构分析应符合本附录第 1.1 条的一般规定。可以通过符合本条要求的二阶非弹性分析方法来满足第 1.1 条的要求。

例外：对于不受轴向压力作用的连续梁，允许采用一阶非弹性分析或塑性分析方法，且可以不满足第 1.3.2 款和第 1.3.3 款的要求。

使用说明：在采用与这些规定一致的传统塑性分析和设计时，可以参阅本条的条文说明。

1. 材料特性和屈服准则

分析时，除了下文第 1.3.3 条中所述情况以外，应采用系数 0.90 对规定的最低屈服应力 F_y和所有钢构件和连接的刚度进行折减。

在非弹性响应计算中，应考虑轴力、绕强轴和绕弱轴弯矩的影响。

在分析中，应采用理想弹塑性屈服准则来表示构件截面的塑性承载力，该屈服准则可以用轴力、绕强轴弯矩和绕弱轴弯矩表示，也可以采用理想弹塑性的材料应力-应变响应的精确模型来进行计算。

2. 几何缺陷

分析中应考虑初始几何缺陷的影响。可以按第 C2.2a 条的规定对这些缺陷进行精确模拟，或者采用第 C2.2b 条中所规定的等效假想荷载来考虑这种影响。

3. 残余应力和局部屈服效应

分析中应考虑残余应力和局部屈服效应的影响。可以在分析中对这些效应进行精确模拟，或者按第 C2.3 条的规定对所有结构部件进行刚度折减，来考虑这种影响。

如果采用了第 C2.3 条的规定，则：

（1）应采用本规范 C2.3 条所规定的 0.8 倍弹性模量 E 来代替本附录第 1.3.1 条所规定的刚度折减系数 0.9；

（2）用轴力、绕强轴和绕弱轴弯矩表示的理想弹塑性屈服准则应满足本规范式（H1-1a）和式（H1-1b）中所规定的横截面承载力极限，并采用 $P_c = 0.9P_y$，$M_{cx} = 0.9M_{px}$及 $M_{cy} = 0.9M_{py}$。

附录 2　积水效应设计

本附录提供了确定屋盖体系是否具有足够的承载力及刚度以抵抗积水效应的设计方法。

本附录的组织结构如下：

2.1. 简化的积水效应设计方法

2.2. 改进的积水效应设计方法

2.1. 简化的积水效应设计方法

若下列两个条件都得到满足时，则可以认为屋盖体系在积水状态下是稳定的，而无须再作进一步的验算：

$$C_p + 0.9C_s \leqslant 0.25 \tag{A-2-1}$$

$$I_d \geqslant 25S^4 \times 10^{-6} \tag{A-2-2}$$

$$(S.I.: I_d \geqslant 3940S^4) \tag{A-2-2M}$$

式中

$$C_p = \frac{32L_sL_p^4}{10^7 I_p} \tag{A-2-3}$$

$$C_p = \frac{504L_sL_p^4}{I_p}(S.I.) \tag{A-2-3M}$$

$$C_s = \frac{32SL_s^4}{10^7 I_s} \tag{A-2-4}$$

$$C_s = \frac{504SL_s^4}{I_s}(S.I.) \tag{A-2-4M}$$

I_d——支撑在次要构件上的金属压型板的惯性矩，in^4/ft(mm^4/m)；

I_p——主要构件的惯性矩，in^4(mm^4)；

I_s——次要构件的惯性矩，in^4(mm^4)；

L_p——主要构件的长度，ft(m)；

L_s——次要构件的长度，ft(m)；

S——次要构件的间距，ft(m)。

对于桁架及格栅梁，在使用上述计算公式计算惯性矩 I_p和 I_s时，应考虑腹板应变的影响。

使用说明： 当只考虑桁架或格栅梁的弦杆面积来计算惯性矩时，由于腹板应变的影响通常惯性矩会降低 15%。

当金属压型板直接安装在主要构件上时，应视压型板为次要构件。

2.2. 改进的积水效应设计方法

当要求屋盖体系的刚度计算比式（A-2-1）和式（A-2-2）更加精确时，可以采用下列规定。

确定应力指标值：

$$U_p = \left(\frac{0.8F_y - f_o}{f_o}\right)_p \text{ 适用于主要构件} \tag{A-2-5}$$

$$U_s = \left(\frac{0.8F_y - f_o}{f_o}\right)_s \text{ 适用于次要构件} \tag{A-2-6}$$

式中，f_o为由荷载组合 $D+R$（D 为静荷载标准值，R 为因雨或雪荷载标准值，不包括积水效应）所产生的应力，ksi(MPa)。

对于由主要及次要构件组成的屋盖体系，可按以下方法计算其组合刚度：将计算得到的主（梁）构件的应力指标 U_p代入图 A-2-1，画水平线与次（梁）构件的 C_s曲线相交，然后从交点向下画垂直线与横坐标轴相交。如果读得的坐标值（柔性常数）大于给定主（梁）构件计算得出的 C_p值，则主要和次要构件组成的屋盖体系的组合刚度足以避免产生积水效应；反之，则应增加主要构件或（和）次要构件的刚度。

使用图 A-2-2 必须遵循相同的方法和步骤。

当屋盖结构由一系列等间距的、支撑在墙顶的梁所组成时，可按以下方法计算其组合刚度：把梁作为支撑在无限刚的主要构件上的次要构件。在这种情况下，将计算得到的应力指标 U_s代入图 A-2-2 中，通过代表 U_s值的水平线与 $C_p=0$ 的曲线之交点，可得到 C_s极值。

使用说明： 通常金属压型板的积水挠度仅是屋面总积水挠度中的一小部分，可以将其惯性矩［取压型板跨垂直方向的每单位宽度，ft(m)］限定为 $0.000025L^4$ in^4/ft($3940L_4\text{mm}^4/\text{m}$)。

当屋盖结构的构成是高跨比相对小的金属压型板支撑于梁、梁直接支撑于柱时，则需按以下方法验算其承受积水效应的稳定性：采用图 A-2-1 或图 A-2-2，将 C_s作为每单位宽度 1ft(1m) 的屋面金属压型板（$S=1.0$）的柔度常数。

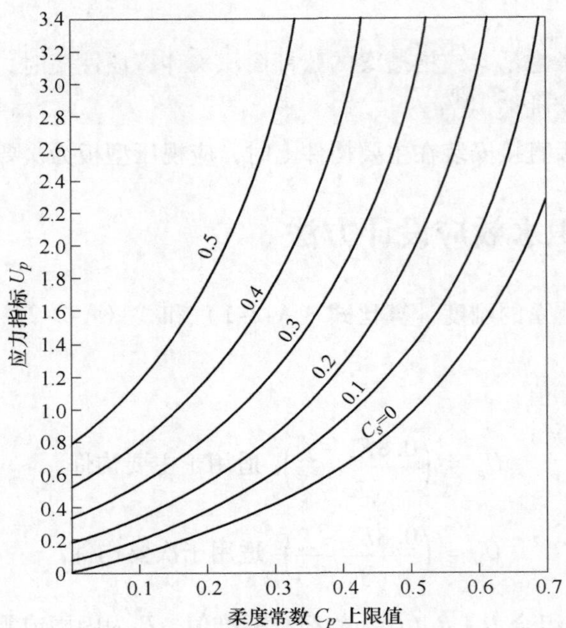

图 A-2-1　主要构件的柔度常数限值 C_p

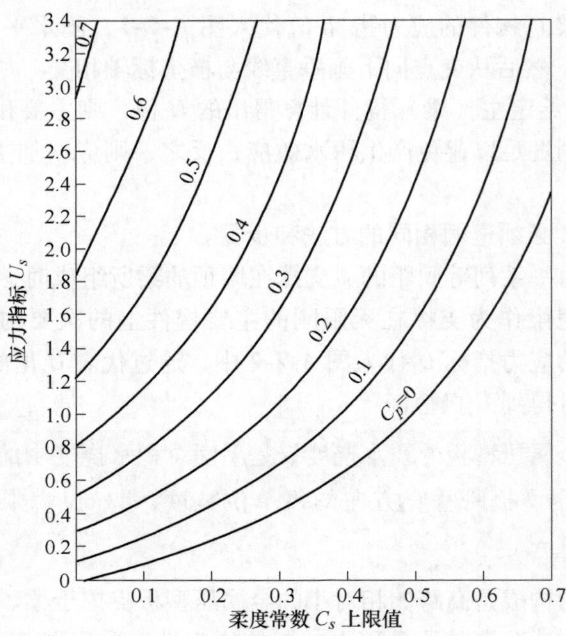

图 A-2-2　次要构件的柔度常数限值 C_s

附录 3　疲劳设计

本附录适用于承受高循环荷载作用的构件及其连接，该循环荷载处于应力弹性范围之内，其频率和幅度都足以产生初始裂纹并逐渐形成破坏，本规范将其定义为疲劳极限状态。

使用说明：对于承受地震荷载作用的结构，详见 AISC《钢结构建筑抗震设计规范》（*AISC Seismic Provisions for Structural Steel Buildings*）的相关要求。

本附录由下列部分组成：

3. 1 一般规定

3. 2 最大应力及应力幅计算

3. 3 母材和焊接接头

3. 4 螺栓及螺杆

3. 5 制作和安装的特殊要求

3. 1. 一般规定

本附录适用于正常使用荷载作用下的应力计算。因使用荷载作用所产生的最大允许应力为 $0.66F_y$。

应力幅的定义是，因施加或移去正常使用活荷载作用而产生应力的变化幅度。当应力反向时，应力幅可取在可能出现初始裂纹时刻的最大反复作用的拉应力和压应力之数值和或相反方向的最大剪应力之数值和。

在全熔透坡口焊缝中，按照式（A-3-1）计算的最大容许应力幅，仅适用于经超声波探伤及射线探伤检测的焊缝，且符合 AWS D1. 1/D1. 1M 中第 6. 12. 2 款或第 6. 13. 2 款的验收要求。

如果活荷载的应力幅小于根据表 A-3-1 确定的临界容许应力幅 F_{TH}，则不需要进行抗疲劳承载力计算。其值可详见表 A-3-1。

如果所施加的活荷载的循环次数小于 20000 次，对于由型钢或钢板所组成的构件，则不需要进行抗疲劳承载力计算。在受规范所规定风荷载作用的建筑类结构中，对由钢管组成的构件，不需要进行抗疲劳承载力计算。

根据本附录计算的循环荷载抗力，适用于有适当防腐保护或处于轻微腐蚀的大气环境（如正常大气条件）下的结构。

根据本附录计算的循环荷载抗力，仅适用于处于温度不超过 300℉（150℃）的结构。

责任工程师应提供包括焊缝尺寸在内的完整资料，或明确规定计划循环寿命（达到破坏的循环次数）和连接的弯矩、剪力及反力的最大变化幅度。

3.2. 最大应力及应力幅计算

应力计算应以弹性分析为基础。不得因几何不连续性而通过应力集中系数来放大应力。

当螺栓及螺杆受轴向拉力作用时，若存在撬力作用，则应力计算应考虑撬力作用的影响。在轴向应力与弯曲应力组合作用的情况下，应根据同时存在的作用荷载来确定每一种组合的最大应力值。

当构件为对称截面时，应按构件截面的对称轴来布置紧固件及焊缝，否则，在计算应力幅时则应计入总应力的作用（其中包括由偏心所产生的应力）。

对于轴向受力的角钢构件，当连接焊缝的重心位于角钢截面重心与被连接肢中心线之间时，则可以忽略其偏心影响。如果连接焊缝的重心位于这个区域以外，在计算应力幅时则应计入总应力的作用（其中包括由连接偏心所产生的应力）。

3.3. 母材和焊接接头

在母材和焊接接头中，正常使用荷载作用下的应力幅不得超过按下列方法计算的容许应力幅。

（1）当应力类别为 A、B、B′、C、D、E 及 E′类时，应根据式（A-3-1）或式（A-3-1M）确定容许应力幅 F_{SR}。

$$F_{SR} = \left(\frac{C_f}{n_{SR}}\right)^{0.333} \geqslant F_{TH} \tag{A-3-1}$$

$$F_{SR} = \left(\frac{C_f \times 329}{n_{SR}}\right)^{0.333} \geqslant F_{TH}(S.I.) \tag{A-3-1M}$$

式中 C_f——根据疲劳类别的常数，见表 A-3-1；

F_{SR}——容许应力幅，ksi（MPa）；

F_{TH}——临界容许应力幅，在设计寿命不确定时为最大应力幅，见表 A-3-1，ksi（MPa）；

n_{SR}——在设计寿命期间内应力幅的波动数，为每天应力幅的波动数 ×365 × 设计寿命年限。

（2）当应力类别为 F 类时，容许应力幅 F_{SR}应由式（A-3-2）或式（A-3-2M）确定：

$$F_{SR} = \left(\frac{C_f}{n_{SR}}\right)^{0.167} \geqslant F_{TH} \tag{A-3-2}$$

$$F_{SR} = \left(\frac{C_f \times 11 \times 10^4}{n_{SR}}\right)^{0.167} \geqslant F_{TH}(S.I.) \tag{A-3-2M}$$

（3）当受拉板件端头为十字形、T 型或角接连接，连接采用全熔透坡口焊缝（CJP）、部分熔透坡口焊缝（PJP）、角焊缝或上述几种焊缝的组合，且焊缝与应力方向垂直时，应按以下方法确定受拉板件在焊缝趾部横截面上的容许应力幅：

1）基于受拉板件的焊缝趾部上出现初始裂纹，当应力类别为 C 类时，应由式（A-3-3）或式（A-3-3M）确定容许应力幅 F_{SR}：

$$F_{SR} = \left(\frac{44 \times 10^8}{n_{SR}}\right)^{0.333} \geqslant 10 \tag{A-3-3}$$

$$F_{SR} = \left(\frac{14.4 \times 10^{11}}{n_{SR}}\right)^{0.333} \geqslant 68.9(S.I.) \tag{A-3-3M}$$

2）基于焊缝根部出现初始裂缝，在受拉板件上采用横向部分熔透坡口焊缝、带有（或不带有）加强高的角焊缝（reinforcing or contouring fillet welds），当应力类别为 C′类时，应由式（A-3-4）或式（A-3-4M）确定其横截面焊缝趾部的容许应力幅 F_{SR}：

$$F_{SR} = R_{PJP}\left(\frac{44 \times 10^8}{n_{SR}}\right)^{0.333} \tag{A-3-4}$$

$$F_{SR} = R_{PJP}\left(\frac{14.4 \times 10^{11}}{n_{SR}}\right)^{0.333} (S.I.) \tag{A-3-4M}$$

式中，R_{PJP}是采用增强的或未增强的横向部分熔透坡口焊缝时的折减系数，按下式确定：

$$R_{PJP} = \left(\frac{0.65 - 0.59 \times \frac{2a}{t_p} + 0.72 \times \frac{w}{t_p}}{t_p^{0.167}}\right) \leqslant 1.0 \tag{A-3-5}$$

$$R_{PJP} = \left(\frac{1.12 - 1.01 \times \frac{2a}{t_p} + 1.24 \times \frac{w}{t_p}}{t_p^{0.167}}\right) \leqslant 1.0\ (S.I.) \tag{A-3-5M}$$

如果 $R_{PJP} = 1.0$，则使用应力类别 C 类。

$2a$——沿受拉板件厚度方向的未焊接的钝边（root face 焊根面）高度，in(mm)；

w——若有加强高的角焊缝，为沿受拉板件厚度方向角焊缝的焊脚尺寸，in(mm)；

t_p——受拉板件厚度，in(mm)。

3）基于受拉板件两侧的一对横向角焊缝根部出现初始裂缝，当应力类别为C″类时，应由式（A-3-6）或式（A-3-6M）确定其横截面焊缝趾部的容许应力幅F_{SR}：

$$F_{SR}=R_{FIL}\left(\frac{44\times10^8}{n_{SR}}\right)^{0.333} \quad (A-3-6)$$

$$F_{SR}=R_{FIL}\left(\frac{14.4\times10^{11}}{n_{SR}}\right)^{0.333}(S.I.) \quad (A-3-6M)$$

式中，R_{FIL}是仅当接头采用双面横向角焊缝时的折减系数。

$$R_{FIL}=\left(\frac{0.06+0.72w/t_p}{t_p^{0.167}}\right)\leqslant 1.0 \quad (A-3-7)$$

$$R_{FIL}=\left(\frac{0.10+1.24w/t_p}{t_p^{0.167}}\right)\leqslant 1.0(S.I.) \quad (A-3-7M)$$

如果 $R_{FIL}=1.0$，则使用应力类别 C 类。

3.4. 螺栓及螺杆

在正常使用荷载作用下螺栓及螺杆的应力幅，不得超过按下列方法计算的容许应力幅：

（1）对于承受剪力作用的机械连接，在正常使用荷载作用下，连接材料的最大应力幅不得超过根据式（A-3-1）所计算的容许应力幅，其中 C_f 和 F_{TH} 由表 A-3-1 的第 2 部分给出。

（2）对于高强螺栓、普通螺栓和采用切割、磨削或轧制螺纹的带螺纹的锚栓，因所作用的轴拉力和撬力作用所产生附加弯矩作用，在净受拉面积上的最大拉应力幅不得超过根据式（A-3-8）或式（A-3-8M）计算的容许应力幅（对应于应力类别 G 类）。其净受拉面积 A_t 根据式（A-3-9）或式（A-3-9M）计算。

$$F_{SR}=\left(\frac{3.9\times10^8}{n_{SR}}\right)^{0.333}\geqslant 7 \quad (A-3-8)$$

$$F_{SR}=\left(\frac{1.28\times10^{11}}{n_{SR}}\right)^{0.333}\geqslant 48(S.I.) \quad (A-3-8M)$$

$$A_t=\frac{\pi}{4}\left(d_b-\frac{0.9743}{n}\right)^2 \quad (A-3-9)$$

$$A_t=\frac{\pi}{4}(d_b-0.9382p)^2(S.I.) \quad (A-3-9M)$$

式中 d_b——公称直径（螺栓杆直径），in(mm)；

n——每英寸的螺纹数（每毫米的螺纹数）；

p——螺距，in/每道螺纹（mm/每道螺纹）。

当接头所连接的材料不限于是钢材，或者螺栓接头的预紧力不符合表 J3-1 或表 J3-1M 的要求时，应假定所有作用在连接上的轴向荷载和因撬力作用所产生附加弯矩仅仅由螺栓或螺杆承担。

当接头所连接的材料只是钢材，或者螺栓接头的预紧力符合表 J3-1 或表 J3-1M 的要求时，可以用被连接板件和螺栓的相对刚度，来确定在全部正常使用活荷载和因撬力作用所产生附加弯矩作用下在预紧螺栓中的受拉应力幅。另外，可以假定螺栓的应力幅等于由荷载绝对值（包括由恒载、活载及其他荷载组成的正常使用荷载所产生的轴向荷载和弯矩）的 20%，在净受拉面积上产生的应力幅。

3.5. 制作和安装的特殊要求

沿构件纵向的焊缝衬板（如果有）可以留在原处，并应保持连续。如果必须采用长缝拼接，则焊缝衬板应使用全熔透对接与母材连接，并在接头装配前进行仔细的打磨。留在原处的纵向焊缝衬板应使用连续角焊缝与母材连接。

在受拉力作用的横向连接接头中，如果有焊缝衬板，则焊接后应将其移除并在焊缝背部清根且进行再焊接。

在采用横向全熔透坡口焊缝的 T 型和角接接头中，应在其凹角处增加焊缝加强高尺寸不小于 1/4in(6mm) 的角焊缝。

承受循环应力（包括拉应力）变化作用的焰切割边缘，其表面粗糙度不得超过 1000μin(25μm)（参考 ASME B46.1《表面结构特征（表面粗糙度、波浪度及分层)》)。

使用说明：可以采用 AWS C4.1 中的样本 3 来评估是否符合这一要求。

当采用预钻孔、留量冲孔及铰孔方式成孔或采用焰切割弧度成型时，切口、梁翼缘切除及过焊孔处的凹角半径应不小于 3/8in(10mm)，若采用焰切割弧度成型，其切割表面应打磨至有光泽的金属表面。

当横向对接接头位于拉应力区域时，应采用熄弧板以使在收弧时所形成的喷流（cascade）效应处于焊缝收头之外。不得使用端部封板。应移除熄弧板且焊缝端部应与构件边缘齐平。

对于受循环的正常使用荷载作用下的某些贴角焊缝，其端部回焊要求，请参见本规范第 J2.2b 条的相关要求。

表 A-3-1　疲劳设计参数

适用范围	应力类别	常数 C_f	临界值 F_{TH} /ksi(MPa)	可能的初始裂纹点
第 1 部分　没有任何焊接操作的普通钢材				
1.1 轧制或清洁表面之母材（除未涂装的耐候钢以外）。焰切边其表面粗糙度不大于1000μin(25μm)，且无凹角	A	250×10^8	24 (165)	位于没有焊缝和结构连接的区域内
1.2 轧制或清洁表面的、未涂装之耐候钢母材，焰切割其表面粗糙度不大于1000μin(25μm)，且无凹角	B	120×10^8	16 (110)	位于没有焊缝和结构连接的区域内
1.3 带有钻孔或铰孔的构件。带有按附录3 第3.5 条要求制作的翼缘切除、切口、预留洞口（block-outs）或其他几何不连续部位之构件，过焊孔除外	B	120×10^8	16 (110)	位于任何外边缘或孔洞周边
1.4 带有按第 J1.6 条和附录 3 第 3.5 条要求制作的过焊孔之轧制横截面。带有钻孔或铰孔的构件，该孔可用于螺栓连接轻型支撑，来传递较小的支撑力纵向分量	C	44×10^8	10 (69)	位于过焊孔的凹角处或位于任意小孔（用于穿小型连接螺栓）
第 2 部分　机械紧固接头中的被连接钢材				
2.1 采用高强螺栓连接的搭接接头处的母材毛截面，连接接头满足摩擦型连接的全部要求	B	120×10^8	16 (110)	穿过孔附近的毛截面
2.2 采用高强螺栓连接处的母材净截面，连接接头按承压设计，但制作及安装满足摩擦型连接的全部要求	B	120×10^8	16 (110)	孔边的净截面
2.3，其他机械紧固连接接头处的母材净截面，眼杆及销板除外	D	22×10^8	7 (48)	孔边的净截面
2.4 眼杆或销板的母材净截面处	E	11×10^8	4.5 (31)	孔边的净截面

表 A-3-1　疲劳设计参数（续）

典 型 实 例

第 1 部分　没有任何焊接操作的普通钢材

1.1 和 1.2

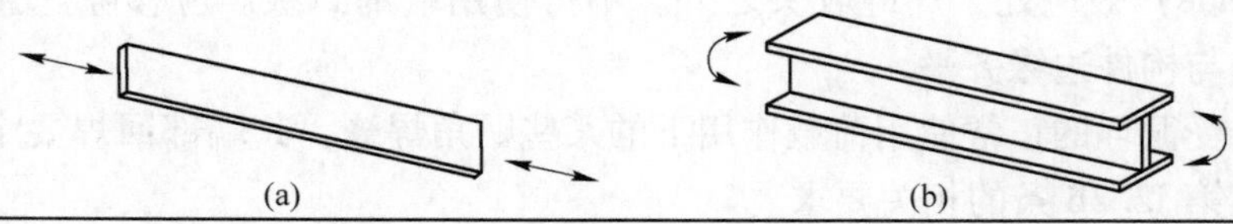

续表 A-3-1

典 型 实 例
第 1 部分　没有任何焊接操作的普通钢材
1.3 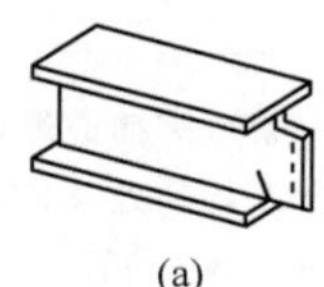 (a) 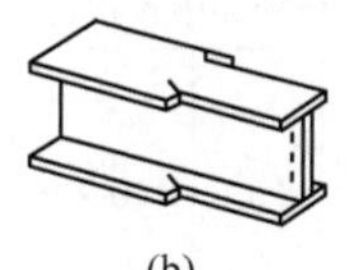 (b) 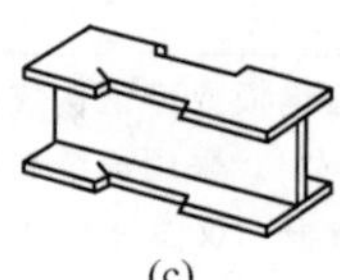 (c)
1.4 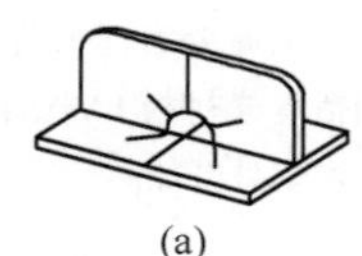 (a) 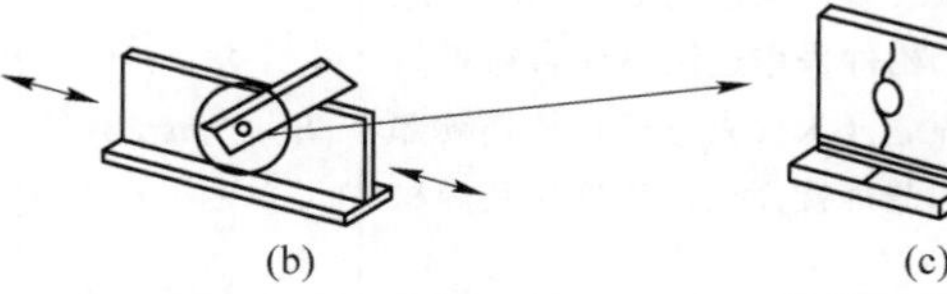 (b) (c)
第 2 部分　机械紧固接头中的被连接钢材
2.1 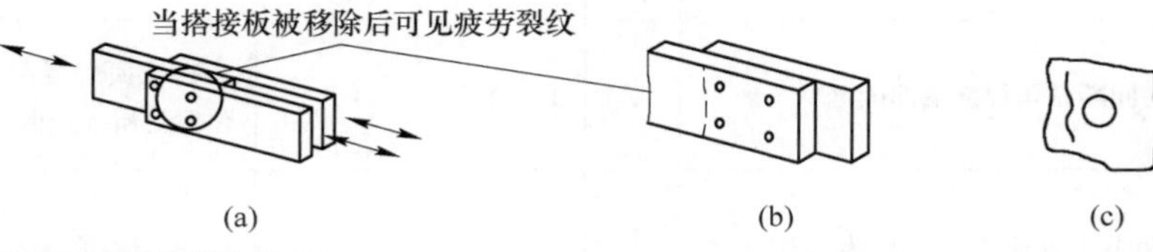 (a) (b) (c) （注：图示为摩擦型螺栓连接）
2.2 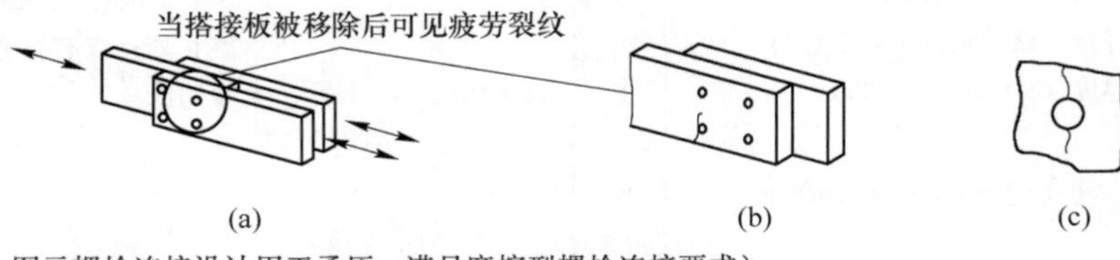 (a) (b) (c) （注：图示螺栓连接设计用于承压，满足摩擦型螺栓连接要求）
2.3 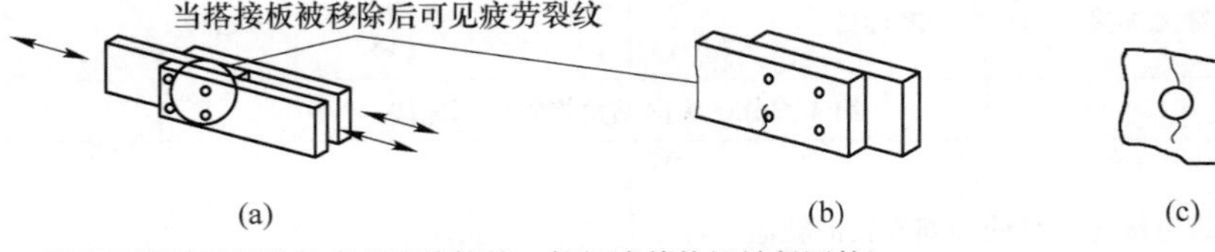 (a) (b) (c) （注：图示为栓紧至紧贴状态的连接螺栓、铆钉或其他机械紧固件）
2.4 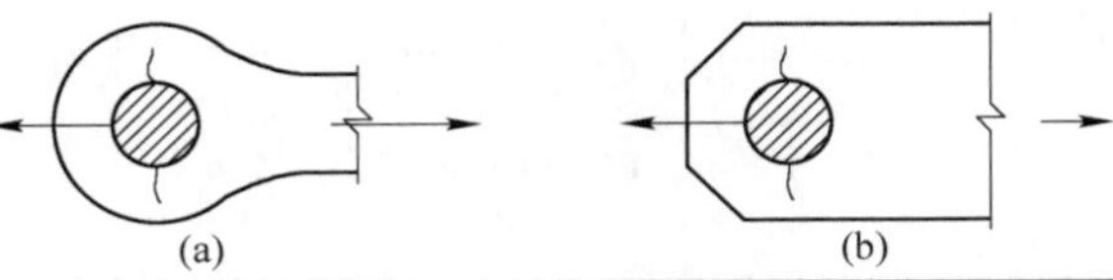 (a) (b)

表 A-3-1　疲劳设计参数（续）

适用范围	应力类别	常数 C_f	临界值 F_{TH} /ksi（MPa）	可能的初始裂纹点
第 3 部分　组合构件中连接部件的焊接接头				
3.1 由钢板或型钢构成的组合构件中之母材和焊材，采用连续纵向熔透坡口焊缝（背部清根、双面焊）或连续角焊缝焊接而成，且母材及焊材上无附加物	B	120×10^8	16 （110）	从焊缝表面或焊缝中的内部不均匀处开始，远离焊缝端部的位置
3.2 由钢板或型钢构成的组合构件中之母材和焊材。构件采用连续纵向带衬板的全熔透坡口焊缝（未移去衬板）或连续部分熔透坡口焊缝焊接而成，且母材及焊材上无附加物	B′	61×10^8	12 （83）	从焊缝表面或焊缝（包括焊缝衬板）中的内部不均匀处开始
3.3 在所连接的组合构件中，过焊孔处纵向焊缝终止位置处的母材	D	22×10^8	7 （48）	从焊缝终止处开始进入腹板或翼缘
3.4 纵向间断贴角焊缝端部的母材	E	11×10^8	4.5 （31）	在任何焊缝起始和终止位置处所连接的金属中
3.5 宽度小于翼缘宽，端部为方形或梯形之局部焊接翼缘盖板（无论其端部与翼缘有无焊接）；盖板宽度大于翼缘宽且其端部与翼缘焊接，该盖板端头处之母材。 翼缘厚度（t_f）≤0.8in(20mm) 翼缘厚度（t_f）>0.8in(20mm)	E E′	11×10^8 3.9×10^8	4.5 （31） 2.6 （18）	翼缘上端部焊缝的趾部；或翼缘上纵向焊缝的终止处；或有宽盖板的翼缘边缘
3.6 宽度大于翼缘的局部焊接盖板，其端部与翼缘无焊接，该端部处之母材	E′	3.9×10^8	2.6 （18）	在盖板端部焊缝处的翼缘边缘
第 4 部分　纵向贴角焊缝端部连接				
4.1 临近有纵向焊缝的端部连接的轴向受力构件之母材。应在构件轴线两侧设置焊缝，以平衡焊接应力。 t≤0.5in(12mm) t>0.5in(12mm)	E E′	11×10^8 3.9×10^8	4.5 （31） 2.6 （18）	从任何焊缝的终止点开始延伸至母材

表 A-3-1 疲劳设计参数（续）

典 型 实 例

第3部分 组合构件中连接板件的焊接接头

3.1

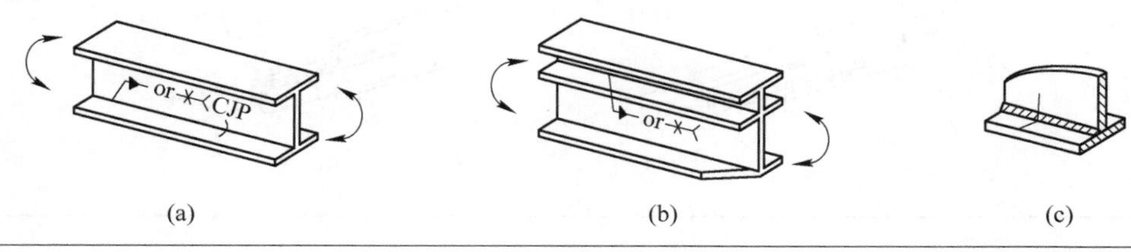

3.2

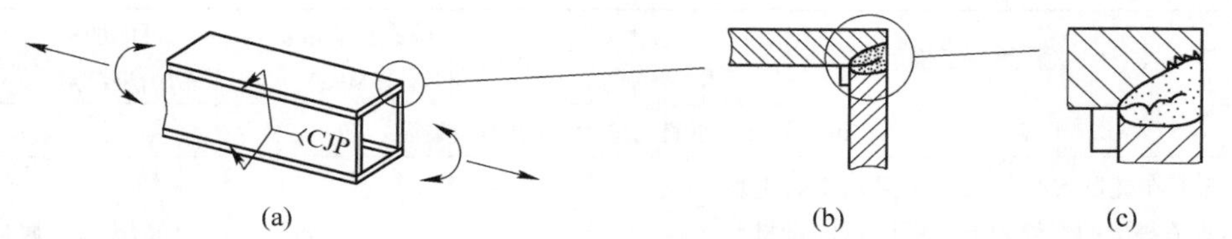

3.3

3.4

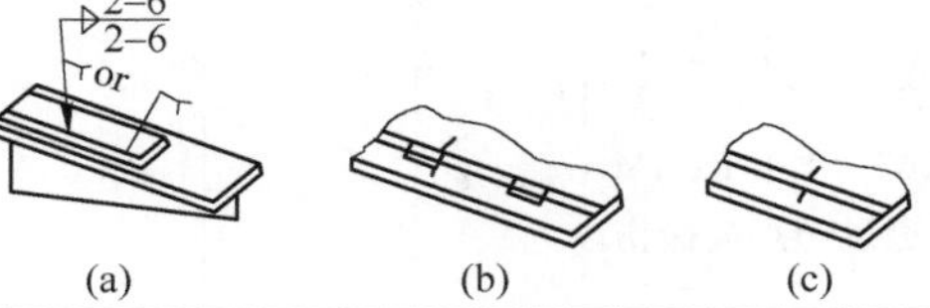

3.5

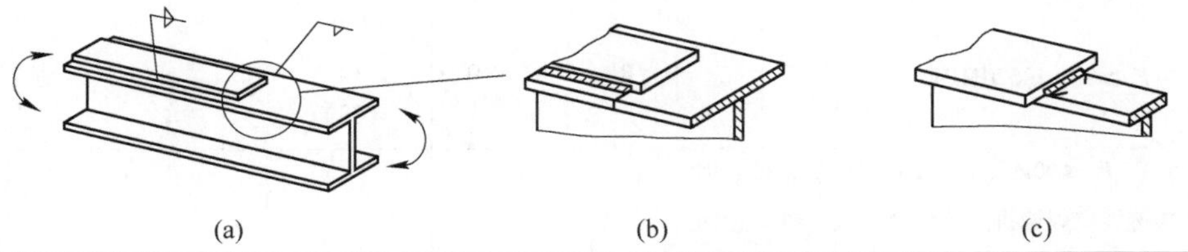

3.6

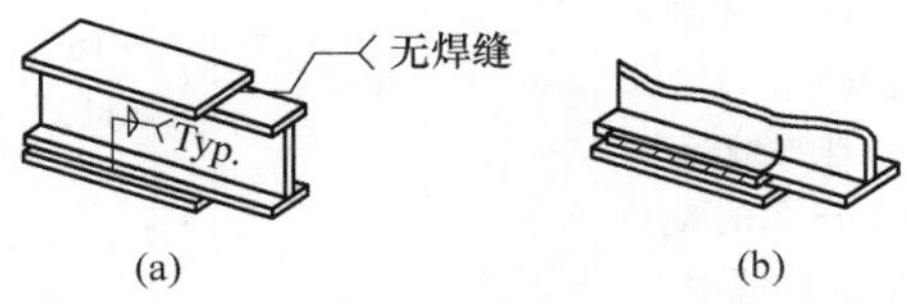

续表 A-3-1

典 型 实 例
第 4 部分 纵向贴角焊缝端部连接
4.1  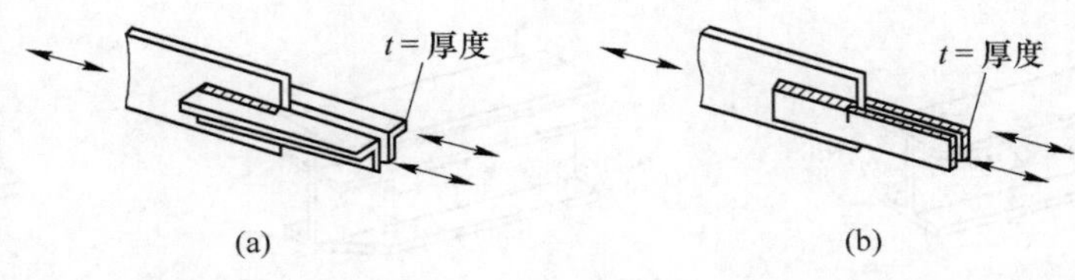

表 A-3-1 疲劳设计参数（续）

适 用 范 围	应力类别	常数 C_f	临界值 F_{TH} /ksi(MPa)	可能的初始裂纹点
第 5 部分 垂直与应力方向的焊接接头				
5.1 在轧制或焊接形材中采用全熔透坡口焊缝拼接的焊缝内或焊缝附近的母材和焊材，沿应力作用平行方向的拼接焊缝基本上打磨平整，且焊缝已按 AWS D1.1/D1.1M 第 6.12 或 6.13 条的要求通过超声波探伤或射线探伤确定其可靠性	B	120×10^8	16 (110)	从焊缝填充金属内部不连续处或沿熔合边界处
5.2 采用全熔透坡口焊缝拼接的焊缝内或焊缝附近的母材和焊材，沿应力作用平行方向的拼接焊缝基本上打磨平整，拼接焊缝沿厚度或宽度制成斜度不超过 $1:2\frac{1}{2}$ 的过渡区，且焊缝已按 AWS D1.1/D1.1M 第 6.12 或 6.13 条的要求通过超声波探伤或射线探伤确定其可靠性。				从焊缝填充金属内部不连续处或沿熔合边界处；或当 $F_y \geqslant$ 90ksi(620MPa) 时，在过渡区的起始点处
$F_y<90$ksi(620MPa)	B	120×10^8	16 (110)	
$F_y\geqslant90$ksi(620MPa)	B′	61×10^8	12 (83)	
5.3 $F_y\leqslant90$ksi(620MPa) 的母材和采用全熔透坡口焊缝拼接的焊缝内或焊缝附近的焊材，沿应力作用平行方向的拼接焊缝基本上打磨平整，拼接焊缝沿宽度方向制成曲率半径不小于 2ft(600mm) 的过渡区，过渡区的切点在坡口焊缝的端头，且焊缝已按 AWS D1.1/D1.1M 第 6.12 或 6.13 条的要求通过超声波探伤或射线探伤确定其可靠性	B	120×10^8	16 (110)	从焊缝填充金属内部或沿熔合边界不连续处

续表 A-3-1

适 用 范 围	应力类别	常数 C_f	临界值 F_{TH} /ksi(MPa)	可能的初始裂纹点
第5部分　垂直与应力方向的焊接接头				
5.4 在T型、角接或拼接接头中采用全熔透坡口焊缝连接，焊缝趾部内或焊缝趾部附近的母材和焊材，拼接焊缝沿厚度方向有（或没有）斜度不大于 $1:2\frac{1}{2}$ 的过渡区，不去除拼接焊缝的加强高，且焊缝已按 AWS D1.1/D1.1M 第6.12 或6.13 条的要求通过超声波探伤或射线探伤确定其可靠性	C	44×10^8	10 (69)	从焊缝趾部表面不连续处延伸至母材或焊材

表 A-3-1　疲劳设计参数（续）

典 型 实 例

第5部分　垂直于应力方向的焊接接头

5.1

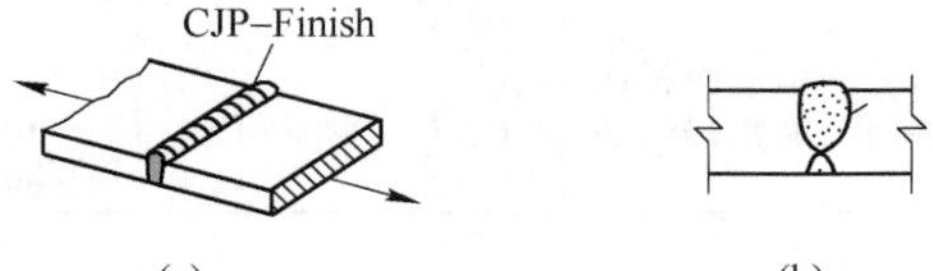

CJP−Finish

(a)　(b)

5.2

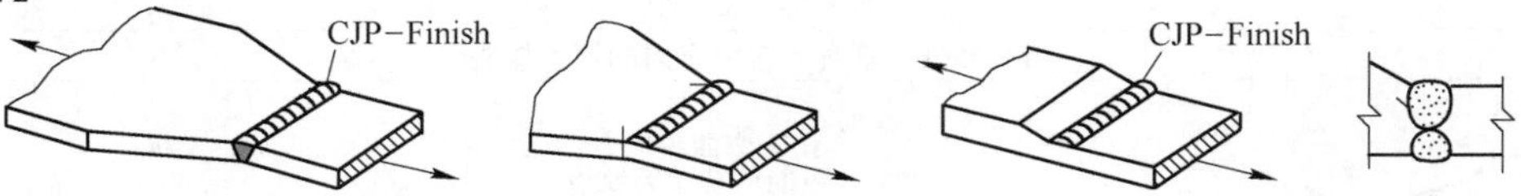

CJP−Finish　CJP−Finish

(a)　(b)　(c)　(d)

$F_y \geqslant 90$ksi(620MPa)
Cat.B′

5.3

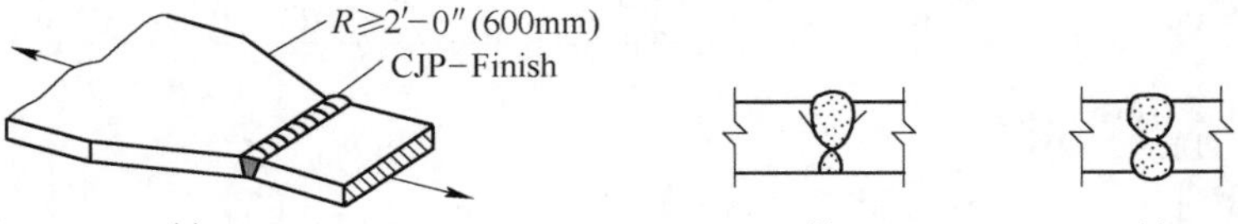

$R\geqslant 2'-0''$ (600mm)
CJP−Finish

(a)　(b)　(c)

$F_y \geqslant 90$ksi(620MPa)
Cat.B′

5.4

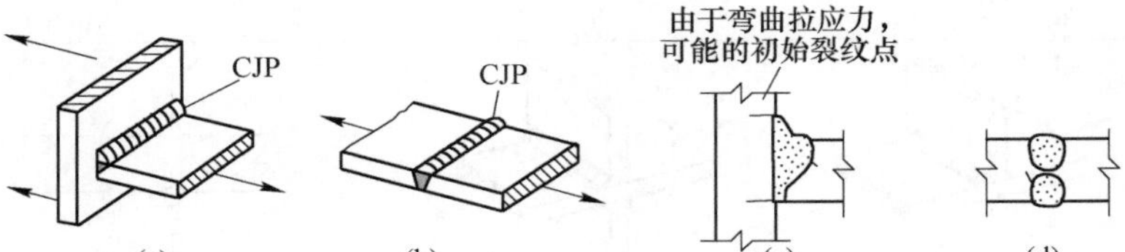

CJP　CJP　由于弯曲拉应力，可能的初始裂纹点

(a)　(b)　(c)　(d)

表 A-3-1 疲劳设计参数（续）

适用范围	应力类别	常数 C_f	临界值 F_{TH} /ksi(MPa)	可能的初始裂纹点
第 5 部分 垂直于应力方向的焊接接头				
5.5 在对接、T 型或角接接头中，采用部分熔透坡口焊缝的受拉板件横向端部连接处的母材和焊材，带有加强高的角焊缝，F_{SR}应取焊缝趾部裂纹或根部裂纹容许应力幅的较小值。 裂纹从焊缝趾部开始： 裂纹从焊缝根部开始：	 C C′	 44×10^8 式（A-3-4）或式（A-3-4M）	 10 (69) 没有提供	从焊缝趾部几何不连续处开始，延伸至母材； 从受拉的焊缝根部开始，延伸至焊缝并贯穿焊缝
5.6 在采用双面贴角焊缝的受拉板件横向端部连接处的母材和焊材，F_{SR}应取焊缝趾部裂纹或根部裂纹容许应力幅的较小值。 裂纹从焊缝趾部开始： 裂纹从焊缝根部开始：	 C C″	 44×10^8 式（A-3-5）或式（A-3-5M）	 10 (69) 未提供	从焊缝趾部几何不连续处开始，延伸至母材； 从受拉焊缝的根部开始，延伸至焊缝并贯穿焊缝
5.7 在受拉板件、板梁和轧制梁的腹板或翼缘上，紧邻焊接横向加劲肋的贴角焊缝的趾部附近的母材	C	44×10^8	10 (69)	从角焊缝趾部几何不连续处开始，延伸至母材

表 A-3-1 疲劳设计参数（续）

典 型 实 例

第 5 部分 垂直于应力方向的焊接接头

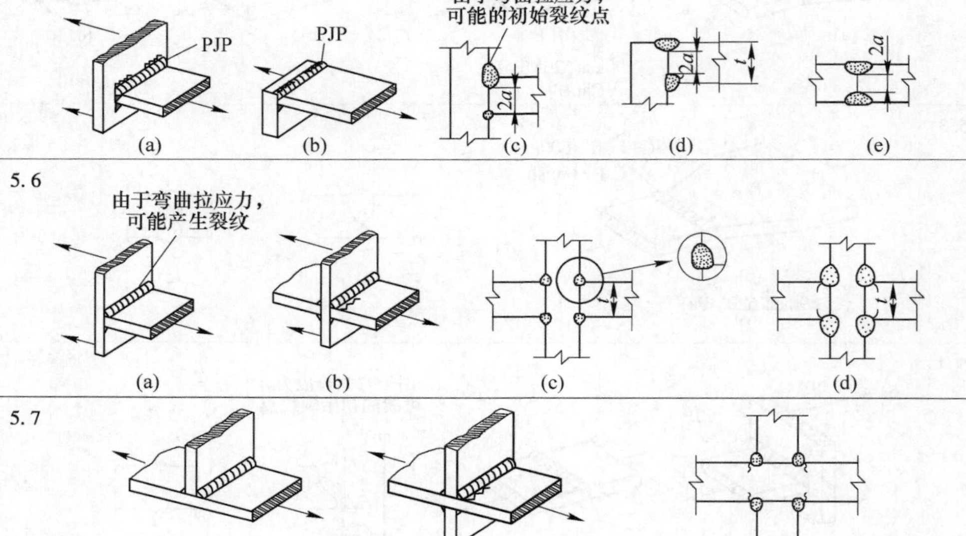

表 A-3-1 疲劳设计参数（续）

适用范围	应力类别	常数 C_f	临界值 F_{TH} /ksi(MPa)	可能的初始裂纹点
第6部分 在焊接横向构件连接处的母材				
6.1 采用全熔透坡口焊缝与附件连接的母材，母材仅承受纵向荷载，母材到附件的过渡曲率半径为 R，焊缝端部打磨光滑，且焊缝已按 AWS D1.1/D1.1M 第 6.12 或 6.13 条的要求通过超声波探伤或射线探伤确定其可靠性。				
$R \geqslant 24$in(600mm)	B	120×10^8	16 (110)	靠近构件边缘的弧形相切点
6in $\leqslant R <$ 24in (150mm $\leqslant R <$ 600mm)	C	44×10^8	10 (69)	
2in $\leqslant R <$ 6in (50mm $\leqslant R <$ 150mm)	D	22×10^8	7 (48)	
$R <$ 2in(50mm)	E	11×10^8	4.5 (31)	
6.2 采用全熔透坡口焊缝与附件连接的母材，附件与母材的厚度相同，母材承受横向荷载（受或不受纵向荷载），母材到附件的过渡曲率半径为 R，焊缝端部打磨光滑，且焊缝已按 AWS D1.1/D1.1M 第 6.12 或 6.13 条的要求通过超声波探伤或射线探伤确定其可靠性。				
当去除焊缝的加强高时：				靠近弧形相切点，或在焊缝中、熔合边界处、构件或附件中；
$R \geqslant 24$in(600mm)	B	120×10^8	16 (110)	
6in $\leqslant R <$ 24in (150mm $\leqslant R <$ 600mm)	C	44×10^8	10 (69)	
2in $\leqslant R <$ 6in (50mm $\leqslant R <$ 150mm)	D	22×10^8	7 (48)	
$R <$ 2in(50mm)	E	11×10^8	4.5 (31)	
当未去除焊缝的加强高时：				
$R \geqslant 24$in(600mm)	C	44×10^8	10 (69)	在焊缝趾部或沿构件或附件的边缘
6in $\leqslant R <$ 24in (150mm $\leqslant R <$ 600mm)	C	44×10^8	10 (69)	
2in $\leqslant R <$ 6in (50mm $\leqslant R <$ 150mm)	D	22×10^8	7 (48)	
$R <$ 2in(50mm)	E	11×10^8	4.5 (31)	

表 A-3-1 疲劳设计参数（续）

典 型 实 例

第 6 部分 在焊接横向构件连接处的母材

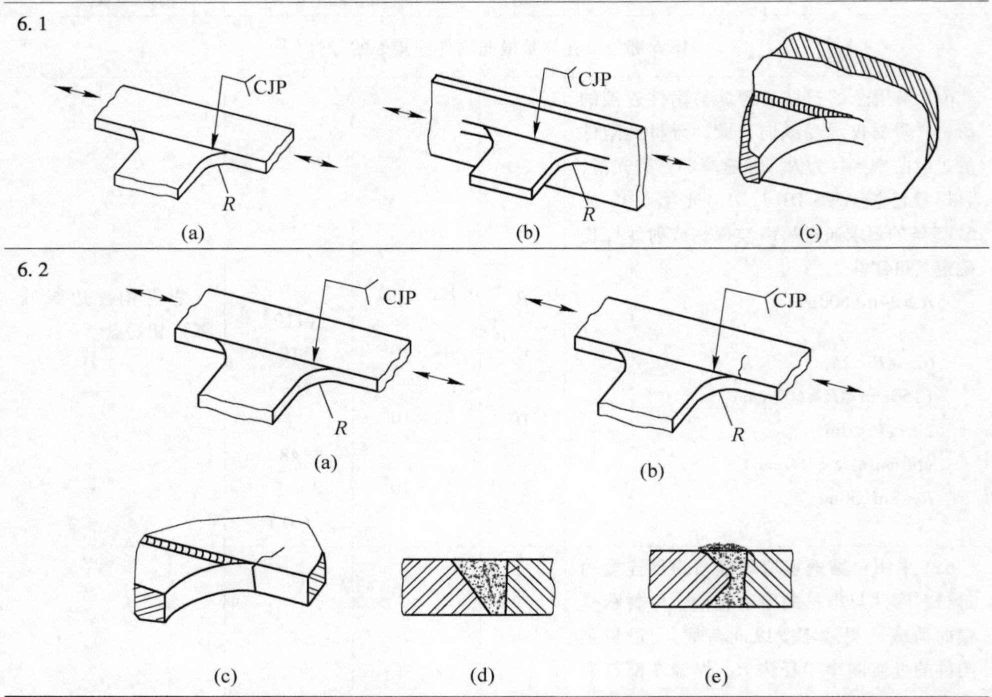

表 A-3-1 疲劳设计参数（续）

适 用 范 围	应力类别	常数 C_f	临界值 F_{TH} /ksi(MPa)	可能的初始裂纹点
第 6 部分 在焊接横向构件连接处的母材				
6.3 采用全熔透坡口焊缝与附件连接的母材，附件与母材的厚度不相等，母材承受横向荷载（受或不受纵向荷载），母材到附件的过渡曲率半径为 R，焊缝端部打磨光滑，且焊缝已按 AWS D1.1/D1.1M 第 6.12 或 6.13 条的要求通过超声波探伤或射线探伤确定其可靠性。 当去除焊缝的加强高时： $R>2$in(50mm) $R\leqslant 2$in(50mm) 当未去除焊缝的加强高时： 任意曲率半径	D E E	22×10^8 11×10^8 11×10^8	7 (48) 4.5 (31) 4.5 (31)	在沿较薄母材边缘的焊缝趾部； 在小过渡曲率半径的焊缝终止处； 在沿较薄母材边缘的焊缝趾部

续表 A-3-1

适 用 范 围	应力类别	常数 C_f	临界值 F_{TH} /ksi(MPa)	可能的初始裂纹点
第6部分 在焊接横向构件连接处的母材				
6.4 承受横向构件中纵向应力（受或不受横向应力）作用的母材，采用与应力方向平行的贴角焊缝或部分熔透坡口焊缝与附件焊接，母材至附件的弧形过渡曲率半径为 R，焊缝端部打磨光滑。				从焊缝终止处或焊缝趾部的母材开始，延伸至母材
$R>2$in(50mm)	D	22×10^8	7 (48)	
$R\leqslant2$in(50mm)	E	11×10^8	4.5 (31)	

表 A-3-1 疲劳设计参数（续）

典 型 实 例

第6部分 在焊接横向构件连接处的母材

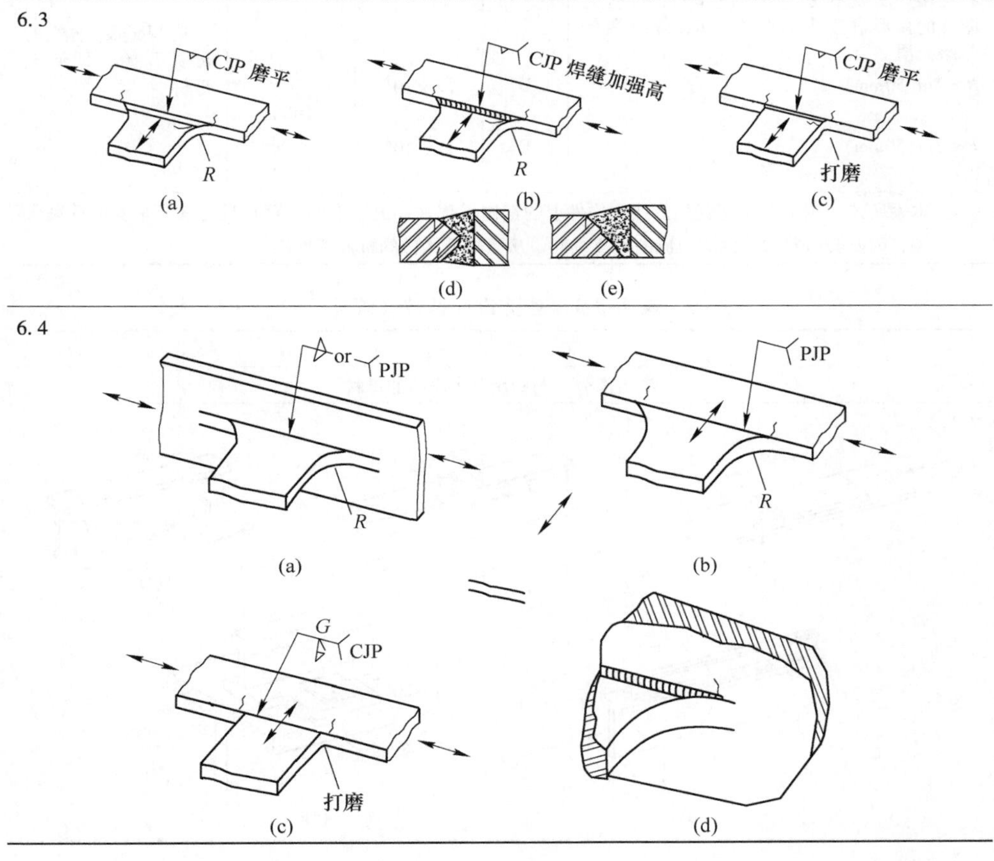

表 A-3-1　疲劳设计参数（续）

适　用　范　围	应力类别	常数 C_f	临界值 F_{TH} /ksi(MPa)	可能的初始裂纹点
第 7 部分　与短附件①连接的母材				
7.1 承受纵向荷载作用的母材，母材采用平行于或垂直于应力方向的贴角焊缝与附件焊接，连接处母材至附件之间无弧形过渡，在应力方向的连接长度为 a，附件的高度为 b：				从焊缝终止处或焊缝趾部的母材开始，延伸至母材
$a<2$in(50mm)	C	44×10^8	10 (69)	
2in(50mm) $\leqslant a \leqslant 12b$ 或 4in(100mm) 中小者	D	22×10^8	7 (48)	
$a>4$in(100mm) 当 $b>0.8$in(20mm)	E	11×10^8	4.5 (31)	
$a>12b$ 或 4in(100mm) 中小者 当 $b\leqslant0.8$in(20mm)	E′	3.9×10^8	2.6 (18)	
7.2 承受纵向应力作用的母材，母材采用角焊缝或部分熔透坡口焊缝与附件焊接，在连接处受或不受横向荷载作用，母材至附件的弧形过渡曲率半径为 R，焊缝端部打磨光滑：				从焊缝终止处的母材开始，延伸至母材
$R>2$in(50mm)	D	22×10^8	7 (48)	
$R\leqslant2$in(50mm)	E	11×10^8	4.5 (31)	

① 本表所述“附件”是指任何焊接到构件上的钢制零配件，由于附件的存在且与其所承受的荷载无关，因此会引起构件内应力流的不连续性，从而降低构件的抗疲劳性能。

表 A-3-1　疲劳设计参数（续）

典　型　实　例

第 7 部分　与短附件①连接的母材

7.1

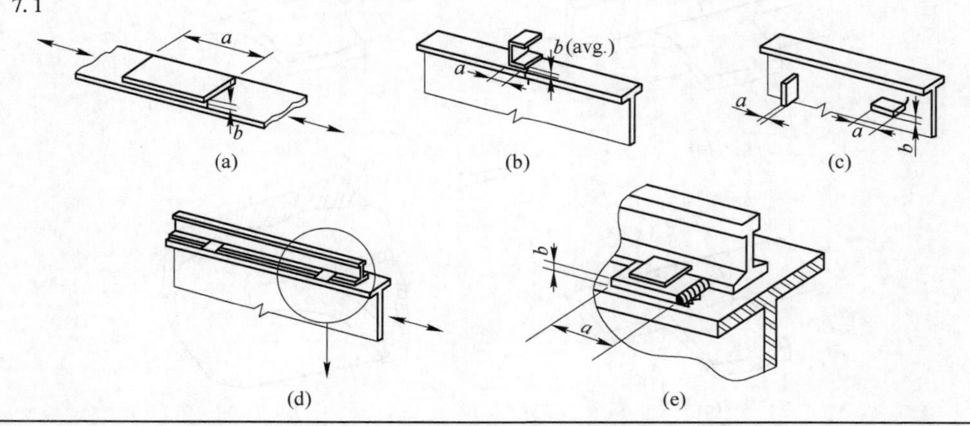

续表 A-3-1

典　型　实　例
第7部分　与短附件①连接的母材
7.2 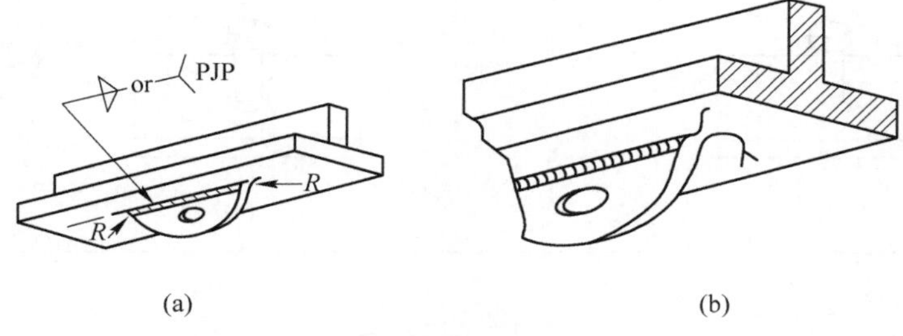 (a)　(b)

表 A-3-1　疲劳设计参数（续）

适　用　范　围	应力类别	常数 C_f	临界值 F_{TH} /ksi(MPa)	可能的初始裂纹点
第8部分　其他				
8.1 在采用贴角焊或电弧栓钉焊连接的栓钉抗剪件处的母材	C	44×10^8	10 (69)	母材上的焊缝趾部
8.2 连续的或间断的纵向或横向的贴角焊缝的焊喉受剪	F	150×10^{10} 式(A-3-2) 或式(A-3-2M)	8 (55)	从贴角焊缝的焊根开始，延伸进入焊缝
8.3 在塞焊缝或槽焊缝处的母材	E	11×10^8	4.5 (31)	从塞焊缝或槽焊缝端部的母材开始，延伸进入母材
8.4 塞焊缝或槽焊缝受剪	F	150×10^{10} 式(A-3-2) 或式(A-3-2M)	8 (55)	从接触面处焊缝开始，焊缝
8.5 栓紧至紧贴状态的高强螺栓、普通螺栓，采用刻丝、磨削或滚丝工艺的带螺纹锚栓和吊杆。在因活荷载及当有撬力作用而产生拉应力区域上的应力幅	G	3.9×10^8	7 (48)	从螺纹的根部开始，延伸进入紧固件

表 A-3-1　疲劳设计参数（续）

典　型　实　例

第 8 部分　其他

8.1

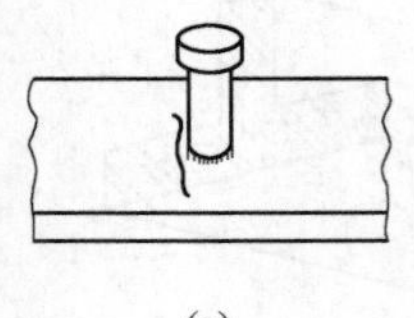

(a)

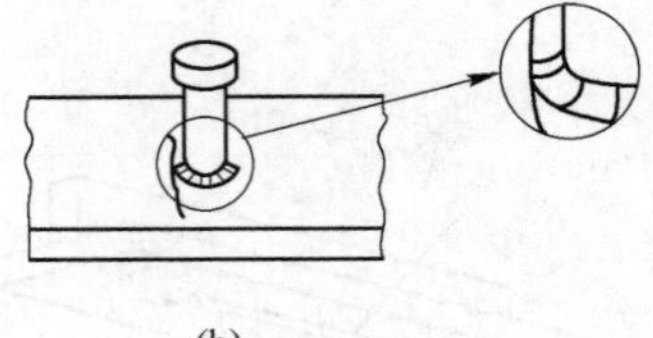

(b)

8.2

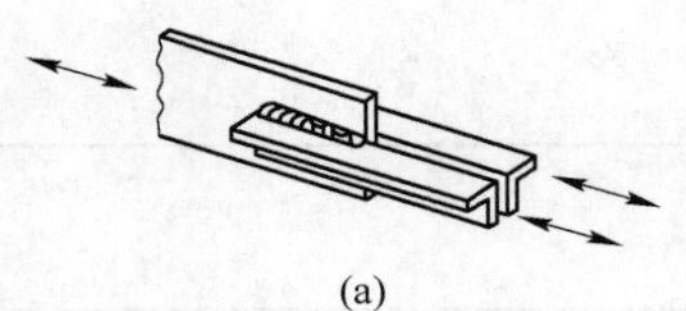

(a)

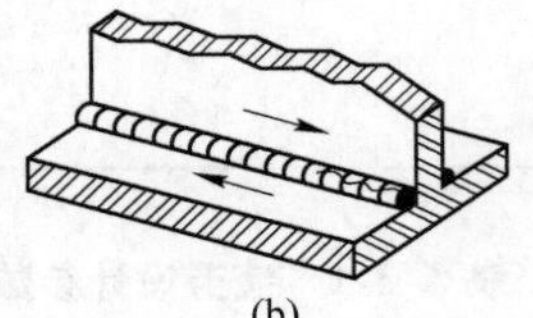

(b)

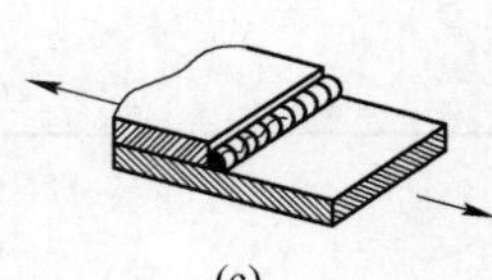

(c)

8.3

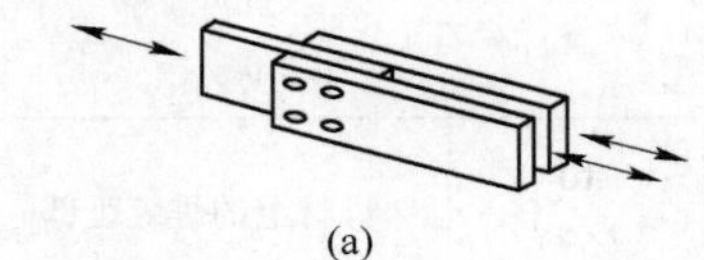

(a)

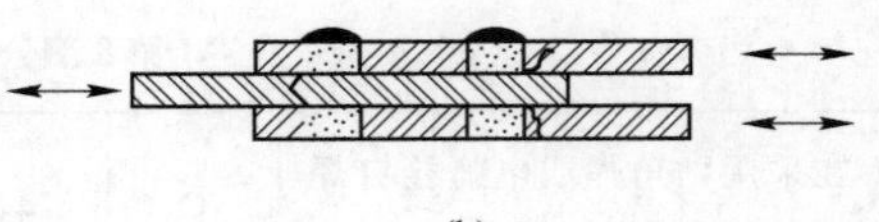

(b)

8.4

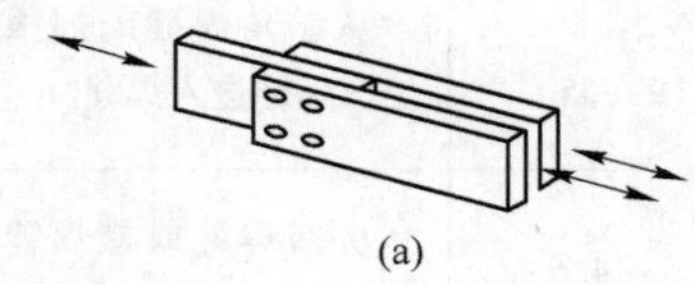

(a)

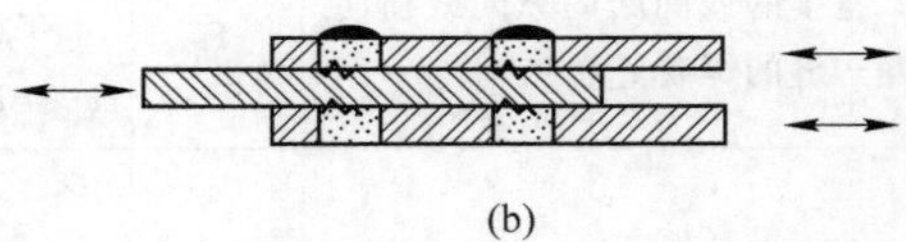

(b)

8.5

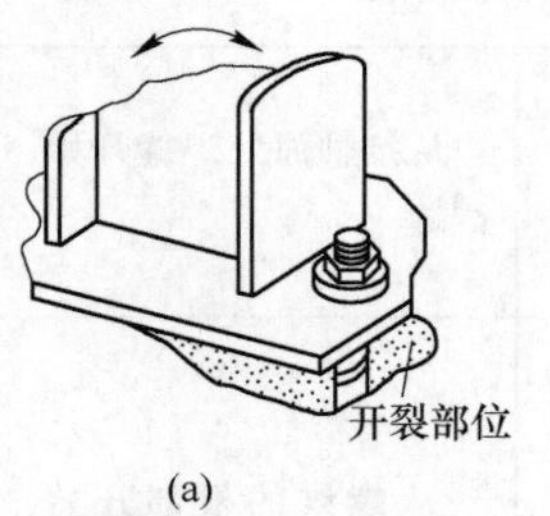

(a)

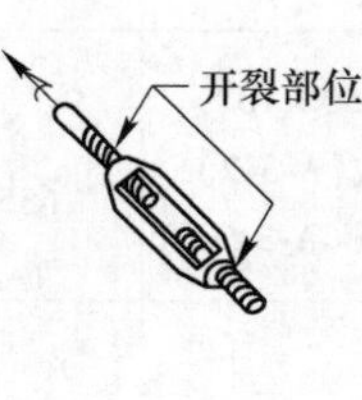

(b)

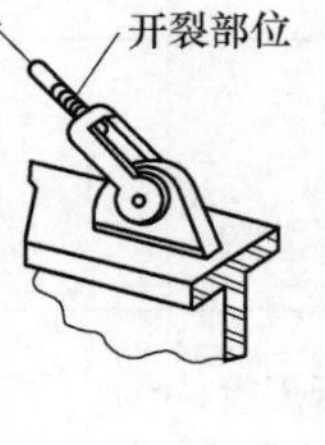

(c)

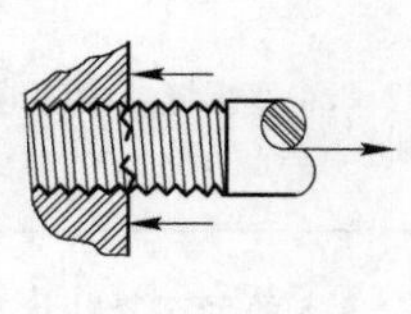

(d)

附录 4　火灾条件下的结构设计

本附录提供了在火灾条件下钢结构部件、体系及框架的设计和评估标准。这些标准确定了在高温条件下材料的热输入、热膨胀和力学性能退化，以及由此导致的在高温条件下结构构件和体系的承载力和刚度的逐渐降低。

本附录由下列部分组成：

4.1 一般规定

4.2 采用分析方法进行火灾条件下的结构设计

4.3 采用认证测试方法（Qualification Testing）进行设计

4.1. 一般规定

本附录所介绍的方法提供了法规性的资料，旨在与本章节中所概述的设计用途保持一致。

4.1.1. 性能目标

所设计的结构部件、构件和建筑框架体系，在经受设计基准火灾时，应能保持其承载功能，并满足建筑物使用类别所规定的其他性能要求。

在所提供的结构抗火方法或防火隔断的设计标准中所采用的变形准则，需考虑承重结构的变形。

在火灾区域内，根据设计基准火灾产生的力和变形不应引起水平或竖向防火隔断的破坏。

4.1.2. 采用工程分析方法进行设计

可以采用本附录第 4.2 条中的分析方法进行设计，来论证钢框架在遭受设计基准火灾场景（design-basis fire scenarios）时的预期性能。第 4.2 条中的方法提供了与第 4.1.1 款中所设立的性能目标一致的合规性证据。

如现行的建筑法规和规范许可，可以采用第 4.2 条中的分析方法来证明所代换材料或改变的方法具有相同的功能。

采用本附录第 4.2 条的要求进行火灾条件下的结构设计时，应根据第 B3.3 条的规定，使用荷载和抗力分项系数设计方法（LRFD）。

4.1.3. 采用认证测试方法进行设计

允许采用本附录第 4.3 条中的认证测试方法进行设计，来论证钢框架在遭受现行建筑法规中所规定的标准火灾试验时的抗火性能。

4.1.4. 荷载组合及承载力

应根据下列重力荷载组合确定结构及其构件的承载力：

$$[0.9\ or\ 1.2]D + T + 0.5L + 0.2S \tag{A-4-1}$$

式中 D——静荷载标准值；

L——使用活荷载标准值；

S——雪荷载标准值；

T——按第 4.2.1 条规定的设计基准火灾所产生的力及变形之标准值。

按第 C2.2 条所定义的侧向假想荷载 $N_i = 0.002Y_i$，其中 N_i为作用于框架标高 i 处的侧向假想荷载，Y_i为作用于框架标高 i 处、按式（A-4-1）荷载组合求得的重力荷载。除非另有规定，D、L 和 S 为 ASCE/SEI 7 中所规定的荷载标准值。

4.2. 采用分析方法进行火灾条件下的结构设计

可以根据本节的要求，对在高温条件下的结构构件、部件及建筑物框架进行设计。

4.2.1. 设计基准火灾

设计基准火灾应能描述结构的受热状态。该受热状态应与假设的着火区域内的燃料品种和防火隔断的特性相关。当确定总的燃烧荷载时，应考虑使用空间的燃烧荷载密度。应根据火灾所产生的上部气体层的热通量或温度来确定加热状态。应在火灾持续时间内确定加热状态随时间的变化。

如果现行的建筑法规和规范许可，可以采用第 4.2 条中的分析方法来证明所代换材料或改变的方法具有相同的功能，应按照 ASTM E119 的要求来确定设计基准火灾。

4.2.1.1. 局部火灾

对于火灾的热释放率不足以导致轰燃的区域，应假设只发生局部火灾。在这种情况下，应根据燃料成分、燃料摆放的位置及燃料所占的楼层面积来确定火焰和烟气流对结构产生的辐射热流量。

4.2.1.2. 轰燃后区域火灾

对于火灾的热释放速率足以导致轰燃的区域，应假定会发生轰燃后区域火灾。

对于火灾的热释放速率足以导致轰燃的区域，应根据燃烧荷载、空间通风性质（自然和机械）、防火分区尺寸和分区边界的热工特性来确定因火灾产生的温度与时间的分布关系。

应通过考虑可燃物的总质量（或该空间中的可燃荷载）来确定在某一特定区域的火灾持续时间。在局部火灾或者轰燃后分区火灾的情况下，火灾持续时间应为可燃物的总质量除以质量损失率。

4.2.1.3. 外部火灾

因轰燃后分区火灾所产生的火焰会从窗洞或墙上的其他洞口向外喷射，故应考虑外部结构会暴露在内部火灾通过洞口向外喷射的火焰下。可根据向外喷射火焰的形状和长度，以及火焰与外部钢结构之间的距离，来确定热通量对钢材的影响。应采用第4.2.1.2款所规定的方法来描述区域内火灾的性状。

4.2.1.4. 主动消防系统

当描述基准设计火灾时，应考虑主动消防系统的作用。

如果无喷淋的空间中安装了自动排烟和散热口，应通过计算确定由火灾引起的烟气温度。

4.2.2. 火灾条件下结构体系的温度

在设计基准火灾形成的加热状态作用下，应通过热传导分析确定结构构件、部件及框架中的温度。

4.2.3. 高温条件下的材料强度

应根据试验数据确定高温条件下的材料特性。如果缺乏这种数据，可以采用本节所规定的材料特性。对于屈服强度超过65ksi(448MPa)的钢材，或规定抗压强度超过8000psi(55MPa)的混凝土，这些关系不再适用。

4.2.3.1. 热伸长率

热膨胀系数应按以下规定取值：

（1）结构用钢材和钢筋：当计算温度超过150℉(65℃)时，其热膨胀系数应取7.8×10^{-6}/℉(1.4×10^{-5}/℃)。

（2）普通混凝土：当计算温度超过150℉(65℃)时，其热膨胀系数应取

1.0×10^{-5}/℉(1.8×10^{-5}/℃)。

(3) 轻质混凝土：当计算温度超过 150℉(65℃) 时，其热膨胀系数应取 4.4×10^{-6}/℉(7.9×10^{-6}/℃)。

4.2.3.2. 高温条件下的力学特性

在框架结构分析中应考虑结构构件、部件及结构体系的承载力及刚度的退化。结构分析时所采用的高温条件下的 $F_y(T)$，$F_p(T)$，$F_u(T)$，$E(T)$，$G(T)$，$f'_c(T)$，$E_c(T)$ 和 $\varepsilon_{cu}(T)$ 可参见表 A-4.2-1 和表 A-4.2-2，上述数值均以与环境温度下［假定取 68℉(20℃)］的材料特性之比值表示。$F_p(T)$ 是高温条件下的比例极限，可以根据与屈服强度（表 A-4.2-1 规定）之比进行计算，允许在这些表列值之间采取插值。

应根据试验来确定轻质混凝土的 ε_{cu} 值。

表 A-4.2-1 高温条件下的钢材特性

钢材温度/℉[℃]	$k_E = E_m/E$	$k_y = F_{ym}/F_y$	$k_u = F_{um}/F_y$
68 [20]	1.00	1.00	1.00
200 [93]	1.00	1.00	1.00
400 [204]	0.90	1.00	1.00
600 [316]	0.78	1.00	1.00
750 [399]	0.70	1.00	1.00
800 [427]	0.67	0.94	0.94
1000 [538]	0.49	0.66	0.66
1200 [649]	0.22	0.35	0.35
1400 [760]	0.11	0.16	0.16
1600 [871]	0.07	0.07	0.07
1800 [982]	0.05	0.04	0.04
2000 [1093]	0.02	0.02	0.02
2200 [1204]	0.00	0.00	0.00

表 A-4.2-2 高温条件下混凝土特性

混凝土温度/℉[℃]	$K_c = f'_{cm}/f'_c$		$E_c(T)/E_c$	$\varepsilon_c(T)$/%
	普通混凝土	轻质混凝土		普通混凝土
68 [20]	1.00	1.00	1.00	0.25
200 [93]	0.95	1.00	0.93	0.34
400 [204]	0.90	1.00	0.75	0.46
550 [288]	0.86	1.00	0.61	0.58
600 [316]	0.83	0.98	0.57	0.62

续表 A-4.2-2

混凝土温度 /℉[℃]	$K_c = f'_{cm}/f'_c$		$E_c(T)/E_c$	$\varepsilon_c(T)/\%$
	普通混凝土	轻质混凝土		普通混凝土
800 [427]	0.71	0.85	0.38	0.80
1000 [538]	0.54	0.71	0.20	1.06
1200 [649]	0.38	0.58	0.092	1.32
1400 [760]	0.21	0.45	0.073	1.43
1600 [871]	0.10	0.31	0.055	1.49
1800 [982]	0.05	0.18	0.036	1.50
2000 [1093]	0.01	0.05	0.018	1.50
2200 [1204]	0.00	0.00	0.000	0.00

4.2.4. 结构设计要求

4.2.4.1. 结构完整性的一般要求

结构框架应能提供足够的承载力和变形能力，并作为一个结构体系，在规定的变形极限范围内，承受因火灾所产生的结构效应。结构体系设计，应保证在出现局部损坏的情况下能保持其整体稳定。

结构体系应提供连续的荷载传递路径，将全部作用力从易受破坏区域转移到最终承载点。基础应能抵抗外力和适应由设计基准火灾所引起的变形。

4.2.4.2. 承载力要求与变形极限

应通过基于结构力学原理建立的结构数学模型，来证明结构体系与这些要求的一致性，且根据在设计基准火灾作用下所产生的结构构件内力和变形来评价该数学模型。

单个构件应当具有足够的承载力，以承受根据这些规定所确定的剪力、轴力及弯矩。

连接应能发挥其所连接构件的承载力以承受上述作用力（剪力、轴力及弯矩）。在需要提供抗火措施的部位则应考虑其变形标准，因此在设计基准火灾作用下的结构体系或其构件的变形不得超过所规定的极限。

4.2.4.3. 抗火分析方法

4.2.4.3a. 高等抗火分析方法

所有火灾条件下的建筑钢结构设计，均可采用本节的分析方法。设计基准火灾可根据第 4.2.1 条确定。抗火分析应包含对设计基准火灾作用的热响应和力学响应内容。

由于设计基准火灾的作用，热响应会在每个构件处产生一个温度场，并且应同时考虑结构构（部）件和抗火材料与温度相关的热力性能，该热力性能可按第 4. 2. 2 条的要求确定。

当承受按设计基准火灾计算得到的热响应作用时，力学响应会在结构体系中产生力和变形。力学响应需明确考虑随着温度升高而导致的承载力及刚度退化，以及热膨胀和大变形效应。必须在结构设计中体现边界条件和连接的稳定性。材料性能可按第 4. 2. 3 条确定。

最终分析应考虑所有相关的极限状态，如过度的侧移、连接破裂、整体或局部屈曲等。

4. 2. 4. 3b. 简化抗火分析方法

在遭受火灾时，对高温条件下单个构件进行性能评估可以采用本条所述抗火分析方法。

假定在火灾持续过程中，适用于常温条件下的支撑及约束条件（力、弯矩及边界条件）保持不变。

当钢材温度不高于 400℉(204℉）时，确定构件和连接承载力设计值时不应考虑温度的影响。

使用说明：在温度低于 400℉(204℃）时，采用简化抗火分析方法计算构件承载力可以不考虑钢材性能的退化；但是，必须考虑高温所致的力和变形。

（1）受拉构件。

可以采用一维热传导公式模拟受拉构件的热响应，其热输入按第 4. 2. 1 条中的设计基准火灾确定。

应根据第 D 章中的相关规定确定受拉构件的承载力设计值，钢材特性如第 4. 2. 3 条之规定，且假定构件横截面上温度相同，等于最高钢材温度。

（2）受压构件。

可以采用一维热传导公式模拟受压构件的热响应，其热输入按第 4. 2. 1 条中的设计基准火灾确定。

应根据第 E 章中的相关规定确定受压构件的承载力设计值，钢材特性如第 4. 2. 3 条之规定，并使用式（A-4-2）替代式（E3-2）和式（E3-3），计算受弯屈曲的抗压承载力标准值：

$$F_{cr}(T) = \left[0.42\sqrt{\frac{F_y(T)}{F_e(T)}}\right]F_y(T) \qquad \text{(A-4-2)}$$

式中，$F_y(T)$ 是高温条件下的屈服应力；$F_e(T)$ 是根据高温条件下的弹性模型

$E(T)$，按式（E3-4）计算得到的临界屈曲应力，由表 A-4.2-1 的系数可以得到弹性模型 $E(T)$。

（3）受弯构件。

可以采用一维热传导公式模拟受弯构件的热响应，并用于计算下翼缘温度，且假定该下翼缘温度沿整个构件高度是不变的。

应根据第 F 章中的相关规定确定受弯构件的承载力设计值，钢材性能如第 4.2.3 条的规定，并使用式（A-4-3）~式（A-4-10）替代式（F2-2）~式（F2-6），计算侧向无支撑双轴对称构件的侧向扭转屈曲的抗压承载力标准值：

1）当 $L_b \leqslant L_r(T)$ 时：

$$M_n(T) = C_b\left\{M_r(T) + [M_p(T) - M_r(T)]\left[1 - \frac{L_b}{L_r(T)}\right]^{c_x}\right\} \quad (A\text{-}4\text{-}3)$$

2）当 $L_b > L_r(T)$ 时：

$$M_n(T) = F_{cr}(T) \quad (A\text{-}4\text{-}4)$$

式中

$$F_{cr}(T) = \frac{C_b \pi^2 E}{\dfrac{L_b}{r_{ts}}}\sqrt{1 + 0.078\frac{J_c}{S_x h_0}\left(\frac{L_b}{r_{ts}}\right)^2} \quad (A\text{-}4\text{-}5)$$

$$L_r(T) = 1.95 r_{ts}\frac{E(T)}{F_L(T)}\sqrt{\frac{J_c}{S_x h_0} + \sqrt{\left(\frac{J_c}{S_x h_0}\right)^2 + 6.76\left[\frac{F_L(T)}{E(T)}\right]^2}} \quad (A\text{-}4\text{-}6)$$

$$M_r(T) = S_x F_L(T) \quad (A\text{-}4\text{-}7)$$

$$F_L(T) = F_y(k_p - 0.3k_y) \quad (A\text{-}4\text{-}8)$$

$$M_p(T) = Z_x F_y(T) \quad (A\text{-}4\text{-}9)$$

$$c_x = 0.53 + \frac{T}{450} \leqslant 3.0\ (T\ \text{的单位为℉}) \quad (A\text{-}4\text{-}10)$$

$$c_x = 0.6 + \frac{T}{250} \leqslant 3.0\ (T\ \text{的单位为℃})\ (S.I.) \quad (A\text{-}4\text{-}10M)$$

高温条件下的材料性能 $E(T)$ 和 $F_y(T)$，以及系数 k_p 和 k_y 根据表 A-4.2-1 计算，其他项则根据第 F 章的规定。

（4）组合楼板构件。

可以采用一维热传导公式模拟支撑混凝土板的受弯构件的热响应，并用于计算下翼缘的温度。在下翼缘至腹板中点的范围内，其温度不变，从腹板中点至梁的上翼缘之间，其温度则按不超过 25% 的比例线性下降。

应根据第 I 章的相关规定确定组合受弯构件的承载力设计值，其中，钢材屈服应力的降低与通过热响应分析所得的温度变化一致。

4.2.4.4. 承载力设计值

应根据第 B3.3 条的相关要求确定承载力设计值。承载力标准值 R_n 应根据本附录所规定的设计基准火灾作用下的温度，按第 4. 2. 3 条所规定的材料性能进行计算。

4. 3. 采用认证测试方法进行设计

4. 3. 1. 认证标准

钢结构建筑中的结构构（部）件应符合 ASTM E119《建筑材料及结构防火测试标准》中的耐火等级要求。可以采用 ASCE/SFPE 29《结构耐火标准计算方法》（*Standard Calculation Methods for Fire Protection*）第 5 章中所规定的（用于钢结构建筑）方法，来验证其与上述要求的一致性。

4. 3. 2. 受约束的结构构造

对于建筑物中的楼层、屋盖及独立梁，当其周边结构或支撑结构能在预期的高温范围内抵抗热膨胀引起的作用力和适应所产生的变形时，则视此为存在约束条件。支撑混凝土板的钢梁、大梁及框架，通过焊接或螺栓与框架的主构件连接，应视其为受约束的结构构造。

4. 3. 3. 不受约束的结构构造

不支撑混凝土板的钢梁、大梁及框架，应视其为不受约束的，除非把构件焊接或栓接到周围建筑上，且该建筑已专门设计可抵抗由热膨胀产生的影响。

单跨或多跨的端跨支撑在墙上的钢构件，可视其为不受约束结构构造，除了已将墙设计为可以抵抗热膨胀所产生影响的情况以外。

附录 5　对现有结构的评估

本附录适用于承受静力垂直（重力）荷载作用的现有结构的承载力和刚度所进行的评估，可以根据责任工程师或合同文件的规定，采用结构分析、荷载试验或结构分析与荷载试验相结合等方法实施评估工作。在评估工作中，并不局限于第 A3.1 条中所列出的钢材等级。本附录中未包括地震作用或移动荷载（振动）作用下的荷载试验。

本附录由下列部分组成：

5.1. 一般规定

5.2. 材料性能

5.3. 通过结构分析进行评估

5.4. 通过荷载试验进行评估

5.5. 评估报告

5.1. 一般规定

当对现有钢结构采用（1）对一组专门的设计荷载进行检查，或（2）确定承载构件或体系的承载力设计值进行评估时，可以使用本附录中的相关规定。评估工作应根据合同文件的规定，采用结构分析（第 5.3 节）、荷载试验（第 5.4 节），或结构分析和荷载试验相结合的方法予以实施。当采用荷载试验时，责任工程师应首先对结构的相应部分进行分析，编制试验计划，并制定书面的试验程序，以避免在试验过程中出现过大的永久变形或倒塌破坏。

5.2. 材料特性

1. 确定要求进行的试验

责任工程师应根据第 5.2.2 ~ 5.2.6 条的要求确定具体的试验，并指定需要进行试验的位置。若有可能，则可以使用已有工程项目的资料，来减少试验的数量或者不再进行试验。

2. 抗拉性能

在通过结构分析（第 5.3 条）和荷载试验（第 5.4 条）方法对结构进行的评估中，应考虑构件的抗拉性能。抗拉性能应包括屈服应力、抗拉强度及伸长率。由加工制作商或试验机构根据 ASTM A6/A6M 或 A568/A568M 要求，所出具的材料合格试验报告或试验合格报告（如果有的话）也可用作评估依据。否则，应根据 ASTM A370 的要求，从结构构（部）件中取样进行拉伸试验。

3. 化学成分

若需采用焊接对现有结构进行维修或改造时，在编制焊接工艺评定（WPS）时则需要确定钢材的化学成分。由加工制作商或试验机构根据 ASTM 要求，所出具的材料合格试验报告或试验合格报告（如果有的话）也可用作评估依据。否则，应根据 ASTM A751 的要求，对进行拉伸试验的样品或从同一部位取样进行化学成分分析。

4. 母材的冲击韧性

当重型型钢和钢板（见第 A3.1d 条定义）的受拉拼接接头焊缝处于对结构性能十分关键的位置时，则应根据第 A3.1d 条的要求对母材进行夏比冲击韧性试验。如果试验所得的冲击韧性不能满足第 A3.1d 条的要求，责任工程师则应确定是否需要采取补救措施。

5. 焊材

当现有的焊缝连接对结构性能有重大影响时，应在焊缝中具有代表性的部位取样。对焊材的特性进行化学分析和力学性能试验。应确定焊缝缺陷的大小、数量和所带来的后果。如果不能满足 AWS D 1.1/D1.1M 的要求，责任工程师则应确定是否需要采取补救措施。

6. 螺栓和铆钉

应对具有代表性的螺栓样品进行检查，以确定螺栓的标记及等级。当无法通过目测进行确定时，应拆下螺栓样品，并按照 ASTM F606 或 ASTM F606M 的要求进行试验以确定其抗拉强度，并对螺栓进行相应的分类。另外，除非由技术文件或通过试验可以确认其具有更高的强度等级，通常可以假定螺栓等级为 ASTM A307，铆钉等级为 ASTM A502 Grade 1。

5.3. 通过结构分析进行评估

1. 尺寸数据

在评估工作中所使用的所有尺寸应在现场调查中确定，例如跨度、柱高、构件间距、支撑位置、截面尺寸、厚度及连接构造等。另外，若有可能，则可以采用已有工程项目的设计图或加工详图，并对关键数据进行现场核实。

2. 承载力评估

进行承载力评估所采用的结构分析方法应与被评估结构的类型相适应，以确定构件及连接中的作用力（荷载效应）。应根据静力垂直荷载（重力荷载）与本规范第 B2 节所规定的设计荷载组合确定荷载效应。

应根据本规范中第 B ~ K 章中的相应条款，确定构件与连接的承载力设计值。

3. 适用性评估

若有要求时，应进行正常使用荷载作用下的结构变形计算，并在评估报告中给出计算结果。

5.4. 通过荷载试验进行评估

1. 通过试验确定额定荷载

通过试验确定现有楼盖或屋盖结构的额定荷载值，应按照责任工程师的试验计划逐步施加试验荷载。在每个荷载阶段，应对结构出现危险或即将破坏的征兆进行仔细观察检查。如果出现上述现象或遇到其他任何异常情况时，则应采取适当的措施。

结构的试验承载力应取所施加的最大试验荷载加上现场的永久荷载。可以设定试验承载力等于 $1.2D+1.6L$ 来确定楼盖结构的额定活荷载值，其中 D 为静荷载标准值，L 为该结构的活荷载标准值。楼层结构的活荷载标准值不得超过按本规范中的相应规定所得到的活荷载计算值。根据 ASCE/SEI 7 的规定，屋盖结构的 L_r、S 或 R 均以 L 代替。如果现行的建筑法规有要求的话，则应采用更加不利的荷载组合。

一旦达到正常使用荷载水平，且确定结构出现一定数量的永久变形和非弹性变形的非弹性性状后，则应考虑采取间歇性的卸载。在荷载试验过程中，应参考结构加载前的初始状态，控制关键位置的结构变形（如构件变位)。应当证明，在最大试验荷载持续加载一小时的条件下，结构变形的增加量不会超过 10%。如果需要证明试验结果的一致性，则可以重复该试验步骤。

在试验荷载卸除后，对结构变形的记录应再继续 24h，以确定结构的永久变形量。由于具体结构对永久变形量的可接受程度是不同的，因此对在最大荷载作用下的永久变形并没有规定的限制。当无法对整体结构进行荷载试验时，可挑选不少于一个整跨的具有代表性的最不利的区段或区域进行试验。

2. 适用性评估

在确定要进行荷载试验时，施加在结构上的荷载应逐步增加至正常使用荷载水平，应在正常使用试验荷载作用下持续监控变形 1h，然后卸载并记录变形值。

5.5. 评估报告

在完成对现有结构的评估工作以后，应由责任工程师准备结构评估报告。应在报告中说明对结构进行评估是采用结构分析还是采用荷载试验，或采用结构分析与荷载试验相结合的方法。此外，当完成荷载试验后，应在评估报告中给出试验所采用的荷载、荷载组合及试验中观察记录的荷载-变形和时间-变形关系。并且所有从设计图纸、材料试验报告及辅助材料试验中得到的相关信息均应记录在内。最后，评估报告应针对结构（包括所有构件和连接）是否能够承受荷载效应，提出评估结论意见。

附录 6　梁柱构件的稳定支撑

本附录介绍了在柱子、梁或压弯构件中的一个受支撑点所必须满足的最低承载力和刚度要求。

本附录由下列部分组成：

6.1. 一般规定

6.2. 柱支撑

6.3. 梁支撑

6.4. 压弯构件支撑

使用说明：支撑框架体系的稳定性要求可参见第 C 章中的相关内容。本附录中的规定适用于为单独的柱子、梁和压弯构件提供稳定性的支撑构件。

6.1. 一般规定

在端部和中部设有支撑点、旨在满足本附录第 6.2 条规定所设计的柱子，可以按支撑点之间的无支撑（自由）长度 L（该自由长度的有效长度系数 $K=1.0$）来进行设计。在端部和中部设有支撑点、旨在满足本附录第 6.3 条规定所设计的梁构件，则可以按支撑点之间的无支撑（自由）长度 L_b来进行设计。

当支撑与被支撑的构件垂直时，可以直接采用第 6.2 条和第 6.3 条中的计算公式。当支撑与被支撑的构件有倾角时，上述条款中的计算公式应根据夹角进行调整。计算支撑所提供刚度，应考虑构件特性和几何特性，以及连接和锚固构造的影响。

使用说明：在本附录中，介绍了设有侧向支撑的柱子和梁的相对支撑和结点支撑（relative and nodal bracing）体系。针对设有抗扭支撑的梁，介绍了结点支撑和连续支撑体系。相对支撑用以限制被支撑点与相邻支撑点之间的相对变位。结点支撑是用来限制与相邻支撑点无相互影响的被支撑点的变位。连续支撑体系由沿构件全长设置的支撑组成，但是等间距设置的结点支撑体系也可以按连续支撑体系来考虑。

计算支撑的承载力和刚度，可以采用考虑了构件初始不平直度的二阶分析方法，来代替本附录中的相关要求。

6.2. 柱支撑

可以采用相对支撑或结点支撑，沿单个柱构件的长度在其端部和中部设置支撑点。

1. 相对支撑

所要求的支撑承载力为：

$$P_{rb} = 0.004P_r \tag{A-6-1}$$

所要求的支撑刚度为：

$$\beta_{br} = \frac{1}{\phi}\left(\frac{2P_r}{L_b}\right)(\text{LRFD}) \qquad \beta_{br} = \Omega\left(\frac{2P_r}{L_b}\right)(\text{ASD}) \tag{A-6-2}$$

式中，$\phi = 0.75$(LRFD)；$\Omega = 2.00$(ASD)；L_b为无支撑（自由）长度，in(mm)。

当按第 B3.3 条（LRFD 方法）设计时：

P_r——采用 LRFD 荷载组合的轴向受压承载力，kips(N)。

当按第 B3.4 条（ASD 方法）设计时：

P_r——采用 ASD 荷载组合的轴向抗压承载力，kips(N)。

2. 结点支撑

所要求的支撑的承载力为：

$$P_{rb} = 0.01P_r \tag{A-6-3}$$

所要求的支撑的刚度为：

$$\beta_{br} = \frac{1}{\phi}\left(\frac{8P_r}{L_b}\right)(\text{LRFD}) \qquad \beta_{br} = \Omega\left(\frac{8P_r}{L_b}\right)(\text{ASD}) \tag{A-6-4}$$

使用说明：这些计算公式均假定结点支撑沿柱长等间距布置。

式中，$\phi = 0.75$(LRFD)；$\Omega = 2.00$(ASD)。

当按第 B3.3 条（LRFD 方法）设计时：

P_r——采用 LRFD 荷载组合的轴向受压承载力，kips(N)。

当按第 B3.4 条（ASD 方法）设计时：

P_r——采用 ASD 荷载组合的轴向受压承载力，kips(N)。

在式（A-6-4）中，L_b可以不小于基于轴向受压承载力的柱子的最大有效长度 K_L。

6.3. 梁支撑

应在主梁和桁架的支撑点（支座）处设置限制绕其纵轴转动的约束。当设计中在支座之间设有支撑点时，应提供避免梁上、下翼缘产生相对位移（即避免扭曲）的侧向支撑、抗扭支撑或上述两种形式兼有的支撑。在承受双向弯曲的构件中，反弯点不应被视为支撑点，除非在反弯点处设置了支撑。

1. 侧向支撑

除了下列情况外，应在（或靠近）梁受压翼缘处设置侧向支撑：

（1）悬臂梁的自由端，侧向支撑应设置在（或靠近）梁的上（受拉）翼缘处。

（2）当梁承受双向弯曲时，侧向支撑应设置在最靠近反弯点的被支撑点上下翼缘处。

1a. 相对支撑

所要求的支撑承载力为：

$$P_{rb} = 0.008M_rC_d/h_o \tag{A-6-5}$$

所要求的支撑刚度为：

$$\beta_{br} = \frac{1}{\phi}\left(\frac{4P_rM_rC_d}{L_bh_o}\right)(\text{LRFD}) \qquad \beta_{br} = \Omega\left(\frac{4P_rM_rC_d}{L_bh_o}\right)(\text{ASD}) \tag{A-6-6}$$

式中，$\phi=0.75$(LRFD)；$\Omega=2.00$(ASD)；C_d在一般情况下为1.0，对于承受双向弯曲的梁，在最靠近反弯点的支撑，C_d 为2.0；h_o为翼缘形心之间的距离，in (mm)。

当按第 B3.3 条（LRFD 方法）设计时：

M_r——采用 LRFD 荷载组合的受弯承载力，kips(N)。

当按第 B3.4 条（ASD 方法）设计时：

M_r——采用 ASD 荷载组合的受弯承载力，kips(N)。

1b. 结点支撑

所要求的支撑的承载力为：

$$P_{rb} = 0.02M_rC_d/h_o \tag{A-6-7}$$

所要求的支撑的刚度为：

$$\beta_{br} = \frac{1}{\phi}\left(\frac{10P_rM_rC_d}{L_bh_o}\right)(\text{LRFD}) \qquad \beta_{br} = \Omega\left(\frac{10P_rM_rC_d}{L_bh_o}\right)(\text{ASD}) \tag{A-6-8}$$

式中，$\phi=0.75$(LRFD)；$\Omega=2.00$(ASD)。

当按第 B3.3 条（LRFD 方法）设计时：

M_r——采用 LRFD 荷载组合的受弯承载力，kips(N)。

当按第 B3.4 条（ASD 方法）设计时：

M_r——采用 ASD 荷载组合的受弯承载力，kips(N)。

在式（A-6-8）中，L_b可不小于按受弯承载力 M_r的梁最大无支撑（自由）长度。

2. 抗扭支撑

可以在任何截面位置上设置抗扭支撑，且不必将其设置在受压翼缘附近。

使用说明：抗弯连接（刚接）的梁、交叉式构架（cross-frame）或其他横隔板（diaphragm）单元可以作为抗扭支撑。

2a. 结点支撑

所要求的支撑的承载力为：

$$M_{rb} = \frac{0.024 M_r L}{n C_b L_b} \tag{A-6-9}$$

所要求的支撑的刚度为：

$$\beta_{Tb} = \frac{\beta_T}{\left(1 - \frac{\beta_T}{\beta_{sec}}\right)} \tag{A-6-10}$$

式中，

$$\beta_T = \frac{1}{\phi}\left(\frac{2.4LM_r^2}{nEI_yC_b^2}\right)(\text{LRFD}) \qquad \beta_T = \Omega\left(\frac{2.4LM_r^2}{nEI_yC_b^2}\right)(\text{ASD}) \tag{A-6-11}$$

$$\beta_{sec} = \frac{3.3E}{h_0}\left(\frac{1.5h_0t_w^3}{12} + \frac{t_{st}b_s^3}{12}\right) \tag{A-6-12}$$

式中，$\phi = 0.75$(LRFD)；$\Omega = 2.00$(ASD)。

使用说明：在式（A-6-11）中，$\Omega = 1.5^2/\phi = 3.00$，因为弯矩项是平方项。

C_b——第 F 章中定义的修正系数；

E——钢材的弹性模量，取为 29000ksi(200000MPa)；

I_y——平面外的截面惯性矩，in^4(mm^4)；

L——跨度长，in(mm)；

b_s——单侧设置的加劲肋宽度，in(mm)，成对设置加劲肋则为单个加劲肋宽度的两倍；

n——在跨中支点支撑点的数量；

t_w——梁腹板的厚度，in(mm)；

t_{st}——腹板加劲肋的厚度，in(mm)；

β_T——整个支撑体系的刚度，kip · in/rad(N · mm/rad)；

β_{sec}——腹板畸变刚度，考虑了腹板横向加劲肋的影响（如果有的话），kip · in/rad(N · mm/rad)。

使用说明：若 $\beta_{sec} < \beta_T$，则式（A-6-10）为负值，表明由于梁腹板的畸变刚度不足，导致梁的抗扭支撑失效。

当按第 B3.3 条（LRFD 方法）设计时：

M_r——采用 LRFD 荷载组合的抗弯承载力，kips(N)。

当按第 B3.4 条（ASD 方法）设计时：

M_r——采用 ASD 荷载组合的抗弯承载力，kips(N)。

当有要求时，应在被支撑构件的全高设置腹板加劲肋，若翼缘上也设有抗扭支撑，则腹板加劲肋应与翼缘相连。另外，当梁翼缘没有直接与抗扭支撑连接，腹板加劲肋与梁翼缘可以有 $4t_w$ 的间隔。

在式（A-6-9）中，L_b 可以不小于按抗弯承载力 M_r 设置的梁的最大无支撑（自由）长度。

2b. 连续支撑

对于连续支撑，应对式（A-6-9）和式（A-6-10）进行如下修正：

（1）$L/n = 1.0$。

（2）L_b 应取按抗弯承载力 M_r 设置的梁的最大无支撑（自由）长度。

（3）腹板畸变刚度应按下式取值：

$$\beta_{sec} = \frac{3.3Et_w^3}{12h_0} \tag{A-6-13}$$

6.4. 压弯构件支撑

对于压弯构件支撑，应按第 6.2 条的规定计算轴向承载力和刚度，按第 6.3 条的规定计算抗弯承载力和刚度。其计算值应按以下要求进行组合：

（1）当采用相对侧向支撑时，其承载力应取式（A-6-1）和式（A-6-5）计算值的总和，刚度应取式（A-6-2）和式（A-6-6）计算值的总和。

（2）当采用结点侧向支撑时，其承载力应取式（A-6-3）和式（A-6-7）计算值的总和，刚度应取式（A-6-4）和式（A-6-8）计算值的总和，在式（A-6-4）和式（A-6-8）中，压弯构件的 L_b 应取实际的无支撑（自由）长度；第 6.2.2 款中可以取不小于按轴向抗压承载力 P_r 的最大有效长度，以及第 6.3.1b 款中可以取不小于基于抗弯承载力 M_r 的最大无支撑（自由）长度的规定不再适用。

（3）当针对受弯采用抗扭支撑并针对轴向力作用采用相对支撑或支点支撑时，承载力和刚度应根据与实际支撑构件所提供的抗力相一致的方式进行组合或分配。

附录 7　稳定设计的替代方法

在第 C 章中规定了用于稳定设计的直接分析法，本附录介绍了两种稳定设计的替代方法，包括有效长度系数法和一阶分析法。

本附录由下列部分组成：

7.1. 一般稳定要求

7.2. 有效长度法

7.3. 一阶分析法

7.1. 一般稳定要求

应采用本规范中第 C1 节的一般规定。作为直接分析法（第 C1 节和第 C2 节中所规定）的一种替代方法，可以按照第 7.2 条所规定的有效长度设计法或第 7.3 条所规定的一阶分析法，来进行结构稳定设计，但应遵守这些章节中的限制条件。

7.2. 有效长度法

1. 适用条件

有效长度法应受下列条件的限制：

（1）结构主要通过（名义上的）垂直柱、墙或框架来承受重力荷载。

（2）各楼层的最大二阶侧移与最大一阶侧移的比值（两者均为 LRFD 荷载组合或 1.6 倍的 ASD 荷载组合作用下所确定的值）都应不大于 1.5。

使用说明：一个楼层的二阶侧移与一阶侧移的比值可以按 B_2 取值，该 B_2 因子应按附录 8 的要求计算。

2. 承载力计算

应根据第 C2.1 条所要求的分析方法来确定构件的承载力，除了没有采用第 C2.3 条中所要求的刚度折减的情况；所有钢构（部）件应使用公称刚度。应按照第 C2.2b 条的要求，施加假想水平荷载进行分析。

使用说明： 由于所有适合使用有效长度法的情况可以满足第 C2.2b(4) 款中所规定的条件，因此假想水平荷载仅适用于与重力荷载组合的工况。

3. 有效承载力

应按照第 D ~ H、J 和 K 各章的相关规定（视具体情况而定），计算构件和连接的有效承载力。

受压构件的有效长度系数 K 应按下述第（1）款或第（2）款（视具体情况而定）的规定取值。

（1）在带支撑的框架体系、剪力墙体系和其他结构体系中，当结构的侧向稳定性和侧向荷载抗力并不取决于柱子抗弯刚度时，应取受压构件的有效长度系数 K 为 1.0，除非采用合理的分析表明可以使用较低值。

（2）在受弯框架体系和其他结构体系中，考虑柱子抗弯刚度对结构的侧向稳定性和侧向荷载抗力有所贡献时，应根据结构的侧移屈曲分析来确定那些提供侧向稳定和侧向荷载抗力的柱子的有效长度系数 K 或弹性临界屈曲应力 F_e；对于那些并不提供侧向稳定和侧向荷载抗力的柱子，其 K 值应取为 1.0。

另外，如果各楼层的最大二阶侧移与最大一阶侧移的比值（两者均为按 LRFD荷载组合或 1.6 倍的 ASD 荷载组合作用下所确定的值）都不大于 1.1，则在设计时可以取所有柱子的 $K=1.0$。

使用说明： 有效长度系数的计算方法在条文说明中予以讨论。

用来确定构件无支撑（自由）长度的支撑应具有足够的刚度和承载力，以限制在支撑点处构件的变位。

使用说明： 在附录 6 中给出了满足支撑承载力和刚度要求的方法。如果在结构整体分析中支撑作为整体抗力体系一部分时，这些支撑可以不采用附录 6 中的要求。

7.3. 一阶分析法

1. 适用条件

使用一阶分析法应受下列条件的限制：

（1）结构主要通过（名义上的）垂直柱、墙或框架来支撑重力荷载。

（2）各楼层的最大二阶侧移与最大一阶侧移的比值（两者均为 LRFD 荷载组合或 1.6 倍的 ASD 荷载组合作用下所确定的值）都应不大于 1.5。

使用说明： 一个楼层的二阶侧移与一阶侧移的比值可以按 B_2 取值，该 B_2 系数应按附录 8 要求计算。

（3）所有构件（其抗弯刚度对结构的侧向稳定性和侧向荷载抗力有所贡献）的轴向受压承载力，应满足下列条件：

$$\alpha P_r \leqslant 0.5P_y \tag{A-7-1}$$

式中，$\alpha=1.0$(LRFD)，$\alpha=1.6$(ASD)；P_r为采用 LRFD 或 ASD 荷载组合时的轴向受压承载力，kips(N)；P_y为轴向屈服承载力（$P_y=AF_y$），kips(N)。

2. 承载力计算

应采用一阶分析方法及下述第（1）款和第（2）款的附加要求来确定构（部）件的承载力。分析中应考虑构件的弯曲、剪切和轴向变形，以及所有会导致结构变位的其他变形。

（1）所有荷载组合中应包括一个附加的侧向荷载 N_i，该附加荷载和其他荷载共同作用在结构的每个楼层标高上：

$$N_i = 2.1\alpha(\Delta/L)Y_i \geqslant 0.0042Y_i \tag{A-7-2}$$

式中，$\alpha=1.0$(LRFD)，$\alpha=1.6$(ASD)；Y_i 为采用 LRFD 或 ASD 荷载组合时（视具体情况而定），作用在第 i 楼层上的重力荷载，kips(N)；Δ/L 为结构的各个楼层中 Δ 对 L 的最大比值；Δ 为由 LRFD 或 ASD 荷载组合作用（视具体情况而定）所产生的一阶层间位移，in(mm)，Δ 在结构平面上的分布是变化的，应取与垂直荷载成比例的加权平均层间位移，或取最大位移值；L 为楼层高度，in(mm)。

作用在任何楼层上的附加侧向荷载 N_i的分布方式应与该楼层重力荷载的分布方式一致。应在会对结构产生最大失稳效应的方向上施加附加侧向荷载。

使用说明： 对于大多数建筑结构而言，关于 N_i的作用方向可以按如下要求确定：当荷载组合中不包括侧向荷载时，附加的侧向荷载可以作用在两个正交方向，在两个正交方向中的每个方向分别考虑正向作用和反向作用，并且各楼层上的作用方向相同；当荷载组合中包括侧向荷载时，将所有附加侧向荷载施加在荷载组合中的所有侧向荷载合力的方向上。

（2）可以在总构件弯矩上乘以附录 8 给出的放大系数 B_1，以考虑压弯构件弯矩的无侧移放大。

使用说明： 由于当使用 ASD 方法设计时一阶分析方法中并没有涉及二阶分析，在进行分析之前不需要如同直接分析法和有效长度法那样，对 ASD 荷载组合乘以 1.6 进行放大。

3. 有效承载力

应按照第 D ~ H、J 和 K 各章的相关规定（视具体情况而定），计算构件和连接的有效承载力。

所有构件的有效长度系数 K 应统一取值。

用来确定构件无支撑（自由）长度的支撑应具有足够的刚度和承载力，以限制在支撑点处构件的变位。

使用说明：在附录 6 中给出了满足支撑承载力和刚度要求的方法。如果在结构整体分析中支撑作为整体抗力体系一部分时，这些支撑可以不采用附录 6 中的要求。

附录 8　二阶分析的近似方法

本附录提供了一种通过放大由一阶分析所得出的承载力要求来考虑结构中二阶效应的方法，以此作为精确二阶分析的一种替代方法。

本附录由下列部分组成：

8.1. 适用条件

8.2. 计算方法

8.1. 适用条件

此方法仅限于主要通过（名义上的）垂直柱、墙或框架来承受重力荷载的结构中使用，规定可以采用这种方法来确定任何单独受压构件的 $P\text{-}\delta$ 效应的情况除外。

8.2. 计算方法

所有构件的二阶抗弯承载力 M_r 和二阶轴向承载力 P_r 应按下式确定：

$$M_r = B_1 M_{nt} + B_2 M_{lt} \tag{A-8-1}$$

$$P_r = P_{nt} + B_2 P_{lt} \tag{A-8-2}$$

式中　B_1——考虑 $P\text{-}\delta$ 效应的系数，用于每根受压和受弯构件及这些构件在每个受弯方向的计算，按照第 8.2.1 款的要求确定，对于不受压的构件 B_1 取值为 1.0；

B_2——考虑 $P\text{-}\Delta$ 效应的系数，对于结构的每个楼层和楼层的每个侧移方向，按第 8.2.2 款的要求确定；

M_{lt}——使用 LRFD 或 ASD 荷载组合时，仅由于结构侧移所产生的一阶弯矩，kip · in(N · mm)；

M_{nt}——使用 LRFD 或 ASD 荷载组合时，结构侧移受约束时所产生的一阶弯矩，kip · in(N · mm)；

M_r——使用 LRFD 或 ASD 荷载组合时，所要求的二阶受弯承载力，kip · in (N · mm)；

P_{lt}——使用 LRFD 或 ASD 荷载组合时，仅由于结构侧移所产生的一阶轴力，kips(N)；

P_{nt}——使用 LRFD 或 ASD 荷载组合时，结构侧移受约束时所产生的一阶轴力，kips(N)；

P_r——使用 LRFD 或 ASD 荷载组合时的二阶轴向承载力，kips(N)。

使用说明： 式（A-8-1）和式（A-8-2）适用于所有结构中的全部构件。但是应该注意，1.0 以外的 B_1 值只适用于在压弯构件中的弯矩；B_2 值适用于抗侧力体系(包括柱子、梁、支撑构件和剪力墙）构（部）件中的弯矩和轴力。有关式(A-8-1)和式（A-8-2）的更多应用请参见条文说明的相关内容。

1. 用于 P-δ 效应的 B_1 系数

每个受压构件及这些构件在每个受弯方向上的 B_1 系数可按下式计算：

$$B_1 = \frac{C_m}{1 - \alpha P_r / P_{e1}} \geqslant 1 \qquad \text{(A-8-3)}$$

式中，$\alpha = 1.00$(LRFD)，$\alpha = 1.60$(ASD)；C_m 为假设框架无侧移时的系数，按如下要求确定。

（1）对于在受弯平面内在支撑点之间无侧向荷载作用的压弯构件：

$$C_m = 0.6 - 0.4(M_1/M_2) \qquad \text{(A-8-4)}$$

式中，M_1 和 M_2 分别是在所考虑的弯曲平面内、无支撑构件两端的较小和较大的弯矩，可以根据一阶分析来确定。当构件双向弯曲时 M_1/M_2 为正值，单向弯曲时为负值。

（2）对于在弯曲平面内在支撑点之间承受侧向荷载的压弯构件，C_m 可以根据分析确定，也可以在所有情况下偏于保守地取为 1.0。

$$P_{e1} = \frac{\pi^2 EI^*}{(K_1 L)^2} \qquad \text{(A-8-5)}$$

式中　P_{e1}——根据构件端部无侧移假定计算得到的、构件在其弯曲平面内的弹性临界屈曲承载力，kips(N)；

EI^*——在分析中采用的所需弯曲刚度（当使用直接分析法时，取为 $0.8\tau_b EI$，其中 τ_b 见第 C 章的规定；当使用有效长度法和一阶分析法时，取为 EI）；

E——钢材的弹性模量，取值为 29000ksi(200000MPa)；

I——在弯曲平面内的惯性矩，in^4(mm^4)；

L——构件长度，in(mm)；

K_1——根据构件端部无侧移假定计算得到的、在其弯曲平面内的有效长度系数，取为 1.0，除非通过分析证明可以取更小值。

可以在式（A-8-3）中用一阶分析来估计 P_r 值（即 $P_r = P_{nt} + P_{lt}$）。

2. 用于 *P-Δ* 效应的 B_2 系数

每个楼层在每个侧向移动方向的 B_2 系数可按下式计算：

$$B_2 = \frac{1}{1 - \dfrac{\alpha P_{story}}{P_{e\ story}}} \geqslant 1 \tag{A-8-6}$$

式中，$\alpha = 1.00$（LRFD），$\alpha = 1.60$（ASD）；P_{story} 为使用 LRFD 或 ASD 荷载组合（视具体情况而定）时楼层所承受的总垂直荷载，包括不属于结构抗侧力体系的柱子上的荷载，kips(N)；$P_{e\ story}$ 为在所考虑的侧移方向上的楼层的弹性临界屈曲承载力，kips(N)，可通过侧向屈曲分析确定，或按下式计算：

$$P_{e\ story} = R_M \frac{HL}{\Delta H} \tag{A-8-7}$$

式中 R_M——$1 - 0.15(P_{mf}/P_{story})$；（A-8-8）；

L——楼层高度，in(mm)；

P_{mf}——在所考虑的侧移方向上的属于抗弯框架组成部分的楼层柱子的总垂直荷载，如果有的话（对于带支撑的框架体系其值为 0），kips(N)；

ΔH——在所考虑的平动方向上，由于侧向力作用所产生的一阶层间侧移，采用在分析中所使用的所需刚度值来进行计算（当使用直接分析法时，使用第 C2.3 条所给出的折减后刚度），in(mm)，ΔH 是随着结构平面位置不同而变化的，应取按垂直荷载的比例加权平均的侧移，或取最大侧移；

H——在所考虑的侧移方向上的楼层剪力，该剪力由侧向力产生，用来计算 ΔH，kips(N)。

使用说明：式（A-8-7）中的 H 和 ΔH 可以根据提供楼层侧向刚度代表值 $H/\Delta H$ 的任何侧向荷载来计算。

《建筑钢结构设计规范》条文说明

2010年6月22日

本条文说明并不是ANSI/AISC 360-10《建筑钢结构设计规范》的组成部分，仅供参考。

引言

本规范主要在常规的钢结构设计中使用。

为了帮助钢结构专业设计人员进一步了解本规范的编制依据、公式推导和规范条文的适用条件，本条文说明提供了相关的背景信息和参考资料。

使用规范正文和条文说明的主要对象是具有工程技术能力的专业设计人员。

条文说明　符　号

除了规范正文中所定义的符号外，本条文说明中还使用了下列符号。右侧的章节号是指首次使用该符号的条文说明章节的编号。

符号	定　义	章节号
A	角钢截面面积，in^2(mm^2)	G4
B	矩形钢管的外缘宽度，in(mm)	I3
C_f	完全组合梁中混凝土板中的压力，取 A_sF_y 和 $0.85f_c'A_c$ 中之小者，kips(N)	I3. 2
F_y	所记录的屈服应力，ksi(MPa)	App. 5. 2. 2
F_{ys}	静态屈服应力，ksi(MPa)	App. 5. 2. 2
H	矩形钢管的外缘高度，in(mm)	I3
H	栓钉高度，in(mm)	I8. 2b
I_g	混凝土毛截面（不考虑钢筋）绕其形心轴的惯性矩，in^4(mm^4)	I2. 1b
I_{LB}	惯性矩的下限值，in^4(mm^4)	I3. 2
I_{pos}	正弯矩区段的有效惯性矩，in^4(mm^4)	I3. 2
I_{neg}	负弯矩区段的有效惯性矩，in^4(mm^4)	I3. 2
I_s	组合构件中型钢的惯性矩，in^4(mm^4)	I3. 2
I_{tr}	完全组合的未开裂换算截面的惯性矩，in^4(mm^4)	I3. 2
I_{yTop}	上翼缘绕通过腹板轴的惯性矩，in^4(mm^4)	F1
I_y	整个截面绕通过腹板轴的惯性矩，in^4(mm^4)	F1
K_S	割线刚度，ksi(MPa)	B3. 6
M_{CL}	无支撑长度中点弯矩，kip · in(N · mm)	F1
M_S	工作荷载时的弯矩，kip · in(N · mm)	B3. 6
M_T	扭矩，kip · in(N · mm)	G4
M_o	因横向荷载作用构件中的最大一阶弯矩，kip · in(N · mm)	App. 8
N	到疲劳失效的循环次数	App. 3. 3
Q_m	荷载效应 Q 的平均值	B3. 3
R_{cap}	最低的转动能力	App. 1. 2. 2
R_m	抗力 R 的平均值	B3. 3

S_r	应力幅	App. 3. 3
S_s	型钢受拉翼缘的截面模量，$in^3(mm^3)$	I3. 2
S_{tr}	对于完全组合的未开裂的换算截面，是指型钢受拉翼缘的截面模量，$in^3(mm^3)$	I3. 2
V_Q	荷载效应 Q 的变异系数	B3. 3
V_R	抗力 R 的变异系数	B3. 3
V_b	剪力在平行于角钢肢（肢宽为 b，肢厚为 t）方向上的分量，kips(N)	G4
a_{cr}	受压面与薄柔型截面中和轴的距离，in(mm)	I3
a_p	受压面与厚实型截面中和轴的距离，in(mm)	I3
a_y	受压面与非厚实型截面中和轴的距离，in(mm)	I3
f_v	角钢中的剪应力，ksi(MPa)	G4
k	边缘受约束板的屈曲系数	E7. 1
β	可靠度指标	B3. 3
β_{act}	实际提供的支撑刚度	App. 6. 1
δ_o	横向荷载作用下的最大变位，in(mm)	App. 8
ν	泊松比	E7. 1
θ_S	工作荷载时的转角，rad	B3. 6

条文说明 术 语

除了在规范的术语表中所定义的术语外，条文说明还使用了以下术语。当下列术语在条文说明的正文章节中首次出现时，使用斜体字型。

列线图（*Alignment chart*）： 用于确定某些类型柱子有效长度系数 K 的计算图表。

双向受弯（*Biaxial bending*）： 一根构件同时绕其两个垂直轴的弯曲。

脆性断裂（*Brittle fracture*）： 很少或之前没有延性变形的突然断裂。

柱子曲线（*Column curve*）： 表示柱子轴向强度和其长细比之间关系的曲线。

临界荷载（*Critical load*）： 在该荷载作用下，一根完全笔直的受压构件可能会出现变形，也可能保持不变形的状态，或者一根受弯的梁可能会出现平面外的挠曲和扭曲，也可能在其平面内挠曲。要通过理论的稳定分析来确定该荷载。

循环荷载（*Cyclic load*）： 可能导致结构疲劳的反复作用的外部荷载。

侧移损伤指标（*Drift damage index*）： 用于量测由层间位移所引起潜在损伤的参数。

有效惯性矩（*Effective moment of inertia*）： 当构件的部分横截面进入塑性时（通常在残余应力和外部施加应力的组合作用下）仍然保持弹性的构件的截面惯性矩，或者是基于局部屈曲板件的有效宽度的惯性矩，或者是在部分组合构件设计中所使用的惯性矩。

有效刚度（*Effective stiffness*）： 采用截面有效惯性矩计算的构件刚度。

疲劳阀值（*Fatigue threshold*）： 无论荷载循环次数的多少都不会产生疲劳裂纹的应力幅。

一阶塑性分析（*First-order plastic analysis*）： 基于刚塑性假定的结构分析（即整个结构满足这种平衡条件并且应力不大于屈服应力），该平衡条件是根据未变形的结构来制定的。

柔性连接（*Flexible connection*）： 允许在构件端部有部分但非全部出现简支梁式转动的连接。

非弹性作用（*Inelastic action*）： 在产生变形的作用力去除后不会消失的材料变形。

层间侧移（*Interstory drift*）： 一个楼层相对于其下面紧邻楼层的侧向位移除以楼层间的距离，取值为 $(\delta_n - \delta_{n-1})/h$。

永久荷载（*Permanent load*）：几乎不随时间变化或变化很小的荷载。所有其他荷载则为可变荷载。

塑性平台（*Plastic plateau*）：当受单向受拉或受压时，在应变大幅增加的过程中应力基本保持不变的应力-应变曲线部分。

主要构件（*Primary member*）：当进行积水分析时，支承来自次要构件的集中反力的大梁或小梁，主要构件与次要构件形成框架系统。

残余应力（*Residual stress*）：强调在已经形成成品后一根卸载后的构件中仍然还保留着的应力（这样的应力的例子包括（但并不限于）冷弯、轧制后冷却，或焊接所引起的应力）。

刚结框架（*Rigid frame*）：在荷载作用下节点连接的梁和柱子构件之间的夹角仍能保持不变的结构。

次要构件（*Secondary member*）：当进行积水分析时，直接支撑作用在屋盖结构上均布的积水荷载的次梁或格栅（龙骨）。

侧移（*Sidesway*）：在侧向荷载、非对称的竖向荷载作用下或由于结构的非对称性状而导致的结构侧向移动。

侧移屈曲（*Sidesway buckling*）：由节点的相对侧向位移所引起的多层框架的屈曲模态，从而导致框架的侧移失效。

圣维南扭转（*St. Venant torsion*）：仅由构件中剪应力所引起的那部分扭转。

应变硬化（*Strain hardening*）：为延性钢材的特性，即在经历相当大的变形或刚刚超过屈服点之后，显示出能够承受比达到初始屈服的荷载更高荷载的能力。

短柱（*Stub-column*）：一根利用全截面的短受压试件，其长度应足以量测一个有效的应力-应变关系来作为横截面内的平均值，但其长度应足够短，以确保在弹性或塑性范围内不会像柱子那样发生屈曲。

建筑物的总侧移比（*Total building drift*）：有人居住楼层顶部的框架侧向变形除以建筑物在该标高的高度，取值为 Δ/H。

咬肉（*Undercut*）：在焊缝边缘由于母材金属的熔化和烧失所形成的缺口。

可变荷载（*Variable load*）：随着时间会发生很大变化的荷载。

翘曲扭转（*Warping torsion*）：由横截面翘曲的抗力所提供的总抗扭承载力的一部分。

条文说明A　总　则

A1. 适用范围

本规范取代了2005版《建筑钢结构设计规范》，除新增了第N章“质量控制和质量保证”以外，两者的适用范围基本相同。

本规范中各项条款的基本目的是用以确定构件、连接及建筑钢结构中的其他部件的承载力标准值和有效承载力（即承载力设计值或承载力容许值）。

本规范提供了两种设计方法：

（1）荷载和抗力分项系数设计法（LRFD）：承载力设计值等于承载力标准值乘以抗力分项系数 ϕ，并应不小于采用现行建筑法规所规定的LRFD荷载组合进行结构分析所确定的承载力要求。

（2）容许应力设计法（ASD）：承载力设计值等于承载力标准值除以安全系数 Ω，并应不小于采用现行建筑法规所规定的ASD荷载组合进行结构分析所确定的承载力要求。

本规范给出了根据极限状态确定承载力标准值的条款，并列出了相应的抗力分项系数 ϕ 和安全系数 Ω。承载力标准值通常被定义为对荷载作用的抗力，如轴力、弯矩、剪力或扭矩，某些情况下也可表示为应力。本规范对容许应力设计法（ASD）的安全系数做了校正，使之在活荷载与静荷载之比为3时，与按抗力分项系数设计法（LRFD）设计的结构具有相同的可靠度和构（部）件截面尺寸。整个规范中，术语“有效承载力”表示承载力设计值（荷载和抗力分项系数设计法）或承载力容许值（容许应力设计法）（视具体情况而定）。

本规范对建筑物和其他结构均适用。石油化工厂、发电厂和其他工业领域中的许多结构的设计、制作和安装与建筑物类似。本规范并不适用于和建筑物竖向及抗侧力体系不同的钢结构，如壳体结构或悬索结构。

本规范可用于非建筑或其他结构的钢构（部）件的设计，这里钢构（部）件的定义参见AISC《建筑及桥梁钢结构标准施工规范》（*Code of Standard Practice for Steel Buildings*（AISC，2010a），以下简称为“标准施工规范”（*Code of Standard Practice*））的定义。当钢构（部）件暴露在不适宜于建筑结构的环境或工作条件和/或荷载作用时，必须按照本规范的要求，对其进行工程上的评估和处理。

"标准施工规范"所规定的施工方法是被普遍接受的钢结构加工和安装标准。因此，"标准施工规范"主要作为一种合同性的文件，纳入到钢结构加工制作的买、卖方合同中。由于"标准施工规范"的部分内容是本规范部分条款的基础，因此本规范的相应位置处直接引用了"标准施工规范"的内容，以保持相关文件之间的联系（视具体情况而定）。

本规范不允许使用附录 1 中的条款对建筑物和其他结构进行抗震设计。ASCE/SEI 7-10（ASCE 2010）中用来确定地震荷载的地震响应修正系数 R，是在结构体系超强和延性标准值的基础上确定的，仅适用于按本规范规定进行的钢结构弹性设计。因此，不宜在采用地震响应修正系数 R 的同时，又利用附录 1 中非弹性设计方法所提供的附加承载力。此外，附录 1 中的延性规定与抗震设计的预期水平并不完全一致。

A2. 所引用的规范及标准

第 A2 节给出了本规范中所引用的参考规范及标准。但应注意，并非所有强度等级的特殊材料标准都需要得到本规范批准才能应用。在第 A3 节中列出了得到认可的材料和强度等级。

A3. 材料

1. 结构用钢材

1a. ASTM 标准代号

钢材和钢制品的种类繁多，本规范列出了通常对结构工程师有用的，以及具有良好性能表现的钢制品/钢材。可能适合于特殊用途的其他材料，应由指定使用这种材料的工程师对其进行评估。除了常规的强度特性外，材料性能还可能包括（但不限于）截面横向的强度特性、延性、易成型性、稳定性、可焊性，包括对热循环、冲击韧性和其他形式裂纹的敏感性、涂层种类和腐蚀反应性能等。对于钢制品，除了要考虑产品制作过程的影响、容许偏差、产品测试、报告和制品表面形状外，还要考虑材料的特性。

结构用热轧型材。本规范批准使用的钢材等级的屈服应力已扩展至 100ksi（690MPa），所有这些钢材均有相应的 ASTM 标准。一部分 ASTM 标准规定了最低屈服点，另一部分则规定了最低屈服强度。本规范中所采用的术语"屈服应力"是一个用来表示屈服点或屈服强度的通用术语。

值得注意的是，材料的强度与其尺寸之间可能会存在一些适用范围的限制。

在各种材料标准中并不包括所有结构用材料的截面尺寸。例如，在 A572/A572M 标准中，屈服应力为 60ksi（415MPa）的钢板厚度最大只能到 $1\frac{1}{4}$ in(32mm)。对适用范围的另一个限制是，即使在标准中包括这种产品，但厂家却可能很少生产。指定使用这样的产品就会导致采购延迟，或者当需求量大时要直接从生产厂订购。因此，在完成钢结构详图设计前，应仔细检查所选用产品的适用性。在 AISC 的官方网站（www. aisc. org）中提供了有关这方面的信息资料，可资参考。

钢材在轧制方向的特性是钢结构设计中的主要关注点。因此，在选用本规范批准使用的钢材时，公认的主要力学性能就是标准拉伸试验所确定的屈服应力。必须认识到的是，轧制钢材的其他力学性能和物理性能，如各向异性、延性、冲击韧性、易成型性及耐腐蚀性能等，对于实现结构的优良性能也是重要的。

在本条文说明中不可能列入太多的信息，给出在选择和指定独特的和特别苛刻条件下使用的材料时所需要的全部参数。在这种情况下，本规范建议使用人员参考有关材料特殊性能的文献著作，并按照 ASTM 材料标准的规定，确定对材料生产和质量的补充要求。其中一个例子就是高约束焊接连接设计（AISC，1973）。轧制钢材是各向异性的，尤其是在延性方面；因此，在高约束的焊接连接区域，如果对材料选用、连接构造、焊接工艺和焊接检验不予以特别的关注，焊接的收缩应变就可能会超过材料的强度。

另一个特殊情况是某些类型的工作条件下的裂缝控制设计（AASHTO，2010）。对于特别恶劣的工作条件，如暴露在低温环境里的结构，特别是受冲击荷载的结构，可能需要采用具有高冲击韧性的钢材。然而，对于大多数建筑物来说，钢材并不处于裸露状态（有保温），应变速率基本不变，且整个设计应力的应力强度和循环次数较低。因此，大多数建筑结构出现断裂的可能性是很小的。为了防止建筑结构发生断裂，采用良好的加工工艺和构造设计，并采用避免过度应力集中的接头形状通常是最有效的手段。

结构用钢管。在表 C-A3-1 中给出了各种规格和强度等级的结构用钢管和管道材料的最低抗拉性能指标。在已经批准认可的管道材料规格中包括了 ASTM A53 B 级钢材，因为这是一种在美国最现成的圆管产品。其他在北美地区有按照加拿大《轧制或焊接优质结构用钢材的通用技术要求》(*General Requirements for Rolled or Welded Structural Quality Steel*)（CSA，2004）生产的结构用管材（HSS）产品，其性能和特征与 ASTM 标准所认可的产品类似。此外，根据其他标准生产的管道，要满足第 A3 节中管道的材料强度、延性和可焊性要求，但可能对冲击韧性或耐压试验有附加要求。

管道可以采用 ASTM A53 材料，圆形钢管采用 ASTM A500 B 级钢材也是很常见的。矩形钢管最常用的材料是 ASTM A500 B 级钢材，而采用其他材料时则需要专门订货。圆形钢管则可以根据管材的尺寸、焊接管还是无缝管来进行供货。

但是在北美，所有按 ASTM A500 标准生产的结构用矩形钢管都是采用焊接管。矩形钢管与箱形截面不同，除了在圆角部位的厚度有所增厚外，管壁厚度是均匀的。

已经通过分析和经验确定了直接焊接的钢管（T、Y 和 K）型接头的承载力标准值。应提前考虑连接接头的变形，变形应符合连接试验的验收标准。为了实现预期的变形，钢管必须具有一定的延性。屈服强度与抗拉强度之比（屈强比）是衡量材料延性的指标值。在连接试验中结构用钢管材料的屈强比最高可达 0.80，因此，已采用这一比值作为直接焊接的钢管连接接头的适用性限值。

ASTM A500 A 级钢材并不满足第 K 章中关于直接焊接的钢管接头延性的“适用性限值”要求。ASTM A500 C 级钢材的屈强比可以达到 0.807，但采用 ASTM E29 标准（译者注：《在试验数据中用有效数字来确定与规范符合性的常规做法》*Standard Practice for Using Significant Digits in Test Data to Determine Conformance with Specifications*）中的（有效数字）舍入法是合理的，认为可以使用这种材料。

尽管 ASTM A501 标准中包括了矩形钢管，但目前在美国并不生产热成型的矩形钢管。加拿大标准《轧制或焊接优质结构用钢材的通用技术要求》(*General Requirements for Rolled or Welded Structural Quality Steel*)（CSA，2004）包括了 C 级（冷弯成型）和 H 级（冷弯成型和应力消除）结构用钢管。H 级结构用钢管的残余应力水平相对较低，从而可以提高其受压性能，并使矩形钢管的角部具有更高的延性。

表 C-A3-1　结构用钢管和管道钢材的最低抗拉性能指标

标准名称	钢材等级	F_y /ksi(MPa)	F_u /ksi(MPa)
ASTM A53	B	35 (240)	60 (415)
ASTM A500 (圆钢)	B C	42 (290) 46 (315)	58 (400) 62 (425)
ASTM A500 (方钢)	B C	46 (315) 50 (345)	58 (400) 62 (425)
ASTM A501	A B	36 (250) 50 (345)	58 (400) 70 (485)
ASTM A618 (圆钢)	Ⅰ和Ⅱ ($t \leq 3/4$in.) Ⅲ	50 (345) 50 (345)	70 (485) 65 (450)
ASTM A847	—	50 (345)	70 (485)
CAN/CSA-G40.20/G40.21	350W	51 (350)	65 (450)

1c. 轧制重型型材

与其他部位相比，轧制重型型材的腹板-翼缘交接部位、腹板的中心以及厚板的内部，可能会包含更多的粗晶粒组织和/或冲击韧性较低的材料。造成这些问题的原因可能是铸锭偏析、在热轧过程中所产生的少许变形、较高的加工温度以及这些重型型钢轧制后冷却速度较低等。这种特性对于受压构件或非焊接构件并不会产生不良的影响。然而，当重型型材截面通过拼接接头或者全熔透坡口焊缝连接会穿过厚板内部的粗晶粒组织和/或冲击韧性较低的材料时，由焊接收缩引起的拉应变就会导致开裂。一个例子就是重型截面梁与任何柱子采用全熔透坡口焊缝连接。当板厚较小的构件上采用全熔透坡口焊缝连接到晶粒组织较细和/或冲击韧性较高的表面材料（符合 ASTM A6/A6M 标准的型钢和重型组合型钢）上时，焊缝收缩会比较小，开裂的可能性就会大大降低。例如非重型截面梁与重型截面的柱子采用全熔透坡口焊缝连接。

对于关键部位，如主要的受拉构件，应规定材料在工作温度下必须具有足够的冲击韧性。由于在夏比 V 形切口（CVN）冲击韧性试验时和实际结构所经受的应变变化率是不同的，因此应该在高于结构预期工作环境温度条件下进行 CVN 试验。在 ASTM A6/A6M 的补充要求 S30 中，对 CVN 试件的备用取样位置（alternate core location）有相应的规定。

第 A3.1c 款中的冲击韧性要求只针对常规用途的材料。对于特殊用途的和/或低温工作条件下的材料，可能要采用适合于其他截面尺寸和板厚的，更加严格的限制条件和/或冲击韧性要求。为了降低断裂的可能性，第 A3.1c 款的冲击韧性要求必须和良好的设计和加工制作过程相结合。对此，在第 J1.5 条、第 J1.6 条、第 J2.6 条和第 J2.7 条中给出了具体要求。

对于旋转拉直的宽翼缘型钢（W 型钢），有证据表明，在临近翼缘的腹板有限区域内冲击韧性有所下降。不仅仅是重型型钢，可能所有规格的宽翼缘型钢都存在这种区域。在本规范的第 J 章中给出了在设计和构造措施方面的相关考虑。

2. 铸钢和锻钢

有很多种铸钢材料的 ASTM 标准。美国铸钢协会（SFSA）的《铸钢手册》（*Steel Castings Handbook*）（SFSA，1995）建议将 ASTM A216 作为用于钢结构的铸钢产品标准。除了本规范的要求之外，美国铸钢协会还提出了对铸钢产品的各种其他要求。应该根据标准 ASTM E125 的 1a、b 或 c 等级的要求，采用磁粉探伤的方法进行首件铸件的检查，对于首件铸件的关键部位可能要采用Ⅲ级 X 射线探伤方法进行检测。对于厚度超过 6in 的首件铸件，要进行超声波探伤（UT），探伤要求应符合 ASTM A609/A609M（ASTM，2007b）的相关规定。应在铸钢产品的选用和采购文件中包括设计批准、试样认可、力学性能的定期无损检测、化学成分检测，以及正确的焊接工艺选择等相关内容。关于铸钢产品设计请参阅美国铸钢协会（1995）的相关要求。

3. 螺栓、垫圈及螺母

A307螺栓的ASTM标准包括两种强度等级的紧固件（ASTM，2007c）。可根据本规范使用其中任何一种，但应注意，B级主要用于管道法兰连接螺栓，而A级则适用于结构连接。

4. 锚栓和螺杆

锚栓的主要标准是ASTM F1554。由于ASTM A325/A325M和ASTM A490/A490M对螺栓有最大适用长度的限制，因此在以往就出现过这样的问题，锚栓的设计长度超过了最大的适用长度，而还试图使用上述标准的螺栓。当螺栓长度超过ASTM A325/A325M和ASTM A490/A490M的最大适用长度时，可以采用本规范所列入的ASTM A449和A354高强材料的螺栓。

当螺杆用作承重构件时，应由责任工程师规定其承载力要求。

5. 焊接耗材

第A3.5条中列出了常用的美国焊接协会（AWS）焊材标准，包括了适用于建筑施工的焊材类别，以及可能不适用于建筑施工的焊材类别。在AWS D1.1/D1.1M—2010《结构焊接规范——钢材》(*Structural Welding Code-Steel*)的表3.1中列出了各种焊条，这些焊条可以在经预先审定的焊接工艺说明书（WPS）中采用，并适用于各种需要焊接的钢材。表3.1不包括不适合钢结构使用的各种焊材类别。在各种AWS A5焊条技术标准中列出的焊材可能有（也可能没有）所要求的冲击韧性特性，这要取决于特定的焊条种类。对于在建筑施工中需要保证焊材冲击韧性特性的某些焊接接头，本规范的第J2.6条中做了明确规定。还有一些情况，如承受高加载速率、循环荷载或地震作用的结构，责任工程师要选择使用具有指定冲击韧性的焊材。由于AWS D1.1/D1.1M规范不一定对焊材的冲击韧性做出规定，因此在这些使用条件下的焊材要使用具有冲击韧性要求的AWS类别。在AWS焊材的技术标准中可找到这方面信息，通常在焊材制造商的合格证书或产品说明书中也包含了相关资料。

当根据AWS牌号来指定焊材和/或焊剂时，应仔细检查相应的标准规范，以确保完全理解焊材牌号的含义。因为AWS的牌号体系有很多不一致之处，例如，对自动保护电弧焊用焊条（AWS A5.1）来说，前两位或前三位数字表示的是焊芯金属的抗拉强度标准值（以ksi为单位），最后两位数字表示的是焊条药皮的类型。当采用公制时，前两位数字乘以10则表示焊芯金属的抗拉强度标准值(以MPa为单位)。对埋弧焊用碳钢焊条（AWS A5.17/A5.17M）来说，第一个或前两个数字乘以10表示的焊芯金属抗拉强度标准值（美制和公制均适用），而最后一位或几位数字乘以 10 则表示在焊芯金属的冲击试验中的测试温度（以°F为单位）。对自动保护电弧焊用低合金钢焊条（AWS A5.5）来说，牌号的某些部分表示应力消除要求，而其他部分则表示无应力消除要求，因此这样做是完全必要的。

对于特殊结构，工程师通常不具体指定所采用的焊材。而是由制造商或安装施工方来决定采用何种焊接工艺和使用哪种焊材。规范对使用某些焊材做了限制，或规定必须对特殊焊条进行合格性试验来证明其适用性，这样才能确保采用了合适的焊材。

A4. 结构设计图纸及技术说明

有关结构设计图纸及技术说明，本规范只做了简要的解释，旨在与“标准施工规范”（*Code of Standard Practice*）第 3 章中更具体的要求保持一致。要进一步了解详细内容，可参阅“标准施工规范”第 3 章。

条文说明 B　设计要求

B1. 一般规定

在 2005 版以前的结构设计规范中，设有标题为“结构类型”的章节，例如 1999 版《建筑钢结构荷载和抗力分项系数设计规范》的第 A2 节（AISC，2000b）（以下称此为 1999LRFD 规范）。而在本规范中则没有这样的章节，相关“结构类型”的要求已被划分到第 B1 节、第 B3.6 条和第 J1 节中。

在过去的规范中，用“结构类型”一节确定规范所包含的结构种类。1999 LRFD 规范的前言提出，规范的目的是“为常规使用提供设计标准，而不是为很少遇到的问题提供具体的设计标准”。1978 版的《建筑钢结构设计、制作和安装规范》（AISC，1978）的前言中也有类似的表述。尽管“常规使用”是一个很难表述清楚的概念，但“结构类型”章节的内容已经清楚地指向由梁、柱和节点连接所构成的普通建筑框架。

在 1969 版的《建筑钢结构设计、制作和安装规范》（AISC，1969）中将“结构类型”分为 1 型、2 型或 3 型。这三种类型结构的主要区别是梁、柱连接的特性。1 型结构称为“刚性框架”，现在称为抗弯框架，其梁柱连接能够传递弯矩。2 型结构称为“简单（铰接）框架”，其梁柱之间没有任何弯矩传递。3 型结构称为“半刚性框架”，其梁柱连接具有部分约束。如果能够预先估计连接部位的刚度和所传递弯矩的大小，那么这种分类方法是可行的。

在 1986 版的《建筑钢结构荷载和抗力分项系数设计规范》（AISC，1986）中，将按 1 型、2 型或 3 型的结构分类方法变为按 FR（完全约束抗弯连接）和 PR（部分约束抗弯连接）的分类方法。在这种分类方法中，术语“约束”，是指弯矩传递和与其相关的连接变形的程度。在 1986LRFD 规范中还使用了术语“简单（铰接）框架”来表示带“简单连接”的结构，即连接所传递的弯矩可以忽略不计。实际上，完全约束抗弯连接（FR）相当于 1 型，“简单（铰接）框架”相当于 2 型，而部分约束抗弯连接（PR）则相当于 3 型结构。

早期规范中的 2 型结构和 1986LRFD 规范中的“简单（铰接）框架”都有补充条款，允许在满足下列条件时，可以通过框架中选定的节点受弯，使结构承受风荷载：

（1）节点连接和与其相连的构件能够承受风荷载产生的弯矩。

（2）主梁按“简支梁”考虑时，可以承受全部重力荷载。

（3）为了避免在重力和风荷载的共同作用下，紧固件或焊缝产生应力超限，节点连接具有足够的非弹性转动能力。

“抗风连接”兼有简单连接（对于重力荷载）和抗弯连接（对于风荷载）的功能，此概念是由 Sourochnikoff（1950）提出的，并由 Disque（1964）做了进一步的验证。研究结果认为，抗风连接具有一定的抗弯承载能力，但是其抗弯承载能力是相当低的，使得在风荷载作用下节点连接能发生非弹性变形。在重复的（循环的）风荷载作用下，在节点连接响应中重力荷载所产生的弯矩的占比可能会非常小。该研究假定，尽管许多连接并没有线弹性的初始响应，但连接对风荷载产生弯矩的弹性抗力与其初始承载力会相当接近。Geschwindner 和 Disque（2005）还提出了一些其他的建议。近期更多的研究表明，2005 版《建筑钢结构设计规范》（AISC，2005a）和本规范中所规定的 AISC 直接分析方法，是一种能够反映所有相关效应的最好方法（White 和 Goverdhan，2008）。

第 B1 节对本规范的结构类型的适用范围进行了扩展。规范明确指出，结构体系是一种以不同方式连接的结构构件的组合，从而结构会有不同的响应，以满足在不同荷载作用下的不同设计目标。即使在一个普通的建筑物内，都会在设计构造上有各式各样的变化。

本规范主要是适用于常规类型的建筑框架，这类框架由梁（主梁）承受重力荷载，由抗弯框架、带支撑框架或剪力墙来承担横向荷载。当然，本规范也可适用于许多特殊建筑物或类似于建筑物的结构。第 B1 节不是要用结构的详细分类来确定本规范的适用范围，而是要求构件及其连接的设计应与结构的预期使用目的和在结构分析中所做的假定保持一致。

B2. 荷载及荷载组合

本规范中所采用的荷载和荷载组合已在现行建筑法规中给出。当没有专门的本地的、地区的或国家的建筑规范时，荷载标准值（如 D、L、L_r、S、R、W 和 E）、荷载分项系数及荷载组合，应根据 ASCE/SEI 7《建筑物及其他结构的最小设计荷载》(*Minimum Design Loads for Buildings and Other Structures*)（ASCE，2010）中的相关规定采用。这个版本的 ASCE/SEI 7 采用了《新建建筑和其他结构抗震设计规范的 NEHRP 建议条款》(*NEHRP Recommended Provisions for the Development of Seismic Regulations for New buildings and Other Structures*)（BSSC，2009）中的抗震设计条款，同样 AISC《建筑钢结构抗震设计规定》（AISC，2010b）也采用了这一设计条款。读者可参考这些文件的条文说明，查看关于荷载、荷载分项系数和抗震设计方面的详细讨论。

本规范基于通常在钢结构设计中采用的承载能力极限状态。规范允许使用荷载和抗力分项系数设计方法（LRFD），也允许采用容许应力设计法（ASD）。应该指出，“承载力”和“应力”两词反映的是在承载力极限状态计算中是否使用了适当的截面特性。在大多数情况下，规范在安全度校核时使用的是“承载力”而不是“应力”。在所有情况下，很容易将其改写成应力形式。在 ASCE/SEI 7 中用来描述荷载组合的术语与本规范稍有不同。在 ASCE/SEI 7 的第 2.3 条中，对在承载力设计中所使用的乘以荷载系数的荷载组合（*Combining Factored Loads Using Strength Design*）做了定义，该荷载组合适用于 LRFD 设计方法。ASCE/SEI 7 的第 2.4 条定义了采用容许强度设计法的荷载标准值组合，该荷载组合适用于 ASD 设计方法。最新版的 ASCE/SEI 7（ASCE，2010）规范，已对以前版本的 LRFD 和 ASD 荷载组合中的风荷载整体处理方法做了修改。

LRFD 荷载组合。如果采用 LRFD 设计方法，则其荷载组合应符合 ASCE/SEI 7 第 2.3 条中的相关规定。

ASCE/SEI 7 第 2.3 条中的荷载组合以现代概率荷载模型和对已有建筑的设计可靠度的全面调查为基础（Galambos 等人，1982；Ellingwood 等人，1982）。这些荷载组合使用了“主要作用—伴随作用模式”，该模式基于这样一种概念，即当其中一种随时间变化的荷载在其生命周期内达到最大值（主要作用），而其他可变荷载处于“任意时间点”值（“*arbitrary point-in-time*” *values*）（伴随作用）时，会产生最大的荷载效应，后者是一种可以在任意时间点进行量测的荷载。作为永久荷载的恒载，在所有荷载组合中所产生的荷载效应都是相同的。研究结果表明，这种荷载组合分析方法与在承载力极限状态下把荷载实际组合作用于结构构件和体系上的方式是一致的。荷载系数反映了单个荷载大小的不确定性和将荷载转换为荷载效应分析过程中所产生的不确定性。ASCE/SEI 7 中的荷载标准值会远远大于“任意时间点”的荷载值。活荷载、风荷载和雪荷载的标准值的平均重现期约为 50 年。在以前版本的规范中，采用较大的荷载系数将风荷载调高，相当于提高了风荷载的重现期；在 2010 版 ASCE/SEI 7 中荷载系数取为 1.0，可以认为风速分布图所对应的重现期适合于每一种建筑类型（对于普通的建筑类型其风荷载的重现期约为 700 年）。

在过去，确定与地震作用相关的重现期更为复杂，在 2003 年和 2009 年两个版本的《新建建筑和其他结构抗震设计规范的 NEHRP 建议条款》（BSSC，2003，2009）中，已对确定重现期的方法做了更新修订。在 2009 版的 NEHRP 建议条款中（被用作 ASCE/SEI 7-10 荷载规范的基础），在绝大多数地区所计算的地震荷载，通过对整个重现期内倒塌概率（地震危险性幅值与假定的结构脆弱性的乘积）进行综合，形成了在 50 年（设计基准期）内统一的最大倒塌概率为 1%。在高强度地震频繁发生的某些区域，对于地面运动的确定性限制（deterministic limits）会导致倒塌概率偏高。在 ASCE/SEI 7-10 第 1 章的条文说明中给出了关于在地震和其他荷载作用下结构最大失效概率的资料。在 2009 版的 NEHRP 建议条款中（被用作 ASCE/ SEI 7-10 荷载规范的基础），在绝大多数地区所计算的地震荷载，通过对整个重现期内倒塌概率（地震危险性幅值与假定的结构脆弱性的乘积）的整合，在高强度地震频繁发生区域的某些场地，对于地面运动的确定性限制（deterministic limits）会导致倒塌概率偏高。在 ASCE/SEI 7-10 第 1 章的条文说明中给出了关于在地震和其他荷载作用下结构失效的最大概率的资料。

ASCE/SEI 7 第 2. 3 条中的荷载组合，专门针对因侧向荷载和重力荷载所产生的结构效应相互抵消，以及恒载对结构稳定有利的情况，此时恒载要乘以 0. 9 的荷载系数。

ASD 荷载组合。如果采用 ASD 设计方法，则其荷载组合应符合 ASCE/SEI 7 第 2. 4 条中的相关规定。

ASCE/SEI 7 第 2. 4 条的荷载组合与传统的容许应力设计法中所使用的荷载组合类似。ASD 方法通过采用安全系数 Ω 来提供结构（构件）的安全度，在其荷载基本组合中对重力荷载、土压力或流体压力不必考虑荷载系数。在可变荷载与风或地震载荷组合时，其可变荷载效应乘以荷载组合系数 0. 75 进行折减。该荷载组合系数可以追溯到 1972 版的 ANSI A58. 1 标准，即 ASCE/SEI 7 的前身。值得注意的是，在 ASCE/SEI 7 中，系数 0. 75 只适用于可变载荷的组合；因为恒载总是存在的，并不会随时间出现波动，因此对恒载进行折减是不合理的。还应指出，实际上某些 ASD 荷载组合可能比类似的 LRFD 荷载组合会有更高的承载力要求。当 ASD 荷载组合用于因侧向荷载和重力荷载所产生的结构效应相互抵消，以及恒载对结构稳定有利的情况时，恒载要乘以 0. 6 的荷载系数。这样就消除了容许强度设计法中对荷载效应相互抵消的传统处理方法的不足，并强调了稳定性校核的重要性。在包括地震荷载的相关组合中，地震荷载效应乘以 0. 7，以与 ASCE/SEI 7 相关章节中采用 E 来定义地震作用进行容许强度设计结果取得一致。

ASCE/SEI 7 第 2. 3 条及第 2. 4 条中的荷载组合适用于承载能力极限状态设计。这些组合没有考虑因重大错误或疏忽所带来的问题。有关非建筑类的结构和其他结构的荷载和荷载组合，可见 ASCE/SEI 7 或其他现行的行业标准和常规做法中的相应规定。

B3. 设计基础

荷载和抗力分项系数设计法（LRFD）和容许强度设计法（ASD）是两种不同的设计方法。这两种设计方法在本规范中都可以采用，但它们的条款不尽相同而且相互间不可替换。随意地混用这两种方法可能会导致无法预测结构性能或者设计不安全。因此，LRFD 和 ASD 方法是两个不同的选择。但是，在有些情况下，例如一栋已竣工验收后的旧建筑要进行结构楼盖体系改造，在进行结构体系设计、更新或改造时就可以采用两种方法而相互并不冲突。

1. 承载力要求

本规范允许采用弹性、弹塑性或塑性结构分析方法。通常，设计采用弹性分析方法。在附录 1 中给出了弹塑性和塑性分析的有关规定。应该采用适当的结构分析方法来确定结构的承载力。

在某些情况下，一些稳定支撑构件是不承受内力的（有关实例，可参见附录 6），对此本规范对其承载力计算做了明确的说明。

2. 极限状态

极限状态是一种当达到这种状态时，结构体系或构（部）件不能满足其预期的功能要求（正常使用极限状态）或已达到其极限承载能力（承载能力极限状态）。极限状态可能由功能要求来控制，如最大挠度或侧移；也可能与结构的性状有关，如出现塑性铰或形成机构等；或者可能表示结构整体或局部因失稳或断裂而导致的倒塌。通过采用荷载组合系数、抗力分项系数或安全系数，以及符合设计假定的荷载标准值和承载力标准值，可以保证，当按本规范的设计规定进行设计时，出现超过极限状态的可能性是小到可以被接受的。

有两种结构的极限状态：（1）用以定义结构在其预期寿命内的局部或整体失效条件的承载能力极限状态；（2）用以定义建筑结构功能要求的正常使用极限状态。与其他结构设计规范一样，由于公共安全是需要考虑的最重要因素，因此本规范的主要焦点放在承载力极限状态。这并不意味着对设计人员来说正常使用极限状态（见第 L 章）不重要，设计人员必须提供符合功能要求和经济的设计。当然，对于设计人员而言，考虑正常使用的适用性要求需要进行更多的判断。

不同构（部）件的承载力极限状态是有变化的，而对于一个给定的构（部）件可能要采用几种极限状态。最常见的承载力极限状态有屈服、屈曲和断裂等。而最常见的正常使用极限状态包括挠度（侧移）和振动等。

在各种建筑规范中已经引入了确定最低连接要求的结构整体性规定。这些规定的目的是提供结构鲁棒性的最低要求，以增强结构抵御极端事件的性能。这些要求是带有指令性的，因为由这些无法明确规定的极端事件所产生的作用力，可能会超过建筑规范所规定的最小荷载标准值。除非在现行的建筑法规中有专门的限制，在计算结构的承载能力标准值时，要充分利用钢材的荷载-变形（应力-应变）响应中的全部延性性能，以满足所规定的结构整体性的强度标准值要求。

与采用正常使用极限状态和承载力极限状态的传统设计方法（如限制变形和避免屈服）不同，结构整体性的设计准则通常会对连接设计起控制作用。因此，第 B3.2 条规定，在对按传统的荷载和荷载组合的设计（已考虑了对连接组件的变形或屈服的限制）进行极限状态校核时，没有必要进行结构整体性校核。作为这些条款的应用实例，该条（第 B3.2 条）删去了对梁的双角钢连接的弹塑性屈服的限制，因为当承受高轴向拉力或螺栓孔变形很大时（可以在传统的连接设计中加以限制），角钢往往会被拉直。

此外，由于在极端事件出现期间，螺栓在槽孔内的移动不会对整个结构的性能产生不利的影响，因此和传统的连接设计方法相反，本节允许在连接中使用与指定的拉力方向平行的短槽孔，而不会引起螺栓连接的滑移。在这种情况下，假定螺栓位于槽的最不利的（要考虑所有适用的极限状态）一端。

Geschwindner 和 Gustafson（2010）对满足结构整体性要求的单板剪切连接设计做了研究和相应的讨论。

3. 荷载和抗力分项系数设计法（LRFD）

采用 LRFD 方法进行承载力设计要符合式（B3-1）的要求。式（B3-1）左边的 R_u 代表基于 ASCE/SEI 7（ASCE，2010）第 2.3 条（或与其等效的）荷载组合进行结构分析得到的承载力要求，而公式右侧的 ϕR_n 则代表构件或部件的极限结构抗力或承载力设计值。

本规范中的抗力系数 ϕ 不大于 1.0。与按第 D ~ K 章所给方法计算得到的承载力标准值 R_n 相比较，抗力系数 ϕ 小于 1.0 考虑了理论值和力学性能变化、构件和框架尺寸实际值之间的近似。对于抗力系数 ϕ = 1.00 的极限状态，与无须降低的实际承载力相比，可以认为其承载力标准值是非常保守的。

荷载和抗力分项系数设计法（LRFD）的规定是基于：（1）荷载和抗力的概率模型；（2）针对所选定的构件，按 1978 版的 ASD 规范对 LRFD 规范进行校准；（3）通过判断和以往的经验（对具有代表性的结构进行比较研究）对最终条款做出评估。

在 LRFD 方法的概率基础上（Ravindra 和 Galambos，1978；Ellingwood 等人，1982），荷载效应 Q 和抗力 R，被模型化为统计独立的随机变量。在图 C-B3-1 中，在假设的情况下，把

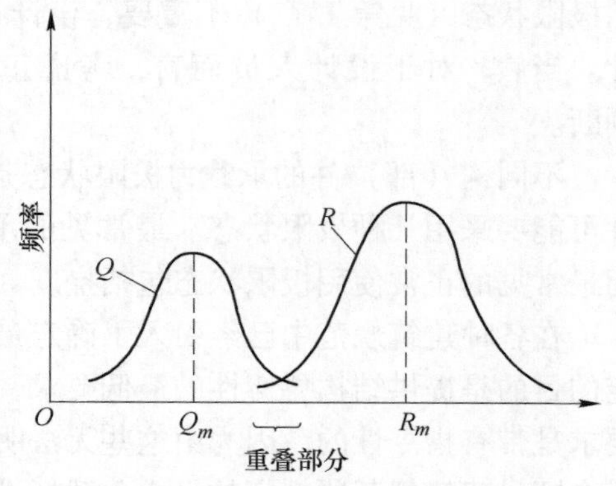

图 C-B3-1　荷载效应 Q 和抗力 R 的频率分布曲线

Q 和 R 的相对频率分布曲线单独绘制在同一张图上。只要抗力 R 大于（公式右侧的）荷载效应 Q，对于特定的极限状态就存在安全裕度。然而，由于 Q 和 R 是随机变量，所以 R 小于 Q 的概率可能很小。其概率是与图 C-B3-1 中频率分布曲线的重叠程度相关的，这取决于 Q 和 R 平均值（R_m 相对于 Q_m）的位置和它们的离散程度。

Q 小于 R 的概率取决于决定抗力和总荷载效应的许多变量的概率分布情况（材料、荷载等）。通常，在确定 Q 和 R 时，只有其均值和标准差或者变量的变异系数是可估计的。然而，通过规定以下设计条件，这些信息就足以确定与这些概率分布无关的近似设计条款：

$$\beta\sqrt{V_R^2+V_Q^2}\leqslant \ln(R_m/Q_m) \tag{C-B3-1}$$

式中　R_m——抗力 R 的平均值；

Q_m——荷载效应 Q 的平均值；

V_R——抗力 R 的变异系数；

V_Q——荷载效应 Q 的变异系数。

对于结构构件和常规的荷载，R_m、Q_m 和变异系数 V_R 和 V_Q，可以采用估计值，这样通过

$$\beta=\frac{\ln(R_m/Q_m)}{\sqrt{V_R^2+V_Q^2}} \tag{C-B3-2}$$

式（C-B3-2）就可以计算出一个相对的结构或构件的可靠度量值。参数 β 表示可靠指标。把确定 β 的式（C-B3-2）加以扩展，就可以给出额外的概率信息和处理更复杂的设计情况，在 Ellingwood 等人（1982）的研究中对此有所阐述，并已在 ASCE/SEI 7 所建议的荷载组合中得到应用。

在 1978 年 9 月出版的美国土木工程师协会学报的结构分册（ASCE, Vol. 104，ST9）中，八篇系列文章介绍了对于基本材料特性和对于钢梁、柱子、组合梁、板梁、压弯构件及连接部件的统计特性（均值和变异系数）所开展的原创性研究工作，在开发 LRFD 设计规范条款中这些研究得到了应用。在 Galambos 等人（1982）发表的文献中给出了相应的荷载统计资料。根据这些统计数据，针对在不同的荷载组合作用下（活/恒，风/恒等），典型构件（梁、柱、压弯构件、结构部件等）的不同承载区域，对包含在 1978 版《建筑钢结构设计、制作和安装规范》（AISC，1978）中的 β 值进行了评估。正如所预料的那样，β 值的范围有很大变化。例如，厚实型的轧制梁（受弯）和受拉构件（屈服）的 β 值从 $L/D=0.50$ 时的 3.1 下降至 $L/D=4$ 时的 2.4。这种下降是由 ASD 设计方法中对可以预测的恒荷载和变化较大的活荷载采用了相同系数所导致的。对于螺栓连接或焊接连接，β 值在 4 ~ 5 之间。

通过指定多个目标 β 值并选择达到这些目标值的荷载和抗力系数，在 ASD

法中可靠指标β值的变化，可以在LRFD法中大大降低。规范编制委员采用承受弯曲和拉力作用的、带支撑的厚实型截面梁在屈服时$L/D=3.0$作为校准点，在该点用ASD法的可靠指标β值来校准LRFD法。与该极限状态对应的抗力系数ϕ为0.90，隐含的构件可靠指标β约为2.6，连接的β约为4.0。连接的可靠指标β值较大，反映了对连接性状、加工制作的影响以及附加承载力所带来的好处进行模拟的复杂性。其他构件极限状态的可靠指标β可以采用类似方法处理。

在早期版本的LRFD建筑钢结构设计规范中所使用的钢材强度数据库，主要是基于1970年以前的研究资料。最近关于结构用型材的材料特性（Bartlett等人，2003）的一项重要研究反映了过去15年来在钢材生产方法和钢材的材性方面所发生的变化。这一研究表明，新钢材的材料特性对抗力系数ϕ值的变化是不作保证的。

4. 容许应力设计法（ASD）

本规范所提供的ASD法是作为LRFD法的替代方法，该方法主要是给那些喜欢传统的ASD形式中的ASD荷载组合和允许应力的工程师使用。作为LRFD方法和ASD方法基础的结构力学的基本方程是相同的，为了强调这一点，引入了“承载力容许值”这一术语。

传统的ASD方法所基于的概念是，在正常使用条件下结构部件中的最大应力不应超过规定的容许应力。荷载效应是根据结构弹性分析确定的，而容许应力是（在屈服、失稳、断裂等情况时的）极限应力除以安全系数。安全系数及所求得的允许应力的大小取决于特定的、起控制作用的极限状态，与该极限状态所对应的设计必须具有一定的安全裕度。对于任何单个构（部）件，可能有许多必须进行校核的不同允许应力。

在传统的ASD条款中，安全系数是材料和所考虑构（部）件的函数。它可能受到构件长度、构件性状、荷载来源和预期的加工制造质量等因素的影响。而传统的安全系数仅仅依赖于经验，而且50多年来没有改变过。虽然多年来一直按照ASD方法进行结构设计，但从来不知道结构所提供的实际安全度水平。这是传统ASD方法的主要缺点。Bjorhovde（1978）给出了有关典型材料性能数据的说明，该文对柱子的安全系数理论值和实际值进行了研究。

采用ASD方法进行承载力设计应根据式（B3-2）。本规范所给出的ASD方法保证当采用ASD方法和LRFD方法进行结构设计时，其失效的控制模式是相同的。因此，作为LRFD方法和ASD方法的设计基础，两种方法具有相同的承载力标准值。在考虑承载力容许值时，两种方法之间唯一的区别是在用LRFD方法时采用抗力系数ϕ，而在ASD方法中则采用安全系数Ω。

在确定适合本规范使用的Ω值时，其目的是确保这两种方法具有同样的安全度和可靠度水平。研发了一种将抗力系数和安全系数进行关联的简单方法。如前所述，取活荷载与恒荷载之比为3，用1978版ASD规范的可靠指标β值来校准最早的LRFD规范。因此，当取活荷载/恒荷载之比为3时，通过等同用两种方法所进行的设计，就可以确定ϕ和Ω之间的关系。现采用活荷载和恒荷载组合，且$L = 3D$，则得到以下几个关系式。

当根据第B3.3条（LRFD方法）设计时：

$$\phi R_n = 1.2D + 1.6L = 1.2D + 1.6(3D) = 6D \qquad \text{(C-B3-3)}$$

$$R_n = \frac{6D}{\phi}$$

当根据第B3.4条（ASD方法）设计时：

$$\frac{R_n}{\Omega} = D + L = D + 3D = 4D \qquad \text{(C-B3-4)}$$

$$R_n = \Omega(4D)$$

令按LRFD和ASD计算公式得到的R_n相等，求解Ω则得到：

$$\Omega = \frac{6D}{\phi}\left(\frac{1}{4D}\right) = \frac{1.5}{\phi} \qquad \text{(C-B3-5)}$$

在整个规范中，安全系数Ω值都是通过式（C-B3-5）从抗力系数ϕ计算得到的。

5. 稳定设计

第B3.5条规定，结构的稳定设计应符合第C章的相关要求。

6. 连接设计

第B3.6条规定，连接设计应符合第J章和第K章的相关要求。第J章的内容包括，当作用在连接上的荷载效应已知时，一个连接的独立部件的各个组成部分（角钢、焊缝、螺栓等）的设计方法。第B3.6条规定，与结构分析有关的建模假定，必须与第J章中关于连接部件的各个组成部分所使用的条件相符合。

在很多情况下，在结构体系分析时不需要考虑连接部件。例如，为了进行结构分析，通常可以把简单（铰接）连接和完全约束抗弯连接（FR）分别理想化为铰接或固接。当结构分析完成后，可以将计算得到的节点变形或内力用于连接的各个组成部分。把连接分为完全约束抗弯连接（FR）和简单（铰接）连接，是为了保证分析所采用的理想化是符合规定的，例如，如果假定了一个连接在分析时为完全约束抗弯连接（FR），那么实际连接就必须满足完全约束抗弯连接（FR）的条件。也就是说，如同规范所规定和下文所述的，必须具有足够的承载力和刚度。

某些情况下，连接部件的变形会影响结构承受荷载的方式，因此在进行结构体系分析时必须把连接包括在内，称这种连接为部分约束抗弯连接（PR）。对于有部分约束抗弯连接（PR）的结构，必须按以下各节所述，在结构分析中对连接的可变形性做出估计。当结构分析完成后，可以将计算得到的荷载效应和变形来校核连接的各个组成部分是否满足要求。

对于简单连接和 FR 连接，在结构设计的最终分析完成后，就可以确定连接的各个组成部分，从而大大简化了设计周期。相比之下，实际上，PR 连接设计（就如同选定杆件截面）是一个迭代过程，必须要对连接的各个组成部分做出假定，来确定连接的力-变形特性以便进行结构分析。还必须考虑结构寿命周期的性能特点。可以从结构分析的结果来验证所假定的连接的各个组成部分是否满足要求。如果连接部件不满足要求，那么必须修正假定值并重复进行结构分析。在相关文献中，对部分约束抗弯连接用于各种框架体系的潜在优越性进行了讨论。

连接分类。连接分类的基本假设是，采用弯矩-转角（ M-θ ）曲线来表征连接的最重要性状特征。图 C-B3-2 为一个典型的 M-θ 曲线。弯矩-转角曲线所表示的是一个梁柱节点区及与其相连的构件所组成的连接的性状。由于通常在力学试验中是沿杆件的整个长度（不仅包括相连的构件，而且包括了杆端和柱子的节点域）来量测杆件的转动，因此用这种方式来定义连接的响应。

在 Bjorhovde 等人（1990）发表的研究成果和欧洲规范 3（CEN，2005）中，介绍了连接分类方案的应用实例。这些分类方法直接考虑了连接的刚度、承载力和延性。

连接刚度。由于连接的非线性特性显示出即使处于很低的弯矩-转角水平，连接的初始刚度（如图 C-B3-2 所示）也没有充分表现出在正常使用水平时的连接响应。此外，许多连接类型没有可靠的初始刚度，或者说连接的弯矩-转角范围很小。在正常使用荷载作用时的割线刚度 K_S ，可以作为表征连接刚度特性的指标值。具体来说，即

$$K_S = M_S/\theta_S \tag{C-B3-6}$$

式中 M_S ——工作荷载时的弯矩，kip · in(N · mm)；

θ_S ——工作荷载时的转角，rad。

在下面的讨论中，L 和 EI 分别为梁的长度和抗弯刚度。

如果 $K_SL/EI \geqslant 20$ ，可以按完全约束连接（刚接）考虑（即杆件之间的夹角保持不变）。如果 $K_SL/EI \leqslant 2$ ，可以按简单连接（铰接）考虑（即连接转动时不会产生弯矩）。当连接的刚度介于这两种极限情况之间时，则为部分约束连接（半刚性连接），在设计中必须考虑连接的刚度、承载力和延性（Leon，1994）。图 C-B3-2 给出了 FR、PR 和简单连接的弯矩-转角曲线示例。θ_S 点所表示的是本示例连接的正常使用荷载状态，并由此定义该连接的割线刚度。

连接承载力。如图 C-B3-2 所示，连接承载力是连接所能够承受的最大弯矩

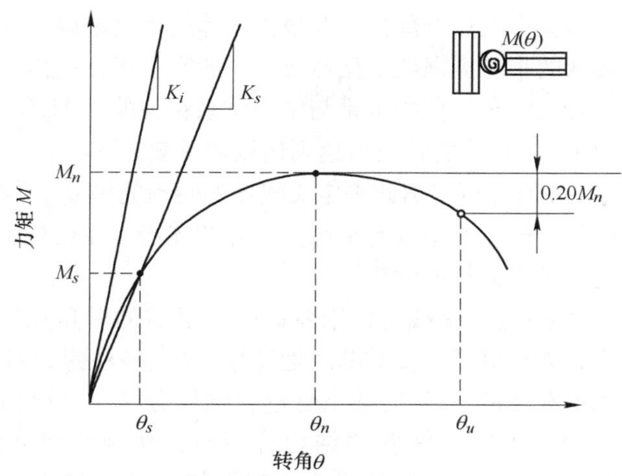

图 C-B3-2 部分约束抗弯连接的弯矩-转角曲线的刚度、承载力和延性定义

M_n 。可以根据连接的承载力极限状态模型或根据力学试验来确定连接的承载力。如果弯矩-转角响应曲线没有出现峰值，那么可以取转角为 0.02rad 时的弯矩值作为连接的承载力（Hsieh 和 Deierlein 1991；Leon 等人，1996）。

还可以用曲线来确定连接承载力的下限，当承载力低于该下限值时可视其为简单（铰接）连接。当连接所传递的弯矩小于梁转角为 0.02rad 时的全截面塑性弯矩的 20% 时，可以在设计中不考虑该连接的抗弯承载力。但是应该认识到，与采用少数几个强连接相比，多个弱连接所提供的综合承载力可能会更加重要（FEMA，1997）。

在图 C-B3-3 中，M_n 点表示示例连接的承载力最大值。θ_u 点表示示例连接的最大转角。应该注意，FR 连接的承载力有可能低于梁抗弯承载力。而 PR 连接的承载力也可能大于梁的抗弯承载力。

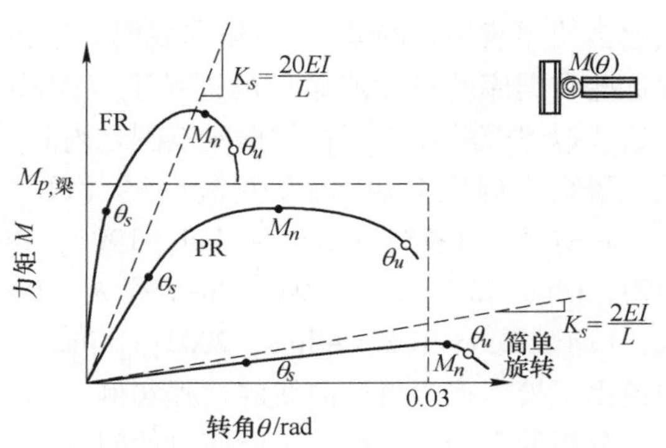

图 C-B3-3 完全约束抗弯连接（FR）、部分约束抗弯连接（PR）和简单连接的弯矩-转角曲线划分

连接承载力必须足以承受设计荷载作用下的抗弯承载力要求。

连接延性。如果连接承载力大大超过梁的全截面塑性弯矩，那么影响结构体系延性的主要构件是梁，而连接可以按弹性考虑。如果连接承载力只比梁的全截面塑性弯矩略微大一些，那么在梁达到其最大承载力之前，连接可能会经受相当大的非弹性变形。如果梁的承载力超过连接的承载力，那么变形就可能集中在连接部位。要根据具体的用途来确定连接所需要的延性。例如，非地震区的带支撑框架的延性要求一般会小于在高烈度地震区结构的延性要求。抗震设计的转角延性要求是与结构体系相关的（AISC，2010b）。

在图 C-B3-2 中，当连接的转角值达到连接的承载力下降到 0.8 M_n，或者连接变形超过了 0.03rad 时，可以据此来定义连接的转动能力 θ_u。第二条判据主要适用于那些在产生很大转动前不会有承载力下降的连接。在设计中依靠如此大的连接转动能力不是一种很谨慎的做法。

容许的转动能力 θ_u 应与承载力极限状态时所必需的转角加以比较，该转角通过结构分析确定，并考虑了连接的非线性特性。（应该注意，对于采用 ASD 方法的设计，应使用 1.6 倍的 ASD 荷载组合进行结构分析，来评估承载力极限状态时所必需的转角）。当缺少精确的结构分析时，连接的转动能力可以采用 0.03rad 以满足要求。该转角等于在特殊抗弯框架的抗震规定（AISC，2010b）中所规定的梁-柱连接的最小转动能力。许多类型的部分约束抗弯连接（PR）（如梁上下翼缘采用角钢与柱连接）都满足此条件。

结构分析和设计。当连接属于 PR 连接时，为了计算杆件和连接的内力、位移和框架的稳定性，必须在结构分析中考虑相应的连接响应特性。因此，采用 PR 连接，首先要对连接的弯矩-转角性状有所了解，然后，在结构分析和构件设计中采用这些特性。

从多个数据库中的任何一个都可以得到许多常用 PR 连接的弯矩-转角曲线［例如，Goverdhan（1983）；Ang 和 Morris（1984）；Nethercot（1985）；Kishi 和 Chen（1986）］。由于连接的尺寸或连接条件不同，其失效模式有可能完全不同，因此当使用表格化的弯矩-转角曲线时，注意不宜将这些曲线外推应用于超出开发这些数据库的尺寸或条件的连接上（ASCE 有效长度专门委员会，1997）。如果这些拟建模的连接不在数据库范围之内时，可以通过试验、简单组件建模及有限元研究来确定弯矩-转角响应曲线（FEMA，1995）。在有关文献资料（Bjorhovde 等人，1988；Chen 和 Lui，1991；Bjorhovde 等人，1992；Lorenz 等人，1993；Chen 和 Toma，1994；Chen 等人，1995；Bjorhovde 等人，1996；Leon 等人，1996；Leon 和 Easterling，2002；Bijlaard 等人，2005；Bjorhovde 等人，2008）中给出了模拟连接特性曲线的过程实例。

分析的复杂程度取决于所面对的问题。设计 PR 连接通常需要对正常使用极限状态和承载能力极限状态分别进行分析。对于正常使用极限状态，如果连接所要求的抗力远远低于其承载力，那么可以将连接模拟为刚度为 K_s（见图 C-B3-2）的线性弹簧来进行分析。当承受承载力荷载组合作用时，要使分析中所假设的连接特性与连接的实际响应一致，则需要采取迭代等措施。由于所施加的弯矩接近连接的承载力时，连接的响应会表现出非线性。尤其需要考虑连接的非线性对二阶弯矩所产生的影响，以及其他稳定性校核（ASCE 有效长度专门委员会，1997）。

7. 梁弯矩的重分配

在一端或两端有可靠约束（或通过与其他构件相连接或通过支座）的一根梁，在达到屈服点（由弹性分析预计的最大弯矩点）后还会储备有一定的承载能力。该额外的承载能力是由弯矩的非弹性分布所产生的。本规范的构件设计方法是建立在构件所提供的弯矩抗力要大于（由弹性分析所预计的最大弯矩所代表的）承载力要求这样的基础上。这种方法忽略了与非弹性分布相关的承载能力储备。一种近似考虑承载能力储备的方法是把弹性分析所预计的最大弯矩减少10%（同时将弯矩图另一侧的弯矩值增加10%）。

这种弯矩调幅只适用于有可能进行非弹性重分配的情况。对于静定的多跨梁（例如，梁两端都为简支或悬臂梁），不可能进行重分配。因此这时是不允许作弯矩调幅的。梁端固接的构件或连续梁可进行弯矩重分配。当构件截面不能适应与重分配相关联的非弹性转动时（例如由于局部屈曲），也不允许对弯矩进行下调。因此，在本规范中只有厚实型截面才符合弯矩重分配的要求。

非弹性分析将会自动考虑弯矩的重分配。因此，弯矩重分布只适用于根据弹性分析计算得到的弯矩。

弯矩减少10%的规定仅适用于梁。在较复杂的结构中也可以进行非弹性弯矩重分配，但目前对梁的弯矩调幅大小只允许为10%。对于其他结构，可以采用附录1中的相应规定。

8. 横隔板和系杆

本节规定了横隔板和系杆体系中钢结构部件（构件及其连接）的设计要求。

横隔板将平面内的侧向荷载传递至结构的抗侧力体系中。建筑结构中最典型的横隔板单元就是楼盖和屋盖体系，该结构单元汇集了由重力、风荷载和/或地震荷载所形成的侧向力，并将这些力分配到建筑结构的竖向抗侧力体系的独立结构单元上（如带支撑框架、抗弯框架、剪力墙等）。通常，用系杆［也称受拉撑杆（drag strut）］来汇集横隔板力并将其传递至结构抗侧力体系中。

横隔板可分为刚性、半刚性和柔性的三类。刚性横隔板将平面内作用力分配至抗侧力体系上，并忽略横隔板平面内的变形。可以假定，刚性横隔板按抗侧力体系各独立单元的相对刚度的比例向这些结构单元分配侧向荷载。半刚性横隔板则按照横隔板平面内刚度和抗侧力体系的各独立单元的相对刚度来分配侧向荷载。柔性横隔板的平面内刚度与抗侧力体系的刚度相比可以忽略不计，因此，侧向力分配与抗侧力体系各独立单元的相对刚度是相互独立的。在这种情况下，侧向力分配可采用类似于一系列横跨在抗侧力体系之间的简支梁的计算方式。

应根据由设计荷载所产生的剪力、弯矩和轴力来设计横隔板。横隔板的响应类似于深梁，其翼缘（通常称为横隔板的弦杆）承受拉力和压力，其腹板抗剪。横隔板的组件单元需要具有一定的承载力和变形能力，以与分析假定和预期的性状相一致。

10. 积水设计

如同本规范中所规定的，积水是指仅仅由于平屋面框架的挠度而导致水的滞留。积水量取决于框架的柔度。如果框架缺少足够的刚度，积水的质量就会导致屋顶倒塌。当积水更多时则会引起更大的挠度，并导致有更多空间积聚更多的水，直到屋顶倒塌，这将会成为严重的问题。附录 2 中给出了确定积水稳定性和承载力的详细规定。

12. 抗火设计

第 B3.12 条规定，结构抗火设计应符合附录 4 的相关内容。作为一种替代方案，在抗火设计中合格性测试方法（Qualification Testing）是可接受的工程分析方法。在 ASCE/SFPE 标准 29（ASCE，2008）、ASTM E119 及类似技术文件中对合格性测试方法均有详细的介绍。

13. 抗腐蚀设计

钢构件的品质在某些使用环境中可能会有所下降。这种品质下降有可能呈现为外部腐蚀（通过定期检查是可以发现的），也有可能是未被发现的、会使构件承载力降低的变化。设计人员应该意识到这些问题，为了避免发生这些问题，可以通过在设计中引入专门的耐腐蚀量或提供充分有效的防护（例如涂层和阴极保护）和/或提供有计划的维修方案。

由于对矩形钢管的内部很难进行检查，因此其内部腐蚀问题会受到人们一定的担心。然而，良好的设计做法可以消除这种担心，并降低昂贵的防护费用。在存在氧气和水的环境中会发生腐蚀现象。在一个封闭的建筑物中，不大可能重新引入足够的湿气从而引起严重的腐蚀。因此，只有当空心型材裸露在大气中时才要考虑管材的内腐蚀防护。

在一个密封的钢管中，当超过了化学氧化所必须消耗的氧气和湿气的那个点后，内腐蚀就无法进一步发展（AISI，1970）。当腐蚀过程必须停止时，甚至当封闭管材的时候处于腐蚀性的环境中时，其氧化深度也是相当小的。如果在连接部位存在细小的孔洞，就会通过毛细管作用或者由于空心管材迅速冷却所形成的局部真空，导致湿气和空气进入空心管材（Blodgett，1967）。这可以通过设置均压孔（pressure-equalizing holes）来防止出现这种情况，要在水流不会由于重力作用而进入空心管材的位置设置均压孔。

保守的做法可能是建议采用内防护层，包括：（1）在空心管材上开孔，通过通风来改变空气的流量，或者有可能直接把水引流出来；（2）对承受温度改变会导致冷凝水的空心管材开孔。

对填充或部分填充混凝土的钢管不应进行密封。这是因为在发生火灾时，混凝土中的水汽会蒸发，并且会形成足够大的压力使密封的空心管材破裂。要注意避免在施工期间或施工后水分在管内滞留，由于冻涨引起的压力会造成管材破裂。

由于在镀锌过程中压力的急剧变化往往会导致密封组件爆裂，因此镀锌钢管组件不应完全密封。

B4. 构件特性

1. 用于局部屈曲的截面分类

对极限宽厚比 λ 大于表 B4-1 中所规定值的截面要考虑其局部屈曲极限状态。在 2010 版《建筑钢结构设计规范》中，表 B4-1 分为两个部分：表 B4-1a 适用于受压构件，表 B4-1b 适用于受弯构件。从表 B4-1 所分成的两部分可以看出，受压构件截面只分为薄柔型或非薄柔型，而受弯构件截面则可以是薄柔型、非厚实型或厚实型。此外，将表 B4-1 分成两部分对 λ_r 的含糊之处做了澄清。对于柱子和梁，甚至一个截面中的同一板件单元，其宽厚比 λ_r 可能会不同，反映出所连接的板件的基本应力状态，以及柱子（见第 E 章和附录 1）和梁（见第 F 章和附录 1）设计方法的不同。

受轴向压力的构件中受压板件的极限宽厚比。当受压构件中所包含的任何板件的宽厚比大于表 B4-1a 中所规定的 λ_r 时，可以将其指定为薄柔型截面，并要考虑其局部屈曲折减，详见本规范中第 E7 节的相关内容。非薄柔型截面的受压构件（截面中的所有板件宽厚比不大于 λ_r）则不考虑其局部屈曲折减。

组合工字形截面之翼缘。在 1993 版的 LRFD 建筑钢结构设计规范（AISC, 1993）中，轴向受压的组合工字形截面（表 B4-1a 第 2 项次）考虑了腹板-翼缘之间的相互影响，对翼缘局部屈曲的判定准则做了修改。λ_r 限值计算式中的 k_c 与用于受弯构件的 k_c 相同。理论表明，在轴向受压构件中的腹板-翼缘相互影响的严重程度至少会与受弯构件中的情况相同。由于还没有出现过标准型钢会在常用容许屈服应力下发生相互作用的情况，所以这条规定不包括轧制型材。在相互作用会导致翼缘局部屈曲承载力下降的组合截面中，也有可能其腹板是一个设有加劲肋的薄板件。k_c 系数考虑了翼缘和腹板局部屈曲的相互影响，这种影响在 Johnson（1985）所报道的试验研究中得到了证实。最大宽厚比限值为 0.76 时，与之对应的 $F_{cr}=0.69\ E/\lambda^2$，在早期版本的 ASD 和 LRFD 规范中，将该值作为局部屈曲承载力。要达到 $k_c=0.76$，就要求 $h/t_w=27.5$。完全受约束的未设加劲肋的受压板件，所对应的 $k_c=1.3$，而不受约束的未设加劲肋的受压板件，则 $k_c=0.42$。由于腹板-翼缘的相互作用，有可能从 k_c 的计算公式中得到 $k_c<0.42$。如果 $h/t_w>5.70\sqrt{E/F_y}$，在 k_c 的计算公式中取 $h/t_w=5.70\sqrt{E/F_y}$，其限值为 0.35。

矩形钢管受压。均匀受压的矩形钢管（表 B4-1a 中第 6 项次）（管）壁的极限宽厚比已经为 1969 年以后的 AISC 规范所采用。这些值基于 Winter（1968）的研究成果，并注意到在等壁厚箱形型材中靠近加劲的受压板件的部位，沿这些受压板件的拐角部位所提供的彼此之间的扭转约束是可以忽略不计的。

圆形钢管受压。首次使用受压圆形钢管（表 B4-1a 第 9 项次）的极限宽厚比 λ_r 是在 1978 版的《建筑钢结构设计、加工制作和安装规范》（AISC，1978）中。这是 Schilling（1965）根据 Winter（1968）的研究报告所提出的推荐值。在 1978AISC 规范中，对于受弯的厚实型截面，也采用了相同的极限宽厚比。Schilling（1965）还提出该极限宽厚比不适用于 $D/t>0.45E/F_y$ 的圆形钢管。然而，基于结构稳定研究委员会（Structural Stability Research Council, SSRC）的建议（Ziemian，2010）和带有薄柔型板件的其他型材的计算方法，在第 E7 节中对圆形钢管采用了系数 Q，来考虑局部屈曲和柱屈曲之间的相互影响。系数 Q 是局部屈曲应力和屈服应力之比。圆形截面的局部屈曲应力按美国钢铁协会（AISI）规范要求取值，该值基于非弹性作用（Winter，1970）以及对钢制圆筒试件所进行的试验结果。后续的钢制圆筒试验（Ziemian，2010）证实，系数 Q 的计算公式是偏于保守的。

受弯构件中受压板件的极限宽厚比。受弯构件包含有受压板件，当所有受压板件的宽厚比不大于表 B4-1b 中给出的 λ_p 值时，可以指定该截面为厚实型截面。厚实型截面可以达到全截面塑性应力分布，并在局部屈曲出现之前具有约 3rad 的转动能力（Yura 等人，1978）。当受弯构件所包含的任一受压板件的宽厚比大于 λ_p，但所有受压板件的宽厚比不大于 λ_r 时，可以指定该截面为非厚实型截面。非厚实型截面可以在局部屈曲出现之前其部分截面出现屈服，但不能承受达到全截面塑性应力分布所要求的应变水平时的弹塑性局部屈曲。当受弯构件所包含的任一受压板件的宽厚比大于 λ_r 时，可以指定该截面为薄柔型截面。薄柔型截面会有一个或多个在达到屈服应力之前出现弹性屈曲的受压板件。如同在第 F 章、使用说明表 F1-1 中所汇总的或附录 1 中所给出的，非厚实型截面和薄柔型截面会受到翼缘局部屈曲和/或腹板局部屈曲折减的影响。

表 B4-1b 中所规定的极限宽厚比 λ_p 和 λ_r，与 1989《建筑钢结构设计规范

——允许应力设计和塑性设计》（AISC，1989）和 Galambos（1978）的表 2.3.3.3 所给出的值类似，除了在 Galambos（1978）的研究中针对静定梁和由弹性分析确定弯矩的非静定梁所限制的 $\lambda_p = 0.38\sqrt{E/F_y}$ 之外，其他情况都可以采用（Yura 等人，1978）的研究成果。对于超出由表 B4-1b 中给出的极限宽厚比 λ_p 和/或高烈度地震区的结构应提供更大的弹塑性转动能力的问题，可参见第 D 章和 AISC《钢结构建筑抗震设计规定》中表 D1-1 的相关规定（AISC，010b）。

腹板受弯。在 2010《建筑钢结构设计规范》中，表 B4-1b 中增加了不等翼缘的工字形梁（第 16 项次）的 λ_p 计算式，该计算式是基于 White（2003）的研究成果而提出的。

矩形空心型材受弯。厚实型截面的极限宽厚比 λ_p 取自《钢结构极限状态设计》（CSA，2009）。在《钢结构建筑抗震设计规定》中规定强震设计时 λ_p 取较低值，基于（Lui 和 Goel，1987）的试验研究，如果出现了局部屈曲，那么在很少几个荷载循环作用下，矩形空心型材支撑就会遭受反向轴向荷载的作用而出现灾难性的断裂。这个现象在（Sherman，1995a）的试验研究中得到了证实，试验中当没有形成局部屈曲时，矩形空心型材支撑可以经受 500 多次荷载循环，而当局部屈曲形成时，不到 40 次荷载循环矩形空心型材支撑就失效了。自 2005 年以来，根据 Wilkinson 和 Hancock（1998，2002）的研究成果，矩形空心型材受弯构件腹板的极限宽厚比 λ_p（表 B4-1b 第 19 项次）已经从 $\lambda_p = 3.76\sqrt{E/F_y}$ 降低至 $\lambda_p = 2.42\sqrt{E/F_y}$。

圆形空心型材受弯。圆形空心型材受弯的极限宽厚比 λ_p（表 B4-1b 第 20 项次）是根据 Sherman（1976）、Sherman 和 Tanavde（1984）和 Ziemian（2010）的研究成果得到的。第 F8 节还对任何圆管截面的 D/t 值限制为 $0.45E/F_y$。当高于此值时，由于局部屈曲承载力的急剧下降，使这类型材在房屋建筑中无法使用。

2. 结构用钢管的设计壁厚

标准 ASTM A500/A500M（ASTM，2007d）允许壁厚的容许偏差为不大于其公称壁厚的 ±10%。因为由板材和带材制成的电阻焊（ERW）空心型材所产生的厚度偏差会比较小，在美国，制造商所供应的电阻焊管管壁厚度，总是取其壁厚的下限。因此，AISC 和北美钢管协会（STI）建议，在计算分析中涉及电阻焊管的截面特性时，取公称壁厚的 0.93 倍作为计算壁厚。这就会导致质量的变化，这种变化也会在其他结构用型材中发现。所生产的埋弧焊（SAW）空心型材壁厚与其公称壁厚接近，因此壁厚不需要作这样的折减。1997 年以后，在 AISC 和 STI 的出版物中给出了基于厚度折减的设计壁厚和截面特性表，供设计使用。

3. 确定毛截面和净截面面积

3a. 毛截面面积

毛截面面积是总的横截面面积，不扣除孔洞或者对于承受局部屈曲不起作用的板件面积。

3b. 净截面面积

净截面面积根据净宽度计算，并考虑在特定路径上的荷载传递。由于在钻孔或冲孔加工过程中可能造成的损坏，当计算净截面面积时，应在孔的公称尺寸上加 1/16in（2mm）。

条文说明 C　稳定分析与设计

结构稳定设计是结合结构分析来确定构件的承载力，并保证构件的各种部件具有足够的有效承载力。为了保证结构的稳定性可以使用多种方法（Ziemian，2010）。

第 C 章介绍了建筑钢结构和其他结构的稳定分析及设计的相关要求。它以直接分析方法为基础，可以在所有情况下使用。在附录 7 中介绍了有效长度法和一阶分析法，并且分别能满足附录第 7.2.1 款和第 7.3.1 款中所规定的限定条件时，这两种方法可以作为稳定设计的替代方法。如果能满足第 C1 节中的“一般要求”，则可以采用包括二阶弹塑性或塑性分析在内的其他分析方法。在附录 1 中所给出的采用弹塑性分析设计的附加条款，由于构（部）件承载力的分析计算公式是相互偶联的，因此依靠弹性结构分析就无法对结构的稳定性进行评估。

C1. 稳定设计的一般要求

有许多参数和性能方面的因素会对钢结构框架结构的稳定性产生影响（Birnstiel 和 Iffland，1980；McGuire，1992；White 和 Chen，1993；ASCE 有效长度专门委员会，1997；Ziemian，2010）。在考虑结构和单根构件的稳定时，必须把结构作为一个整体，其中不仅要包括受压构件，而且还要包括梁、支撑体系和连接节点等。

在许多建筑法规和规范中都包含了控制地震位移所需的刚度要求，在使用名义刚度进行计算时，侧移放大幅度（$\Delta_{二阶分析}/\Delta_{一阶分析}$ 或 B_2）宜在 1.5～1.6 之间（ICC，2009）。通常对侧移放大幅度采用了更为常规的建议值，即在使用折减后刚度进行计算时，宜不大于 2.5。其原因是当放大幅度较大时，使重力荷载和/或结构的刚度有微小的变化，也会导致因几何非线性而产生较大的侧向位移和二阶效应。

表 C-C1-1 说明了直接分析法（见第 C2 节和第 C3 节）和有效长度分析法（见附录 7 第 7.2 条）处理在第 C1 节中的五项“一般要求”的方法。表 C-C1-1 中没有包括一阶分析方法（见附录 7 第 7.3 条），因为一阶分析方法是使用直接分析方法的数学运算来直接处理这些要求的。对附录 7 第 7.3.2 条第（1）款所规定的附加侧向荷载做了调整，以取得与假想水平荷载（第 C2.2b 条规定）、用

于 $P\text{-}\Delta$ 效应的 B_2 系数（第 C2.1 条第（2）款规定）以及刚度折减（第 C2.3 条规定）所产生的总体效应大致相同的结果。此外，附录 7 第 7.3.2 条第（2）款所规定的 $P\text{-}\delta$ 效应则采用 B_1 系数进行处理。

表 C-C1-1　稳定设计的基本要求和规定条款的比较

<table>
<tr><th colspan="2">第 C1 节的基本要求</th><th>直接分析法（DM）条款</th><th>有效长度法（ELM）条款</th></tr>
<tr><td colspan="2">（1）考虑全部变形</td><td>第 C2.1（1）款，考虑全部变形</td><td>与 DM 法相同（参阅第 C2.1 条）</td></tr>
<tr><td colspan="2">（2）考虑二阶效应（包括 $P\text{-}\Delta$ 效应和 $P\text{-}\delta$ 效应）</td><td>第 C2.1（2）款，考虑二阶效应（包括 $P\text{-}\Delta$ 效应和 $P\text{-}\delta$ 效应）②</td><td>与 DM 法相同（参阅第 C2.1 条）</td></tr>
<tr><td rowspan="3">（3）考虑几何缺陷
包括节点位置缺陷①（对结构反应会产生影响）和构件缺陷（对结构反应和构件承载力会产生影响）</td><td>节点位置缺陷①对结构反应的影响</td><td>第 C2.2a 条，直接建模，或第 C2.2b 条，假想水平荷载</td><td>与 DM 法相同，只能使用第二种方法（参阅第 C2.2b 条）</td></tr>
<tr><td>构件缺陷对结构反应的影响</td><td>包括在第 C2.3 条所规定的刚度折减中</td><td rowspan="6">通过使用 KL 曲线来考虑全部影响，在构件承载力校核时，从侧移屈曲分析得到该曲线。注意，DM 与 ELM 的唯一区别是：
（1）DM 法在分析中采用折减后的刚度；在构件承载力校核时 $KL=L$；
（2）ELM 法在分析中刚度不予折减；框架结构构件承载力校核时从侧移屈曲分析得到 KL 曲线</td></tr>
<tr><td>构件缺陷对构件承载力的影响</td><td>包括在承载力计算公式 $KL=L$ 中</td></tr>
<tr><td rowspan="2">（4）考虑因非弹性所产生的刚度折减
对结构反应和构件承载力会产生影响</td><td>刚度折减对结构反应的影响</td><td>包括在第 C2.3 条所规定的刚度折减中</td></tr>
<tr><td>刚度折减对构件承载力的影响</td><td>包括在承载力计算公式 $KL=L$ 中</td></tr>
<tr><td rowspan="2">（5）考虑承载力和刚度的不确定性
对结构反应和构件承载力会产生影响</td><td>刚度/承载力不确定性对结构反应的影响</td><td>包括在第 C2.3 条所规定的刚度折减中</td></tr>
<tr><td>刚度/承载力不确定性对构件承载力的影响</td><td>包括在承载力计算公式 $KL=L$ 中</td></tr>
</table>

①在常规建筑物的结构中，"节点位置缺陷"主要是指柱子的不垂直度；

②可以通过精确的二阶分析或采用附录 8 中所规定的近似方法（使用 B_1 和 B_2 系数）来考虑二阶效应。

C2. 承载力计算

按照本节的要求采用分析方法确定承载力和按照第 C3 节的要求对构件和连接的有效承载力进行评估，构成了用直接分析法进行稳定设计的基础。该方法适用于所有钢结构体系的稳定设计，包括抗弯框架、带支撑框架、剪力墙以及上述这些结构单元和类似体系相组合的结构体系（AISC-SSRC，2003b）。虽然本方法中所给出的确切计算公式是 AISC 规范所独有的，但是该方法中的一些特点与世界上的主要设计规范有相似之处，其中包括欧洲规范、澳大利亚标准、加拿大标准和 ACI318（ACI，2008）等。

通过在结构分析中直接考虑几何缺陷和刚度降低的影响，直接分析法可以更准确地确定结构上的荷载效应。在采用第 H 章的压弯构件相互作用关系式计算柱子的平面内承载力 P_c 时，该方法允许使用 $K=1.0$，从而大大简化了钢抗弯框架和组合体系的设计。

1. 一般分析要求

分析中所考虑的变形。根据要求，分析时应考虑弯曲、剪切及轴向变形，以及对结构位移有影响的所有其他部件和连接的变形，但是，值得注意的是“考虑”并非是“包含”的同义词，在对某些变形可能产生的影响进行合理分析后，可以将其忽略。例如，通常可以忽略办公建筑中混凝土-钢楼承板组合楼盖的平面内变形，但是在抗侧力构件比较少的大型仓储建筑中，就不能忽略压型钢板屋面板的平面内变形。又如，在低层的抗弯框架中，通常可以忽略梁、柱的剪切变形，但是在高层建筑的框筒结构体系中就不能忽略其剪切变形。

二阶效应。直接分析法给出了采用二阶分析方法计算内力效应的基本要求，同时考虑了 $P\text{-}\Delta$ 和 $P\text{-}\delta$ 效应的影响（参见图 C-C2-1）。$P\text{-}\Delta$ 效应是指荷载（力）作用在产生偏移的结构节点位置处所产生的效应，$P\text{-}\delta$ 效应则是指荷载（力）作用在产生变形的构件节点间所产生的效应。

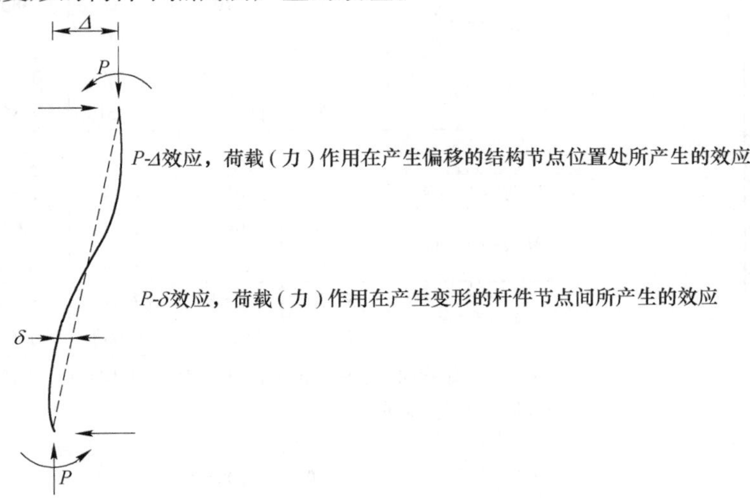
Δ
P
P-Δ效应，荷载（力）作用在产生偏移的结构节点位置处所产生的效应
P-δ效应，荷载（力）作用在产生变形的杆件节点间所产生的效应
δ
P

图 C-C2-1　压弯杆件中的 $P\text{-}\Delta$ 和 $P\text{-}\delta$ 效应

精确的二阶分析要对所有明显的二阶效应进行准确的模拟。其中一个方法是求解控制性微分方程，也可以采用稳定函数或能够模拟这些影响的框架分析计算程序来进行计算（McGuire 等人，2000；Ziemian，2010）。某些（但不是全部）甚至可能连最先进的商用计算机程序都无法实现精确的二阶分析，当然用户应该对每个特定的分析程序进行确认。在本节的结尾部分讨论了在结构分析中忽略 $P\text{-}\delta$ 效应所产生的影响，这是一种在特定条件下所使用的常规近似方法。

通过采用二阶分析放大系数对一阶分析结果进行修正，可以作为精确方法的替代方法。附录 8 中给出的 B_1 和 B_2 放大系数，正是这样一种方法。对于采用其他方法，则应验证其准确性。

算例（基准问题）分析（Analysis Benchmark Problems）。建议对下列算例作为第一级的校核，来确定分析程序是否能够满足直接分析法（和附录 7 中的有效长度法）中的精确二阶分析的要求。一些二阶分析程序可能并没有包括 $P\text{-}\delta$ 效应对结构整体反应的影响，这些算例旨在揭示在分析中是否包括了这些影响。值得注意的是，根据第 C2.1（2）款的要求，二阶分析中并非总是需要考虑 $P\text{-}\delta$ 效应的影响的（有关忽略这些影响所带来的后果，将在下面作进一步的讨论）。

图 C-C2-2 和图 C-C2-3 给出了对算例的描述和解决方案，例 1 为两端简支的压弯杆件，受轴向荷载及跨中均布横向荷载的作用。此算例只包括了 $P\text{-}\delta$ 效应，因为杆件的一端相对于另一端不存在位移。例 2 为一端固定的悬臂压弯构件，受轴向荷载及在其杆端的一个侧向荷载作用，此算例要同时考虑 $P\text{-}\Delta$ 和 $P\text{-}\delta$ 效应。在确定分析方法的精度时，应在不同大小的轴向荷载作用下，对所示位置的弯矩和变位进行校核，在任何情况下内力和变位的误差应分别在 3% 和 5% 之内。

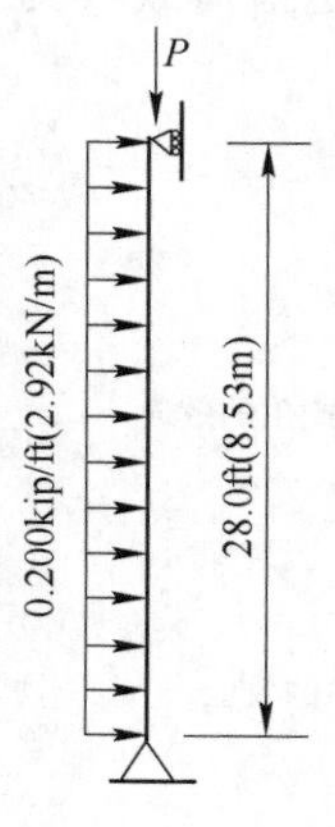

轴向力 P /kips	0	150	300	450
M_{mid} /kip · in	235 [235]	270 [269]	316 [313]	380 [375]
Δ_{mid} /in	0.202 [0.197]	0.230 [0.224]	0.269 [0.261]	0.322 [0.311]

轴向力 P /kN	0	667	1334	2001
M_{mid} /kN · m	26.6 [26.6]	30.5 [30.4]	35.7 [35.4]	43.0 [42.4]
Δ_{mid} /mm	5.13 [5.02]	5.86 [5.71]	6.84 [6.63]	8.21 [7.91]

注：沿主轴弯曲分析中考虑了轴向、弯曲及剪切变形。[括号内数值] 为不考虑剪切变形。

$W14 \times 48(W360 \times 72)$

$E = 29000\text{ksi}(200\text{GPa})$

图 C-C2-2　算例 1

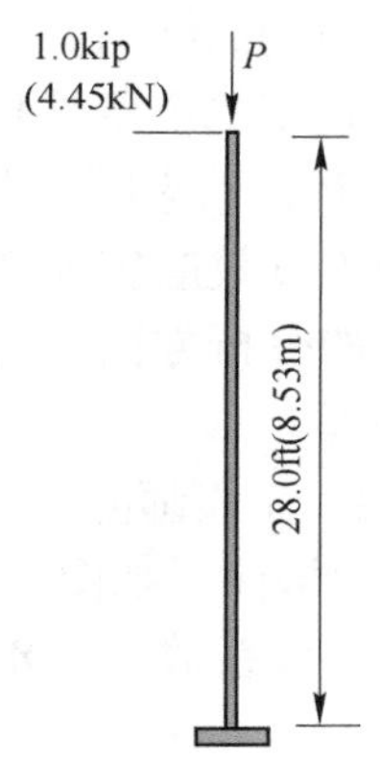

轴向力 P/kips	0	100	150	200
M_{base}/kip · in	336 [336]	470 [469]	601 [598]	856 [848]
Δ_{tip}/in	0.907 [0.901]	1.34 [1.33]	1.77 [1.75]	2.60 [2.56]

轴向力 P/kN	0	445	667	890
M_{base}/kN · m	38.0 [38.0]	53.2 [53.1]	68.1 [67.7]	97.2 [96.2]
Δ_{tip}/mm	23.1 [22.9]	34.2 [33.9]	45.1 [44.6]	66.6 [65.4]

注：沿主轴弯曲分析中考虑了轴向、弯曲及剪切变形。[括号内数值]为不考虑剪切变形。

$W14\times48(W360\times72)$

$E=29000\text{ksi}(200\text{GPa})$

图 C-C2-3　算例2

为了确定在常规的框架体系设计中经常使用的分析方法的准确性，必须对压弯构件的许多基本属性予以充分的探讨，因此所研究的算例范围十分广泛。Kaehler 等人（2010）、Chen 和 Lui（1987）和 McGuire 等人（2000）对其他一些具有针对性的算例进行了分析。当使用算例来评估二阶分析过程的准确性时，应在实际结构设计的分析过程中重复在算例研究中所使用的分析细节，诸如表示构件的单元数量和所采用的数值解决方案等。由于设计荷载和弹性屈曲荷载之比是一个影响二阶效应的重要指标，因此应在算例中将设计荷载和弹性屈曲荷载之比大致定为0.6～0.7之间。

忽略 *P-δ* 效应的影响。一种常见的近似分析形式是，只取因杆端平移而产生的 P-Δ 效应（例如层间侧移），但这种方法不考虑因杆件相对于其初始形状出现弯曲而产生的 P-δ 效应。这种分析方法称为 P-Δ 分析。当 P-δ 效应十分明显时，这种近似方法就会出现误差，无法准确地说明 P-δ 弯矩对局部（δ）和整体(Δ）位移，以及相应的内力（弯矩）所产生的放大效应。这些误差可能会发生在二阶分析的计算程序中，也可能发生在 B_1 和 B_2 系数中。例如，在式（A-8-7）中的 R_M 修正因子就是一个修正系数，以此来近似反映 P-δ 效应（由于柱子弯曲）对整体侧向位移 Δ 和相应弯矩所产生的影响。对于常规的矩形承弯框架来说，一根构件为一个分析单元（single-element-per-member）的 P-Δ 分析相当于采用式（A-8-7）中的 B_2放大系数（其中取 $R_M=1$），因此，该分析方法忽略了 P-δ 效应对结构响应的影响。

第 C2.1（2）款指出，当二阶侧移与一阶侧移之比小于1.7，且抗弯框架的柱子所承受的重力荷载不超过总重力荷载的 1/3 时，普通建筑物的结构分析可以只考虑 $P\text{-}\Delta$ 效应（即忽略 $P\text{-}\delta$ 效应对结构响应的影响）。上述第二个条件相当于取 R_M 等于 0.95 或更大。当满足这些条件时，分析中只考虑 $P\text{-}\Delta$ 效应所产生的侧向位移误差会小于 3%。但是，当在一根或一根以上构件中 $P\text{-}\delta$ 效应较大（对应的 B_1 放大因子约大于 1.2）时，那么采用只考虑 $P\text{-}\Delta$ 效应的分析方法可能会导致与较大 $P\text{-}\delta$ 效应构件相连部件中的无侧移弯矩出现较大误差。

针对有些情况下，在使用只考虑 $P\text{-}\Delta$ 效应的分析方法前，工程师应该对这种方法可能出现的误差有所了解。例如，对一端固定的悬臂压弯构件（如图 C-C2-4 所示），要考虑使用直接分析法进行分析。这时侧向位移的放大系数为 3.83，基底弯矩的放大系数取 3.32，求得 M_u = 1394kip · in。

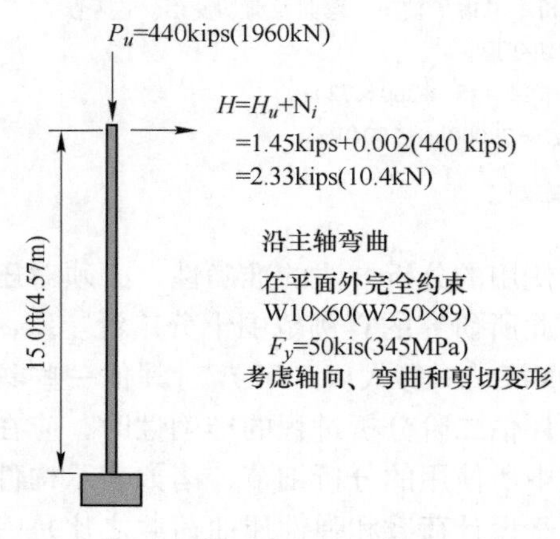

$P_u/P_y = 0.50, \tau = 1.0$

$E = 0.8 \times \tau \times 29000\text{ksi} = 23200\text{ksi}(160\text{GPa})$

$G = E/2(1+v) = 8920\text{ksi}(61.5\text{GPa})$

精确的 $P\text{-}\delta$ 和 $P\text{-}\Delta$ 效应分析：

$\Delta_{2nd} = 2.22\text{in}(56.5\text{mm})$

$M_u = 1394\text{kip}\cdot\text{in}(158\text{kN}\cdot\text{m})$

$P_u/\phi_c P_n + \frac{8}{9}(M_u/\phi_b M_n) = 1.00$

单个单元的 $P\text{-}\Delta$ 效应分析：

$\Delta_{1st} = 0.580\text{in}(15\text{mm})$

$M_{1st} = HL = 419\text{kip}\cdot\text{in}(48\text{kN}\cdot\text{m})$

$1/[1 - P_u/(HL/\Delta_{1st})] = 2.55$

$M_u^{P\text{-}\Delta} = 2.55M_{1st} = 1070\text{kip}\cdot\text{in}(121\text{kN}\cdot\text{m})$

$P_u/\phi_c P_n + \frac{8}{9}(M_u^{P\text{-}\Delta}/\phi_b M_n) = 0.910$

图 C-C2-4　用每根构件为分析单元的 $P\text{-}\Delta$ 分析方法可能出现误差的图示说明

在图示荷载作用下，根据式（H1-1a），压弯构件承载力的相互作用等于 1.0。由一根构件为分析单元来确定侧向位移和基底弯矩的放大系数为 2.55，此时忽略了 $P\text{-}\delta$ 效应对结构响应的影响，得到 M_u 的估计值为 1070kip · in，压弯构件相互作用值为 0.91，与精确分析方法得到的 M_u 值相比，误差为 23.2%。

在某些（但不是全部）仅考虑 $P\text{-}\Delta$ 效应的分析方法中，可以采用将构件分为几个分析单元的方法来得到 $P\text{-}\delta$ 效应的影响。例如，采用三个等长度的 $P\text{-}\Delta$ 效应分析单元，可以将二阶基底弯矩和侧向位移的误差分别降低到小于 3% 和 5%。

注意到在这种情况下，由于采用式（A-8-8）忽略了 $P\text{-}\delta$ 效应对结构响应的影响，从而导致出现偏于不安全的误差。在图 C-C2-4 所示荷载作用下，由式（A-8-6）和式（A-8-7）（此时 R_M = 0.85）得到 B_2 放大因子为 3.52。这相当于前述实例中 M_u = 1476kip · in（166 × 10^6N · mm），与精确分析法得到的 M_u 值相比，约高 6%。

对于普通的基底采用简支的有侧移柱，当 $\alpha P_r/P_{eL} \leqslant 0.05$ 时，仅考虑 $P\text{-}\Delta$ 效应的分析方法所得到的二阶内力（弯矩）和二阶位移，其误差通常分别会小于 3% 和 5%。

其中，$\alpha = 1.00$（LRFD）或 1.60（ASD）；P_r 为 ASD 或 LRFD 荷载组合作用下的轴向承载力，kips（N）；在分析中使用名义刚度时，$P_{eL} = \pi^2 EI/L^2$，kips（N）；在分析中弯曲刚度用 $0.8\tau_b$ 进行折减时，$P_{eL} = 0.8\tau_b \pi^2 EI/L^2$，kips（N）。

对于柱子两端的转动约束至少为 1.5（EI/L）（如果在分析中使用了名义刚度），或者为 1.5（$0.8\,\tau_b EI/L$）（如果在分析中用 $0.8\,\tau_b$ 对弯曲刚度进行折减）的有侧移柱，当 $\alpha P_r/P_{eL} \leqslant 0.12$ 时，仅考虑 $P\text{-}\Delta$ 效应的分析方法所得到的二阶内力（弯矩）和二阶位移，通常其误差会分别小于 3% 和 5%。

对于主要受无侧移端部约束条件控制的构件，当 $\alpha P_r/P_{eL} \leqslant 0.05$ 时，仅考虑 $P\text{-}\Delta$ 效应的分析方法所得到的二阶内力（弯矩）和二阶位移，通常其误差会分别小于 3% 和 5%。

当上述仅考虑 $P\text{-}\Delta$ 效应的分析方法的限定条件得到满足时，值得注意的是，根据第 C2.1（2）款的要求，应将沿构件长度的弯矩（即构件端部节点之间的弯矩）进行放大，来考虑 $P\text{-}\delta$ 效应的影响，实现这一目的的方法就是采用 B_1 因子。

Kaehler 等人（2010）针对使用 $P\text{-}\Delta$ 效应分析时出现不满足上述限定条件的情况，给出了将构件分成几个 $P\text{-}\Delta$ 分析计算单元，以及计算内部单元二阶弯矩的详细意见。还就采用常规二阶分析方法（同时考虑 $P\text{-}\Delta$ 效应及 $P\text{-}\delta$ 效应）时，每根构件需要划分的分析单元数提出了比较宽松的建议。

如上文所述，工程师应比较各种有代表性的荷载作用下的已知解决方案，以此来验证二阶分析软件的准确性。除了 Chen、Lui（1987）和 McGuire 等人（2000）所列举的计算实例外，Kaehler 等人（2010）还给出了五个实用的算例，来验证由等截面构件组成的框架二阶分析的结果。此外，他们还针对锥形腹板构件，提出了评估二阶分析方法性能的标准。

分析时的承载力水平。由于非线性是与二阶效应相关联的，因此框架分析必须在一定的承载力水平下进行。当采用容许应力法（ASD）设计时，其荷载水平约为 1.6 倍的 ASD 荷载组合，必须在这个加大了的荷载作用下进行分析，以便得到在这种承载力水平时的二阶效应。

2. 考虑初始缺陷

当代的稳定设计规定基于这样一个前提，即通过二阶弹性分析计算得到的杆件内力，在变形后的结构几何体上可以达到平衡。结构中诸如不垂直度、材料和制作误差等的初始缺陷，会造成失稳效应。

在对直接分析法进行研发和调整的过程中，假定初始几何缺陷等于 AISC《建筑及桥梁钢结构施工规范》（AISC，2010a）中所允许的最大材料、制作和安装误差：一个构件的不平整度为 $L/1000$，其中 L 为框架或支撑点之间的长度，一个框架的不垂直度为 $H/500$（H 为楼层高度），这样的假定是偏于保守的。在某些情况下，按照 AISC《建筑及桥梁钢结构标准施工规范》的规定，所容许的不垂直度可能会更小一些。

在直接分析法中，可通过直接建模（第 C2. 2a 条）或引入假想水平荷载（第 C2. 2b 条）的方法，来考虑初始缺陷。当二阶效应使得在所有侧向荷载组合下的最大侧移放大倍数 $\Delta_{二阶分析}/\Delta_{一阶分析}$ 或 $B_2 \leqslant 1.7$（当采用未折减刚度时该值为 1.5）时，只允许在仅有重力荷载的荷载组合中使用假想水平荷载，而不得和其他侧向荷载进行组合。在这一较小的侧移放大倍数或 B_2 范围内，不使用假想水平荷载与其他侧向荷载组合，所引起的构件内力误差相对会小一些。而当 B_2 高于临界值时，假想水平荷载必须与其他侧向荷载进行组合。

考虑初始缺陷的规范要求，只在承载能力极限状态分析中适用。在大多数情况下，在正常使用极限状态分析中（如偏移、挠曲和振动等）没有必要考虑初始缺陷。

3. 刚度调整

构件中由残余应力造成的局部屈服会使结构在承载力极限状态下产生常规的软化，并进一步造成失稳。针对考虑塑性通过构件截面和沿构件长度扩展的非弹性分布的塑性分析，直接分析法进行了调整。假设宽翼缘 H 型钢在其翼缘端部受压时的最大残余应力值为 $0.3F_y$，并且其应力分布形式符合 Lehigh pattern——沿翼缘为线性变化并且腹板均匀受拉的应力分布（Ziemian，2010）。

在直接分析方法中采用刚度折减（$EI^* = 0.8\tau_b EI$ 和 $EA^* = 0.8EA$）有两个原因。第一，对于带有细柔型构件的框架，其极限状态是受弹性稳定控制的，用系数 0.8 来折减刚度相当于体系的有效承载力等于弹性稳定极限的 0.8 倍。这与隐含在细柔型柱子设计规定中的安全系数大致接近，该设计规定采用了有效长度法，可参见式（E3-3），$\phi P_n = 0.9(0.877P_e) = 0.79P_e$。第二，对于中等或厚实型柱子，用系数 $0.8\tau_b$ 来折减刚度，是考虑到构件在达到承载力设计值之前所发生非弹性软化现象。系数 τ_b 与隐含在柱曲线（译者注：表示柱子轴向抗压承载力与其长细比关系的曲线——参见术语条文说明）中的非弹性刚度折减系数类似，考虑到在高压缩荷载作用（$\alpha P_r > 0.5P_y$）下的刚度损失，系数 0.8 则考虑了轴压和弯曲共同作用下所发生的额外软化现象。细柔型柱子和厚实型柱子的折减系数非常接近只是一种偶然的巧合，这样，就可以对所有长细比的柱子，采用单一的折减系数 $0.8\tau_b$。

使用折减后的刚度仅适用于承载力和稳定性极限状态的分析。对于其他基于刚度条件和准则的分析（如偏移、挠曲、振动和周期确定等）则并不适用。

为了便于在设计实践中的应用，若 $\tau_b=1$，可以通过在分析中修改 E 来对 EI 和 EA 进行折减。然而，对于那些进行半自动设计的计算机程序而言，应确保经折减的 E 只能用在二阶分析上。不得在包括 E 的承载力标准值计算公式中对弹性模量进行折减，（例如，无支撑梁的侧向扭转屈曲弯矩 M_n）。

如图 C-C2-5 所示，对按上述方式所做分析进行修正所产生的净效应就是放大了二阶内力，使其更加接近实际结构内力。因此，对于压弯构件的平面内弯曲屈曲相互作用，可以采用轴向承载力 P_{nL} 来进行校核，该轴向承载力是从使用实际无支撑构件长度 L 的柱曲线计算得到的，也就是说 $K=1.0$。

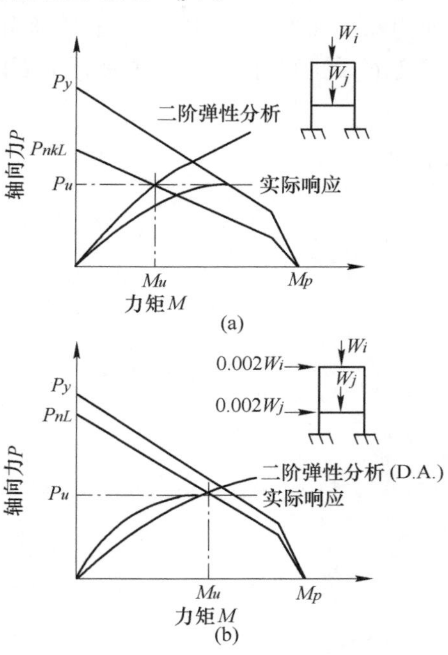

图 C-C2-5　平面内相互作用：有效长度法（a）和二阶分析法（b）校核之比较

如果在分析中对其他结构部件（如连接、柱脚的构造、起横隔板作用的水平桁架）的柔性做了精确的模拟，那么这些部件的刚度也应予以折减。在所有情况下，刚度折减可偏于保守的取值为 $EA^*=0.8EA$ 和／或 $EI^*=0.8EI$。Surovek-Maleck 等人（2004）就 PR 框架中连接的刚度折减问题做了相应的讨论。

如果混凝土剪力墙或其他非钢制部件有助于结构的稳定，且这些部件的设计规范和标准规定了较大的刚度折减，那么就应采用更大的折减。

C3. 有效承载力计算

第 C3 节规定，当分析满足第 C2 节中的要求时，在第 E ~ I 章中的构件有效承载力条款以及第 J 章和第 K 章中的节点连接设计条款中，利用直接分析法的设计过程做了补充和完善。可以在承载力校核中对所有构件的有效长度系数 K 统一取值。

如果梁、柱构件确定其无支撑长度所依赖的支撑并不属于抗侧力体系，那么这种支撑本身必须具有足够的承载力和刚度，足以控制构件在支撑点的位移（见附录6)。对属于抗侧力体系组成部分的支撑构件（即在结构分析中要包含的支撑），对其设计要求在第C章中做了讨论。

对于受单轴弯曲和压力共同作用的压弯构件，可将直接分析法的分析结果直接应用于第H1.3条的相互作用公式中，公式对平面内受弯屈曲和平面外侧向扭转失稳做了分别的处理。这些独立的相互作用公式降低了第H1.1条规定的保守性，把两种极限状态下的校核结合在一个公式中，使用了对于 P_r/P_c 和 M_r/M_c 的平面内和平面外最不利的组合。直接分析法的一个明显优点就是可以使用 $K=1$ 在带有 P_c 的相互作用公式中进行平面内校核。

条文说明 D　受拉杆件设计

第 D 章的规定中不考虑所连接组件的作用力线之间的偏心影响。

D1. 长细比限值

在“使用说明”中所建议的长细比上限值是基于专业判断和经济方面、易于搬运和所需要维护的实际考虑，从而可以减少在加工制作、运输和安装过程中的意外损坏。对于受拉构件的结构整体性而言，没有必要限制构件的长细比；它只是保证了一定程度上的刚度，使得不至于发生“拍击”或振动等不良的侧向变形。控制不平直度在合理的容许范围内，不影响受拉构件的承载力。受拉力作用往往会减少构件的不平直度，而压力则会加大其不平直度。

对于单角钢而言，其绕 z 轴的回转半径最大会达到 L/r，除了在特殊的支承条件下，最大值会达到 KL/r。

D2. 抗拉承载力

由于应变硬化的影响，延性钢棒可以承受大于其毛截面面积与规定的最小屈服应力之乘积的轴向拉力作用，而不会出现断裂。但是，由于受拉构件毛截面面积上无法控制的屈服而造成的受拉构件过度延伸，不仅标志着构件的有效性达到了极限，而且还会导致该构件作为其组成部分的结构体系的失效。另外，也可能在低于按毛截面屈服所需要的荷载作用下沿其净截面出现断裂，而造成构件失效，这主要取决于截面积的减少和钢材的其他的力学性能降低。因此，受拉构件的承载力极限状态对毛截面上达到屈服和净截面上的断裂都要予以考虑。相对于构件的总长度而言，有孔洞部分构件的长度通常是可以忽略不计的。在孔的附近很容易出现应变硬化，所以在紧固件孔洞处净截面上达到屈服极限状态并没有很多实际意义。

除了受周期性荷载反复作用的钢管结构型材外，现有资料表明，对受拉钢管结构型材承载力起控制作用的因素与其他结构型材并无不同，因此可以采用第 D2 节中的相关规定。因为在实际工程应用中不同钢管结构型材端部连接类型是有限的，因此可以采用第 K 章的有关规定来简化计算有效净截面面积 A_e。

D3. 有效净截面面积

本章第 D3 节考虑了剪力滞后效应，适用于焊接连接及螺栓连接的受拉构件。剪力滞后是用来考虑所连接的构件中有部分（但不是所有）板件（翼缘、腹板、型钢肢等）相连时，所产生的应力分布不均匀的一个概念。折减系数 U 适用于螺栓连接构件的净截面面积 A_n 和焊接连接构件的毛截面面积 A_g 。当连接长度 l 增加时，剪力滞后效应会减弱。可以通过折减系数 U 的经验计算公式来表示这个概念。使用该经验公式计算有效面积，对约 1000 个螺栓连接和铆钉连接试件的承载力做了估算，与实测结果（Munse 和 Chesson，1963）进行了比较，其相符程度均分布在 ±10% 范围内（除少数有例外）。新的研究对于现行规定提供了更多的佐证（Easterling 和 Gonzales，1993）。

对于任何给定断面和形状的连接板件，$\bar{X}$ 是从连接平面或构件表面到承受连接作用力的构件截面形心的垂直距离，如图 C-D3-1 所示。长度 l 与紧固件行数

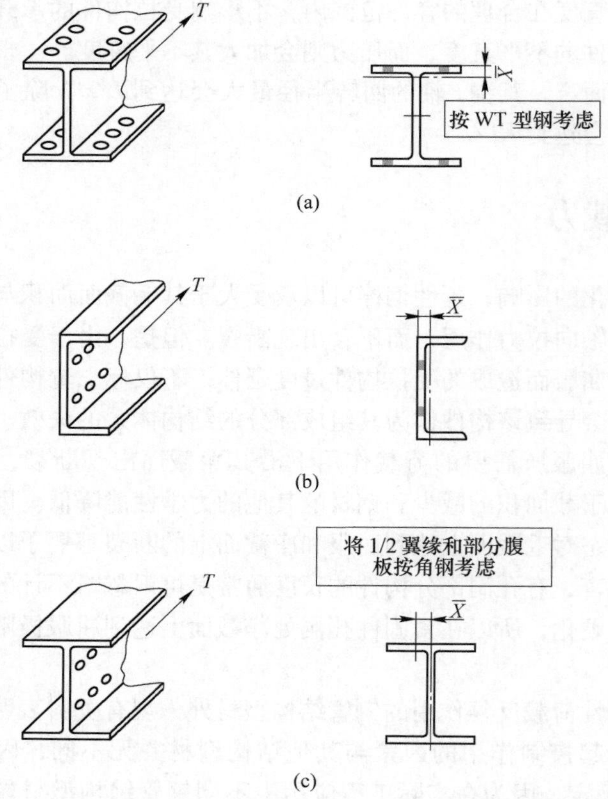

图 C-D3-1 用以确定折减系数 U 值的 $\bar{X}$

或焊缝长度有关。对于螺栓连接，长度 l 为平行于力作用线、排列成直线的第一行和最后一行紧固件之间的距离。可以通过连接中排列成直线的螺栓的行来确定 l。对于交错排列的螺栓，l 可以采用最外一行连接紧固件之间的距离，如图 C-D3-2 所示。

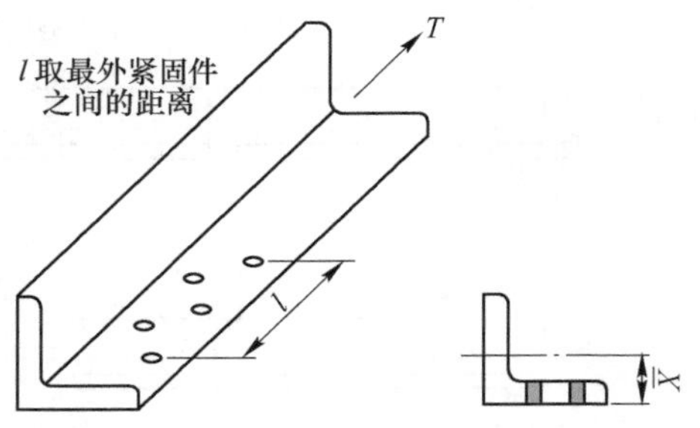

图 C-D3-2 用以确定交错排列的螺栓连接 U 值的计算长度 l

根据塑性截面模量的定义 $Z=\sum|A_id_i|$，其中 A_i 为第 i 块板件的横截面面积，d_i 为从塑性中和轴到第 i 块板件截面重心的垂直距离；对于图 C-D3-1（c）右侧所示情况，$\bar{X}$ 为 Z_y/A。由于所示截面绕其垂直轴对称，且该轴线还是塑性中和轴，对左侧的面积矩为 $Z_y/2$，其中 Z_y 是整个截面的塑性截面模量。左侧的面积为 $A/2$；因此根据定义，$\bar{X}=Z_y/A$，对于图 C-D3-1（b）右侧所示情况，$\bar{X}=d/2-Z_x/A$。要注意使用该关系式时，截面的塑性中和轴必须为其对称轴。

如果所有螺栓行都只有一个螺栓，那就很难确定 U 值，可以偏保守地取 A_e 等于所连接板件的净截面面积。需要验算板件块状破裂剪切极限状态（见第 J4.3 条）和承压极限状态（见第 J3.10 条），这些极限状态可能会起控制作用。

所连接板件的面积与总面积之比是一个对于 U 值的合理下限，并且考虑了根据 $(1-\bar{X}/l)$ 计算的 U 值很小或者忽略不计（例如每个螺栓行只有一个螺栓和 $l=0$）的情况。该下限值类似与其他设计规范的规定，例如 AASHTO《公路桥梁标准规范》(*Standard Specifications for Highway Bridges*)（AASHTO，2002)，在该规范中，可以按所连接部分的面积加上未连接部分毛截面面积的一半来计算 U 值。

连接偏心所产生的影响是连接板件及构件刚度的函数，因此在设计受拉连接或受拉构件时可能要考虑这种偏心的影响。以往在设计只受拉支撑时，工程师往往会忽略偏心在连接板件及构件中所产生的影响。在图 C-D3-3 的示例 1a 和 1b 的情况中，通常由于用来承受轴向荷载的连接长度会比较长，因此可以忽略作用在螺栓上的轴向荷载。在示例 2 中，由于构件和连接的柔性会使构件产生变形，从而在很大程度上缓解了所引起的偏心。

对于焊接连接，l 是平行于作用力线的焊缝长度，图 C-D3-4 所示为纵向焊缝和纵向加横向焊缝。当焊缝长度不等时，可以采用焊缝的平均长度。

受拉管材的端头连接通常采用绕管材周边焊接制成，在这种情况下，不存在剪力滞后或毛截面面积折减的问题。

另外，可以采用带节点板的端头连接。可将单块节点连接板焊在位于截面中

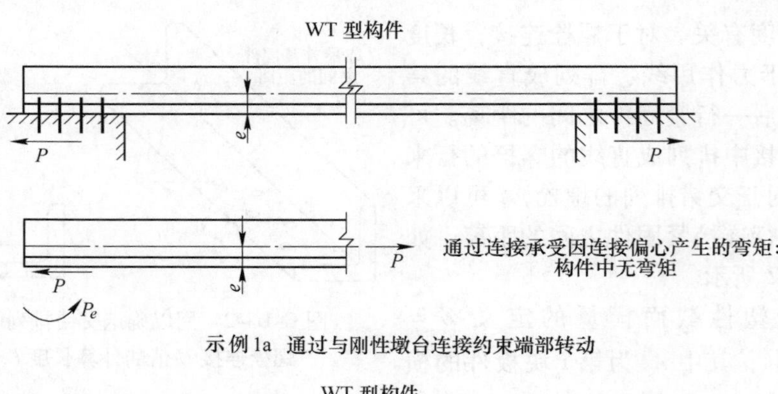

示例 1a　通过与刚性墩台连接约束端部转动

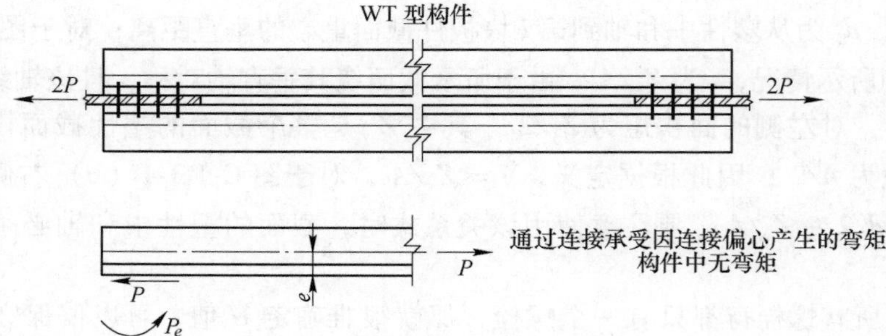

示例 1b　通过对称约束端部转动

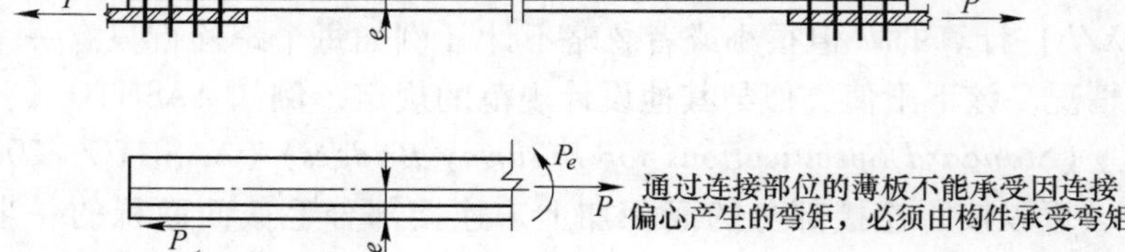

示例 2　端部转动未被约束—与薄钢板连接

图 C-D3-3　连接约束对偏心的影响

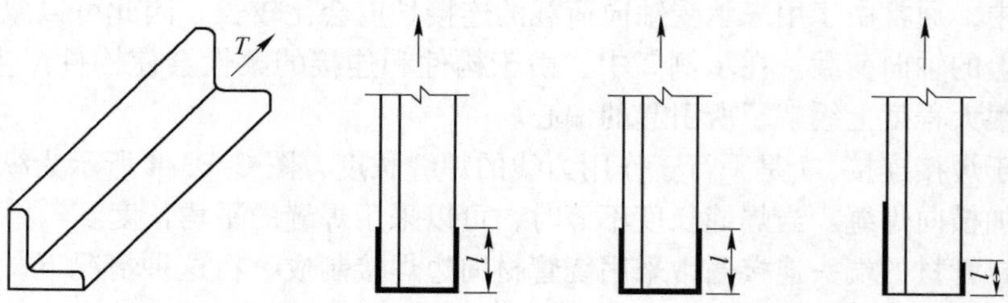

图 C-D3-4　对于纵向加横向焊缝的连接，确定 U 值的计算长度 l

心线的纵向插槽内。对于受静力荷载的连接，不必绕节点板端部进行焊接，这样可以避免削弱节点板并且弥合插槽端部的缺口。在这种情况下，如图 C-D3-5 所示，在插槽端部的净截面处是最不利的区域。另外，可以采用单边 V 形坡口焊在矩形钢管的相对两侧焊成对节点板，从而不减少其毛截面面积。

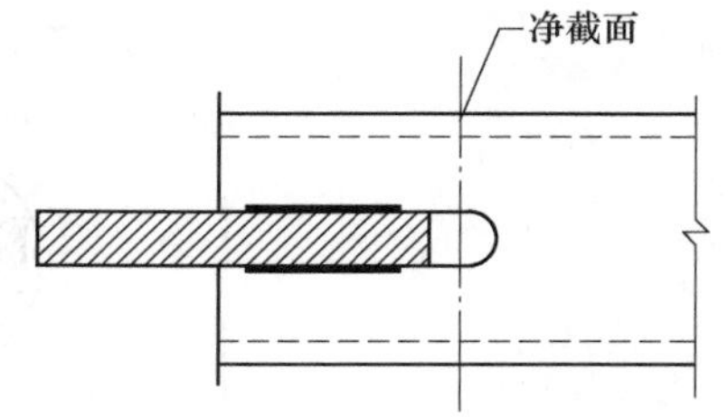

图 C-D3-5　单块节点连接板通过插槽的净截面

对带节点板的连接，可以将表 D3-1 中项次 2 的剪力滞后的一般规定进行简化，且可以根据项次 5 和项次 6 的要求确定连接的偏心。项次 5 和项次 6 表明，焊缝长度 l 不得小于管材的高度。这和项次 4 中焊缝长度的要求是一致的。在项次 5 中，根据相关研究成果（Cheng 和 Kulak，2000），当 $l \geqslant 1.3D$ 时，可采用 $U=1$，该研究表明，只有在短连接中，以及在长连接中受拉圆钢管构件在连接长度范围内出现径缩时才会发生断裂，连接失效是由构件屈服和最终断裂所造成的。

在表 D3-1 中项次 7 和项次 8 所给出的剪力滞后系数可以作为表 D3-1 中项次 2 中 $U = 1 - \bar{X}/l$ 的替代值，可以取两者中的较大者。

D4. 组合构件

本规范允许采用缀条、系板和穿孔盖板来构成组合构件（尽管不太常用）。系板的长度和厚度要根据紧固件之间的距离 h 来确定，紧固件可以是螺栓，也可以是焊缝。

D5. 销轴连接构件

在受拉构件承受非常大的恒载时有时会采用销轴连接构件。当活荷载变化比较大时不推荐使用销轴连接构件，因为会引起销轴在销孔中磨损。必须满足规范第 D5.2 条中给出的尺寸要求，以确保销轴的正常功能。

1. 抗拉承载力

在相同的极限状态下，销轴连接构件的抗拉承载力计算公式中所采用的 ϕ 和 Ω 值与本规范中其他场合所使用的值是相同的。但是，受拉和受剪的有效净截面面积的定义是不同的。

2. 尺寸要求

图 C-D5-1 所示为销轴连接构件的尺寸要求。

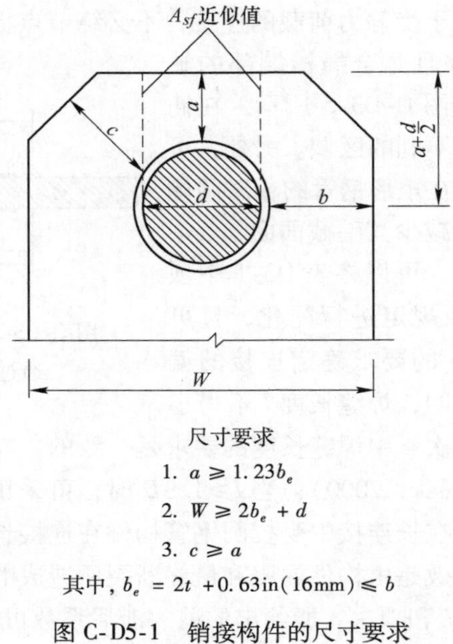

尺寸要求

1. $a \geqslant 1.23b_e$

2. $W \geqslant 2b_e + d$

3. $c \geqslant a$

其中，$b_e = 2t + 0.63\text{in}(16\text{mm}) \leqslant b$

图 C-D5-1　销接构件的尺寸要求

D6. 带环拉杆（眼杆）

通常，采用销轴连接的钢板或用热切割方法从钢板中切割制成的带环拉杆（眼杆）来取代锻造的眼杆。本规范中所给出的眼杆设计要求是以锻造眼杆的长期使用经验为基础的。通过大量的破坏性试验，发现用热切割方法代替锻造方式制作眼杆，可以得到均衡的设计。对于截面不均匀的销轴连接的构件以及不带扩大“环形”头的构件，其更加偏于安全的规定都是来自于有关的试验研究结果（Johnston，1939）。

当使用屈服应力大于 70ksi（485MPa）的钢材制作眼杆时，要求眼杆的尺寸更粗壮、敦实，以避免在更高的设计应力下可能出现“表面凹坑缺陷”的现象。

1. 抗拉承载力

除了在计算时眼杆杆体的宽度不得超过其厚度的 8 倍外，确定眼杆抗拉承载力所采用的方法与普通的受拉构件相同。

2. 尺寸要求

图 C-D6-1 所示为眼杆的尺寸要求。符合这些规定，就可确保杆体的拉伸屈服是起控制作用的极限状态，从而不必再针对其他极限状态进行验算。

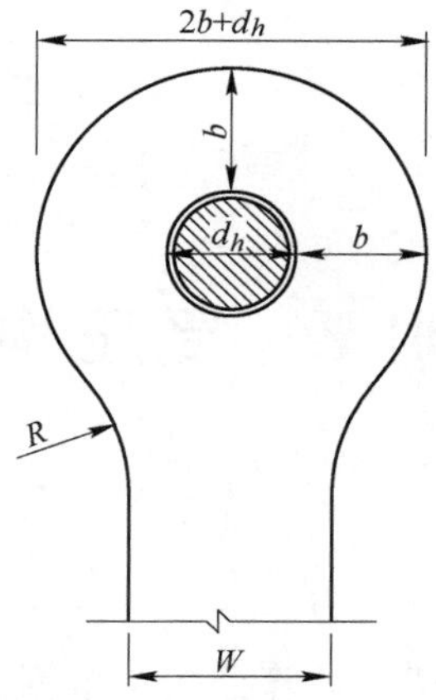

尺寸要求

$t \geqslant 1/2\text{in}(13\text{mm})$（规范第 D6.2 条所规定的除外）

$W \leqslant 8t$

$d \geqslant 7/8W$

$d_h \leqslant d + 1/32\text{in}(1\text{mm})$

$R \geqslant d_h + 2b$

$2/3W \leqslant b \leqslant 3/4W$（仅在计算时采用该上限值）

图 C-D6-1　眼杆尺寸要求

条文说明 E　受压构件设计

E1. 一般规定

本规范第 E3 节的柱子承载力计算公式是根据研究数据转换而成的（Ziemian，2010；Tide，1985，2001）。这些计算公式与 2005 版《建筑钢结构设计规范》（AISC，2005a）中所述计算公式相同，在本质上与 LRFD 规范的早期版本相一致（AISC，1986，1993，2000b）。在 2005 版《建筑钢结构设计规范》中，综合了大量柱子的更多承载力分析和试验结果，并结合自 20 世纪 70～80 年代做出初步校准后在钢结构行业实践中所产生的变化，将抗力系数 ϕ 从 0.85 提高到 0.90。

在早期基于概率的钢柱承载力的研究中（Bjorhovde，1972，1978，1988），推荐了三条柱子曲线。对于制作方法相同的柱子，用这三条柱曲线可以近似确定其承载力曲线的区间，该近似方法建立在广泛分析的基础上，并得到足尺试验的验证（Bjorhovde，1972）。例如，热成型和冷弯热处理的钢管柱的数据落在该承载力曲线区间中较高一侧［SSRC（*Structural Stability Research Council* 结构稳定研究委员会）1P 类柱（Bjorhovde，1972，1988；Bjorhovde 和 Birkemoe，1979；Ziemian，2010）］，而由普通轧制钢板制成的焊接组合宽翼缘柱的数据则落在该承载力曲线区间中较低一侧（SSRC 3P 类柱）。大批数据聚集在 SSRC 2P 类柱的周边。如果最初的 LRFD 规范对各种柱子类别选择使用所有这三条柱曲线，那么采用概率分析方法就会得到抗力系数 $\phi=0.90$ 或甚至再高一些（Galambos，1983；Bjorhovde，1988；Ziemian，2010）。经决定对所有类型的柱子，只使用一条柱曲线（SSRC 柱类别 2P）。这样就导致数据分布范围更大，并且变异系数也就更大，所以在柱子计算式中采用了抗力系数 $\phi=0.85$，以达到与梁相接近的可靠度水平。此后，所进行的大量分析和试验，以及在实际应用中所产生的变化，都证明了抗力系数加大到 0.90 是必要的，这个值甚至还有些保守（Bjorhovde，1988）。

1981 年，在制定 LRFD 规范初稿（AISC，1986）时，AISC 规范委员会选定了单根柱子曲线并取抗力系数为 0.85。此后，在钢结构行业工程实践中发生了一系列变化：（1）焊接组合型钢不再用普通轧制钢板制作；（2）现在最常用的结构钢材是 A992，其规定的最低屈服应力为 50ksi（345MPa）；（3）炼钢行业的进步使得钢材品质更高，材料性能更好。因此，屈服应力水平和可变性使得材料性能的变异系数下降（Bartlett 等人，2003）。

对 SSRC 柱曲线选择表（Bjorhovde 1988；Ziemian，2010）的检验研究表明，不再需要 SSRC 3P 类柱。只需要使用 SSRC 2P 类柱的统计数据就可以用概率方法来确定柱子的可靠度。图 C-E1-1 和图 C-E1-2 中的曲线表示活-静荷载比 L/D 在 1～5 范围内变化时，可靠度指标 β 的变化。当钢材的屈服强度 F_y = 50ksi (345MPa)，使用 LRFD 方法和 ASD 方法相应的抗力系数和安全系数分别为 ϕ = 0.90 和 Ω = 1.67 时，可靠指标不低于 β = 2.6。这与梁的可靠度接近。

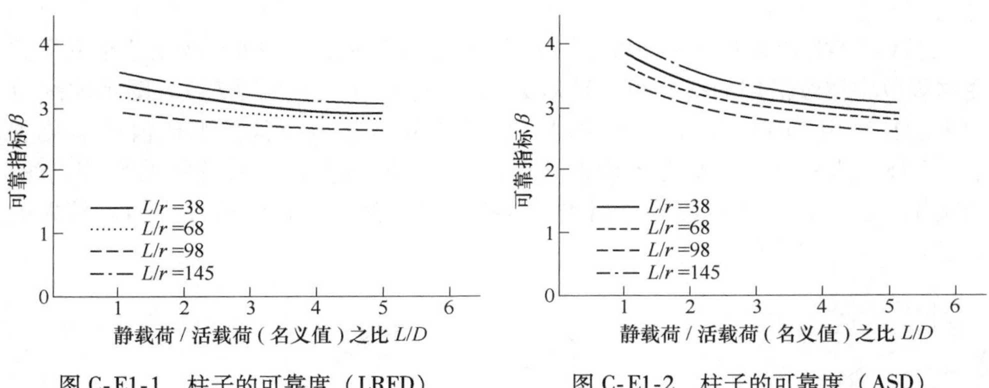

图 C-E1-1　柱子的可靠度（LRFD）　　图 C-E1-2　柱子的可靠度（ASD）

E2. 有效长度

从 1978 版规范中的强制性条款“…受压构件的长细比 KL/r，不得超过 200…”到 2005 版规范中完全不加限制（AISC，2005a），最大长细比限值的概念经历了一个逐渐变化的过程。从 1978 版的 ASD 规范和 1999 版的 LRFD 规范（AISC，1978；AISC，2000b）的强制性限值过渡到 2005 版规范采用“**使用说明**”规定限值。该“**使用说明**”指出“…长细比 KL/r 不宜超过 200…”。然而，设计人员应该认识到，长细比大于 200 的柱子弹性屈曲应力会小于 6.3ksi (43.5MPa)（式（E3-4））。传统意义上的上限值 200 是基于专业的判断和实际工程的经济成本、易于搬运，以及为减少在制作、运输和安装过程中的意外破损而必须进行的维护等方面的考虑。除加工制作人员和安装人员采取特别措施的情况以外，这些规定仍然是有效的，并且不建议受压构件的长细比超过此限值。

E3. 由非薄柔型板件组成构件的弯曲屈曲

第 E3 节适用于由非薄柔型板件组成的受压构件，受压板件之定义见第 B4.1

条的规定。

本规范第 E3 节中的柱子承载力计算公式，除了形式上用熟悉的 $\frac{KL}{r}$ 代替了 2005 版规范中的长细比项 $\lambda_c = \frac{KL}{\pi r}\sqrt{\frac{F_y}{E}}$ 外，其余则与以前 LRFD 规范中的公式相同。

为了无须先计算 K 值而直接计算弹性屈曲应力，规定了式（E3-2）的限制条件，还给出了根据 F_y/F_e 比值的计算式（E3-3），对此，在下文中会有详细的讨论。

图 C-E3-1 和图 C-E3-2 比较了以前的柱子设计曲线和 2005 版规范中采用并在本规范中继续沿用的柱曲线（针对 $F_y=$ 50ksi(345MPa) 的情况）。图示曲线分别表示在采用 LRFD 和 ASD 方法时，柱子有效承载力与其长细比值的变化关系。LRFD 曲线反映了抗力系数 ϕ 从 0.85 到 0.90 的变化，其解释见第 E1 节的条文说明。与以前版本的规范相比，这些柱子计算公式在经济性方面有较大的改进。

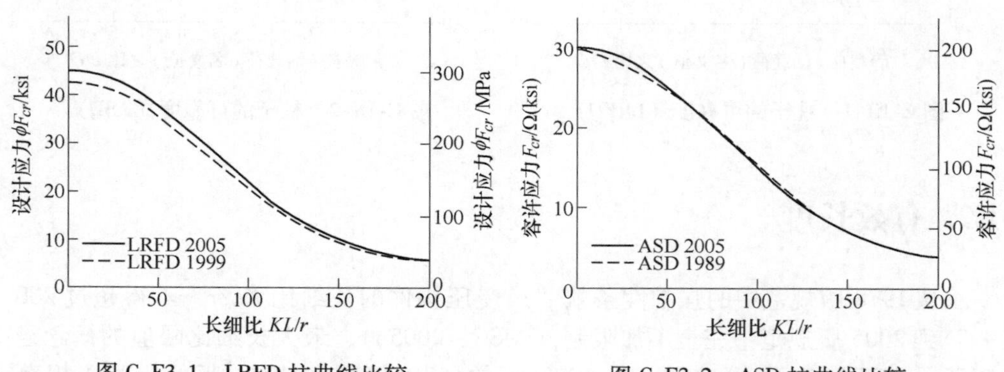

图 C-E3-1　LRFD 柱曲线比较　　图 C-E3-2　ASD 柱曲线比较

区分弹性和弹塑性屈曲的界限值定义为 $\frac{KL}{r} \leqslant 4.71\sqrt{\frac{E}{F_y}}$ 或 $\frac{F_y}{F_e} \leqslant 2.25$，这两个式子与 2005 版规范所采用的 $F_e = 0.44F_y$ 是相同的。为了方便起见，针对通常使用的 F_y，表 C-E3-1 中给出了相应的界限值。

柱承载力计算式中的关键参数之一是弹性临界应力 F_e。式（E3-4）以熟悉的欧拉方程形式给出了 F_e 的计算式。当然，也可以用其他方法确定 F_e，包括框架屈曲的直接分析法，以及第 E4 节所给出的扭转或弯-扭屈曲分析方法。第 E3 节的柱承载力计算公式也可用于框架屈曲和扭转或弯-扭屈曲（见第 E4 节）；这些公式中也可以使用单角钢构件的修正长细比（见第 E5 节）；当柱子带有薄柔型板件时，这些公式还可以通过 Q-系数进行修正（见第 E7 节）。

表 C-E3-1　KL/r 和 F_e 界限值

F_y/ksi(MPa)	界限 $\frac{KL}{r}$ 值	F_e/ksi(MPa)
36 (250)	134	16.0 (111)
50 (345)	113	22.2 (153)
60 (415)	104	26.7 (184)
70 (485)	96	31.1 (215)

E4. 由非薄柔型板件组成构件的扭转和弯-扭屈曲

第 E4 节适用于单轴对称、无对称轴以及某些双轴对称的构件，例如全部由非薄柔型板件组成的十字形或组合截面柱，关于非薄柔型板件之定义见第 B4.1 条的相关规定。本节还适用于扭转屈曲长度大于其弯曲屈曲长度的双轴对称构件。

在关于结构稳定的教科书和专著中，对第 E4 节中用来确定柱子扭转或弯-扭弹性屈曲荷载的公式有专门的推导和介绍［例如，Bleich(1952)；Timoshenko 和 Gere(1961)；Galambos(1968a)；Chen 和 Atsuta(1977)；Galambos 和 Surovek(2008)，Ziemian(2010)］。由于这些公式只适用于弹性屈曲，对于弹塑性屈曲，必须使用第 E3 节中柱子计算公式中的扭转或弯-扭临界应力 F_{cr}来修正这些公式。

在设计热轧型钢柱子时，通常不考虑对称型钢的扭转屈曲和非对称型钢的弯-扭屈曲失效模式。它们一般不起控制作用，或者说临界荷载与绕弱轴的弯曲屈曲荷载相差很小。然而，扭转和弯-扭屈曲模式对于采用相对较薄钢板制作的对称柱，以及非对称柱、扭转的无支撑长度远大于绕弱轴的弯曲无支撑长度的对称柱，可能会对柱子承载力起控制作用。在第 E4 节表 C-E4-1 中，给出了确定这类柱子弹性临界应力的计算公式，该表可以作为选择适当计算公式的指南。

表 C-E4-1　扭转和弯-扭屈曲计算公式选择

截　面　类　型	第 E4 节中适用的计算公式
双角钢和 T 型钢构件 x　y　x　y　x　y　x　y 第 E4 节中第（1）条	式（E4-2）

续表 C-E4-1

截面类型	第 E4 节中适用的计算公式
所有双轴对称型钢和 Z 型钢构件  第 E4 节中第（2）条 1）款	式（E4-4）
除双角钢和 T 型钢以外的单轴对称构件 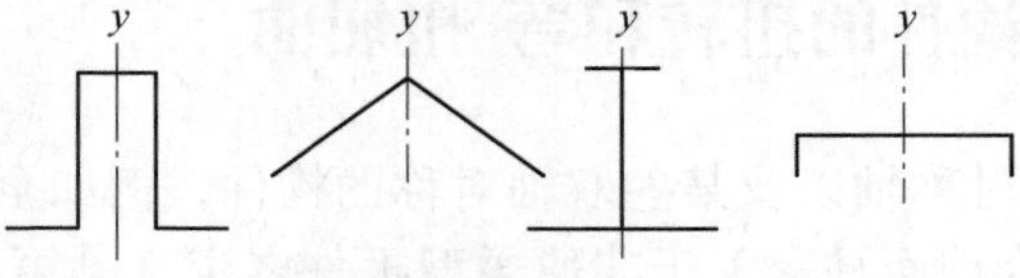 第 E4 节中第（2）条 2）款	式（E4-5）
非对称型钢 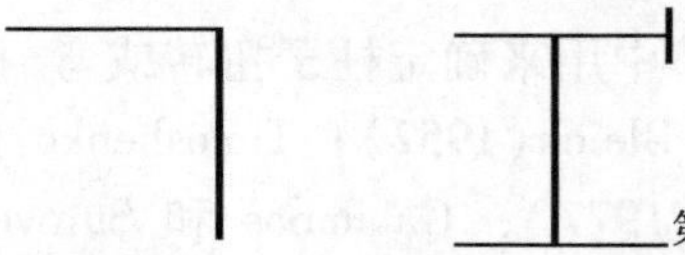 第 E4 节中第（2）条 3）款	式（E4-6）

计算双角钢和 T 型钢构件屈曲承载力的简化方法（式（E4-2））直接采用了绕 y 轴的抗弯承载力，该抗弯承载力来自第 E3 节的柱子计算公式（Galambos，1991）。

在式（E4-4）和式（E4-9）包含了扭转屈曲有效长度系数 K_z，该系数可偏于保守地取 $K_z=1.0$。为了更加精确，如果柱子两端的连接可以约束翘曲，譬如其端部围焊的长度至少等于构件的高度，则可取 $K_z=0.5$。如果构件一端的翘曲可以受到约束，而另一端的翘曲不受约束，则 $K_z=0.7$。

应按照附录 6 的要求，应在支撑点位置同时提供侧向支撑和/或扭转支撑。AISC 设计指南 9（*Torsional Analysis of Steel Members*）（Seaburg 和 Carter，1997）对作用于钢结构构件的扭转荷载的基本特性做了概述。指南中还包括了设计实例。

E5. 单角钢受压构件

应根据第 E3 节或第 E7 节的要求确定单角钢的轴向承载力。然而，正如第 E4 节和第 E7 节所述，对于 $b/t \leqslant 20$ 的单角钢，无须采用式（E4-5）或式（E4-6）计算 F_e。这条规定适用于所有目前生产的热轧角钢，而对于 $b/t>20$ 的焊接角钢，可采用第 E4 节的方法计算 F_e。

第 E5 节还给出了承受轴压荷载作用（通过一个相连接的角钢肢传递荷载）的单角钢构件的简化设计过程。通过调整构件的长细比，将角钢按轴心受力构件进行处理。角钢的连接肢固定到节点板或另一构件的外伸肢上，之间的连接通过焊接或至少用两个螺栓进行连接。本节中的等效长细比换算表达式假定，角钢对于垂直于连接肢的 y 轴完全受到约束。这就使得角钢构件主要是绕 x 轴的弯曲和屈曲。因此，构件的长细比可取 L/r_x。修正长细比间接考虑了桁架弦杆荷载作用偏心和端部约束影响使角钢所受的弯矩。

等效长细比计算公式还假设对转动做了一定程度上的约束。式（E5-3）和式（E5-4）［第（2）条］假设绕 x 轴的转动约束要比式（E5-1）和式（E5-2）［第（1）条］强得多。式（E5-3）和式（E5-4）基本上与 ASCE10-97（ASCE，2000）用于计算格构式输电塔中等肢角钢腹杆的计算公式相当。

在空间桁架中，通常腹杆会在桁架节间点处对弦杆的扭曲形成约束，同时也对腹杆角钢沿其 x 轴提供了很大的约束。如果平面桁架弦杆的扭曲可以得到很好的约束，就可以证明采用第（2）条（即式（E5-3）和式（E5-4））是合理的。同样，在带支撑框架中的铰接单角钢对角斜撑，可以认为其端部受到足够的约束，可以满足第（1）条的条件，即在设计中可以采用式（E5-1）和式（E5-2）。但是，在计算交叉撑的单角钢的抗压承载力时，这些计算公式并不适用。

通过短肢相连接的不等肢角钢可以采用第 E5 节的方法，但前提是等效长细比要有所增加，其增加量是与角钢长肢与短肢宽度之比相关的，并且其上限为 L/r_z。

如果使用本节方法无法计算单角钢受压构件，则可以采用第 H2 节的相关规定。在计算 P_n 时，应考虑端部约束对有效长度的影响。有了绕几何轴的有效长度系数，就可以按照 Lutz（1992）提出的方法来计算柱子的有效回转半径。为了使得到的结果不至于过于保守，还必须考虑这样一个事实，即端部约束会减少单角钢压杆的轴向荷载偏心，从而就可以在受压构件的承载力计算式（H2-1）中采用弯曲项 f_{rbw} 或 f_{rbz}。

E6. 组合构件

第 E6 节介绍了组合构件的承载力和尺寸要求，组合构件是由两个或多个型钢通过螺栓或焊缝相互连接所构成的。

1. 抗压承载力

本节适用于组合构件，如组件紧密接触的双角钢或双槽钢构件。受压组合构件组件连接件的纵向间距，必须满足单个型钢的长细比值 L/r 不超过整体构件长细比的 3/4 的条件。然而，这个规定并不一定能够保证组合构件的有效长细比等于组合构件作为一个独立单元的长细比。

当组合构件作为有效结构构件时，其端部连接必须采用焊接或摩擦面为 A 级或 B 级的施加预紧力的高强度螺栓连接。即便如此，组合构件的抗压承载力还会受到中间连接件剪切变形的影响。本规范所采用的有效长细比就考虑了这种影响。主要基于 Zandonini（1985）的试验数据，Zahn 和 Haaijer（1987）提出了有效长细比的经验公式，用于 1986 版的 AISC《建筑钢结构荷载和抗力分项系数设计规范》（AISC，1986）中。当组件间采用施加预紧力的螺栓或焊缝连接件时，Aslani 和 Goel（1991）提出了一种半解析公式，在 1993 版、1999 版及 2005 版的 AISC 规范（AISC，1993，2000b，2005a）中采用。随着可供使用的实验数据越来越丰富，统计分析（Sato 和 Uang，2007）表明，本规范所采用的简化表达式可以达到相同的准确性。

为了保证连续接触组件的整个接合面上紧密接合，会要求紧固件间距小于承载力所要求的最大间距。关于暴露在腐蚀性大气环境中的耐候钢构件的特殊要求，在 Brockenbrough（1983）的文献资料中有所介绍。

2. 尺寸要求

第 E6. 2 条给出了关于连接件间距和组合构件端部连接设计的附加要求，还给出了各（肢）分开的格构式组合构件设计要求。部分尺寸要求是基于工程判断和经验。有关带孔盖板的尺寸规定则是根据大量试验研究的结果（Stang 和 Jaffe，1948）。

E7. 由薄柔型板件组成的受压构件

结构工程师在设计时经常采用热轧型钢，因此很少有机会使用本规范第 E7 节的内容。在热轧型钢中，需要用到本节内容的最常见情况是采用的梁用型钢（beam shapes）的柱子，以及采用薄肢角钢、带有薄柔型腹板的 T 型钢的柱子。当通过焊接或螺栓连接用薄钢板制作柱子时，在确定系数 Q 时必须要予以特别注意。

第 E7 节介绍了当柱子横截面中一块或多块板件属于薄柔型板件时所做的修正。如果板件的宽厚比超过表 B4-1a 中所规定的限值 λ_r时，则认为该板件属于薄柔型。只要板件不是薄柔型的，其全截面就可以达到屈服应力，而不会发生局部屈曲。当截面中包含薄柔型板件时，长细比折减系数 Q 按发生局部屈曲时的应力与屈服应力 F_y之比计算。在第 E3 节柱子计算式中，屈服应力 F_y应由 QF_Y代替。

这些修改后的计算式被重新表述为式（E7-2）和式（E7-3）。参照 1969 版《AISI 冷成型钢结构构件设计规范》（AISI，1969），从 1969 版的《AISC 建筑钢结构设计、制作和安装规范》（AISC，1969）开始，已经用这种方法来处理由薄柔型板件组成的柱子。在 1969 年以前，AISC 的做法是去除超过 λ_r 限值的那部分板宽，然后校核其剩余部分的截面是否符合容许应力的要求，结果证明这种方法是低效和不经济的。第 E7 节中的计算式与 1969 版最初的计算公式几乎是相同的。

本规范对设置有加劲板件和未设置加劲板件的柱子进行了区分。采用了两种不同的方法：当未设置加劲的板件达到理论局部屈曲应力时，认为此板件已经达到极限状态。而对于设置有加劲的板件，可以利用支撑在纵向边缘上板材所固有的屈曲后强度，例如在钢管柱中。为了获得附加的屈曲后强度，使用了有效宽度的概念。这样的双重方法反映了 1969 版 AISI 规范中冷成型柱子设计的处理方法。AISI 规范的后续版本，特别是在《北美冷弯薄壁型钢构件设计规范》（AISI，2001，2007）中（以下简称北美 AISI 规范），对于设置有加劲的板件和未设置加劲的板件，沿用了有效宽度的概念。在 AISC 规范的后续版本（包括本规范）中，对于未设置加劲的板件没有遵循 AISI 规范的惯例，因为除了板件非常薄柔的情况外，否则无法充分利用板件的屈曲后强度。这种非常薄柔的板件，在冷弯薄壁型钢柱是相当常见的，但在热轧钢板制成的结构中就很少会遇到。

1. 未设置加劲的薄柔型板件，折减系数 Q_s

对于轧制型钢外伸板件（第（1）款）、组合型钢（第（2）款）、单角钢（第（3）款）和 T 型钢的腹板，第 E7.1 条给出了薄柔型板件的折减系数 Q_s 的计算公式。图 C-E7-1 所示为这些规定条款的基本曲线，曲线显示了系数 Q 与无量纲宽厚比 $\frac{b}{t}\sqrt{\frac{F_y}{E}\times\frac{12(1-\nu^2)}{\pi^2 k}}$ 之间的关系。第 B4 节中对截面宽度 b 和厚度 t 做了定义；$\nu=0.3$（泊桑比），k 是边缘受约束板的屈曲系数。对于单角钢，$k=0.425$（假定角钢的另外一肢不提供约束），对于外伸的翼缘板件和 T 型钢的腹板，k 约等于 0.7，表示板件的一边受到与其相连截面的约束，而另一边则没有受到约束。

Q 与板件宽厚比的关系曲线由三部分组成：（1）当宽厚比不大于 0.7 时，$Q=1$ 的部分（板件受力可以一直达到其屈服应力）；（2）当屈曲受 $F_{cr}=\frac{\pi^2 Ek}{12(1-\nu^2)\left(\frac{b}{t}\right)^2}$ 控制时，板件的弹性屈曲部分；（3）过渡部分，从经验上考虑了型钢中因残余应力而产生提前屈服的影响。通常，该过渡段取为直线。Winter 及其合作者研究开发了未设置加劲板件的规定，并且北美 AISI 规范（AISI，

2001，2007）的条文说明中给出了完整的参考文献。图 C-E7-2 所示为翼缘为薄柔型的轧制型钢的 Q 与宽厚比关系曲线。

组合截面中未设加劲的外伸翼缘、角钢和钢板的计算公式［式（E7-7）～式（E7-9）］可以追溯到 Johnson(1985）的研究工作。在对薄柔型翼缘和腹板的梁进行试验时发现，翼缘屈曲和腹板的翘曲之间存在相互影响，导致对承载力的预测会偏不安全。根据 Johnson(1985）提出的计算公式所做的修正，首次出现在 1989 版《建筑钢结构设计规范——容许应力设计和塑性设计》（AISC，1989）中。

在 1993 版《建筑钢结构的荷载和抗力分项系数设计规范》（AISC，1993）中引入了对原计算公式简化后的修正公式，并且这些计算公式到现行规范都没变。通过在 λ_r 和 Q 的计算公式中引入 k_c（见式（C-E7-1））考虑腹板宽厚比的影响，其中 k_c 取不小于 0.35，也不大于 0.76。

$$k_c = \frac{4}{\sqrt{\dfrac{h}{t_w}}} \tag{C-E7-1}$$

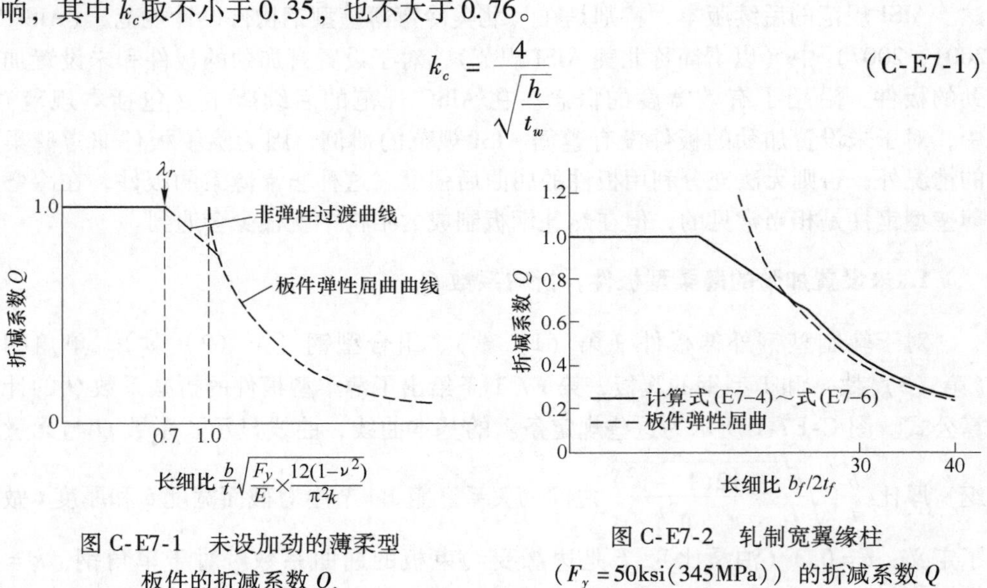

图 C-E7-1　未设加劲的薄柔型板件的折减系数 Q_s

图 C-E7-2　轧制宽翼缘柱（F_y = 50ksi(345MPa)）的折减系数 Q

2. 设置有加劲的薄柔型板件，折减系数 Q_a

而对于未设置加劲的薄柔型板件，本规范是根据板件发生屈曲时的极限状态来确定板件产生局部屈曲，而对于设置有加劲板件柱子的抗压承载力，采用了基于有效宽度概念的改进方法。该方法是由 von Kármán 等人（1932）首先提出的。后来，Winter(1947）对其进行了修正，考虑了非常薄柔型板件和厚实型板件之间的过渡情况，经实验研究证明这种修正是完全有效的。正如北美 AISI 规范（AISI，2001，2007）所做的修改，随着作用于构件中设置有加劲板件上的压应力水平降低，板件的有效宽度与实际宽度之比则会有所增加，采用的形式为：

$$\frac{b_e}{t}=1.9\sqrt{\frac{E}{f}}\left[1-\frac{C}{(b/t)}\sqrt{\frac{E}{f}}\right] \tag{C-E7-2}$$

式中，f 按 $Q=1.0$ 时柱子的 F_{cr} 取值；C 为根据实验结果的常数（Winter，1947）。

在北美 AISI 规范的 20 世纪 70 年代以后的各种版本中，对冷弯薄壁型钢柱，取 $C=0.415$。在该规范中，式（C-E7-2）中的系数 1.9 改为 1.92，反映了弹性模量取值不同，冷成型钢材的弹性模量 E 取值为 29500ksi（203400MPa），而热轧钢材取值为 29000ksi（200000MPa）。

对于方形和矩形的等壁厚箱形截面，其壁板之间几乎不提供转动约束，式（E7-18）中 $C=0.38$，要大于式（E7-17）中 $C=0.34$。式（E7-17）适用于一般的均匀受压加劲板件的情况，这些板件受到邻近翼缘或腹板的明显约束。系数 $C=0.38$ 和 $C=0.34$ 小于北美 AISI 规范（AISI，2001，2007）中相应的 C 值（$C=0.415$），体现热轧钢材截面板件之间的连接（焊接或轧制型钢的内圆角）刚度比冷成型截面大。

纵向受压钢圆柱体的传统理论，过高地估计了实际的屈曲强度，经常会达到 200% 甚至更高。型钢中不可避免的缺陷和荷载作用偏心是造成实际强度下降而低于理论强度的主要原因。在第 E7.2(3) 条中的限值是根据实验结果（Sherman，1976），而不是通过理论计算得到的，如果 $\frac{D}{t}\leqslant\frac{0.11E}{F_y}$，就不会发生局部屈曲。当 D/t 超过该值但小于 $\frac{0.45E}{F_y}$ 时，式（E7-19）给出了一个降低局部屈曲强度的折减系数 Q。本规范不推荐柱子使用 $\frac{D}{t}>\frac{0.45E}{F_y}$ 的结构用圆钢管或管材。

条文说明 F　受弯构件设计

F1. 一般规定

本章适用于绕截面的一个主轴纯弯曲的构件。针对绕强轴弯曲的双轴对称厚实型工字形截面构件和槽钢构件，第 F2 节中给出了抗弯承载力的相关规定。对于大多数设计人员而言，该节中的规定已经足以应对日常的设计工作。在第 F 章的其余章节中，介绍了结构工程师所不经常遇到的情况。由于在本规范中这样的案例、计算公式占用了不小的篇幅，因此使用说明：表 F1-1 给出了一个表格，作为第 F 章中规范条款的使用索引。本章的覆盖面很广，而且有许多计算公式显得十分繁复，然而需要再次强调的是，对于大多数设计项目，设计人员所用到的基本上不会超出第 F2 节的范围。

在第 F 章的所有章节中，抗弯承载力标准值可能达到的最大值为塑性弯矩，即 $M_n = M_p$。在设计中能够采用这个值表明钢材性能得到了充分利用。为了达到 M_p，梁的截面必须是厚实型的，并且构件必须设置有侧向支撑。截面的厚实程度取决于翼缘和腹板的宽厚比，关于厚实型、非厚实型或薄柔型板件之定义见第 B4 节中有关受弯构件截面的规定。当这些条件不满足时，抗弯承载力标准值会有所下降。在第 F 章的所有章节中，采用同样的方式来进行承载力折减。对于设置有侧向支撑的梁，塑性弯矩区域所跨越的范围为 λ（宽厚比）到 λ_p。这是满足厚实型截面的条件。超过这个限值，截面的抗弯承载力标准值就会线性降低，直至 λ 达到 λ_r。当超过 λ_r时，就成为薄柔型截面了。

图 C-F1-1 中以轧制宽翼缘构件的翼缘局部屈曲极限状态为例，对这三个范围做了说明。AISC 设计指南 25《使用楔形腹板构件的框架设计》（Kaehler 等人 2010）中，介绍了楔形腹板构件抗弯承载力的计算。图 C-F1-1 中的曲线显示了翼缘宽厚比 $b_f/2t_f$和抗弯承载力标准值 M_n之间的关系。

图 C-F1-2 所示为简支的厚实型截面构件均匀受弯（$C_b = 1.0$）时，在侧向扭转屈曲极限状态下，其抗弯承载力标准值 M_n和无支撑长度 L_b之间的基本关系。

通过长度 L_{pd}、L_p和 L_r，在基本曲线上界定了四个主要区域。式（F2-5）确定的是在均匀弯矩作用下达到 M_p时的最大无支撑长度 L_p。当无支撑长度大于式（F2-6）给出的 L_r时，则会发生弹性侧向扭转屈曲。式（F2-2）将弹塑性侧向扭转屈曲的范围定义为 M_p（在 L_p处）和的 $0.7F_yS_x$（在 L_r处）之间的一条直线。

弹性区域内的屈曲承载力由式（F2-3）给出。在附录1中所规定的长度L_{pd}，为用于塑性设计的无支撑长度限制值。虽然与弹性设计方法相比，塑性设计方法通常会对无支撑长度有更严格的要求，但L_{pd}还是会大于L_p，其原因是因为L_{pd}表达式直接考虑了非均匀弯矩的作用，而基于弹性分析的设计主要依靠系数C_b来考虑非均匀弯矩的影响，下面对此会有所说明。

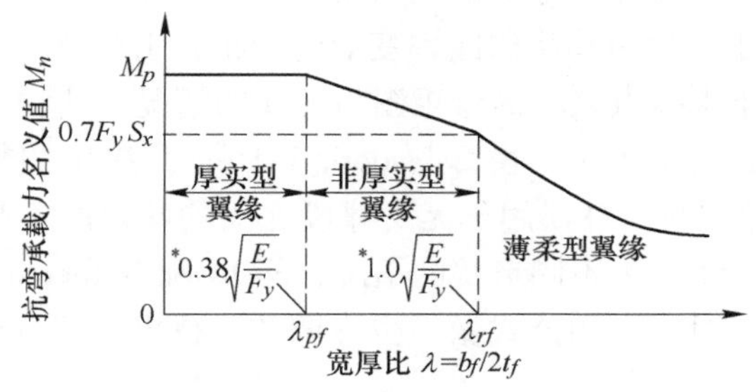

图 C-F1-1 抗弯承载力标准值与轧制工字型截面翼缘宽厚比的关系曲线
（＊表示摘自表B4-1b）

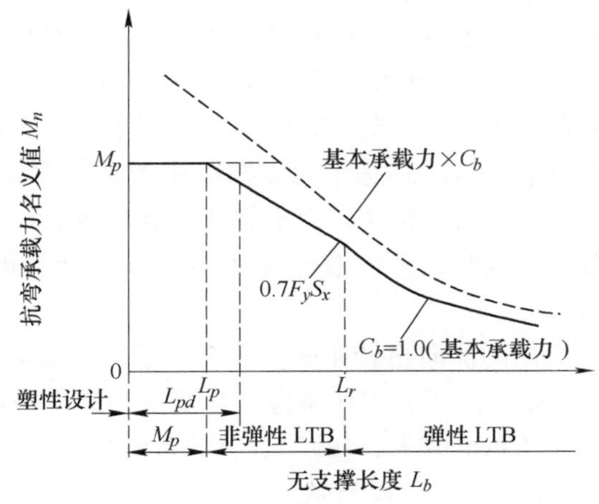

图 C-F1-2 抗弯承载力标准值与无支撑长度和非均匀弯矩作用的关系曲线

如图C-F1-2所示，当沿构件作用有非均匀弯矩时，可以将弹性和弹塑性区的基本承载力乘以C_b来得到侧向屈曲承载力。然而，在任何情况下最大弯矩承载力都不得超过塑性弯矩M_p。应该注意，由式（F2-5）给出的L_p只有当$C_b=1.0$才有实际的意义。当C_b大于1.0时，具有较大无支撑长度的构件可以达到M_p，如图C-F1-2中给出的$C_b>1.0$曲线所示。可以令式（F2-2）等于M_p并采用实际的C_b值求出该无支撑长度L_b值。

自1961年以来，AISC规范中已经采用了以下公式，用来调整当无支撑长度内弯矩图有变化时构件的侧向扭转屈曲计算公式：

$$C_b = 1.75 + 1.05\left(\frac{M_1}{M_2}\right) + 0.3\left(\frac{M_1}{M_2}\right)^2 \quad \text{(C-F1-1)}$$

式中 M_1——无支撑长度端部弯矩的较小值，kip · in(N · mm)；

M_2——无支撑长度端部弯矩的较大值，kip · in(N · mm)；

M_1/M_2——当弯矩作用引起反向曲率变形时为正，引起单曲率变形时为负。

该公式只适用于支撑点之间的弯矩图为直线的情况，这种情况在设计梁时是很少遇到的。该公式给出了一个由 Salvadori(1956) 所提出的数值解的下限。式（C-F1-1）很容易被误解，并误用于无支撑段之间的弯矩图不是线性的情况。针对无支撑段之间的弯矩图为不同形状的情况，Kirby 和 Nethercot(1979) 提出了一个相应的计算公式，对原来的公式做了少许调整，得出了式（C-F1-2）［即规范的正文中的式（F1-1）］：

$$C_b = \frac{12.5M_{max}}{2.5M_{max} + 3M_A + 4M_B + 3M_c} \quad \text{(C-F1-2)}$$

该公式对于端部固定的梁给出了一个比较精确的解，并且针对支撑点之间的弯矩图呈直线状的情况给出了与式（C-F1-1）大致相同的结果。当弯矩图为其他形状时，采用式（C-F1-2）计算 C_b，其结果与较精确但也更复杂的计算公式（Ziemian，2010）的结果很接近。式（C-F1-2）采用了3/4点处的弯矩和不考虑其出现位置的最大弯矩绝对值。总是用无支撑段中的最大弯矩与弯矩标准值 M_n 进行比较。使用的是支撑之间的长度，而不是反弯点之间的距离。当在无支撑长度范围内的弯矩分布呈直线时，采用根据式（C-F1-1）计算得到的 C_b 值，仍然可以得到令人满意的结果。

由式（C-F1-2）给出的侧向扭转屈曲修正系数适用于双轴对称截面，修正后可用于单轴对称截面。以前的研究工作考虑了承受重力载荷作用的单轴对称工字形梁截面特性的影响（Helwig 等人，1997），其研究结果见以下表达式：

$$C_b = \left(\frac{12.5M_{max}}{2.5M_{max} + 3M_A + 4M_B + 3M_c}\right)R_m \leq 3.0 \quad \text{(C-F1-3)}$$

当单向曲率弯曲时：$R_m = 1.0$。

当反向曲率弯曲时：

$$R_m = 0.5 + 2\left(\frac{I_{yTop}}{I_y}\right)^2 \quad \text{(C-F1-4)}$$

式中 I_{yTop}——上翼缘对通过腹板轴的惯性矩，$in^4(mm^4)$；

I_y——整个截面对通过腹板轴的惯性矩，$in^4(mm^4)$。

由于式（C-F1-3）是根据重力荷载作用在纵轴为水平的梁上而推导得到的，规定梁的上翼缘在截面几何形心的上部。式（C-F1-3）括号中的部分与式

（C-F1-2）完全相同，而 R_m 是一个针对单轴对称截面的修正系数，当上翼缘为较大翼缘时该系数大于1，而当上翼缘为较小翼缘时该系数则小于1。当单轴对称截面承受反向曲率弯曲时，应分别将每个翼缘按受压翼缘考虑，并将其抗弯承载力设计值与使得该翼缘产生压力的作用弯矩进行比较，来确定截面的侧向扭转屈曲承载力。

以上所讨论的系数 C_b 是与支撑点的间距相关的。然而，当梁承受反向曲率弯曲作用，并且一个梁翼缘在侧向有间距密集的搁栅梁和/或压型钢板（通常用于屋面或楼盖系统）的连续支撑时，就会产生很多其他问题。虽然侧向支撑对一个翼缘提供了有效的约束，另一个翼缘仍然会受到因反向曲率弯曲引起的压力而出现侧向屈曲。研究成果提出了各种 C_b 的计算公式，这些计算式是荷载类型、弯矩分布及支撑条件的函数。当上翼缘设置有侧向约束的梁承受重力荷载时，宜采用下列计算公式（Yura，1995；Yura 和 Helwig，2009）：

$$C_b = 3.0 - \frac{2}{3}\left(\frac{M_1}{M_2}\right) - \frac{8}{3}\left[\frac{M_{CL}}{(M_o + M_1)^*}\right] \tag{C-F1-5}$$

式中　M_o——无支撑长度端部弯矩，该弯矩会在下翼缘产生最大压应力，kip·in(N·mm)；

M_1——无支撑长度另一端弯矩，kip·in(N·mm)；

M_{CL}——无支撑长度中点弯矩，kip·in(N·mm)；

$(M_o+M_1)^*$——当 M_1 为正值时，取其等于 M_o。

将扭转约束点位置之间的间距定义为无支撑长度。图 C-F1-3 所示为弯矩的符号规定。图中所示的 M_o 和 M_1 为负值，而 M_{CL} 为正值。在式（C-F1-5）中的星号表示如果该项为正值时，则 M_1 等于零。举例来说，当弯矩分布如图 C-F1-4 所示的情况时，则 C_b 可取值为：

$$C_b = 3.0 - \frac{2}{3} \times \left(\frac{+200_1}{-100}\right) - \frac{8}{3} \times \left(\frac{+50}{-100}\right) = 5.67$$

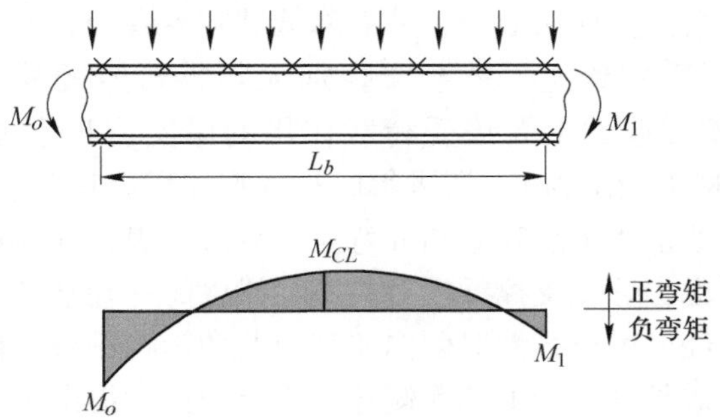

图 C-F1-3　式（C-F1-5）中弯矩的符号规定

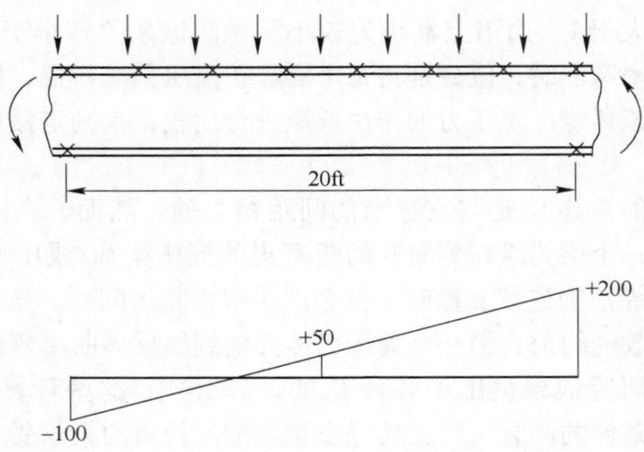

图 C-F1-4 式（C-F1-5）应用数值实例弯矩图

注：由于 M_1为正，取（M_o+M_1）* 等于 M_o。

在本应用实例中，当梁的无支撑长度为 20ft、梁在支撑位置处的扭转或上下翼缘的侧向变形受到约束时，用于计算该梁侧向扭转屈曲承载力的 $C_b=5.67$。

在屋面梁受到由风荷载引起的向上的吸力作用时，也会出现类似的屈曲问题。用于屋面体系的金属压型钢板，通常会对梁的上翼缘起到连续的约束作用；然而，向上吸力很大时会引起下翼缘受压。弯矩的符号规定与图 C-F1-3 中所示一致。要使梁达到屈曲，其所受到的弯矩作用必须使得下翼缘受压（M_{CL}为负）。在图 C-F1-5 中给出了三种不同的计算公式，这取决于端部弯矩是正值还是负值（Yura 和 Helwig，2009）。如上文所述，无支撑长度定义为梁上下翼缘的侧向变形约束点或扭转约束点之间的距离。

第 F 章中的侧向扭转屈曲极限状态计算公式假定荷载沿梁的形心轴作用。除了一些无支撑的悬挑构件，或在跨中没有支撑且在其上翼缘作用有很大荷载的构件外，可以偏于安全地取 C_b等于 1.0。如果荷载作用在上翼缘且该翼缘未设置支撑，这种情况下就会产生侧倾效应，从而降低其临界弯矩；反之，如果荷载是悬挂在未设置支撑的下翼缘上，就会产生加大临界弯矩的稳定作用（Ziemian，2010）。针对未设置支撑的上翼缘受荷载作用的厚实型工字钢构件，可以将式（F2-4）中的平方根项设定为 1，所求得的折减临界弯矩是偏于安全的。

有效长度系数取值为 1 意味着临界弯矩计算公式表示的是最不利的简支无支撑梁段的情况。考虑相邻无支撑梁段对最不利梁段的一些端部约束作用，可能会增加其承载力。已经就梁连续性对侧向扭转屈曲的影响进行了研究，并且根据与柱端有约束的、有效长度小于 1 的无侧移柱进行类比，提出了一个简单的偏于安全的设计方法（Ziemian，2010）。

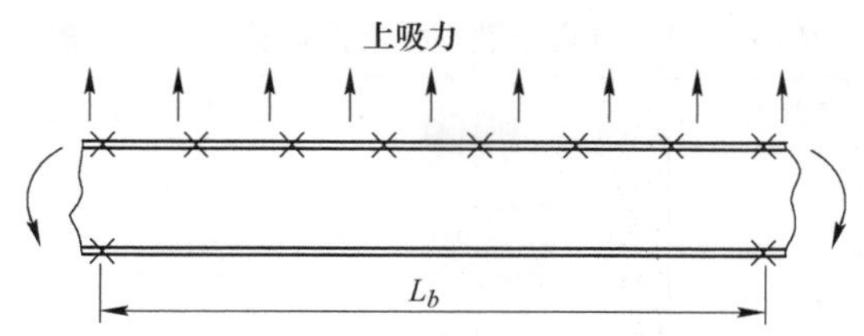

实例 A：两端弯矩均为正值或零

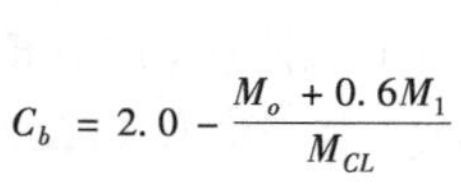

$$C_b = 2.0 - \frac{M_o + 0.6M_1}{M_{CL}}$$

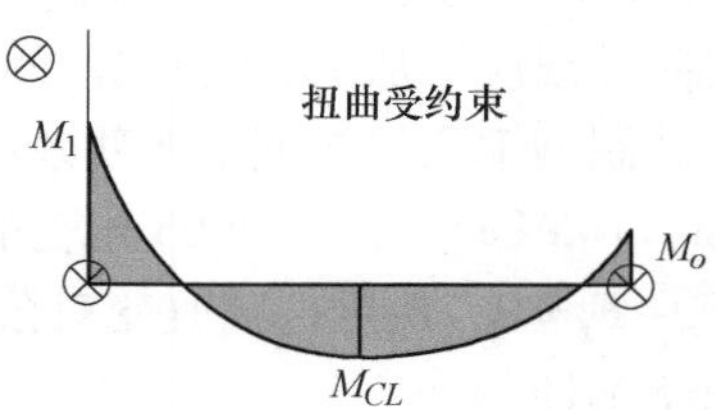

实例 B：一端弯矩为负值（M_o）

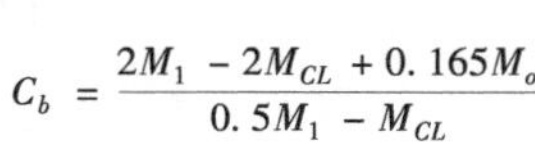

$$C_b = \frac{2M_1 - 2M_{CL} + 0.165M_o}{0.5M_1 - M_{CL}}$$

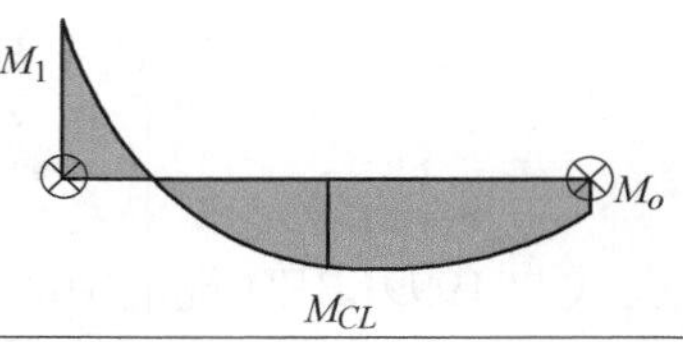

实例 C：两端弯矩均为负值

$$C_b = 2.0 - \frac{M_o + M_1}{M_{CL}}\left(0.165 + \frac{1}{3} \times \frac{M_1}{M_o}\right)$$

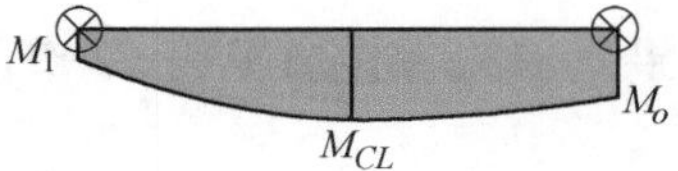

图 C-F1-5　当上翼缘侧向有连续约束的梁受到向上的吸力作用时，系数 C_b 计算公式

F2. 绕强轴弯曲的双轴对称厚实型工字形截面构件和槽钢

第 F2 节适用于绕强轴弯曲的厚实型工字形或槽形截面构件；因此，仅需考虑侧向扭转屈曲极限状态。正如规范正文的使用说明所述，几乎《AISC 钢结构手册》（*AISC Steel Construction Manual*）（AISC，2005b）中列出的所有轧制宽翼缘型钢，都可以按本节规定设计。

第 F2 节的计算公式与 1999 版《钢结构设计规范——荷载和抗力分项系数设计》（AISC，2000b）（以下简称为 1999 LRFD 规范）和 2005 版《建筑钢结构设计规范》（AISC，2005a）（以下简称 2005 规范）中第 F1 节的相应公式是完全相同的，尽管它们的表示形式不同。表 C-F2-1 中列出了这些规范中计算公式的等效关系。

表 C-F2-1　抗弯承载力标准值计算公式比较表

1999LRFD 规范计算公式	2005 和 2010 规范计算公式
F1-1	F2-1
F1-2	F2-2
F1-13	F2-3

1999LRFD 规范（AISC，2000b）和本规范之间的唯一差别是弹塑性和弹性屈曲之间界限应力从 1999 版规范的 $F_y - F_r$ 改变为 $0.7F_r$。在 2005 规范之前的规范中，轧制型钢和焊接型钢的残余应力 F_r 是不同的，即分别为 10ksi(69MPa) 和 16.5ksi(114MPa)，而在 2005 规范和本规范中，残余应力则取作 $0.3F_y$，因此采取了 $F_y - F_r = 0.7F_r$。这种改变对公式的简化是有利的，而对经济成本的影响则可以忽略不计。

弹性侧向扭转屈曲应力 F_{cr} 的计算式（F2-4）为：

$$F_{cr} = \frac{C_b \pi^2 E}{\left(\frac{L_b}{r_{ts}}\right)^2} \sqrt{1 + 0.078 \frac{J_c}{S_x h_0} \left(\frac{L_b}{r_{ts}}\right)^2} \qquad \text{(C-F2-1)}$$

该公式与 1999LRFD 规范中的计算式（F1-13）完全相同：

$$F_{cr} = \frac{M_{cr}}{S_x} = \frac{C_b \pi}{L_b S_x} \sqrt{EI_y GJ + \left(\frac{\pi E}{L_b}\right)^2 I_y C_w} \qquad \text{(C-F2-2)}$$

如果 $c = 1$（其定义见第 F2 节的有关规定）：

$$r_{ts}^2 = \frac{\sqrt{I_y C_w}}{S_x}, h_0 = d - t_f, \text{且} \frac{2G}{\pi^2 E} = 0.0779$$

本规范的式（F2-5）与 1999LRFD 规范中的式（F1-4）相同，并且式（F2-6）与式(F1-6）相对应。可以在式（F2-4）中设 $F_{cr} = 0.7F_y$ 来求得 L_b。2010 版规范中式（F2-6）的形式已经有所改变，不会出现当限定 J（扭转常数）$=0$ 时该式无法确定的情况；也就是说会得到相同的结果。r_{ts} 项可以偏保守地按受压翼缘加 1/6 腹板的回转半径来计算。

与以往 ASD 规范的条款相比，基于对梁极限状态的更透彻理解，已经对这些条款进行了简化。使用这些条款求得的最大允许应力可能要比以前的限值 $0.66F_y$ 略高一些，因为构件的实际塑性承载力是通过在式（F2-1）中使用塑性截面模量来反映的。通过使用两个公式来满足第 F2 节中关于无支撑长度的规定，一个用于弹塑性侧向扭转屈曲计算［式（F2-2)］，而另一个则用于弹性侧向扭转屈曲计算［式（F2-3)］。以前的 ASD 规范条款，对于未完全支撑的梁，取应力极限为 $0.6F_y$ 带有很大的随意性，并要求挑选最大的应力用 3 个公式来进行验算，以确定一个侧向无支撑梁的承载力。使用现行的规范条款，一旦确定了无支撑长度，就可以直接从这些公式中求得构件的承载力。

F3. 绕强轴弯曲的双轴对称的工字形截面构件（具有厚实型腹板、非厚实型或薄柔型翼缘）

当截面翼缘为非厚实型或薄柔型时（见图 C-F1-1，在 λ_{pf} 和 λ_{rf} 之间 M_n 为线性变化），第 F3 节可以作为对第 F2 节的补充。正如第 F2 节的使用说明中所指出的那样，属于这一类型的轧制宽翼缘型钢是非常少的。

F4. 绕强轴弯曲的其他工字形截面构件（具有厚实型或非厚实型腹板）

第 F4 节的规定适用于具有非厚实型腹板的双轴对称工字形梁和具有厚实型或非厚实型腹板的单轴对称工字形构件（请参阅使用说明：表 F1-1）。本节所涉及的焊接工字形梁，腹板不是薄柔型的，翼缘可能是厚实型、非厚实型或薄柔型的。下面的第 F5 节，则涉及具有薄柔型截面腹板的焊接工字型钢。第 F4 节的内容是基于 White(2004) 的研究成果。

考虑了四种极限状态：（1）受压翼缘屈服；（2）侧向扭转屈曲（LTB）；（3）受压翼缘局部屈曲（FLB）；（4）受拉翼缘屈服（TFY）。通过在受压翼缘产生屈服的弯矩上乘以系数 R_{pc}，以及在受拉翼缘屈服的弯矩上乘以系数 R_{pt}，可以间接考虑腹板的非弹性屈曲影响。这两个系数会在 1.0 ~ 1.6 之间变化。偏于保守的做法是将这些系数假设为 1.0。可以按下述步骤确定 R_{pc} 和 R_{pt}：

第一步，按图 C-F4-1 的规定，计算 h_p 和 h_c。

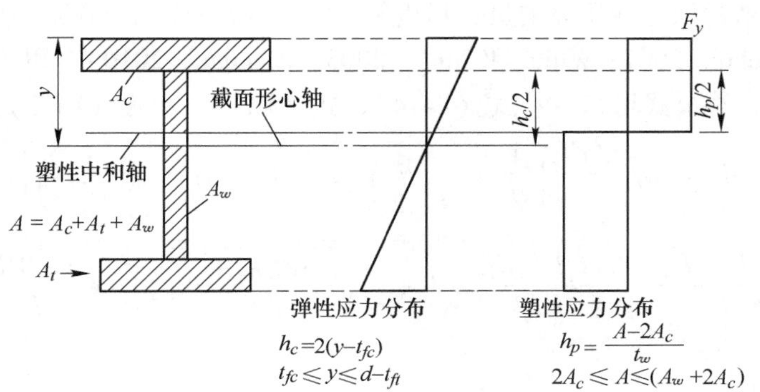

图 C-F4-1 弹性和塑性应力分布

第二步，确定腹板的宽厚比和受拉及受压的屈服弯矩：

$$\begin{cases} \lambda = \dfrac{h_c}{t_w} \\ S_{xc} = \dfrac{I_x}{y};S_{ct} = \dfrac{I_x}{d-y} \\ M_{yc} = F_y S_{xc};M_{yt} = F_y S_{xt} \end{cases} \tag{C-F4-1}$$

第三步，确定 λ_{pw} 和 λ_{rw}：

$$\begin{cases} \lambda_{pw} = \dfrac{\dfrac{h_c}{h_p}\sqrt{\dfrac{E}{F_y}}}{\left(\dfrac{0.54M_p}{M_y} - 0.09\right)^2} \leqslant 5.70\sqrt{\dfrac{E}{F_y}} \\ \lambda_{rw} = 5.70\sqrt{\dfrac{E}{F_y}} \end{cases} \tag{C-F4-2}$$

如果 $\lambda > \lambda_{rw}$，则腹板属于薄柔型，应按照第 F5 节的规定进行设计。

第四步，根据第 F4 节规定，计算 R_{pc} 和 R_{pt}。

如果翼缘受压，基本的最大弯矩名义值为 $R_{pc}M_{yc} = R_{pc}F_yS_{xc}$，如果翼缘受拉，则为 $R_{pt}M_{yt} = R_{pt}F_yS_{xt}$。从而，就可以和第 F2 节和第 F3 第节中的双轴对称构件的规定相同。针对侧向扭转屈曲极限状态，可以将具有不等翼缘的工字形截面构件按双轴对称的工字钢来处理。也就是说，式（F2-4）、式（F2-6）和式（F4-5）、式（F4-8）是相同的，除了前者使用 S_x 而后者使用 S_{xc} 外，两者分别代表的是全截面的弹性截面模量和受压侧的弹性截面模量。如果受压翼缘小于受拉翼缘，这样简化往往会偏于安全，而反之则会偏于不安全。如果受拉翼缘小于受压翼缘（第 F4.4 条），还需要受拉翼缘屈服的情况进行验算。

为了得到更加精确的解，特别是荷载没有通过构件的形心时，设计人员可以直接采用《结构稳定性研究委员会指南》（*SSRC Guide*）中的第 5 章和其他参考资料（Galambos，2001；White 和 Jung，2003；Ziemian，2010）。以下由 White 和 Jung 提出的计算公式可以代替式（F4-4）、式（F4-5）和式（F4-8）：

$$M_n = C_b \frac{\pi^2 EI_y}{L_b^2}\left[\frac{\beta_x}{2} + \sqrt{\left(\frac{\beta_x}{2}\right)^2 + \frac{C_w}{I_y}\left(1 + 0.0390\frac{J}{C_w}L_b^2\right)}\right] \tag{C-F4-3}$$

$$L_r = \frac{1.38E\sqrt{I_yJ}}{S_{xc}F_L}\sqrt{\frac{2.6\beta_xF_LS_{xc}}{EJ} + 1 + \sqrt{\left(\frac{2.6\beta_xF_LS_{xc}}{FJ} + 1\right)^2 + \frac{27.0C_w}{I_y}\left(\frac{F_LS_{xc}}{EJ}\right)^2}} \tag{C-F4-4}$$

式中，单轴对称系数：$\beta_x = 0.9h\alpha\left(\dfrac{I_{yc}}{I_{yt}} - 1\right)$；翘曲系数：$C_w = h^2I_{yc}\alpha, \alpha = \dfrac{1}{\dfrac{I_{yc}}{I_{yt}} + 1}$。

F5. 绕强轴弯曲的双轴和单轴对称的工字形截面构件（具有薄柔型腹板）

本节适用于双轴和单轴对称、具有薄柔型腹板的工字形焊接板梁，即 $\frac{h_c}{t_w} > \lambda_r = 5.70\sqrt{\frac{E}{F_y}}$。

所适用的极限状态为受压翼缘屈服、侧向扭转屈曲、受压翼缘局部屈曲和受拉翼缘屈服。自 1963 年以后，本节的条文只做了很少的改动。板梁的规范条款主要是根据 Basler 和 Thürlimann（1963）的研究成果而编制的。

在第 F4 节和第 F5 节中的计算公式之间没有实现无缝过渡。因此，钢材强度等级为 $F_y = 50\text{ksi}(345\text{MPa})$ 和腹板宽厚比为 $h/t_w = 137$ 的板梁和 $h/t_w = 138$ 的板梁，两者的抗弯承载力并不是很接近。这两个宽厚比值处于宽厚比界限值的两边。这个差别是由按第 F4 节和按第 F5 节（该节中隐含使用了 $J = 0$）所计算的侧向扭转屈曲承载力之间存在不连续所引起的。然而，当典型的非厚实型腹板截面的构件接近非厚实型腹板界限值时，J 对侧向扭转屈曲性能的影响相对较小（例如，所计算的 L_r 值考虑了 J 的影响与使用 $J = 0$ 相比，通常相差小于 10%）。所以在第 F5 节中隐含使用 $J = 0$ 的目的，是考虑到腹板的畸变柔度对薄柔型腹板工字形截面构件的侧向扭转屈曲承载力的影响。

F6. 绕弱轴弯曲的工字形截面构件及槽钢

绕弱轴弯曲的工字形截面构件及槽钢不会出现侧向扭转屈曲或腹板屈曲。唯一需要考虑的极限状态是翼缘屈服和局部屈曲在本节的使用说明中指出，只有很少一些轧制型钢需要验算其翼缘的局部屈曲。

F7. 方形或矩形钢管截面及箱形截面构件

关于 HSS 的抗弯承载力标准值的规定考虑了屈服和局部屈曲极限状态。方形和矩形钢管截面通常不会发生侧向扭转屈曲。

由于封闭截面具有很高的抗扭承载力，分别对应于塑性弯矩和屈服弯矩的临界无支撑长度 L_p 和 L_r 都很大。例如，图 C-F7-1 中所示的一根 HSS20 × 4 × 5/16（HSS508 × 101.6 × 7.9）空心钢管（在常用的 HSS 管材中高宽比最大），根据 1993 版《钢结构设计规范——荷载和抗力分项系数设计》（AISC，1993）可以得

到 L_p 为 6.7ft(2.0m)，L_r 为 137ft(42m)。当构件的长高比为 24 或构件长度为 40ft (12m) 时，则会达到挠度极限。在侧向扭转屈曲的塑性弯矩与屈服弯矩之间采用了规定的线性折减，对于长度为 40ft(12m) 的构件其塑性弯矩只减少了 7%。在大多数实际的设计中，构件的两端弯矩会不同（存在弯矩梯度），其侧向扭转屈曲修正系数 C_b 大于 1，因此弯矩就不应该折减而且折减也是毫无意义的。

有关非厚实型矩形空心钢管局部屈曲的规定与本章前几节的规定是相同的：当 $b/t \leqslant \lambda_p$ 时，$M_n = M_p$，当 $\lambda_p < b/t \leqslant \lambda_r$ 时，M_p 线性过渡到 $F_y S_x$。当 $b/t > \lambda_p$ 时，受压翼缘的有效宽度计算式，除了应力取屈服应力外，与受轴向应力的矩形钢管的计算式相同。这就意味着当翼缘达到极限屈曲后承载力时，受压翼缘角部的应力达到了屈服应力。当使用有效宽度时，可以根据有效截面模量来确定抗弯承载力标准值，有效截面模量由受压翼缘对平移后的中和轴计算。对受压和受拉翼缘都采用有效宽度来计算抗弯承载力标准值可能会稍微偏于保守一些，但保持了横截面的对称性并简化了计算。

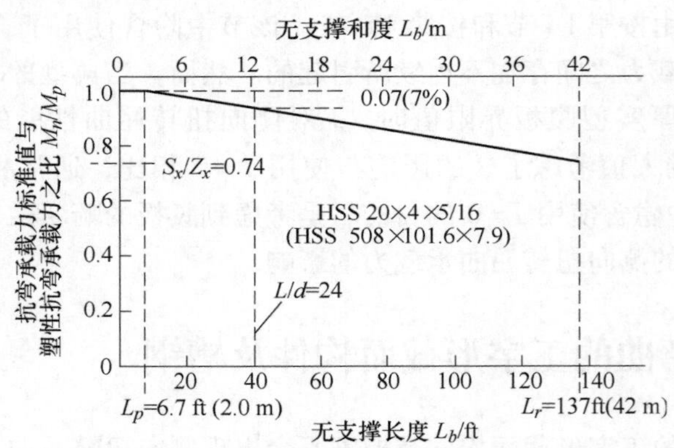

图 C-F7-1　矩形钢管的侧向扭转屈曲

F8. 圆形钢管

圆形空心钢管不会出现扭转屈曲。圆形空心钢管的失效模式和屈曲后性能可以分为三种类型（Sherman，1992；Ziemian，2010）：

（1）当 D/t 值较小时，在弯矩-转角曲线上有一个较长的塑性平台段。横截面会逐步呈椭圆形，最终形成局部的波形屈曲，并且随后会慢慢丧失抗弯承载力。由于应变硬化效应，抗弯承载力可能会超过理论的塑性弯矩。

（2）当 D/t 值为中等大小时，几乎会达到塑性弯矩，但会出现个别的局部屈曲，其抗弯承载力缓慢下降，有很小或不出现塑性平台段。

（3）当 D/t 值较大时，会突然形成多处屈曲而钢管截面很少会出现椭圆状的现象，其抗弯承载力迅速下降。

圆钢管抗弯承载力的规定反映了这三个区域的性状，这些规定是根据五个实验研究计划结果而编制的，包括了热成型无缝管、电阻焊管及成品石油钢管（Ziemian，2010）。

F9. 在对称轴平面内承受荷载作用的T型钢及双角钢

单轴对称T型钢梁的侧向扭转屈曲（LTB）承载力计算公式相当复杂（Ziemian，2010）。式（F9-4）是一个简化的公式，该公式基于 Kitipornchai 和 Trahair（1980）的研究成果，也可以参见 Ellifritt 等人（1992）的研究结果。

当T型钢梁的腹板受压时，采用工字形截面梁的 C_b 系数是偏于安全的。对于这种情况，取 $C_b=1.0$ 是合适的。当梁受到反向曲率弯曲时，腹板受压区段可能会对LTB（侧向扭转屈曲）的承载力起控制作用，尽管与其他 $C_b\approx1.0$ 的无支撑长度范围内的弯矩相比可能会偏小。这是因为与腹板受压的T型钢的LTB（侧向扭转屈曲）承载力可能只有其腹板受拉时承载力的大约1/4。由于屈曲承载力对弯矩分布相当敏感，已经将 C_b 偏于安全地取为1.0。当T型钢的腹板受拉时，设计连接构造时尽量减少可能使T型钢腹板受压的端部约束弯矩。

对于承受弯曲压应力梯度作用的T型钢腹板及双角钢的肢腿，2005规范没有给出局部屈曲条款。在2005规范中本节条文说明的解释是，当无支撑长度 L_b 趋近零时，在侧向扭转屈曲极限状态的式（F9-4）中考虑了局部屈曲承载力。虽然这个方法是正确的，但它会对规范使用人员造成困惑并且带来许多问题。出于这个原因，2010版规范中增加了第F9.4条“弯曲受压的T型钢腹板的局部屈曲”，给出了一组明确的计算公式。

在本条文说明中给出了该公式的推导过程以解释这种变化。矩形板弹性屈曲的经典计算公式（Ziemian，2010）是：

$$F_{cr}=\frac{\pi^2Ek}{12(1-\nu^2)\left(\frac{b}{t}\right)^2}\tag{C-F9-1}$$

式中，ν 为泊桑比，取0.3；b/t 为板的宽厚比；k 为板的屈曲系数。

T型钢腹板的宽厚比等于 d/t_w。图C-F9-1中的两块矩形板在顶部固定，其底部自由，并分别有均匀和线性变化的分布压力荷载作用。对应的板屈曲系数 k 为1.33和1.61（图4.4，Ziemian，2010）。图C-F9-2中的曲线表示的是在AISC规范中过去提出局部屈曲准则时所使用的常规曲线。纵坐标为临界应力除以屈服应力，横坐标为无量纲的宽厚比：

$$\bar{\lambda} = \frac{b}{t}\sqrt{\frac{F_y}{E}}\sqrt{\frac{12(1-\nu^2)}{\pi^2 k}} \tag{C-F9-2}$$

在传统曲线中，只要 $\bar{\lambda} \leqslant 0.7$，就认为临界应力是屈服应力 F_y。当 $\bar{\lambda} = 1.24$ 和 $F_{cr} = 0.65F_y$ 时，由式（C-F9-1）所控制的弹性屈曲就会开始。为了考虑初始挠度和残余应力，假设这两点之间呈线性过渡。虽然这些假设是任意的且含有经验的成分，但已经证明这些假定是可以满足要求的。图 C-F9-3 中的曲线表示 T 型钢的腹板和双角钢的肢承受弯曲受压作用时所采用的计算公式图形。在达到 $F_{cr} = F_y$ 时的极限宽厚比为（采用 $\nu = 0.3$ 和 $k = 1.61$）：

$$\bar{\lambda} = 0.7 = \frac{b}{t}\sqrt{\frac{F_y}{E}}\sqrt{\frac{12(1-\nu^2)}{\pi^2 k}} \longrightarrow \frac{b}{t} = \frac{d}{t_w} = 0.84\sqrt{\frac{E}{F_y}}$$

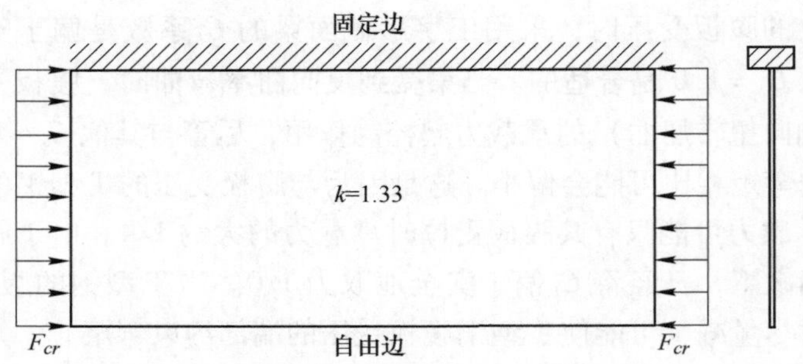

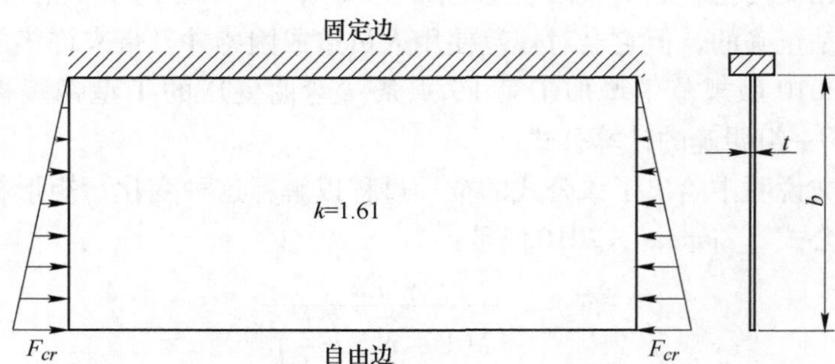

图 C-F9-1　受均匀的和线性变化压应力作用时板的屈曲系数

假定控制弹性屈曲范围的计算公式与绕弱轴弯曲的宽翼缘梁翼缘局部屈曲计算公式［式（F6-4）］相同：

$$F_{cr} = \frac{0.69E}{\left(\frac{d}{t_w}\right)^2}$$

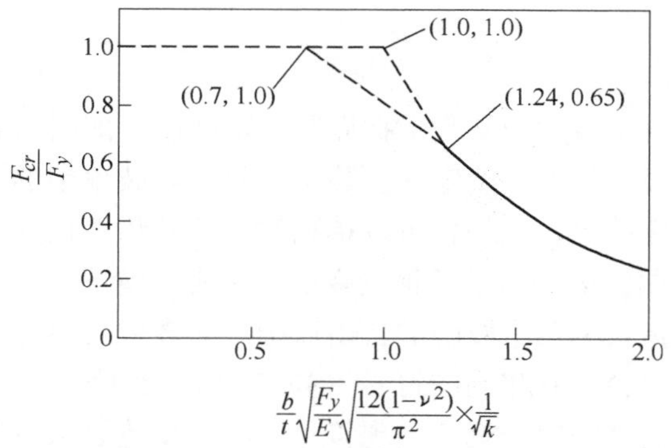

图 C-F9-2　板局部屈曲极限状态的常规曲线

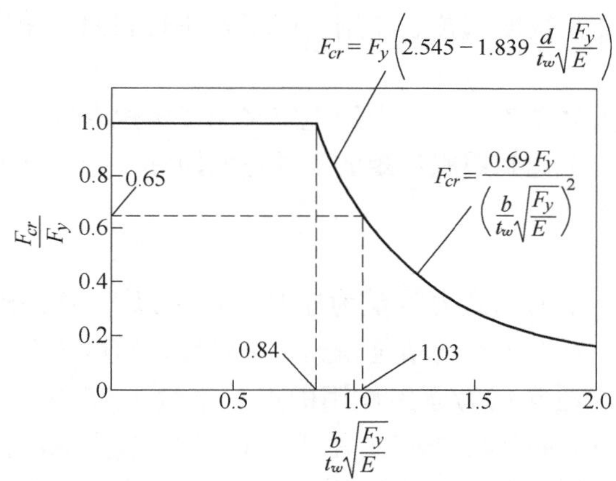

图 C-F9-3　弯曲受压的T型钢腹板的局部屈曲

在该计算公式中隐含的钢板屈曲系数 $k=0.76$，对于弯曲受压的T型钢腹板，这个所假设的系数是偏于保守的。图 C-F9-3 还表示了在屈服极限末端和弹性屈曲开始点之间采用直线过渡。

绕T型钢和双角钢 y 轴的弯曲是很少发生的，因此在本规范中不涉及这方面内容。然而，在这里给出了处理这种情况的指导意见。可以使用式（F6-1）~式（F6-3）验算翼缘的屈服极限状态和局部屈曲极限状态。假定翼缘为单独受力的矩形梁，采用式（F11-2）式~式（F11-4），就可以偏于安全地进行侧向扭转屈曲计算。另外，给出一个弹性临界弯矩为：

$$M_e=\frac{\pi}{L_b}\sqrt{EI_xGJ} \tag{C-F9-3}$$

可以用于式（F10-2）或式（F10-3）中，来求得抗弯承载力标准值。

F10. 单角钢

单角钢梁的抗弯承载力极限是根据屈服极限状态、侧向扭转屈曲极限状态及角钢肢的局部屈曲极限状态来确定的。除了涉及不等肢角钢的一般情况外，将等肢角钢视为一种特殊情况。此外，可以单独讨论等肢角钢绕其几何轴（与其一个肢平行的轴）的弯曲，因为这是角钢受弯的一种常见情况。

角钢的肢尖是指角钢两个肢腿的自由边缘。大多数自由弯曲的情况下，在两个肢尖处的弯曲应力会具有相同的符号（拉或压）。当绕其一个几何轴的弯曲受到约束时，两个肢尖处的应力就会出现符号不同。规范要求应酌情对肢尖处的拉和压进行验算，但在大多数情况下，哪一种起控制作用是很明显的。

还需要考虑适用于单角钢梁的正常使用极限状态。特别是当较长的构件承受自由弯曲时，有可能是挠度起控制作用，而不是扭转屈曲或角钢肢的局部屈曲承载力起控制作用。

针对抗弯承载力名义值，本节中的规定采用了常规形式（见图 C-F1-2），由一个完全塑性段、一个达到屈服弯矩的线性过渡段和一个局部屈曲段组成。

1. 屈服

全截面屈服状态下的承载力限定为屈服弯矩乘以 1. 50 的形状系数。针对绕任意轴弯曲的角钢，这个承载力值会得到一个塑性弯矩的下限，因为这些规定适用于所有弯曲条件。通常认为原先使用的形状系数 1. 25 是一个偏于保守的值。研究工作（Earls 和 Galambos，1997）表明，1. 50 的形状系数代表了一个更合适的下限，因为角钢的形状系数超过 1. 50，如果失稳不是起控制作用的因素，那么对于厚实型截面构件而言，设计承载力标准值 $M_n = 1.5M_y$ 就是合理的。

2. 侧向扭转屈曲

无支撑单角钢梁的抗弯承载力可能会受到侧向扭转屈曲的限制。如图 C-F10-1 中所示，式（F10-2）表示弹性屈曲部分的最大抗弯承载力标准值 M_n 等于屈曲弯矩 M_e 理论值的 75%。式（F10-3）所表示的是在 $0.75M_y$ 和 $1.5M_y$ 之间的非弹性屈曲的过渡段。当屈曲弯矩 M_e 理论值达到或超过 $7.7M_y$ 时，梁的最大抗弯承载力 $M_n = 1.5M_y$。在式（F10-2）和式（F10-3）中，M_y 是首次屈服时的弯矩，与式（F10-1）中的 M_y 相同。根据澳大利亚所做研究工作的结果，对这些计算公式做了相应的修正，研究工作包括了单角钢受弯，以及两块矩形板件（宽度等于实际角钢肢宽减去厚度的 1/2）的模型计算分析等（AISC，1975；Leigh 和 Lay，1978，1984；Madugula 和 Kennedy，1985）。

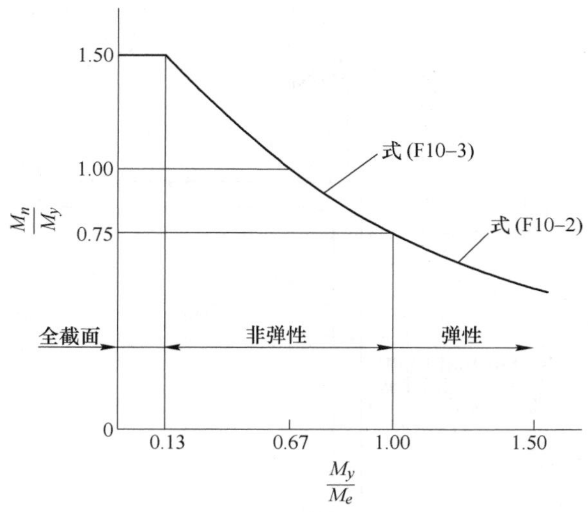

图 C-F10-1 单角钢梁的侧向扭转屈曲极限

当侧向无约束的单角钢的一肢受到弯曲作用时，角钢会在侧向以及弯曲方向上产生挠曲。可以将荷载和/或弯矩沿其主轴进行分解并求出沿主轴的弯曲效应之和，来对其性状进行评估。第 F10. 2（3）条的①款给出了简化方法，方便了常见等肢角钢的计算。当等肢角钢受到这种无约束弯曲时，所产生肢尖的最大正应力（在弯曲的方向上）会比按绕其几何轴截面模量所计算得到的应力值高出大约25%。由式（F10-6a）和式（F10-6b）给出的 M_e 值，以及使用0. 80 倍的绕其几何轴的截面模量所计算的 M_y，反映了如图 C-F10-2 中所示的角钢是绕其斜轴弯曲的。

必须把按绕角钢几何轴的惯性矩所计算得到的变形增加 82% 来作为总变形的近似值。变形由两个分量组成：1. 56 倍的计算值垂直分量（在荷载作用方向上），以及 0. 94 倍的计算值的水平分量。由此产生的总变形通常会发生在角钢绕弱轴弯曲的方向上（见图 C-F10-2）。在正常使用状态下应考虑这些无约束弯曲变形，并往往会对侧向扭转设计起控制作用。

变形的水平分量约为其垂直变形的 60%，这意味着为了要得到纯粹的垂直变形，所施加的侧向约束力大小必须为外加荷载值的 60%（或者是外加荷载产生弯矩的 60%），这一点非常重要。

侧向扭转屈曲根据式（F10-6a）中的 M_e 确定（Leigh 和 Lay，1978，1984）的，该计算式是基于

$$M_{cr} = \frac{2.33Eb^4t}{(1+3\cos^2\theta)(KL)^2}\left[\sqrt{\sin^2\theta + \frac{0.156(1+3\cos^2\theta)(KL)^2t^2}{b^4}} + \sin\theta\right] \tag{C-F10-1}$$

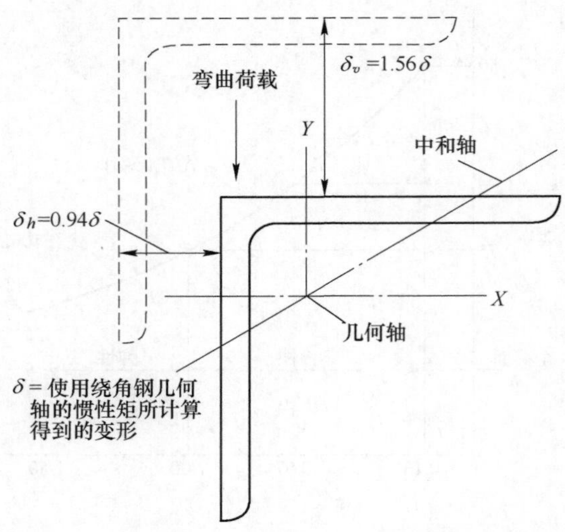

图 C-F10-2　侧向无约束的等肢角钢绕其几何轴弯曲

（等边角钢临界弯矩的通用表达式），针对角钢肢尖应力为压应力的情况，取 $\theta=-45°$（见图 C-F10-3）。当角钢肢尖的最大应力因受绕其几何轴弯曲的作用而为拉应力时，侧向扭转屈曲也可能会对角钢截面的抗弯承载力有所限制，特别是在第 F10.2 条中使用了抗弯承载力限值时。在式（C-F10-1）中采用 $\theta=45°$，所得到的表达式即为式（F10-6b），其中最后一项用 +1 来代替 −1。

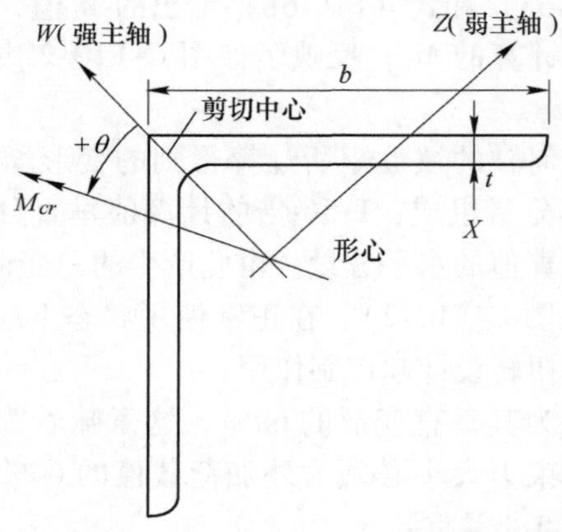

图 C-F10-3　受常规弯矩荷载作用的等肢角钢

当单角钢不受约束时，与弯矩所作用轴平行的角钢肢尖的应力与另一角钢肢尖的最大应力的符号相同。对于等肢角钢，该应力约为最大应力的 1/3。对于这种角钢的计算，只需要按角钢肢尖作用有最大应力来验算抗弯承载力标准值。如果角钢受轴向压力作用，由于在采用相互作用公式时无法计算适当的弯矩放大系数，因此不能使用按第 F10.2 条第（3）款计算弯曲极限值。

对于不等肢角钢和没有侧向扭转约束的受压等肢角钢，在所有情况下，所施加的荷载或弯矩都必须沿角钢的两个主轴进行分解，并且必须使用第 H 章中的相互作用公式按双向弯曲进行设计。

等肢角钢在绕主轴弯曲作用下，角钢的整体侧向扭转屈曲抗弯承载力是由式（F10-4）并结合式（F10-2）和式（F10-3）来控制的。这是以式（C-F10-1）（取 $\theta=0°$）为基础所求得的 M_{cr}。

只有当 $L/t\geqslant 3675C_b/F_y(M_e=7.7M_y)$ 情况下，侧向扭转屈曲使应力降低到 $1.5M_y$以下。如果 L_t/b^2较小（这种情况下约小于 $0.87C_b$），局部屈曲将会对抗弯承载力起控制作用，并且不需要计算基于侧向扭转屈曲的 M_n值。必须使用式（F10-3）进行局部屈曲验算。

不等肢角钢绕其主轴（W 轴）的侧向扭转屈曲由式（F10-5）中的 M_e所控制。截面特性 β_w体现了均匀弯矩作用下剪切中心相对于截面主轴和弯曲方向的位置关系。当剪切中心位于弯曲受压区时，β_w为正，且形成最大 M_e，而当剪切中心位于弯曲受拉区时，β_w 为负，则形成最小 M_e（参见图 C-F10-4）。β_w所产生的影响与单轴对称的工字形梁的特性一致，在工字形梁受压翼缘大于受拉翼缘时会有更好的其稳定性。当等肢角钢绕其主轴（W 轴）弯曲时，由于其对称性，β_w值等于零，在这种特殊情况下式（F10-5）简化为式（F10-4）。

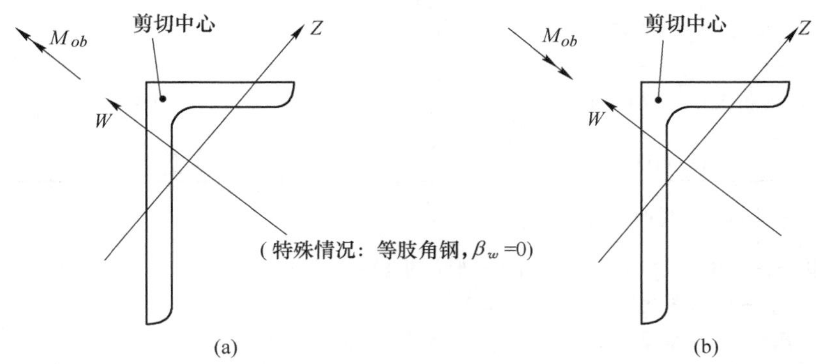

图 C-F10-4　不等肢角钢受弯

（a）$+\beta_w$；（b）$-\beta_w$

当承受反向曲率弯曲作用时，无支撑长度梁段 β_w为正，而其余部分 β_w为负；采用保守一些的方法，则可以将整个无支撑梁段的 β_w取负值。

系数 β_w基本上与角钢肢的厚度无关（与平均值的偏差小于 1%），而主要与角钢肢的宽度有关。在设计时可采用表 C-F10-1 中所给出的平均值。

表 C-F10-1 角钢的 β_w 值

角钢尺寸/in(mm)	β_w/in(mm)①
8×6 (203×152) 8×4 (203×102)	3.31 (84.1) 5.48 (139)
7×4 (178×102)	4.37 (111)
6×4 (152×102) $6\times3\frac{1}{2}$ (152×89)	3.14 (79.8) 3.69 (93.7)
$5\times3\frac{1}{2}$ (127×89) 5×3 (127×76)	2.40 (61.0) 2.99 (75.9)
$4\times3\frac{1}{2}$ (102×89) 4×3 (102×76)	0.87 (22.1) 1.65 (41.9)
$3\frac{1}{2}\times3$ (89×76) $3\frac{1}{2}\times2\frac{1}{2}$ (89×64)	0.87 (22.1) 1.62 (41.1)
$3\times2\frac{1}{2}$ (76×64) 3×2 (76×51)	0.86 (21.8) 1.56 (39.6)
$2\frac{1}{2}\times2$ (64×51)	0.85 (21.6)
$2\frac{1}{2}\times1\frac{1}{2}$ (64×38)	1.49 (37.8)
等肢角钢	0.00

①$\beta_w = \frac{1}{I_w}\int_A z(w^2 + z^2)\,dA - 2z_0$。

式中 z_0——沿剪切中心的 z 轴，相对于形心的坐标，in(mm)；

I_w——绕主轴的惯性矩，$in^4(mm^4)$；

β_w——符号取正或负，取决于受弯的方向（参见图 C-F10-4）。

3. 角钢肢局部屈曲

已经将 b/t 的限值修改为更有代表性的角钢的受弯限值，而不再使用均匀压力作用下的单角钢限值。通常弯曲应力会沿角钢肢的长度改变，可以使用所给定的应力限值。即使在角钢绕其几何轴弯曲的情况下，这时会沿角钢的一个肢产生均匀压力，使用这些限值与 Earls 和 Galambos（1997）研究中所提出的结果相比，是偏于保守的。

F11. 方（矩）钢和圆钢棒材

第 F11 节中的规定适用于圆形和矩形实心截面的棒材。对于这种构件的常用极限状态是全截面达到塑性弯矩 M_p，除非截面高度大于宽度的矩形钢棒出现侧向扭转屈曲。其设计要求与 1999LRFD 规范表 A-F1-1 中的要求相同，并且和 2005《建筑钢结构设计规范》（AISC，2005a）的要求相同。由于矩形截面的形状系数为 1.5，而对圆形截面则取 1.7，必须充分考虑正常使用状态下的问题，如在使用荷载作用下的过大挠度或永久变形等。

F12. 非对称型钢

当设计人员遇到没有对称轴的梁，或者在第 F 章的任何其他章节都没有涉及的型钢时，其应力的最大限值为屈服应力或弹性屈曲应力。必须按照结构力学原理、教科书或设计手册，如 SSRC 指南（Ziemian，2010）、期刊论文或有限元分析等来确定应力分布和/或弹性屈曲应力。另外，设计人员中应尽量选择在第 F 章中给出的截面，这样就可以避免出现问题。

F13. 对大/小梁的设计要求

1. 受拉翼缘开孔构件的承载力折减

以往，受拉翼缘开孔的轧制大/小梁通常会根据孔洞所占的比例（与材料的强度无关）来规定其设计要求，或者根据翼缘的受拉断裂强度和受拉屈服强度之间的关系进行计算，计算时要考虑抗力分项系数和安全系数。这两种情况中的规定，都是基于针对最低屈服应力不大于 36ksi（250MPa）的钢材进行试验而得到的。

最近更多的试验研究（Dexter 和 Altstadt，2004；Yuan 等人，2004）表明，当 F_y 与 F_u 之比值超过 0.8 时，通过比较 F_yAf_g 和 F_uAf_n，并稍作调整，就可以较好地估计净截面上的抗弯承载力。如果孔洞过大而影响了构件的承载力，可以将临界应力从 F_y 调整为（F_uAf_n/Af_g），在计算弹性截面模量 S_x 时采用该值则是偏于保守的。

在本章中所使用的抗力分项系数和安全系数分别为 $\phi=0.90$ 和 $\Omega=1.67$，通常，这适用于屈服极限状态。在受拉翼缘由于有孔洞存在而出现断裂的情况下，在本章的所有条款中，仍采用相同的抗力分项系数和安全系数。由于式（F13-1）用弹性截面模量乘以应力所得到的结果总是小于屈服应力，可以证明，当 $Z/S\leqslant1.2$ 时，采用这种抗力分项系数和安全系数，其计算结果总是偏于安全的。

还可以证明，当 $Z/S > 1.2$ 并且用更精确的断裂承载力模型（Geschwindner，2010a）时，所得到的结果也是偏于安全的。

2. 工字形截面构件的设计要求

本节规定直接沿用了 1999LRFD 规范附录 G 中的第 G1 节的相关条款，与 2005《建筑钢结构设计规范》（AISC，2005a）的规定一致。这些规定源自 Basler 和 Thürlimann（1963）的研究成果，1963 年以后已成为板梁设计要求的组成部分。为了防止翼缘屈曲向腹板发展，对腹板的高厚比进行了限制。为了考虑残余应力规定上的改变［从固定值 16.5ksi（114MPa）改变为 2005 规范中屈服应力的 30%］，式（F13-4）对 1999LRFD 规范中的式（A-G1-2）稍微做了一些修改，见以下推导：

$$\frac{0.48E}{\sqrt{F_y(F_y+16.5)}} \approx \frac{0.48E}{\sqrt{F_y(F_y+0.3F_y)}} = \frac{0.42E}{F_y} \tag{C-F13-1}$$

3. 盖板

无须在大/小梁的全长范围内设置盖板。盖板和梁之间的端部连接必须能够承受在盖板理论截断点处的全部作用力。当对梁的承载力要求超过所构成的组合截面的设计承载力时［$\phi M_y = \phi F_y S_x$（LFRD）或 $M_y/\Omega = F_y S_x/\Omega$（ASD）］，可以采用截面的弹塑性分析来确定梁上盖板端头的作用力，但当采用 LRFD 方法设计时可以偏于安全地取盖板全截面屈服承载力，或者在采用 ASD 方法设计时可以取盖板全截面屈服承载力除以 1.5。当梁的承载力没有超过所构成的组合截面的设计承载力时，可以采用截面的弹性分布 M_Q/I 来确定其端头的作用力。

对盖板端头与梁的连接焊缝在盖板每一侧最小焊接长度的要求，反映了由于连接焊缝过短产生剪力滞后会在焊缝中引起不均匀应力分布。

5. 弯矩调幅时的无支撑长度

第 B3.7 条的弯矩调幅规定涉及本节中考虑弯矩重分配时确定最大无支撑长度的相关内容。这些规定自 1949 版以后一直是规范的组成部分。对于在弯矩调幅的同时要求具有非弹性转动能力的构件段，与连续梁的类似部分相比，前者需要设置更密的支撑（无支撑长度更小）。针对绕强轴弯曲的双轴对称或单轴对称的工字形截面构件（受压翼缘不小于受拉翼缘），以及绕强轴弯曲的实心矩形钢棒和对称箱形梁，式（F13-8）和式（F13-9）分别规定了弯矩调幅附近的最大允许无支撑长度。这些计算公式与 2005《建筑钢结构设计规范》（AISC，2005a）附录 1 和 1999LRFD 规范中的公式完全相同，是以 Yura 等人（1978）的研究工作为依据的。这些计算公式与 1989《建筑钢结构设计规范——容许应力设计和塑性设计》（AISC，1989）第 N 章中对应的公式是有差别的。

条文说明 G　受剪构件

G1. 一般规定

第 G 章适用于在腹板平面内受剪的单轴或双轴对称的构件腹板、单角钢及空心管（HSS）截面构件，以及在弱轴方向受剪的单轴或双轴对称截面构件。

本章介绍了两种确定单轴或双轴对称的工字形梁和组合截面抗剪承载力的方法。第 G2 节中所采用的方法没有考虑腹板的屈曲后承载力，而第 G3 节的方法利用了屈曲后承载力。

G2. 腹板未设置加劲肋或设置加劲肋的构件

第 G2 节对在腹板平面内承受剪切和弯曲的宽翼缘型钢、工字钢及 T 型钢腹板的抗剪承载力计算问题进行了讨论。G2 节的规定适用于不允许考虑拉力场作用引起承载力增加的一般情况。偏于保守地讲，这些规定也可以用于为了方便设计而不希望考虑拉力场作用提高承载力的情况。由于弯曲对抗剪承载力的影响非常小，因此可以忽略这种影响。

1. 抗剪承载力

腹板的抗剪承载力标准值由式（G2-1）给出，为剪切屈服力 $0.6F_yA_w$ 与剪切屈曲折减系数 C_v 的乘积。

第 G2.1 条第（1）款规定适用于 $h/t_w \leqslant 2.24\sqrt{E/F_y}$ 的轧制工字钢构件，除了 ϕ 从 0.90 增加到 1.00（相应的安全系数从 1.67 下降到 1.50）之外，与 1999 版及更早版本的 LRFD 规范条款的形式类似，从而使这些规定与 1989 版的容许应力设计法规范（AISC，1989）取得一致。通过与实验数据进行比较，ϕ 值取 1.00 是合理的，相比于受拉和受压屈服，剪切屈服对轧制工字钢构件整体性能所产生的影响是很小的。ϕ 值的增加只适用于轧制工字钢构件的剪切屈服极限状态。

第 G2.1 条第（2）款条文中使用了剪切屈曲折减系数 C_v，如图 C-G2-1 中所示，C_v 曲线由三段组成。

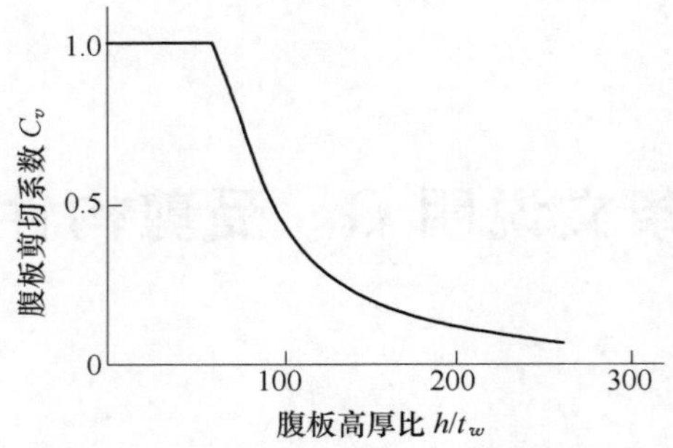

图 C-G2-1 当钢材屈服强度 $F_y = 50$ksi（345MPa）且 $k_v = 5.0$ 时，剪切屈曲系数 C_v

当腹板 $h/t_w \leqslant 1.10\sqrt{k_vE/F_y}$ 时，根据腹板的抗剪屈服强度确定抗剪承载力标准值 V_n，C_v由式（G2-3）给出。设产生剪切屈曲的临界屈曲应力 F_{cr}等于腹板的屈服应力 $F_{yw} = F_y$（参见 Cooper 等人研究资料中的公式 35，1978），来确定 h/t_w界限值。

当 $h/t_w > 1.10\sqrt{k_vE/F_y}$ 时，根据屈曲来确定腹板的抗剪强度，有人建议取腹板屈服应力的 80%（Basler，1961）。这就相当于 $h/t_w = (1.10/0.8)\sqrt{k_vE/F_y}$。

当 $h/t_w > 1.37\sqrt{k_vE/F_y}$ 时，根据弹性屈曲应力确定腹板的承载力，可参见 Cooper 等人研究资料中的公式 6 以及 Timoshenko 和 Gere 所发表文献中的式（9-7）（1961）：

$$F_{cr} = \frac{\pi^2 E k_v}{12(1-\nu^2)(h/t_w)^2} \qquad \text{(C-G2-1)}$$

可以将式（C-G2-1）计算得到的 F_{cr}除以 $0.6F_y$且采用 $v = 0.3$，来求得式（G2-5）中的 C_v值。

当 $1.10\sqrt{k_vE/F_y} < h/t_w \leqslant 1.37\sqrt{k_vE/F_y}$ 时，非弹性屈曲过渡段的 C_v值按式（G2-4）确定。

在 Ziemian（2010）研究资料的式（4.3）中，给出了承受纯剪作用的四边简支板的屈曲系数 k_v如下：

$$k_v = \begin{cases} \text{当 } a/h \leqslant 1 \text{ 时}, 4.00 + \dfrac{5.34}{(a/h)^2} \\ \text{当 } a/h > 1 \text{ 时}, 5.34 + \dfrac{4.00}{(a/h)^2} \end{cases} \qquad \text{(C-G2-2)}$$

出于实用并且不损失精度的考虑，这些计算公式在美国公路与运输协会标准（AASHTO）（2010）中已经简化为以下形式：

$$k_v = 5 + \frac{5}{(a/h)^2} \qquad \text{(C-G2-3)}$$

当腹板域的宽高比 a/h 变大时，如腹板未设置横向加劲肋的情况，则 $k_v=5$。只要腹板的两边有翼缘，式（C-G2-3）就是适用的。对于 T 型钢梁，其自由边是无约束的，对此 $k_v=1.2$（JCRC，1971）。

第 G2.1 条假设所承受的荷载是单调递增的。如果一个受弯构件承受往复荷载而导致大部分腹板上产生周期性的屈服，这种情况可能在大地震期间出现，这时可能要对设计进行特殊考虑（Popov，1980）。

2. 横向加劲肋

当需要设置横向加劲肋时，横向加劲肋必须要有足够的刚度，以保证在加劲肋处形成屈曲结点线（buckling node line）。无论是否考虑拉力场作用，该项规定均适用。针对加劲肋惯性矩大小的要求与 AASHTO(2010）的规定相同，但它与 1989《建筑钢结构设计规范-容许应力设计》（AISC，1989）中的计算公式不同。式（G2-7）是根据 Salmon 和 Johnson(1996）文献资料中的第 11 章推导得到的。公式的起源可以追溯至 Bleich(1952）的研究。

G3. 拉力场作用

第 G3 节的规定适用于因拉力场作用而使组合构件腹板承载力提高的情况。

1. 拉力场作用的使用限制

以上下翼缘和两侧横向加劲肋为边界的组合构件腹板域，其承载能力要远远超过它们的“腹板屈曲”荷载。在达到理论上的腹板屈曲极限时，会出现轻微的侧向腹板变形。这些变形在结构上并不明显，因为还是存在其他的因素来提供更大承载力。

当横向加劲肋的间距合适并且其所具有的刚度足以抵抗屈曲后腹板的平面外变形时，在腹板域达到其抗剪承载力极限之前形成明显的对角线拉力场。腹板形成一个由受拉斜杆和受压竖杆组成，并由横向加劲肋保持其稳定性的普拉特桁架（Pratt）。这种有效的普拉特桁架可以提供足够的承载力来承受剪力作用，这在线性屈曲分析理论中是没有考虑的。

充分发挥板梁腹板中拉力场作用的关键是，加劲肋能够提供足够的抗弯刚度，以保持沿腹板长度方向的稳定。在梁端部，腹板域只在一边有加劲肋。在许多情况下该部位拉力场的锚固是受到限制的，因此可以忽略不计。此外，当腹板域的宽高比变大时，因拉力场的作用力所增加的承载力会有所下降。为此，当 a/h 超过 3.0 或 $[260/(h/t_w)]^2$ 时，则不允许考虑拉力场作用。

在2005年之前的AISC规范中明确要求，当使用拉力场作用来设计腹板时需要考虑抗弯和抗剪承载力之间的相互作用。White等人（2008）的研究表明，当满足$2A_w/(Af_c+Af_t)\leqslant 2.5$和$h/b_f\leqslant 6$时，可以忽略抗剪和抗弯承载力之间的相互作用。

当工字钢构件的翼缘相对于腹板尺寸较小时，第G3.1条对此做出了规定，不允许考虑拉力场作用。在AASHTO(2010）规范中亦有类似的限制；此外，当在不满足这些限制条件的情况下，AASHTO(2010）规范则允许采用折减后的“true Basler”拉力场承载力。

2. 考虑拉力场作用的抗剪承载力

基于拉力场作用的分析方法（Basler和Thürlimann，1963；Basler，1961）通过大量的合作和实验研究得到了验证（Basler等人，1960)。式（G3-2）则是基于该研究的成果。公式括号中的第二项代表了由于拉力场作用腹板域抗剪承载力的相对增加量。在White和Barker(2008）的研究资料中，对式（G3-2）做了介绍，并就式（G3-2）相对于腹板抗剪承载力的各种其他表示形式的优点进行了评估。

3. 横向加劲肋

在腹板域中形成的拉力场作用力的垂直分量必须由横向加劲肋来承担。如同在第G2.2节中所规定的，除了刚度要求以外，加劲肋作为已屈曲腹板域的不动支点，还必须有足够大的面积来承受拉力场作用。许多研究（Horne和Grayson，1983；Rahal和Harding，1990a，1990b，1991；Stanway等人，1993，1996；Lee等人，2002b；Xie和Chapman，2003；Kim等人，2007）表明，在工字形的大梁中用于拉力场作用的横向加劲肋主要受弯曲控制，这是由于横向加劲肋限制了腹板的侧向变形。有证据表明，通常因拉力场作用而在横向加劲肋中会存在一些轴向压力，即便在本规范所允许的最薄柔的腹板中，与侧向荷载所产生的影响相比，屈曲后腹板所传递的轴向压力效应通常是很小的。因此，以前规范所要求的横向加劲肋面积大小，本规范已不再进行规定。相反，针对考虑腹板拉力场作用的情况，增加了对加劲肋抗弯刚度的要求。式（G3-4）与AASHTO规范（2010）中所规定的要求是一致的。

G4. 单角钢

单角钢构件中的剪应力是由于沿构件长度的弯矩梯度（弯曲剪切）和扭矩所产生的。

因弯曲剪切而产生的最大弹性应力为：

$$f_v = \frac{1.5V_b}{bt} \quad (\text{C-G4-1})$$

式中，V_b是剪力在平行于角钢肢（肢宽为 b，肢厚为 t）方向上的分量。在整个角钢肢厚度上应力分布是常数，且应计算两个角钢肢上的应力以确定其最大值。当荷载沿等肢角钢其中一个主轴作用时，计算值应乘以 1.5 的系数。当荷载沿等肢角钢的其中一个几何轴作用时，该系数取 1.35。可以根据 V_bQ/It 来偏于安全地计算介于这些限定条件之间的系数，以确定中性轴上的最大应力。另外，如果只考虑弯曲剪切，由于材料的非弹性特性和应力重分布，则可以取角钢肢上均匀分布的弯曲剪应力为 V_b/bt。

如果角钢未设置抗扭曲的侧向支撑，则会产生一个扭矩，其大小等于侧向荷载乘以到剪切中心（位于角钢两肢中心线的交点）的垂直距离 e。扭矩可通过两种类型的抗剪性能来承担：纯扭（圣维南扭转）和翘曲扭转［参见 Seaburg 和 Carter（1997）］。因受约束的翘曲而产生的剪应力与圣维南扭转（通常小于 20%）相比是很小的，在实际应用中可以忽略不计。这时，所作用的扭矩由沿角钢肢宽度均匀分布的纯剪切应力来承担（除角钢肢尖的局部区域外），且其最大值可以近似按下式计算：

$$f_v = \frac{M_T t}{J} = \frac{3M_T}{At} \quad (\text{C-G4-2})$$

式中　A——角钢截面面积，$\text{in}^2(\text{mm}^2)$；

J——扭转常数［当无法预先进行计算时，可近似取 $\sum(bt^3/3)$］，$\text{in}^4(\text{mm}^4)$；

M_T——扭矩，kip · in(N · mm)。

对翘曲影响的研究，请参阅 Gjelsvik(1981）的相关资料。因侧向未受约束的横向荷载而产生的扭矩也会产生的翘曲正应力，并与弯曲应力相叠加。然而，由于单角钢的翘曲承载力相对较小，这些附加的弯曲效应，如同翘曲的剪切效应那样，在实际应用中可以忽略不计。

G5. 矩形钢管截面及箱形截面构件

封闭矩形截面的两个腹板抗剪，与工字形板梁或宽翼缘梁的单个腹板抗剪是相同的，因此，可以采用第 G2 节的相关规定。

G6. 圆钢管截面

圆管承受横向剪切的相关资料很少，很多建议都是来自于圆柱体受扭而出现局部屈曲的规定。然而，由于扭转沿构件长度方向通常是常量，而横向剪切则常常会有梯度变化；建议取横向剪切的临界剪切应力为扭转临界应力的 1.3 倍（Brockenbrough 和 Johnston，1981 年；Ziemian，2010）。扭转计算公式适用于构件的整个长度，但对于横向剪切，比较合理的是采用零剪力点与最大剪力点之间的长度。只有薄壁钢管可能需要对基于第一剪切屈服的剪切强度进行折减。即使在这种情况下，只有在设计薄壁短跨圆管时剪切才会起控制作用。

在圆钢管抗剪承载力标准值 V_n 的计算公式中，假定作用在中性轴上的剪应力为临界应力 F_{cr}，其值按 VQ/lb 计算。对于半径为 R 和壁厚为 t 的薄壁圆钢管，则有 $I = \pi R^3 t, Q = 2R^2 t$ 和 $b = 2t$ 。得到形心处的应力为 $V/\pi Rt$，，其中分母即为圆钢管面积的一半。

G7. 沿弱轴受剪的单轴或双轴对称截面构件

沿弱轴受剪的单轴或双轴对称的工字型截面构件，其剪切承载力标准值由第 G2 节的公式计算，计算式中的腹板屈曲系数 $k_v = 1.2$，与 T 型钢腹板的屈曲系数相同。所有轧制型钢翼缘板的最大长细比为 $b/t_f = b_f/2t_f = 13.8$，当钢材屈服强度 $F_y = 100\text{ksi}$（690MPa）时，取值 $1.10\sqrt{k_v E/F_y} = 1.10\sqrt{1.2 \times 29000\text{ksi}/100} = 20.5$ 。于是 $C_v = 1.0$，除了翼缘非常薄柔的组合型钢之外。

G8. 腹板开洞的小梁和大梁

楼盖结构构件中的腹板洞口可用于设置和穿行各种设备、电气和其他系统的管线。承载力极限状态，包括了受压翼缘和腹板的局部屈曲、洞口上方或下方的 T 形受压区的局部屈曲或屈服、侧向屈曲和弯-剪的相互作用、适用性要求等，可能会对腹板开洞的受弯构件设计起控制作用。洞口的位置、大小和数量是非常重要的，针对这些因素，已经根据经验确定了相应的限制条件。在《腹板开洞钢梁的 ASCE 规范》（*ASCE Specification for Structural Steel Beams with Web Openings*）（ASCE，1999）中给出了一个评估这些影响的一般步骤，并给出了对钢梁和组合梁所需要采取的任何加固设计要求和措施，在《AISC 设计指南 2》（*AISC Design Guide* 2）（Darwin（1990））和 ASCE 专业委员会的《钢和混凝土组合结构的设计准则》（*ASCE Task Committee on Design Criteria for Composite Structures in Steel and Concrete*）（1992a，1992b）中提供了相关的背景资料。

条文说明 H　受组合力及扭矩作用的构件设计

本规范的第 D～G 章所涉及的构件仅承受单一类型的作用力：分别为轴向拉力、轴向压力、弯矩和剪力。第 H 章则针对承受两个或多个单独作用力（上述各章所述）组合作用，以及承受由于扭矩而可能出现的附加力作用的构件。相关的条款将其分为两类：（1）大部分情况属于可以通过求解一个相互作用方程来处理，该相互作用方程为各单独作用力下构件的承载力要求与其有效承载力比值求和的形式；（2）有些是由于外加作用力而导致应力增加，并接近极限屈曲或屈服应力的情况。只有在极少数情况下，设计人员才需要参考本章第 H2 和 H3 节的相关规定。

H1. 承受弯矩及轴力作用的双轴及单轴对称截面构件

1. 承受弯矩和轴向压力作用的双轴和单轴对称截面构件

第 H1 节中包括了承受弯矩和压力、弯矩和拉力组合作用的双轴和单轴对称截面构件的设计规定。第 H1 节的规定通常适用于轧制宽翼缘型钢、槽钢、T 型钢、圆钢管、方钢管和矩形钢管，圆形、正方形、矩形或菱形钢棒，以及任何双轴和单轴对称的、由钢板和/或型钢、通过焊接或栓接制成的组合型钢。相互作用方程适用于绕一个或两个主轴弯曲，以及轴向受拉和受压。

1923 年，第一部 AISC 规范要求，应将因弯矩和压力所产生的应力相互叠加，并且其相加之总和不得超过容许应力值。在 1936 年的规范中首次出现了相互作用方程，规定“同时承受轴向和弯曲应力的构件，其两者应满足 $\frac{f_a}{F_a}+\frac{f_b}{F_b}$ 得超过 1.0 的要求”，在该式中 F_a 和 F_b 分别为规范所规定的轴向和弯曲容许应力，而 f_a 和 f_b 则分别为相应的因弯矩和轴力所产生的应力。在 1961 版的 AISC 规范正式颁布前，一直采用这个线性的相互作用方程，修改后的 1961 版 AISC 规范考虑了框架的稳定性和 P-δ 效应，即构件两端之间次弯矩的影响［见式（C-H1-1）］。此版规范没有包括 P-Δ 效应，即因楼层侧移而产生的二阶弯矩的影响。

$$\frac{f_a}{F_a} + \frac{C_m f_b}{\left(1 - \frac{f_a}{F_e}\right) F_b} \leqslant 1.0 \qquad \text{(C-H1-1)}$$

轴向容许应力 F_a 是用来确定有效长度的，对于抗弯框架有效长度会大于 1。$\frac{1}{1 - \frac{f_a}{F_e}}$ 项是跨间弯矩的放大因子，该跨间弯矩为构件挠度乘以轴力（即 P-δ 效应）。系数 C_m 考虑了弯矩梯度的影响。从 1961 年到 1998 年间的所有 AISC ASD 规范的后续版本中，都采用了这一相互作用方程。

在 1986 版 AISC《建筑钢结构荷载和抗力分项系数设计规范》中，引入了一种新的考虑弯矩和轴力相互作用的计算方法（AISC，1986）。下面对所采用的相互作用曲线的背景资料作一些解释，相互作用方程式：

$$\frac{P}{P_y} + \frac{8}{9}\frac{M_{pc}}{M_p} = 1 \left(当 \frac{P}{P_y} \geqslant 0.2 时 \right) \qquad \text{(C-H1-2a)}$$

$$\frac{P}{2P_y} + \frac{M_{pc}}{M_p} = 1 \left(当 \frac{P}{P_y} < 0.2 时 \right) \qquad \text{(C-H1-2b)}$$

针对厚实型截面的宽翼缘短柱绕其 x 轴弯曲，给出了无量纲轴向强度 P/P_y 和弯曲强度 M_{pc}/M_p 相互作用曲线的下限。假设横截面在受拉和受压时为全截面屈服。M_{pc} 为有轴力 P 存在时截面的塑性抗弯强度。式（C-H1-2）所代表的曲线与 W8×31 型钢截面绕主轴弯曲的精确分析曲线几乎完全重合（见图 C-H1-1），宽翼缘型钢的屈服承载力的精确计算公式（ASCE，1971）为：

$$\frac{M_{pc}}{M_p} = 1 - \frac{A^2\left(\frac{P}{P_y}\right)^2}{4t_w Z_x} \left(当 0 \leqslant \frac{P}{P_y} \leqslant \frac{t_w(d-2t_f)}{A} 时 \right) \qquad \text{(C-H1-3a)}$$

$$\frac{M_{pc}}{M_p} = \frac{A\left(1 - \frac{P}{P_y}\right)}{2Z_x}\left[d - \frac{A\left(1 - \frac{P}{P_y}\right)}{2b_f}\right] \left(当 \frac{t_w(d-2t_f)}{A} < \frac{P}{P_y} \leqslant 1 时 \right) \qquad \text{(C-H1-3b)}$$

宽翼缘型钢的近似平均屈服强度的计算公式为：

$$\frac{M_{pc}}{M_p} = 1.18\left(1 - \frac{P}{P_y}\right) \leqslant 1 \qquad \text{(C-H1-4)}$$

图 C-H1-2 中的曲线表示宽翼缘型钢绕 y 轴弯曲的精确和近似的屈服相互作用曲线，以及矩形钢棒和圆形钢棒的精确曲线。显然，对于这些型钢而言，AISC 相互作用曲线的下限是非常保守的。

通过用无轴力作用的梁的抗弯强度标准值 M_n 对抗弯承载力 M_u 进行正则化，以及用没有弯矩作用的柱子的轴向强度标准值 P_n 对轴向承载力 P_u 进行正则化，将短压弯构件强度的概念延伸到的实际压弯构件中。上述计算相当于对原始的短柱的相互作用曲线做平移和转动的处理，其结果如图 C-H1-3 所示。

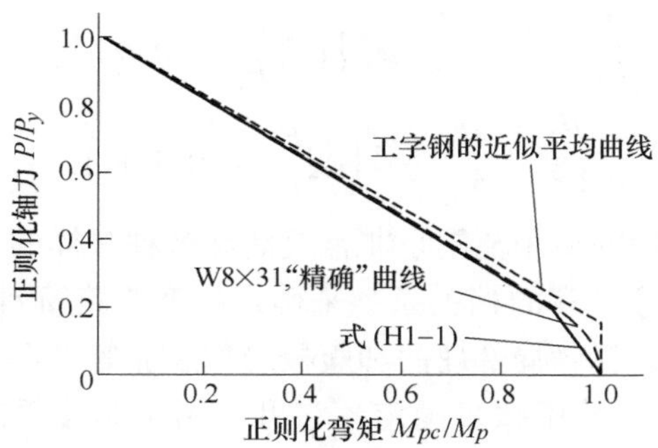

图 C-H1-1　短柱相互作用曲线：宽翼缘型钢［W8 ×31，F_y = 50ksi(345MPa)］
（绕主轴弯曲，塑性弯矩与轴力的相互作用）

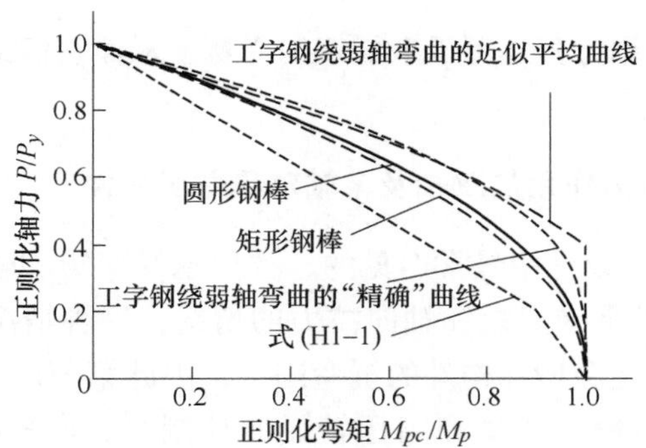

图 C-H1-2　短柱相互作用曲线：圆形钢棒和矩形钢棒，以及宽翼缘型钢绕弱轴弯曲，塑性弯矩与轴力的相互作用

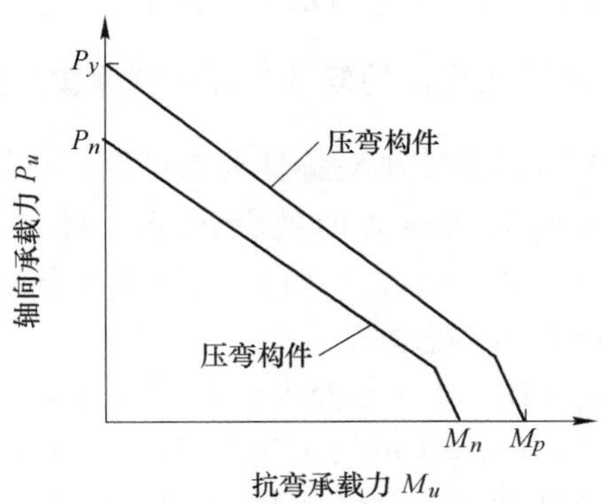

图 C-H1-3　短压弯构件和压弯构件的相互作用曲线

与考虑长度影响的压弯构件相对应的正则化方程，如式（C-H1-5）所示：

$$\frac{P_u}{P_n}+\frac{8}{9}\times\frac{M_u}{M_n}=1\left(当\frac{P_u}{P_n}\geqslant 0.2\text{ 时}\right) \tag{C-H1-5a}$$

$$\frac{P_u}{2P_n}+\frac{M_u}{M_n}=1\left(当\frac{P_u}{P_n}<0.2\text{ 时}\right) \tag{C-H1-5b}$$

上述相互作用方程的适用范围是非常灵活和多种多样的。分母项给出了相互作用曲线的端点。由第 F 章的相关条款来确定抗弯强度标准值 M_n。它可以包括屈服、侧向扭转屈曲、翼缘局部屈曲和腹板局部屈曲等极限状态。

轴力项 P_n 由第 E 章的条款来确定，它可以用于非薄柔或薄柔型板件柱，并且包括绕主轴和次轴屈曲、扭转和弯扭屈曲极限状态。此外，如果按附录 7 中第 7.2 条的要求来确定弯矩和轴向承载力，那么可以用适当的柱子有效长度来计算 P_n 以充分考虑框架的稳定效应。这些弯矩和轴力包含了因二阶效应所产生的放大。

由于这些相互作用方程还可以考虑双向受弯，从而它们的功能得到了进一步增强。

2. 承受弯曲及拉力作用的双轴及单轴对称截面构件

第 H1.1 条考虑了设计中最常遇见的、构件承受弯矩和轴向压力的情况。第 H1.2 条则介绍了构件承受弯矩和轴向拉力的情况，这种情况很少会发生。由于轴向拉伸在一定程度上会增加构件的抗弯刚度，因此第 H1.2 条允许加大第 F 章中的 C_b 值。这样，当弯曲项受侧向扭转屈曲控制时，弯矩梯度系数 C_b 要乘以 $\sqrt{1+\frac{\alpha P_r}{P_{ey}}}$。在 2010 版规范中，这个放大因子稍微有些变化，当要求得到极限承载力的结果时，这里所用的常数 α 值与整个规范中所使用的常数相同。

3. 承受绕单轴弯曲和轴压作用的双轴对称轧制厚实型截面构件

针对承受绕 x 轴弯矩作用的双轴对称宽翼缘型钢，在轴向极限状态为平面外屈曲和弯曲极限状态为侧向扭转屈曲的情况下，双线性的相互作用方程式（C-H1-5）是偏于保守的（Ziemian，2010）。第 H1.3 条给出了一个验算此类压弯构件平面外承载力的备用计算公式。

图 C-H1-4 中标有式（H1-1）（平面内）和式（H1-2）（平面外）两条曲线，显示了压弯构件 W27×84［L_b = 10ft(3.05m) 和 F_y = 50ksi(345MPa)］，承受一个线性变化的绕强轴的弯矩作用，其一端弯矩为零而另一端弯矩为最大值（C_b = 1.67），其双线性和抛物线性平面外承载力相互作用方程之间的区别。此外，图中的实线表示根据式（H1-1）得到的平面内双线性承载力相互作用曲线。应该注意的是，在 LRFD 规范中，抗力项 C_bM_{cx} 可能大于 ϕ_bM_p，而在 ASD 规范中，抗力项 C_bM_{cx} 可能大于 M_p/Ω_b。从平面外承载力曲线至平面内承载力曲线之间的较小纵坐标值为控制强度。

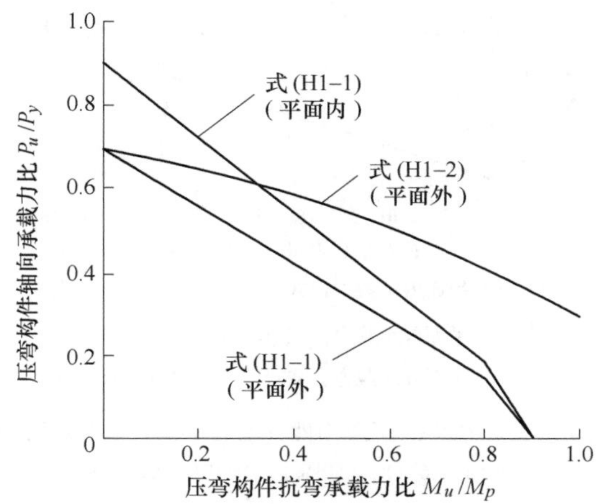

图 C-H1-4　双线性式（H1-1）平面内承载力与抛物线性式（H1-2）平面外承载力相互作用方程之间的比较（W27×84，$F_y=50$ksi，$L_b=10$ft，$C_b=1.75$）

式（H1-2）是从双轴对称工字形截面构件的平面外侧向扭转屈曲强度的基本形式发展而来的，在 LRFD 规范中其形式为：

$$\left(\frac{M_u}{C_bF_bM_{nx(C_b=1)}}\right)^2 \leqslant \left(1-\frac{P_u}{\phi_cP_{ny}}\right)\left(1-\frac{P_u}{\phi_cP_{ez}}\right) \tag{C-H1-6}$$

当 W 型型钢构件的 $KL_y=KL_z$ 时，用下限值 2.0 来代替弹性扭转屈曲承载力与平面外的抗弯承载力标准值之比 P_{ez}/P_{ny}，得到式（H1-2）。在研发式（H1-2）的过程中，2005 版规范假定式（C-H1-6）中上限值 $P_{ez}/P_{ny}=\infty$，这就会导致对平面外抗弯承载力标准值项高估的情况。此外，在 2005 版规范中对于平面外抗弯承载力标准值项 $C_bM_{nx}(C_b=1)$ 可能会大于 M_p 的实际情况，并没有作出明确的说明。

在图 C-H1-5（当采用 LRFD 方法设计时）和图 C-H1-6（当采用 ASD 方法设计时）中，进一步说明了式（H1-1）和式（H1-2）之间的关系。当相互作用关系式（H1-1）和式（H1-2）等于 1 时，曲线把轴向承载力 P（纵坐标）与抗弯承载力 M（横坐标）进行关联。P 为正值时受压，为负值时受拉。该曲线是针对承受绕强轴均匀弯曲作用的（$C_b=1$）W16×26 型钢构件，构件长度为 10ft(3m) [$F_y=50$ksi(345MPa)]。实线所表示的是平面内特性，即侧向支撑防止了侧向扭转屈曲。虚点线所表示的是当压弯构件的两端之间未设侧向支撑时的情况，即式

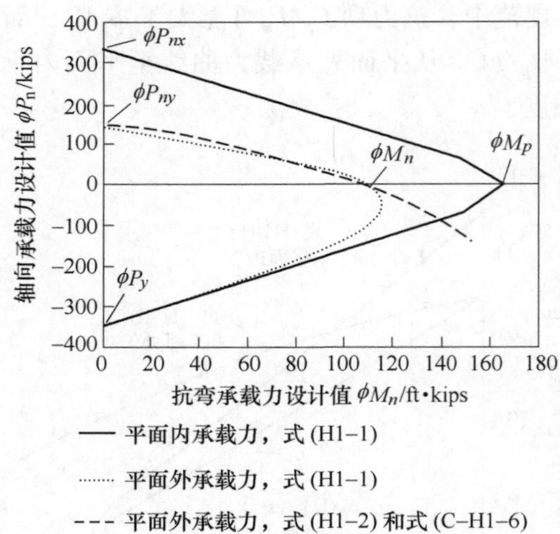

图 C-H1-5　承受轴向压力和拉力的压弯构件（受拉为负）（当采用 LRFD 方法设计时）
（W16 ×26，F_y = 50ksi，L_b = 10ft，C_b = 1）

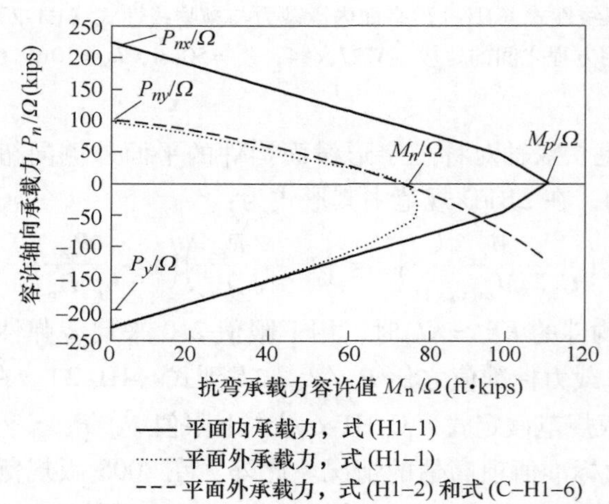

图 C-H1-6　承受轴向压力和拉力的压弯构件（受拉为负）（当采用 ASD 方法设计时）
（W16 ×26，F_y = 50ksi，L_b = 10ft，C_b = 1）

（H1-1）。在承受轴向拉力的区域，按第 H1.2 条的要求，对曲线用 $\sqrt{1+\frac{\alpha P_r}{P_{ey}}}$ 进行了修正。虚划线所表示的是当轴向受压时的情况，即式（H1-2），这可以作为使用式（C-H1-6）（当轴向受拉时式中 P_{ez}/P_{ny} 为无穷大）所确定的下限值。当轴向压力或轴向拉力给定时，式（H1-2）和式（C-H1-6）可以在它们大部分适用范围内有更大的弯矩。

H2. 承受弯矩及轴力作用的非对称及其他截面构件

第 H1 节的规范条款适用于具有双轴或单轴对称截面的压弯构件。然而，有很多截面是非对称的，如不等边角钢和许多可能是组合成型的截面。对于这些情况，第 H1 节的相互作用方程可能就不再适用了。线性的相互作用方程 $\left|\frac{f_{ra}}{F_{ca}}+\frac{f_{rbw}}{F_{cbw}}+\frac{f_{rbz}}{F_{cbz}}\right| \leqslant 1.0$ 提供了一个偏于保守、但简单的方式来处理这些问题。小写字母的应力 f，是在外荷载作用下由弹性分析计算得到的轴向和弯曲（应力）承载力要求，其中包括了二阶效应的影响，大写字母的应力 F，是对应于屈服或屈曲极限状态的有效（应力）承载力。脚标 r 和 c 分别指（应力）承载力要求和有效（应力）承载力，而脚标 w 和 z 则指非对称截面的两个主轴。设计人员可选择采用本规范第 H2 节的相互作用方程，该方程可能要比第 H1 节的相互作用方程更加灵活。

相互作用方程式（H2-1）同样适用于轴向受拉的情况。式（H2-1）采用应力的形式编写，可以作为一种辅助手段，来校核非对称构件的各个临界位置处的应力状态。对于承受单轴或双轴弯曲的非对称截面，临界应力状态取决于弯矩的合力方向。这对单轴对称构件，如绕 x 轴弯曲的 T 型钢，也是适用的。可以使用同样的弹性截面特性来计算相应的应力承载力和应力设计值，这就意味着弯矩比和应力比是相同的。

在使用式（H2-1）时有两种方法：

（1）对于绕每个主轴的临界弯矩，要严格使用式（H2-1），如上所述，弯矩比和应力比如前所述是相同的，因此每一个临界位置只有一个弯曲应力比项。在这种情况下，可以将各个比值代数相加，得到构件截面边缘纤维处的临界应力。

使用式（H2-1）是一种偏于保守的方法，建议用于验算如单角钢一类的构件。在特定位置（角钢长肢或短肢的肢尖或跟部）的有效弯曲（应力）承载力是根据与弯曲（应力）承载力要求符号相一致的屈服极限弯矩、局部屈曲极限弯矩或扭转屈曲弯矩求得的。在每一种情况下，应根据所考虑轴的最小截面模量来确定屈服弯矩。应验算角钢长肢或短肢的肢尖及跟部的应力状态，在这些部位中找到可能是最不利应力比的位置。

（2）对于某些受荷载作用的板件，板件中的临界应力可以从截面上一个点的拉应力过渡到另一点的压应力，根据每块板件的大小来考虑两种相互作用关系可能是比较有利的。在第 H2 节的尾部指出，当受拉弯共同作用时，可以采用更详细的分析方法来替代用式（H2-1）计算。

以同时绕 x 轴和 y 轴弯曲的 T 型钢为例，在 T 型钢腹板的顶端产生拉力，设计可能会受翼缘部位的压应力或腹板部位的拉应力所控制。如果绕 y 轴的弯曲比绕 x 轴的弯曲大，只需要使用相应的压应力极限设计值，验算受压翼缘的应力比。但是，如果绕 y 轴的弯曲比绕 x 轴的弯曲小，那么应验算 T 型钢腹板顶端的拉应力，这一限制与绕 y 轴弯曲的大小是无关的。不同的两种相互作用表达式为：

在 T 型钢的翼缘， $\left|\dfrac{f_{ra}}{F_{ca}}+\dfrac{f_{rbw}}{F_{cbw}}+\dfrac{f_{rbx}}{F_{cbx}}\right|\leqslant 1.0$

在 T 型钢的腹板， $\left|\dfrac{f_{ra}}{F_{ca}}+\dfrac{f_{rbx}}{F_{cbx}}\right|\leqslant 1.0$

图 C-H2-1 所示为使用两种方法的 WT 型钢的双向弯曲的相互作用曲线图。

当轴向受拉与考虑局部屈曲或侧向扭转屈曲的弯曲受压极限组合作用时，考虑一个以上的相互作用关系可能会有所帮助。这方面的一个例子是当受弯曲压缩的 T 型钢腹板同时还受轴拉作用。轴向拉力的出现会降低诱发屈曲应力极限状态的压力作用。因为轴向受拉承载力较大而受压承载力相对较低，所以可以将弯曲应力设计值设定为腹板的屈服极限应力。

$$\left|\frac{f_{ra}}{F_{ca}}+\frac{f_{rbx}}{F_{cbx}}\right|\leqslant 1.0$$

式中，F_{cbx} 是腹板达到 ϕF_y 时翼缘的拉应力。在该表达式中，可以采用 F_{cbx} 等于 ϕF_y。

在腹板的弯曲压应力之间的相互作用，随着轴向拉力的增加而达到 F_{cbx}（根据局部屈曲或侧向扭转屈曲极限应力）前，这种相互作用关系将保持不变。

$$\left|\frac{f_{ra}}{F_{ca}}-\frac{f_{rbx}}{F_{cbx}}\right|\leqslant 1.0$$

这种情况下使用两种方法的相互作用曲线图，示于图 C-H2-2 中。

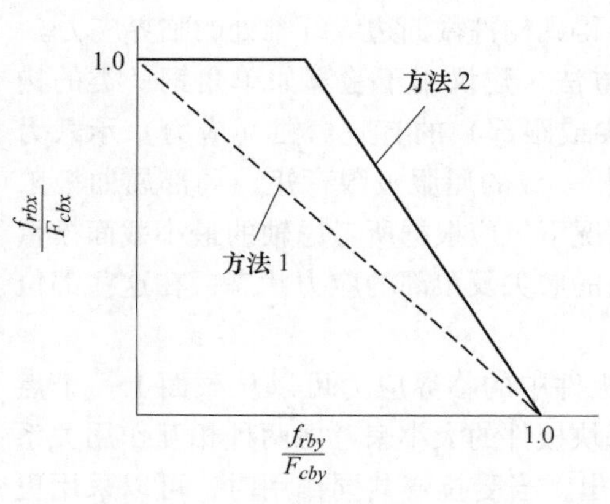

图 C-H2-1 受双向弯曲的 WT 型钢

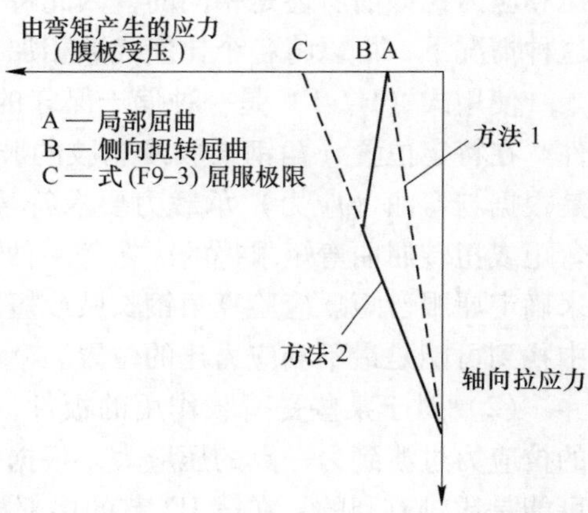

图 C-H2-2 在 WT 型钢腹板上有弯曲压应力以及轴向拉力

H3. 承受扭矩和扭弯剪和/或轴力组合作用的构件

第 H3 节针对前两节中没有包含的情况，做出了相应的规定。本节的前两部分介绍了钢管构件的设计，针对设计人员所遇到的除了正应力和剪应力外还有扭矩作用的情况，在第三部分中给出了常用的规定。

1. 承受扭矩作用的结构用圆形及矩形钢管

结构用钢管通常用于空间框架结构，以及必须由构件来承受非常大扭矩的场合中。由于其截面是封闭的，所以结构用钢管在承受扭矩方面远比开敞截面，如 W 型钢或槽钢，更加有效。尽管在开敞截面中约束翘曲通常会产生明显的正应力和剪应力，而在封闭截面中这些应力是相当小的。可以认为全部扭矩是由纯扭剪切应力来承担的。这在文献资料中常被称为圣维南扭转应力。

在结构用钢管截面中，可以认为沿钢管截面的壁厚纯扭剪应力是均匀分布的，等于扭矩 T_u除以截面的扭转剪切常数 C。对于极限状态的格式，扭转承载力标准值则为剪切常数乘以临界剪切应力 F_{cr}。

对于圆钢管，扭转剪切常数等于极惯性矩除以半径：

$$C=\frac{\pi(D^4-D_i^4)}{32D/2}\approx\frac{\pi t(D-t)^2}{2} \tag{C-H3-1}$$

式中，D_i为钢管的内径。

对于矩形钢管，扭转剪切常数可采用薄膜比拟方法（Timoshenko，1956）取为 $2tA_o$，其中 A_o是以截面中线为边界范围的面积。可以偏于保守地假定外侧的圆角曲率半径为 $2t$ 的矩形钢管，截面中线的曲率半径为 $1.5t$，则有：

$$A_o=(B-t)(H-t)-9t^2\frac{4-\pi}{4} \tag{C-H3-2}$$

并由此可以得到：

$$C=2t(B-t)(H-t)-4.5t^3(4-\pi) \tag{C-H3-3}$$

抗力分项系数 ϕ 和安全系数 Ω 与第 G 章中截面受弯剪切时的系数相同。

对于较长或中等长度的圆钢管结构构件，要考虑其承受扭转时的局部屈曲，而对于粗短的圆筒则不宜采用该规定。长圆筒不受端部约束条件的影响，Ziemian(2010) 给出的临界应力为：

$$F_{cr}=\frac{K_tE}{\left(\frac{D}{t}\right)^{\frac{3}{2}}} \tag{C-H3-4}$$

K_t的理论值为 0.73，当考虑初始缺陷时则建议取 0.6。针对中等长度（$L>$

5.1D^2/t)、管边在端头没有进行抗扭固定的圆钢管，Schilling（1965）和 Ziemian（2010）给出了计算弹性局部屈曲应力的公式为：

$$F_{cr} = \frac{1.23E}{\left(\frac{D}{t}\right)^{\frac{4}{5}}\sqrt{\frac{L}{D}}} \tag{C-H3-5}$$

为了考虑初始缺陷的影响，该公式的计算结果可折减15%。当端部为简支时，计算式中包括了长度所产生的影响，当管边在端头固定时，屈曲强度会增加约10%可忽略不计。给出了一个限值以确保剪切屈服强度不超过0.6F_y。

矩形钢管临界应力的规定与第 G2 节（剪切屈曲系数 $k_v=5.0$）的弯曲剪切规定完全相同。由于扭矩所产生剪力沿矩形钢管的长边是均匀分布的，并且假定这种剪力分布与宽翼缘型钢形梁腹板上的剪力分布相同。因此，在上述这两种情况中，采用的相同屈曲规定是合理的。

2. 承受扭、剪、弯及轴力组合作用的结构用钢管

在有关研究资料和文献中，对于同时承受产生正应力和剪应力的组合荷载作用，提出了若干种形式的相互作用方程。一个常见的形式是，使用正应力和剪应力的平方和，其组合符合椭圆方程（Felton 和 Dobbs，1967）：

$$\left(\frac{f}{F_{cr}}\right)^2 + \left(\frac{f_v}{F_{vcr}}\right)^2 \leqslant 1 \tag{C-H3-6}$$

在第二种形式中，采用了正应力比的一次幂：

$$\left(\frac{f}{F_{cr}}\right) + \left(\frac{f_v}{F_{vcr}}\right)^2 \leqslant 1 \tag{C-H3-7}$$

下面是一种比较保守但尚不过于保守的形式（Schilling，1965），这就是在本规范中所使用的相互作用关系式：

$$\left(\frac{P_r}{P_c} + \frac{M_r}{M_c}\right) + \left(\frac{V_r}{V_c} + \frac{T_r}{T_c}\right)^2 \leqslant 1.0 \tag{C-H3-8}$$

其中带有下标 r 的项代表承载力要求，带有下标 c 的项是相应的有效承载力。把由弯曲和轴向荷载所引起的法向效应进行线性组合，然后再和弯曲和扭转剪切效应的线性组合之平方相加。当存在轴压荷载效应时，抗弯承载力要求 M_c 是根据二阶分析确定的。当不存在由弯曲和轴向荷载所引起的法向效应时，取弯曲和扭转剪切效应线性组合的平方则低估了实际的相互作用。不取这种组合的平方则可以得到更精确的结果。

3. 承受扭矩及组合应力作用的非结构用钢管构件

本节涵盖了所有以前没有涉及的情况。应用实例是非对称截面的组合吊车梁和许多其他不规则形状的组合截面。可以通过建立在结构力学基本理论基础上的弹性应力分析，来确定（应力）承载力要求。所需要考虑的三种极限状态和相应的有效（应力）承载力为：

（1）正应力作用下的屈服——F_y。

（2）剪应力作用下的屈服——$0.6F_y$。

（3）屈曲——F_{cr}。

在大多数情况下，可以分别考虑正应力和剪应力，因为正应力和剪应的最大值很少会在截面的同一部位或跨度的同一位置上发生。在AISC设计指南9《钢结构构件的扭转分析》（*Torsional Analysis of Structural Steel Members*）中（Seaburg和Carter，1997），对开敞型钢的扭转分析做了详细、完整的讨论。

H4. 带孔洞翼缘的受拉断裂

式（H4-1）给出了压弯构件翼缘在拉伸断裂极限状态下的计算方法。这条规定仅适用于在拉、弯组合作用下、纯受拉的翼缘上有一个或多个孔洞的情况。当轴向和弯曲应力同时为拉应力时，要对它们的效应进行叠加。当轴向和弯曲应力符号相反时，受压效应会降低其受拉效应。

条文说明 I　组合构件设计

在本版规范中，第 I 章主要包括了以下修改和补充内容：

1. 混凝土和钢筋构造（第 I1、第 I2 和第 I8 节）：第 I1.1 和第 I2.1 条引用了 ACI 318（ACI，2008）中的混凝土和钢筋的要求。第 I8.3 条引用了 ACI 318 中关于设置钢抗剪栓钉的混凝土的强度要求。

2. 局部屈曲规定（第 I1.2 和第 I1.4 条）：在第 I1.2 和第 I1.4 条中，增加了关于局部屈曲的新条款。这些要求也可以用于受轴压和受弯的厚实型、非厚实型和薄柔型截面的钢管混凝土构件设计，关于截面分类的定义，请参见第 I2.2 和第 I3.4 条的相关规定。

3. 组合受压构件的最小轴向强度（第 I2.1 和第 I2.2 条）规定：钢骨混凝土和钢管混凝土组合构件的轴向强度必须高于第 E 章所规定的纯钢受压构件（与组合构件中的型钢截面相同）的强度。

4. 组合构件中的荷载传递（第 I3 和第 I6 节）：在组合部件中的荷载传递要求中增加了新的内容，并做了相应的修改。本章内容的延伸使其成为说明组合构件的荷载传递新的专门章节。

5. 钢骨混凝土和钢管混凝土组合梁强度的可靠度（第 I3.3 和第 I3.4 条）：基于对新的试验数据的评估，调整了钢骨混凝土和钢管混凝土组合梁的抗力分项系数和安全系数。

6. 抗剪设计（第 I4 节）：在新的第 I4 节中，对组合构件抗剪设计的全部规定进行了整合。

7. 组合压弯构件设计（第 I5 节）：第 I5 节中对组合压弯构件设计方法进行了解释和说明。

8. 楼盖和系梁（第 I7 节）：在新的 I7 节中增加了性能描述，包括组合隔板和系梁的设计以及构造要求。在条文说明中给出的补充信息可以作为设计人员的设计指南。

9. 钢锚固件（第 I8 节）：第 I8 节中包括了钢锚固件（抗剪栓钉和槽钢抗剪件）设计的新规定。除了与新条款保持一致而做的一些条文编辑外，带混凝土板的组合梁的规定基本上保持不变。第 I8.2 条中，增加了当使用普通和轻骨料混凝土时沿组合梁纵轴的栓钉边距规定。还给出了当采用其他形式组合结构时，钢锚固件在受剪力、拉力和拉剪共同作用的新规定。这些改变提出了新的专业术语以与 ACI 318 附录 D(ACI，2008）中比较通用的规定取得一致。特别是采用“钢锚固件”代替了“抗剪栓钉”，在本规范中，钢锚固件既可以表示“抗剪栓钉”，也可以表示热轧“槽钢锚固件”。

I1. 一般规定

组合截面设计需要同时考虑钢材和混凝土的特性。制定这些规定的目的是既要减少现行钢结构和混凝土结构在设计及构造要求方面的冲突，又要恰当认识组合结构设计的优点。

为了减少与现行设计规范的冲突，本规范对于受压构件设计采用了截面强度法，与钢筋混凝土设计规范（ACI，2008）保持一致。此外，对于组合柱和组合梁也可以采用相同的处理方法。

第 I 章的规范条款中只介绍了组合截面的强度设计方法。设计人员应考虑在施工阶段仅由钢骨来承受荷载作用的情况，设计人员还应考虑结构全寿命过程中的变形，以及确保这些变形发生在适当的位置。当考虑上述后一种极限状态时，对于因混凝土的徐变和收缩而产生的长期应力和变形的附加变化，应预留足够的裕度。

1. 混凝土和钢筋

有关混凝土和钢筋的设计和构造的相关规定，可参阅 ACI 318（ACI，2008)，如锚固和搭接长度、柱子中间拉结构造钢筋，增强螺旋箍筋，以及抗剪和抗扭规定等。

给定的例外和限定条件如下：

(1) 由于多年来 ACI 318 的组合设计过程始终未变。因此，本规范决定不再采用 ACI 318 的组合构件设计条款，而在本规范中所反映的构件组合特性中引入了最新的研究成果（Ziemian，2010；Hajjar，2000；Shanmugam 和 Lakshmi，2001；Leon 等人，2007；Varma 和 Zhang，2009；Jacobs 和 Goverdhan，2010)。

(2) 除了 ACI 318 所规定的混凝土限定条件外，还给出了有关组合构件试验数据的适用范围，相关内容可参见第 I1. 3 条的条文说明。

(3) 除了在第 I2. 1a（2）条中所规定的条文外，应根据 ACI 的规定确定非组合的钢筋混凝土受压构件的拉结构造钢筋。也可以参照第 I2. 1a（2）条的条文说明。

(4) 在 ACI 318 中对钢筋混凝土受压构件纵向钢筋的最小配筋率 0. 01 A_g 的限制，是考虑了在使用荷载作用下，由于收缩和徐变的影响导致混凝土向钢筋的应力传递。采用满足第 I2. 1a 条要求的外包混凝土型钢截面有助于减轻这种影响，从而可以降低对最小纵向钢筋的要求。详见第 I2. 1a（3）条的条文说明。

ACI 318 的设计基础是承载力设计。当设计人员采用容许应力法设计组合结构中的钢骨时，务必注意这两本规范中所采用的不同荷载系数。

2. 组合截面的承载力标准值

组合截面的承载力应根据本规范所给出的两种方法中的任何一种来进行计算。一种是应变协调法，该方法给出了常用的计算方法；另一种是塑性应力分布法，该方法是应变协调法的一个组成部分。对于绝大多数常见的设计情况，塑性应力分布法提供了一种简单、实用的计算方法，因此应优先采用这种方法。对于腹板为非厚实型截面的组合梁，也可使用弹性应力分布法进行计算。

2a. 塑性应力分布法

塑性应力分布法的依据是截面上应变为线性分布，并且材料为弹-塑性性能的假定。该方法假定截面受压应变为 0. 003 时混凝土达到破碎强度，相应的混凝土应力分布图形呈矩形（通常为 $0.85f'_c$），而其中钢则已超过其屈服应变，其值取为 F_y/E_s 。

根据这些简单的假定，可以将受轴力和弯矩不同组合作用的截面的强度，近似作为典型的组合受压构件的截面强度。如图 C-I1-1 所示，基于塑性应力分布的组合截面，其受弯矩和轴力作用的实际相互作用图形与钢筋混凝土截面的相互作用图形相同。为了简化起见，对于钢骨混凝土截面，可以在四个或五个锚定点（anchor points）（取决于弯曲轴）之间采用了一条偏于保守的线性相互作用曲线（Roik 和 Bergmann，1992；Ziemian，2010）。这些锚定点在图 C-I1-1 中表示为 *A* 点、*B* 点、*C* 点、*D* 点和 *E* 点。

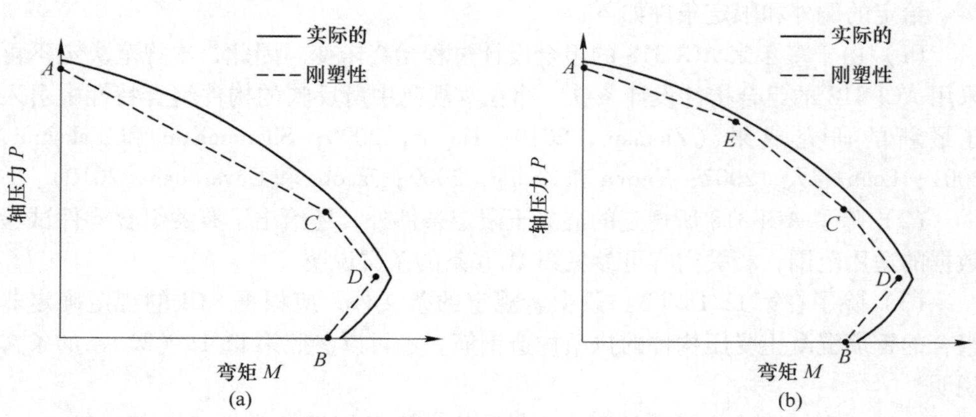

图 C-I1-1 实际的和简化的弯矩-轴压力作用包络图对比

（a）强轴；（b）弱轴

用于受压构件的塑性应力分布法假定，在钢和混凝土之间不会产生滑移以及宽厚比限值可以避免在发生屈服和混凝土压碎之前出现局部屈曲。试验研究和分析表明，对于设置有钢锚固件的钢骨混凝土截面和符合这些规定的钢管截面，这些假定都是合理的（Ziemian，2010；Hajjar，2000；Shanmugam 和 Lakshmi，2001；Varma 等人，2002；Leon 等人，2007）。对于圆钢管来说，在计算轴压和弯曲作用下的强度时，这些条款允许将可用的混凝土应力增加到 $0.95f'_c$，用以考虑由横向约束引起的环箍作用的有利影响（Leon 等人，2007）。

基于同样的假定，但允许在钢梁和组合混凝土板之间产生滑移，就可以对典型的组合梁截面推导出简化计算公式。严格来说，这样的分布并非基于滑移而是基于抗剪连接的承载力。如果抗剪连接承载力超过以下任一种：当组合梁受正弯矩作用时的钢骨截面的抗拉屈服强度或混凝土板的抗压强度，或者当组合梁受负弯矩作用时的混凝土板中纵向钢筋的抗拉屈服强度或钢骨截面的抗压强度，就可以假定为完全组合梁。当设置了足够数量的钢锚固件来充分发挥抗弯承载力时，屈服之前所发生的任何滑移对组合构件性能的影响都可以忽略不计。当达不到完全组合时，可以称为部分组合梁。滑移对部分组合梁的弹性性能的影响可能相当显著。因此如果滑移对部分组合梁的弹性性能的影响较大，在计算正常使用状态荷载作用下的变形和应力时，就必须考虑滑移。在第 I3 节的条文说明中，给出了近似的部分组合梁的弹性性能。

2b. 应变协调法

第 I1. 2a 条中用于计算截面强度的基本原理并不适用于所有的设计情况或各种可能的截面形式。作为一种替代的方法，第 I1. 2b 条给出一种通用的应变协调法，这种方法允许采用任何合理的钢材和混凝土的应变-应力模型。

3. 材料限定条件

第 I1. 3 条给出的材料限定条件反映了根据试验研究（Ziemian，2010；Hajjar，2000；Shanmugam 和 Lakshmi，2001；Varma 等人，2002；Leon 等人，2007）得到的材料特性范围。针对钢筋混凝土设计而言，所规定的承载力计算的上限值为 10ksi(70MPa)，这既反映出很少有数据超过这个值，也反映出当超出该限定值时发现材料特性会有变化（Varma 等人，2002）。对于普通混凝土及轻骨料混凝土，规定的承载力计算的下限值为 3ksi(21MPa)，而对轻骨料混凝土则规定其上限为 6ksi(42MPa)，以鼓励使用优质、容易获得的结构用混凝土材料。如果有适当的试验或分析验证为依据，在计算弹性模量时则允许使用更高的强度，并且在承载力计算时可以放宽给定的限值。

4. 钢管混凝土组合构件局部屈曲的截面分类

钢管混凝土组合构件的特性与空心钢管构件的特性是完全不同的。钢管内填充的混凝土对组合构件的刚度、强度及延性有显著影响。当钢管的截面减小时，混凝土的贡献会变得更加重要。

钢管内填充混凝土会对钢管的弹性局部屈曲产生很大的影响。由于填充混凝土阻止了钢管向内变形，从而改变了钢管的屈曲模式（在构件横截面内以及沿构件的长度方向上）。例如，Bradford 等人（1998）（见图 C-I1-2 和图 C-I1-3）对钢管混凝土组合构件的弹性局部屈曲所进行的分析表明，对于矩形钢管，在钢板的弹性屈曲计算公式（Ziemian，2010）中的钢板屈曲系数（即 k-系数）从 4.00（空心钢管）变化至 10.6（填充混凝土的钢管）。因此，填充混凝土的钢管与空心钢管相比，其钢板弹性屈曲应力增加了 2.65 倍。同样，Bradford 等人（2002）的研究成果表明，填充混凝土的圆钢管的弹性局部屈曲应力为空心圆钢管局部屈曲应力的 1.73 倍。

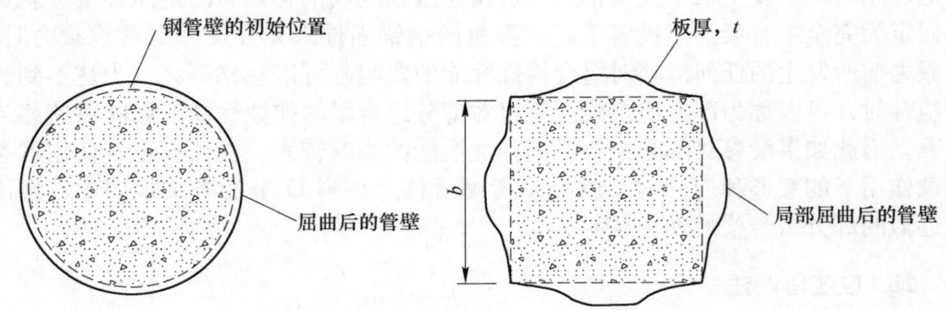

图 C-I1-2　由于填充混凝土，钢管截面屈曲模式的改变

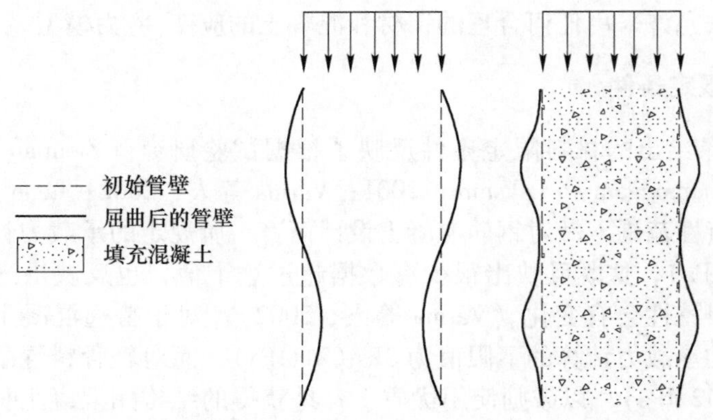

图 C-I1-3　由于钢管内填充混凝土，沿钢管长度方向上屈曲模式的改变

对于填充混凝土的矩形钢管，弹性局部屈曲应力 F_{cr} 计算公式（I2-10）是从钢板屈曲计算公式简化得到的。该公式表明，当钢板的宽厚比 b/t 小于或等于 3.00 $\sqrt{E_s/F_y}$ 时就会发生屈服，这意味着确定了非厚实型和薄柔型截面宽厚比的

界限值 λ_r。该限值没有考虑残余应力或几何缺陷的影响，因为对于宽厚比值 b/t 比较大的钢管，混凝土的贡献会起控制作用，并且降低钢材应力的作用是很小的。最大允许宽厚比 b/t 值 λ_p 是基于缺少高于 $5.00\sqrt{E_s/F_y}$ 的试验数据，以及在极薄柔型截面的钢管中浇注混凝土所带来的潜在影响［板件变形和内应力（locked-in stresses）］。对于受弯构件，翼缘的 b/t 限值与在相似的荷载作用和材料特性下受轴压钢管宽厚比相同。对于钢管腹板为厚实型/非厚实型截面的受弯的构件 λ_p 限值可以偏于保守的取为 $3.00\sqrt{E_s/F_y}$，该值也是空心钢管的最大允许宽厚比值。这也是因为缺少试验数据，并考虑了薄壁钢管中浇注混凝土所带来的影响（Varma 和 Zhang，2009）。

对于受轴压的填充混凝土圆钢管，其非厚实型/薄柔型截面的限值 λ_r 取 $0.19E/F_y$，为圆形空心钢管限值（$0.11\ E/F_y$）的1.73倍。该值是基于 Bradford 等人（2002）的早期研究结果，并且与试验数据相当吻合。最大允许 D/t 取值为 $0.31\ E/F_y$ 是由于缺少试验数据，并考虑到极薄柔型截面的钢管中浇注混凝土所带来的潜在影响。对于受弯的填充混凝土的圆钢管，表 I1-1b 中的厚实型/非厚实型截面的限值 λ_p 偏于保守地取为空心圆钢管限值（$0.07\ E/F_y$）的1.25倍。偏保守地假定非厚实型/薄柔型截面的限值 λ_r 与空心圆钢管限值（$0.31\ E/F_y$）相同。取该值也是因为缺少试验数据，并考虑了薄壁钢管中浇注混凝土所带来的影响（Varma 和 Zhang，2009）。

I2. 轴向受力构件

在第 I2 节中，虽然钢管混凝土组合构件和钢管混凝土组合构件有很多共同之处，但还是对两种构件设计方法分别做了处理。其目的是区分每种受压构件的一般原则和构造要求以便设计。

确定截面承载力时采用了承载力极限状态下的截面模型（Leon 等人，2007；Leon 和 Hajjar，2008）。该模型与之前的 LRFD 规范中所使用的模型类似。其主要的区别是，考虑了钢筋和混凝土的全部强度，而不是以前规范中所采用的70%强度。此外，这些条文将组合截面的承载力作为一种力给出，而以前的方法是将力转换为等效的应力。由于在原先的条款中，钢筋和混凝土被随意地做了折减，因此无法准确地估计含筋率很低的受压构件的强度。

考虑长度的影响，在组合构件设计中与钢骨受压构件设计相一致，尽管采用了不同的格式，但其所采用的计算公式与第 E 章中的公式相同，并随着混凝土在截面中所占的比例下降，可以将组合构件设计默认为钢骨构件设计（不过两者的抗力分项系数和安全系数不同）。对规范的规定和试验数据进行比较，表明该方法通常是偏于保守的，但所得到的变异系数很大（Leon 等人，2007）。

1. 钢骨混凝土组合构件

1a. 适用条件

（1）本规范适用于最小含钢率（型钢面积除以构件的总面积）等于或大于1%的受压组合构件。

（2）规定横向箍筋的最小配筋量，其目的是为了很好地约束混凝土。本规范要求，除了规定的要求外，还应遵循 ACI318 第 7 章关于横向拉结构造筋的规定。

（3）规定纵向钢筋最低数量，本节的规定不适用于钢骨外包的无筋混凝土设计。应在截面的每个角部设置连续的纵向钢筋。在 ACI 318 第 10.9.2 款中给出了纵向钢筋最小数量的附加条款。为了设置交叉拉结构造筋，可能需要提供其他的纵向构造钢筋，但这些纵向钢筋不能计入最小纵向钢筋面积中，也不能在截面强度计算中加以考虑，除非这些纵向构造钢筋是连续设置并且有符合要求的锚固。

1b. 抗压承载力

截面的抗压承载力应取组合构件的各组件的极限承载力之和。由于以下几种原因，钢筋混凝土受压构件的承载力不会超过组合构件截面的抗压承载力：（1）抗力分项系数取 0.75（低于某些旧规范）；（2）组合构件中设置横向钢筋后，其截面性能会优于普通钢筋混凝土受压构件；（3）由于所设置的钢骨靠近截面的中心，从而降低了由于纵向钢筋屈曲而导致构件突然失效的可能性；（4）由于在本规范处理结构的稳定问题时采用了最小假想荷载，并引入了设定的构件尺寸和典型作用力，因此通常会有弯矩存在。

针对采用第 C 章中规定的直接分析法的钢骨混凝土组合构件，以及尚未公布研究成果的组合受压构件，有人建议，在有更加全面的研究之前，可以将用 0.8 τ_b 折减后的抗弯刚度 EI^* 用于 EI_{eff}［根据式（I2-6）得到］计算公式中。另外，设计人员在进行钢骨混凝土组合受压构件的框架分析时，可以参考 ACI 318 第 10 章选用适当的 E_cI_g 值，对刚度进行 0.8 τ_b 的折减，该刚度可以按常规的钢筋混凝土受压构件来计算。有关组合梁的适当刚度建议值可参阅第 I3.2 条的条文说明。

1c. 抗拉承载力

第 I2.1c 条对于抗拉承载力问题进行了说明，包括会出现上浮力的情况，及与压弯构件中相互作用计算有关的情况。规范条款主要针对全截面的屈服极限状态。如果结构的形状合适（Where appropriate for the structural configuration），还应考虑第 D 和第 J 章所规定的其他抗拉承载力和连接承载力的极限状态。

2. 钢管混凝土组合构件

2a. 适用条件

（1）与有关钢骨混凝土受压构件的要求相同，钢管混凝土组合受压的最小含钢率可以取 1%。

（2）填充混凝土的组合截面可以分为厚实型、非厚实型和薄柔型，主要取决于钢管的长细比 b/t 或 D/t，以及表 I1-1a 中所规定的有关限定值。

2b. 抗压承载力

一个厚实型截面的结构用钢管的壁厚，足以在纵向受压时保证钢管达到其屈服强度，并对所填充的混凝土提供约束，使混凝土达到其抗压强度（0.85 或 0.95f'_c）。非厚实型截面的钢管壁厚，足以在纵向保证钢管达到其屈服强度，但在混凝土中的受压应力达到 0.70f'_c 并开始承受明显的非线性和体积膨胀后，钢管不能充分约束所填充的混凝土，从而对钢管形成很大的外推力。一个薄柔型截面的钢管既不能保证钢管在纵向达到其屈服强度，也无法在混凝土中的受压应力达到 0.70f'_c 并开始承受非线性应变和因体积膨胀对钢管形成明显挤压后，对混凝土起到约束作用（Varma 和 Zhang，2009）。

图 C-I2-1 显示了组合截面轴向抗压承载力标准值 P_{no} 与钢管长细比的对应变化关系。如图所示，厚实型截面在受压时可以充分发展其全截面的塑性承载力 P_p。考虑到钢管的长细比，在塑性强度 P_p 和屈服强度 P_y 之间，可以采用二次插值法来确定非厚实型截面的轴向抗压承载力标准值 P_{no}。使用二次插值是因为钢管对所填充的混凝土承受非线性和体积膨胀的约束能力，随着长细比的增加而迅速下降。薄柔型截面仅能达到钢管的屈曲临界应力 F_{cr}，所填充的混凝土则只达到 0.70f'_c（Varma 和 Zhang，2009）。

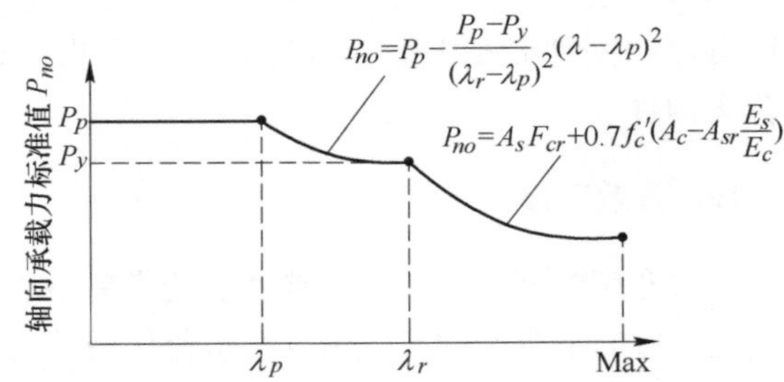

图 C-I2-1　轴向承载力标准值 P_{no} 与钢管长细比关系曲线

考虑长度的影响，可以使用式（I2-2）和式（I2-3）确定组合受压构件轴向承载力标准值 P_n，而式中 EI_{eff}［根据式（I2－12）得到］考虑了组合截面的刚度，P_{no} 考虑了上文所述的局部屈曲的影响。这种方法与用于第 E7 节结构用钢管中的方法略有不同。在结构用钢管的情况下，薄柔型截面的有效局部屈曲应力 f 对柱屈曲应力 F_{cr} 有影响；反之，柱屈曲应力对有效局部屈曲应力也会产生影响。而对于钢管混凝土受压构件，采用这种方法就不会出现这种情况。这是因为：(1) 钢管混凝土构件的轴向承载力明显受到填充混凝土的控制；(2) 在混凝土受压构件失效区段内所发生的混凝土非弹性性状与局部屈曲无关；(3) 计算得到的承载力标准值与试验结果相比偏于保守（Varma 和 Zhang，2009）。

对于采用第 C 章中规定的直接分析法的钢管混凝土组合受压构件，以及尚未公布研究成果的组合受压构件，有人建议，在得到更加全面的研究之前，可以将用 $0.8\tau_b$ 折减后的抗弯刚度 EI^* 用于 EI_{eff} 计算公式中［根据式（I2-12）得到］。

2c. 抗拉承载力

与钢骨混凝土受压构件的规定一样，第 I2.2c 条规定的是钢管混凝土受压构件的抗拉承载力。同样，规范条款主要针对全截面屈服的极限状态，在有些情况下，还应考虑第 D 和第 J 章所规定的其他抗拉承载力和连接承载力的极限状态。

I3. 受弯构件

1. 概述

本节介绍了三种组合受弯构件：完全外包混凝土的钢骨混凝土组合构件、填充混凝土的钢管混凝土组合构件和混凝土板与钢梁通过剪力件连接的钢-混凝土组合梁构件。

1a. 有效宽度

有效宽度的规定对于单侧或两侧均带有混凝土板的组合梁都是适用的。在单侧带混凝土板的组合梁的有效刚度起重要作用的情况下，该模型可能会对刚度产生过高的估计，因此应予以特别注意（Brosnan 和 Uang，1995）。为了简化设计，对于简支梁和连续梁，在其全跨（支座的中心至跨度中心）采用相同的有效宽度。

1b. 施工时的承载力

设计组合梁时需要仔细考虑加载的历史。在混凝土固化之前，作用在未设置临时支撑的钢梁上的荷载是由钢梁单独承受的；而所作用的总荷载是由混凝土固化后的组合截面承担的。设计时通常假定，当混凝土达到其设计强度的 75% 时，混凝土已经硬化。为减小由新浇筑的混凝土荷载所引起的未设置支撑的钢梁的挠度，往往需要增加板厚，从而增大了恒载。当跨度较大时，这就可能导致产生类似于屋面积水效应的失稳。为了避免过分增加板厚，可以采用梁起拱来解决。板浇筑混凝土保持厚度均匀也会有助于消除因积水效应而导致失稳的可能性（Ruddy，1986）。当模板没有固定在上翼缘上时，可能在施工过程中无法设置连续的钢梁侧向支撑，因此无支撑长度可能会控制其弯曲强度（见第 F 章规定）。

本规范中不包括在施工期间对强度的特殊要求。对于非组合梁，可以采用第 F 章的相应规定。

有关施工荷载的荷载组合，应参考 ASCE(2010)，根据当地情况按具体工程项目确定。

2. 设有栓钉或槽钢抗剪连接件的组合梁

第 I3.2 条适用于设置有抗剪连接件、施工时设置或未设置临时支撑的简支或连续组合梁。当组合梁设计受挠度控制时，应在正常使用荷载组合下组合梁的弹性范围内进行设计。此外，当验算挠度时，应考虑结构非弹性特性的放大效应。

通常，对组合受弯构件的刚度进行精确计算是不太切合实际的。与短期挠度试验的比较表明，有效惯性矩 I_{eff} 要比基于线弹性理论计算的惯性矩 I_{equiv} 低15%~30%。因此，为了计算实际的挠度，应取 I_{eff} 为 0.75 I_{equiv}（Leon，1990；Leon 和 Alsamsam，1993）。

另外，可以使用下式计算惯性矩的下限值 I_{LB}：

$$I_{LB} = I_s + A_s(Y_{ENA} - d_3)^2 + (\sum Q_n/F_y)(2d_3 + d_1 - Y_{ENA})^2 \qquad \text{(C-I3-1)}$$

式中　A_s——钢梁截面积，$in^2(mm^2)$；

d_1——从混凝土板中的压力合力作用点至钢梁顶部的距离，in(mm)；

d_3——当全截面受拉屈服时，从钢梁拉力合力作用点至钢梁顶部的距离，in(mm)；

I_{LB}——惯性矩下限值，$in^4(mm^4)$；

I_s——组合构件中钢梁的惯性矩，$in^4(mm^4)$；

$\sum Q_n$——在最大正弯矩点与其每一边的零弯矩点之间，抗剪连接件的承载力标准值之和，ksi(N)。

$$Y_{ENA} = [A_S d_3 + (\sum Q_n/F_y)(2d_3 + d_1)]/[A_s + (\sum Q_n/F_y)] \qquad \text{(C-I3-2)}$$

在连续梁的弹性分析中采用梁全长等刚度，这种做法类似于钢筋混凝土设计。在正弯矩区段和负弯矩区段，可以按下式采用惯性矩的加权平均值来进行刚度计算：

$$I_t = aI_{pos} + bI_{neg} \qquad \text{(C-I3-3)}$$

式中　I_{pos}——正弯矩区段的有效惯性矩，$in^4(mm^4)$；

I_{neg}——负弯矩区段的有效惯性矩，$in^4(mm^4)$。

有效惯性矩是根据开裂后的换算截面来计算的，并考虑了组合作用的程度。

当连续梁只承受重力荷载时，a 值可取为0.6，b 值可取为0.4。如果组合梁是抗弯框架抗侧力体系中的构件，在进行与侧移相关的计算时，a 和 b 值均可取0.5。

在需要考虑弹性特性时，可以叠加弹性应力来计算组合构件截面强度，应考虑每个荷载增量作用时的有效截面模量变化。当需要考虑部分组合梁的弹性特性时，组合梁的弹性惯性矩可近似按下式计算：

$$I_{equiv} = I_s + \sqrt{(\sum Q_n / C_f)}(I_{tr} - I_s) \quad \text{(C-I3-4)}$$

式中 I_s ——组合构件中钢梁的惯性矩，$in^4(mm^4)$；

I_{tr} ——完全组合时未开裂构件的换算截面惯性矩，$in^4(mm^4)$；

$\sum Q_n$——在最大正弯矩点与其每一边的零弯矩点之间，抗剪连接件的承载力标准值之和，kips(N)；

C_f ——完全组合时混凝土板中的压力，取 A_sF_y 和 $0.85f'_cA_c$ 中的小者，kips(N)；

A_c ——有效宽度内混凝土板的面积，$in^2(mm^2)$。

对于部分组合梁，有效截面模量 S_{eff} 是指钢梁受拉翼缘的模量，可近似按下式计算：

$$S_{eff} = S_s + \sqrt{(\sum Q_n / C_f)}(S_{tr} - S_s) \quad \text{(C-I3-5)}$$

式中 S_s ——钢梁受拉翼缘的截面模量，$in^3(mm^3)$；

S_{tr} ——对于完全组合的未开裂的换算截面，是指型钢受拉翼缘的截面模量，$in^3(mm^3)$。

当 $\sum Q_n / C_f$ 小于0.25时，不得使用式（C-I3-4）和式（C-I3-5）。这种限制是为了防止产生过度的滑移，以及梁刚度损失过大。研究表明，当所使用的抗剪连接件比完全组合作用所需要的抗剪连接件少时，式（C-I3-4）和式（C-I3-5）分别反映出组合梁刚度和强度的下降（Grant 等人，1977）。

通常，美国的做法并不要求考虑以下各条的内容。在此着重强调这些内容，是为了给可能会在某些工程中考虑这些内容的设计人员，提供必要的参考。

（1）混凝土板的纵向抗剪承载力：对于带有窄槽楼承板或薄混凝土板的钢梁，混凝土板的抗剪承载力可能会对设计起控制作用（其实例可参见图C-I3-1）。虽然在美国往往会采用预防板出现失效的板型，但如果板的内力非常大或采用了非常规的安装方法，那么一定要对混凝土板的纵向抗剪承载力进行校核。可以将混凝土的抗剪承载力加上穿过剪切面的任何钢材（钢板或钢筋）的抗剪承载力作为板的纵向抗剪承载力。图中所示的抗剪承载力要求可以根据可能的破坏面内外的作用力差求得。对于那些以往经验表明有可能因纵向开裂对耐久性产生有害影响的部位，在垂直于支承钢梁的方向上应对板采取加强措施。建议加强钢筋不少于纵向混凝土面积的2‰，并且沿梁纵向均匀布置。

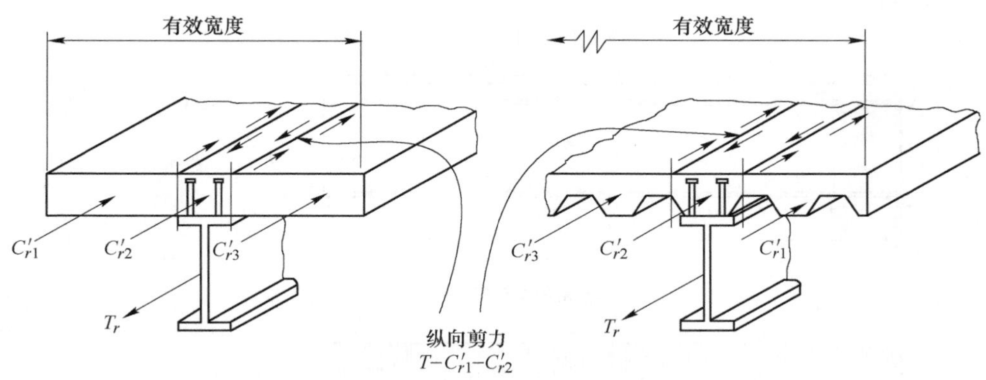

图 C-I3-1　板内的纵向剪力［摘自 Chien 和 Ritchie（1984）］

（2）塑性铰区域的转动能力：规范中对于塑性铰区域并没有转动能力的要求。在那些允许进行塑性内力重分布直至倒塌的部位，其截面弯矩可能最多会比按弹性分析给出的相应弯矩低 30%。然而，荷载效应减少的前提是结构体系具有非常大的转动变形能力。为了实现这些转动，必须满足非常严格的局部屈曲和侧向扭转屈曲要求（Dekker 等人，1995）。当使用 10% 的塑性内力重分布（第 B3.7 条规定）时，转动变形需要控制在第 F 章给出的局部屈曲和侧向扭转屈曲限制范围之内。因此，当满足此要求时，设计时通常不需要验算转动能力。

（3）抗剪连接件的最小数量：规范对抗剪连接件数量并没有最低的要求。出于实际的考虑，在美国对于部分组合作用的组合梁，通常限制抗剪连接件最小数量为 25%，但在部分组合作用构件中组合程度较低的情况下会出现两个问题。第一，在组合作用低于 50% 时，为了达到有效抗弯承载力就要求有较大的转动，并且在达到承载力标准值后，所产生的延性非常有限。第二，较低的组合作用会使得梁和栓钉都过早地进入塑性。现有的基于极限强度理论的规范条文，已经去除了为确保在使用荷载组合下弹性性能的校核要求，而如果在部分组合作用构件中组合程度较低时，这个规定就可能出现问题。

（4）收缩和徐变所导致的长期变形：规范中尚无具体的指导意见来计算组合梁因收缩和徐变而引起的长期变形。收缩引起的长期变形可以采用图 C-I3-2 中所示的简化模型计算，其中将收缩效应取成一个等效的端部弯矩，该弯矩为收缩力（长期约束的混凝土的收缩应变 × 混凝土弹性模量 × 混凝土的有效面积）乘以板中心至组合梁中和轴的偏心距。如果不清楚混凝土的收缩系数，计算时收缩应变可取 0.02%。除了大跨度、永久荷载比较大的情况之外，徐变而产生的长期变形（可以使用类似于图中所示模型进行量化）是很小的。关于收缩与徐变的影响，应特别注意轻骨料，因为轻骨料往往会有较高的徐变系数和吸湿性，并且其弹性模量要比普通骨料低，从而加剧了潜在的挠度问题。由于长期变形计算需要考虑许多可变因素，且不能将这些效应进行线性叠加，因此必须根据工程经

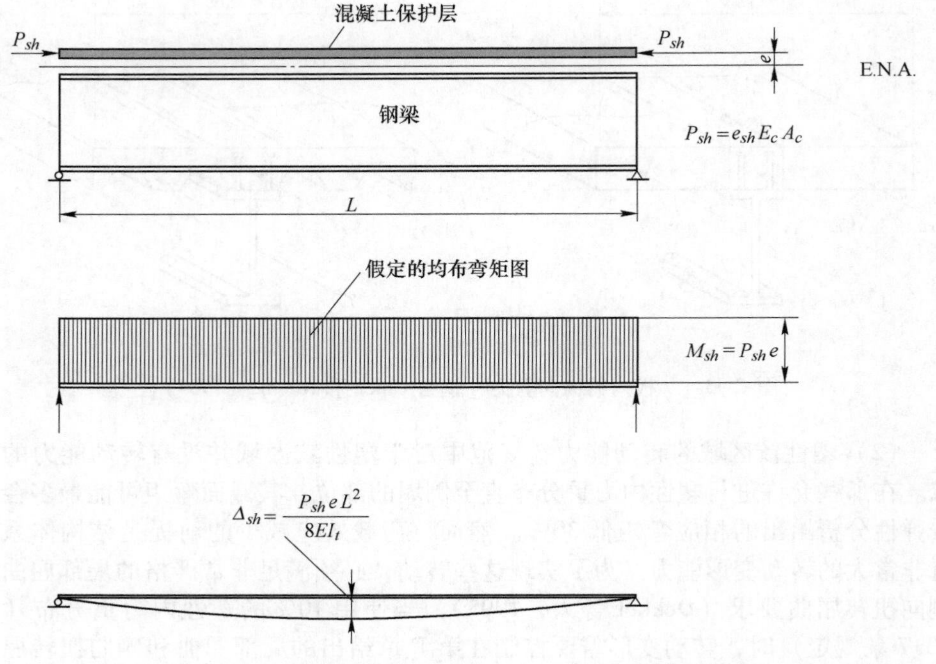

图 C-I3-2　收缩效应计算［摘自 Chien 和 Ritchie（1984）］

验予以判断（ACI，1997；Viest 等人，1997）。

2a. 正弯矩区段抗弯承载力

组合梁在正弯矩区段的抗弯承载力可能由钢梁截面、混凝土板或抗剪连接件的强度所控制。此外，如果腹板为薄柔型截面并且其很大一部分受压时，腹板屈曲可能会限制截面的抗弯承载力。

正弯矩区段的塑性应力分布。当按照图 C-I3-3 所示的塑性应力分布来确定抗弯承载力时，混凝土板中的压力 C 为以下三式中的最小者：

$$C = A_{sw}F_y + 2A_{sf}F_y \tag{C-I3-6}$$

$$C = 0.85f'_c A_c \tag{C-I3-7}$$

$$C = \sum Q_n \tag{C-I3-8}$$

式中　f'_c——规定的混凝土抗压强度，ksi(MPa)；

A_c——有效宽度内的混凝土板面积，in²(mm²)；

A_s——钢梁面积，in²(mm²)；

A_{sw}——钢梁腹板面积，in²(mm²)；

A_{sf}——钢梁翼缘面积，in²(mm²)；

F_y——规定的钢材屈服强度，ksi(MPa)；

$\sum Q_n$——在最大正弯矩点与其每一侧零弯矩点之间，抗剪连接件的承载力标准值之和，kips(N)。

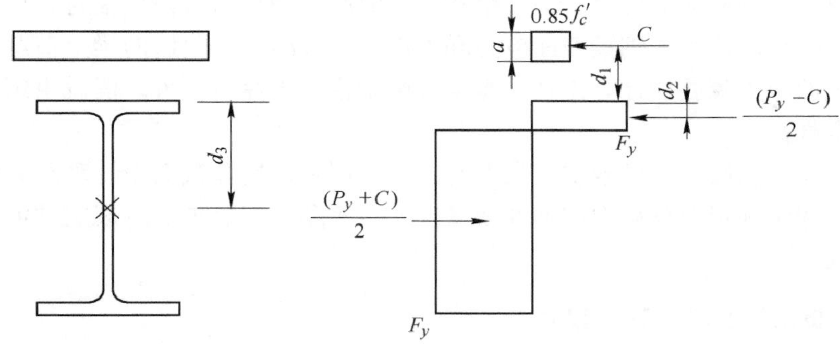

图 C-I3-3　在钢骨混凝土组合梁中，正弯矩区段的塑性应力分布

板的纵向钢筋对压力计算的贡献可以忽略不计，除非式（C-I3-7）起控制作用。在这种情况下，确定 C 值时，可以加上混凝土板有效宽度内的纵向钢筋面积乘以钢筋的屈服应力。

受压区的高度为：

$$a = \frac{C}{0.85f'_c b} \tag{C-I3-9}$$

式中　b——混凝土板的有效宽度，in(mm)。

对于完全组合的钢-混凝土组合梁，其 C 值由钢梁的屈服承载力［式（C-I3-6)］或混凝土板的抗压承载力［式（C-I3-7)］所决定。对于部分组合的钢-混凝土组合梁，抗剪栓钉的数量和强度决定了 C 值，可根据式（C-I3-8）确定。

塑性应力分布可能会使得塑性中和轴（PNA）位于腹板中、型钢的上翼缘中或混凝土板中，这主要取决于 C 值。

在正弯矩区段，组合截面的塑性抗弯承载力标准值由下式及图 C-I3-3 给出：

$$M_n = C(d_1 + d_2) + P_y(d_3 - d_2) \tag{C-I3-10}$$

式中　P_y——钢梁的抗拉承载力，$P_y = F_y A_s$，kips(N)；

d_1——从混凝土板受压区的压力合力作用点 C 至钢梁顶部的距离，in(mm)；

d_2——从钢梁受压区的压力合力作用点至型钢梁顶部的距离，in(mm)；当钢梁不受压时，取 $d_2=0$；

d_3——从 P_y 至钢梁顶部的距离，in(mm)。

式（C-I3-10）对于单轴或双轴对称的钢梁截面均适用。

根据表 B4-1b 的规定，如果梁高与腹板厚度比不大于 $3.76\sqrt{E/F_y}$，腹板局部屈曲不降低纯钢截面的塑性强度。在缺乏组合梁腹板屈曲研究的情况下，可以偏于保守地将纯钢构件的限值用于组合梁。

当梁腹板比较薄柔时，本规范偏于保守地采用第一屈服点作为极限抗弯承载力。这时，组合截面的应力，必须由作用在混凝土硬化前未设置临时支撑组合梁上的永久荷载所产生的钢梁截面应力和由作用在混凝土硬化后的梁上荷载所产生的组合截面应力相叠加计算得到。当组合梁设临时支撑时，可以假设由组合截面来承受全部荷载。

当第一个屈服点为极限抗弯强度时，可以用弹性换算截面来计算组合截面上的应力。用于确定换算截面的弹性模量比 $n = E_s/E_c$，取决于所规定的混凝土容重和强度。

2b. 负弯矩区段抗弯承载力

负弯矩区段的塑性应力分布：当在负弯矩区段中厚实型截面钢梁具有足够的支撑，并且组合构件中的纵向钢筋充分发挥其作用时，可以根据图 C-I3-4 所示的塑性应力分布来确定其抗弯承载力标准值。当连续组合梁沿其全长设置抗剪连接件时，在负弯矩区段的混凝土板开裂后，作用在梁上的荷载由该区段的钢梁和混凝土板内的纵向钢筋来承担。

钢筋中的拉力 T 取下式中的较小者：

$$T = F_{yr}A_r \tag{C-I3-11}$$

$$T = \sum Q_n \tag{C-I3-12}$$

式中 A_r——混凝土板有效宽度内，平行于型钢梁并能充分发挥其作用的钢筋面积，$in^2(mm^2)$；

F_{yr}——规定的板内纵向钢筋屈服应力，ksi(MPa)；

$\sum Q_n$——在最大负弯矩点与其每一边的零弯矩点之间，抗剪栓钉的承载力标准值之和，kips(N)。

T 的第三个理论强度限值为钢梁截面积与屈服应力的乘积。然而，针对楼板配筋的这种限值实际上是多余的。

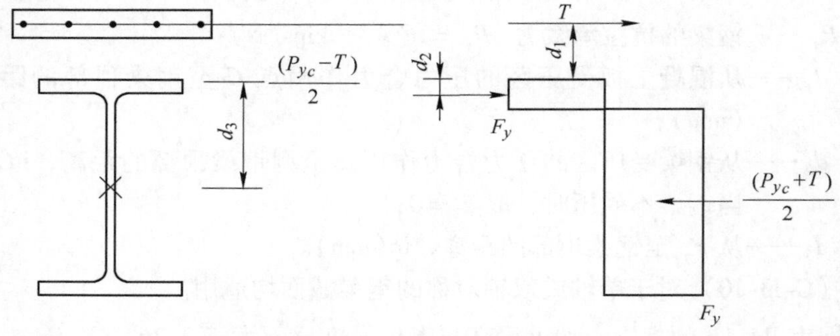

图 C-I3-4 负弯矩区段的塑性应力分布

负弯矩区段塑性抗弯承载力标准值由下式给出：

$$M_n = T(d_1 + d_2) + P_{yc}(d_3 - d_2) \quad (C\text{-}I3\text{-}13)$$

式中　P_{yc} ——钢梁的抗压承载力，$P_{yc} = A_s F_y$，kips(N)；

d_1——从混凝土板内纵向钢筋的形心至钢梁顶部的距离，in(mm)；

d_2——从钢梁受拉区的形心至钢梁顶部的距离，in(mm)；

d_3——从 P_{yc} 至钢梁顶部的距离，in(mm)。

2c. 带有冷压成型钢楼承板的组合梁

图 C-I3-5 为第 I3.2c 条中所采用的构造要求的图示说明。带有冷压成型钢楼

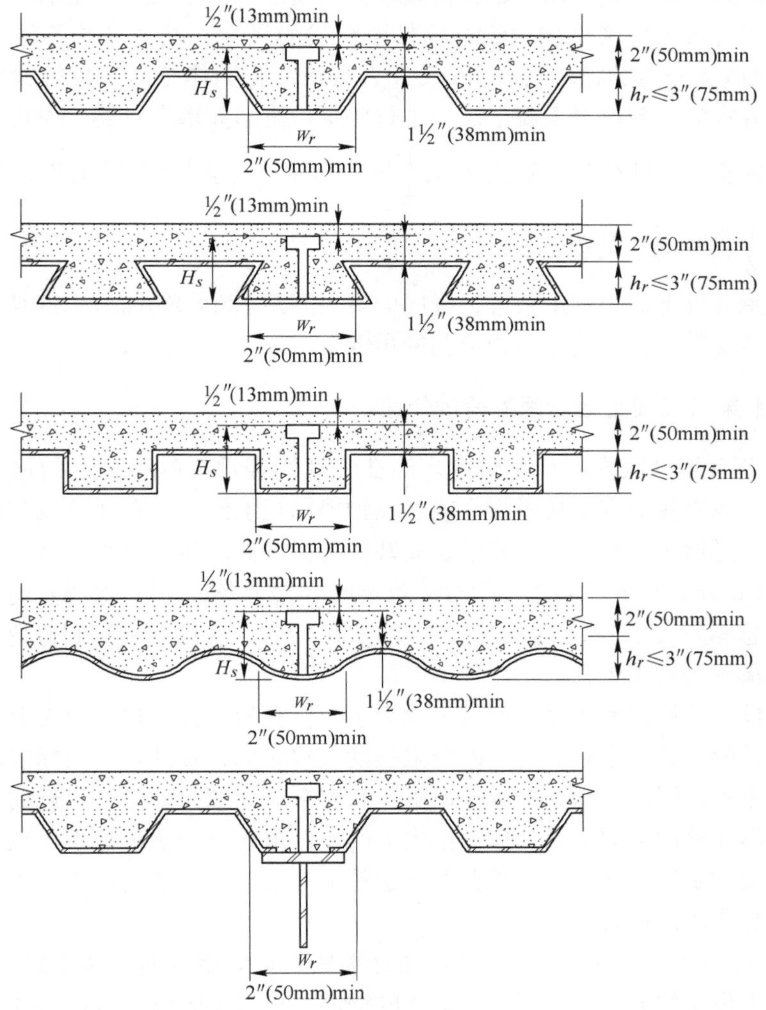

图 C-I3-5　钢楼承板的适用条件

承板的组合结构的设计规定的依据是当时的一项试验研究成果（Grant 等人，1977）。第 I3. 2c 条中所列出的适用条件，保证了带有冷压成型钢楼承板的组合结构能符合现有的试验数据。

规范要求栓钉伸出钢楼承板波峰的最小高度为 $1\frac{1}{2}$(38mm)。设定该值是为了保证栓钉现场安装的最小高度，并且在安装前应考虑在焊接过程中栓钉可能会缩短。为了防止完工后栓钉露头，安装栓钉后，其顶面的混凝土保护层厚度不得小于$\frac{1}{2}$in(13mm)。为了达到该要求，设计人员应仔细考虑钢梁起拱的容许偏差、混凝土浇筑和饰面的偏差以及钢梁挠度计算的精度。为了减少完工后栓钉露头的可能性，设计人员应考虑加大组合构件中钢梁的尺寸来减少（或不设）起拱量(这也可以改善楼盖的振动特性)，设计人员还应在制作车间中校核梁起拱的容许偏差，并在施工现场对混凝土浇筑进行监督检查。如果有可能，设计人员还可以通过增加板厚，使栓钉保护层大于$\frac{1}{2}$in(13mm)，同时满足栓钉伸出钢楼承板的波峰 $1\frac{1}{2}$(38mm) 的规范要求。

在支承构件上对钢楼承板进行锚固的最大间距 18in(460mm)，这是为了避免在施工阶段浇筑混凝土前楼承板隆起的最低要求。

2d. 钢梁与混凝土板之间的荷载传递

（1）正弯矩区段内的荷载传递。当在带有钢楼承板的组合梁的钢梁上使用栓钉时，可以直接焊穿钢楼承板，或者在钢楼承板上预先打孔或现场割孔。常规的施工工艺是通过直接焊穿钢楼承板安装栓钉；然而，当单层钢楼承板的厚度大于 16gage(1. 5mm) 或双层钢楼承板的每层厚度大于 18gage(1. 2mm) 时，或者当镀锌层的总厚度大于 1. 25 盎司/ft^2(0. 38kg/m^2) 时，应按照栓钉制造商的建议采取专门的措施和施工工艺。

对于栓钉的纵向间距是按静剪力的大小而变化的组合梁和均匀布置栓钉的比照梁进行试验，其结果表明两者的极限强度大致相同，并且在荷载标准值作用下的挠度也大致相同。在分布荷载作用下，只有在应力较大的栓钉附近的混凝土会有轻微变形，从而需要向其他应力不太大的栓钉重新分配水平剪力。在最大弯矩点两边应设置足够的栓钉来承受剪力，这是十分重要的。本规范中的规定正是基于这一组合作用的概念。

（2）负弯矩区段内的荷载传递。在计算最大负弯矩点的抗弯承载力要求时，如果混凝土板有效宽度内平行于型钢梁的钢筋在负弯矩区段外有可靠的锚固，可以考虑这些钢筋参与工作。此时，需要由栓钉从混凝土板向钢梁传递钢筋中的极限拉力。

当在钢楼承板中配有电气布线的集线装置时，通常会在钢楼承板上方安装集线交叉头（垂直于板肋）。这些部件会部分或全部取代钢楼承板上部的混凝土板截面而形成沟槽。这些平行或垂直于组合梁的管线槽有可能会降低混凝土翼缘的结构性能。对于如何弥补被管线槽削弱的混凝土尚无专门的规定，应将管线槽按混凝土翼缘结构的不连续来加以考虑。

当管线槽平行于组合梁时，应根据已知的管线槽位置来确定翼缘的有效宽度。如果可能的话，垂直于组合梁的管线槽应置于弯矩较小的部位，并将所要求的全部栓钉设置在管线槽和最大正弯矩点之间。如果管线槽无法置于弯矩较小的部位，那么就应按非组合梁进行设计。

3. 钢骨混凝土组合构件

钢骨混凝土梁的试验研究表明：（1）外包混凝土极大地降低了构件侧向扭转失稳的可能性，并防止了被包覆钢梁的局部屈曲；（2）外包混凝土所施加的约束实际上防止了在钢梁达到屈服前出现黏结破坏；（3）黏结破坏不一定会限制钢骨混凝土梁的抗弯承载力（ASCE，1979）。因此，本规范允许采用三种设计方法来确定抗弯承载力标准值：（1）根据组合截面受拉翼缘的第一个屈服点；（2）仅根据钢梁的塑性抗弯承载力；（3）根据从塑性应力分布法或应变协调法得到的组合截面承载力。数值计算表明，对于上述三种方法，可以采用相同的抗力分项系数和安全系数（Leon 等人，2007 年）。对于钢骨混凝土组合梁，只有当沿钢梁设置抗剪栓钉，并且外包混凝土中的配筋符合规定的构造要求时，可以采用方法（3）。对于钢骨混凝土组合梁，外包混凝土有效地抑制了钢梁的局部和侧向屈曲，因此未对组合梁和钢梁板件的长细比加以限制。

在方法（1）中，作用在混凝土硬化前未设临时支撑的钢梁上的荷载所产生的钢梁截面应力，必须与作用在混凝土硬化后的组合梁上荷载所产生的组合截面应力相叠加。叠加时，所有永久荷载应乘以恒载系数，活荷载应乘以活载系数。对于设置支撑的组合梁，可以假设由组合截面来承受全部荷载。假定混凝土与钢梁之间可以完全相互作用（无滑移）。

对于部分组合的钢骨混凝土构件或钢管混凝土构件的抗弯性能，尚未开展足够的研究工作。

4. 钢管混凝土组合构件

钢管混凝土组合梁的试验研究表明：（1）钢管大大降低了构件侧向扭转失稳的可能性；（2）填充混凝土改变了钢管的屈曲模式；（3）黏结破坏不一定会

限制钢管混凝土梁的抗弯强度（Leon 等人，2007）。

图 C-I3-6 所示为钢管混凝土截面的抗弯承载力标准值 M_n 与钢管长细比的变化关系。如图所示，厚实型截面受弯时可以全截面进入塑性。在塑性承载力 M_p 和屈服承载力 M_y 之间可以使用线性插值方法确定非厚实型截面抗弯承载力标准值 M_n。薄柔型截面的最大抗弯强度为第一屈服点的弯矩 M_{cr}，其中截面的受拉翼缘达到第一屈服点，受压翼缘仅达到临界屈曲应力 F_{cr}，混凝土处于线弹性范围（最大压应力为 $0.70f'_c$）（Varma 和 Zhang，2009）。图 C-I3-7 所示为厚实型、非厚实型和薄柔型的矩形钢管混凝土构件的典型截面应力分布，用于构件抗弯承载力标准值的计算。

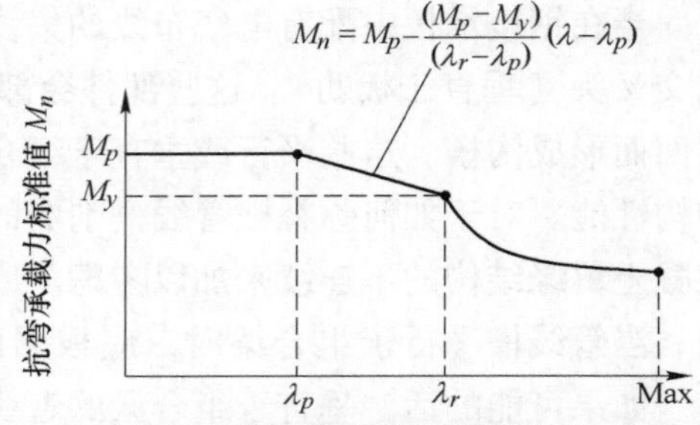

图 C-I3-6　钢管混凝土梁的抗弯承载力标准值与钢管长细比的变化关系

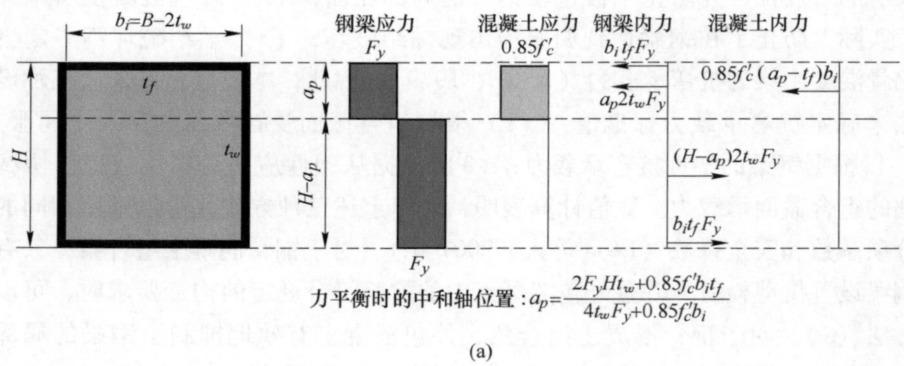

(a)

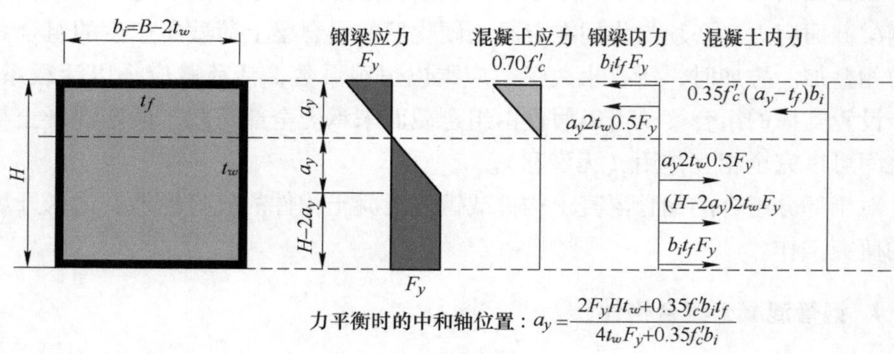

(b)

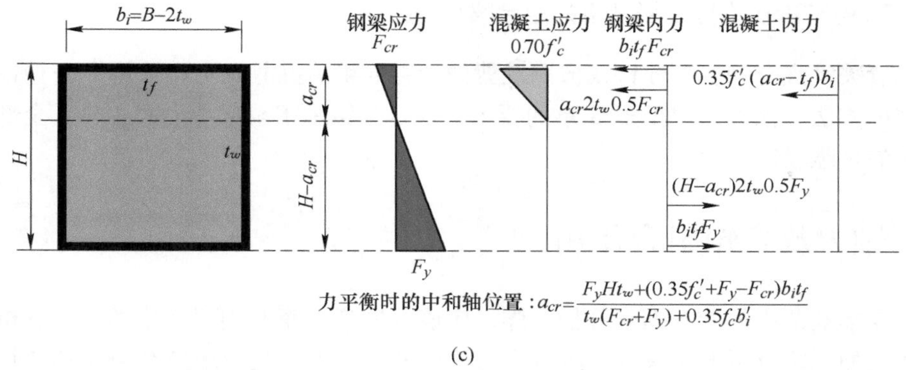

力平衡时的中和轴位置：$a_{cr}=\dfrac{F_yHt_w+(0.35f_c'+F_y-F_{cr})b_it_f}{t_w(F_{cr}+F_y)+0.35f_cb_i'}$

(c)

图 C-I3-7　计算矩形钢管混凝土截面抗弯承载力标准值时的应力分布图

（a）厚实型截面-用于计算 M_p 的应力分布图；（b）非厚实型截面-用于计算 M_y 的应力分布图；

（c）薄柔型截面-用于计算第一屈服弯矩 M_{cr} 的应力分布图

I4. 受剪构件

从 2005 版规范开始，钢管混凝土和钢骨混凝土组合构件的抗剪条款已经进行了修订，现将所有的抗剪的规定整合在第 I4 节中。

1. 钢管混凝土和钢骨混凝土组合构件

本规范给出了三种确定钢管混凝土和钢骨混凝土组合构件抗剪承载力的方法：

（1）第 G 章给出了型钢的有效抗剪承载力。该方法允许设计人员完全忽略混凝土的影响，只需直接根据第 G 章的规定，使用相关的抗力分项系数和安全系数进行计算。

（2）ACI 318 给出了钢筋混凝土部分（混凝土加上横向钢筋）的承载力。当采用这种方法时，抗力分项系数取 0. 75 或安全系数取 1. 5 以与 ACI 318 的要求取得一致。

（3）考虑横向钢筋和型钢共同工作的承载力。当采用这种方法时，按照第 G 章的规定确定型钢的抗剪承载力标准值（不考虑抗力分项系数或安全系数），然后按 ACI 318 的规定计算横向钢筋的抗剪承载力标准值。得到这两个承载力标准值相加之和，取抗力分项系数 0. 75 或安全系数 1. 5，以确定构件的总有效抗剪承载力。

虽然，规范中建议将型钢和钢筋混凝土所参与的贡献进行叠加合乎逻辑，但还缺乏足够的研究来验证这种叠加的合理性。

2. 带有冷压成型钢楼承板的组合梁

有关设置有钢抗剪栓钉或槽钢抗剪件的组合梁的抗剪规定，采用了一种偏于保守的方法，该方法根据第 G 章的要求，规定型钢承担全部剪力而忽略了全部混凝土的贡献以简化设计。

I5. 轴力及弯矩组合作用

与本规范中的所有框架分析一样，应该根据第 C 章和附录 7 中的二阶分析或者放大的一阶分析方法来计算组合压弯构件的承载力。当使用第 C 章中的直接分析法对组合受压构件进行分析时，第 I2. 1 和 I2. 2 条建议采用适当的折减后刚度 EI^*。在计算有效强度时，本规范关于组合构件中轴力和弯矩的相互作用的规定与第 H1. 1 条的纯钢构件规定相同。该条款还允许按照第 I1. 2 条的强度规定进行分析，其相互作用关系就会与钢筋混凝土设计中使用的相互作用关系类似。本节所讨论的是后一种方法。

对于钢骨混凝土组合构件，可以使用塑性应力分布法或应变协调法（Leon 等人，2007；Leon 和 Hajjar，2008）来计算考虑了屈曲影响的有效轴向承载力和有效抗弯承载力。对于钢管混凝土组合构件，可分别采用第 I2. 2 和 I3. 4 条计算有效轴向承载力和有效抗弯承载力，其中也考虑了非厚实型和薄柔型截面的局部屈曲的影响（截面分类应符合第 I1. 4 条要求）。

以下对三种不同的组合压弯构件设计方法进行介绍，对于钢骨混凝土构件和厚实型截面钢管混凝土构件，这三种方法均适用。前两种方法是塑性应力分布法的变异，而第三种方法则参考了 AISC 设计指南 6《宽翼缘钢骨混凝土构件的荷载及抗力分项系数设计》（Griffis，1992），该设计指南是基于钢结构设计规范的早期版本。应变协调法与 ACI 318 第 10 章所规定的混凝土受压构件设计方法类似。在设计非厚实型和薄柔型截面钢管混凝土构件时，只能采用下面介绍的方法 2（Varma 和 Zhang，2009）。

方法 1 ——第 H1 节的相互作用计算公式。第一种方法适用于双轴对称的组合压弯构件，这是房屋建筑中最常见的构件形式。对于这种情况，当构件承受轴力和弯矩组合作用时，第 H1 节的相互作用计算公式给出了一个偏于保守的有效承载力计算方法（见图 C-I5-1）。这些规定也适用于轴向拉力和弯矩共同作用的情况。其保守程度通常会取决于截面承载力中混凝土部分的承载力相对于型钢承载力所占的比重大小。承载能力中来自于型钢的比重越大，按第 H1 节相互作用计算公式所估计的承载力的保守程度就越小。因此，采用高混凝土抗压强度的构件与采用低混凝土抗压强度的构件相比，该相互作用计算公式所求得的强度通常会更加保守。此方法的优点如下：（1）采用与型钢压弯构件相同的相互作用计算公式；（2）只需要用两个锚定点来定义曲线——一个是纯弯曲点（B 点），另一个是纯轴向荷载点（A 点）。视具体情况可以采用式（I2-2）或式（I2-3）来确定 A 点。根据第 I3 节的规定，可以将 B 点确定为型钢的抗弯强度。应注意，在使用第 I2 节规定时必须考虑长细比的影响。对于许多常见的钢管混凝土截面，会在设计手册的计算表格中给出其有效轴压承载力。

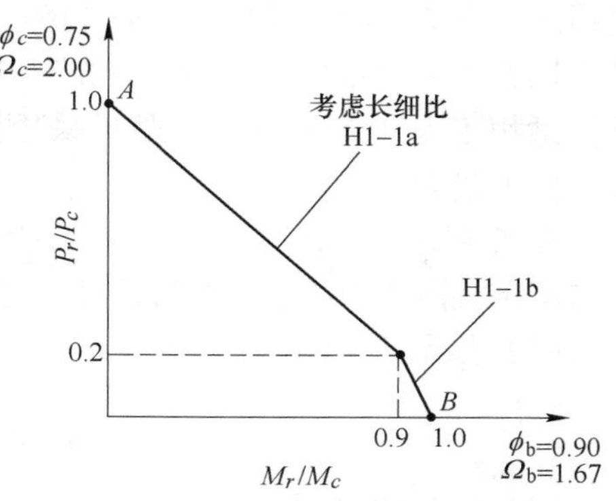

图 C-I5-1　组合压弯构件相互作用关系曲线——方法 1

针对非厚实型和薄柔型截面钢管混凝土构件的设计，只能采用这种方法提出的相互作用计算公式。由于缺少针对非厚实型截面构件的研究，因此下文所述的两种设计方法不能用于这类构件。与大量非厚实型/薄柔型截面的矩形和圆形钢管混凝土构件试验数据（Varma 和 Zhang，2009）相比，使用第 H1 节计算公式所估计的强度标准值是偏于保守的。

方法 2 ——基于塑性应力分布法的相互作用计算公式。第二种方法适用于双轴对称的组合压弯构件。该方法所依据的是，使用塑性应力分布法得到的强度标准值水平，满足轴压力和弯矩相互作用的曲面关系。该方法所得到的相互作用曲面类似于图 C-I5-2 中所示的曲面。图 C-I5-2 中的四个点是通过塑性应力分布法确定的。在《AISC 设计实例》（*AISC Design Examples*）（可见网站 www. aisc. org 所提供的相应资料）（Geschwindner，2010b）中给出了承载力计算公式，用以确定宽翼缘型钢混凝土的和钢管混凝土组合构件的 A ~ D 各个点的值。点 A 是根据第 I2 节确定的纯轴向承载力。点 B 是根据第 I3 节确定的抗弯承载力。C 点对应于与 B 点的抗弯承载力相同的截面塑性中和轴处，但考虑了轴压的影响。点 D 对应于 C 点轴向抗压承载力的一半。当宽翼缘型钢混凝土构件绕弱轴弯曲时，在 A 点和 C 点之间另设一点 E（见图 C-I1-1）。E 点是一个任意点，通常对应于在外包混凝土的宽翼缘型钢的翼缘尖部塑性中和轴位置，能更好地反映外包混凝土型钢绕弱轴的抗弯承载力。这些定位点之间可以采用线性插值。但是采用这种方法时，在通过抗力分项系数或考虑构件长细比对点 D 值进行折减时应予以充分的注意，因为这可能会出现不安全的情况，即在轴向抗压强度比预计的构件截面强度低时，按照原公式计算会得到偏大的抗弯强度。通过将点 D 从相互作用曲面上去除，可以避免这个可能出现的问题。图 C-I5-3 对这种简化方法做了说明，用垂直的虚线将 C'' 点与 B'' 点连接。一旦确定了强度标准值相互作用关系曲面，必须采用式（I2-2）和式（I2-3）来考虑长度效应。应该注意，相同的长细比折减系数（图 C-I5-2 中的 $\lambda = A'/A$，等于 P_n/P_{no}，其中 P_n 和 P_{no} 可按第 I2 节要求计算）适用于点 A、C、D 和 E。然后采用抗压和抗弯抗力分项系数和安全系数来确定有效承载力。

在点 A'',点 C'' 和点 B''（见图 C-I5-3）之间采用线性插值，对于承受轴压及双向弯矩共同作用的组合压弯构件，可推导得到以下相互作用的计算公式：

（1）如果 $P_r < P_C$：

$$\frac{M_{rx}}{M_{Cx}} + \frac{M_{ry}}{M_{Cy}} \leqslant 1 \qquad \text{(C-I5-1a)}$$

（2）如果 $P_r \geqslant P_C$：

$$\frac{P_r - P_C}{P_A - P_C} + \frac{M_{rx}}{M_{Cx}} + \frac{M_{ry}}{M_{Cy}} \leqslant 1 \qquad \text{(C-I5-1b)}$$

式中 P_r ——抗压承载力要求，kips(N)；

P_A ——A''点的有效轴向抗压承载力，kips(N)；

P_C ——C''点的有效轴向抗压承载力，kips(N)；

M_r ——抗弯承载力要求，kip · in(N · mm)；

M_C ——C''点的有效抗弯承载力，kip · in(N · mm)；

x——绕强轴弯曲的下脚标；

y——绕弱轴弯曲的下脚标。

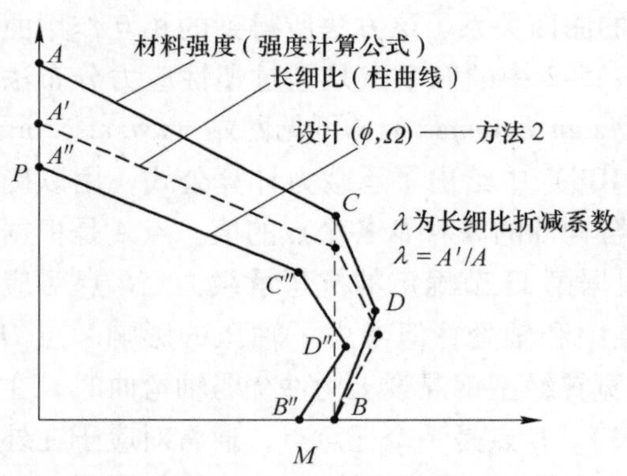

图 C-I5-2　组合压弯构件相互作用关系图——方法 2

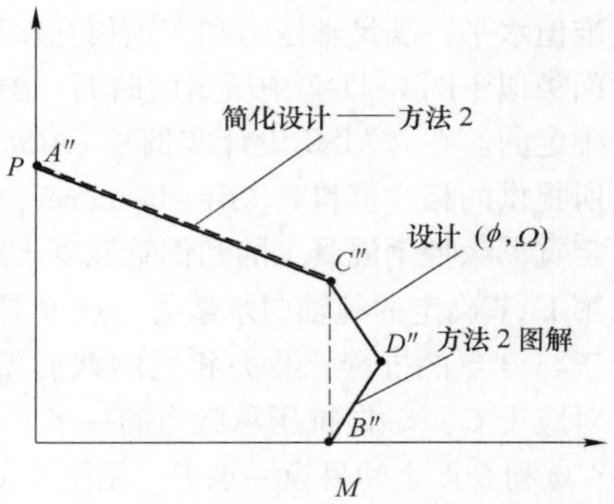

图 C-I5-3　组合压弯构件相互作用关系图——简化方法 2

当按第 B3.3 条（LRFD 方法）设计时：

$P_r = P_u$ ——采用 LRFD 荷载组合时的轴向抗压承载力要求，kips(N)；

P_A——A''点（见图 C-I5-3）的轴向抗压承载力设计值，根据第 I2 节要求确定，kips(N)；

P_C——C''点的轴向抗压承载力设计值，kips(N)；

M_r——采用 LRFD 荷载组合时的抗弯承载力要求，kip · in(N · mm)；

M_C——C''点的抗弯承载力设计值，根据第 I3 节要求确定 kip · in(N · mm)。

当按第 B3.4 条（ASD 方法）设计时：

$P_r = P_a$——采用 ASD 荷载组合时的轴向抗压承载力要求，kips(N)；

P_A——A''点（见图 C-I5-3）的抗压承载力容许值，根据第 I2 节要求确定，kips(N)；

P_C——C''点的轴向抗压承载力容许值，kips(N)；

M_r——采用 ASD 荷载组合时的抗弯承载力要求，kip · in(N · mm)；

M_C——C''点的抗弯承载力容许值，根据第 I3 节要求确定 kip · in(N · mm)。

对于双向受弯的情况，当针对强轴和弱轴进行计算时，C 点的轴向抗压承载力可能会有所不同。在式（C-I5-1b）中应使用两值中的较小者，并且可以作为式（C-I5-1a）和式（C-I5-1b）的限值。

方法 3 ——设计指南 6。在 AISC 设计指南 6《外包混凝土的宽翼缘型钢构件的荷载及抗力分项系数设计》(*Load and Resistance Factor Design of W-Shapes Encased in Concrete*)（Griffis，1992）中给出的方法，也可用于确定外包混凝土宽翼缘型钢压弯构件的承载力。虽然该方法所依据的是早期版本的规范，但可以直接根据设计指南的表格来确定轴向受压和抗弯承载力的大小。与早期规范的抗力分项系数上的差异可以忽略不计。

I6. 荷载传递

1. 概述

通常，外力会通过直接与钢构件连接、混凝土承压或上述两者相结合的形式作用到组合构件上。传递荷载的连接设计应符合第 J、K 章及本规范中第 I6 节规定中的相应极限状态的要求。请注意，当验算钢管混凝土组合构件的混凝土承压时，钢管对混凝土的约束会影响外力作用时的承压承载力，有关内容详见第 I6.2 条的条文说明。

一旦确定了外力向构件传递的路径，混凝土和钢管间的界面设计必须满足纵向剪力的传递要求，以保证组合截面的平衡。第 I6.2 条中包含了确定钢骨和混凝土之间传递的纵向剪力的计算方法，其大小取决于外力的作用条件。第 I6.3 条对纵向剪力的传递机制做了说明。

本规范中有关荷载传递的规定，主要适用于因传递轴向力产生的纵向剪力。

而关于传递因弯矩而产生的纵向剪力则超出了本规范的适用范围；然而，试验研究（Lu 和 Kennedy，1994；Prion 和 Boehme，1994；Wheeler 和 Bridge，2006）表明，钢管混凝土组合构件仅仅依靠黏结力，就可以完全进入塑性，充分发挥其抗弯承载力，而不需要采取附加的锚固措施。

2. 作用力分配

本规范所涉及的荷载条件包括，全部外力作用于钢骨或混凝土上，以及外力同时作用于两种材料上的情况。规范规定所依据的假定是，作用在两种材料中力的大小会按照塑性应力分布模型的比例进行分布，这要求混凝土和钢骨的界面上能实现纵向剪力传递，以保证截面满足平衡条件。根据塑性应力分布模型确定的作用力分配可按式（I6-1）和式（I6-2）计算。式（I6-1）所表示的是满足截面平衡条件时外包混凝土或填充混凝土上作用力的大小。当荷载直接作用于钢骨上时，纵向剪力可以根据式（I6-1）中分布到混凝土上力的大小加以确定。相反，当荷载只是作用于混凝土截面上时，可以根据式（I6-2）按分布到型钢上力的大小来确定截面平衡所要求的纵向剪力。当荷载同时作用于两种材料上时，为了达到截面平衡而传递的纵向剪力可以取直接作用于混凝土部分的外力和按式（I6-1）计算所得结果之差，也可以取直接作用于型钢部分的外力和按式（I6-2）计算所得结果之差。

当外力通过承压作用在钢管混凝土组合构件的填充混凝土上时，由于钢管提供了适当的约束作用，可以采用式（J8-2）来计算最大有效承压承载力。该承载力可以通过设 $\sqrt{A_2/A_1}=2$ 来求得。对该问题的讨论参考了外部荷载对受压构件的作用。在受压构件内部通过承压机制（如内部设置钢板键）传递纵向剪力，则在第 I6. 3a 条中有明确的说明。

3. 传力机制

在钢管混凝土组合构件和钢骨混凝土组合构件中，可以通过内部承压机制（如内部设置承压钢板键）或通过抗剪锚固件来传递纵向剪力。只有在钢管混凝土组合构件中，才允许通过直接黏结相互作用来传递纵向剪力。虽然人们承认，在钢骨混凝土组合柱中，通过钢骨和混凝土之间的直接黏结相互作用也可以发生力的传递，但通常忽略这种传力机制，而认为仅仅由钢锚固件来进行剪力传递（Griffis，1992）。

在计算中可以采用传力机制来提供最大的纵向抗剪承载力。试验研究的数据表明，通常直接承压或抗剪连接会在直接黏结相互作用完全丧失后才会起作用，且有关直接承压和通过钢锚固件的抗剪连接之间的相互影响的试验数据很少，因此不允许对传力机制进行叠加。

3a. 直接承压

当对受荷载直接作用的混凝土承压进行评估时，应考虑荷载的支承面积在各个边上比荷载作用面积更大一些，混凝土的承压承载力标准值可按下式取值：

$$R_n = 0.85 f'_c A_1 \sqrt{A_1 / A_2} \quad (C\text{-}I6\text{-}1)$$

式中 A_1 ——混凝土受荷载作用面积，$in^2(mm^2)$；

A_2 ——与受荷载作用面积几何相似并同心的最大支承面积，$in^2(mm^2)$；

f'_c ——规定的混凝土抗压强度，ksi(MPa)。

$\sqrt{A_1/A_2}$ 值必须小于或等于2(ACI，2008)。

针对通过内部承压机制由直接承压传递纵向剪力的特定情况，本规范使用式（C-I6-1）计算的最大承压承载力标准值，可按式（I6-3）所给出的 $1.7f'_c A_1$ 取值。承压抗力分项系数 ϕ_B 取0.65（相应的安全系数 Ω_B 取2.31，以与ACI318保持一致）。

3b. 抗剪连接件

抗剪连接用的钢锚固件应根据第I8.3条的相关要求按组合部件进行设计。

3c. 直接黏接相互作用

通常在钢管混凝土组合构件中会采用直接黏结传力，只要连接构造对局部变形有所限制（API，1993年；Roeder等人，1999）。然而，有关钢管混凝土组合受压构件的黏结强度和相应的传力长度的试验数据有很大的离散性，尤其是将核心混凝土从钢管中推出的试验（push-out tests）与仅将梁与钢管连接且梁剪力传递到钢管混凝土组合受压构件上的两种试验结果进行比较时。一般来说，连接试验中的附加偏心会提高钢管混凝土组合受压构件的黏结强度。

符合第I2节规定的钢管混凝土组合受压构件黏结强度的一个合理下限值为60psi(0.4MPa)。尽管推出试验的结果表明黏结强度要低于此值，但在节点连接中由于存在偏心，可能会增加黏结强度而达到这个值甚至更高。试验结果还表明，沿钢管混凝土组合受压构件的长度方向，钢管向填充混凝土传力所要求的长度（取传力点的任一边）大致等于矩形钢管宽度或圆形钢管直径的2倍。

钢管混凝土组合受压构件的直接黏接相互作用计算公式假定，当受压构件的两侧有连接单元与之（刚性）连接时，矩形钢管混凝土组合受压构件的一个面或圆形钢管混凝土组合受压构件周长的1/4通过直接黏接相互作用参与应力传递。如果受压构件在多个方向上有连接单元与之（刚性）连接时，其直接黏接相互作用承载力会相应增加。由于试验数据的离散性，建议抗力分项系数 ϕ 取较低值，相应的安全系数 Ω 则取较大值。

4. 构造要求

为了避免钢骨混凝土或钢管混凝土组合构件节点连接部位的钢骨或混凝土应力超限，要求在荷载导入长度（load introduction length）内能有效传递纵向剪力。在荷载传递区域的前后方，荷载导入长度均取组合构件最小横向尺寸的 2 倍。通常，取荷载传递区域为连接单元的高度（见图 C-I6-1）。如果该部位的作用力相当大，以至于在规定的荷载导入长度不足以传递所要求的纵向剪力，那么设计人员就应该在剪力传递所需的附加长度范围内，将受压构件按非组合构件处理。

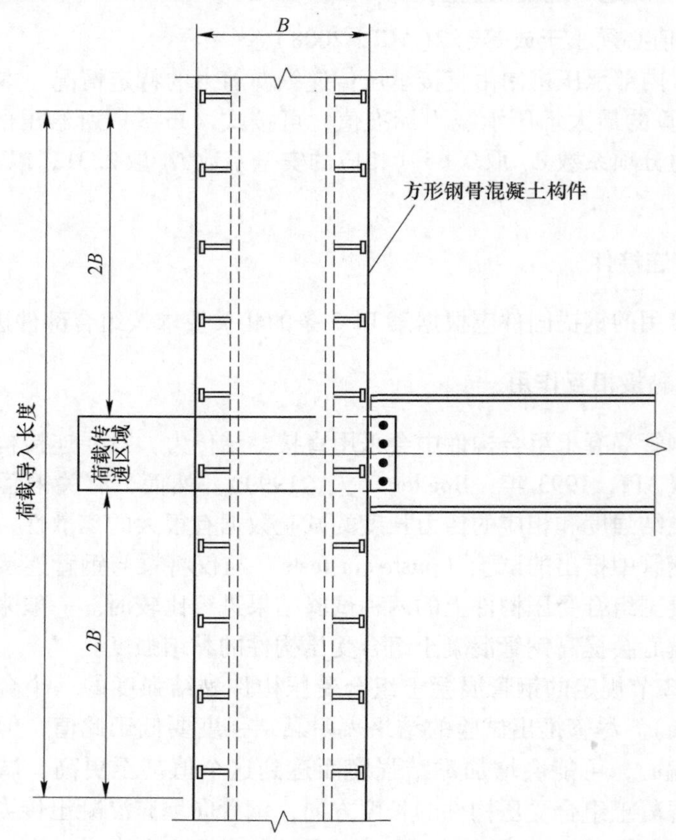

图 C-I6-1　荷载传递区域/荷载导入长度

对于钢骨混凝土组合构件，为了在偶然弯矩（包括初始屈曲引起的挠曲）作用下保持构件的组合作用，要求在整个受压构件长度内均设置钢锚固件。通常，锚固件设置的最大允许间距应符合第 I8. 3e 条的要求。应在荷载导入长度范围内设置纵向剪力传递所要求的附加锚固件，其设置要求可见前文所述。

与钢骨混凝土构件不同，只有当用于传递纵向剪力时，才需要在钢管混凝土构件中设置钢锚固件，并且不需要在荷载导入长度外沿构件长度设置钢锚固件。其差别是由于钢管提供了足够的约束，可以防止在偶然弯矩作用下构件丧失组合作用。

I7. 组合隔板和系梁

在钢-混凝土组合建筑中，由金属楼承板和浇筑混凝土所组成的楼（屋）盖通常会与结构框架相连，形成组合隔板。隔板为水平的横跨构件，类似于深梁，可直接或与荷载传递构件［称之为系杆或系梁，或隔板撑杆（diaphragm struts）和拉杆（drag struts）］相结合，将地震作用和/或风荷载，从其一开始就传递到抗侧力体系上。

隔板具有将结构的各个组件相互连接成一个单元的重要结构功能。通常，隔板按单跨或多跨连续深梁进行分析，因此隔板承受剪力、弯矩和轴力以及相关的变形。有关隔板分类和性能的更多资料信息可以在 AISC(2006a) 和 SDI(2001) 中找到。

组合隔板强度

隔板应能承受与地震作用和/或风力汇集和分配到抗侧力体系有关的所有作用力。在某些情况下，还应包括来自于其他楼层的荷载，比如在某一个标高上抗侧力体系中存在水平收进（offset）时。确定组合隔板的平面内抗剪承载力有多种方法。现介绍以下三种方法：

（1）为了确定楼承板和混凝土组合楼盖的承载力，要考虑组合楼承板的形状、类型以及楼承板附件的平面位置。《SDI 隔板设计手册》(*SDI Diaphragm Design Manual*)(SDI，2004）提供了这方面的设计指南。该出版物涵盖了许多隔板设计方面的资料，包括了隔板的承载力和刚度计算。资料还给出了在无法使用钢锚固件的情况下采用熔焊（puddle welding）和机械紧固件时相应的计算方法。当采用栓钉时，应根据第 I8 节的要求确定栓钉的抗剪承载力。

（2）随着钢楼承板上混凝土面层厚度的增加，组合楼板的抗剪承载力会与相同厚度混凝土板接近。例如，混凝土面层厚度为 2in(50mm）和 6in(150mm）之间的组合楼盖，测得剪切应力约为 $0.11\sqrt{f'_c}$（f'_c 的量纲为 ksi)。在这种情况下，混凝土和金属楼承板的组合板抗剪承载力，可以保守地根据钢筋混凝土(ACI，2008）的设计原理来进行设计，设计时仅考虑混凝土和金属楼承板板肋以上的配筋的作用，而忽略楼承板肋槽部分混凝土所带来的有利影响。

（3）采用填充混凝土组合隔板的平面内试验结果。

系梁和其他组合构件

水平隔板力通过系梁（也称之为隔板撑杆和拉杆）中的轴力将水平力传递到抵抗侧向荷载的钢框架上。本章没有直接涉及系梁设计的内容。对系梁（组合压弯构件）进行严格的设计是十分复杂的，也几乎没有对这类构件的具体设计资料。在更多研究成果可供使用前，建议采用一种简化的设计方法：

（1）施加作用力。可采用由隔板力产生的轴力以及由重力和/或侧向荷载引起的弯曲二者的组合效应来设计系梁。在设计时应仔细考虑隔板平面与系梁中心线之间在竖向的偏心距影响。

（2）轴向强度。可以根据第 D 章和第 E 章的非组合构件设计规定，确定系梁的有效轴向承载力。当受压力荷载作用时，通常可以认为，当系梁绕其强轴屈曲时，在支撑点之间系梁是无约束的，而当系梁绕其弱轴屈曲时，系梁是被组合隔板完全约束的。

（3）弯曲强度。可以根据第 I 章的组合构件设计规定和第 F 章的非组合构件设计规定，确定系梁的有效抗弯承载力。建议对所有系梁，即使是那些按非组合构件设计的系梁，也设置足够的锚固件以确保其达到最低限度为 25% 的组合作用。这项建议是为了避免设计人员在一根按非组合构件设计的梁中只使用少量的钢锚固件来传递隔板力。只为传递由侧向力产生的水平剪力而设置的钢锚固件，同时还会受到叠加的重力荷载导致组合截面弯曲而形成的水平剪力，此时钢锚固件有可能会超载。钢锚固件超载可能会导致栓钉承载力额丧失，这就可能导致系梁不能很好传递因侧向荷载所产生隔板力。

（4）相互作用。可以根据第 H 章中所给出的相互作用计算公式，来计算轴向力和弯曲的组合作用。作为设计使用时，可以进行一个合理的简化，即将非组合构件的轴向承载力及组合构件的抗弯承载力进行组合，来确定相互作用效应。

（5）抗剪连接。在确定抗剪连接件布置时，由侧向力产生的水平剪力和由弯曲而产生的水平剪力不需要进行叠加。采用这种方法的理由有两个。首先，ASCE/SEI 7（ASCE，2010）所给出的包括侧向荷载的荷载组合中，对荷载组合中的活荷载做了折减，这个折减降低了对钢锚固件的传力要求，并且提供了额外的隔板传力能力。其次，由弯曲而产生的水平剪力流是向两个方向传递的。对于受均布荷载作用的梁，剪力流方向从梁跨中心向外，如图 C-I7-1（a）所示。作用在系梁上由侧向荷载所引起的剪力是向一个方向的。把这些剪力进行叠加，一部分梁的水平剪力会增加，而与之对称的另一部分梁的水平剪力则会减少，如图 C-I7-1（b）所示。对此做进一步的研究，可以发现，在梁一侧钢锚固件上局部增加荷载，而在与之对称的梁另一侧钢锚固件上的荷载同时会下降，直到荷载达到梁上的所有栓钉承载力标准值的和。

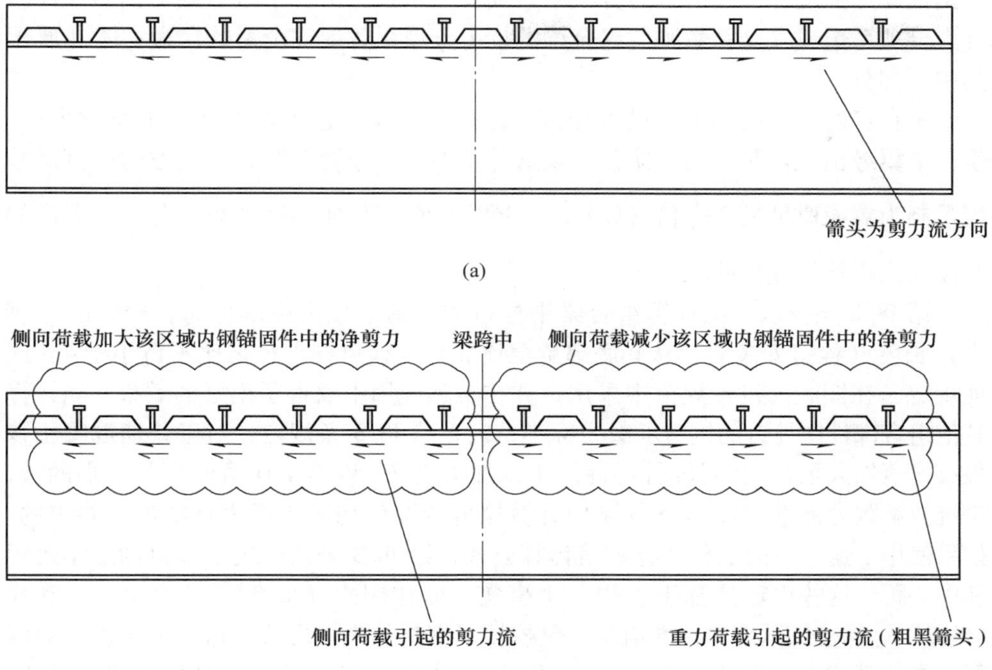

图 C-I7-1 系梁中的剪力流

（a）仅由重力荷载引起的剪力流；（b）由重力和侧向荷载组合作用引起的剪力流

I8. 钢锚固件

1. 概述

本节包括了在组合结构中使用钢锚固件的强度计算、设置要求和适用条件。给出了一种新的“钢锚固件”定义来取代 2005 版及更早版本设计规范中的专用名词“抗剪连接件”。使用了在 ACI318、PCI 和整个土木工程行业中所采用的、更为通用的术语“锚固件”。该术语包括了传统的“抗剪连接件”，现在定义为“钢抗剪栓钉”和“槽钢抗剪件”，这两种锚固件在以前的规范中都有所涉及。本规范对钢抗剪栓钉和热轧槽钢抗剪件做了介绍。对于带有实心混凝土板或带有钢楼承板的组合梁以及组合部件，本规范给出了钢锚固件的设计规定。在本规范中给出了一个新的术语“组合部件”，可以将其视为一个构件、连接在一起的结构单元或者型钢和混凝土单元在内力作用下共同工作的组合件。该术语的适用范围不包括带有实心混凝土板或带有钢楼承板的组合梁。组合部件条款规定了适用于钢锚固件强度标准值的抗力分项系数或安全系数，而对于组合梁，钢锚固件的抗力分项系数或安全系数则与组合梁的抗力分项系数或安全系数合为一体（属于其中一部分）。

不在正对梁腹板的上方设置栓钉，往往会在翼缘达到全截面抗剪承载力前，使较薄翼缘出现撕裂，为了防止出现这种意外，未布置在梁腹板上方的栓钉尺寸被限制为翼缘厚度的 $2\frac{1}{2}$ 倍（Goble，1968）。在实际使用这个规定时，梁翼缘的厚度要大于栓钉直径除以 2.5。

第 I8.2 条要求，当计算组合梁中栓钉的抗剪承载力标准值时，栓钉的（露头）长度（栓钉安装后，从其底部量至顶部）与栓钉杆直径之比不得小于 4。这项规定已在旧版的设计规范中采用，并在实际应用中取得了很好的效果。当计算其他组合部件中栓钉的抗剪承载力标准值时，第 I8.3 条规定，对于普通混凝土该最小比值加大至 5，而对轻骨料混凝土则加大至 7。该最小比值所额外增加的量，是抗拉承载力标准值或第 I8.3 条中计算拉剪相互作用的承载力标准值所要求的。如果使用了这一节的承载力标准值计算公式，第 I8.3 条还规定了栓钉的最小边距和中心距。这些规定是基于这样一个事实，即在用式（I8-3）、式（I8-4）和式（I8-5）计算栓钉承载力标准值时，仅校核了钢材的失效模式。这些公式没有对混凝土失效模式进行验算（Pallarés 和 Hajjar，2010a、2010b），而是采用式（I8-1）对混凝土失效进行了校核。在第 I8.3 条的条文说明中对此会做进一步的讨论。

2. 组合梁中的钢锚固件

2a. 钢抗剪栓钉的承载力

目前的组合梁和钢抗剪栓钉的承载力计算公式是建立在近年来已经公开发表的大量研究工作的基础上的（Jayas 和 Hosain，1988a、1988b；Mottram 和 Johnson，1990；Easterling 等人，1993；Roddenberry 等人，2002a）。式（I8-1）包含了系数 R_g 和 R_p，因此可以与世界上其他规范的承载力计算规定进行比较。其他规范使用了类似于 AISC 规范的栓钉承载力表达式，但在加拿大规范中栓钉承载力采用 0.8 的 ϕ 系数进行折减（CSA、2009），在欧洲规范 4（CEN，2003）中相应的栓钉承载力计算式中，甚至采用了更低的安全系数（$\phi=0.60$）。AISC 钢结构设计规范把栓钉的抗力分项系数作为整个组合梁抗力分项系数的一个组成部分。

在目前使用的大多数组合钢楼承板中，每个板槽的中间都设有加劲肋。因此栓钉焊接的位置必须偏离板肋。研究表明，栓钉的性能与栓钉和板肋之间的距离有关（Lawson，1992；Easterling 等人，1993；Van der Sanden，1995；Yuan，

1996；Johnson 和 Yuan，1998；Roddenberry 等人，2002a、2002b）。图 C-I8-1 所表示的是栓钉与板肋之间的“弱”（不利的）和“强”（有利的）位置关系。此外，这些研究还表明，焊穿钢楼承板的栓钉强度最大值大致在 0.7 ~ 0.75 F_uA_{sc}，而处于“弱”位布置的栓钉强度最低为 0.5F_uA_{sc}。

在钢楼承板（楼承板与钢梁垂直）上的混凝土板肋中安装的栓钉，可以根据式（I8-1）对其承载力进行合理的估计，栓钉承载力的缺省值是按栓钉“弱”位布置来考虑的。在 AISC 规范和 SDI 规范中都提出了栓钉按“强”位布置的构造建议，但是要保证栓钉置于“强”位并非易事，因为安装工人很难确定相应于梁端、跨中或零剪力点的特定板肋沿钢梁的具体位置。因此，安装工人可能不了解栓钉的“强”位和“弱”位。

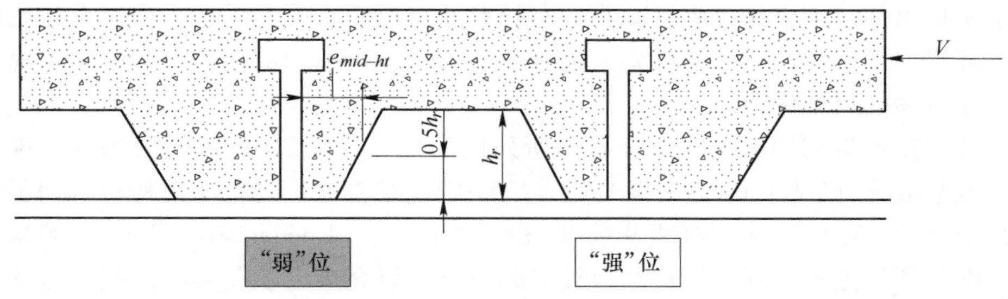

图 C-I8-1 栓钉的“弱”位和“强”位
（Roddenberry 等人，2002b）

在目前设计的绝大多数组合楼盖中，组合截面的极限承载力由栓钉强度起控制作用，采取完全组合作用来达到其承载力要求，通常并不是最经济的解决方案。组合作用的程度，可以用 $\sum Q_n/F_yA_s$（总剪切连接强度与钢截面的屈服强度之比）来表示，其对抗弯强度的影响如图 C-I8-2 所示。

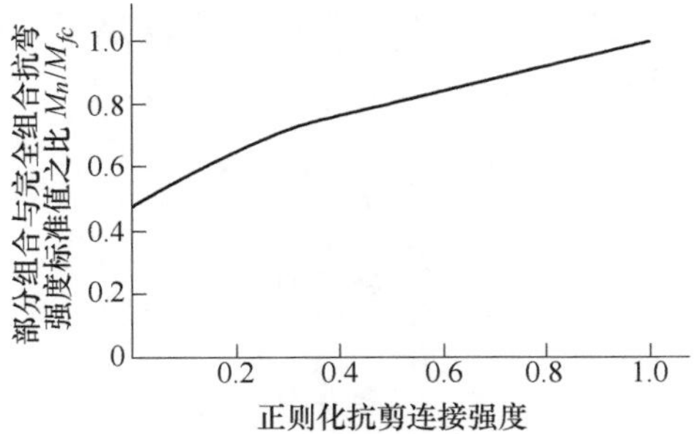

图 C-I8-2 正则化抗弯承载力与剪切连接承载力比关系曲线
（W16 × 31，F_y = 50ksi，Y2 = 4.5in）
（*Easterling* 等人，1993）

从图 C-I8-2 可以看出，相对较大的抗剪连接承载力变化所引起的抗弯承载力变化比较小。因此，像以前那样，通过采用钢梁试验并且对弯曲模型进行反算，来制定钢楼承板对栓钉抗剪承载力的影响，并不能对安装在钢楼承板上的栓钉承载力作出准确的评估。

在 2005 版钢结构设计规范中关于栓钉要求的变化，并不是由于结构失效问题或者结构性能问题。设计人员在考虑基于早期设计规范要求的既有结构的承载力时，需要注意到图 C-I8-2 中当组合程度接近 1 时曲线的斜率相当平缓，因此，即使是栓钉承载力有很大变化，也不会导致抗弯承载力成比例的降低。此外，如上文所述，当前的计算式中并没有考虑所有可能的剪力传递机制，主要是因为这些传递机制中很多都是难以或无法进行量化的。不过，正如第 I3. 1 条的条文说明中所指出的，组合作用程度减小，对栓钉的变形要求就会增加。当组合作用程度下降时，图 C-I8-2 中所示关系曲线的斜率会增大。因此，设计人员应规定 50% 或更高的组合作用。

针对在不带钢楼承板的组合梁中所采用的栓钉，在 2010 版钢结构设计规范中折减系数 R_p 已从 1.0 减少到 0. 75。2005 版钢结构设计规范中对栓钉采用了综合系数 R_g 和 R_p 的方法。有关系数 R_g 和 R_p 的研究（Roddenberry 等人，2002a），绝大部分都是侧重于焊穿钢楼承板栓钉的情况。研究指出了在实心混凝土板情况下或许可以使用 $R_p=0.75$，但是，还没有充足的试验数据支持这种变化。最近的研究表明，采用 0. 75 的系数是适当的（Pallarés 和 Hajjar，2010a）。

2b. 槽钢抗剪件的承载力

式（I8-2）是槽钢抗剪件计算公式［见 Slutter and Driscoll（1965）］的一种改进形式，该计算公式是根据推出试验和几根带有实心混凝土板的简支梁［Viest 等人，(1952)］的试验结果得到的。该改进形式已扩展应用至轻骨料混凝土中。

当槽钢肢尖和跟部焊缝大于 3/16in(5mm）且满足下列要求时，在焊缝设计中可以不必考虑偏心的影响：

$$1.0 \leqslant \frac{t_f}{t_w} \leqslant 5.5$$

$$\frac{H}{t_w} \geqslant 8.0$$

$$\frac{L_c}{t_f} \geqslant 6.0$$

$$0.5 \leqslant \frac{R}{t_w} \leqslant 1.6$$

式中 t_f ——槽钢抗剪件的翼缘厚度，in(mm)；

t_w ——槽钢抗剪件的腹板厚度，in(mm)；

H——槽钢抗剪件的高度，in(mm)；

L_c——槽钢抗剪件的长度，in(mm)；

R——槽钢抗剪件的翼缘和腹板间圆角的半径，in(mm)。

2d. 构造要求

除了在集中荷载很大部位，钢锚固件可以采取均匀布置。

在混凝土平板和带有与钢梁平行板肋的钢楼承板中，沿梁长的锚固件最小间距均取六倍锚固件直径；该间距取值反映了剪切面在混凝土板中的形成过程(Ollgaard 等人，1971)。由于大多数试验数据都是根据栓钉的最小横向间距为栓钉直径的四倍而得到的，所以该横向间距可设为最小的允许值。如果钢梁翼缘很窄，栓钉可以采用错列布置来达到间距要求，在错列布置栓钉之间的横向间距最小为栓钉直径的三倍。当楼承板板肋与钢梁平行且按设计要求需要较多栓钉、但在板肋中无法布置时，可以将楼承板断开并拉宽来满足栓钉的设置要求。图 C-I8-3 所示为几种可能的栓钉布置形式。

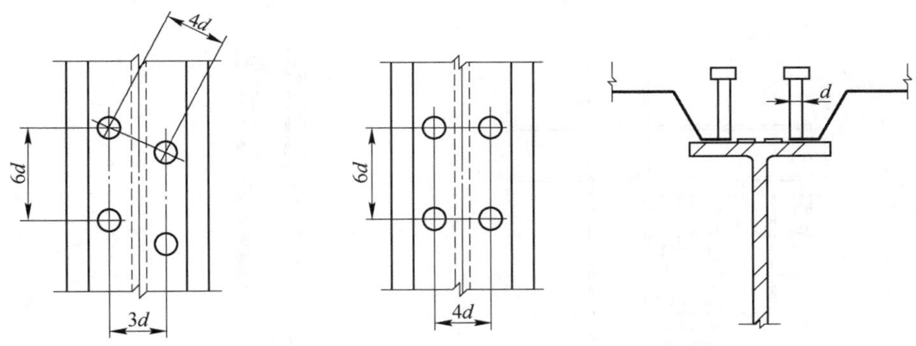

图 C-I8-3　钢抗剪栓钉布置图

3. 组合部件中的钢锚固件

本条适用于组合受压构件和压弯构件、钢骨混凝土和钢管混凝土组合梁、组合连梁和组合墙（见图 C-I8-4）的荷载传递区域（节点连接）中的钢抗剪栓钉，在这些组合部件中，型钢和混凝土组合成为一个构件进行工作。这时，栓钉可能会受剪力、拉力或剪拉相互作用。当栓钉在荷载传递区域中作为连接件时，必须直接验算其承载力（而不是将其隐含在组合构件的承载力验算中），其承载力验算时所采用的抗力分项系数或安全系数，可以参考第 J 章中螺栓连接设计的相关内容。

本节的这些规定不适用于混合结构，在混合结构中，型钢和混凝土并不组合在一起工作，例如带有嵌入混凝土板的钢结构。对于实心混凝土板或带有钢楼承

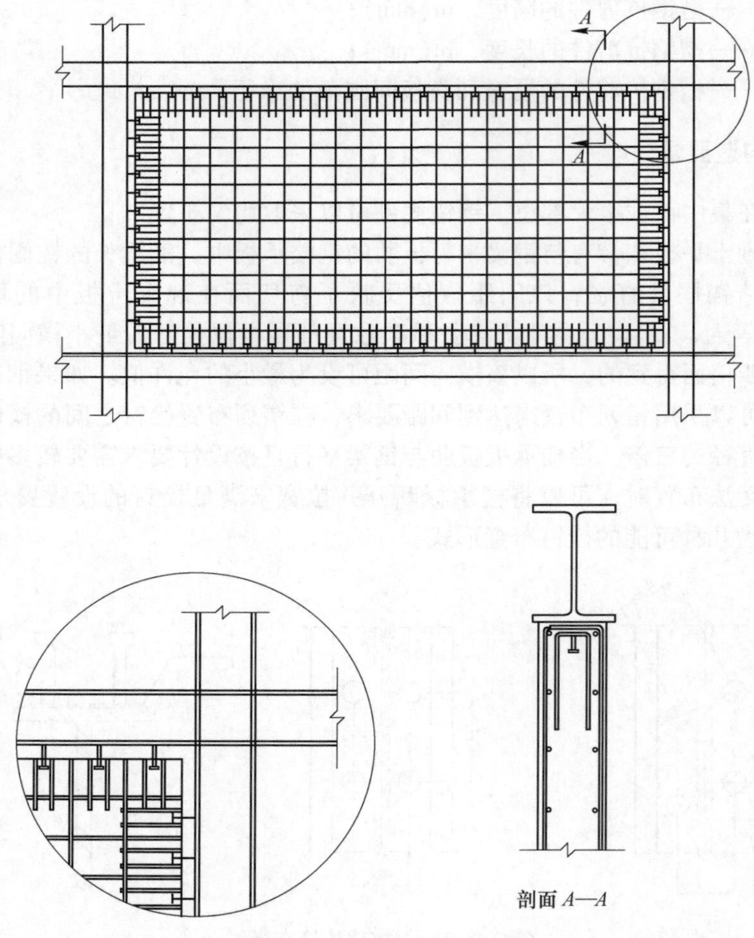

图 C-I8-4　在组合墙中针对受拉钢栓钉的典型加强构造详图

板的组合梁中所埋设的栓钉承载力，在第 I8.2 条中做了规定。

大量实验研究数据指出，受剪力作用的钢抗剪栓钉，在普通混凝土中如果栓钉全长（栓钉安装后，从其底部量至顶部）与栓钉杆直径之比大于 5 时，大部分情况下是在栓钉杆体或焊缝部位发生破坏。在轻骨料混凝土中，栓钉全长与栓钉杆直径的最小比值可以加大到 7(Pallarés 和 Hajjar，2010a)。受拉力或拉剪组合作用的钢抗剪栓钉，在普通混凝土中如果栓钉全长与栓钉杆直径之比大于 8 时，大部分情况下同样是在栓钉杆体或焊缝部位发生破坏。在轻骨料混凝土中，受拉力作用的栓钉全长与栓钉杆直径的最小比值可以加大到 10(Pallarés 和 Hajjar，2010a)。由于针对轻骨料混凝土中受拉剪相互作用的钢抗剪栓钉的试验研究非常少，不可能充分确定何时钢材的失效模式会起控制作用。对轻骨料混凝土中受拉剪相互作用的栓钉强度，建议采用 ACI 318（ACI，2008）附录 D 中的相关规定。

采用 ACI318 附录 D 中的边距来计算承受混凝土压碎破坏作用下的栓钉强度是比较复杂的。在组合结构中，很少会有这种可能性，即在靠近边缘的部位未采取统一的加强措施以防止由于边缘混凝土的压碎而出现破坏。因此，为了简单起见，本规范条款省略了对混凝土失效模式的校核。此外，如果按组合结构的通常做法，在边缘部位有统一加强措施，则可以假定不会出现因边缘破坏而造成混凝土的破坏。因此，如果要使用这些条款，很重要的是认为通过与力作用方向垂直边缘的加强措施，以及与力作用方向平行的边缘留有足够的距离，可以直接避免在剪力作用下的混凝土压碎破坏模式。当受剪切荷载时，对于栓钉而言，混凝土压碎破坏是否是一个可能发生的失效模式，则是留给工程师的课题。另外，规定要求可按照 ACI 318 附录 D，第 D6. 2. 9 款（请进一步参阅 ACI 318 第 12 章）（ACI，2008）的相关规定，对栓钉进行必要的加强。此外，可以用现行的建筑法规或 ACI 318 附录 D 的规定，来直接计算钢抗剪栓钉的强度。

本章节中所涉及的钢材极限状态和抗力分项系数（和相应的安全系数），与 ACI 318 附录 D 中相应的极限状态相对应，虽然这些规定是互相独立的。如果边缘部位没有采取加强措施，只需要校核钢材的极限状态，在确定抗力分项系数和安全系数时进行了相关的试验研究，试验中栓钉满足最小高度与直径之比要求，但考虑了栓钉在型钢或混凝土中的破坏情况（Pallarés 和 Hajjar，2010a、2010b）。

当栓钉承受拉力或拉剪相互作用的组合作用时，建议在栓钉周围要对其进行加强，以缓解混凝土出现过早破坏的可能。如果栓钉头直径与栓钉杆直径的比值过小，规范要求采用 ACI 318 附录 D 的规定来计算栓钉的强度。如果混凝土中栓钉的边距或栓钉的间距过小，规范要求采用 ACI 318 附录 D 中第 D5. 2. 9 款（请进一步参阅 ACI 318 第 12 章）（ACI，2008）的相关规定，对栓钉进行必要的加强。此外，可以用现行的建筑法规或 ACI 318 附录 D 的规定，来直接计算钢抗剪栓钉的承载力。

I9. 特殊情况

对于超出了本规范适用范围的组合结构，需要进行必要的试验。对于不同类型的钢锚固件可能有不同间距和其他构造措施的要求，这往往会与对钢抗剪栓钉和槽钢锚固件的要求有所不同。

条文说明 J 连接设计

第 J 章的规定不包括受循环荷载作用的连接设计。通常认为风和其他环境荷载不属于循环荷载。一般而言，本章规定适用于除了钢管结构的连接。有关钢管结构的连接，可参见第 K 章的相关规定，关于疲劳问题则可参见本规范附录 3 的相关规定。

J1. 一般规定

1. 设计基础

在未对设计荷载做具体规定的情况下，应取最小设计荷载。以往，采用了 10kips(44kN)（荷载及抗力分项系数设计法）和 6kips(27kN)（容许应力设计法）作为合理的取值。对于较小的部件，如缀条、拉杆、墙梁类似的小构件，应采用更适合于部件尺寸和用途的荷载。在规定最小设计荷载时，应同时考虑设计要求和施工荷载。

2. 简单（铰接）连接

第 B3. 6a 条和 J1. 2 条介绍了简单连接。在第 B3. 6a 条中，出于结构分析的目的，以一种理想化的方式给出了简单连接的定义（第 B3. 6 条的条文说明对此有进一步阐述）。在分析中所做的假定决定了作为设计基础的分析结果（对于连接而言，即连接必须承受的力和变形要求）。第 J1. 2 条主要关注连接部件的实际比例，以达到所要求的承载力。因此，第 J1. 2 条中采用了第 B3. 6a 条所给出的确定设计作用力和变形的建模假定。

第 B3. 6a 条和 J1. 2 条并不是相互排斥的。如果在结构分析中采用了“简单”连接假定，那么最终所设计的实际连接，必须与所采用的假定保持一致。一个简单连接必须能够满足所要求的转动，不得对转动反应施加很大的承载力和刚度影响。

3. 抗弯连接

第 B3. 6b 条定义了两种类型连接：完全约束承弯连接（*FR*）和部分约束承弯连接（*PR*）。完全约束承弯连接（*FR*）必须具有足够的承载力和刚度，来传递弯矩并保证所连接构件之间的夹角保持不变。部分约束承弯连接（*PR*）是可以传递弯矩，但在承受荷载作用时允许所连接构件转动。部分约束承弯连接（*PR*）的反应性状必须在有关技术参考文献中或通过分析或实验手段得到验证。部分约束承弯连接的部件必须具有足够的承载力、刚度和变形能力，以满足设计假定。

4. 带有承压接头的受压构件

"其他受压构件端部铣平后承压"条款的目的是考虑到构件的平直度，并在承受意外的或偶然的侧向荷载的结构中提供一定程度的鲁棒性，可能这种偶然荷载在设计中没有明确加以考虑。

在1946年以后的AISC钢结构设计规范中，就有与第J1.4(2)1)款相似的规定，规定要求接头材料和连接板件的有效承载力至少为其抗压承载力要求的50%。现行的这版规范对此作出了澄清，指出分配到接头材料和连接板件上的力是一种拉力。对于连接部位中的压力在连接板件上不产生任何作用力的情况，这样处理就可以避免所产生的不确定性。

由接头材料和连接板件来承担50%的构件承载力规定比较简单，但可能会非常保守。在第J1.4(2)2)款中，本规范给出了一种能够直接说明此条款设计意图的替代方法。用构件抗压承载力的2%作为侧向荷载，来模拟在拼接接头处的一个弯折（a kink at the splice），该弯折是由于构件端部加工不平整或其他施工原因所造成的。所产生的弯矩和剪力由拼接接头承担，也给结构中提供了一定程度的鲁棒性。

5. 重型型钢的拼接

已经凝固但仍处于灼热状态的焊缝金属在冷却至常温的过程中会有明显的收缩。由于部件无法自由变形来适应收缩，因此厚部件之间大坡口焊缝的收缩会在与焊缝临近的材料中产生应变，该应变甚至可能超过屈服应变。在较厚的钢材中，在厚度以及宽度和长度方向上焊缝收缩会受到约束，产生三向应力，从而可能阻止延性变形能力的发挥。在这种情况下，就会增加脆性断裂的可能性。

当翼缘厚度超过2in(50mm)的热轧型钢或重型焊接组合构件进行拼接时，可以采用螺栓拼接、角焊缝搭接接头或栓焊接结合的接头（参见图C-J1-1），以避免这些可能有害的焊缝收缩应变。当焊接较厚钢板时，通常必须对适用于中等厚度钢板的焊接构造和焊接工艺进行调整，或者补充和增加更加严格的要求。

AWS D1.1/D1.1M(AWS, 2010)规定是适用于大多数焊接结构的最低要求。但是，在设计和制作翼缘厚度超过2in(50mm)的热轧型钢和类似的组合型钢的焊接接头时，应对焊接接头构造的各个方面予以特别的注意：

（1）对受拉构件必须规定冲击韧性要求，参见本规范第 A3 节条文说明。

（2）为了避免正交方向的焊缝过分靠近，并为高质量的过焊孔制备和施焊提供足够的空间，并便于检查，应提供大尺寸过焊孔（见第 J1. 6 条），以在更大程度上减轻集中的焊缝的收缩应变。

（3）在热切割时，要求进行预热，以尽可能地避免形成坚硬的表层（见第 M2. 2 条）。

（4）要求将梁端翼缘切口（beam copes）和过焊孔处打磨至母材富有光泽，去除坚硬的表层，此外还需进行磁粉探伤或着色渗透法检测，以检验过渡区没有切口和裂纹。

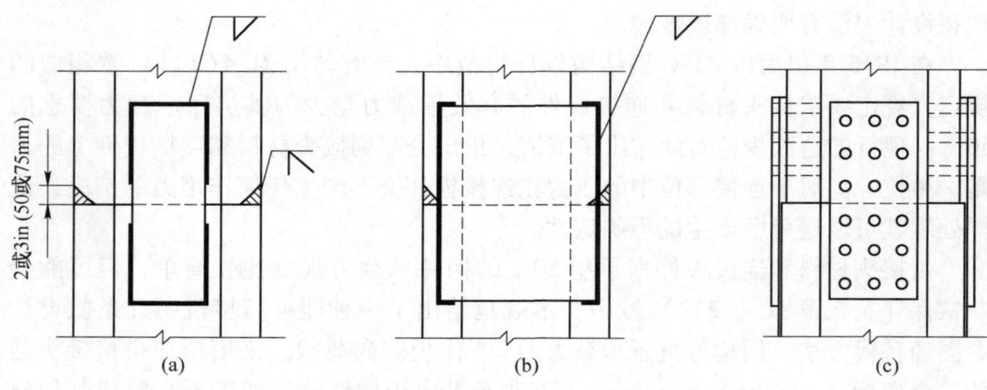

图 C-J1-1 减少焊接约束拉应力的几种拼接接头

（a）抗剪板与腹板焊接；（b）抗剪板与翼缘端部焊接；（c）螺栓连接拼接板

除了要注意桁架弦杆的受拉拼接接头和受弯构件的受拉翼缘外，在设计和制作中，亦应特别注意其他采用重型型钢制作的受拉连接节点。

可以使用不会产生收缩应变的其他拼接接头构造。当连接所传递的作用力接近构件承载力时，采用直接焊接的坡口焊缝接头可能是最有效的选择。

在钢结构设计规范的早期版本中，强制规定要去除所有重型型钢接头中的焊缝衬板和引弧板。但后来可能认为没有必要且有时会弊大于利，因此将这些要求删除了。本规范还是允许责任工程师进行适当的判断，决定是否去除焊缝衬板和引弧板。

以前关于去除焊缝衬板的要求，在某些情况下，要在不适当的工位上进行操作，也就是说，在焊缝衬板去除后，不得不以仰焊位置进行清根和焊缝修复。这就可能要使用不同的焊接设备、采用不同的焊接工艺和/或焊接方法，并在实际施工中带来不少困难。当制作用钢板拼接成的箱型截面时，通常就无法进入箱形构件内部，来去除焊缝衬板。

保留在拼接接头部位的焊接引弧板起到了“小附件”的作用，它可以吸收少量应力。尽管人们普遍认为焊接引弧板可能含有质量较差的焊缝金属，但通过小附件释放出少量应力，从而会减轻应力集中效应。

6. 过焊孔

在制作结构部件时，需要设置过焊孔。过焊孔构造的几何形状可能会影响部件的性能。梁端翼缘切除和过焊孔的大小和形状对敷焊金属的性能、焊缝无损检测的实施，以及因过焊孔构造导致的几何不连续而产生应力集中的大小会有很大的影响。

要求过焊孔从焊缝坡口加工尖部的最小长度（见图 C-J1-2）等于母材厚度的 1.5 倍，以便焊接操作。预计该最小长度可以用来适应腹板与翼缘交接处很大的焊缝收缩应变。

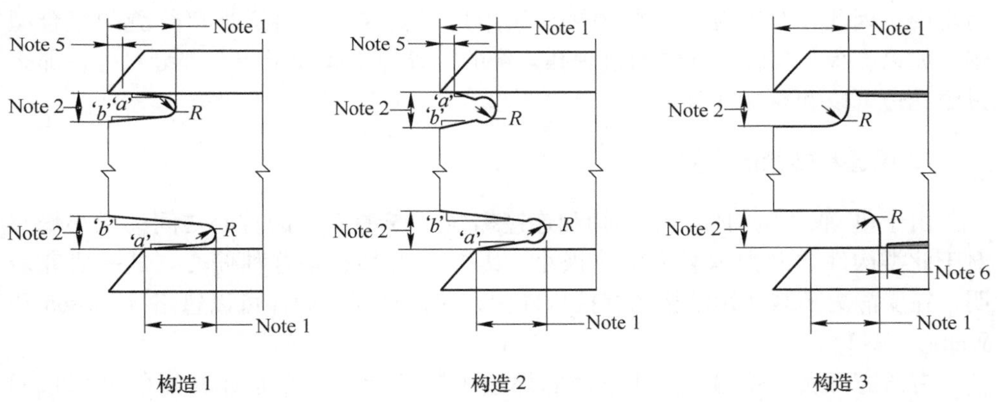

在切割过焊孔前组对的轧制型钢和组合型钢　　　在切割过焊孔后组对的组合型钢

图 C-J1-2　过焊孔几何尺寸图示

说明：这些是靠近钢垫板一侧焊接接头的曲型构造。在条文说明的正文中会介绍其他构造形式。

(1) 长度：大于 $1.5t_w$ 或 $1\frac{1}{2}$in(38mm)。

(2) 高度 t 大于 $1.0t_w$ 或 3/4in(19mm)，但无需超过 2in(50mm)。

(3) R：最小为 3/8in(10mm)，在第 A3.1（c）和（d）条所定义的重型型钢中，要对过焊孔的热切割表面进行打磨。

(4) 斜坡‘a’形成一个从腹板至翼缘的过渡区，斜坡‘b’可以是水平的。

(5) 上翼缘的底部需保持平整，以在需要的部位设置焊缝衬板。

(6) 对于组合截面构件而言，腹板和翼缘之间的焊缝与过焊孔边缘的距离必须至少为一个焊缝的尺寸。

必须保证过焊孔有足够的高度，以便焊接操作和焊缝检查，并且过焊孔必须足够大以保证翼缘全熔透焊的焊缝衬板能够穿过腹板。过焊孔高度取等于母材厚度的 1.5 倍但不少于 3/4in(19mm)，肯定可以满足焊接操作和焊缝检查的要求。但过焊孔高度无须超过 2in(50mm)。

腹板和翼缘间凹角的几何尺寸决定了这个位置的应力集中水平。一个曲率半径非常小的 90°凹角会产生导致翼缘断裂的非常高的应力集中。因此，为了减少这个位置的应力集中，在腹板表面到过焊孔的凹角表面的范围内，将腹板的边缘制成斜坡或弧状。

沿着过焊孔周边的应力集中也会对接头的性能产生影响。因此，要求清除过焊孔周边的切口和凹痕等，以避免产生局部应力集中。

通过在远离过焊孔处终止焊缝，可以降低在组合型钢腹板与翼缘交接处的应力集中。因此，对于腹板与翼缘接头采用角焊缝或部分熔透坡口焊缝的组合型钢，如果腹板与翼缘的焊缝与过焊孔边缘的距离等于或大于一个焊缝尺寸，那么过焊孔边可以和翼缘垂直。

7. 焊缝和螺栓的布置

由于单/双角钢构件的形心轴和连接螺栓（或铆钉）的重心之间的微小偏心对于此类构件的静力承载力影响极小，因此一直都忽略这种偏心。试验研究表明，在受静力荷载作用结构的焊接构件中，对这种偏心同样可以忽略（Gibson 和 Wake，1942）。

有研究证实，受偏心荷载作用的焊接角钢的疲劳寿命是非常短的（Klöppel 和 Seeger，1964）。当端部连接焊缝处于不平衡状态的角钢受到轴向循环荷载作用时，可能会受弯，因此当交变拉应力的作用方向与焊缝轴垂直时，角焊缝根部的切口和缺陷是十分有害的。为此，这类构件受循环荷载作用时，需要平衡其端部连接焊缝（见图 C-J1-3）。

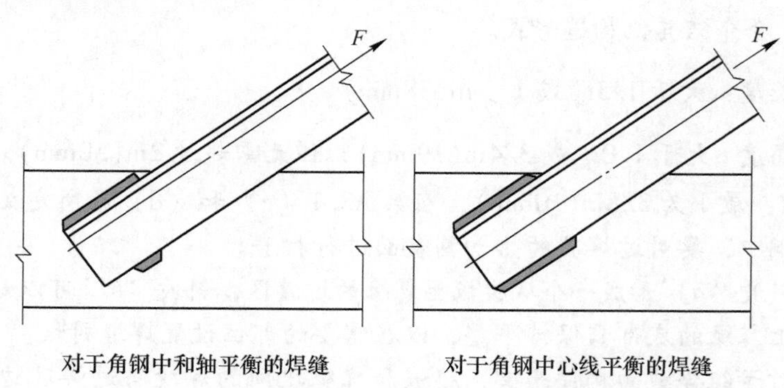

图 C-J1-3　焊缝平衡

8. 螺栓与焊缝结合

如同以前版本的规范一样，除了在抗剪连接中的螺栓之外，本规范不允许螺栓与焊缝分担荷载作用。然而，基于近期的研究（Kulak 和 Grondin，2001），螺栓与焊缝分担荷载作用的条件已有了极大的改变。对纵向受荷角焊缝的抗剪连接，可以考虑在纵向焊缝和标准圆孔或（与荷载方向垂直的）短槽孔中的螺栓之间的荷载作用分担，但螺栓的贡献最大限制在等效承压连接的有效承载力的50%。可以采用 ASTM A307 螺栓和高强度螺栓。螺栓附近的焊接热效应不会改变螺栓的力学性能。

在既有结构的改造中，对于铆钉连接和高强度螺栓连接，除了在改造过程中存在的恒载所产生的那部分荷载效应外，可以采用焊接来承受荷载效应，前提是在焊接前要将螺栓紧固至表 J3-1 或表 J3-1M 中所规定的预拉力水平。

在螺栓与焊缝结合使用时，对螺栓的限制不适用于通常的螺栓连接/焊接的主-次梁、梁-柱和其他类似的连接接头（Kulak 等人，1987）。

9. 高强度螺栓与铆钉结合

当高强度螺栓与铆钉结合使用时，由于铆钉的延性，允许两种类型紧固件的承载力直接相加。

10. 螺栓和焊接连接的适用条件

当连接接头出现滑移可能对结构性能产生不利影响或螺帽有可能松动时，需要采用预拉型螺栓、摩擦型螺栓连接或焊接连接，建议对所有其他连接采用栓紧至密贴状态的高强度螺栓。

J2. 焊缝

选择焊缝种类［全熔透坡口焊缝（CJP）、角焊缝与部分熔透坡口焊缝（PJP）］，除了承载力和以下讨论的其他问题外，主要取决于母材连接形式（对接接头、T 型接头或角接接头）。冲击韧性和使用无损检测评估焊缝质量的能力，可能会对承受循环荷载作用的接头形式选择或接头所预期的塑性变形产生影响。

1. 坡口焊缝

1a. 有效面积

表 J2-1 和表 J2-2 给出了部分熔透坡口焊缝和喇叭形坡口焊缝有效焊喉尺寸，该尺寸取决于焊接工艺和焊缝的位置。建议在设计图纸上应标明焊缝的承载力或者有效焊喉尺寸，应该允许加工制作厂家选择焊接工艺和确定焊缝的位置，以满足规定的要求。当有效焊喉尺寸大于表 J2-2 中的规定值时，可以通过试验来加以认定。在确定坡口焊缝的有效焊喉时，不考虑焊缝补强，但是对 T 型接头和角接接头的补强角焊缝则计入有效焊喉尺寸。有关要求可参见 AWS D1. 1/D1. 1M 附录 A(AWS，2010)。

1b. 限定条件

表 J2-3 给出了部分熔透坡口焊缝的最小有效焊喉尺寸。应该注意的是，对于部分熔透坡口焊缝，表 J2-3 所规定的母材板厚为 6in(150mm) 以上，最小焊喉为 5/8in(16mm)，而对于角焊缝来说，表 J2-4 所规定的母材板厚为 3/4in(19mm)，最小焊脚尺寸仅为 5/16in(8mm)。为了确保焊缝尺寸和母材厚度之间匹配，要加大部分熔透坡口焊缝的厚度。在焊缝趾部受到转动的接头中，不宜采用单面的部分熔透坡口焊缝。

2. 角焊缝

2a. 有效面积

角焊缝的有效焊喉既不包括焊缝补强，也不包括任何超出焊根的根部熔深(penetration)。某些焊接工艺会产生连续的根部熔深。这种根部熔深会对焊缝承载力有所贡献。然而，对于所采用的焊接工艺产生这种增强焊缝承载力的根部熔深，有必要做进一步的证明。实际上，首先可以通过对接头的引弧板（run off plates）进行横截面切片分析来达到这个目的。当采取这种措施时，只要焊接工艺没有改变，则无须进行更多的试验。

2b. 限定条件

表 J2-4 给出了按接头中较薄部分板厚给出的角焊缝最小尺寸。该要求并不是基于承载力的原因，而是考虑了较厚母材对小焊缝的淬火效应。焊缝金属的快速冷却可能会导致延性损失。此外，较厚的母材对焊缝金属收缩时所形成的约束可能会引起焊缝开裂。

采用接头中较薄部分来确定焊缝的最小尺寸，是根据普遍使用的焊缝金属是“低氢”的。由于采用手工电弧焊（SMAW）工艺，单焊道能达到的角焊缝最大焊脚尺寸为 $\frac{5}{16}$ in(8mm)，依然可以通过 AWS D1. 1/D1. 1M 的合格鉴定，最小焊缝尺寸 $\frac{5}{16}$ in(8mm) 适用于所有厚度大于 3/4in(19mm) 的母材，但是要求满足 AWS D1. 1/D1. 1M 的最小预热温度和道间温度（preheat and interpass temperatures）要求。设计图纸上应该给出最小焊缝尺寸，并在施焊时应满足这些最小尺寸要求。

对于搭接接头处的较厚构件，焊工可能将较厚构件的上角熔化去除，从而形成看似完整、但实际上所要求的焊喉尺寸不足的焊缝，见图 C-J2-1（a）。对于较薄的构件，即使边缘部分已被熔化掉，还是有可能达到全部焊喉。因此，当母材板厚为 1/4in（6mm）或更厚时，角焊缝的最大尺寸可以比母材板厚小 1/16in（2mm），这个尺寸可以保证保留板件边缘，见图 C-J2-1（b）。

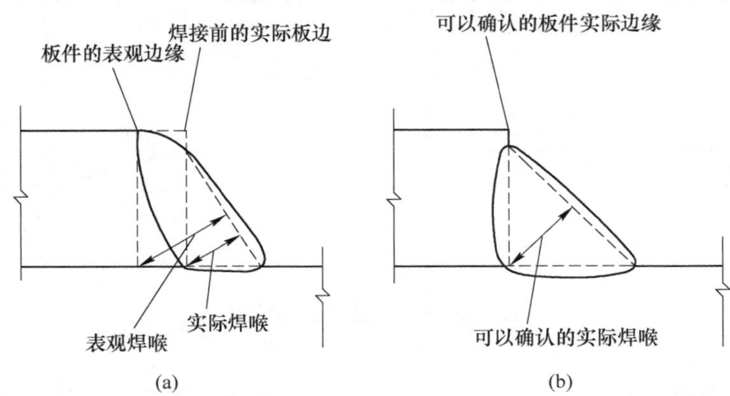

图 C-J2-1　板边缘的确定

（a）当 $t\geqslant4$in 时的不当做法；（b）当 $t\geqslant4$in 时的正确做法

在连接接头中仅使用纵向焊缝的部位（见图 C-J2-2），考虑到剪力滞后效应的影响，第 J2-2b 条要求每条角焊缝的长度至少等于所连接母材的宽度（Freeman，1930）。

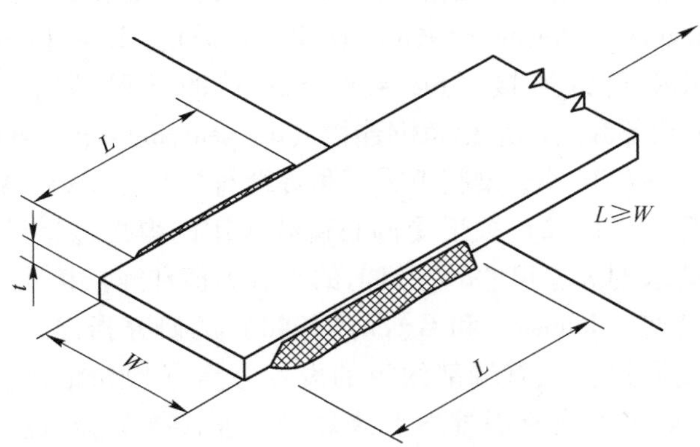

图 C-J2-2　纵向角焊缝

当搭接接头中的最小搭接长度为较薄板件厚度的 5 倍时，在受拉时接头不会产生过度的转动，如图 C-J2-3 所示。角焊缝搭接接头在拉力作用下会张开，并且会在焊根处形成一种撕裂作用，如图 C-J2-4（b）所示，除非受到一个力 F 的限制［如图 C-J2-4（a）所示］。由于存在泊松效应，规定搭接接头的最小长度可以降低应力。

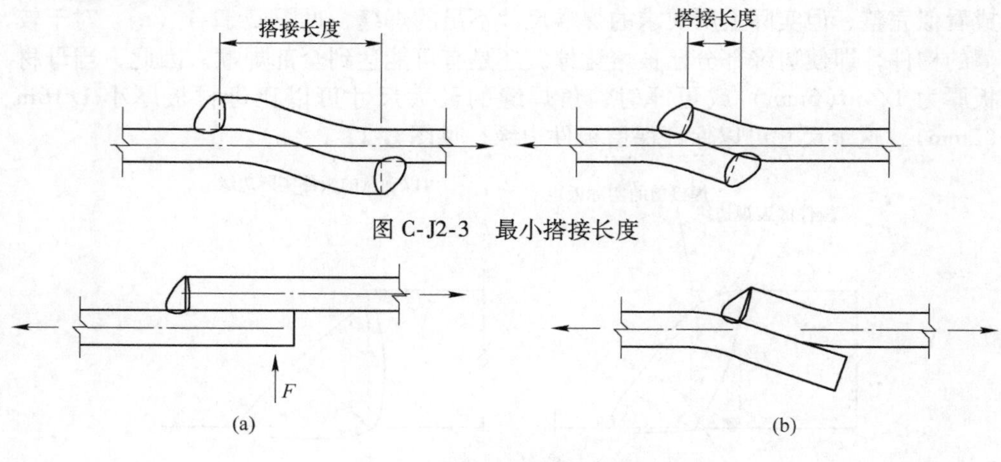

图 C-J2-3　最小搭接长度

图 C-J2-4　搭接接头的约束

（a）受约束；（b）不受约束

当接头会绕焊缝趾部出现转动时，不宜采用单面角焊缝。端部绕焊对于发挥角焊缝连接的焊缝全长作用的必要性不大，并且端部绕焊对角焊缝承载力的影响可以忽略不计。但是为了确保沿焊缝全长具有相同的焊缝尺寸，还是建议采用焊缝端部绕焊，以提高承受周期荷载作用的柔性端部连接的抗疲劳承载力，并且这种连接的塑性变形能力更强。

作为规范条文制定基础的焊缝强度数据库中没有考虑焊缝端部绕焊。该强度数据库包括了 Higgins 和 Preece（1968）所进行的研究、Lyse 和 Schreiner（1935）关于构件底部采用角钢连接（the seat angle）的试验研究、Lyse 和 Gibson（1937）关于构件顶部和底部采用角钢连接（the seat and top angle）的试验研究、Johnston 和 Deits（1942）关于梁腹板采用角焊缝直接与柱子或大梁焊接的试验研究，以及 Butler 等人（1972）关于受偏心荷载作用的焊接连接试验等研究成果。因此，当达到所要求的焊缝尺寸时，目前的承载力值和连接接头设计模型并不要求进行焊缝端部绕焊。Johnston 和 Green（1940）的研究指出，在没有焊缝端部绕焊的情况下，变形符合没有端部约束的设计假定（换句话说，接头是有柔性的）。同时研究也证实了当有焊缝端部绕焊时，连接接头会有更大的塑性变形，尽管两者（有/无焊缝端部绕焊）的接头承载力并无显著差别。

当使用平行于受力方向的纵向角焊缝将荷载传递至受轴向荷载构件的端头时，称这种焊缝为“端头受荷”（“end-loaded”）角焊缝。这种焊缝的典型实例包括（但不限于）：（1）在轴向受荷构件端头的纵向焊接搭接接头；（2）用于连接承压加劲肋的焊缝；（3）其他类似的情况。对于不考虑“端部受荷”的纵向受荷角焊缝，其典型实例包括（但不限于）：（1）连接钢板或型钢形成组合截面的焊缝，其中的剪力作用于每条焊缝的加长段上（取决于剪力沿构件长度的分布）；（2）梁-梁腹板或次梁-主梁腹板间连接角钢和剪力板上的连接焊缝，由于从梁或主梁腹板到焊缝的剪力流沿焊缝长度基本上是均匀的，也就是说，这种焊缝不是“端头受荷”焊缝，尽管焊缝所受到的荷载作用方向与焊缝轴是平行的。对于连接承压加劲肋的焊缝也不使用折减系数 β，因为加筋肋和焊缝并不承受所计算的轴向力作用，而仅仅是起到保持腹板平整（不翘曲）的作用。

“端头受荷”角焊缝沿着焊缝方向的应力分布是不均匀的，和纵向角焊缝的刚度及所连接母材刚度之间有着密切的关系。经验表明，当焊缝长度约等于或小于焊缝尺寸的 100 倍时，可以合理地假定，焊缝的全长都能起到承载作用。当焊缝长度大于焊缝尺寸的 100 倍时，应取其有效长度小于实际长度。在第 J2. 2b 条中所给出的折减系数 β，与欧洲标准 CEN(2005) 中所给出的值相当，这是一个经简化的指数分布公式的近似值，在欧洲经过了多年的有限元分析和试验研究开发得到了该指数公式。本条规定对焊缝尺寸小于 1/4in(6mm) 的角焊缝承载力标准值，以及当焊缝尺寸大于 1/4in(6mm) 时焊缝的端头会产生稍小于 1/32in (1mm) 的位移（基于经验判断，达到了正常使用极限状态）的情况做了综合考虑。由经验数学计算公式给出的折减系数 β，随着焊缝长度与焊缝尺寸的比值 w 加大并超过 300 时，焊缝的有效长度开始下降，造成焊缝越长其承载力会逐渐下降，这是不合理的。因此，当焊缝长度大于焊脚尺寸的 300 倍时，其有效长度取 $0.6(300)w=180w$。

在大多数情况下，角焊缝末端的处理不会对连接的承载力或使用的可靠性产生影响。然而，有时会对连接的性能产生影响，并且如果连接受到幅值和频率足够大的循环荷载作用时，焊缝上的弧坑就会对焊缝的静力承载力和/或抵抗裂纹发展的能力产生影响。这时，对接头端部的焊缝末端构造处理方法要作具体的规定，以保证焊缝的截面形状和性能符合要求。在一些焊缝截面形状和焊缝上出现弧坑影响不大的部位，焊缝可以一直施焊到构件端头。多数情况下，在不到接头端头就终止焊缝一般不会降低焊缝的承载力。因距接头端头一两个焊缝尺寸终止焊缝而产生的焊缝的面积损失，在焊缝承载力计算中通常对此并不考虑。只有在焊缝长度很短的情况才会明显受其影响。

对下列情况需要特别予以注意：

（1）当搭接接头的一块板件超过了与其焊接的板件端头（或边缘），且如果这些板件在搭接接头的端头受到拉应力作用时，那么在未受到应力作用的板边就终止焊缝是会产生很大影响的。一个典型例子是桁架的 T 型钢弦杆和腹杆之间的搭接接头，焊缝不得延伸到 T 型钢弦杆腹板的边缘（如图 C-J2-5 所示）。避免在关键部位出现焊接弧坑的最好方法是，从边缘稍微回来一点的地方开始引弧 (strike the welding arc)，且朝着背离边缘的方向施焊（如图 C-J2-6 所示）。当刚性连接节点中的连接角钢与梁腹板在端头焊接时，与连接角钢没有焊接的梁腹板是不受应力作用的，因此，角焊缝沿连接角钢的两侧和底边一直焊到梁的顶端（如图 C-J2-7 所示）。

（2）如果在设计中按柔性连接节点考虑，必须距连接角钢的角钢肢或 T 型钢翼缘的边缘有相当一段长度不进行焊接，以提供足够的柔性。试验研究表明，无论其焊缝端头有无绕焊，连接焊缝的静承载力是相同的，因此，焊缝端头是否采用绕焊可自行选择，但如果采用绕焊，那么必须限制绕焊的长度不超过 4 倍焊缝尺寸（Johnston 和 Green，1940）（如图 C-J2-8 所示）。

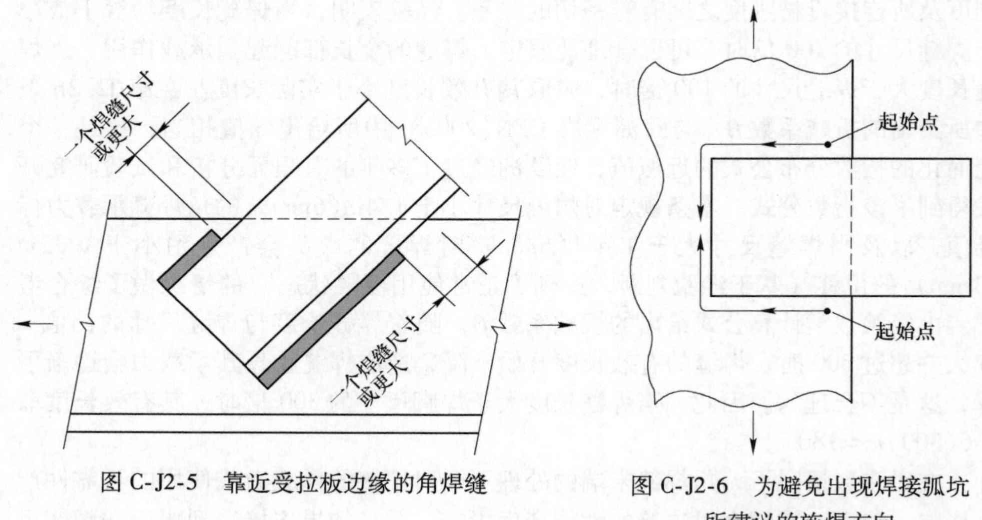

图 C-J2-5　靠近受拉板边缘的角焊缝

图 C-J2-6　为避免出现焊接弧坑所建议的施焊方向

与梁腹板的焊缝
要延伸到梁的端头

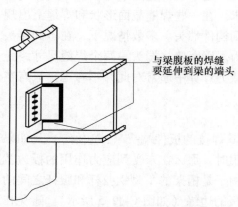

图 C-J2-7　连接角钢上的角焊缝构造

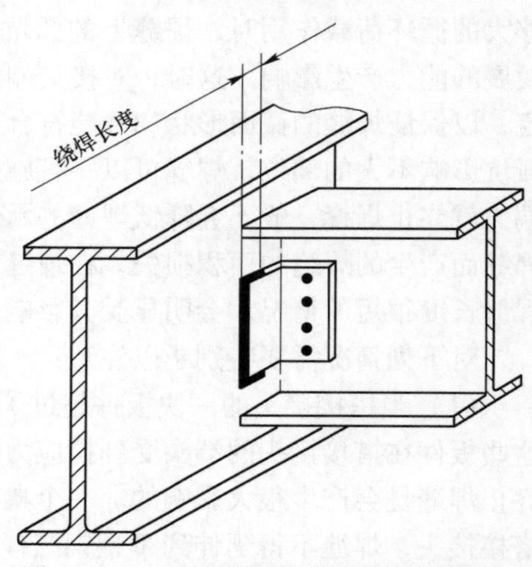

图 C-J2-8　柔性连接中除了受疲劳作用的连接外，焊缝端头是否绕焊可自行选择

(3) 经验表明，当板梁跨间的腹板横向加劲肋端头与翼缘没有焊接时（常规的施工做法），在铁路或公路所使用的板梁中，荷载作用点附近的翼缘会出现少量的扭转畸变，并可能导致很高的平面外弯曲应力（会一直达到屈服点），并在腹板和翼缘焊缝的焊趾部位出现疲劳裂纹，甚至在带有顶紧加劲肋的板梁中也观察到了这种现象。如果腹板在加劲肋焊缝端点与腹板和翼缘焊缝之间留出一个"活动间隙"（"breathing room"）不焊，就可以有效地限制这种平面外应力的强度并防止开裂发生。不焊接距离不得超过腹板厚度的 6 倍，这样在不焊接长度内就不会发生柱子腹板屈曲。

(4) 当在同一个平面的两边都有角焊缝时，从平面的一边绕到另一边在拐角处连续焊接是很困难的，会在板件的角部形成凹坑。因此，必须在拐角处中断焊缝（如图 C-J2-9 所示）。

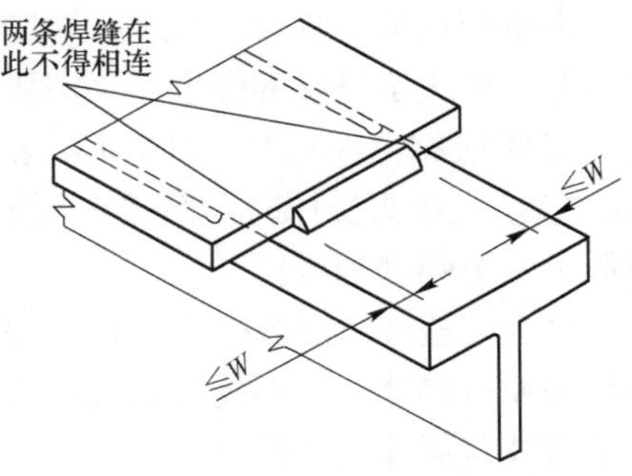

图 C-J2-9　在同一个平面的两边都有角焊缝时的构造要求

3. 塞焊缝和槽焊缝

塞焊缝是一种在一个接头构件的圆孔中制成，并将该构件与另一个构件熔合在一起的焊缝。槽焊缝则是一种在一个接头构件的细长孔中制成的焊缝。塞焊缝和槽焊缝都只适用于搭接接头。应该注意的是当塞焊缝和槽焊缝用于承受循环荷载作用的结构时，这种焊缝的抗疲劳性能是十分有限的。

在圆孔或槽孔中的角焊缝并不是塞焊缝。"熔焊缝"（puddle weld）通常用于楼承板与支承钢梁的连接，与塞焊缝是不同的。

3a. 有效面积

按照第 J2. 3b 条所给出的塞焊缝和槽焊缝，其焊缝的承载力受到焊缝与母材之间熔合面积大小的影响。采用孔或槽的总面积来确定焊缝的有效面积。

3b. 限定条件

塞焊缝和槽焊缝仅用于承受剪切荷载作用，或者用来避免横截面中的板件出现屈曲的情况，如截面高度较大的轧制型钢的腹板补强板。只有当所施加的荷载在接头材料之间产生剪力的情况下才能使用塞焊缝和槽焊缝——这种焊缝不是用来承受直接拉伸荷载的。对于在孔或槽中的角焊缝不受此限制。

为了便于焊接熔合，本节规定了孔和槽几何尺寸的限定条件。在深、窄的孔/槽中，焊工很难施焊，也看不清孔/槽的底部。在难以施焊的部位，焊接熔合就有可能会受到限制，从而降低了连接承载力。

4. 承载力

焊缝承载力受母材强度或敷焊的焊缝金属强度所控制。表 J2-5 中给出了焊缝承载力的标准值，抗力分项系数 ϕ 和安全系数 Ω，以及关于敷焊金属（焊材）强度等级的规定。

由全熔透坡口焊缝（CJP）焊接的接头承载力，无论该接头受拉还是受压，其承载力取决于母材的强度，不需要计算全熔透坡口焊缝的承载力。当接头受拉时，需要根据 AWS D1. 1/D1. 1M 表 3-1 的规定，采用与强度匹配的敷焊金属（焊材）。当接头受压时，敷焊金属的强度最多可以降低 10ksi(70MPa)，相当于降低了一个强度等级。

当全熔透坡口焊缝受到平行于焊缝轴的拉伸或压缩荷载作用时，譬如箱形柱角部的坡口焊缝，并不传递横过接头的主要荷载。在这种情况下，没有必要计算全熔透坡口焊缝的承载力。

受拉接头采用全熔透坡口焊缝的目的是保证与母材等强，因此要求敷焊金属的强度等级与母材相匹配。试验研究表明，即使敷焊金属的强度等级低于匹配要求，全熔透坡口焊缝也并没有显示出受压破坏的特点。因敷焊金属不匹配从而产生不可接受的变形的情况尚未得到证实确定，但可以采用一个偏于安全的标准强度等级。根据敷焊金属强度分类来计算焊缝强度的接头，可以采用等于或小于任何的匹配敷焊金属强度来进行设计。选用敷焊金属应遵循 AWS D1. 1/D1. 1M 的相关规定。

由于在超出敷焊金属的屈服强度之前，并没有发现敷焊金属到达受压极限状态，因此部分熔透（PJP）坡口焊接头的抗压承载力标准值要高于其他形式的接头。

当按第 J1. 4（2）款的要求设计受压连接中的部分熔透坡口焊缝时，由于焊缝周边的母材也能够传递荷载，因此这种连接的承载力就不能只考虑焊缝的承载力。当不按第 J1. 4（2）款进行设计时，必须考虑连接中最关键的组件可能是焊缝，也可能是母材，来进行连接设计。

部分熔透坡口焊缝抗拉承载力 F_{EXX} 前面的系数 0. 6 是人为指定的折减系数，自 20 世纪 60 年代初以来，就一直采用这个系数来弥补接头中非熔合部位形成的缺陷、因无法实施无损探伤而造成的焊根质量的不确定性以及缺少对焊材冲击韧性的具体要求等问题所产生的影响。

以往，柱子拼接都是采用相对小的部分熔透坡口焊缝。通常，可以借助吊装用的辅助工具来承受施工荷载。柱子的拼接接头和柱脚板上是用来承压的。考虑到吊装完成的构件，其拼接接头和柱脚板上的接触面可能并不贴合，因此第

M4. 4 条给出了相应的规定，以确保一定程度的贴合，从而限制敷焊金属和其周边母材产生的变形。采用这种焊缝的目的是要控制柱子就位，而不是传递压力。此外，在常规的安装施工中，可以调整柱子拼接部位很小变形所产生的影响。同样，对柱脚板的要求以及常规的安装施工，也可以保证在柱脚的承压作用。由于当柱子承压时，敷焊金属会产生变形，随后变形就会停止，因此，不需要考虑敷焊金属中的压应力作用。

其他采用部分熔透坡口焊接接头的连接构件，可能会受到意外荷载的作用，并且安装时可能会存在间隙。对于安装完成后要参与承压的这些连接，其焊缝的坡口组对可能达不到第 M4. 4 条所规定的要求，但可以预计会参与一部分承压，要根据第 J1. 4（2）款所规定的要求，采用表 J2-5 中给出的抗力分项系数（安全系数）、承载力和有效面积来设计这些连接焊缝。对于安装完成后不参与承压的连接构件，要采用表 J2-5 中给出的有效承载力和有效面积，用总荷载来设计连接焊缝。

在表 J2-5 中，角焊缝的承载力标准值是根据有效面积来确定的，而所连接部件的承载力则与各部件的厚度有关。图 C-J2-10 所示为角焊缝和母材的剪切平面。

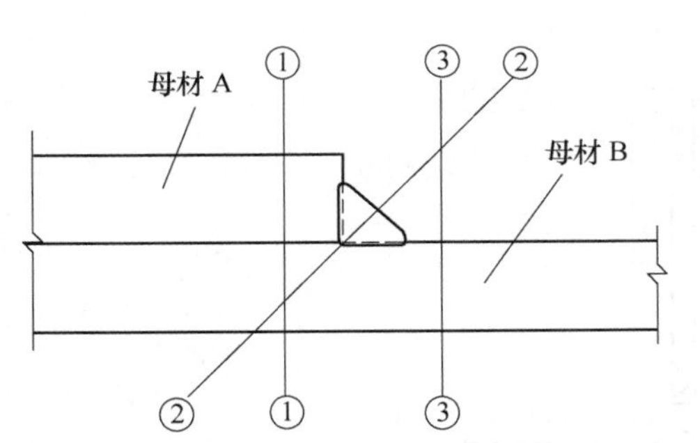

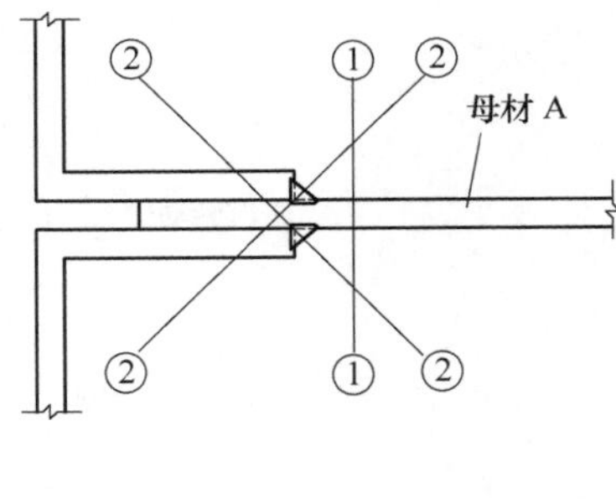

图 C-J2-10　当角焊缝受纵向剪力时的剪切平面

（1）在平面①—①内，其承载力由母材 A 的抗剪强度控制。

（2）在平面②—②内，其承载力由焊材的抗剪强度控制。

（3）在平面③—③内，其承载力由母材 B 的抗剪强度控制。

焊接接头的承载力是每个剪力传递平面的计算承载力中的最低者。应该注意，平面①—①和平面③—③的位置远离焊缝和母材之间的熔合区域。试验表明，在确定角焊缝的抗剪承载力时该熔合区域的应力不是最关键的（Preece，1968）。

图 C-J2-11 所示为塞焊缝和部分熔透坡口焊缝的焊缝和母材剪切平面。通常母材的剪切强度起控制作用。

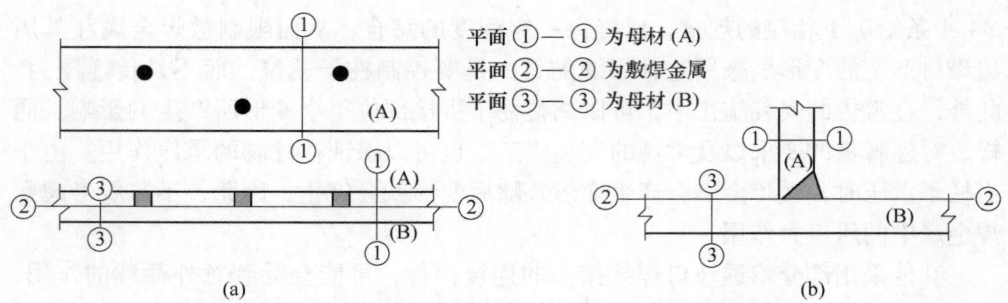

图 C-J2-11　塞焊缝和部分熔透坡口焊缝的剪切平面

(a) 塞焊缝；(b) 部分熔透坡口焊缝

当作用于焊缝群的剪力不通过其形心时，偏心荷载会在焊缝所连接的各部件之间产生相对转动和平移。转动会绕着被称为瞬时转动中心点产生。它的位置取决于荷载偏心距、焊缝群布置的几何尺寸以及在相对于焊缝轴不同角度的焊缝单元力作用下所产生的焊缝变形。

可以假定每个单独的焊缝单元力与穿过瞬时中心和焊缝单元位置的线相垂直的一条直线上起作用（如图 C-J2-12 所示）。

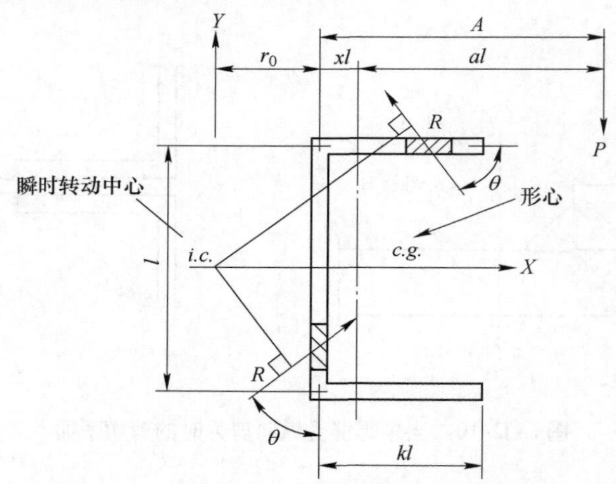

图 C-J2-12　焊缝单元力关系图

可以根据单根焊缝单元的荷载-变形关系确定焊缝群的极限抗剪承载力。最初由 Butler 等人（1972）针对 E60(E43) 焊条得到了这种关系。在 Lesik 和 Kennedy(1990) 的研究报告中，提出了有关 E70(E48) 焊条的关系曲线。

与螺栓的荷载-变形关系不同，焊缝中的承载力和变形性能取决于所产生的焊缝单元力与焊缝轴的夹角，如图 C-J2-12 所示。焊缝实际的荷载-变形关系如图 C-J2-13 所示，该关系曲线摘自 Lesik 和 Kennedy(1990) 的研究资料。需要从国际单位制向美制转换，以下焊缝承载力 R_n 公式按常用的单位制给出：

$$R_n = 0.852(1.0 + 0.50\sin^{1.5}\theta)F_{EXX}A_w \qquad \text{(C-J2-1)}$$

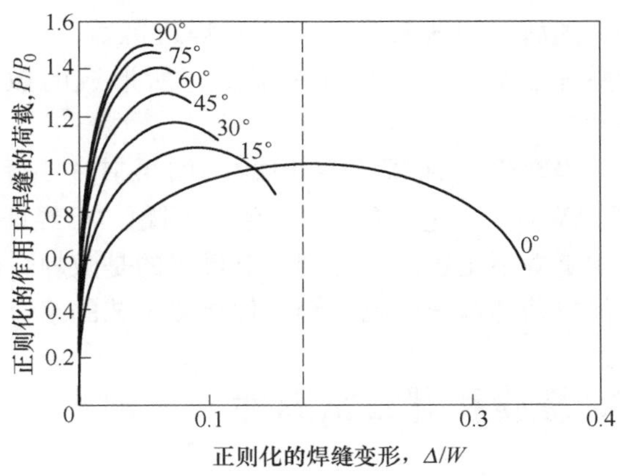

图 C-J2-13　荷载-变形关系曲线

由于纵向受荷焊缝（$\theta=0°$）的承载力最大值为 $0.60F_{EXX}$，因此针对任何焊接技术和焊接工艺的变化，本规范条款对公式中的折减系的计算困难，限定焊缝单元的最大变形为 $0.17w$。为了便于设计，$f(p)$ 使用了一个简单的椭圆公式，来近似接近由 Lesik 和 Kennedy（1990）所提出的多项式拟合经验公式。2010 年之前，仅在受荷载作用的焊缝群单元平面上考虑角焊缝承载力的增加。Gomez 等人（2008）所进行的试验研究指出，式（J2-5）中规定的承载力增加不限于在荷载作用的平面上。

偏心荷载可以由所有焊缝单元来共同承受，并且当正确定位瞬时中心时，平面内的三个静力平衡公式（$\sum F_X=0$，$\sum F_Y=0$，$\sum M=0$）就可以得到满足。为了确定符合收敛精度要求的瞬时转动中心，研制开发了相关的数值技术（Brandt，1982）。

5. 组合焊缝

对于由部分熔透坡口焊缝和角焊缝叠加的组合焊缝，在确定其组合焊缝承载力时，总的焊喉尺寸不是简单地将角焊缝的焊喉和部分熔透坡口焊缝焊喉相加。这时，必须确定组合焊缝的焊喉（取最后一道焊缝的表面到焊根的最小尺寸），并根据该尺寸来进行设计。

6. 敷焊金属要求

由焊缝衬板产生的作用应力、残余应力及几何缺陷的切口效应会增加对断裂的敏感性。此外，一些敷焊金属在采用某些焊接工艺时会导致焊缝的冲击韧性降低。因此，对于那些承受较大应力作用和有冲击韧性要求的接头，本规范规定了敷焊金属的最低冲击韧性。当热轧型钢的翼缘厚度超过 2in（50mm）时，选用的敷焊金属的冲击韧性应比母材的冲击韧性水平高一个级别。

7. 混合焊材

当混合使用不兼容的敷焊金属时会出现一些问题，这时需要采用冲击韧性较高的复合敷焊金属。例如，采用焊丝有铝脱氧剂的自保护药芯焊丝工艺进行定位焊，随后采用埋弧焊（SAW）焊道覆盖，就可能会形成具有较低冲击韧性的混合敷焊金属，尽管每种焊接工艺所形成的敷焊金属本身可以具有足够的冲击韧性。

当敷焊金属混合使用时，如果其中一种采用了自保护药芯焊丝电弧焊（FCAW-s）工艺，这时可能会出问题。已经证实受拉和延伸性能的变化所造成的影响是微不足道的。受到影响最大的是敷焊金属的冲击韧性。目前，相互兼容的自保护药芯焊丝电弧焊和其他焊接工艺的组合，其技术已相当成熟。

J3. 螺栓和螺纹紧固件

1. 高强度螺栓

除了在本规范中另有规定外，一般来说，使用高强度螺栓应符合《高强度螺栓的结构连接接头规范》（*Specification for Structural Joints Using High- Strength Bolts*）（RCSC，2009）的规定，该规范由结构连接研究委员会（Research Council on Structural Connections）正式批准。Kulak（2002）对高强度螺栓的性能和使用做了概述。

有时会需要采用直径超过 ASTM A325/A325M 和 ASTM A490/A490M 标准所允许（或长度超出这些强度等级螺栓现有供货范围）的高强度螺栓。当接头需要采用直径超过 $1\frac{1}{2}$in（38mm）或长度超过 8in（200mm）的高强度螺栓时，第 J3. 1 条允许使用 ASTM A449 和 ASTM A354 e BC 等级和 BD 等级的螺杆。需要注意的是，锚栓应优先指定选用 ASTM F1554 材料。

规范中的高强度螺栓按其材料强度等级分为两组：具有与 ASTM A325 相近强度的 A 组（Group A）螺栓；具有与 ASTM A490B 相近强度的 B 组（Group B）螺栓。

螺栓安装采用栓紧至密贴状态是最经济的安装工艺，在承压型连接的螺栓中也可使用这种安装方法，但规范要求采用预拉型螺栓除外。只有受拉或受拉剪组合作用的 A 组螺栓和受剪的 B 组螺栓，用于设计中可以不考虑松动或疲劳的部位时，安装时可以采用栓紧至密贴状态。为了了解同一个连接中由于螺栓预紧程度的变化所造成的可能的强度上的降低，开展了两项研究。研究发现，即使采用 ASTM A490 紧固件，同一个连接中螺栓预紧程度的变化不会导致明显的强度损失。更多详细的资料，请参见第 J3. 6 条的条文说明。

对于采用栓紧至密贴状态安装的螺栓的最小或最大的预紧力未做规定。唯一的要求是，螺栓要把所连接的各层板件牢固地结合在一起。连接中的某些部分可能会无法接触，这取决于材料的厚度和由于焊接所产生的变形。

在结构设计中，有些连接部位希望有滑移存在，以便在一种可控的方式下来考虑接头的膨胀和收缩。这时无论是否需要在垂直于滑移的方向传递力，都应该先用长柄扳手人工拧紧螺母，然后向回拧 1/4 圈。此外，建议将螺栓的丝扣变形，或者使用锁紧螺帽或扁螺帽，以确保在使用过程中螺帽不会发生松动。通常的做法是用锤和錾子损坏丝扣。注意不推荐采用将螺帽与螺栓螺纹点焊的做法。

2. 螺栓孔的尺寸和应用

在所有符合本规范相关规定的用途当中，都可以采用标准圆孔或槽长方向与荷载方向垂直的短槽孔。此外，为了给在安装过程中框架的垂直度调整提供一定的裕度，经设计人员的批准，可以使用三种类型的扩大孔。只可以在高强度螺栓连接中采用这些扩大孔，并应符合第 J3. 3 条和 J3. 4 条的相关规定。

3. 最小间距

标准圆孔、大圆孔或槽孔中心的最小间距取紧固件公称直径的 $2\frac{2}{3}$ 倍（宜取公称直径的 3 倍）是为了便于施工，并且不必满足第 J3. 10 条中的承压和撕裂承载力要求。

4. 最小边距

在以前版本的钢结构设计规范中，针对剪切边以及对于轧制边或热切割边，在表 J3-4 和表 J3-4M 中分别给出了最小边距。由于第 J3. 10 条和第 J4 节的规定是用来避免超过承压和撕裂极限的，同时适用于热切割边、锯切边和剪切边，并且所有螺栓孔都必须满足这些规定。因此，表 J3-4 和表 J3-4M 中的边距是工艺标准，而与板边缘的切割条件或制作方法无关。

5. 最大间距和边距

限制边距，使其不超过所连接板件厚度的 12 倍，且不超过 6in（150mm）的规定，这是为了万一发生表面涂层损坏时避免潮气进入，避免板件之间可能积水而产生锈蚀，从而造成这些板件分开。对于暴露于大气腐蚀作用中，未经涂装的耐候钢构件，这个限制更加严格。纵向间距仅适用于由钢板、型钢或两块钢板组成的部件。对于诸如不受大气腐蚀作用的背靠背的角钢部件，其连接螺栓的纵向间距可以按结构要求设置。

6. 螺栓和螺纹紧固件的抗拉及抗剪承载力

通常，受拉紧固件会同时受一些弯曲作用，这是由于所连接板件的变形而造成的。因此，抗力分项系数 ϕ 和安全系数 Ω 的取值会相对保守一些。表 J3-2 中的抗拉承载力标准值可根据下式得到：

$$F_{nt} = 0.75F_u \tag{C-J3-2}$$

该式中的系数0.75考虑了普通尺寸螺栓的螺纹部分有效面积与螺栓杆体面积比的近似值。因此，A_b定义为螺栓无螺纹的杆体截面积，而表J3-2中的F_{nt}值则是按$0.75F_u$计算得到。

由式（C-J3-2）给出的抗拉承载力与螺栓安装方式（采用预拉型或采用栓紧至密贴状态）是无关的。试验结果证实，受拉、且不受疲劳作用的ASTM A325和A325M螺栓的性能并不受初始安装状态的影响（Amrine和Swanson，2004；Johnson，1996；Murray等人，1992）。虽然该公式是针对螺栓连接开发的，它也可以用于螺纹紧固件，但会偏于保守（Kulak等人，1987）。

对于ASTM A325或A325M螺栓的F_u而言，螺栓直径的大小并没有太大区别，虽然当螺栓直径超过1in(25mm)时，其最低抗拉承载力F_u会较低。做这种细分并没有得到充分的证实，尤其是考虑到抗力分项系数ϕ和安全系数Ω偏于保守、受拉面积与总面积之比有所加大以及其他补偿因素时。

表J3-2中的抗剪承载力标准值，是根据以下计算公式得到的（取四舍五入至最接近的整数，ksi）：

（1）当螺纹不在剪切平面内时：

$$F_{nv} = 0.563F_u \tag{C-J3-3}$$

（2）当螺纹在剪切平面内时：

$$F_{nv} = 0.450F_u \tag{C-J3-4}$$

系数0.563考虑了剪力/拉力比为0.625以及长度折减系数为0.90的影响。系数0.450等于0.563的80%，这是考虑了当螺纹在剪切平面内时螺纹部分面积的折减。对于长度小于等于38in(965mm)的连接，初始折减系数可取0.90。对于承压型连接中的剪力来说，抗力分项系数ϕ和安全系数Ω与初始折减系数0.90相结合，可以在长度小于或等于38in(965mm)的连接中适应不均匀应变的影响和二阶效应。

在只有少量紧固件组成且长度不超过约16in(406mm)的连接中，不均匀应变对承压型紧固件抗剪的影响可以忽略不计（Kulak等人，1987；Fisher等人，1978；Tide，2010）。对较长的受拉和受压接头，不均匀应变会在紧固件之间产生荷载分配，靠近端部的荷载在总荷载中占非常高的比例，所以，每个紧固件的最大承载力会下降。本规范对连接长度没有加以限制，但当连接长度超过38in(965mm)时，要求用0.75代替初始折减系数0.90来确定螺栓连接抗剪承载力。对于设计柱子用的折减值，可以将表列值乘以（0.90/0.75 = 0.833）作为替代值。

这里所进行的讨论主要适用于端头受拉和受压的连接，但为了简单起见，对于连接长度小于或等于 38in(965mm）的所有连接都可以适用。当主梁和次梁中采用的剪切型连接，其长度大于 8in(965mm）时，就没有必要采取第二次折减。端头受荷载作用和端头不受荷载作用连接的可参见图 C-J3-1 中所示图例。

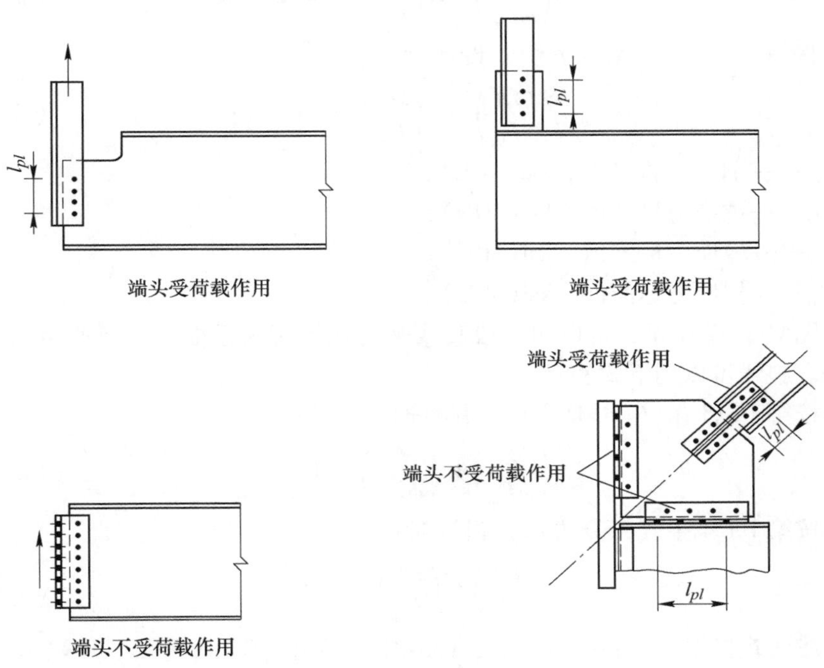

图 C-J3-1　端头受荷载作用和端头不受荷载作用的连接实例

l_{pl}—紧固件布置长度

当确定紧固件的抗剪承载力时，面积 A_b 应乘以剪切面的数量。尽管计算公式是针对螺栓连接的，也可以用于螺纹紧固件，但是会偏于保守。有关 ASTM A307 螺栓的值可按式（C-J3-4）得到，但任何情况下都必须加以说明，而不论螺纹紧固件的所在位置。

有关本节中规定条款的进展，在 RCSC 规范的条文说明（RCSC，2009）中对此有更多信息资料。

在表 J3-2 的注 C 中规定，对采用 ASTM A307 螺栓，当其所连接的钢板厚度超过螺栓直径的 5 倍时，每增加 $\frac{1}{16}$in(2mm)，表列数值应折减 1%，沿用了针对长铆钉所规定的折减值。由于材料强度类似，所以决定采用类似的折减值。

7. 承压型连接中的拉剪组合作用

试验研究表明，当承压紧固件承受由外荷载产生的拉剪组合作用时，可通过椭圆函数关系来确定其承载力（Kulak 等人，1987），关系式可表示为：

当按第 B3.3 条（LRFD 方法）设计时：

$$\left(\frac{f_t}{\phi F_{nt}}\right)^2 + \left(\frac{f_v}{\phi F_{nv}}\right)^2 = 1 \qquad \text{(C-J3-5a)}$$

当按第 B3.4 条（ASD 方法）设计时：

$$\left(\frac{\Omega f_t}{F_{nt}}\right)^2 + \left(\frac{\Omega f_v}{F_{nv}}\right)^2 = 1 \qquad \text{(C-J3-5b)}$$

式中 f_v——剪应力设计值，ksi(MPa)；

f_t——拉应力设计值，ksi(MPa)；

F_{nv}——剪应力标准值，ksi(MPa)；

F_{nt}——拉应力标准值，ksi(MPa)。

如图 C-J3-2 所示，可以用三段直线来替代椭圆关系曲线，所产生的偏差是很小的。斜线可以用下式表示。

当按第 B3.3 条（LRFD 方法）设计时：

$$\left(\frac{f_t}{\phi F_{nt}}\right) + \left(\frac{f_v}{\phi F_{nv}}\right) = 1.3 \qquad \text{(C-J3-6a)}$$

当按第 B3.4 条（ASD 方法）设计时：

$$\left(\frac{\Omega f_t}{F_{nt}}\right) + \left(\frac{\Omega f_v}{F_{nv}}\right) = 1.3 \qquad \text{(C-J3-6b)}$$

上述两式根据式（J3-3a）和式（J3-3b）导出（Carter 等人，1997）。

后两个表达式的优点是当存在拉应力时，对剪应力可不做修正（同样，当存在剪应力时，对拉应力也可不做修正）。应该注意，将式（J3-3a）和式（J3-3b）进行改写，求得单位面积上的抗剪承载力标准值 F'_{nv}，为拉应力设计值 f_t 的函数。这些表达式为：

当按第 B3.3 条（LRFD 方法）设计时：

$$F'_{nv} = 1.3F_{nv} - \frac{F_{nv}}{\phi F_{nt}} f_t \leqslant F_{nv} \qquad \text{(C-J3-7a)}$$

当按第 B3.4 条（ASD 方法）设计时：

$$F'_{nv} = 1.3F_{nv} - \frac{\Omega F_{nv}}{F_{nt}} f_t \leqslant F_{nv} \qquad \text{(C-J3-7b)}$$

第 J3.7 条采用的是线性关系；通常，使用椭圆关系曲线也是可以的（如图 C-J3-2 所示）。使用椭圆关系曲线的类似表达式为：

当按第 B3.3 条（LRFD 方法）设计时：

$$F'_{nv} = F_{nt}\sqrt{1 - \left(\frac{f_v}{\phi F_{nv}}\right)^2} \qquad \text{(C-J3-8a)}$$

当按第 B3.4 条（ASD 方法）设计时：

$$F'_{nv} = F_{nt}\sqrt{1-\left(\frac{\Omega f_v}{F_{nv}}\right)^2} \tag{C-J3-8b}$$

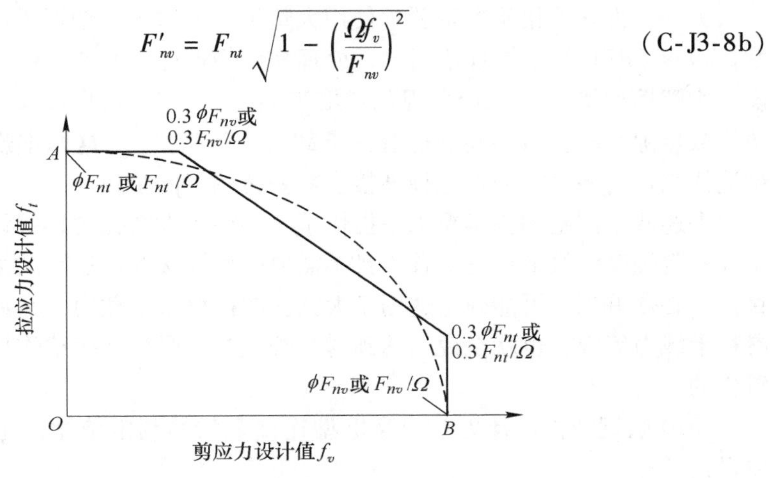

图 C-J3-2　椭圆解的直线表达

8. 摩擦型连接中的高强度螺栓

多年来摩擦型连接的设计规定大体上一直保持相同。采用间隙为 1/16in 的标准圆孔的原有条款，是基于在规范荷载作用下，当使用标准扳手紧固时，其螺栓连接产生滑移的概率为 10%。这相当于受到约 1.4～1.5 倍规范荷载的作用后连接出现滑移。由于抗滑移承载能力属于正常使用极限状态设计，这会是一个比较合适的安全系数。根据《RCSC 指南—螺栓连接和铆接接头的设计标准》(*RCSC Guide to the Design Criteria for Bolted and Riveted Joints*)(Kulak 等人，1987)，本节条款进行了修订，其中包括了关于大圆孔和槽孔（Allan 和 Fisher，1968）的规定。修订内容涉及承载力容许值的降低，其中大圆孔承载力降低 15%，与荷载作用方向垂直的长槽孔承载力降低 30%，与荷载作用方向平行的长槽孔承载力则降低 40%。

除了一些细微的更改和增加了 LRFD 方法的设计规定外，在 2005 版规范以前，摩擦型连接的设计方法基本上没有很大的变化，在 2005 版的 AISC 钢结构设计规范中，对于责任工程师所要求使用的摩擦型连接，提高了可靠性要求。增加该项规定的原因有两个，一方面，由于使用大圆孔比较经济，在摩擦型连接中得到了广泛应用，特别是在大型栓接桁架和重型垂直支撑系统中；另一方面，RCSC 规范的条文说明中指出，只有责任工程师才可以认定，在使用荷载作用下连接所产生的滑移是否会降低框架承受设计荷载的能力，但对此 RCSC 规范并没有给出如何做的任何指导意见。当在正常使用荷载作用下的滑移会降低结构承受设计荷载的能力时，2005 版 AISC 钢结构设计规范提供了一种在设计荷载作用下的抗滑移设计方法。

另外，许多连接构造都要求使用大垫板。但对这种垫板还需要作进一步的开发。1999 LRFD 钢结构规范指出，处理采用垫板还有另外一种选择，即“将接头设计为摩擦型接头”。RCSC 规范指出：“接头应按摩擦型接头设计。当接头中有垫板或填隙片时，该接头的抗滑移承载力不得折减”。这两本规范都要求按承压型连接来进行验算，通常这种连接会需要使用大的垫板。

上述两个问题的答案看来是提供了一种使用大圆孔的连接设计方法，可以用于在一定强度等级下抵抗滑移，且不需要验算连接的承压承载力。为了实现这一目标，必须首先尽可能确定适用于大圆孔的抗滑移承载力。然后必须确定一个抗滑移承载力等级，也就是说当达到这个等级时，受设计荷载作用的连接是可以抗滑移的。

2010 版钢结构设计规范中摩擦型连接条款的制定依据，主要源自三个研究项目：

（1）Dusicka 和 Iwai（2007）为结构连接研究委员会（Research Council on Structural Connections）所进行的有关带垫板摩擦型连接的评估研究。该项研究对于所有带垫板摩擦型连接提出了相应的结论。

（2）Grondin 等人（2007）所开展的一个分为两部分的研究，一部分是在所有现有资料中搜集和整合抗滑移承载力数据；另一部分是根据这些数据对摩擦型连接进行可靠度分析。该项研究为了检验在摩擦型连接中是否需要更高的可靠度，对一个大跨度的屋面桁架结构体系进行了分析评估。

（3）Borello 等人（2009）对 16 个摩擦型连接进行了试验研究，这些连接采用了标准圆孔和大圆孔，且分别为设有或未设厚垫板。

在研发和制定 2010 版规范的摩擦型连接条款时，主要考虑了以下内容：

（1）A 级表面的抗滑移系数。Grondin 等人（2007）对试验过程做了严格的评估，剔除了大量不符合规定的试验结果。得出的结论是，建议 A 级表面的抗滑移系数取值为 0.31～0.32。存在的问题是要考虑清除钢材表面轧制氧化皮所带来的不确定性。当前关于镀锌钢材表面的数据表明，还需要开展更多的试验研究，美国镀锌协会（American Galvanizers Association）正资助开展一系列试验研究，来确定是否需要对镀锌钢材表面的抗滑移系数做进一步的改变。

（2）B 级表面的抗滑移系数。根据油漆制造商对滑移试验的评估，以及连接的抗滑移承载力结果（Borello 等人，2009），B 级表面的抗滑移系数也许有可能会略微加大一些，但现有数据不够充分，无法在 2010 版规范中作出改变。

（3）大圆孔和预拉力损失。Borello 等人（2009）的研究明确表明，使用大圆孔不存在额外的预拉力损失，并且采用大圆孔的连接与采用标准圆孔的对照组的抗滑移承载力相当接近。

（4）使用转角法达到更高的预拉力。要提前知道采用什么样的预紧方法才

能让 D_u 值达到 1.13（如同用校准扳手法得到的值）是十分困难的。但是，当得到责任工程师的批准时，本规范允许使用更高的 D_u 值。

（5）抗剪/承压承载力。 Borello 等人（2009）的研究证实，采用设有垫板的大圆孔连接，无论垫板的尺寸，都能形成有效的承压承载力。随着垫板尺寸的不同，连接的抗剪承载力会有一些变化，而采用厚垫板时与无垫板相比，连接的抗剪承载力会折减约 15%。

（6）摩擦型连接中的垫板。 Borello 等人（2009）指出，垫板的厚度并不会降低连接的抗滑移承载力。Borello 等人（2009）以及 Dusicka 和 Iwai（2007）的研究表明，设有多块垫板（如图 C-J3-3 所示）的连接，其抗滑移承载力会下降。我们认为应在设计公式中包括一个反映垫板数量的系数（即垫板折减系数）。焊在所连接的构件上的一块钢板或者连接板上的钢板，不属于垫板，因此无需考虑垫板折减系数。

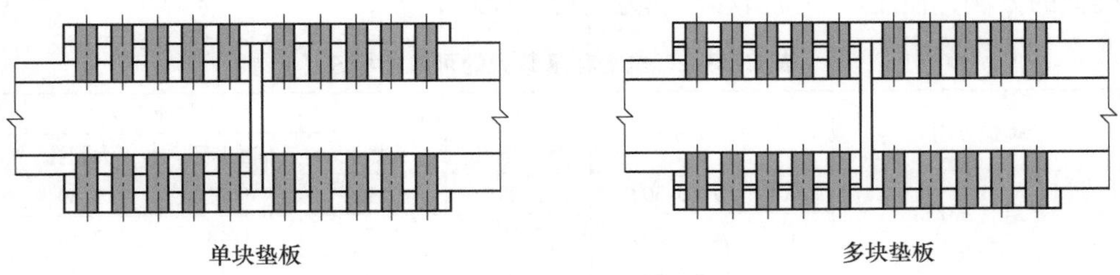

图 C-J3-3　单块或多块垫板布置图

2010 版规范的摩擦型连接条款基于以下结论意见：

（1）根据 A 级表面上的摩擦型连接的均值和变异系数，采用 $\mu = 0.31$，而不是 0.33 或 0.35。预计对于 A 级和 B 级表面的摩擦型连接，采用 $\mu = 0.30$ 可以达到更加一致的可靠度。选择 $\mu = 0.30$ 以及与之相匹配的抗力分项系数和安全系数。

（2）在公式中加入了一个反映使用多块垫板时的系数 h_f，得到抗滑移承载力标准值为：

$$R_n = \mu D_u h_f T_b n_s \tag{C-J3-9}$$

式中，h_f 为垫板折减系数，反映了在摩擦型连接中设有多块垫板时抗滑移承载力的折减。

（3）D_u 为根据统计分析得到的一个参数，用统计方法来计算抗滑移承载力标准值与安装方法，规定的最小预拉力和所选定的滑移概率水平相关。

（4）垫板的表面制备必须等于或高于连接中的其他接触面的抗滑移系数。

（5）当采用大圆孔或槽孔时，设计中抗滑移承载力的折减并不是由于在试验中检测到抗滑移承载力有所下降，而是用来反映滑移所产生后果的一个系数。

它大致保持在 0.85 的水平上，但可以作为增加连接抗滑移承载力的一个系数。

本规范还正式规定，在第 E6 节组合受压构件中使用的一种特殊抗滑移连接中，必须采用预拉型螺栓并且连接面至少达到 A 级表面要求，但连接设计应采用螺栓的承压承载力。制定这项规定是为了避免受压构件部件之间在端部产生相对移动。

当采用转角法紧固螺栓时，使用大圆孔和平行于荷载作用方向的槽孔，其抗滑移承载力的可靠度水平（见表 C-J3-1）超过了本规范中与主要构件承载力标准值相关的可靠度水平。当采用其他紧固方法时，抗滑移承载力的可靠度水平超过了以前的水平，并且足以避免在荷载作用下预计会产生塑性变形的部位出现滑移。由于标准圆孔与大圆孔相比，前者所产生滑移的影响要小于后者，因此使用标准圆孔的可靠度系数会低于大圆孔的可靠度系数。有了这些所增加的有关连接可靠度的数据，就可以采用与 RCSC 规范（RCSC，2009）和旧版的 AISC 规范相类似的方法，使用单一抗滑移承载力进行设计。

表 C-J3-1　抗滑移承载力的可靠指标 β

螺栓分组	螺栓级别	转角法		其他方法	
		标准圆孔	大圆孔	标准圆孔	大圆孔
A 组（A325）	A 级（μ = 0.30）	2.39	2.92	1.21	1.80
	B 级（μ = 0.50）	2.78	3.52	1.48	2.16
B 组（A490）	A 级（μ = 0.30）	2.01	2.63	1.31	1.90
	B 级（μ = 0.50）	2.47	3.20	1.60	2.28

9. 摩擦型连接中的拉剪组合作用

如果摩擦型连接受到拉力作用，其抗滑移承载力就应予以折减。系数 k_{sc} 是一个对抗滑移承载力标准值进行折减的系数，由式（J3-4）给出，该系数为所作用拉力的函数。

10. 螺栓孔的承压承载力

关于销轴承压承载力的规定不同于螺栓的承压承载力规定，具体请参阅第 J7 节的相关内容。

承压承载力值是用来衡量受螺栓挤压材料的强度，并不是用来保护紧固件的。因此，不论其连接紧固件剪切承载力大小，或者在承压范围内螺栓是否有螺纹存在，所有由螺栓装配的接头都可以采用相同的承压承载力值。

可以通过螺栓孔的承压变形或受螺栓挤压材料的撕裂（螺栓到螺栓的块状剪切撕裂）来确定材料的承压强度。Kim 和 Yura（1996）以及 Lewis 和 Zwerneman（1996）等人给出了在承压条件下的承压承载力计算方法，其中承压承载力标准

值 R_n 等于 $CdtF_u$，C 等于 2.4、3.0 或 2.0（取决于螺栓孔的类型和/或在极限荷载作用下是否考虑螺栓孔的变形），具体内容可见第 J3.10 条所示。然而，上述研究表明，当撕裂破坏可能起控制作用时，就需要使用不同的承压承载力规定。因此，给出了与螺栓孔净距 L_c 有关的承压承载力计算公式，该公式与 RCSC 规范（RCSC，2009）中的计算式是一致的。

Frank 和 Yura（1981）的研究表明，当承压力增加到超过 $2.4dtF_u$ 时，尤其是当其净截面上作用有拉力时，即使不发生撕裂，螺栓孔通常会达到大于 1/4in(6mm) 的伸长量。对与一个合力的作用方向相垂直的长槽孔，当其承压力超过 $2.0dtF_u$ 时也会发生同样的情况（螺栓孔伸长）。预计螺栓孔产生变形的承压力上限为 $3.0dtF_u$ [变形大于 1/4in(6mm)]。

此外，为了简化和推广这种承压承载力的计算方法，目前的规定采用了一种基于螺栓孔净距的计算公式。以前的规定采用了边距和螺栓孔中心间距，再使用调整系数来考虑各种不同孔型和槽孔的方向，以及最小边距要求。

在该节中所增加的“使用说明”中指出，可以根据第 J3.6 条的有效抗剪承载力或根据第 J3.10 条的承压承载力来确定受剪的单根螺栓的有效承载力。连接的有效承载力是单根螺栓有效承载力的总和。虽然连接中一部分螺栓的有效承载力会低于其他螺栓，但是连接具有足够的延性，使得所有螺栓都能达到其各自的有效承载力。

12. 受拉紧固件

在钢管壁受拉的连接节点中布置螺栓时，必须进行合理的分析，以确定适当的极限状态。除了考虑适用于紧固件受拉力作用的极限状态外，还应考虑在钢管壁上形成屈服线机制和/或从钢管壁拔出的情况。

J4. 构件连接处的部件及连接件

1. 构件连接处部件及连接件的抗拉承载力

试验研究表明，如果螺栓连接拼接板的净截面与毛截面面积之比 A_n/A_g 大于或等于 0.85（Kulak 等人，1987），螺栓连接的拼接板会在其净截面达到抗拉极限承载力之前出现毛截面上的屈服。由于连接部件的长度比构件长度小，毛截面上只会产生有限的塑性变形。

因此，考虑到连接部件有限的塑性变形能力，并提供必要的变形储备，将连接部件的有效净面积 A_e 限定为 $0.85A_g$。试验还表明，可以通过在构件中应力承载力的分配来限制 A_e。这时可以采用如 Whitmore section 分析方法来计算 A_e [译者注：Whitmore section 法是一种在承受拉力或压力作用的连接端头（如支撑与节点板连接处或其他类似部位），计算有效截面面积的理论方法]。

2. 构件连接处部件及连接件的抗剪承载力

2005 年之前，剪切屈服的抗力分项系数取 0.90，其安全系数相当于取 1.67。在 ASD 规范中，容许剪切屈服应力为 $0.4F_y$，相当于安全系数为 1.5。为了使 2005 版钢结构设计规范中的 LRFD 方法与以前版本的 ASD 规范取得一致，剪切屈服的抗力分项系数和安全系数则分别成了 1.0 和 1.5。因此，经过相当长时间 ASD 方法的应用实践验证，将使用 LRFD 方法的承载力设计值提高约 10% 是完全合理的。

3. 块状剪切撕裂承载力

对于翼缘切口梁的试验研究表明，会沿螺栓孔的边界产生一种撕裂破坏模式（破裂），如图 C-J4-1 所示（Birkemoe 和 Gilmor，1978）。这种块状剪切模式是一个平面上的受拉破坏和在与之相垂直平面上的剪切破坏相结合的模式。其破坏路径是由螺栓孔的中心线来定义的。

块状剪切破坏模式并不限于发生在翼缘切口梁的两端；图 C-J4-1 和图 C-J4-2 中还给出了其他实例。在焊接连接的周边，也必须对块状剪切破坏模式进行验算。

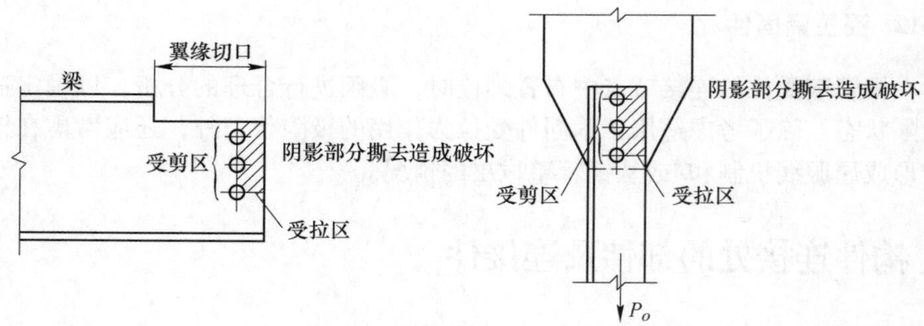

图 C-J4-1　块状剪切撕裂极限状态的破坏面

本规范采用了一种偏于安全的模型来预测块状剪切承载力。翼缘切口梁腹板和角钢的破坏模式与节点板的破坏模式是不同的，因为节点板的剪切抗力仅存在于一个平面上，这时必定会有块状钢材发生一定程度的转动，来提供总抗力。

虽然在端头平面上可以观察到穿过净截面的受拉破坏，但拉应力并不是均匀分布的（Ricles 和 Yura，1983 年；Kulak 和 Grondin，2001 年；Hardash 和 Bjorhovde，1985 年）。在式（J4-5）中引入了一个折减系数 U_{bs}，来近似反映受拉面上的应力不均匀分布。在图 C-J4-2（b）中，梁端多排螺栓连接中拉应力的分布

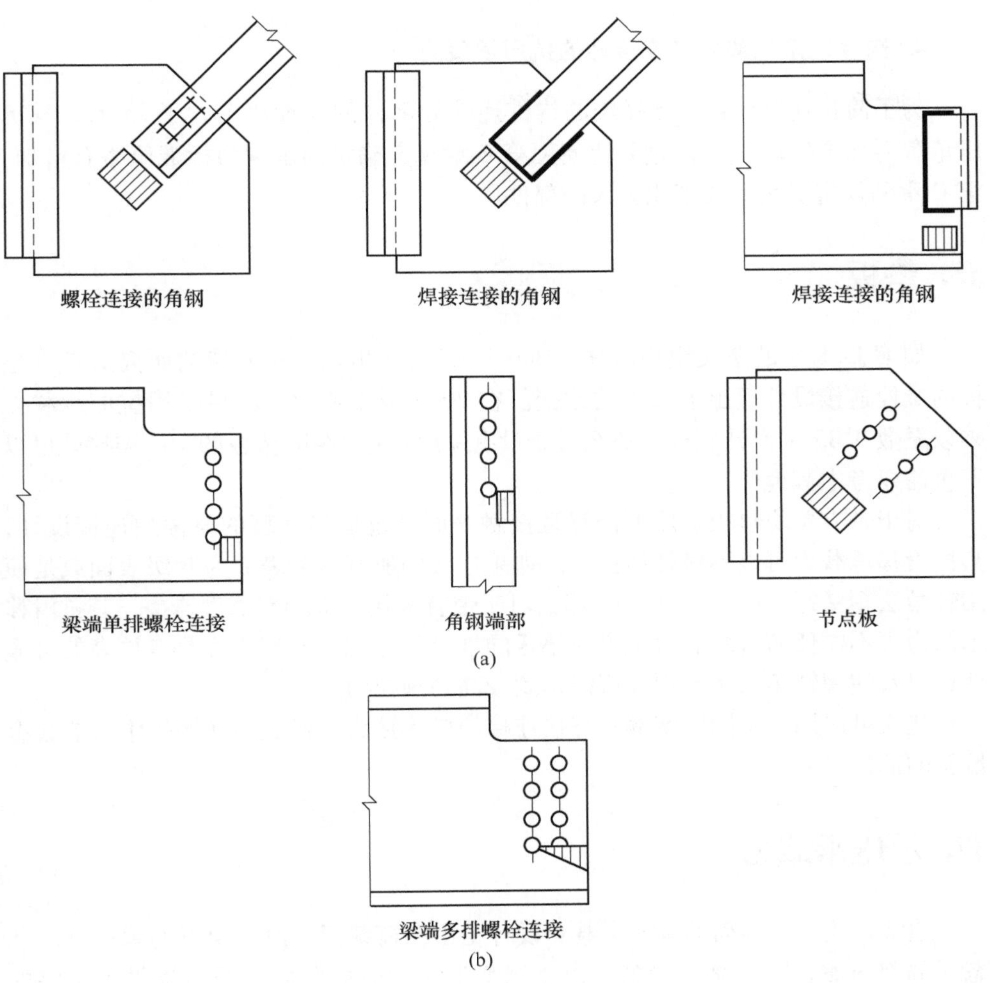

图 C-J4-2 块状剪切时的拉应力分布

（a） $U_{bs}=1.0$；（b） $U_{bs}=0.5$

是不均匀的，因为大部分剪力会由靠近梁端的那排螺栓来承受。对于图 C-J4-2 没有说明的情况，U_{bs}可取（1-e/l），其中 e/l 是荷载与作用于形心的抗力之间的偏心除以块的长度。这与 Kulak 和 Grondin(2001)、Kulak 和 Grondin(2002) 以及 Yura 等人（1982）所提出的试验研究数据相符合。

块状剪切断裂（撕裂）现象不是一种屈服极限状态。然而，如果 $0.6F_uA_{nv}$超过 $0.6F_yA_{gv}$时，受拉面会开始发生撕裂，那么在剪切面上就可能会完全达到屈服。因此，式（J4-5）规定 $0.6F_uA_{nv}$不得超过 $0.6F_yA_{gv}$（Hardash 和 Bjorhovde, 1985）。式（J4-5）与第 D 章中受拉构件的原理是一致的，式中毛截面面积用于屈服极限状态，净截面面积用于破裂极限状态的计算。

4. 构件连接处部件及连接件的抗压承载力

为了简化连接计算，当受压的构件连接处部件的长细比不大于 25 时，其抗压承载力标准值取 $F_y A_g$。这要比使用第 E 章规定确定的承载力标准值略有增加。第 E 章的规定适用于长细比更大的部件。

J5. 垫板

如第 J3.8 条的条文说明所述，Borello 等人（2009）所开展的研究对带有垫板的螺栓连接设计提出了重大的改变。在 2010 版规范中，如果采用抗剪承载力乘以系数 0.85 来设计螺栓，那么对于设有厚度超过 3/4in 垫板的承压连接就可以不再需要考虑其他作用了。

对于带有单块垫板、厚度任意且接触表面经过适当处理的摩擦型连接设计，其抗滑移承载力可以不做任何折减。如果连接的所有接触表面为 B 级表面或是使用转角法预紧螺栓的 A 级表面，那么对于带有多块垫板的摩擦型连接，其抗滑移承载力可不作任何折减。对于多块垫板的规定是考虑到 B 级表面具有更高的可靠性，以及使用转角法预紧螺栓可以达到较高的预拉力。

垫板可以用于不同厚度部件焊接连接的搭接接头，或者用在接头中可能会有偏置的部位。

J7. 承压承载力

通常，经加工表面的承压承载力设计是由在荷载标准值作用下的承压极限状态（局部压缩屈服）来控制的。由于当变形增大时屈服后承载力提供了足够的安全性，因此经铣磨的接触面的承压承载力标准值会超过其屈服承载力。这一特性已在有关销轴连接的试验研究（Johnston，1939）和滚轴支座的试验研究（Wilson，1934）中得到了证实。

J8. 柱脚及在混凝土上的承压

本节的有关规定与 ACI 318（ACI，2008）中相应条款完全一致。

J9. 锚栓及埋设件

“锚栓”是指嵌固在混凝土中的带螺纹钢棒，用来对钢结构进行锚固。“钢棒”一词很明确地表明了是带螺纹的钢棒，而不是结构用的螺栓，应使用第 A3.4 条中所规定的材料按照表 J3-2 的相应要求，按照带螺纹部件进行设计。

一般来说，必须根据柱脚处的最大弯矩来确定锚栓所承受的最大拉力，且建筑物在侧向荷载作用下的倾覆所引起柱脚上提会加大锚栓中的拉力。

柱脚剪力不是由柱脚板和锚栓之间的承压来承担的。即使柱脚板与基础的抗滑移系数很小，由柱子上的垂直荷载所产生的摩擦力也可以将柱子剪力传递到基础。但是设支撑框架和抗弯框架的柱脚会是例外，可能在此部位需要将柱脚锚固在混凝土基础中或者在基础顶部设置剪力键来传递比较大的剪力。

表 C-J9-1 和表 C-J9-1M 中所列出的锚栓孔尺寸应该能适应锚栓锚固在混凝土中时所发生的变化。当使用适当的垫圈时，大锚栓孔并不会影响结构的整体性能。垫圈孔可以冲压而成或热切割而成稍微带有锥状的圆孔。

表 C-J9-1　锚栓孔直径　(in)

锚栓直径	锚栓孔直径
$\frac{1}{2}$	$1\frac{1}{16}$
$\frac{5}{8}$	$1\frac{3}{16}$
$\frac{3}{4}$	$1\frac{5}{16}$
$\frac{7}{8}$	$1\frac{9}{16}$
1	$1\frac{13}{16}$
$1\frac{1}{4}$	$2\frac{1}{16}$
$1\frac{1}{2}$	$2\frac{5}{16}$
$1\frac{3}{4}$	$2\frac{3}{4}$
≥2	$d_b+1\frac{1}{4}$

表 C-J9-1M　锚栓孔直径　(mm)

锚栓直径	锚栓孔直径
18	32
22	36
24	42
27	48
30	51
33	54
36	60
39	63
42	74

如果采用钢板垫圈来抵抗水平剪力，必须在设计中考虑锚栓受弯，且锚栓的布置必须满足钢板垫圈的净距要求。这时必须特别注意焊接的安全间距、焊接的可操作空间、钢板垫圈的边距以及锚栓和孔边缘容许偏差的影响。

特别重要的是，锚栓位置要和基础钢筋的位置以及柱脚板的整体大小相配合。建议锚栓底部的抗剪键应尽可能小，以避免与基础中钢筋发生冲突。重型六角螺母或锚栓尾端设锻造头有利于混凝土剪切锥（concrete shear cone）的形成。有关柱脚板和锚栓设计，可参见 AISC 设计指南 1：《柱脚板和锚栓设计》（*Design Guide* 1，*Base Plate and Anchor Rod Design*）（Fisher 和 Kloiber，2006）。埋设件设计可参见 ACI318（ACI，2008）和 ACI 349（ACI，2001）；有关施工问题可参见《OSHA 职业安全及健康条例》（*OSHA*，*Safety and Health Regulations*），关于锚栓设计和安装施工的安全要求可参见《标准—29 CFR 1926 子标准 R—钢结构安装（OSHA，2001）》（*Standards—29 CFR 1926 SubpartR—Steel Erection*）（*OSHA*，2001）。

J10. 受集中荷载作用的翼缘和腹板

本节将翼缘和腹板的承载力要求划分为不同的极限状态下的几种类型：翼缘局部弯曲（第 J10.1 条）、腹板局部屈服（第 J10.2 条）、腹板压屈（第 J10.3 条）、腹板侧向屈曲（第 J10.4 条）、腹板受压屈曲（第 J10.5 条）和腹板节点域受剪（第 J10.6 条）。这些极限状态适用于作用力方向与构件翼缘相垂直的两种不同类型的集中力：

（1）单个集中力，可以是拉力（如由受拉吊钩传递来的拉力）或者是压力（如由梁跨间位置的承压板、梁端反力和其他承压连接传递来的压力）。

（2）成对的集中力，一个拉力和一个压力，在受荷构件的同一侧形成一个力偶，譬如通过焊接或螺栓连接的承弯连接传递来的一对集中力。

翼缘局部弯曲仅适用于受拉力作用，腹板局部屈服对受拉和受压都适用，而其他的极限状态只适用于受压力作用。

只有当集中力超过了相应极限状态给出的有效承载力时，柱子腹板才需要设置横向加劲肋（也称为连续板）和腹板补强板。选用截面更大的构件比采用这种加强措施往往会更经济（Carter，1999；Troup，1999）。可以根据不同荷载条件下翼缘上的最大作用力来确定承载力要求，当然承载力要求也可以按附加板件的毛截面面积乘以规定的最低屈服强度 F_y 取值。

可以根据承载力要求与相应极限状态的差值来确定加劲肋和/或腹板补强板及其连接焊缝尺寸。在第 J10.7 和 J10.8 条中给出了加劲肋的构造和其他要求；第 J10.9 条中给出了腹板补强板的相应要求。

1. 翼缘局部弯曲

当拉力通过焊接在翼缘上的钢板作用于构件时，翼缘必须具有足够大的刚度，以避免翼缘变形和与腹板的焊缝位置出现应力集中。

当发生翼缘局部弯曲时，柱子翼缘的有效长度为 $12t_f$（Graham 等人，1960）。因此，可以假定在翼缘上集中荷载作用点的两边各 $6t_f$长度范围会出现屈服。为了使该点（$6t_f$）达到屈服而与模型假定保持一致，因此由式（J10-1）给出的整个翼缘抗弯承载力，要另外再增加 $4t_f$长（总长为 $10t_f$）。在缺少应用研究的情况下，当集中荷载的作用点距构件端部小于 $10t_f$时，规定对翼缘抗弯承载力作 50% 的折减。

最初式（J10-1）给出的翼缘抗弯承载力是针对抗弯连接的，但也适用于单个集中力，如焊接在梁的下翼缘且与梁腹板相垂直的钢板组成的受拉吊杆传递来的拉力。在早期的试验研究中，式（J10-1）给出的翼缘抗弯承载力用来确定焊缝断裂时的承载力下限，由于翼缘变形而导致的应力和应变分布不均匀，从而会加剧这种断裂（Graham 等人，1959）。

最近，关于满足最低（CVN）冲击韧性要求的焊缝试验表明，当超过式（J10-1）给出的翼缘抗弯承载力时，其失效模式已不再是焊缝断裂。相反，可以发现式（J10-1）给出的翼缘抗弯承载力始终小于使得典型柱子截面中柱翼缘产生 1/4in(6mm）变形所需的力（Hajjar 等人，2003；Prochnow 等人，2000）。该翼缘变形量与 ASTM A6 的容许偏差大体相同，如果翼缘变形超过这个水平，则可能对构件性能（如出现翼缘局部屈曲）产生不利影响。尽管在一般的压力作用下也会产生这种变形，但按照惯例，只有在受拉力作用时才需要验算翼缘的局部弯曲（因为最初担心的是焊缝断裂）。因此，对于翼缘受压则无需验算其局部弯曲。

第 J10.1 条规定不适用于承弯的端板连接和采用 T 型钢的连接。当采用这一类连接时，可参见 Carter（1999）或《AISC 钢结构手册》（*AISC Steel Construction Manual*）（AISC，2005b）中的相关内容。

2. 腹板局部屈服

腹板局部屈服条款［式（J10-2）和式（J10-3）］对于受拉和受压的承压连接和承弯连接均适用。这些规定的目的是限制起传力作用的构件腹板的屈服范围。规定是根据两侧直接焊接的梁柱连接试验研究（十字形梁柱连接试验）（Sherbourne 和 Jensen，1957），并且考虑了斜率为 2:1 的应力分布区推导得到的。Graham 等人（1960）进行了拉板试验并建议取应力梯度为 2.5:1。最近的试验研究证实，式（J10-2）和式（J10-3）给出的规定略微偏于保守，并且确定屈服范围长度符合斜率为 2.5:1（Hajjar 等人，2003；Prochnow 等人，2000）。

3. 腹板压屈

腹板压屈条款［式（J10-4）和式（J10-5）］仅适用于受压力作用的情况。最初，术语“腹板压屈”是用来描述现在称之为局部腹板屈服现象的，当时认为还可以用来预测腹板压屈。第一版 AISC LRFD 规范（AISC，1986），首次将局部腹板屈服和局部腹板压屈做了区分。腹板压屈是指腹板在荷载作用下产生皱摺（crumpling）并直接形成波状屈曲（buckled waves），主要发生在比较薄柔的腹板中，而腹板局部屈服则通常会在比较厚实的腹板中出现。

根据 Roberts（1981）所开展研究的成果，提出了式（J10-4）和式（J10-5）。为了更好地体现在构件端头承压长度较长的影响（Elgaaly 和 Salkar，1991），又进行了许多试验研究，提出了针对 $l_b/d>0.2$ 条件的式（J10-5b）。所有试验都是在纯钢梁（bare steel beams）上进行的，而没有任何节点连接或楼盖附件所可能带来的有利影响。因此，这样的规定在实际使用中会偏于保守。Kaczinski 等人（1994）进行了薄柔型腹板的蜂窝箱型梁的试验研究，并证实本规范的这些规定也适用于这种类型的构件。

计算公式是针对承压连接开发的，但通常也适用于承弯连接。可以观察到腹板压屈现象会发生在临近受荷载作用的翼缘的腹板处。因此，为了避免出现这种极限状态，需要设置一块或多块半高的加劲肋，或设置半高的补强板。

4. 腹板侧向屈曲

腹板侧向屈曲条款［式（J10-6）和式（J10-7）］仅适用于受压力作用的承压连接而不适用于承弯连接。在钢梁试验中发现了一些意想不到的失效形态（Summers 和 Yura，1982；Elgaaly，1983），并据此制定了腹板侧向屈曲条款。在这些试验中，对集中荷载作用处的受压翼缘设置了支撑，腹板承受了由作用于翼缘集中荷载所产生的压力和屈曲翼缘导致的拉力（如图 C-J10-1 所示）。

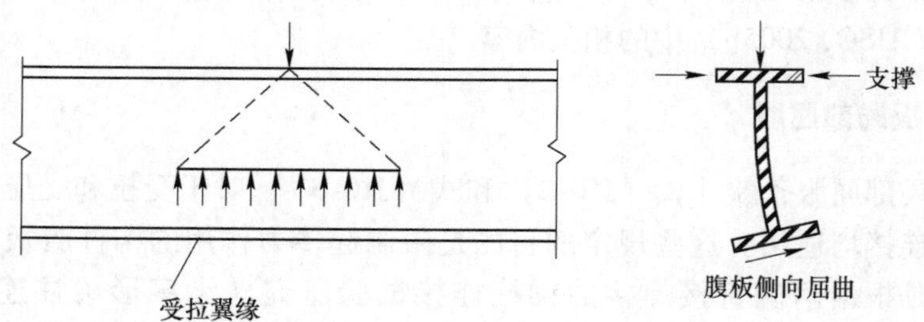

图 C-J10-1　腹板侧向屈曲

在下列情况中不会发生腹板侧向屈曲：

（1）对于转动受到约束的翼缘（如梁翼缘与楼板相连），当：

$$\frac{h/t_w}{L_b/b_f} > 2.3 \qquad (\text{C-J10-1})$$

（2）对于转动未受到约束的翼缘，当：

$$\frac{h/t_w}{L_b/b_f} > 1.7 \qquad (\text{C-J10-2})$$

式中，L_b如图 C-J10-2 中所示。

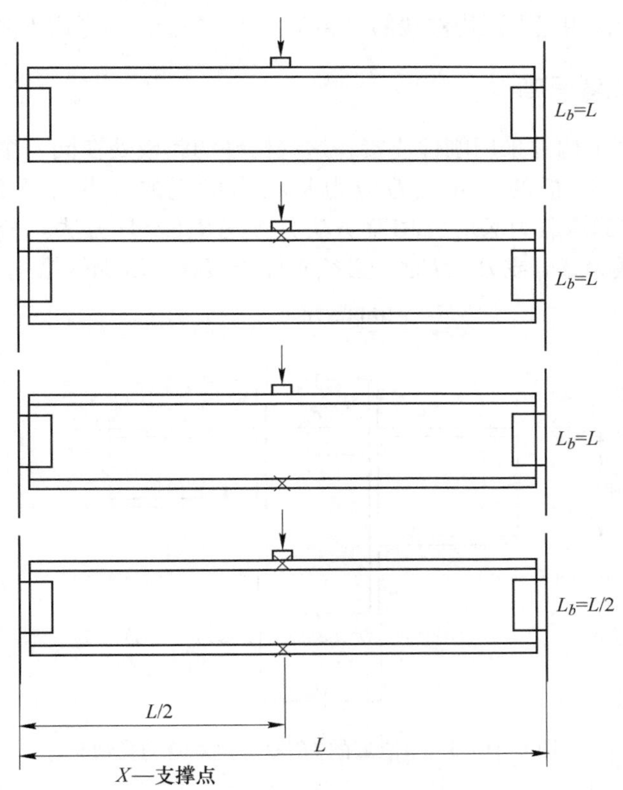

图 C-J10-2　当腹板侧向屈曲时的翼缘无支撑长度

可以通过在荷载作用点设置侧向支撑或加劲肋，来避免腹板的侧向屈曲。建议在荷载作用点处上下翼缘均设置局部支撑，并按集中荷载的 1% 来设计该支撑。如果采用加劲肋，那么加劲肋的高度必须超过梁高的一半。另外，必须在腹板的两边成对设置加劲肋，来承受全部荷载。如果允许受荷载作用的翼缘有转动，则无论加劲肋还是补强板都不起作用。

5. 腹板受压屈曲

腹板受压屈曲条款［式（J10-8）］仅适用于在构件的同一截面的上下翼缘同

时有压力作用的情况，例如在重力荷载作用下的两个背靠背承弯连接的下翼缘就有可能发生这种情况。在这种情况下，必须限制构件腹板的长细比，以避免发生屈曲。式（J10-8）适用于成对的承弯连接，以及其他作用于构件上下翼缘的成对压力，其中 L_b/d 大致小于 1。当 L_b/d 比较大时，应按照第 E 章的相关要求，将构件腹板作为受压构件进行设计。

式（J10-8）所表示的是构件跨间受荷载作用的情况，在没有可供借鉴的研究时，对于压力的作用点靠近构件端部（小于 $d/2$）的情况，考虑 R_n 按 50% 折减。

6. 腹板节点域受剪

当两个或多个构件采用刚性连接，这些构件的腹板处在同一个平面内，此时在刚性连接的柱腹板的边界上剪应力是相当可观的。当沿平面 $A—A$（如图 C-J10-3 所示）的承载力 $\sum R_u$（LRFD 方法）或 $\sum R_a$（ASD 方法）分别超过了柱子腹板的有效承载力 ϕR_n 或 R_n/Ω 时，必须对柱子腹板采取加强措施。

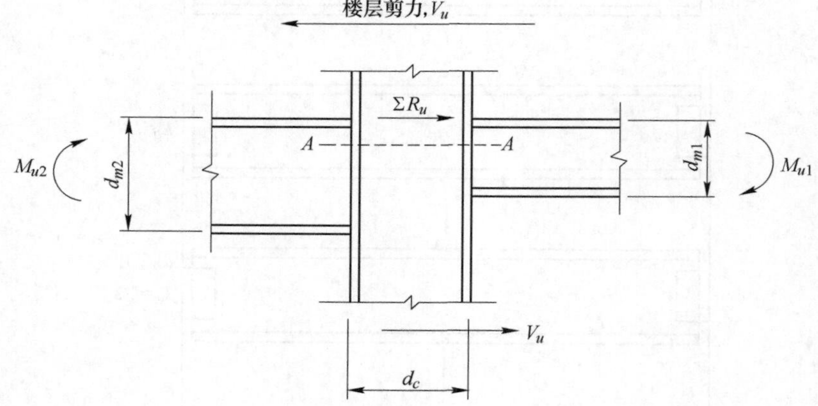

图 C-J10-3　节点域的 *LRFD* 力（*ASD* 力类似）

当按第 B3. 3 条（LRFD 方法）设计时：

$$\sum R_u = \frac{M_{u1}}{d_{m1}} + \frac{M_{u2}}{d_{m2}} - V_u \qquad \text{(C-J10-3a)}$$

式中 M_{u1}——$M_{u1} = M_{u1L} + M_{u1G}$，在连接的迎风面，由侧向设计荷载产生的弯矩设计值 M_{u1L} 和由重力设计荷载产生的弯矩设计值 M_{u1G} 之和，kip · in(N · mm)；

M_{u2}——$M_{u2} = Mu_{2L} - M_{u2G}$，在连接的迎风面，由侧向设计荷载产生的弯矩设计值 M_{u2L} 和由重力设计荷载产生的弯矩设计值 M_{u2G} 之差，kip · in(N · mm)；

d_{m1}，d_{m2}——在承弯连接中翼缘作用力之间的距离，in(mm)。

当按第 B3.4 条（ASD 方法）设计时：

$$\sum R_a = \frac{M_{a1}}{d_{m1}} + \frac{M_{a2}}{d_{m2}} - V_a \quad \text{(C-J10-3b)}$$

式中　M_{a1}——$M_{a1} = M_{a1L} + M_{a1G}$，在连接的迎风面，由侧向设计荷载产生的弯矩 M_{a1L} 和由重力设计荷载产生的弯矩 M_{a1G} 之和，kip·in(N·mm)；

M_{a2}——$M_{a2} = M_{a2L} - M_{a2G}$，在连接的迎风面，由侧向设计荷载产生的弯矩 M_{a2L} 和由重力设计荷载产生的弯矩 M_{a2G} 之差，kip·in(N·mm)。

以往偏于保守地取 d_m 值为梁高的 0.95 倍。

如果 $\sum R_u \leqslant \phi R_n$（LRFD 方法）或 $\sum R_a \leqslant R_n/\Omega$（ASD 方法），则无须进行加强；也就是说，$t_{req} \leqslant t_w$，其中 t_w 是柱子腹板的厚度。

式（J10-9）和式（J10-10）把节点域的性状限制在弹性范围内。同时该节点域在达到初始常规的剪切屈服后具有很大的耗能能力，相应的节点弹塑性变形可能会反过来影响框架或楼层的强度和稳定性（Fielding 和 Huang，1971；Fielding 和 Chen，1973）。节点域剪切屈服会影响框架整体的刚度，并且因而所产生的二阶效应会十分明显。式（J10-10）的剪力和轴力相互作用关系式（如图C-J10-4 所示），给出了处于弹性范围的节点域的特性。

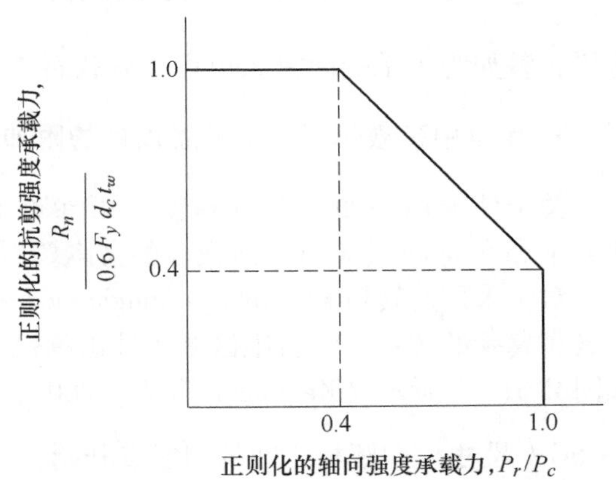

图 C-J10-4　剪力和轴力的相互作用关系——弹性

如果连接具有适当的延性，并且框架分析时考虑了节点域的非弹性变形，那么可以通过以下系数在式（J10-11）和式（J10-12）中考虑附加的非弹性抗剪承载力：$\left(1 + \frac{3b_{cf}t_{cf}^2}{d_b d_c t_w}\right)$，因节点域的弹塑性而抗剪承载力有所提高这一特点，已在高烈度地震区的框架抗震设计中得到应用，并且应将其应用于节点域的设计中，来提高构件的承载力。

式（J10-12）中的剪力和轴力相互作用关系式（如图 C-J10-5 所示）表明，当节点域腹板受剪完全屈服时，柱子中的轴力可以由柱子翼缘来承担。

7. 端部无约束的大/小梁

端部无约束的大/小梁需要设置全高加劲肋，除了在受到约束可以避免沿梁纵向发生扭曲的情况。这些加劲肋应为全高，但可以不与翼缘顶紧。加劲肋与受约束翼缘的连接焊缝不需要跨过内圆角延续到翼缘边，除非出于其他目的而必须

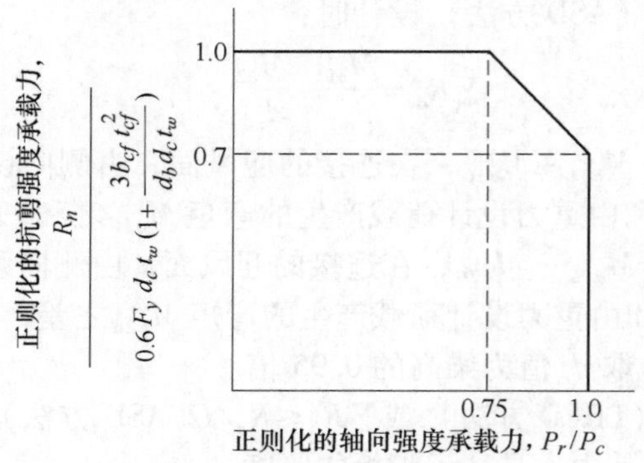

图 C-J10-5　剪力和轴力的相互作用关系——弹塑性

这样，譬如为了承受因翼缘边集中荷载而产生的压力。

8. 受集中荷载作用时加劲肋设计的附加要求

关于柱子加劲肋的设计指南，可参见 Carter（1999），Troup（1999）以及 Murray 和 Sumner（2004）所发表的文献资料。

对于采用旋转矫直（rotary-straightened）方法生产的宽翼缘 H 型钢，会发现在紧靠翼缘的腹板一个有限区域中冲击韧性有所下降，通常称该区域为"k-区"，如图 C-J10-6 所示（Kaufmann 等人，2001）。k-区的定义是从腹板-翼缘内圆角（AISC k 尺寸）和腹板之间的切线点开始，延伸距离为 $1\dfrac{1}{2}$ in(38mm）所形成的腹板区域。继 1994 北岭地震之后，倾向于采用较厚的横向加劲肋（加劲肋与翼缘和腹板为坡口焊），以及较厚的补强板（在补强板与翼缘之间通常采用坡口焊）。但这种焊缝受到很大的约束，可能有时候在制作过程中会出现开裂（Tide，1999）。AISC(1997b）建议，柱子加劲肋的焊缝终止点要远离 k 区。

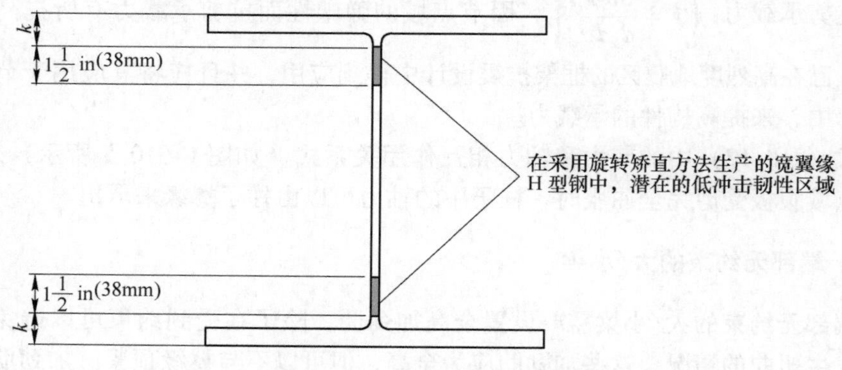

图 C-J10-6　典型的宽翼缘 H 型钢"k-区"

近来的拉板试验研究（Dexter 和 Melendrez，2000；Prochnow 等人，2000；Hajjar 等人，2003）和足尺梁柱接头试验研究（Bjorhovde 等人，1999；Dexter 等人，2001；Lee 等人，2002a）表明，如果柱子加劲肋与腹板和翼缘都采用角焊缝，加劲肋的切角长度大于 $1\frac{1}{2}$ in(38mm)，并且和角焊缝的终止点离切边的距离要小于焊脚长度（如图 C-J10-7 所示），就可以避免上述问题发生。这些试验还表明，加劲肋与腹板和翼缘采用坡口焊缝是没有必要的，而角焊缝表现良好不会出现任何问题。如果对采用角焊缝时加劲肋能否充分发挥作用有所疑问的话，可以将加劲肋的切角尺寸定为沿翼缘取 3/4in(20mm)，沿腹板取为 $1\frac{1}{2}$ in (38mm)。

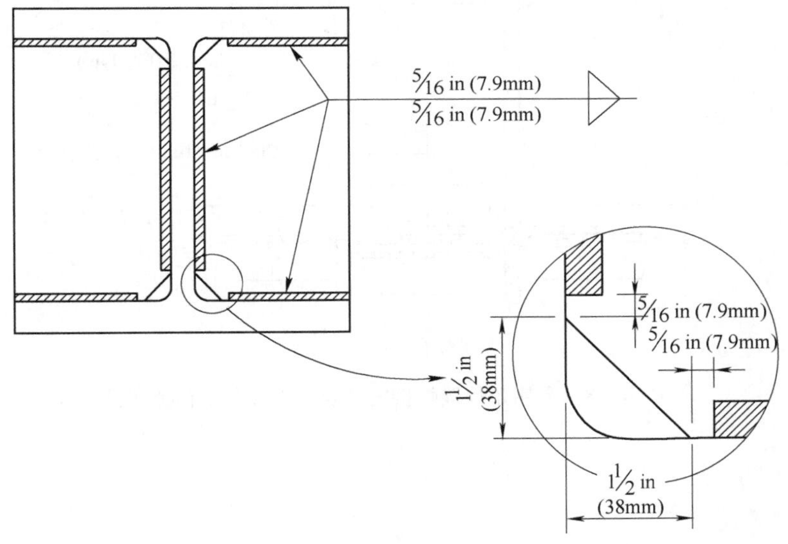

图 C-J10-7　推荐的加劲肋角焊缝布置方式，避免与“*k* 区”接触

在最近的试验中，还表明了补强板与柱子翼缘采用角焊缝的可行性（如图 C-J10-8 所示）（Prochnow 等人，2000；Dexter 等人，2001；Lee 等人，2002a；Hajjar 等人，2003）。研究发现补强板没有必要采用坡口焊缝，并且补强板不需要与柱子腹板完全接触，也能充分发挥其作用。

9. 受集中荷载作用时补强板设计的附加要求

必要时，补强板应根据与荷载类型对应的极限状态来进行设计。构件部件（柱子腹板）和补强板的承载力总和必须满足承载力要求，并且补强板必须与构件的部件焊接。

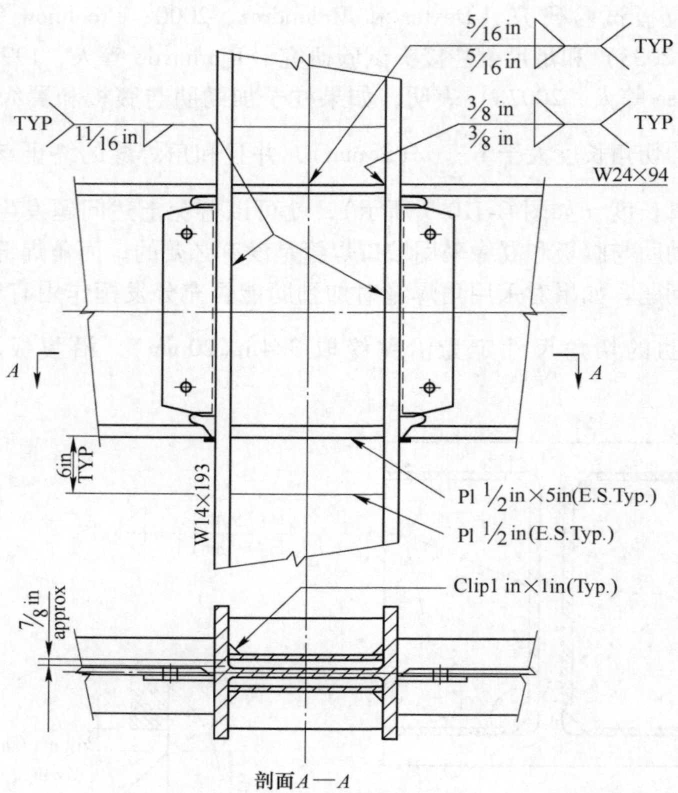

图 C-J10-8 采用角焊缝焊接的补强板与加劲肋构造实例

条文说明 K　钢管和箱型构件连接设计

本规范第 K 章包括了钢管截面（HSS）及箱型截面构件的焊接连接的强度设计。这些规定根据自 20 世纪 60 年代以来关于钢管结构的国际性研究工作中所提出的破坏模式，其中大多数研究是由 CIDECT“国际管结构研发委员会”（International Committee for the Development and Study of Tubular Construction）发起和进行管理的。这项工作也得到了“国际焊接学会”（IIW）的“管结构”分委员会 XV-E 的严格审查。HSS 连接设计建议通常都符合该分委员会的设计建议（IIW，1989）。在本规范中采用相同极限状态下的计算公式，对 IIW 推荐的某些极限状态下的规定作出了一些小的修改。上述 IIW 连接设计建议后来由 CIDECT（Wardenier 等人，1991；帕克等人，1992）发表的设计指南、由“加拿大钢结构协会”（Canadian Institute of Steel Construction）（Packer 和 Henderson，1997）出版的钢管结构设计指南以及在 CEN（2005）中得到了实施和补充。部分 IIW 的设计建议还纳入了 AWS（2010）。截至 20 世纪 80 年代中期，由 CIDECT 研究计划得到的大量研究数据汇总在 CIDECT 的第 6 号专著中（Giddings 和 Wardenier，1986）。关于更多的 CIDECT 出版物和报告的相关信息资料，可登录网站：www. cidect. com 进行浏览查询。

第 K2 节和第 K3 节的适用范围指出，支管构件和弦管构件的中心线必须位于同一个平面上。对于其他接头形式，如多平面的立体空间接头、支管构件端头为部分或完全捏扁的接头、双弦管接头、支管构件有偏移（支管与弦管的中心线不相交）的接头，或者圆形支管连接到方形或矩形弦管上的情况等，可以使用 IIW（1989）、CIDECT（Wardenier 等人，1991；Packer 等人，1992）、CISC（Packer 和 Henderson，1997；Marshall，1992；AWS，2010）中的相应规定，或者采用已经得到验证的其他设计指南或者试验结果。

K1. 承受集中荷载作用的钢管截面

1. 参数定义

第 K 章中所采用的一部分符号可参见图 C-K1-1 的图示说明。

2. 圆形钢管

见第 K1. 3 条的条文说明。

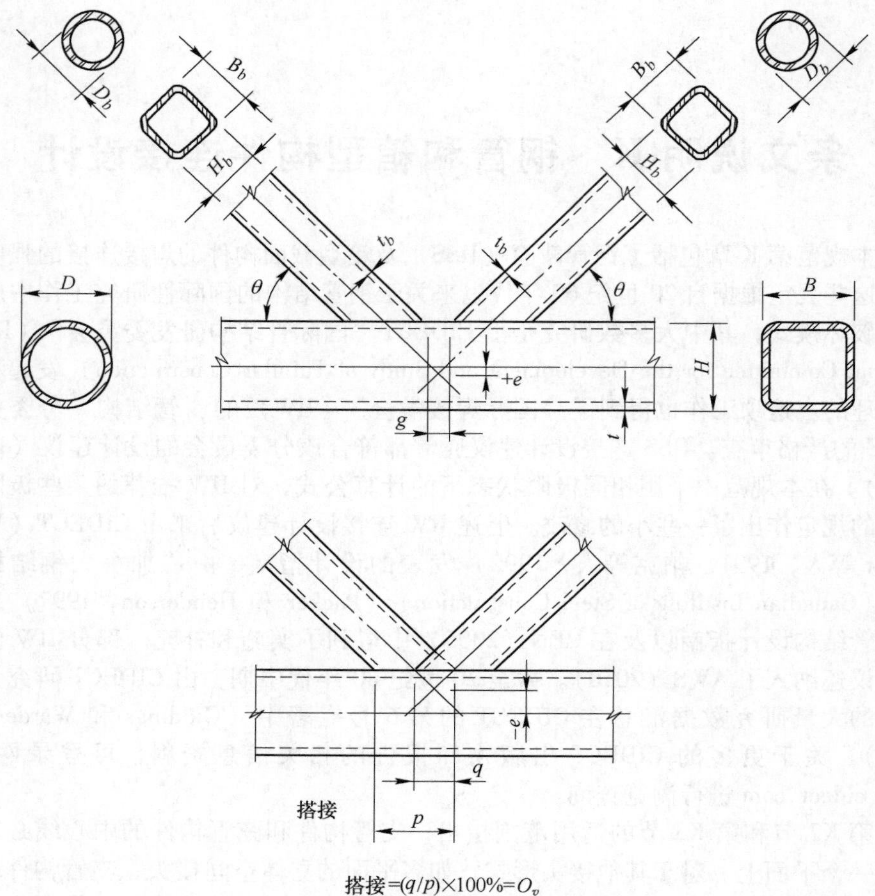

图 C-K1-1 钢管接头的通用符号

3. 矩形钢管

表 K1.1A 适用范围中的条款，主要来自迄今所进行的试验研究结果。

虽然第 K1.2 条和 K1.3 条的内容适用于所有作用于钢管上的集中力，但主要是针对钢板-钢管的焊接接头。绝大多数计算公式（当采用 LRFD 方法设计时，使用了适当的抗力分项系数之后）符合 CIDECT 设计指南 1 和 3（Wardenier 等人，1991；帕克等人，1992），上述两个设计指南按照 CIDECT 设计指南 9 作了更新（Kurobane 等人，2004）。后者（CIDECT 设计指南 9）包括了纵向钢板-矩形钢管接头的修订条款［式（K1-12）］，该计算公式是基于 Kosteski 和 Packer（2003）所发表的大量试验和数值研究结果。矩形钢管的管壁局部失稳极限状态的规定［式（K1-10）和式（K1-11）］，与本规范中其他场合的腹板屈曲失稳表达式相一致，但与 CIDECT 或 IIW 建议并不一致。如果纵向钢板-矩形钢管接头是通过钢管上的一个插槽中穿过钢板，然后将钢板与钢管的正反两面焊接制成的一个“贯穿板接头”（through-plate connection），那么连接的承载力标准值可取式（K1-12）计算值的两倍（Kosteski 和 Packer，2003），即式（K1-13）。

将梁翼缘处理为一对横向钢板并忽略梁的腹板，则用于横向钢板-钢管的计算公式，也可以用于宽翼缘梁-钢管的部分约束承弯连接。对于这种宽翼缘梁连接接头而言，梁弯矩是由梁翼缘中的一对力偶产生的。然后，可以根据钢板-钢管接头的承载力乘以梁翼缘中心线之间的距离得出接头的抗弯承载力。在表 K1-2 中，对于横向钢板-钢管接头，没有对弦管壁塑性化的极限状态进行验算，这是因为在实际情况中这种极限状态并不起控制作用。但是，如果在钢管中有很大的压力荷载存在，如柱子构件，则应该意识到在主要构件中的这种压力荷载，对于接头弦管壁的屈服线塑性化失效模式（借助于系数 Q_f）会产生不利的影响。在这种情况下，设计人员可以使用 CIDECT 设计指南 9 的建议进行设计（Kurobane 等人，2004）。

表 K1-1 和表 K1-2 中包括了用于钢管对纵向钢板接头受剪时的极限状态。这些设计建议是基于 Sherman 和 Ales（1991）以及 Sherman（1995b、1996）等人的研究成果，对大量宽翼缘梁和矩形钢管柱间采用铰接的框架连接进行了研究，其中连接部位主要传递剪力。成本分析表明，单板和单角钢接头是最经济的，双角钢和角焊缝焊接的 T 型接头会比较贵一些，贯穿板接头和卷边焊接的 T 型接头是最贵的（Sherman，1995b）。通过大量的接头试验，矩形钢管柱只确定了一种极限状态：即当一块厚钢板连接到一个壁厚相对薄的钢管上时，会产生因梁端转动而致的冲剪破坏。如果符合式（K1-3）给出的不等式，就可以避免钢管失效的破坏模式。为了保证此项设计规定有效，前提是钢管壁不属于薄柔型截面构件。对于圆钢管柱，已经将式（K1-3）所给出不等式进行了外推，其条件是圆钢管截面不能属于薄柔型截面。

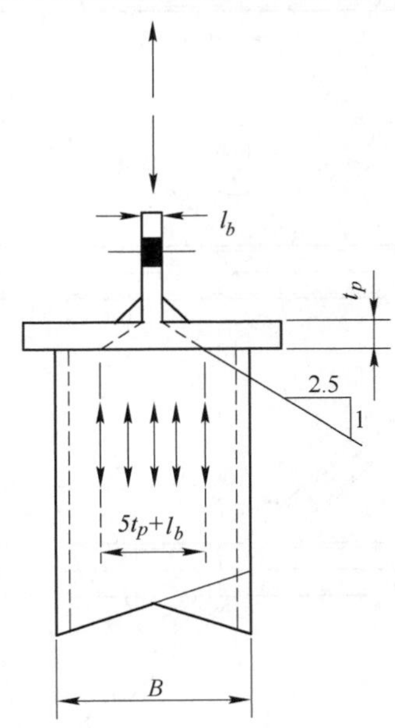

图 C-K1-2　集中力通过盖板的荷载分布

在表 K1-2 中，对通过盖板（或 T 型短柱的翼缘）（如图 C-K1-2 所示）传递荷载的方形或矩形钢管壁的承载力，给出了两种极限状态。一般来说，矩形钢管的尺寸为 $B \times H$，但图中所示，要在横向将承载长度（或宽度）为 l_b的荷载分布到尺寸为 B 的管壁上。可以偏于保守地假定，在 T 形型钢腹板的每一面，荷载分布的斜率为 2. 5∶1（Wardenier 等人，1991；Kitipornchai 和 Traves，1989），这样就形成了一个荷载分布宽度（$5t_p+l_b$）。如果该值小于 B，那么只有在宽度 B 方向的两个管壁（即使两个管壁都只是部分有效）可以有效承受荷载作用。如果（$5t_p+l_b$）≥B，则矩形钢管的四个管壁都会参与承载并充分发挥作用；然而，只有当盖板（或 T 型短柱的翼缘）具有足够的厚度，才可能出现这种情况。

在式（K1-14）和式（K1-15）中，已经偏于安全地忽略了所有焊脚尺寸的大小。如果焊脚尺寸已知，那么就可以假定荷载分布从焊趾开始。图 C-K1-2 所示相同的荷载分布模型，也适用于圆钢管–盖板接头。

K2. 钢管–钢管桁架接头

将钢管桁架接头分类为 K 型接头（包括 N 型接头）、Y 型接头（包括 T 型接头）或者 X 型接头，是基于在接头中的传力方法，而不是根据接头的外观。

图 C-K2-1 所示为接头分类的实例。如第 K2 节所述，当支管构件上的一部分

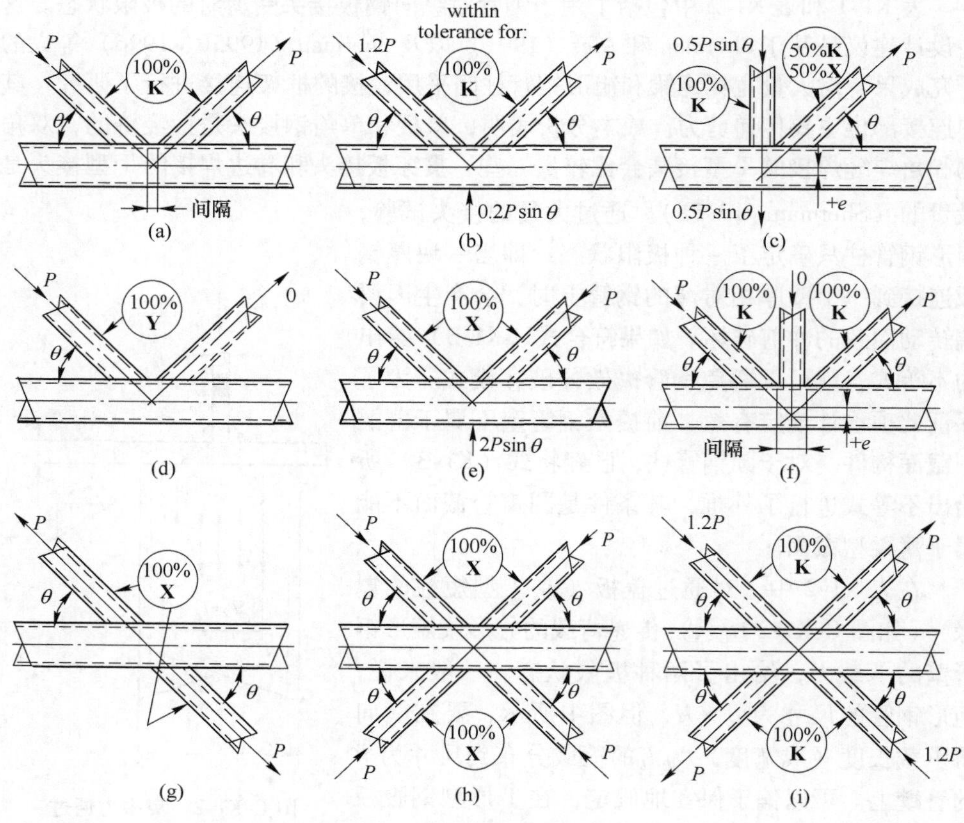

图 C-K2-1　钢管接头分类示例

荷载按 K 型接头传递，而另一部分荷载按 T 型、Y 型或 X 型接头传递时，可以根据支管荷载涉及的每一种传递类型所占比例的线性相互关系，来确定每一根支管的承载力是否足够。图 C-K2-1（b）中的 K 型接头，表示与弦管构件垂直的支管分力之间有可能相差达 20%，并且还是可以被视为具有 K 型接头特性的接头。这是因为在常规桁架中由于一系列节间荷载会在支管构件力之间产生一些变化。然而，图 C-K2-1（c）中的 N 型接头，与弦管构件垂直的支管分力之间的比例达 2:1（相差达 50%）。在这种情况下，要按一种“纯粹的”K 型接头（具有平衡的支管力）和 X 型接头（因为其余的斜支管力是通过接头来传递的，如图 C-K2-2 所示）来对这种接头进行分析。对于这种接头中的斜拉力，还应进行下列验算：

$$(0.5P\sin\theta/\text{K 型接头有效承载力})+(0.5P\sin\theta/\text{X 型接头有效承载力})\leqslant 1.0$$

如果一个带间隙的 K 型接头（或 N 型接头）的间隙尺寸［如图 C-K2-1（a）所示］变大并且超过所允许的偏心值，那么 K 型接头应按两个独立的 Y 型接头考虑。在如图 C-K2-1（e）所示的 X 型接头中，其中的支管靠得很近或者重叠在一起，这两个支管所共同“覆盖”的区域可以作为弦管上的荷载作用区域。图 C-K2-1（d）所示的 K 型接头中，其中一根支管受力很小甚至不受荷载作用，这时可按 Y 型接头考虑。

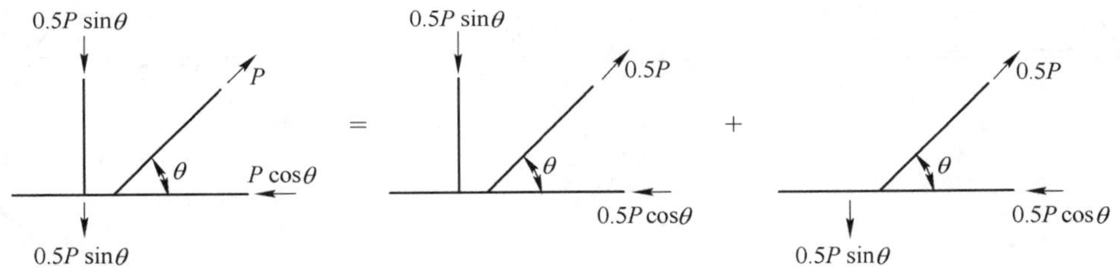

图 C-K2-2 支管构件荷载不平衡时的 K 型接头验算

要根据接头形状和受荷载作用情况特点下可能出现的潜在的极限状态，来进行焊接钢管接头的设计，这样就可以代表在所规定的适用范围内可能发生的破坏模式。图 C-K2-3 所表示的是矩形钢管桁架型接头的一些典型破坏模式。

1. 参数定义

部分参数定义可参见图 C-K1-1 的图示说明。

2. 圆形钢管

表 K2-1A 中的适用范围通常代表的是参数范围，在该范围内计算公式已经得到了试验研究的验证。现对下列适用范围做相应的解释：

（1）支管的最小夹角是为了得到一个优良的接头加工（good fabrication）的制作方面的限制。可以采用更小的夹角，但事先应征得制作商的同意。

（2）受压支管的径厚比限值也是一个限制，这样就可以保证不会因支管的

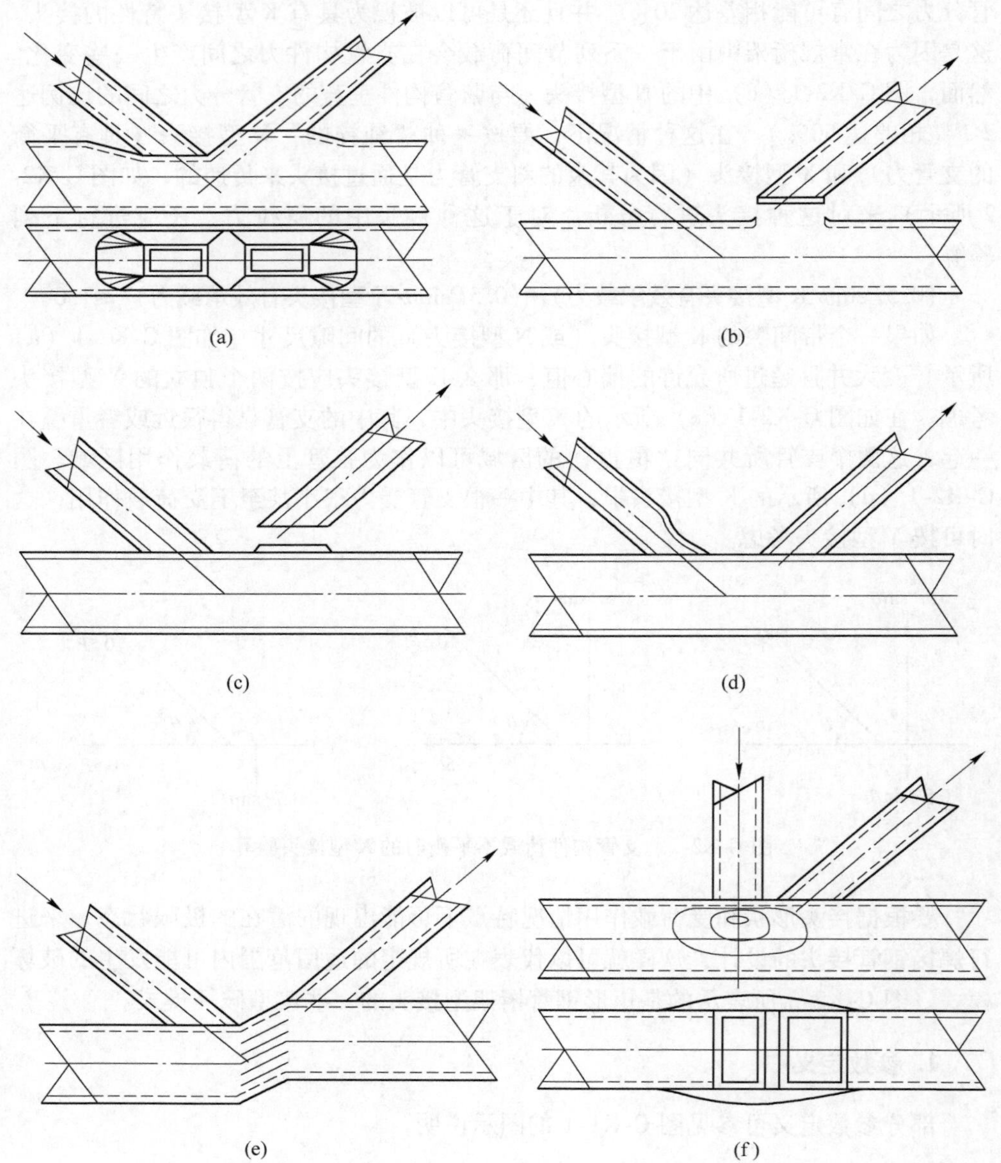

图 C-K2-3　钢管-钢管桁架接头的典型极限状态

（a）弦管塑性化；（b）弦管的冲剪破坏；（c）在受拉支管中不均匀荷载分布；（d）在受压支管中不均匀荷载分布；（e）弦管的剪切屈服；（f）弦管侧壁破坏

局部屈曲而导致接头承载力下降。

（3）对于带间隙 K 型接头最小宽度比的限制是根据 Packer（2004）的研究，他指出当使用所建议的计算公式对美国石油学会（API，1993）的这种接头设计进行评估时，宽度比小于 0.4，式（K2-4）就可能不安全了。

（4）对最小间隙尺寸的限制，是为了提供足够的空间，使得在支管趾部能够可靠地进行焊接。

（5）对最小搭接长度的限制，使支管之间可以有比较适当的相连部位，以便从一个支管到其他支管有可能有效地传递剪力。

表 K2-1 中对于 T 型、Y 型/X 型和 K 型接头给出的规定，除了冲剪条款外，一般是基于半经验的“承载力特征值”表达形式，这种表达形式具有 95% 的可靠性，考虑了试验结果的变化以及有代表性的接头几何特性和力学性能的变化。然后将这些“承载力特征值”乘以 LRFD 的抗力分项系数或除以 ASD 的安全系数，以进一步考虑相应的破坏模式。

在弦管塑性化破坏模式中，ϕ（抗力分项系数）取 0.90，或者 Ω（安全系数）取 1.67，而在冲剪的情况下，ϕ 取 0.95 或 Ω 取 1.58。在许多设计建议或者规范中［例如，IIW（1989），Wardenier 等人以及 Packer 和 Henderson（1997）］，提出冲剪时 ϕ 取 1.00（相当于 Ω 为 1.50）（1991），这样反映出在超过分析的强度标准值表达式后还有较大的强度储备，强度标准值本身是基于材料的剪切屈服强度（而不是极限强度）。然而，本规范中 ϕ 取 0.95 或 Ω 取 1.58，以保证与表 K2-2 中类似破坏模式下的系数保持一致。

如果使用拉应力 F_u 作为冲剪破坏标准的基础，就应像在本规范的其他地方一样，可以相应的取 ϕ 为 0.75 或 Ω 为 2.00。那么，$0.75(0.6F_u)=0.45F_u$ 就会得到一个与 $0.95(0.6F_y)=0.57F_y$ 非常相似的值，实际上对于规定的标准值 F_y/F_u 之比小于 0.79 的钢管截面而言，后者更加偏于安全。当 $D_b > D-2t$ 时，式（K2-1）不需要进行验算，因为这是一个物理极限，达到该极限时支管就可能冲进主管构件中（或从主管拔出）。

对于圆钢管的 K 型接头，当圆钢管支管受轴向荷载作用时，其接头强度由受压支管的大小所控制。因此，式（K2-4）中的 D_{bcomp} 仅与受压支管有关，而不是两个支管的平均值。如果要求用受拉支管中的作用力来表示接头强度，就可以使用式（K2-5），将式（K2-4）的计算结果用于受拉支管。也就是说，当 D_b 用于受拉支管时，就没有必要进行类似于式（K2-4）的重复计算。应该注意的是，表 K2-2 中的 K 型接头适用于只受轴向载荷作用的支管。因为如果根据以下所建议的方法之一进行桁架结构分析时，则在一个典型的平面 K 型接头中的支管作用力只可能是轴向力，即：

（1）铰接节点分析方法。

（2）采用桁架腹杆两端与连续的弦管构件铰接的分析方法（如图 C-K2-4 所示）。

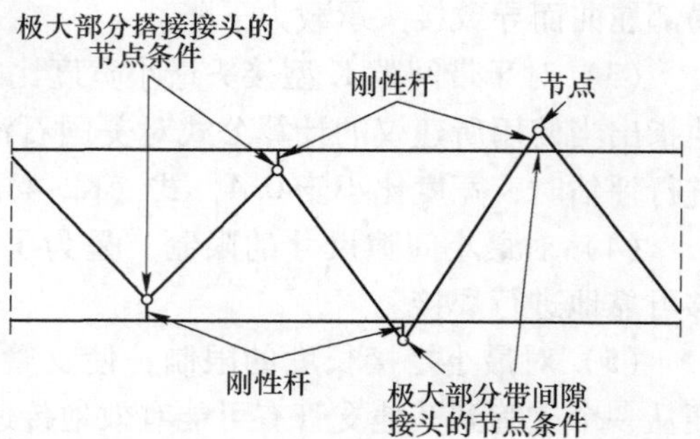

图 C-K2-4　桁架腹杆与连续弦管构件铰接的分析模型假定

3. 矩形钢管

与表 K2-1A 中的圆钢管的适用范围相似，表 K2-2A 确定了矩形钢管的有效适用范围。

IIW（1989）根据 Packer 和 Henderson（1997）的研究，对表 K2-2A 中的最小间隙比限制值做了修改，使之更加实用。在表 K2-2A 中有两个最小间隙尺寸限值。间隙比（g/B）限值有助于确保有足够的荷载从一个支管传递到弦管构件的管壁，并确保通过间隙区域传递的荷载不会过大。规定 g 至少为支管壁厚的总和，以便提供足够的空间进行焊接。

式（K2-7）代表了支管与弦管连接表面屈服的一个屈服线解析解。该强度标准值计算公式有助于限制接头变形，该值远远低于接头的极限强度。因此，ϕ 取 1.00 或 Ω 取 1.50 是比较合适的。当支管宽度超过弦管宽度的85%时，在一个非临界的设计荷载作用下就会形成屈服线失效机制。

式（K2-8）和式（K2-15）中给出的冲剪极限状态，是基于绕着支管周边的有效冲剪，支管总周长是这个长度的上限。β_{eop} 表示与弦管中心轴垂直的支管壁［式（K2-15）适用于一根支管或式（K2-8）适用于两根支管］相邻近的弦管表面的有效冲剪宽度比。该 β_{eop} 取 ϕ 为 0.80 或 Ω 为 1.88。一般可在矩形支管覆盖的长度范围内使用，AWS 认为这个取值与整个表达式综合取 ϕ 为 0.95 或 Ω 为 1.58 相类似，因此在 AWS（2010）中的冲剪表达式，采用了 ϕ 为 0.95。本规范沿用了 ϕ 为 0.95 或 Ω 为 1.58 的取值，并且在条文说明的第 C-K2-2 条中对此会有进一步的讨论。上述表 K2-2 中的式（K2-8）和式（K2-15）的适用范围指出了什么情况下破坏模式完全不可能发生或者并不会产生严重影响。特别要注意的是，式（K2-15）对方形支管不是临界条件。

通常，式（K2-9）符合 IIW（1989）给出的极限状态，但用 k 值［在 IIW（1989）中简单地表示为 t］进行修正，来与式（K1-9）保持一致，式（K1-9）是从作用在工字形构件上的荷载推导得到的。式（K2-10）和式（K2-11）与国际上［如，IIW（1989）］针对这种极限状态所采用的形式不同，并且为本规范所独创，仿照了式（K1-10）和式（K1-11）以及相应的 ϕ' 和 Ω'。后两个公式［指式（K2-10）和式（K2-11）］可用于（两块腹板的）钢管截面构件和（一块腹板的）工字形截面构件。

表现为受压支管局部屈曲或受拉支管的过早屈服破坏的“不均匀荷载分布”极限状态，由式（K2-12）和式（K2-16）给出，可以通过支管截面四边管壁的有效面积进行验算。对于 T 型、Y 型和 X 型接头，与弦管成横向的两个支管壁可能只有一部分参与工作［式（K2-12）］，而对于带间隙的 K 型接头，与弦管成横向的一个支管壁可能只有一部分参与工作［式（K2-16）］。支管有效参与的减少主要是由于弦管接头表面的柔性，这已在式（K2-13）中有所体现。根据横向钢板-钢管接头（如下面引述的搭接 K 型接头）的研究，得出了有效宽度 b_{eoi}，并取 ϕ 为 0.80 或 Ω 为 1.88。采用同样的方法用于冲剪极限状态，在 AWS D1.1/D1.1M（AWS，2010）中，综合取 ϕ 为 0.95 或 Ω 为 1.58，并且本规范也沿用了这些取值［但 IIW（1989）中的系数 ϕ 取 1.0］。

对于 $\beta \leqslant 0.85$ 的 T 型、Y 型和 X 型接头，仅通过式（K2-7）来确定其连接承载力。

对于受轴向荷载作用的带间隙的 K 型接头，在支管的“推-拉”（push-pull）作用下，弦管的连接表面塑性化是非常普遍的和起关键作用的破坏模式。事实上，如果所有钢管构件都是方形的，那么这种破坏模式就是至关重要的，这时，唯一需要进行验算的是式（K2-14）。用于弦管表面塑性化的这个公式是一个半经验的“强度特征值”表达式，具有 95% 的可靠性，考虑了试验结果的变化以及接头几何特性和力学性能的变化。然后将式（K2-14）乘以 LRFD 的抗力分项系数 ϕ，或除以 ASD 的安全系数 Ω，以进一步考虑相应的破坏模式并提供适当的安全储备。使用了 263 个带间隙的 K 型接头试验数据库和指数形式的抗力分项系数（安全度指标为 3.0，离散系数为 0.55），对式（K2-14）的可靠度进行校验（Packer 等人，1984），得出 ϕ 为 0.89（Ω 为 1.69），同时还规定了参数的适用范围。由于这种破坏模式在试验数据库中占了主导地位，迄今尚无足够的试验数据支持，来对式（K2-15）和式（K2-16）的可靠度进行校验。

对于带间隙的 K 型接头中的弦管屈服极限状态，表 K2-2 与国际惯例［如，IIW（1989）］不同，推荐采用本规范中第 G5 节的相关规定。只有在弦管是矩形而不是方形，并且矩形弦管截面的短边处于桁架平面内时，由于“腹板”短而弦管受剪切破坏会更加重要，这时才需要对这种极限状态进行校核。存在于弦管构件间隙区域内的轴力，可能会影响间隙区域弦管腹板的抗剪强度。

K 型接头的范围包括带间隙的和搭接的接头。要注意的是，与带间隙的接头相比，通常搭接接头会制作更困难和更昂贵一些。然而，一般来说，搭接接头具有更高的静力强度和抗疲劳承载力，并且采用搭接接头的桁架的刚度要远高于带间隙接头的桁架。

对于带间隙和搭接 K 型接头的表 K2-2 的规定，仅考虑了受轴向荷载作用的支管。因为如果根据以下所建议的方法之一进行桁架结构分析时，则在一个典型的平面 K 型接头中的支管作用力只可能是轴向力，即：

（1）铰接节点分析方法。

（2）采用桁架腹杆与连续的弦管构件铰接的分析方法（如图 C-K2-4 所示）。

对于矩形钢管，设计搭接接头需要考虑的唯一破坏模式是支管中“不均匀荷载分布”极限状态，表现为受压支管局部屈曲或受拉支管的过早屈服破坏。设计方法假定，弦管仅仅与一根支管焊接，因此在支管的端头只有一个切口。可以认为这种接头是“优良的构造做法”（good practice）并且把被搭接构件称为“贯通的构件”。对于搭接率小于 100% 的部分搭接，搭接支管的端头要进行两次切割，并且同时要与贯通的支管和弦管焊接。

被选定为“贯通的”或被搭接的支管构件，应该有较大的宽度。如果两根支管宽度相同，应将壁厚较大的支管作为被搭接的支管。

为了对单个破坏模式（如不要出现一根支管冲入或另一根支管拔出的破坏）进行控制，在各种接头参数中规定了适用范围，包括两根支管的相对宽度和相对壁厚。上述矩形钢管的制作建议也适用于圆管搭接的 K 型接头，但后者涉及支管端部更复杂的相贯剖口切割加工，以保证接头部位的焊接质量及外观质量。

最初，搭接的矩形钢管 K 型接头的强度计算公式［式（K2-17）、式（K2-18）和式（K2-19）］只是针对搭接支管的，而不论其是受拉还是受压，然后再根据结果来确定被搭接支管的承载力。用一根支管中的力来表示接头强度的计算公式，是基于搭接支管的四个侧壁对承受荷载的贡献，并且符合国际焊接学会的设计建议（IIW，1989；Packer 和 Henderson，1997；AWS，2010）。与弦管成横向的支管壁的有效宽度（b_{eoi}和 b_{eov}）取决于支管所连接的弦管表面的柔度，并根据钢板-钢管接头有效宽度的量测值进行确定（Rolloos，1969；Wardenier 等人，1981；Davies 和 Packer，1982）。在 b_{eoi}和 b_{eov}计算式中的常数 10 已经对试验中确定的值进行了折减，且考虑了 ϕ 取 0.80 或 Ω 取 1.88。采用同样的方法用于 T 型、Y 型和 X 型接头的冲剪极限状态，综合取 ϕ 为 0.95 或 Ω 为 1.58，该取值已为 AWS D1.1/D1.1M 所采用，并且本规范也沿用了这些取值［但 IIW（1989）中系数 ϕ 取 1.0］。

式（K2-17）、式（K2-18）和式（K2-19）的适用性取决于搭接的程度 O_v，其中 $O_v=(q/p)\times 100\%$。值得注意的是，p 是搭接支管在弦管的连接面上的投影长度（或想象中的覆盖区域），即使这些搭接支管并没有与弦管直接接触。同时，q 是指在支管搭接区下面沿弦管连接面的搭接长度，如图 C-K1-1 所示。

当一根支管完全落在另一根支管上时，即为 100% 的最大搭接。在这种情况下，有时将搭接支管朝被搭接支管方向稍微向上移动一点，这样就可以用角焊缝将搭接支管的趾部与被搭接支管进行焊接。如果采用这种方式制作接头，其搭接就会略大于 100%。这时，矩形钢管接头的连接强度可以通过式（K2-19）进行计算，但是要用 b_{eov} 代替 B_{bi}。此外，关于焊接构造问题，试验研究表明，如果两个支管构件在与弦管面垂直方向的分力基本上能相互平衡，且按所连接支管管壁的屈服强度来设计焊缝时，则被搭接支管的“隐蔽的支管趾部”可以仅采用点焊连接。如果两个支管构件的在与弦管面垂直方向的分力相差超过 20%，或者是使用有效长度法来设计焊缝时，则“隐蔽的支管趾部”与弦管应采用满焊。更多的说明和讨论可见第 K4 节的条文说明。如果两个支管构件在与弦管面垂直方向上分力相差确实很大，则应如同 T 型、Y 型或 X 型接头，根据组合的覆盖区域和垂直于弦管面的净作用力，对连接接头进行验算（如图 C-K2-2 所示）。

K3. 钢管-钢管抗弯接头

第 K3 节中关于有弯矩作用的钢管-钢管接头的规定，适用于带有完全约束（FR）连接或部分约束（PR）连接的框架，如空腹桁架。通常不适用于常规的三角形腹杆的平面桁架（相关内容见第 K2 节），因为这种桁架的腹杆构件中不应有弯矩出现（详见第 K2 节条文说明）。因此，本规范不包括支管有弯矩作用的 K 型接头。

现有的钢管-钢管抗弯接头的试验资料要比受轴向荷载作用的 T 型、Y 型、X 型和 K 型接头的试验资料少得多。所以，可以把用来验算受轴向荷载作用接头的控制极限状态，作为受弯矩作用接头中可能发生的极限状态的依据。因此，圆钢管抗弯接头的设计准则是基于弦管塑性化和冲剪破坏极限状态，其所采用的系数 ϕ 和 Ω 与第 K2 节一致，而矩形钢管抗弯接头的设计准则则是基于弦管连接表面塑性化、弦管侧壁局部失稳屈服、不均匀荷载分布和弦管扭曲破坏的极限状态，其所采用的系数 ϕ 和 Ω 与第 K2 节一致。“弦管扭曲（畸变）破坏”模式仅适用于支管承受平面外弯曲的矩形钢管 T 型接头，可以通过使用加劲肋或隔板来避免矩形截面的支管产生菱形畸变（Rhomboidal distortion）。第 K3 节中计算公式的适用范围主要是从第 K2 节复制过来的。第 K3 节计算公式的基础是欧洲规范 3（CEN，2005），该规范代表了关于钢管焊接接头的获得公认的规范（the consensus specifications）。第 K3 节中的计算公式已经被 CIDECT 设计指南 9（Kurobane 等人，2004）所采纳。

K4. 钢板及支管与矩形钢管的焊缝

第 K4 节把钢板及支管与矩形钢管的所有焊接规定整合在一个章节中。除了把钢板及带间隙的接头焊缝的设计规定（两者均无改变）重新编排在一个表格中外，焊缝的设计规定则已经扩大到 T 型、Y 型和 X 型接头，其中接头包括承受弯矩及轴向荷载作用，并且增加了适用于搭接接头的“满足实际需要”（fit for purpose）的设计规定。

可以使用下述两种设计理念之一来完成支管的焊缝设计：

（1）焊缝可能要沿焊缝长度的所有部位与所连接支管壁的强度相称（译者注：即与支管材料等强设计）。如果支管受到复杂的荷载作用或者如果焊缝设计人员并不清楚荷载的情况时，使用这种方法比较合适。以这种方式所确定的焊缝表示了所需焊缝尺寸的上限，但在某些情况下可能会过于保守。

（2）为了承受支管中的作用力，焊缝可以根据“满足实际需要”方法进行设计，通常，在钢管桁架式接头中，通过使用“有效长度概念”，可以求得这种作用力。许多钢管桁架的腹杆受到比较小的轴向荷载，这时，采用这种焊缝设计理念是一种比较理想的方法。然而，由于所连接钢管表面的柔性，必须通过焊缝有效长度来考虑焊缝周边所受到的不均匀荷载作用。表 K4-1 给出了钢板及承受支管轴向荷载［和/或弯矩荷载（在某些情况下会有）］作用的各种矩形钢管接头的合适有效长度。其中一些条款类似于 AWS（2010）给出的规定，主要根据用于研究焊缝破坏的钢管接头和桁架足尺试验结果（Frater 和 Packer，1992a、1992b；Packer 和 Cassidy，1995）。其他条款（关于 T 型、Y 型和 X 型接头中的弯矩和搭接接头中轴向力的新增规定）是基于构件设计所使用的有效长度概念的一种合理的推断。显示有效焊缝长度位置的图表（其中极大部分小于 100% 的总焊缝长度）如表 K4-1 所示。这种用于焊缝设计的有效长度方法表明，随着支管的夹角和/或宽度比（支管构件宽度与连接面宽度之比）的增加，支管与主管的接头，沿其边缘会变得更刚（相对于钢管表面的中心）。因此，随着支管的夹角（当与连接面的夹角超过 50°时）或者支管宽度（当宽度比超过 0. 85）的增加，用来确定焊缝大小的有效长度可能会降低。要注意的是，为了便于计算且由于所产生的误差很小，因此有时在确定焊缝的截面特性时，可假定焊缝拐角（weld corners）是方形的。

正如第 K2 节条文说明所指出的，当搭接接头中的焊缝可以发挥剩余管壁的强度时，通过试验研究已经发现，如果两个支管构件在与弦管垂直方向的分力基本上能相互平衡，则可以对被搭接支管的“隐蔽的支管趾部”采用点焊。如果两个支管构件在与弦管面垂直方向的分力相差超过 20%，则“隐蔽的支管趾部”与弦管应采用满焊。如果在搭接接头中采用“满足实际需要”（fit for purpose）的焊缝设计方法，则即使有效焊缝长度远远低于管周长，隐蔽的支管趾部焊缝也应该与弦管满焊。由于在常规的钢管连接中接头的转动和管连接面的变形会产生弯矩，而设计中并没有直接进行考虑，因此采取满焊对此是有帮助的。

除非有进一步的研究证明，否则桁架连接中在钢管构件表面上的焊缝，通常不考虑在第 K4 节中角焊缝设计中所采用的力与焊缝方向不同时的强度增加（directional strength）（译者注：directional strength，可参见下列网址中资料的说明 https：//www. highpowermedia. com/articles/1484/directional-strength-of-steels/）。

此外，表 K4-1 中所示在所有情况下的焊缝尺寸设计值，包括被搭接支管的隐蔽的支管趾部焊缝（见上文所述），是沿接头周边的最小焊喉尺寸；对于钢管接头设计而言，沿横截面周边采用具有不同焊喉尺寸的焊缝组增加其中个别焊缝承载力的方法，是不足取的。

条文说明L 正常使用极限状态设计

L1. 一般规定

正常使用极限状态指的是由于建筑构（部）件的局部损坏、破损或变形而削弱了建筑物的正常使用功能，或者居住者有不适感觉的情况。而正常使用极限状态通常不包括建筑物倒塌、人员伤亡，这种极限状态可能会严重地损害建筑物的有效性，从而导致昂贵的维修费用和其他经济上的后果。因此，为了保证建筑结构体系具有良好的性能，制定正常使用的规定是必不可少的对正常使用极限状态的忽略，可能导致结构的柔性过大，或者在实际运营中出现其他难以接受的状况。

有三种常规的结构性状，表示在钢结构中的正常使用性能受到损害：

（1）过大的挠度或转动，可能会影响建筑物的外观、功能或排水系统，或者导致有害的荷载转移到非结构构（部）件和配件上；

（2）过度的振动，主要由建筑物所有者的活动、机械设备或风效应所产生的，这可能会导致使用者的不适或者建筑设备发生故障；

（3）在结构的使用寿命期间内过度的局部损伤（局部屈服、屈曲、滑移或开裂）或破损（风化、腐蚀及褪色）。

正常使用极限状态主要是根据建筑物的用途或功能、对其用途的认识以及结构体系的类型。为了保证适当的正常使用水平而规定的结构性能限值，应在对所有功能和经济性需求以及制约因素进行仔细分析之后，由业主/开发商、建筑师和结构工程师所组成的团队来做出决定。他们应该认识到，在达到正常使用极限状态时，建筑物使用者所能够觉察到的结构变形、移动（晃动）、开裂或其他危险征兆的程度，比结构即将发生损坏或失效的那些指标要低得多。这些危险征兆可以被视为一种信号，即建筑物处于不安全状态并且其经济价值已经下降，所以在设计阶段就必须考虑这个问题。

在正常使用极限状态下进行结构验算时，所需要考虑的使用荷载包括：（1）由建筑物使用者产生的静荷载、屋面上的雪或雨水荷载，或者温度的波动；（2）由于人们的活动而产生的动态荷载、风效应、机械设备或建筑设备的运行荷载，以及建筑物附近的车流和通行荷载。使用荷载是作用在结构上的一种随机荷载，所对应的荷载标准值可能只占一部分。在使用荷载作用下的结构响应通常可以假设结构处于弹性范围来进行分析。对于在使用荷载作用下会积累残余变形的构件，也可能需要验算构件在这方面的长期性状。

在 ASCE/SEI 7《建筑物和其他结构的最小设计荷载》（*Minimum Design Loads for Buildings and Other Structures*）的附录 C 和附录 C 的条文说明（ASCE，2010）中，可以找到验算符合正常使用需求的极限状态和适当的荷载组合等相关的资料。

L2. 起拱

为了在永久荷载作用下保证结构（构件）提供一个水平的表面，通常会规定起拱，这是出于外观或与其他构（部）件找准的需要。在正常使用情况下，起拱并不能防止过大的挠度或振动。通常，桁架起拱是在加工制作车间连接之前，通过调整桁架构件的长度来实现的；而梁起拱则通常是通过对梁的选定部位采取可控加热或冷弯的方法（或两者都采用）来达到要求。设计人员应该了解由常规的加工制作和施工安装所提出的实用限制值。《建筑及桥梁钢结构标准施工规范》（*Code of Standard Practice for Steel Buildings*）（AISC，2010a）给出了关于实际起拱的容许偏差，并且建议，构件的所有起拱均应在加工制作车间里，按常规的方法，处于无应力状态下进行量测。有关起拱的更多的信息，可参见 Ricker（1989）和 Bjorhjovde（2006）所发表的文献资料。

L3. 挠度

产生过大挠度和安装偏差的主要原因有三个方面：（1）重力荷载，如静荷载、活荷载和雪荷载；（2）温度、蠕变和不均匀沉降效应；（3）施工误差和错误。这种变形可能会在视觉上引起不适感；导致外围护墙、门、窗及密封件的分离、开裂或泄漏；造成内部的组（部）件和装修造成损坏。适当的变形极限值取决于结构的类型，建筑构造和预期的使用功能（Galambos 和 Ellingwood，1986）。从历史上看，当楼盖承受折减活荷载作用时，通常楼层水平构件的挠度限值为跨度的 1/360，而屋盖构件则取跨度的 1/240。但挠度达到跨度的大约 1/300（对于悬臂构件，为长度的 1/150）时，这种变形就会非常明显，并且可能会导致建筑上的一般性损坏或外围护墙渗漏。当挠度大于跨度的 1/200 时可能会损害可移动组（部）件的操作，如门、窗和活动隔墙等。

挠度限值在很大程度上取决于结构的功能和结构所支承建筑的性质。推断习惯上以跨度的百分数来表示的挠度限值不得超过经验值。例如，习惯上跨度的 1/360 的挠度限值可以很好地控制抹灰天花板上出现裂缝，这条规定在 20 世纪前半叶是很常见的。许多具有更大柔性的结构与目前广泛采用的，具有更大适应能力的吊顶系统相结合，其表现相当令人满意。另一方面，随着结构跨度的加大，已经注意到了正常使用的问题，灵活的网格吊顶的实际挠度要远低于跨度的1/360，这是因为隔墙或可能影响吊顶挠曲变形的其他建筑部件之间的距离要远小于结构构件的跨度。真正的控制挠度是一个复杂的课题，需要认真运用专业的判断。关于这个问题，West 和 Fisher（2003）给出了广泛深入的论述。

组合梁的挠度计算应包括滑移裕量、蠕变和收缩等相关内容（见第 I3 节的条文说明）。

在某些大跨度的楼盖体系中，有必要确定一个与跨度无关的最大挠度限值，以减少临近非结构部件破坏的可能性（ISO 1977）。例如，如果楼盖的竖向挠度超过大约 3/8in(10mm）时，就有可能对非承重隔墙造成破坏，除非对不均匀变形采取特别的措施（Cooney 和 King，1988）；然而，也有许多建筑部件是的确可以承受较大变形的。

验算静力挠度的荷载组合可以采用一阶可靠性分析方法（Galambos 和 Ellingwood，1986）。目前，有关楼盖和屋盖体系静力挠度的规定，适用于限制大多数建筑物的（楼屋盖）面层破坏。按年超越概率 5% 的荷载组合作用，在多数情况下是合适的。当正常使用极限状态涉及引起视觉上不适的变形、可修复的开裂或内装修的其他损坏以及其他短期效应时，可以采用以下荷载组合：

$$D + L$$

$$D + 0.5S$$

当正常使用极限状态涉及蠕变、沉降，或者类似于长期或永久效应时，可以采用以下荷载组合：

$$D + 0.5L$$

静荷载效应 D 是指非结构部件安装后引起的那部分静荷载所可能产生的效应。例如，在组合结构中，静荷载效应往往是取混凝土凝固后所施加的静荷载。当计算与吊顶有关时，静荷载效应可能只包括那些在吊顶结构安装就位之后施加的静荷载。

L4. 侧移

钢结构建筑的侧移（侧向变形）是主要由于风荷载效应所导致的一个正常使用问题。规定建筑物的侧移限值是为了减少外围护墙以及非结构填充墙和隔断的损坏。评价侧向框架变形要把建筑物作为一个整体，所采用的参数是建筑物的顶点侧移，定义为在所有被使用楼层顶部的侧向框架变形除以该标高处的高度（Δ/H）。对于每个楼层，所采用的参数是层间侧移，定义为一个楼层相对于其下一楼层的侧向变形除以该楼层的层高（$\delta_n-\delta_{n-1}$）/h。

在普通用途的建筑物中，有代表性的顶点侧移限值为 $H/100 \sim H/600$，层间侧移为 $h/200 \sim h/600$，这取决于建筑物的类型和外围护墙或隔墙所使用的材料。最广泛使用的限值是 H(或 h)/400 ~ H(或 h)/500(ASCE 钢结构房屋建筑的侧移控制专业委员会，1988)。有时，可以由设计人员来指定层间位移的绝对限值，其依据是当层间侧移超过 3/8in(10mm) 时非结构填充墙、外围护墙和玻璃可能出现损坏，除非采取特殊的构造做法来适应较大的变形（Cooney 和 King，1988；Freeman，1977）。有许多建筑部件是可以承受较大变形的。有关房屋建筑材料损坏阈值的更具体的信息资料，可参见相关文献的介绍（Griffis，1993）。

必须认识到，框架在其平面内的倾斜作用（frame racking）或剪切变形（也就是应变）是引起建筑部件（如外围护墙和隔墙）损坏的真正原因。侧移只取了倾斜的水平分量，并不包括可能发生的竖向倾斜（如同在高层建筑中不同的柱子缩短所引起的），这对建筑部件的损坏也会产生影响。此外，一些横向侧移可能是由外围护墙或隔墙的刚体转动所导致的，这些外围护墙或隔墙本身不会产生应变从而发生损坏。研究人员（Griffis，1993）已经提出了侧移损坏指标（Griffis，1993），作为衡量潜在损坏的一个更精确的参数。

必须强调，控制损坏的关键是要对建筑物的侧移作出合理准确的估计。结构分析必须充分掌握可能导致框架侧移的所有重要组成部分，包括梁和柱的弯曲变形、柱和支撑的轴向变形、梁和柱的剪切变形、梁-柱节点的转动（节点核心区的变形）、节点尺寸大小的影响以及 $P\text{-}\Delta$ 效应（Charney，1990）。对于许多跨度一般为 30 ~ 40ft（9 ~ 12m）的低层钢框架，采用柱子间的中至中距离，而不考虑梁柱接头的实际大小及节点核心区的影响，通常可以满足侧移限值的验算要求。如果有相应的资料（应力-应变本构关系）可以证明非结构外围护墙、嵌砌墙和隔墙对结构的刚度产生影响，则应予以考虑。

设计人员在侧移验算中所采用的风荷载大小各有不同，这取决于对出现潜在危害可以容忍的频度。一些设计人员采用风荷载标准值（由现行建筑规范指定，不考虑荷载分项系数），与构件承载力设计（风荷载平均重现期通常为 50 年或 100 年）时所使用的相同。而另一些设计人员则采用平均重现期为 10 年或 20 年的风载荷（Griffis，1993；ASCE，2010）。当进行正常使用状态验算时，采用风荷载设计值（风荷载标准值乘以风荷载分项系数），通常认为是非常保守的。

必须明白，在对风敏感的建筑物中，在风荷载作用下依靠其自身来控制侧移会对居住者造成不适。对风敏感的建筑物中对于变形的感觉的更多相关信息，可参阅第 L6 节。

L5. 振动

随着高强材料和高效的结构体系的广泛使用以及开放式的建筑平面布局，使得结构的跨度更大并且楼盖体系的阻尼更小、柔度更大更易于弯曲变形。因此，楼盖振动已成为一个重要的设计课题。推荐采用加速度作为评估楼盖振动的标准。

对于在钢构架楼盖体系和人行步道桥中普遍存在的振动问题，可以根据AISC设计指南11《由于人为活动所导致的楼盖振动》（*Floor Vibrations Due to Human Activity*）（Murray 等人，1997）中的相关要求进行处理。该设计指南提供了基本原则和简单的分析工具，以评估钢构架楼盖体系和人行步道桥在因人为活动（包括行走和有节律的活动）而致的振动条件下的正常使用性能，同时还考虑了人体的舒适性和控制精密设备移动的要求。

L6. 风致运动

对于风敏感的建筑物，设计人员早就认识到需要控制在风作用下产生的振动，以保护居住者的心理健康（Chen 和 Robertson，1972）。对于在风作用下建筑物运动的感觉可以用各种物理量来进行描述，包括最大位移、速度、加速度和加速度的变化率［有时称之为冲击（*jerk*）］。由于加速度值可以迅速地在现场进行量测，并且易于计算分析，因此已成为对振动评价的标准。人体对建筑物运动的反应是一个复杂的现象，涉及许多心理和生理因素。作为衡量建筑物运动的加速度的感知和耐受性界限值，据了解取决于建筑物的自振频率、居住者的性别、年龄、身体的姿态（坐、站立或斜倚）、人体的朝向、视觉提示、声音提示以及运动的类型（平移或扭转）等（ASCE，1981）。不同的人群会有不同的界限值和耐受性水平，对于振动的响应可以是很主观的。据了解，有些人对于建筑物运动和耐受性水平的适应能力可以比其他人高。有关这方面的研究工作还很有限，但正如下文所述，某些标准已经在设计中得到采用。

对风敏感建筑物的加速度可以用均方根（RMS）加速度或峰值加速度来表示。在实际中这两种方法都可以使用，并没有明确的规定用哪一种方法来量测对运动的感觉会更加合适。有些研究人员认为，在风暴时采用峰值加速度可以更好地反映实际情况，但在整个风暴期间，最好采用均方根加速度来衡量实际上的不适感。在平均重现期为10年的风暴下，对于商业建筑（白天大部分时间使用），其目标峰值加速度取21milli-g（重力加速度的0.021倍），而对于居住建筑（全天有人使用），目标峰值加速度则取15milli-g，这两个值已在许多高层建筑的设计实践中得到成功应用（Griffis，1993）。通常，对于居住建筑的目标峰值加速度会更严格一些，这是因为居住建筑是始终有人使用的，并且人们在家里要比在工作时对风致运动的敏感程度会高而耐受性会更低，商业建筑中的人员有更多流动，而且在极端强风情况时人员更容易疏散。在对风敏感建筑物中的峰值加速度和均方根加速度与“峰值系数”（最佳确定方法是采用风洞研究），对于高层建筑通常为3.5左右（即峰值加速度=峰值系数×均方根加速度）。有关房屋建筑中所采用的实际加速度水平可参考相关文献资料（Chen 和 Robertson，1972；Hansen 等人，1973；Irwin，1986；NRCC，1990；Griffis，1993）。

必须认识到建筑物的质量、有效阻尼和刚度对建筑物风致运动有很大的影响（Vickery 等人，1983）。为此，建筑物侧移限值本身不应用来作为控制建筑物风致运动的唯一指标（Islam 等人，1990）。评估在强风作用下建筑物风致运动时所使用的阻尼，对钢结构建筑一般取临界阻尼的1%（译者注：即结构阻尼比取0.01）。

L7. 膨胀及收缩

无法通过一些简单的规定来减少膨胀及收缩，使之达到要求，而在很大程度上必须依赖于一个合格工程师的工程判断。

在砌体建筑中这个问题可能要比在预制构件建筑中更为严重。将框架用大间距的伸缩缝完全分开，对于解决膨胀及收缩通常要比使用滑动支座效果更好，并且其造价也会较滚轴伸缩支座更低。

除了温度之外，混凝土的徐变和收缩以及钢材的屈服也是产生尺寸变化的原因之一。在施工过程中有关因素，如在结构封闭前的温度影响，也应加以考虑。建筑物伸缩缝的建议尺寸和间距，可参见 NRC（1974）中的相关要求。

L8. 连接滑移

在螺栓连接中，螺栓与螺栓孔间只有很小间隙，如标准圆孔和荷载作用方向与槽长垂直的槽孔，可能产生的滑移量是很小的。在这种连接中的滑移并不会对正常使用产生影响。某些特殊的情况下可能会有例外，由于结构的形状而放大了滑移效应，如在浅埋的悬臂梁或柱子基础中的连接，其中一部分螺栓出现滑移就可能产生不可接受的转动和位移。

本规范要求，带有大圆孔或荷载作用方向与槽长平行的槽孔的连接必须按摩擦型连接设计。有关在这种连接中滑移的讨论，请参见第 J3.8 条的条文说明。如果在使用荷载作用下在这种连接中确实可能出现滑移，那么必须考虑连接滑移对结构正常使用状态的影响。

条文说明 M 制作和安装

M1. 施工详图

有关施工详图文件的补充信息和相应的加工制作、安装和检验方法，可以根据 AISC《建筑及桥梁钢结构标准施工规范》（*Code of Standard Practice for Steel Buildings and Bridges*）中的相关规定（AISC，2010a）执行，并参考 Schuster（1997）所发布的文献资料。

M2. 加工制作

1. 起拱、弯曲和矫直

除使用机械方法以外，也可以采用局部加热的方法对构件进行弯曲、起拱和矫直。应指定加热的最高温度，以避免对金属材料金相组织上的破坏和无意中改变了材料的力学性能。对于 ASTM A514/A514M 和 A852/A852M 钢材，最高温度为 1100℉(590℃)。对于其他钢材，最高温度为 1200℉(650℃)。一般来说，这些最高温度不应被看作是绝对的；允许有大约 100℉(38℃) 的变化，这是有经验的加工制作商通常能够达到的范围（FHWA，1999）。

应采用适当的方式量测温度，如测温笔（temperature indicating crayons）和根据钢材的颜色，很少要求对温度进行精确测量。此外，也不应在加热炬移去后立即测量构件的表面温度，因为还需要几秒钟的时间，热量才能传入钢材内部。

局部加热一直用来作为各种大（小）梁矫直或起拱的一种手段。使用这种方法，对所选定的区域进行快速的加热，加热的区域往往膨胀。但是其周边没有加热的区域会对膨胀产生约束。因此，加热区域会出现“墩粗”（upset）（厚度增加)，并且在冷却时会变短，从而影响了曲率的改变。对于桁架和大梁，可以在组件装配过程中形成起拱。

虽然可以用这些不同的方法得到所需要的曲线形状或形成起拱［包括在室温条件下（冷起拱)］（Bjorhovde，2006)，但必须认识到，不可避免地会由于工艺因素而产生一些偏差以及因搬运而导致某些永久性的变化。通常将起拱定义为跨中的竖向坐标值，因为多点控制会比较困难，通常不采取这种方法，也不建议采取反向起拱。大悬臂构件对起拱会十分敏感，应对其严加控制。

2. 热切割

热切割最好是由机器来完成。在翼缘厚度超过 2in(50mm) 的热轧型钢和采用厚度超过 2in(50mm) 板材制成的组合型钢中，当采用热切割进行梁翼缘切除或过焊孔成孔时，ASTM A6/A6M 要求，对上述材料的主动预热温度最低为 150℉(66℃)，这样就可以减少硬化表面层和发生微裂纹。当过焊孔或翼缘切除的圆弧部分采用钻孔而其直线部分采取热切割时，对于热切割的预热要求不再适用。要求对热切割表面进行打磨，并根据第 J1.6 条的规定对其表面进行检查。

4. 焊接施工

为了避免焊缝污染，在要进行施焊的位置，应使用合适的溶剂清除通常在加工制作钢管构件后涂敷的轻质油涂层。如果在加工车间已经使用了外部涂层，则应清除焊接部位的涂层，或者就有关有涂层时进行焊接的可能性向加工制作商进行咨询。

5. 螺栓施工

在大多数使用高强度螺栓的连接中，只要求螺栓安装到栓紧至密贴状态即可。这包括了允许有滑移的承压型连接，以及只适用于受拉力（或拉剪组合）作用的 ASTM A325 或 A325M 螺栓，（设计中不考虑由于振动或荷载波动所产生的连接松动或疲劳）。

建议在采取栓紧至密贴状态的承压型连接中，采用 ASTM A325/A325M、ASTM A490/A490M 螺栓，允许采用 ASTM A307 螺栓。

本节给出了使用大圆孔和槽孔的相应规定，这些规定与 1972 年以后的 RCSC《使用高强度螺栓的结构连接规范》（RCSC，2009）条款相一致，并扩展到了 ASTM A307 螺栓（这部分内容已超出了 RCSC 规范的范围）。

本规范以前对所使用的成孔方法做了限制，主要是基于常规的工艺和加工设备的能力。加工制作方法的改变，还会不断地改变。为了反映这些变化，本规范对此已做了修订，规定了质量保证的要求，而不是指定成孔的方法，特别是允许采用热切割成孔方法。AWS C4.7 中的样本 3 可以作为检验热切割孔型质量的标准（AWS，1977）。可以使用数控或机械式的设备来对热切割孔进行加工。在某种程度上，以前的限制可能与加工制作车间中的操作安全有关，加工制作商应就设备和工具的操作限制对设备制造商进行了解和咨询。

10. 排水孔

因为很难对钢管构件的内部进行检查，因此有时要对钢管的内部腐蚀给予足够的关注。当然，优秀的设计做法可以减少对内部腐蚀的担心以及防护所需的昂贵费用。

在存在氧气和水的部位会发生腐蚀。在一座封闭的建筑物当中，不太可能会进入足够的水分从而造成严重的腐蚀。因此，只有当钢管被暴露在大气中时才需要考虑钢管构件的内部腐蚀防护。

在一个密封的钢管构件中，当氧化反应所必需的氧气或水分耗尽后，钢管的内部腐蚀就无法再发展了（AISI，1970）。当腐蚀过程必须停止，甚至当对钢管进行密封其内部存在腐蚀性气体时，那时的氧化深度是没有意义的。如果在连接处存在细小的空隙，通过毛细作用或者由于钢管的快速冷却所产生的局部真空就会吸入水分和空气（Blodgett，1967）。可以在水分无法因重力而流入钢管的部位设置均压孔，以避免上述问题发生。

需要内防护涂层的情况包括：（1）有可能有通风风量变化或水直接流动的开敞钢管构件；（2）承受温度梯度作用而会导致冷凝的开敞钢管构件。在这种情况下，比较保险的做法是钢管构件的壁厚取不低于5/16in(8mm)。

对全填充或部分填充混凝的钢管构件上不应密封。当发生火灾时，混凝土中的水分会蒸发，可能会产生压力，造成密封钢管爆裂。注意确保在施工期间或完工后，钢管构件中不会留有积水，因为冻结所造成的膨胀会产生压力，从而导致钢管爆裂。

因为在镀锌过程中压力会迅速地变化从而爆裂密封的组件，因此不应完全密封镀锌钢管组件。

11. 构件镀锌要求

已经发现在热镀锌过程中钢构件上会出现裂纹。这些裂纹的发生与几个特点是有关的，包括（但不限于）有很强约束性的结构（构件）构造、母材的化学性质、镀锌的方法和制造工艺。在镀锌前对梁翼缘切除进行打磨处理的要求，并不能防止所有切除部位在镀锌过程中发生裂纹，但已被证明是一种可以减少这种现象发生的有效手段。

结构用钢材和五金件（如紧固件）的镀锌工艺过程，要按照专门的设计、构造措施和加工制作方法，以达到预期的腐蚀防护水平。ASTM 出版很大有关镀锌结构用钢材的标准：ASTM A123(ASTM，2009e)，镀锌涂层及量测标准，包括了镀锌产品的材料和加工制作规定。ASTM A153/153M(ASTM，2009a)，镀锌五金件（如采用离心法制造的紧固件）标准。ASTM A384/384M(ASTM，2007a)，《防止钢组件在热镀锌过程中措施翘曲和变形的安全防护操作规程》（*Standard Practice for Safeguarding Against Warpage and Distortion During Hot-Dip Galvanizing of Steel Assemblies*），包括了有关导致翘曲和变形的相关信息，以及对加工后组件进行校正的建议。ASTM A385/385M（ASTM，2009b），《提供高质量锌涂层（热镀锌）的操作规程》（*Standard Practice for Providing High Quality Zinc Coatings*（*Hot-Dip*）），包括了母材、通风排气、接触面的处理和清洁等内容。其中许多规定应在设计图和详图设计中予以标明。ASTM A780/A780M（ASTM，2009c），对受到损坏和未涂覆的热镀锌涂层区域进行修补的规定。

M3. 工厂涂装

1. 一般要求

除了那些可能会发生（污染）泄漏而采取了隔离措施的场所，经对老旧建筑物中未涂装的钢框架表面状态所做的检查发现，这些钢框架构件从其建造后就没有发生很大的变化。即使存在（污染）泄漏，对工厂涂装的影响也是很轻微的（Bigos 等人，1954）。

当要求进行工厂涂装时，本规范对所要使用油漆的类型没有做具体的规定。选择合适底漆的主要因素是面漆的种类，这涉及构件最终外露的色彩和个人偏好。对这个问题的综合处理可参见 SSPC 的各种出版物。

3. 接触表面

应特别注意钢管构件的接触表面。由于制造的原因，通常会在钢管构件的外表面涂以轻油涂层。如果指定了油漆的类型，HSS 则必须采用适当的溶剂来清除钢管表面的轻油涂层。

5. 与现场焊缝邻近的表面

本规范允许透过表面材料（指表面涂层）进行焊接，这些表面材料（包括合适的工厂涂层）应该既不会影响焊接质量，也不会产生有害的烟雾。

M4. 安装

2. 稳定性和连接

关于临时横向支撑体系和低层房屋建筑部件设计的信息资料，可参见 Fisher 和 West（1997）的有关研究文献。

4. 柱受压接头和柱基础底板安装

在拼接柱接头的足尺试验中，将柱子的接头表面故意加工成关于强轴或弱轴是歪斜的，试验结果表明其承载能力与没有拼接接头的柱子承载力是相同的（Popov 和 Stephen，1977）。在该试验中，对于1/16in（2mm）的间隙没有塞填间隙片；而对1/4in（6mm）大小的间隙则塞填了平的低碳钢间隙片。在所有试验中，都采用了最小焊缝尺寸的部分熔透坡口焊缝。没有对于间隙大于1/4in（6mm）的试件进行试验。

5. 现场焊接

本规范结合了引自 AWS D1. 1/D1. 1M（AWS，2010）中的相关规定。后者规定了表面处理的要求。安装方负责修复加工制作后出现的常规损伤和腐蚀。在涂层表面上进行焊接，要求考虑的焊接的质量和安全问题。在许多情况下，表面采用钢丝刷清理可以提高焊缝质量。安装方的焊接工艺应与工程项目的场地条件（在通常用于钢结构焊接的变量范围内）相适应。当对与混凝土和焊接件相接触的材料进行焊接时，其焊缝收缩可能会导致尺寸发生很大的变化，可以通过选用不同的焊接工艺和安装次序来对此加以改善。这些情况还取决于其他一些条件，如混凝土的配比和焊接接头的构造设计等。可以认为安装方经常使用的焊接工艺是经过资格预审的，允许在采用这个范围内的焊接工艺进行施工。

条文说明 N　质量控制和质量保证

N1. 适用范围

2010 版 AISC 规范的第 N 章给出了质量控制（QC）、质量保证（QA）和无损检测（NDT）的最低要求，适用于房屋建筑和其他结构的钢结构体系和组合构件的钢部件。本章规定了必不可少的最低目测和检验任务，以确保钢结构建筑的优质、高效。

第 N 章定义了一个针对钢结构加工制作方和安装方的“质量控制”要求以及针对项目业主代表的类似的“质量保证”要求综合体系，后者可视为承包商质量控制功能的必要补充。这些要求体现了在质量控制过程中各级管理层和员工队伍的参与，是保证已建造的钢结构实现高质量的最有效方法。第 N 章在这些质量控制要求中补充了质量保证职责，可以认为这对于特殊任务会比较适合。第 N 章的质量控制要求与在 AISC 规范中所采用的检查要求保持一致，该规范则参考了《结构焊接规范——钢材》(AWS，2010)（以下简称为 AWS D1. 1/D1. 1M）和 RCSC《使用高强度螺栓的构连接规范》（RCSC，2009)(以下简称为 RCSC 规范）中的相关规定。

根据《建筑及桥梁钢结构标准施工规范》(*Code of Standard Practice for Steel Buildings and Bridges*)（AISC，2010a)（以下简称为 AISC《标准施工规范》）第 8 章的规定，加工制作方或安装方应将实施质量控制体系作为其常规运营的一部分。那些在 AISC 质量认证或类似计划中的参与者应制定质量控制体系，作为这些质量控制方案的组成部分。责任工程师应在确定质量保证需求时评估什么已经属于加工制作方或安装方的质量控制体系中。如果加工制作方或安装方的质量保证体系可以满足项目要求（包括符合任何特殊项目的要求），则为了反映这一点可能要对专项检查任务或质量保证计划进行调整。同样，如果规定有补充要求，则应对补充要求作出明确说明。

在第 N 章中所使用的专门用语，对加工制作方或安装方和其他各方的要求做了明确的区分。这里使用的质量控制（QC）和质量保证（QA）的定义，是与相关行业（如钢结构桥梁行业）中的定义一致的，且适用于本规范。人们也认识到，这些定义在实际应用中不是唯一的。例如，QC 和 QA 与在 AISC 质量认证（Quality Certification）计划中的定义就有所不同，这种 AISC 质量认证计划十分有用，并且符合国际标准组织（ISO）和美国质量协会（ASQ）的要求。

就本规范而言，对于由钢结构加工制作方和安装方所执行的对质量有影响的那些任务，以及为了度量或确认质量所执行的那些任务，应实施质量控制。由其他机构（除加工制作方和安装方以外）实施的质量保证任务，其目的是为了使钢结构产品的质量保证水平满足工程项目的要求。

本章全文中所使用的质量控制和质量保证条款，分别描述了需要由钢结构加工制作方、安装方和项目业主方代表来实施的检验任务。当现行的建筑法规（ABC）、主管部门（AHJ）或指定的“专门检验员”有要求或者业主或责任工程师（EOR）另有要求时，则通常由检验员实施质量保证任务。

第 N 章对检验任务规定了两个检验层次，分别标记为“目测”或“执行”。这与当前常用的建筑规范术语“定期的”或“连续的”形成了对比。这一术语的变化反映了焊接连接和高强度螺栓连接作业的多任务特性，以及在每一个特定的阶段所需要进行的检验工作。在 2009 版《国际建筑规范》（*International Building Code*）（IBC）（ICC，2009）中，钢结构的专项检验要求使用了非常通用的术语，即“焊接检验”和“高强度螺栓连接检验”。但是，每项焊接检验和高强度螺栓连接检验是由多项任务所组成的。IBC 没有明确规定在这些作业的任何特定的阶段中必须实施检验的范围，而是在 2009 版 IBC 规范表 1704. 3 中引用了 AWS D1. 1/D1. 1M 的焊缝检验条款和 2005 版 AISC《建筑钢结构设计规范》（AISC，2005a）第 M2. 5 条的高强度螺栓连接检验条款的相关内容。这些所引用的文件给出了有关特殊检验任务的要求。

N2. 加工制作和安装质量控制计划

在工程项目之间许多质量要求是可以通用的。很多钢结构的加工制作和安装工序会对其质量产生影响，且对加工制作方或安装方成功完成项目是最基本的和不可或缺的。工程项目之间执行相同的质量要求有助于加工制作方或安装方更有效地完成工程项目。

根据 AISC《标准施工规范》的规定，本章所述的施工文件必须是已经发布用于施工的设计图纸、设计说明和获得批准的施工详图。当有修改施工文件的资料查询（requests for information，RFI）回应和变更通知时，这些也都是施工文件的一部分。当在项目中使用建筑信息模型（BIM）时，这也应作为施工文件的组成部分。

一个质量控制计划的要素可以包括各种文件，如政策法规、内部的资质要求以及追踪生产进度的方法等。有些工艺过程在完成后其效果并不明显，但也应予以充分的重视并给以书面记录。提供给质量保证检验员（QAI）的任何文件和工艺过程，应被视为是专有的且不得进行不当的扩散。

检验文件应包括以下内容：

（1）需要检验的产品。

（2）需要实施的检验内容。

（3）检验员姓名和实施检验的时间段。

（4）不合格项和需要实施的纠正措施。

检查记录可以包括工件上的标记、图纸说明、工艺文件或电子文档等。当进行焊前目测检查时，检查记录要表明在一个给定时段内符合焊前合规性的取样计划。

检查记录的详细程度应能说明对于产品满足要求的信心。

N3. 加工制作方和安装方技术文件

1. 钢结构施工文件的报批

必须提交所列的全部技术文件，以便责任工程师（EOR）或 EOR 的指定人员可以对加工制作方或安装方所准备的项目是否满足 EOR 的设计意图实施评估。通常是通过提交施工详图来完成这项工作。在许多情况下，为了深化加工制作和安装图纸，还制作了数字化建筑模型。可以将数字化建筑模型代替加工制作和安装图纸提交责任工程师进行审查，以符合其设计意图。有关该过程的更多信息，请参阅《标准施工规范》附录 A——数字化建筑产品模型（Digital Building Product Models）。

2. 钢结构施工的有效文件

所列的全部技术文件必须是有效的，以便责任工程师进行审查。就某些项目而言，其文件量太大所以全部提交是不现实的，因此可以在加工制作方或安装方的所在地由责任工程师或其指定人员（如 QA 机构）审查这些文件。对于在本节中所列出的一些文档，进一步作如下说明：

（4）本节要求提交紧固楼承板的相关文件。对于楼承板紧固件（如螺钉和电动紧固件），要求提供具体的产品目录和/或生产厂家的安装说明书以作审查用。对于任何一种楼承板紧固件产品，并不要求提交其产品合格证。

（8）由于正确选择和采用合适的焊接填充金属是达到必需的强度水平、冲击韧性和质量的关键，所以有必要保证焊接填充金属审查文件和焊接工艺说明书的有效性。责任工程师可以对此进行全面审查，责任工程师也可以外聘顾问来审查这些文件（如果有必要的话）。

（11）加工制作方和安装方应保存焊工资格测试的书面记录。这些记录应包括测试日期、焊接过程、焊接工艺说明、试板、位置和测试结果等有关信息。为了对六个月有效期的焊工资格进行核实，加工制作方和安装方还应保存一份每个焊工使用特定焊接工艺日期的文件记录。

（12）在制定钢结构的材料控制过程时，加工制作方应参考《施工标准规范》第6.1条的相关规定。

N4. 检验和无损检测人员

1. 质量控制检验人员资格

应由加工制作方和安装方确定执行所指定检查任务的人员资格要求、人员培训和人员的经验。应根据实际需要完成的工作来决定人员的任职资格，并应纳入加工制作方或安装方的质量控制计划中。可由通过培训和/或在金属加工制作、检验和检测方面具有经验的个人来负责执行焊接检验工作。这符合 AWS D1.1/D1.1M 第6.1.4条的规定：采用认可的认证程序是证明某些检验人员资质的方法，但并不是唯一的方法，也不能作为第N章所要求的确定质量控制检验员（QCI）的唯一方法。

2. 质量保证检验人员资格

应由质量保证机构确定执行所指定质量保证检查任务的人员资格要求、人员培训和人员的经验。这可能要根据实际需要完成的工作来决定。AWS D1.1/D1.1M 第6.1.4.1（3）款规定“检验人员可由通过培训和/或在金属加工制作、检验和检测方面具有经验的个人来承担”。质量保证检验人员的资格要求可能包括检验方面的经验、检验知识和体能要求。这些资格要求应记录在质量保证机构的人员资格认可规程中。AWS B5.1（AWS，2003）可作为确定焊接检验人员资格的一种根据。

AWS D1.1/D1.1M 第6.1.4.3款允许在有直接监督的条件下使用助理焊接检验员进行焊接检验。

3. 无损检测人员资格

对于那些有待使用的无损检测方法，无损检测人员应具有足够的教育背景、业务培训和检测经验。ASNT SNT-TC-1a（ASNT，2006a）和 ASNT CP-189（ASNT，2006b）对无损检测方法目测检查、培训专题大纲、书面知识、实践技能考试和经验水平，以及资质等级做了具体规定。

例如，根据 ASNT SNT-TC-1a 的规定，二级无损检测人员应有能力设置和校准设备，并用相应的规范、标准和规程对有关的检测结果进行解读和评估。二级无损检测人员对于可以使用的检测方法，应熟悉其应用范围和限制，并应就在职培训和指导实习人员及一级无损检测人员工作，履行其所规定的职责。二级无损检测人员应具有根据检测结果编制检测报告的能力。

N5. 钢结构房屋建筑检验的最低要求

1. 质量控制

表 N5-4-1 ~ 表 N5-4-3 中所列焊接检验任务是 AWS D1. 1/D1. 1M 中所包含的检验项目，但是在表格中的检验项的排列和执行，采用了焊前、焊中及焊后分类这样一种更为合理的方式。同样，表 N5-6-1 ~ 表 N5-6-3 中所列螺栓连接检验任务是 RCSC 规范所包含的检验项目，而在表格中的检验项的排列和执行，则采用了传统的螺栓连接前、连接过程中及连接后的类似分类方式。每张表的具体内容会在 N5. 4 和 N5. 6 的条文说明中予以讨论。

2009 版《国际建筑规范》（IBC）（ICC，2009）就审查“获得批准的施工文件”［即获得建筑官员或主管部门批准（AHJ）的原始的和修改后的设计图纸和工程技术说明］做了特别的说明。《标准施工规范》第 4. 2（a）条要求，合同文件中的信息（设计图和工程技术说明）应准确、完整地转移到施工详图中。因此，加工制作方和安装方必须遵循的设计图和工程技术说明中的相关事项，应置于施工详图中，或专为工程项目发布的专门技术说明中。根据这条规定，只需根据施工详图（而不是原始的设计图）即可执行质量控制检验。

通常，在施工文件中引用的有效标准为《建筑钢结构设计规范》（ANSI/AISC 360-10）、《标准施工规范》（AISC 303-10）（AISC，2010a）、AWS D1. 1/D1. 1M（AWS，2010）和 RCSC 规范（RCSC，2009）。

2. 质量保证

《标准施工规范》第 8. 5. 2 条包括了涉及车间加工制作检查的下列规定：“对车间作业的检验工作，应尽可能由检验员在加工制作方的车间内进行。这种检验工作应及时、在序、不影响加工制作的进行，可以在涂装前对仍在车间内进行加工制作钢材的不合格项进行修复”。

《标准施工规范》第 8. 5. 3 条有类似的规定：“应迅速完成现场作业的检验工作，不得拖延作业的进度或矫正工作”。

《标准施工规范》第 8. 5. 1 条规定：“应至少在检验工作开始前 24h 发出通知，加工制作方和安装方应向检验人员提供进入正在实施作业场所的通道”。当然，检验人员必须及时进行检查。同时，应由加工制作方和安装方为检验人员提供随时可供使用的脚手架、升降机或其他检查手段。

IBC 规范表 1703. 3 中的项次 3 要求对钢结构材料进行核查，包括材料识别标记应符合 2005 版《建筑钢结构设计规范》（ANSI/AISC 360-05）（AISC，2005a）第 M5. 5 条的规定和生产厂商颁发的轧制（材料）测试报告。此外，IBC 规范第 2203. 1 条规定："钢结构构件的标识应符合 AISC 360-05 中的相应要求。对于不能根据标记和试验记录识别出材料等级的钢材，应进行试验，以确保与规范要求的材料强度一致"。

2005 版《建筑钢结构设计规范》第 M5. 5 条规定："钢材识别，对于每个装运批次中的主要结构部件，加工制作方应能保证通过书面手续和实际的钢材识别方法，至少在拼装后钢材的标记仍然是可见的"。《标准施工规范》第 6. 1. 1 条使用了类似的说法，但内容更为具体。

《标准施工规范》第 8. 2 条规定："材料试验报告中应有充分的证据，来说明轧制产品满足材料订单要求。加工制作方应对来自工厂的钢材进行目测检查，……"《标准施工规范》第 5. 2 及第 6. 1 条，介绍了单件钢材材料试验报告的可追溯性，以及钢结构在制作阶段的识别要求。

《国际建筑规范》（IBC）就审查"获得批准的施工文件"和获得建筑官员或主管部门批准（AHJ）的原始的和修改后的设计图纸和工程技术说明作了特别的说明。根据这些 IBC 规范的规定，质量保证检验员应使用最初的和修改后的设计图纸和工程技术说明进行检验。质量保证检验员也可以在检验过程中使用施工详图进行辅助。

3. 检验协调

当加工制作方位于边远地区或远离工程项目的所在地，或者当安装方的项目处于本地检测公司或检验人员很难去进行检验或没必要去检验的地方时，这种情况下可能需要进行检验协调。

当质量保证主要依赖于质量控制时，要求同时有主管部门（AHJ）和责任工程师（EOR）的批准，所以必须有得到认可的质量控制活动所提供的一定程度的质量保证。这也可以作为免除质量保证情况下（如第 N7 节的说明）的一个中间步骤。

4. 焊接检验

AWS D1. 1/D1. 1M 要求，应由加工制作方或安装方（AWS D1. 1/D1. 1M 中称之为承包商），根据该规范的第 6. 1. 2. 1 款的要求实施所有检验任务。其规定如下：承包商的检验工作。必要时应在组装前、焊中和焊后进行这种检验和试验，以确保材料和工艺符合合同文件的要求。加工制作/安装的检验和试验是属于承包商的职责范围，除非合同文件中另有规定。

在第6.1.3.3款中对此作了进一步的说明：检验员。当没有按上述具体检验员资质类别进行分类时，检验员这个用词同样适用于第6.1.2条中所述职责范围内的检验。

表N5-4-1、表N5-4-2和表N5-4-3的基本内容为检验任务、质量要求和包含在AWS D1.1/D1.1M中的相关具体检验项。条文说明表C-N5-4-1、表C-N5-4-2和表C-N5-4-3给出了在AWS D1.1/D1.1M：2010中的具体章节号。在确定任务列表和该任务是“抽样观察”还是“执行检验”时，用到了下列AWS D1.1/D1.1M条款的相关术语：

（1）6.5焊接作业检验和记录。

（2）6.5.1焊缝的尺寸、长度及位置。检验员应确保所有焊缝的尺寸、长度和位置符合本规范和详图的要求，没有责任工程师的批准不得添加未经指定的焊缝。

（3）6.5.2检查范围。检验员应每隔一定时间对焊接接头的制备、装配操作、焊接技术和每个焊工、焊机操作工和定位焊工进行观察，以确保其满足本规范的相应要求。

（4）6.5.3检验程度。检验员应对焊接作业进行检验，以确保其符合本规范的要求……应使用相应的量规量测焊缝的尺寸和外形……

（5）C-6.5焊接作业检验和记录。除要求对每条焊缝进行最终目测检查外，检验员应每隔一定时间对焊接作业进行检查，以确保其满足本规范的相应条款要求。应在装配前、装配过程中和在焊接过程中，采取抽样方法进行检验……

表C-N5-4-1　焊前检验任务

焊前检验任务	所引用的AWS D1.1/D1.1M*章节号
有效的焊接工艺指导书（WPSs）	6.3
焊接耗材生产厂家的有效合格证明	6.2
材料标识（类型/等级）	6.2
焊工识别系统	6.4（焊工资格） （AWS D1.1/D1.1M对识别系统没有要求）
坡口焊缝组对（包括焊接接头的形态） （1）接头制备 （2）尺寸（被焊件的平行度，根部间隙宽度、焊缝坡口钝边、坡口斜角） （3）洁净度（钢材表面条件） （4）定位焊（定位焊缝质量和位置） （5）垫板类型及安装（如果有的话）	 6.5.2 5.22 5.15 5.18 5.10，5.22.1.1
焊接孔形状和表面修整	6.5.2，5.17 （也可参考第J1.6条）

续表 C-N5-4-1

焊前检验任务	所引用的 AWS D1. 1/D1. 1M * 章节号
角焊缝组对	
(1) 尺寸（被焊件的平行度、根部间隙）	5. 22. 1
(2) 洁净度（钢材表面条件）	5. 15
(3) 定位焊（定位焊缝质量和位置）	5. 18
焊接设备检查	6. 2，5. 11

注：* 为 AWS（2010）。

表 C-N5-4-2　焊中检验任务

焊中检验任务	所引用的 AWS D1. 1/D1. 1M * 章节号
使用合格的焊工	6. 4
焊接材料的控制和管理	6. 2
(1) 包装	5. 3. 1
(2) 暴露控制	6. 3. 2（对于 SMAW），5. 3. 3（对于 SAW）
在开裂的定位焊缝上不得施焊	5. 18
焊接环境条件	
(1) 风速在限定范围内	5. 12. 1
(2) 降雨量和温度	5. 12. 2
符合焊接工艺说明书要求	6. 3. 3，6. 5. 2，5. 5，5. 21
(1) 焊接设备设置	
(2) 运行速度	
(3) 所选定的焊接材料	
(4) 保护气体类型/流量	
(5) 采用预热	5. 6，5. 7
(6) 保持焊层间的温度（最大/最小）	
(7) 合适的施焊位置（平焊 F，立焊 V，横焊 H，仰焊 OH）	
焊接技术	
(1) 焊层间和最终焊缝清理	6. 5. 2，6. 5. 3，5. 24
(2) 每个焊道在焊缝轮廓界限内	5. 30. 1
(3) 每个焊道满足质量要求	

注：* 为 AWS（2010）。

表 C-N5-4-3　焊后检验任务

焊后检验任务	所引用的 AWS D1. 1/D1. 1M ** 章节号
焊缝清理	5. 30. 1
焊缝尺寸、长度和位置	6. 5. 1

续表 C-N5-4-3

焊后检验任务	所引用的 AWS D1. 1/D1. 1M** 章节号
焊缝满足目测验收标准	6. 5. 3
(1) 无裂纹	表 6. 1 (1)
(2) 焊缝/母材熔合良好	表 6. 1 (2)
(3) 焊弧坑横截面	表 6. 1 (3)
(4) 焊缝剖面	表 6. 1 (4), 5. 24
(5) 焊缝尺寸	表 6. 1 (6)
(6) 咬边	表 6. 1 (7)
(7) 气孔	表 6. 1 (8)
焊弧损伤	5. 29
k 区域*	AWS 中未涉及此内容
去除焊缝垫板和引弧板（如果有要求的话）	5. 10, 5. 31
焊缝修复	6. 5. 3, 5. 26
焊接的接头和构件的接受或拒绝记录	6. 5. 4, 6. 5. 5

注：*为 *k* 区域问题在 AISC（1997b）中得到确定，详见第 A3. 1c 条和第 J10. 8 条的条文说明。
**为 AWS（2010）。

观察任务如第 6. 5. 2 和 6. 5. 3 条所述。第 6. 5. 2 条使用了观察一词，并规定观察的频率是“每隔一定时间”。第 6. 5. 2 条的条文说明对“抽样”一词作了进一步的解释。按照 AWS D1. 1/D1. 1M 第 6. 5. 1 或 6. 5. 3 条的要求，需要对每条焊缝执行（实施）检验，或是进行必要的焊缝或检验项的最后验收。使用执行一词是基于 AWS D1. 1/D1. 1M 中所使用的短语“应对作业进行审查”和“应量测焊缝尺寸和外形”，因此，检验项通常仅限于每条焊缝完成焊接时的那些功能。

在第 6. 5. 1 条中的用词“所有焊缝”明确指出，必须检查所有焊缝的尺寸、长度和位置，以确保其合格。第 N 章在列入这些检验任务时遵循了同样的原则，称之为“对每个焊接接头或构件执行这些检验任务”。

第 6. 5. 2 条中使用的“合适的时间间隔”一词表示，不需要对每条焊缝实施这些检验任务，但必须保证满足 AWS D1. 1/D1. 1M 的相应要求。遵循同样的原则和术语，第 N 章在列入这些检验任务时遵循同样的原则和专门用语，称之为“观察”，定义为“在随机的基础上抽样观察这些检验项”。

对于合适时间间隔的选择（AWS D1. 1/D1. 1M 第 6. 5. 2 条），或合适“抽样方法”的选择（AWS D1. 1/D1. 1M 第 C-6. 5 条），在 AWS D1. 1/D1. 1M 中未作规定，在 IBC 规范或本规范中也没有给出规定，除了 AWS 表明“以确保本规范的相应要求得到满足”以外。确定“合适的时间间隔”和适当的“抽样方法”取决于加工制作方和安装方的质量控制计划、焊工自身的技能和知识水平、焊缝的种类和焊缝的重要程度。在项目的最初阶段，最好提高观察的频次，来确立加工制作方和安装方质量控制计划的有效性。但是，不必在项目的整个过程中保持这种观察水平，现场的检验员也不必这么多。而可以采用一个与承包商及其检验人员所检验任务相匹配的适当观察时间间隔。与花费在受压或受剪的坡口焊缝或角焊缝上的检验时间相比，对于横向受拉的全熔透和部分熔透坡口焊缝的焊缝坡口组对和焊接操作的监测，可能需要进行更多的检查。与单焊道的角焊缝相比，对于多焊道的角焊缝，其焊接质量低劣的根部焊道会被上部焊道遮盖，因此对于多焊道的焊接操作可能需要花费更多的时间来进行观察。

不要混淆在2009版IBC规范中频繁使用的执行（实施）和观察这两个术语。这两个术语确定了检验的两个水平。IBC规范术语明确规定了在整个工作过程中检验员是否要随时在场。第N章规定了各个主要检验区域内的具体检验任务的检验水平。执行（实施）是指需要进行检验的每个项目，而观察是指需要进行检验的抽样样品。有可能检验任务的数量会决定检验员是否要随时在场，而这与第N章是不相符的，后者则根据检验员待在现场的时间来决定完成了多少检验任务。

AWS D1.1/D1.1M第6.3条规定，承包商（加工制作方/安装方）的检验员要专门负责WPS的实施，验证免于评定的WPS或相应的资质与WPS相一致。质量保证检验员对焊接过程进行监测，以确保有效的质量控制。为此，在表N5-4-1和表N5-4-2中保留了一项针对这些功能的QA检验任务。对于待实施的焊接作业和检验任务，WPS必须可供焊工和检验员使用。

IBC规范表1704.3中的项次4，要求对焊接填充材料进行核查。该项检验任务可以通过观察WPS中的标记与焊接耗材上的标记是否对应，并检查所用耗材的合格证明书来实施。

表N5-4-1的脚注指出：“加工制作方或安装方（视具体情况而定）应具有一种能够对参与了接头或构件的焊接作业的焊工加以识别的系统。钢印（如果采用的话），则应打印于低应力区域”。AWS D1.1/D1.1M对焊接人员识别系统没有做具体要求。然而，检验员必须验证焊工的资格，包括“那些做过低于本规范要求焊接工作的焊工”。同样，如果焊缝要接受无损检测（NDT），则焊接人员识别系统就非常必要了，其理由是：（1）对于优秀的焊工，则可以降低无损检测率；（2）对于经常不能通过无损检测的焊工，则要增加焊缝的无损检测率。该焊工识别系统还可以明确指出需要进行额外培训的焊工，从而使承包商从中获益。

焊接前，应首先由安装工和/或焊工对坡口焊缝和角焊缝的组对情况进行检查。在加工详图或安装图中应给出详细尺寸，并且在WPS中应给出具体要求。安装工和焊工必须配备必要的量测工具，以确保焊接前进行适当的焊缝组对。

AWS D1.1/D1.1M第6.2条关于材料和设备的检验指出：“承包商的检验员

应确保只使用符合本规范要求的材料和设备”。为此，只指定由质量控制来执行对焊接设备的检查，而对质量保证则不做此项要求。

5. 焊接接头的无损检测

5a. 流程

除了受本规范附录 3 所规定的疲劳作用的情况外，一般建筑物受静载作用。本规范的第 J2 节规定中包括了 AWS D1. 1/D1. 1M 的例外情况。

5b. 全熔透坡口焊缝无损检测

对于受静载作用的结构，AWS D1. 1/D1. 1M 和本规范对无损检测（NDT）未做专门要求，而由工程师根据 AWS D1. 1/D1. 1M 第 6. 15 条的要求，来确定适当的无损检测方法、需要检测焊缝的位置或种类，以及检测的次数和类型（全部、部分或抽检）。关于建筑物和其他结构物的危险性类别说明见表 C-N5-4-4。

表 C-N5-4-4　关于建筑物和其他结构物的危险性类别说明（摘自 ASCE/SEI 7*）

危险性类别
危险性类别Ⅰ： 一旦发生破坏，对人们生命产生较低风险的建筑物和其他结构物
危险性类别Ⅱ： 除了列为危险性类别Ⅰ、Ⅲ和Ⅳ类的所有建筑物和其他结构
危险性类别Ⅲ： （1）因其破坏，可能对人们生命产生巨大风险的建筑物和其他结构物； （2）一旦发生破坏，有可能造成重大的经济影响和（或）对日常民众生活造成大规模破坏的建筑物和其他结构物（不包括危险性类别Ⅳ所列的情况）； （3）未列入危险性类别Ⅳ类的建筑物和其他结构物（包括但不限于，生产、加工、处理、储存、使用或处理危险燃料、危险化学品、危险废物或爆炸物的设施），这些危险品的数量超过了有关当局规定的限值，一旦泄漏将足以对公众构成威胁
危险性类别Ⅳ： （1）指定为关键设施的建筑物和其他结构物； （2）因其破坏，可能对社会构成重大危害的建筑物和其他结构物； （3）建筑物和其他结构物（包括但不限于，生产、加工、处理、储存、使用或处理危险燃料、危险化学品、危险废物或爆炸物的设施），这些危险品的数量超过了有关当局所规定的导致危害公众的限值，一旦泄漏将足以对公众构成威胁； （4）用以维护危险性类别Ⅳ类结构其他功能的建筑物和其他结构物

注：* 为 ASCE（2010）。

根据一种评估结构失效风险的合理体系，本规范对无损检测方法进行了选择并超声探伤（UT）的检查率做了调整。ASCE/SEI 7《房屋建筑和其他结构物的最小设计荷载》（*Minimum Design Loads for Buildings and Other Structures*）（ASCE/

SEI 7-10)，(ASCE，2010) 给出了一种确认各种类型结构的危险性类别的体系。

可以认为，全熔透（CJP）坡口焊缝，在承受与焊缝轴垂直的拉伸荷载作用时，只能达到焊缝部位较小钢部件的承载能力，因此对这种焊缝应有最高的质量要求。受压或受剪的全熔透坡口焊缝，与焊缝受拉时相比，不存在裂纹扩展的风险。设计受拉的部分熔透（PJP）坡口焊缝时，应根据根部条件使用极限设计强度，因此不会承受类似于全熔透坡口焊缝的高应力和随之产生的裂纹扩展风险。受压或受剪的部分熔透坡口焊缝，与焊缝受拉时相比，同样其裂纹扩展的风险会大幅度降低。

与部分熔透坡口焊缝相同，设计角焊缝时使用极限设计强度，且承受剪应力时设计焊缝可以不考虑荷载作用，所以对此没有无损检测的要求。

超声波检测（UT）的接头类型和所连接板件的厚度范围选择以 AWS D1. 1/D1. 1M 第 6. 20. 1 条的要求为依据，该条款将 AWS D1. 1/ D1. 1M 第 F 部分所述的坡口焊缝和热影响区（HAZ）厚度范围限定在 5/16in 和 8in(8mm 和 200mm，含 8mm 和 200mm）之间。

ASCE/SEI 7-10，表 1. 5-1 给出了建筑物和其他结构物的四种危险性类别。条文说明表 C-N5-4-4，摘自表 1-1（ASCE/SEI 7-10），对不同的危险性类别做了概括说明。结构实例引自 2005 ASCE《房屋建筑和其他结构物的最小设计荷载》(*Minimum Design Loads for Buildings and Other Structures*)（ASCE，2005b)，该规范出于同样目的使用了术语“使用类别”，并对建筑物类型和使用性质给出了说明和规定。

5c. 过焊孔的无损检测

在重型热轧型钢的腹板-翼缘的交接处和腹板中心以及厚钢板的内部，与制品的其他部位相比可能会包含一种粗晶粒结构和/或较低的冲击韧性。第 M2. 2 条要求打磨至显出光亮的金属色，以移除硬化表面层，并使用磁粉探伤（MT）或着色渗透探伤（PT）方法进行和检测，以确保过焊孔平滑过渡，没有缺口和裂纹。

5d. 承受疲劳作用的焊接接头

在本规范表 A-3-1、第 5 节及第 6. 1 条指出，对于接接头中的全熔透坡口焊缝，要求采用超声波探伤（UT）或射线检测（RT）验证焊缝内部的可靠性，满足 AWS D1. 1/D1. 1M（AWS，2010）第 6. 12 或 6. 13 条的验收要求（视具体情况而定）。

5e. 减少超声波探伤的检查率

对属于危险性类别Ⅲ和Ⅳ类、受静载作用的结构，对于有很高技能水平的单个焊工（其焊缝合格率得到大量经检测焊缝的证明），其焊缝的超声波检测的检查率可以低于 100%。这项规定沿用了《统一建筑规范》(*Uniform Building Code*)(ICBO，1997) 中用于高地震危险性区域承弯框架中的全熔透坡口焊缝的超声波探伤的类似条款，并做了相应的调整。

5f. 增加超声波探伤的检查率

对属于危险性类别Ⅱ类的结构，其中有 10% 的横向受拉全熔透坡口焊缝受到检测，对于不具备很高技能水平的单个焊工（其大量经检测焊缝的不合格率超过 5% 时)，要求增加对其焊缝的超声波检测的检查率。为了有效执行这条规定，不必重新检测以前留下的焊缝（这些焊缝是由经 20 条已完成焊缝评估后不合格率很高的焊工焊接的)，建议在作业开始时，对于每个焊工已完成的焊缝采用较高的超声探伤检查率。

6. 高强度螺栓连接检测

与本规范的第 M2.5 条类似，2009 版 IBC 规范引用了 RCSC 规范（RCSC，2009）的相关条款。与所引用的焊接标准一样，RCSC 规范从检验要求和检验范围方面规定了螺栓连接的检验要求。对所有预拉型螺栓连接的检查，RCSC 规范使用了术语“定期观测”，从而对本规范在这一章中所使用的“观察”一词做了进一步的确认。

要求对栓紧至密贴状态的接头进行检查，以确保使用了适当的紧固件组件以及在螺栓安装过程中接触面保持贴紧状态。可以不考虑栓紧至密贴状态接头中的夹紧力，对此不需要进行检查。

要求对预拉型和摩擦型螺栓连接接头进行检测，以确保使用了适当的紧固件组件以及在螺栓安装过程中接触面保持贴紧状态。对于所有预拉型螺栓连接必须在螺栓安装前进行检测，安装前检测的性质和范围将取决于所采用的安装方法。引自 RCSC 规范的下列条款是表 N5-6-1、表 N5-6-2 和表 N5-6-3 的基础（对条款中的重点用词加设下划线)：

(1) **9.2.1. 转角法预紧螺栓：**检验员应按照第 8.2.1 条的要求对螺栓安装前检测实施观察。随后，检验员应通过定期观测检查，确保螺栓安装人员拧转螺帽（相对于螺杆）的转角大小符合表 8-2 的规定。另外，当连接接头初始装配后（但在初拧前)，紧固件组件加设了装配标记时，预紧后可以采用目测检验来代替定期观测。

(2) **9.2.2. 校准扳手法预紧螺栓：**检验员应按照第 8.2.2 条的要求对螺栓安装前检测实施观察。随后，检验员应通过定期观测检查，确保螺栓安装人员正确使用校准扳手来拧转螺帽。对其合格与否不需要提供进一步的证明。

(3) **9.2.3. 拧断（脱扣）式拉力控制法预紧螺栓：**检验员应按照第 8.2.3 条的要求对螺栓安装前检测实施观察检查。随后，检验员应通过定期观测检查，确保螺栓安装人员在安装期间正确拧断螺栓的尾部梅花卡头（splined ends）。

(4) **9.2.4. 直接轴力指示计法预紧螺栓：**检验员应按照第 8.2.4 条的要求对螺栓安装前检测实施观察检查。随后，检验员在初拧前，应通过定期观测检查确保直接轴力指示器的突出指针之间的间隙至少有一半的空间可以插入适当的塞尺，并且突出指针的指向背离操作位置。

2009 版 IBC 规范表 1704.3 中的项次 1 要求，对高强度螺栓、螺母和垫圈材料进行查验，包括生产商的合格证明，并核查识别标记，应符合施工文件中所指定的 ASTM 紧固件标准的规定。

2009 版 IBC 规范第 1704.3.3 条对螺栓的检测要求做了广泛的讨论，包括对紧固件组件、螺栓连接部件和螺栓安装的检验。其中还包括了制作方或安装方对安装前验证检验的观察检查，以及当使用校准扳手法预紧螺栓时对校准扳手的观察检查。要核查所有螺栓连接接头是否已经达到栓紧至密贴状态，并且要对安装过程进行监测，以保证螺栓安装人员使用了正确的预紧螺栓安装程序。检验员是否需要在场取决于对于已安装完成的螺栓是否提供了目测检验证据。使用设有装配标记的转角法、拧断（脱扣）式拉力控制法和直接轴力指示计法预紧螺栓时，并提供了目测检验证据，因此，当使用这些螺栓安装方法时，可以采用“定期”的专项检验。使用不设装配标记的转角法和校准扳手法预紧螺栓时，不提供目测检验证据，因此，必须进行“连续”专项检验，所以需要检验员到达施工现场，当然在预紧螺栓时不一定要看着每根螺栓或每个接头。

如上文所述，第 N5.6 条中螺栓检验要求的基础是 2009 版 IBC 的相关理念和 RCSC 规范的规定。第 N 章采用了“应实施”（shall be engaged）一词来代替由 IBC 规定的“连续”检验，用来表示使用这些螺栓安装方法时要求较频繁地进行观察。

RCSC 规范的检验规定依赖于对螺栓安装的观察，因此在所有表格中对所指定的任务使用了“抽样观察”。条文说明表 C-N5-6-1、表 C-N5-6-2 和表 C-N5-6-3 中，针对螺栓连接前、螺栓连接过程中及螺栓连接后检验任务，给出了引用的 RCSC 规范的章节号。

表 C-N5-6-1　螺栓连接前的检验任务

螺栓连接前的检验任务	所引用的 RCSC 规范 * 章节号
紧固件材料生产厂家的有效合格证明	2.1，9.1
紧固件标识符合 ASTM 要求	图 C-2.1，9.1（也可参考 ASTM 标准）
根据接头构造选择合适的紧固件［强度等级、类型、长度（不包括螺纹段）］	2.3.2，2.7.2，9.1

续表 C-N5-6-1

螺栓连接前的检验任务	所引用的 RCSC 规范 * 章节号
根据接头构造选择合适的螺栓连接方法	4, 8
所连接的部件，包括适当的结合面状态和螺栓孔制备（如果有规定的话）满足相应的要求	3, 9.1, 9.3
通过安装人员观测和所记录的紧固件连接副与所使用的连接方法，进行安装前检测	7, 9.2
适当的螺栓、螺帽、垫圈和其他紧固配件储存方式	2.2, 8, 9.1

注：* 为 RCSC（2009）。

表 C-N5-6-2　螺栓连接过程中的检验任务

螺栓连接过程中的检验任务	所引用的 RCSC 规范 * 章节号
置于所有螺栓孔和垫圈（如有要求的话）中、处于良好状态的紧固件连接副应按要求定位	8.1, 9.1
在进行预紧前，接头处于密贴状态	8.1, 9.1
不应用扳手转动紧固件组件，以防止其发生旋转	8.2, 9.2
对紧固件施加预拉力应符合 RCSC 规范的要求，有步骤地从刚度最大处向自由边推进	8.2, 9.2

注：* 为 RCSC（2009）。

表 C-N5-6-3　螺栓连接后的检验任务

螺栓连接后的检验任务	所引用的 RCSC 规范 * 章节号
螺栓连接的合格或不合格品记录	RCSC 规范中未涉及此内容

注：* 为 RCSC（2009）。

7. 其他检验任务

2009 版 IBC 规范第 1704 A.3.2 条提出了对钢框架进行检查的要求，以保证与获得批准的施工文件中所规定的具体信息相一致，如支撑、加劲板、构件位置和在每个连接部位处的接头构造做法。这些要求重复了 2009 版 IBC 表 1704.3 项次 6 中的内容。

2009 版 IBC 规范第 2204.2.1 条要求，必须按照锚栓平面图中的布置和尺寸要求精确设置钢锚栓。此外，还要求穿过所连接板件的突出螺杆部分必须与螺帽完全啮合，但不应大于螺杆的长度。

《标准施工规范》第 7.5.1 条规定，应由业主指定的施工代表来设置锚栓、地脚螺栓及其他埋设件。由于安装方可能无法到现场检查锚栓的位置，因此指定由质量保证检验人员（QAI）来完成这项工作。因为在安装锚栓时不可能核实锚栓和埋设件材料是否正确，所以在安装锚栓时质量保证检验人员必须在场。

N6. 组合结构检测的最低要求

本节只讨论组合结构中的钢结构或经常由制作方和/或安装方负责的（钢楼承板和现场安装的抗剪栓钉）那些部件的检测工作。组合结构中其他部件的检测要求，如混凝土、模板、钢筋和相关的允许偏差等，会在其他地方进行讨论。这方面内容可以参照美国混凝土学会的三个出版物，即《混凝土施工允许偏差规范及条文说明》（*Specifications for Tolerances for Concrete Construction and Commentary*）（ACI 117-06）（ACI，2006）、《结构用混凝土规范》（*Specifications for Structural Concrete*）（ACI 301-05）（ACI，2005）及《混凝土结构设计规范及条文说明》（*Building Code Requirements for Structural Concrete and Commentary*）（ACI 318-08）（ACI，2008）。

N7. 获得认可的加工制作方和安装方

2009 版 IBC 规范第 1704. 2. 2 条（ICC，2009）规定：如果制作方已经登记注册且获准实施此类工作可以不进行专项检查，那么就无需按本规范的要求进行专项检验；批准应建立在对制作方的书面程序和质量控制手册审查，以及由获得认可的专项检查机构对制作方的工作定期进行审核的基础之上。

建筑官员或主管部门（AHJ）如何做出这些批准的一个范例就是使用 AISC 的认证方案。一个加工制作商有《AISC 钢结构制作商认证方案，钢结构房屋建筑标准》（*AISC Certification Program for Structural Steel Fabricators, Standard for Steel Building Structures*）（AISC，2006b）的认证，符合质量控制手册、书面程序及由 AISC 的独立审计公司及质量管理公司进行的年度现场审计的标准。同样，钢结构安装方可以是通过 AISC 认证的或 AISC 高级认证的安装商。审计应确认该制作商公司具有人员、知识、组织、设备、经验、能力、制作方法和承诺，来完成某一指定认证类别工作的所要求质量。

条文说明　附录1　非弹性分析设计

附录1涉及钢结构体系的非弹性分析与设计内容，其中包括连续梁、承弯框架、带支撑框架和混合结构体系。本附录对以前的规范已进行了修改，以便更广泛地使用非弹性分析方法，将传统的塑性设计方法发展为更加先进的非线性有限元分析方法。本附录在几方面对第C章的直接分析方法（其中采用了二阶弹性分析方法）进行了合乎逻辑的拓展。在第B3.7条中给出了连续梁中弯矩重分配条款，只允许在弹性分析中使用此项规定。

在本附录的规定中可以采用比第C章所要求的分析方法更为复杂的分析方法。这些规定还允许使用计算分析方法（如有限元法）来代替本规范中第D章至第K章的极限状态计算公式。应用这些规定，需要对本附录的规定以及它们所替代的公式有一个完整的理解。使用这些规定来充分证明用于这一用途的分析软件的完整性和准确性，是所有工程师的责任。

1.1. 一般规定

本附录的规定与第C章的一般规定极为相似，并在第C1节条文说明中做了进一步的讨论。

设计人员可以使用各种层次水平的非弹性分析方法（Ziemian，2010；Chen和Toma，1994）。所有分析方法都是为了考虑构件和连接上作用力和弯矩的潜在重分配，这些作用力和弯矩是由于结构体系达到承载力极限状态时局部产生屈服的结果。层次水平较高的分析方法，可以模拟复杂的非线性性状，并且可以在塑性机制形成之前相当有效地发现构件和/或框架的不稳定性。当构件受压、受弯和压弯组合作用时，本规范所使用的许多承载力设计公式，都是采用了精确的非弹性分析方法，并结合试验结果和工程判断（Yura等人，1978；Kanchanalai和Lu，1979；Bjorhovde，1988；Ziemian，2010）而制定的。而且，过去20年来，在设计中直接采用二阶非弹性分析方面，已经取得了重大进展（Ziemian等人，1992；White和Chen，1993；Liew等人，1993；Ziemian和Miller，1997；Chen和Kim，1997）。同样，纳入非弹性分析规定的钢结构设计商业软件也已经有了稳定的增长，但是其间的水平相差很大。在使用任何分析软件时，对于软件所模拟的结构性状、分析方法的质量以及软件所得到的延性和分析条款与第1.2和1.3

条的规定是否相当等方面，都需要有充分的了解。有关非弹性分析的准确性方面，已经就准确性的验证做了大量的研究工作（Kanchanlai，1977；El-Zanaty 等人，1980；White 和 Chen，1993；Surovek-Maleck 和 White，2003；Martinez-Garcia 和 Ziemian，2006；Ziemian，2010）。

在这种背景下，本附录的目的是使用某种非弹性分析方法，来代替作为确认构件或结构体系是否可靠的规范设计公式。在所有情况下，都需要考虑由相应规范条款所确定的承载力极限状态特性。例如，第 E3 节给出了确定抗压承载力标准值的公式，该公式适用于不带有薄柔型板件的构件的弯曲屈曲。由这些公式确定的承载力考虑了许多因素，其中主要包括受压构件初始不平直度、由于加工制作过程引起的残余应力，以及由于二阶效应和截面局部屈服所产生的抗弯刚度下降。如果这些因素都直接考虑在非弹性分析中，就可以保证具有相当的或更高水平的可靠度，那么就可以不要使用第 E3 节的特定的承载力公式进行计算。也就是说，可以用非弹性分析来表征弯曲屈曲的极限状态并进行相应的设计。在另一方面，假定同一非弹性分析是不能对弯扭屈曲进行模拟的，这时，就需要根据第 E4 节的规定进行计算。还没有发现可以通过非弹性分析方法来计算受弯构件的侧向扭转屈曲、连接承载力和剪切屈服或屈曲承载力极限状态（但不限于）的其他例子。

本附录第 1.1 条“一般规定”中第二段的第（5）项要求，应考虑“结构体系、构件和连接的承载力和刚度的不确定性”。构件和连接的可靠度要求是通过抗力和荷载分项系数来实现的，本规范所采用荷载和抗力分项系数设计方法从概率上推导得到了这些系数。当时（2010 年）还只是在单个的工程项目中来考虑结构体系的可靠度，并没有开发出适用于钢结构建筑的完整方法。有关结构体系可靠度内容的介绍可以在 Ang 和 Tang（1984），Thoft-Christensen 和 Murotsu（1986），Nowak 和 Collins（2000）的教科书中找到，在许多出版物中，如 Buonopane 和 Schafer（2006）对此也有相关的介绍。由于这种分析方法本质上是在极限荷载水平上进行的，本附录的规定仅限于作为第 B3.3 条（LRFD）的设计基础。

按照第 B3.9 条的要求，应根据第 L 章给出的具体要求进行正常使用状态设计。在满足基于非弹性分析设计方法的这些要求的同时，应考虑在使用荷载作用下钢材屈服的程度。特别需要关注的是：由于钢材屈服而可能出现的永久变形和由于钢材屈服而产生的刚度退化（无论在非弹性分析模型中是否考虑了这种退化）。

虽然在抗震工程中采用非弹性分析方法具有巨大的潜力，但本附录除“一般规定”以外的特殊规定并不适用于抗震设计。其主要原因有两个：

（1）在确定弹性抗震设计程序中所使用的“等效”静荷载时，已经假定出现了很大的屈服和非弹性内力重分配，因此采用基于非弹性分析的设计方法时不宜使用这些荷载。

（2）基于非弹性分析的抗震设计的延性要求要比本规范在非地震荷载作用下的延性要求更严格。

在《建筑物和其他结构物的最小设计荷载》(*Minimum Design Loads for Buildings and Other Structures*)（ASCE/SEI 7-10）（ASCE 2010）的第 16 章和《既有建筑抗震加固》(*Seismic Rehabilitation of Existing Buildings*)（ASCE/SEI 41-06）（ASCE，2006）中，给出了非弹性抗震分析与设计的使用指南。

为了承受在所要求的荷载作用下产生的力和变形，邻近塑性铰的连接必须具有足够的承载力和延性。要切实执行这条规则就必须严格遵守第 B3.6 条及第 J 章的相应要求。如同在 ASCE（1971）和在许多书籍和论文所讨论的那样，这些连接设计的规定是从塑性理论发展而来的，并通过了大量的试验研究的验证。因此，满足这些规定的连接，其本身就适用于采用非弹性分析方法设计的结构中。

允许采用任何基于非弹性分析且满足所给定的“一般规定”的设计方法。包括采用基于连续单元来设计单个结构组件（如连接）的非线性有限元分析方法（Crisfield，1991；Bathe，1995），或使用二阶非弹性框架分析方法（Clarke 等人，1992；McGuire 等人，2000）来设计由梁、柱和连接节点所构成的结构体系。

本附录第 1.2 和 1.3 条共同定义的规定，可以满足第 1.1 条的延性和分析要求。这些规定为有效的二阶非弹性分析方法提供了基础。这些规定对符合第 1.1 条要求的其他分析方法并不排斥。

1.2. 延性要求

由于非弹性分析为由结构构（部）件（如构件和连接）屈服而致的内力重分配提供了条件，这些构（部）件必须具有足够的延性，并能够在保持其设计承载力的同时满足非弹性变形的要求。影响构（部）件非弹性变形能力的因素包括材料性能、长细比及无支撑长度。有两种常用的方法来确保其具有足够的延性：对上述各项因素加以限制，以及将实际的非弹性变形要求与预估的非弹性变形能力进行直接比较。前者已在附录 1 中给出。这种方法基本上是将非弹性局部屈曲与非弹性侧向扭转屈曲分离开来，这已经成为本规范前几个版本中塑性设计规定的组成部分。作为后一种方法是将延性要求与非弹性变形能力进行比较，其应用实例是在 Galambos（1968b），Kato（1990），Kemp（1996），Gioncu 和 Petcu（1997），FEMA-350（FEMA，2000），ASCE 41-06（ASCE，2006）以及 Ziemian（2010）等文献资料中所提出的。

1. 材料

以往有关连续梁、刚接框架和连接的塑性和非弹性性状的大量研究，已经充分证明了钢材在屈服应力高达65ksi(450MPa)（ASCE，1971）时的适用性。

2. 横截面

按照非弹性分析的设计，要求在达到结构荷载-变形曲线的峰值时，塑性铰处的弯矩还维持在塑性弯矩的水平，当存在轴力时该塑性弯矩本身会有所降低。这说明构件必须具有足够的非弹性转动能力来实施附加弯矩的重分配。在第B4节中所规定的厚实型截面中，其最小转动能力约为 $R_{cap}=3$（如图C-A-1-1所示），且适合塑性铰的形成和发展。在表B4-1b中极限宽厚比指标为 λ_p，而在本附录中的 λ_{pd} 则是允许达到这个转动能力的最大长细比指标。在第B4节的条文说明中对这些规定的前提作了进一步讨论。

在式（A-1-1）~式（A-1-4）中长细比的附加限制适用于表B4-1b中未涉及的情况。式（A-1-1）和式（A-1-2）给出了宽翼缘型钢和压弯组合作用下的矩形钢管的腹板高厚比限值，已经成为1969年以后的钢结构设计规范中的塑性设计要求，以及《钢材的塑性设计指南和条文说明》(*Plastic Design in Steel, A Guide and a Commentary*)（ASCE，1971）的组成部分。适用于钢管和箱形截面翼缘的公式［式（A-1-3）］和圆形钢管公式［式（A-1-4）］则是来自《结构用钢管设计规范》(*Specification for the Design of Steel Hollow Structural Sections*)（AISC，2000a）。

对横截面中板件长细比进行限制来确保塑性铰位置的延性，只适用于双轴对称的截面。通常，在塑性设计中不允许使用单角钢、T形钢和双角钢截面，这是由于弯矩作用会在一个突出肢腿区域产生压力，从而造成其非弹性转动能力通常会不足。

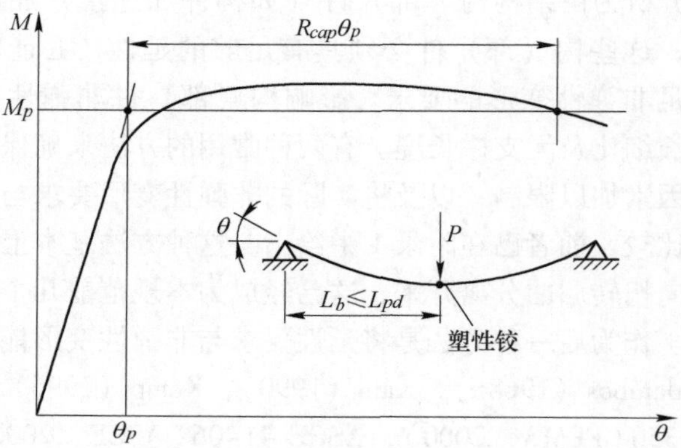

图C-A-1-1　转动能力定义

3. 无支撑长度

构件发生非弹性侧向扭转屈曲可能会大大降低带有塑性铰的构件的延性。为了提供足够的转动能力，对这样的构件所设置的支撑间距可能要比根据弹性理论设计所需要的支撑间距更小。式（A-1-5）和式（A-1-7）分别给出了绕主轴弯曲的宽翼缘型钢及矩形截面和对称箱形梁的塑性铰附近的最大无支撑长度。这些公式对2005版AISC规范（AISC，2005a）的计算式［根据Yura等人（1978）的研究］做了修改。这些公式的目的是确保最低的转动能力 $R_{cap} \geqslant 3$（在图C-A-1-1中给出了 R_{cap} 的定义）。

已经对式（A-1-5）和式（A-1-7）进行了修改，修改考虑了非线性弯矩图和不会在对应于较大杆端弯矩的支撑位置处出现塑性铰的情况。在这些公式中的弯矩 M_2 是无支撑长度端部的较大弯矩，在所有情况下都取正值。弯矩 M'_1 是无支撑长度另一端的弯矩，对应于一个所提供的目标转动能力相同的等效线性弯矩图。该等效线性弯矩图按如下定义：

（1）当无支撑长度内任一处的弯矩大小 $M_{\max}$ 超过 M_2 时，则等效线性弯矩图取常数（均匀）弯矩图，其值为 $M_{\max}$［参见图C-A-1-2（a）］。由于等效弯矩图是均匀的，因此可以通过 $M'_1/M_2 = +1$ 来确定 L_{pd} 值。

（2）当沿着梁的无支撑长度的弯矩分布确实是线性的，或者当 M_2 和实际弯矩 M_1 之间的线性弯矩图在 M_2 附近的弯矩比较大时［参见图C-A-1-2（b）］，可取 M'_1 等于实际弯矩 M_1。

（3）当沿着梁的无支撑长度的弯矩分布是非线性的，并且 M_2 和实际弯矩 M_1 之间的线性弯矩图对 M_2 附近的弯矩有所低估时，可以将 M_2 和无支撑长度的中点 M_{mid} 之间画一条直线（延长）至无支撑长度的另一端［参见图C-A-1-2（c）］的弯矩定义为 M'_1。

当弯矩 M_1 和 M_{mid} 如同 M_2 一样在同一翼缘中产生压力时，则 M_1 和 M_{mid} 分别取正值，否则取负值。

当构件不会发生侧向扭转屈曲时，如方形和圆形截面构件，以及绕弱轴弯曲或承受足够大拉力的双轴对称构件，这时构件的延性不再受无支撑长度的影响。

4. 轴向力

本规定将受压构件中的轴力限制为 $0.75F_yA_g$ 或屈服荷载设计值 $\phi_c F_y A$ 的约80%。由于尚未开展足够的研究，这是一个谨慎的规定，以确保在承受很大轴力作用的构件中仍然还有足够的非弹性转动能力。

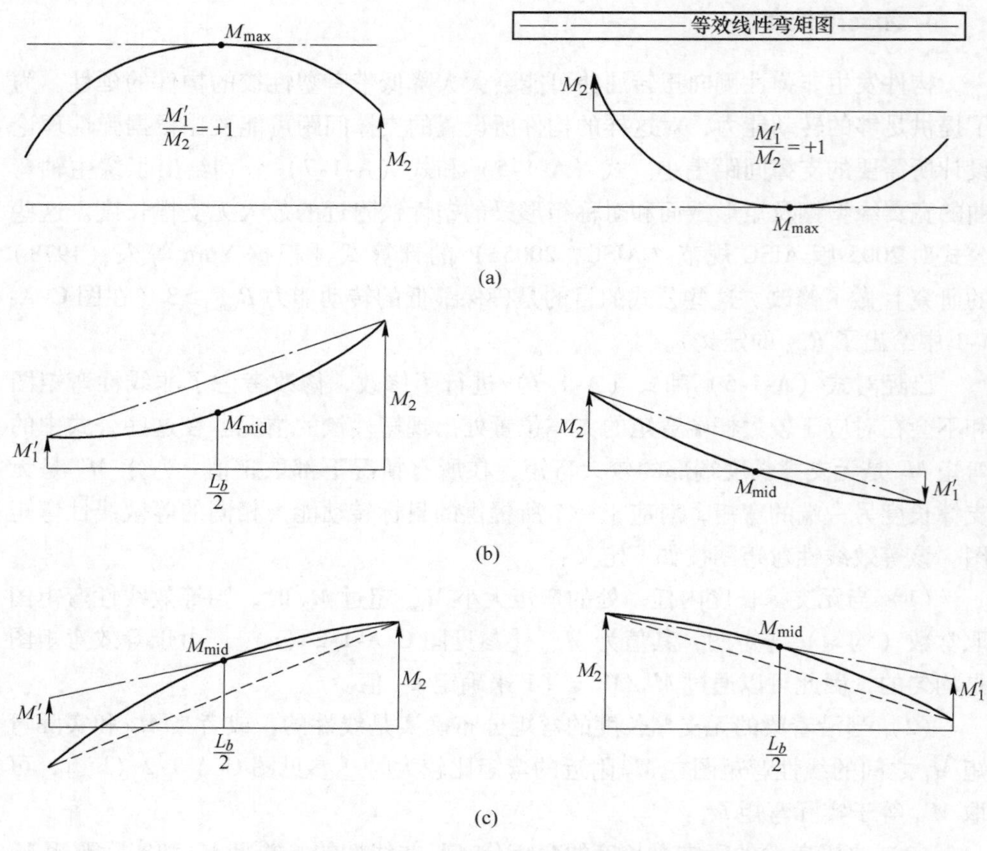

图 C-A-1-2　用于计算 M'_1 的等效线性弯矩图

（a）M_{max} 发生在 L_b 中间；（b）$M_{mid} \leqslant (M_1 + M_2)/2$；（c）$M_{mid} > (M_1 + M_2)/2$

1.3. 分析要求

当结构体系中全部构件受轴力作用时，必须按照变形后结构的几何形态制定平衡方程。在《金属结构稳定设计准则指南》（*Guide to Stability Design Criteria for Metal Structures*）（Ziemian，2010）中，对采用二阶非弹性分析方法来确定作用在构件和连接上的荷载效应的问题进行了讨论。在相关的教科书中［例如，Chen 和 Lui（1991）、Chen 和 Sohal（1995）、McGuire 等人（2000）］介绍了非弹性分析的基本方法，以及针对该课题研究的计算分析实例和计算机软件。

不受轴向荷载作用的、有支撑的连续梁可以按一阶非弹性分析进行设计（即传统的塑性分析和设计）。在 ASCE 规范（1971）、钢结构设计教科书［如 Salmon 等人（2008）］，以及专门讨论塑性设计的教科书［如 Beedle（1958），Horne

和 Morris（1982），Bruneau 等人（1998）和 Wong（2009）] 中都对一阶塑性分析方法有深入的讨论。设计人员可以很方便地从上述文献资料和其他书籍中获得连续梁塑性分析的工具，这些文献资料和其书籍为计算塑性机制荷载提供了简便方法。值得注意的是，这种方法直接或间接地使用了 LRFD 荷载组合，因此应对所有构件的塑性抗弯承载力采用 0.9 的系数折减来加以修正。在钢-混凝土组合连续梁设计中也可以采用一阶非弹性分析方法。Oehlers 和 Bradford（1995）给出了正负塑性弯矩的设计范围和延性准则。

1. 材料特性和屈服准则

针对结构体系、构件和连接的承载力和刚度中的不确定性，本节给出了一种有效方法。屈服承载力及构件刚度的降低相当于构件承载力的降低，这就与在弹性设计中使用的 AISC 规范的抗力分项系数建立了联系。尤其系数 0.90 是以第 E 章和第 F 章中构（部）件的抗力分项系数为基础的，当结构体系由单根构件组成，并且结构体系的抗力主要取决于单根构件的抗力的情况时，该系数是比较合适的。当结构体系不属于上述情况时，使用这样的系数就会偏于保守。刚度降低将会导致较大的变形，从而加大了二阶效应的影响。

大多数结构构件出现非弹性性状的主要原因，是由于构件纵轴方向的正应力达到了材料的屈服承载力。因此，在确定构件截面的塑性承载力时，应考虑由轴向力和绕强轴和弱轴弯矩所产生的正应力的影响（Chen 和 Atsuta，1976）。

非弹性分析建模时，不得考虑由于承载力大于横截面的塑性承载力所引起的应变硬化。

2. 几何缺陷

由于初始几何缺陷可能会对结构体系的非线性性状产生影响，因此必须在二阶分析中予以考虑。在第 C2.2 条的条文说明中给出了有关如何对框架的不垂直度进行模拟的讨论。在 ECCS（1984）、Bridge 和 Bizzanelli（1997）、Bridge（1998）和 Ziemian（2010）等研究文献中提供了相关的附加信息资料。

当构件的不平直度会对结构体系的非弹性性状产生重大影响时，应在二阶分析中予以考虑。这种影响的重要性与下列因素有关：（1）受轴力和弯矩作用的构件的相对尺度；（2）构件是受单曲率弯曲还是受反向曲率弯曲；（3）构件的长细比。

在所有情况下，应对初始几何缺陷进行模拟，以体现其可能的造成的最大不稳定效应。

3. 残余应力和局部屈服效应

形成塑性铰之前发生局部屈服可能会大大降低构件的弯曲刚度，这取决于构

件的塑性截面模量 Z 与其弹性截面模量 S 的比值。当工字形截面绕弱轴弯曲时尤其会出现这种情况。弯曲刚度的任何变化都有可能导致内力重分配，且加大二阶效应的影响，因此在非弹性分析中需要对此加以考虑。

由于在生产和制作过程中钢材的不均匀冷却，由此产生的热残余应力进一步加剧了局部屈服所产生的影响。由于这些应力的相对大小和分布取决于加工制作工艺和构件横截面的几何形状，在使用各种层次的非弹性分析时，无法规定一个单一的、理想化的模式。在 ECCS（1984）和 Ziemian（2010）发表的文献资料中提供了普通双轴对称热轧型钢的残余应力分布。在大多数情况下，最大残余压应力是屈服应力的 30%~50%。

局部屈服和残余应力的影响可以直接包含在非弹性分布的塑性分析中，也可以通过对基于塑性铰的分析方法进行修正来实现。后一种方法的一个应用实例是由 Ziemian 和 McGuire（2002）以及 Ziemian 等人（2008）提供的，在该例子中，构件的弯曲刚度降低与构件所承受的轴向力和绕强轴及弱轴弯矩的大小有关。本规范允许采用类似的处理方法，即按第 C2.3 条规定以及第 C2.3 条的条文说明中的方法。如果在分析中不考虑残余应力的影响，则采用第 C2.3 条的规定，必须将本附录第 1.3.1 款中所规定的刚度折减系数 0.9（该系数考虑了承载力和刚度的不确定性）更改为 0.8。其原因是，第 C2.3 条中所给出的公式假设分析不考虑局部屈服。此外，为了避免在使用第 C2.3 条公式时可能会出现偏于不安全的情况，进一步要求通过相互作用式（H1-1a）和式（H1-1b）来确定在非弹性分析中使用的屈服或塑性铰出现的判别准则。当在非弹性分析中考虑了残余应力和局部屈服所产生的影响时，可以无需满足这个截面承载力条件。

条文说明　附录2　积水效应设计

满足附录2的式（A-2-1）和式（A-2-2）给定的条件，就可以达到屋盖体系在积水状态下的稳定性。为了避免挠度变形失去控制，这些公式对刚度的取值提出了一个偏于保守的要求，给出了四种防止在积水状态下失稳安全系数。

由于式（A-2-1）和式（A-2-2）得到的结果偏于保守，因此可以采用更为详细的应力分析方法，来验算是否屋盖体系在不满足上述计算公式时，仍能防止出现积水条件下失效而处于安全状态。

在附录2中，次要构件是指直接承受结构屋面积水分布荷载的梁和搁栅，而主要构件是指承受次要构件传来集中反力的大梁或主梁。将主要构件和最不利的次要构件的挠度曲线表示为半幅正弦波，就可以估算出积水的重量和分布，由此，可按以下公式表示这些构件中的每根构件的挠度对总积水挠度的贡献（Marino，1966）。

对于主要构件：

$$\Delta_w = \frac{\alpha_p \Delta_o [1 + 0.25\pi\alpha_s + 0.25\pi\rho(1 + \alpha_s)]}{1 - 0.25\pi\alpha_p\alpha_s} \tag{C-A-2-1}$$

对于次要构件：

$$\delta_w = \frac{\alpha_s \delta_o [1 + \frac{\pi^3}{32}\alpha_p + \frac{\pi^2}{8\rho}(1 + \alpha_p) + 0.185\alpha_s\alpha_p]}{1 - 0.25\pi\alpha_p\alpha_s} \tag{C-A-2-2}$$

在上述表达式中，Δ_o 和 δ_o 分别是开始积水时主梁和次梁的挠度，且：

$\alpha_p = C_p/(1 - C_p), \alpha_s = C_s/(1 - C_s), \rho = \delta_o/\Delta_o = C_s/C_p$

$\alpha_s = C_s/(1 - C_s)$

$\rho = \delta_o/\Delta_o = C_s/C_p$

将上述表达式用于 Δ_w 和 δ_w，可以分别采用本规范所定义的系数 C_p 和 C_s 计算值，来计算任意给定的由主、次梁所构成的屋盖结构的 Δ_w/Δ_o 和 δ_w/δ_o 值。

即使处于无限弹性的情况下，可以看出积水挠度会变得无限大，除非：

$$\left(\frac{C_p}{1 - C_p}\right)\left(\frac{C_s}{1 - C_s}\right) < \frac{4}{\pi} \tag{C-A-2-3}$$

由于弹性特性是有限的，在每个构件中可用以承受积水作用所产生应力的有效抗弯承载力，受到构件屈服应力与未考虑积水效应前由构件所支承的总荷载所产生的应力 f_o 之差的限制。

应该注意，弹性挠度与应力是成正比的。假定在积水荷载作用下的安全系数为1.25，在主要构件中或最不利（跨中）的次要构件中，根据Δ_w/Δ_o和δ_w/δ_o值所得到的容许积水量，可以表示为$(0.8F_y-f_o)/f_o$。用Δ_w/Δ_o和δ_w/δ_o替换该表达式，并与上述Δ_w和δ_w表达式合并，即可得到C_p和C_s临界值和用来承受积水效应的有效弹性抗弯承载力之间的关系。图A-2-1和图A-2-2所示曲线即建立在这种关系的基础上。当需要采用比本规范所规定的$C_p+0.9C_s\leqslant 0.25$更精确的方法，来确定所要求的平屋盖体系的刚度时，这些曲线可作为设计的辅助手段。

对于任何由主、次梁构成的屋盖结构，可按以下方法计算其应力指标值。

对于主要构件：

$$U_p=\left(\frac{0.8F_y-f_o}{f_o}\right)_p \tag{C-A-2-4}$$

对于次要构件：

$$U_s=\left(\frac{0.8F_y-f_o}{f_o}\right)_s \tag{C-A-2-5}$$

式中，f_o为由荷载组合$D+R$（D为静荷载标准值；R为因雨或雪荷载标准值，不包括积水效应）所产生的应力，ksi(MPa)。

根据所处的地理位置，该荷载中还应包括有可能存在的积雪，然而在夏季暴雨期间，当降水量超过排水流量，且在大型屋面区域上产生水力坡降从而在远离屋檐的部位产生大量积水时，经常会发生因积水而造成的破坏。

举例来说，对一个初步选定的主、次梁构成的屋盖结构，先假定其构件尺寸、间距和跨度，将计算得到的主（梁）构件的应力指标U_p代入图A-2-1；画水平线与次（梁）构件的C_s曲线相交；然后从交点向下画垂直线与横坐标轴相交。如果读得的坐标值（柔度常数）大于给定主（梁）构件计算得出的C_p值，则由主、次梁构成的屋盖体系的组合刚度足以避免产生积水效应的；反之，则应增加主梁或（和）次梁的刚度。

当屋盖结构由一系列等间距的、支承在墙顶的梁所组成时，则应把梁作为支承在无限刚的主要构件上的次要构件。在这种情况下，可以采用图A-2-2。通过代表U_s值的水平线与$C_p=0$的曲线之交点，得到C_s极值。

通常金属压型板的积水挠度仅是屋面总积水挠度中的一小部分，根据式(A-2-2)的规定，可以将其惯性矩［取压型板跨垂直方向的每单位宽度，ft(m)］限定为$0.000025L^4\text{in}^4/\text{ft}(3940L^4\text{mm}^4/\text{m})$。当屋盖结构的构成是高跨比相对柔的金属压型板支撑于梁、梁直接支撑于柱时，则需对其承受积水效应的稳定性进行验算。可以通过图A-2-1和图A-2-2，使用下列计算值来进行验算：

U_p——支承梁的应力指标值；

U_s——屋面金属压型板的应力指标值；

C_p ——支撑梁的柔度常数；

C_s ——单位宽度 1ft(0.305m) 屋面金属压型板的柔度常数（$S=1.0$）。

由于网格体系的抗剪刚度要比实心板的抗剪刚度低，因此应取钢格栅梁和桁架的惯性矩比其弦杆的惯性矩略为低一些（Heinzerling，1987）。

条文说明　附录 3　疲劳设计

在设计时考虑疲劳极限状态时，所作用荷载的数量、应力幅的大小以及与特定构造部位相关的应力集中程度都会明显影响到疲劳的严重性。通常，在房屋建筑设计中不会遇到疲劳问题，但是，如果在设计中遇到疲劳问题，并且疲劳的严重程度足够大时，那么就应该予以充分的关注并且必须满足附录 3 的全部规定。

3.1. 一般规定

一般来说，除了可能涉及荷载作用完全反向和特别敏感的构造部位的情况外，受循环周次低于几千次的荷载作用的构件或连接并不会出现疲劳状态。这是因为容许的循环应力幅会小于静态的容许应力。在较低水平的循环拉应力作用下，应力幅达到了一个很低的点，以至于无论荷载作用的循环次数是多少，都不会引起初始疲劳裂纹。该应力水平可以被定义为疲劳阈值 F_{TH} 。

通过大量的足尺试件试验及理论应力分析的验证，可以得到以下一般性的结论意见（Fisher 等人，1970；Fishe 等人，1974）：

（1）对于焊接构造和梁而言，应力幅和缺口的严重程度是起控制作用的应力变量。

（2）对于钢结构设计而言，其他变量如最小应力、平均应力和最大应力等影响并不显著。

（3）对于按照相同方式制作的焊接构造而言，具有最低屈服应力范围为36 ~ 100ksi（250 ~ 690MPa）的结构用钢材没有明显表现出不同的疲劳强度。

3.2. 最大应力及应力幅计算

不涉及拉应力的应力波动，不会导致裂纹扩展且可以认为不会引起疲劳状态。另外，在只受计算压应力作用的构件中的板件，可能会在高拉伸残余应力的区域引发疲劳裂纹。在这种情况下，由于残余应力是通过裂纹释放的，因此裂纹一般不会在残余拉应力区域以外扩展和延伸。为此，对于疲劳问题，完全不需要考虑压应力幅的影响。对于涉及周期性应力反向的情况，必须根据由不同方向或模式的活荷载所引起的拉应力和压应力之和来计算应力幅。

3.3. 母材和焊接接头

从疲劳失效的周期数 N 和应力幅 S_r 之间的指数关系（称为 S-N 关系曲线）可以导出疲劳抗力，其形式为：

$$N = \frac{C_f}{S_r^n} \tag{C-A-3-1}$$

通常可以将这种常规的关系绘制成一个线性双对数函数曲线（$\lg N = A - n \lg S_r$）。图 C-A-3-1 给出了一组分别代表 A、B、B'、C、C'、D、E 和 E' 类的疲劳抗力曲线。这些关系是基于美国和海外（Keating 和 Fisher，1986）研究机构所开发的庞大数据库而建立的。通过调整系数 C_f 可以得到容许应力幅，这样就得到设计曲线，该设计曲线有两个低于实际试验数据的平均 S-N 关系曲线的、用于估计疲劳寿命抽样误差的标准差。这些 C_f 值对应于设计寿命的 2.5% 的失效概率。

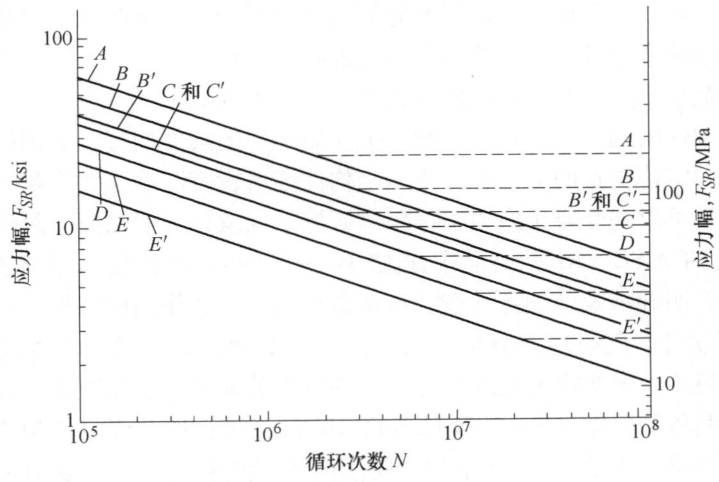

图 C-A-3-1 疲劳抗力曲线

在 1999 版以前的 AISC《钢结构建筑的荷载和抗力分项系数设计规范》(*AISC Load and Resistance Factor Design Specification for Structural Steel Buildings*)（AISC，2000b）中，给出了符合上述循环荷载作用、应力类别和容许应力幅准则的分阶段的表格。在 1999 AISC LRFD 规范中引进了单个表格的形式（见表 A-3-1），表格中提供了应力类别、对应公式的组成和相关的信息和应用实例，包括可能产生初始裂纹的部位（AISC，2000b）。

表 A-3-1 由 8 个部分组成，可以作为疲劳设计的通用条件，其主要内容如下：

（1）第 1 部分介绍了在梁翼缘切除、孔洞、切割部位或者用于加工制作的钢材之相关信息及应用实例。

（2）第 2 部分介绍了各种机械紧固接头（包括眼杆和销板）之相关信息及应用实例。

（3）第 3 部分介绍了用于连接组合构件的焊接连接（如纵向焊缝、过焊孔和焊缝增高）之相关信息。

（4）第 4 部分仅讨论了在剪切拼接接头处承受纵向荷载的贴角焊缝。

（5）第 5 部分介绍了与所作用的循环应力相垂直的各种坡口焊和贴角焊缝接头之相关信息。

（6）第 6 部分介绍了各种与翼缘边缘和腹板采用坡口焊接的附件，以及采用贴角焊或部分熔透坡口焊缝连接的类似附件之相关信息。

（7）第 7 部分介绍了与结构构件相连的短附件之相关信息。

（8）第 8 部分汇集了若干有各种特点的细部构造，如抗剪连接件、受剪的贴角焊缝焊喉、塞焊缝和槽焊缝，以及它们对母材所产生的影响。还介绍了各种螺栓、带螺纹锚栓和吊杆产生拉应力区域上的相关信息。

其他规范也采用了与之相似的格式和一致的准则。

对于在构件的同一位置存在一种以上应力类别的细部构造，必须按最严格的应力类别来确定该位置的应力幅。当一个构件考虑疲劳影响要比在静荷载作用下更大时，通常可以在受较小应力幅作用的区域形成缺口来消除疲劳裂纹的产生。

1999 版的 AISC LRFD 规范中添加了一个 1989 以前版本的规范（AISC，1989）中没有明确涉及的细部构造，该构造包括受拉力作用的板件，在其端部采用（与受力方向垂直的）部分熔透坡口焊缝或贴角焊缝连接，在焊缝中会有多处形成疲劳裂纹，这些疲劳裂纹中有一条是最为关键的，这取决于焊接接头的类型、规格和钢材的厚度（Frank 和 Fisher，1979）。无论这些潜在的裂纹产生在接头的哪一个部位，所给出的容许应力幅适用于焊缝焊趾处的连接材料。

3.4. 螺栓及螺杆

在没有预紧力和撬力作用的情况下，可以预估受拉螺栓的疲劳抗力；附录条款对于非预拉型的连接（如吊杆和锚栓）给出了相应的规定。对于预拉型螺栓的情况，通过所施加的预紧力使得连接部件出现变形，从而产生了撬力作用，但很难准确估计撬力作用的大小（Kulak 等人，1987）。撬力作用的影响不仅改变了作用在螺栓上的平均轴拉力，并且还在螺母下面的螺纹区域中产生了弯矩。由于在计算撬力作用影响时的不确定性，因此本规范中对受轴拉力作用螺栓的容许应力幅未作明确规定。为了限制撬力对预拉型螺栓疲劳所产生影响的不确定性，只有当作用荷载所产生的撬力很小时，在表 A-3-1 中给出的容许应力幅才适用于循环荷载的作用。

当接头承受循环剪力作用时，本规范不允许采用无预紧力的紧固件。当受到足以使得所连接部件断裂的循环剪切应力作用时，符合所有摩擦型连接要求的接头螺栓可以不受损伤；在表 A-3-1 的第 2 部分中给出了这种螺栓的相关规定。

3.5. 制作和安装的特殊要求

当纵向焊接衬板留在原处时，则必须保持衬板连续，或者使用仔细打磨（在部件连接之前）的全熔透坡口焊缝进行拼接。否则，未熔透的横断面会形成裂纹状的缺陷，从而导致过早出现疲劳破坏，甚至会导致组合构件的脆性断裂。

在受拉的横向接头中，T 型接头中的未熔合面会形成一种类似裂纹的状态。在坡口焊缝中，在衬板处的焊根部位往往会出现不连续的现象，从而降低连接的疲劳抗力。采取移除衬板、清根并进行重焊等措施，可以消除不良的不连续性。

在 T 型接头、角接接头和凹角部位，在横向全熔透坡口焊缝上添加加强高的角焊缝，可以减少应力集中且提高疲劳抗力。

焊接组合梁的试验研究表明，如果焰切边的表面粗糙度小于 1000μin（25μm），疲劳裂纹就不会从焰切边扩展，但是疲劳裂纹会从连接梁翼缘与腹板的纵向贴角焊缝处扩展（Fisher 等人，1970，1974）。因此，当应力类别为 B 类时，焰切边可以无需进行研磨。

当采用冲孔或采用焰切割时，在缺口、梁翼缘切除及过焊孔处的凹角部位会形成应力集中点。从而会降低其疲劳抗力。采取对留量冲孔使用铰孔处理和对热切割面进行磨削至富有光泽的金属等措施，则可以避免抗疲劳性能的显著降低。

在横向对接接头的坡口焊缝处，应在接头的两端使用熄弧板以提高焊缝的可靠性。随后，应移除熄弧板并磨削其两端与构件边缘齐平，这样可以消除不利于抗疲劳性能的不连续性。

条文说明 附录 4 火灾条件下的结构设计

4.1. 一般规定

附录 4 为结构工程师提供了在火灾条件下钢框架房屋建筑体系及其组成部件（包括柱子、楼盖和桁架组件）的设计方法和标准。本条文说明提供了附加的指导性意见。可以通过结构分析方法或部件的合格性测试方法，来验证与第 4. 1. 1 款中性能目标的一致性。

在火灾期间可能出现的热膨胀及承载力和刚度的逐渐降低，是高温下结构的主要响应。对于建筑构（部）件和结构体系进行基于结构力学的设计评估，可以让设计人员处理火灾引起的受约束的热膨胀变形和在高温条件下的材料退化，从而使得火灾条件下的结构设计更加可靠。

4. 1. 1. 性能目标

本规范规定中所隐含的性能目标是生命安全。消防安全等级应取决于建筑物的用途、建筑物的高度、主动防火减灾保障措施和消防功能的有效性。作为防火隔断（防火分区墙和楼板）的单元存在三种极限状态：（1）热传导所导致的防火隔断背火面上难以接受的升温；（2）由于出现开裂或丧失整体性而导致的防火隔断破坏；（3）丧失承载能力。通常，工程师必须考虑所有这三种极限状态，以便实现所期望的性能。在抗火设计中，这三种极限状态是相互联系的。对于那些不属于分隔部件的组成部分的结构单元而言，起控制作用的极限状态是丧失承载能力。

在上述一般的性能目标和极限状态的范围内，某一设施的特定的性能目标是由在建造过程中相关的各方所决定的。在某些情况下，现行的建筑法规可能会明确要求，对某些用途和高度较大的建筑物所使用的钢材，要采用防火材料或者复合防火形式进行防火保护，以实现指定的性能目标。

4. 1. 2. 采用工程分析方法进行设计

从 2005 版《建筑钢结构设计规范》（AISC，2005a）开始，为了反映了近期的研究成果（Tagaki 和 Deierlein，2007），已经对高温条件下钢梁和柱子承载力的设计标准进行了修订，这些承载力计算公式并没有平稳过渡到常温条件下钢构件设计的承载力计算公式。由于在火灾全盛期间结构构件的温度，要远远超过会在结构中产生不连续性（对此设计需要予以关注）的温度，所以这一不连续性的实际影响很小。不过，为了避免出现误解，附录 4 第 4.2 条的抗火分析方法仅适用于温度高于 400℉(204℃) 的情况。

由于材料在高温下的本构关系和在持续高温下结构体系可能出现较大的变形，因此在严重火灾条件下的结构特性是高度非线性的。由于这种特性，很难在严重的火灾期间，使用基于弹性的 ASD 方法得出设计计算公式来确保达到必要的结构性能水平。因此，在通过分析进行火灾条件下的结构设计时应使用 LRFD 方法，其中可以适当考虑在严重火灾期间所发生的非线性结构效应和设计承载力随温度的变化。

4.1.4. 荷载组合及承载力

消防安全措施要达到三个层次的目的：（1）通过排除火源或者危险行为来防止火灾的发生；（2）通过早期的探测和压制来防止不可控火灾的发展和轰燃；（3）通过消防系统、防火分区、逃生通道以及常用的结构完整性规定和其他被动消防措施来防止生命损失或结构坍塌。

可以根据结构可靠度理论的原理，研发出相应的专门结构设计规定（Ellingwood 和 Leyendecker，1978；Ellingwood 和 Corotis，1991）来校核和检查因严重火灾对结构完整性和连续破坏所产生的风险。

由于火灾所导致的失效极限状态概率可以按下述形式表示：

$$P(F) = P(F \mid D,I)P(D \mid I)P(I) \tag{C-A-4-1}$$

式中，$P(I)$ 为火灾的概率；$P(D \mid I)$ 为结构性重大火灾蔓延的概率；$P(F \mid D,I)$ 为如果上述两个事件同时发生的失效概率。为了降低 $P(I)$ 和 $P(D \mid I)$ 所采取的主要是非结构性的措施。由结构工程师设计结构抗火承载力所采取措施则会影响 $P(F \mid D,I)$ 项。

制定结构设计要求需要一个目标可靠度水平，该可靠度可以根据式（C-A-4-1）中的 $P(F)$ 来求得。针对结构体系在重力静荷载和活荷载作用下的可靠度分析（Galambos 等人，1982）表明，单个钢构件和连接达到极限状态的概率在每年 10^{-5} ~ 10^{-4} 次之间。对于超静定钢框架体系，$P(F)$ 则会在每年 10^{-6} ~ 10^{-5} 次之间。达到最低风险（即低于监管部门或法律所关注的风险水平，并且因风险降低而仅带来很小的经济或社会效益）极限状态的概率在每年 10^{-7} ~ 10^{-6} 次之间（Pate-Cornell，1994）。如果普通建筑物的 $P(I)$ 值约为每年 10^{-4} 次，而对于设有灭火系统或其他消防措施的城市中的办公建筑或商业建筑，$P(D \mid I)$ 值约为每年 10^{-2} 次的话，那么 $P(F \mid D,I)$ 就应近似取为 0.1，这样就可以确保因火灾所导致的结构失效风险可以被社会接受。

采用基于该可靠度目标（有条件的）极限状态概率的一阶结构可靠性分析方法，可以得到如式（A-4-1）所示的重力荷载组合。荷载组合式（A-4-1）与 SEI/ASCE 7(ASCE，2002）中的式（2-5-1）相同，在 SEI/ASCE 7 中对偶然荷载组合时的概率基础做了详细的解释。当恒载对结构有利（对结构起稳定作用）时，则恒载的分项系数取 0.9；否则（不利时）则取 1.2。该式中 L 和 S 同时作用的荷载分项系数反映出随时间变化荷载的峰值与火灾同时出现的概率可以忽略不计这一事实（Ellingwood 和 Corotis，1991）。

可以通过施加一个相当于 0.2% 楼层重力荷载的假想水平荷载（见本规范第 C2.2 条的规定），并与重力荷载组合，来校核结构体系的整体稳定性。采用式（A-4-1）荷载组合进行设计的结构部件或结构体系的承载力约为常温条件时全部重力或风荷载作用下承载力的 60%~70%。

4.2. 采用分析方法进行火灾条件下的结构设计

4.2.1. 设计基准火灾

一旦根据建筑物的使用类型确定了可燃荷载，设计人员应可以在各种通风条件下，通过评估温度－时间的关系来确定各种不同的火灾效应。这些关系可能会导致不同的结构响应，并且对确定结构承受火灾的能力是非常有用的。还应该对局部火灾效应进行评估，以便确保不会出现过度的局部损坏。根据这些结果，就可以确定连接部位和边缘的构造，从而保证结构具有足够的稳定性。

4.2.1.1. 局部火灾

在大型开敞的区域中有可能会发生局部火灾，比如有盖的大型购物商场的步行区、机场候机楼的中央大厅、仓库和工厂等，其中可燃物由大的通道或开放空间分隔开。在这种情况下，可以根据火灾的热释放率和可燃物的中心与最接近的钢结构构（部）件表面的间距，按一个近似的点热源来估计辐射热流量。热释放率可以通过试验结果确定，如果已知由可燃物所占区域的单位楼层面积的质量损失率，也可以对热释放率进行估计。另外，也可以假定火灾处于稳定状态。

4.2.1.2. 轰燃后区域火灾

对于长宽比很大的空间（如 5:1 或更大），或者对于开敞的大型空间［如楼面面积超过 5000ft^2(465m^2)］，在确定其温度–时间曲线时应特别谨慎。在这种情况下，在空间内的所有的可燃物不可能同时发生燃烧。相反，可能是最靠近通风口的可燃物将会燃烧得最为剧烈，也许只有该处的可燃物会燃烧。对于具有长宽比较小的中等规模分区来说，可以通过数值计算公式或计算机模型来确定设计火灾的温度－时间关系，在 SFPE《防火工程手册》(*SFPE Handbook of Fire Protection Engineering*)（SFPE，2002）中对此有相关的介绍。

考虑长宽比很大的空间内的所有可燃物不可能同时燃烧，因此很难对质量损失率作出真实的估计。如果对不均匀燃烧这一点没有明确的认识，就会高估质量燃烧率，并且会大幅度低估燃烧的持续时间。提示：某些计算方法可以明确地确定火灾的持续时间，这时计算质量损失率就没有必要了。

在使用参数曲线来定义轰燃后火灾时，可以通过可燃物与通风设备的关系来确定燃烧的持续时间，而不完全是由质量损失率来决定的。对于那些已计算出燃烧持续时间的情况，本条款对在计算火灾持续时间方面使用温度－时间关系不作硬性规定，正如上文所述，因为这些往往是局部火灾和外部火灾。

4.2.1.3. 外部火灾

确定因外部火灾所造成的破坏可以参阅相关的设计指南（AISI，1979）。

4.2.1.4. 主动消防系统

在描述设计基准火灾时，应适当考虑主动消防系统的可靠性和有效性。在安装了自动喷淋系统时，总可燃荷载可降低达60%［欧洲规范1（CEN，1991）］。只有当自动喷淋系统具有很高的可靠性时，才可以考虑对可燃荷载做最大程度的折减，例如可靠的且充分的供水、对控制阀实施监控、按照 NFPA（2002）的要求定期对自动喷淋系统进行维护，或者在防火分区变动时考虑对自动喷淋系统进行相应的调整。

对于设有自动排烟和散热口的空间，可以采用相应的计算模型来确定烟气温度（SFPE，2002）。只有在安装有可靠的排烟和散热通风装置的情况下，才可以考虑因排烟和散热口而引起的温度分布曲线下降。同样，必须按照 NFPA（2002a）的要求定期对通风系统进行维护。

4.2.2. 火灾条件下结构体系的温度

传热分析可以采用一维分析方法（假定钢材温度处于均匀状态）、二维及三维分析方法。在“总热容法分析”（lumped heat capacity analysis）方法中，采用温度均匀分布的假定是合适的，在这种情况下，钢柱、钢梁或桁架的各杆件在其全长和沿所暴露截面的整个周边均匀受热，并且沿其全长和沿所暴露截面的整个周边设置防火保护系统。在非均匀受热或柱子的不同侧面采用了不同防火保护方法的情况时，对钢柱的组件可以采用一维分析方法。对于支承楼面或屋面板的钢梁、钢筋搁栅梁和桁架杆件则宜采用二维分析方法。

传热分析应考虑在组件内的所有材料的性能会随着温度提高而变化。传热分析可以通过使用有效材料性能值的总热容法分析方法来完成，用接近所估计的温度范围（在整个受火期间预计部件所经历的温度）的中点温度值来确定有效材料性能值。在一维分析和二维分析中，应明确包括材料特性随温度改变而变化的因素。

如果受火的部件浸没在烟气中或正遭受火焰的侵袭，那么传热分析时的边界条件应考虑所有情况下的辐射传热及对流传热。隔热材料、挡热板或其他防护形式的防火材料（如果有的话）应予以考虑。

总热容法分析法。这种预测钢结构构件温度升高的一阶分析方法可以通过数值计算公式的迭代来进行。该方法假定钢构件的温度是均匀分布的，可以适用于那些没有防火保护的钢构件或（在钢构件的所有面上）采用相同防火保护做法的情况，以及组件（包括钢构件在内）的周边完全暴露在火灾中的情况。当对支承楼面或屋面板的钢梁采用这种方法时，应当特别注意，因为这种方法可能会高估钢梁上的温度升高。此外，当将该分析结果作为对受火的支承楼面或屋面板的钢梁结构分析的输入时，由于假定温度是均匀分布的，因此无法模拟因温度升高而导致的弯矩。

无防火保护层的钢构件。在无防火保护层的钢构件上，短时间内的温度升高可由下式确定：

$$\Delta T_s = \frac{a}{c_s\left(\frac{W}{D}\right)}(T_F - T_s)\Delta t \qquad (\text{C-A-4-2})$$

传热系数 a 由下式确定：

$$a = a_c + a_r \qquad (\text{C-A-4-3})$$

式中　a_c ——对流传热系数；

a_r——辐射传热系数，可按下式求得：

$$a_r = \frac{5.67 \times 10^{-8}\varepsilon_F}{T_F - T_s}(T_F^4 - T_s^4) \qquad (\text{C-A-4-4})$$

当受标准火灾作用时，对流传热系数 a_c 可以近似估计为 25W/(m^2 · ℃)[4.4Btu/(ft^2 · hr · ℉)]。参数 ε_F 考虑了火灾的辐射率以及形状（或外形）系数的影响。ε_F 的估计值可见表 C-A-4-2-1。

表 C-A-4-2-1　ε_F 估计值

组件类型	ε_F
钢柱，其各个表面均为承火面	0.7
楼盖梁：埋置于混凝土楼板中，只有钢梁的下翼缘为承火面	0.5
楼盖梁，混凝土板搁置在钢梁的上翼缘上	
翼缘宽与钢梁高度之比≥0.5	0.5
翼缘宽与钢梁高度之比≤0.5	0.7
箱形梁和格构式大梁	0.7

出于精度的考虑，建议最大的时间步长 Δt 限制为 5s。

确定火灾温度需要根据设计火灾分析的结果。也可以选用 ASTM E119（ASTM，2000）中给出的标准时间-温度曲线（适用于建筑物的火灾），或 ASTM E1529（ASTM，2000a）中给出的标准时间-温度曲线（适用于石油化工行业的火灾）来作为替代。

有防火保护层的钢构件。这种方法最适合于整个外表面都有防火保护层的钢构件，也就是说，敷设防火保护材料与构件截面的外轮廓完全一致。把这种方法用于箱形构件的防火保护上通常会出现对温度上升高估的情况。这种方法假定防火保护层外表的温度与火灾温度大致相等。另外，也可以根据组件和受火环境之间的传热分析，采用更复杂的分析方法来确定防火保护层外表的温度。

如果防火保护层的热容量远远低于钢材的热容量，下列不等式则可以得到满足：

$$c_s W/D > 2d_p\rho_p c_p \tag{C-A-4-5}$$

那么，就可以采用式（C-A-4-6）来确定钢材中的温度升高：

$$\Delta T_s = \frac{k_p}{c_s d_p\left(\frac{W}{D}\right)}(T_F - T_s)\Delta t \tag{C-A-4-6}$$

如果需要考虑防火保护层的热容量（则不等式（C-A-4-5）无法满足），那么应采用式：

$$\Delta T_s = \frac{k_p}{d_p}\left[\frac{T_F - T_s}{c_s\left(\frac{W}{D}\right) + \frac{c_p\rho_p d_p}{2}}\right]\Delta t \tag{C-A-4-7}$$

最大的时间步长 Δt 应限制为 5s。

理想情况下，材料性能应为温度的函数。另外，对于组件而言，可以用预期的中等温度值来确定其材料性能。对于有防火保护层的钢构件，可以取 572℉（300℃）时的材料性能，对于防火材料，则可以考虑温度为 932℉（500℃）。

外露的钢结构。可以采用以下公式来计算外露钢结构的温度升高：

$$\Delta T_s = \frac{q''}{c_s\left(\frac{W}{D}\right)}\Delta t \tag{C-A-4-8}$$

式中，q'' 为对钢构件的净入射热流量。

高等计算方法。可以通过使用计算分析模型来评估钢构件的热响应。用于分析钢构件热响应的计算分析模型应考虑以下各项因素：

（1）根据设计火灾的定义建立的受火状态。受火状态可以根据时间-温度对应关系来确定（该关系由与受火相关的辐射和对流传热参数所确定），或者根据入射热流量来确定。入射热流量取决于设计火灾场景和结构组件所处的位置。可以通过火灾危害分析来确定由火灾或者烟气所放射出的热流量。

（2） 随温度变化的材料性能。

（3） 钢构件及任何防火保护部件内的温度变化，尤其是组件的每一侧的受火情况有所不同时。

术语：

D——组件受热的周长，in(m)

T—温度，℉(℃)

W——组件每单位长度的重量（质量），lb/ft(kg/m)

a——传热系数，Btu/(ft^2·sec·℉)(W/(m^2·℃))

c——比热，Btu/(lb·℉)(J/(kg·℃))

d——厚度，in(m)

k——导热系数，Btu/(ft·sec·℉)(W/(m·℃))

Δt——时间间隔，s

ρ——密度，lb/ft^3(kg/m^3)

下标：

c——对流

p——防火材料

r——辐射

s——钢材

4.2.3. 高温条件下的材料强度

高温条件下钢材和混凝土的性能来自《ECCS 消防工程法规》（*ECCS Model Code on Fire Engineering*）（ECCS，2001）中第Ⅲ.2 条“材料特性”中的数据。这些常用的材料特性与欧洲规范 3(CEN，2002）和欧洲规范 4(CEN4，2003）中的规定是一致的，并且反映了国际消防工程与研究机构的共同意见。关于在高温条件下结构用钢材的力学性能的背景资料可以在 Cooke（1988）和 Kirby 以及 Preston（1988）所发布的文献中找到。

在高温条件下钢材的应力-应变关系，其非线性成分要比室温条件下多，而应变硬化则会比较少。如图 C-A-4-1 所示，在高温条件下与线性特性的偏差可以用比例极限 $F_p(T)$ 和屈服强度 $F_y(T)$（应变达到 2% 时所对应的值）来表示。在 1000℉(538℃)

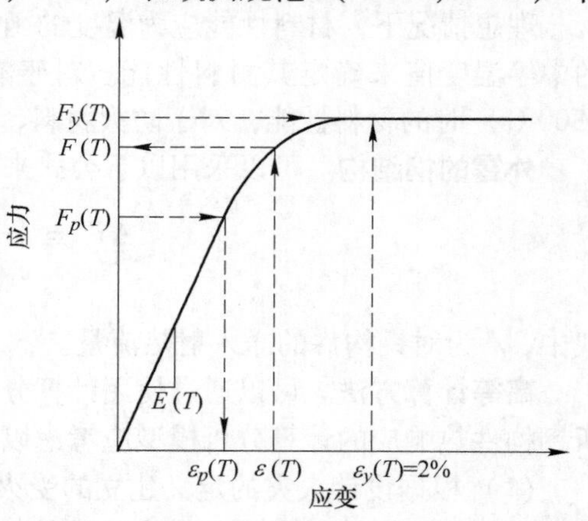

图 C-A-4-1　高温条件下理想化应力-应变关系曲线参数

（Takagi 和 Deierlein，2007）

时，其屈服强度 $F_y(T)$ 降低至室温条件下屈服强度的 66% 左右，且在高温条件下屈服强度的 29% 处则达到其比例极限 $F_p(T)$ 。最后，在温度超过 750℉（399℃）时，高温条件下的极限承载力基本上与高温条件下的屈服承载力相同，也就是说 $F_y(T)$ 等于 $F_u(T)$ 。

4. 2. 4. 结构设计要求

在设计基准火灾下结构特性的抗火性能可由以下因素来决定：

（1）当进行单个部件的结构分析时，可以忽略受约束的热膨胀和热弯曲的影响，但需要考虑随着温度增加而承载力和硬度的降低。

（2）当进行组件/子框架的结构分析时，应结合几何和材料非线性，考虑受约束的热膨胀和热弯曲的影响。

（3）当进行结构整体分析时，需要考虑受约束的热膨胀、热弯曲、材料退化和几何非线性的影响。

4. 2. 4. 1. 结构完整性的一般要求

有关结构完整性的一般要求与 ASCE（2002）的第 1. 4 条中的要求是一致的。结构完整性是结构体系承受和限制局部损坏或者失效，而不会形成整个结构或很大一部分结构出现连续倒塌的能力。

关于 ASCE(2002) 的第 1. 4 条的条文说明 C1. 4 中，包括了有关结构完整性一般要求的原则。防火分区（在建筑物中对建筑物/楼层进行细分）是一种实现抗连续倒塌和防止火灾蔓延的有效措施，因为紧密联系在一起的结构部件的网状布局为结构体系提供了稳定性和完整性。

4. 2. 4. 2. 承载力要求与变形极限

当结构部件处于受热状态时，它们的热膨胀受到邻近部件和连接的限制。随着温度的升高材料性能会有所退化。从较热的部件向邻近较冷的部件会发生荷载传递。在火灾中过度变形可能是有益的，因为它可以释放热致应力。当水平的和垂直的防火隔断得以维持其功能，且结构体系总的荷载承载能力能继续保持的话，那么变形是可以接受的。

4. 2. 4. 3. 抗火分析方法

4. 2. 4. 3a. 高等抗火分析方法

当考虑整个结构体系对火灾的响应、火灾中结构构件和防火隔断部件之间的相互关系，或火灾后结构体系的残余承载力时，则需要采用高等抗火分析方法。

4. 2. 4. 3b. 简化抗火分析方法

如果可以假定结构构件或部件的各个侧面所承受的热流量都相同，并且可以假设温度是均匀分布的话（如独立钢柱的情况），那么采用简单抗火分析方法就足够了。

在2005版钢结构设计规范中，高温条件下的构件承载力标准值是采用规范中的标准承载力计算公式，其钢材特性（E，F_y 和 F_u）通过适当的系数对高温条件下的性能值进行了折减。近期的研究（Takagi 和 Deierlein，2007）表明，这种方法在相当大的程度上高估了对稳定影响敏感构件的承载力。为了减少这些不安全的错误，2010版钢结构设计规范引入了由 Takagi 和 Deierlein（2007）研发的新计算公式，以便更加准确地计算受弯曲屈曲的受压构件和受侧向扭转屈曲的受弯构件的承载力。如图 C-A-4-2 所示，2010版钢结构设计规范的计算公式与详细的有限元方法分析结果（图中方块符号所示）相比会准确得多，计算公式的结果已得到实验数据的验证，并且与欧洲规范的计算公式（ECCS，2001）也进行了比较。

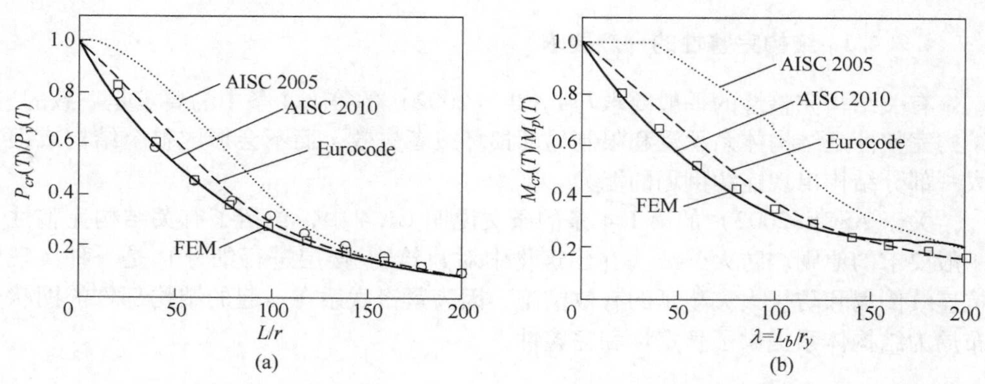

图 C-A-4-2　在500℃（932℉）高温时抗压和抗弯承载力比较

（Takagi 和 Deierlein，2007）

（a）抗压承载力；（b）抗弯承载力

4.2.4.4. 承载力设计值

钢结构构件和连接的设计承载力计算公式为 ϕR_n，其中 R_n 为考虑了在高温条件下强度退化的承载力标准值，ϕ 为抗力分项系数。承载力标准值根据本规范中的第C章至第K章和附录4的要求进行计算，使用表 A-4-2-1 和表 A-4-2-2（译者注：原版书中无此表）中所规定的高温条件下的材料强度和刚度。虽然对于“偶然的”极限状态，ECCS（2001）和欧洲规范1（CEN 1991）规定了材料的分项系数等于1.0，但在高温条件下强度的不确定性还是相当大的，有时甚至是未知的。因此，此处的抗力分项系数与在常规条件下取值相同。

4.3. 采用认证测试方法进行设计

4.3.1. 认证标准

认证测试方法是一种替代分析方法进行抗火设计的可接受的方法。通常按照 ASTM E119《建筑结构和材料耐火试验的标准试验方法》(*Standard Test Methods for Fire Tests of Building Construction and Materials*)(ASTM，2009d) 所规定的方法和步骤，来确定建筑构件的耐火等级。经测试的建筑构件设计及其各自的耐火等级，可在测试机构所发表的专用目录和报告中找到。另外，还可以采用在《用于结构耐火防护的标准计算方法》(*Standard Calculation Methods for Structural Fire Protection*)(ASCE，2005a) 中所规定的基于标准测试结果的计算方法。

对于要求防止火灾蔓延的建筑构件（如墙、楼盖和屋盖等），测试标准规定了热传输的量测要求。对于承重建筑构件（如柱子、梁、楼盖、屋盖和承重墙等），测试标准还规定了对这类构件在标准火灾作用下的承载能力的量测。

对于按 ASTM E119 要求测试的梁、楼盖和屋盖试件，根据约束条件和应用于试件的验收标准，可以将其分为两种耐火类别——有约束的和无约束的。

4.3.2. 有约束的结构构造

ASTM E119 标准只给出了在有约束条件下承载梁试件的测试，其中梁试件的两端（包括钢-混凝土组合梁试件的混凝土板端部）牢固地放置在支撑梁试件的试验支架上。因此，在试件受火过程中，梁试件端头的热膨胀和转动受到试验支架的反力作用。在 ASTM E119 关于有约束的受荷楼盖或屋盖组件试验中，也提供了类似的约束条件，试验中楼盖或屋盖组件整个周边牢固地放置在试验支架上。

有约束试件的做法可以追溯到早期的受火试验（100 多年以前），今天在北美这种方法主要用于钢结构框架和混凝土楼板、屋面板和梁的合格性测试中。虽然目前 ASTM E119 标准的确提供了一种选择，可以用来测试不受约束的受荷楼盖或屋盖组件，但这种测试选项很少用在钢结构和混凝土结构当中。然而，不受约束的受荷楼盖或屋盖试件，在试件周围留有足够的空间，以允许其自由地热膨胀和转动，这在木制和冷弯型钢框架组件试验中比较常见。

Gewain 和 Troup (2001) 发表了一篇详细的述评，其内容涉及钢结构（和钢/混凝土组合结构）大梁、普通梁、钢构架楼（屋）盖的合格性耐火试验和耐火等级的基础研究和做法。有约束结构组件的耐火等级（根据有约束承载楼盖或屋盖试验确定）和有约束梁的耐火等级（根据有约束的承载梁试验确定）通常适用于所有类型（除了少数例外）的钢构架楼（屋）盖、大梁和普通梁，如 ASTM E119 中表 X3-1 所建议的，特别是这类钢结构构件支撑并与现浇或预制混凝土板相组合时。Ruddy 等人（2003）提供了若干通过合格性测试进行钢构架楼盖和屋盖设计的详细实例。

4.3.3. 无约束的结构构造

无约束状态是这样一种情况，在这种情况下部件的外力无法抵抗承载部件支承端的热膨胀，并且支承端可以自由膨胀和转动。

然而，在钢结构（和钢-混凝土组合结构）梁的常规做法中，无约束梁的耐火等级是采用有约束承载梁试件按 ASTM E119 试验，或采用有约束承载楼盖试件按 ASTM E119 试验，仅根据钢结构构件表面所量测到的温度而确定的。对于钢构架楼（屋）盖，无约束钢结构组件的耐火等级是采用有约束承载（屋）盖试件按 ASTM E119 试验，仅根据钢楼承板（如果有的话）和钢结构构件表面所量测到的温度而确定的。同样，无约束构件的耐火等级是表示钢材达到指定温度极限时基于温度的耐火极限。这种无约束构件的耐火等级与无约束的状态或在火灾试验中试件的承载功能并没有太多的关联。

然而，无约束构件的耐火等级提供了有用的辅助信息，并且当周围的或支撑结构无法适应钢梁的热膨胀时，可利用这些信息对耐火等级做出偏于安全的估计（以代替有约束构件的耐火等级）。例如，如 ASTM E119 中表 X3-1 所建议的，当墙体设计及其构造处理未考虑抵抗热膨胀效应时，可视单跨或多跨的端跨支承在墙上的钢构件为无约束结构构造。

参 考 文 献

以下参考文献提供了更多有关钢结构建筑体系和组件抗火设计关键问题的资料，且这些资料可以视为抗火设计文献的代表。选择这些资料的原因是因为它们实际上已属于文件档案，并且对于谋求将抗火承载力设计加入到建筑结构中来的工程师们而言，也比较容易获取这些资料。

[1] AISI. 钢柱防火设计（*Designing Fire Protection for Steel Columns*）. American Iron and Steel Institute, Washington, DC, 1980.

[2] Bailey C G. 火灾期间钢框架架结构中梁的热膨胀对柱子结构特性的影响. 结构工程, 2000, 22（7）: 755 ~ 768.

[3] Bennetts I D, Thomas I R. 火灾条件下的钢结构设计. 结构工程和材料进展,（*Progress in Structural Engineering and Materials*）. 2002, 4（1）: 6 ~ 17.

[4] Boring D F, Spence J C, Wells W G. 现代建筑防火规范（*Fire Protection Through Modern Building Codes*）第五版. American Iron and Steel Institute, Washington, DC, 1981.

[5] Brozzetti J, Law M, Pettersson O, et al. 钢结构耐火性能的安全概念和设计. 国际桥梁和结构工程协会调查报告 IABSE Surveys S-22/83, IABSE Periodica 1/1983. ETH-Honggerberg, Zurich, Switzerland, 1983.

[6] Chalk P L, Corotis R B. 设计活荷载的概率模型．结构分会期刊（*Journal of the Structures Division*）. ASCE, 1980, 106(10): 2017 ~ 2033.

[7] Chan S L, Chan B H M. 火灾作用下钢框架的精确塑性铰分析．钢与组合结构（*Steel and Composite Structures*）. 2001, 1 (1): 111 ~ 130.

[8] CIB W14．一种基于概率的结构防火安全设计指南的概念性方法．消防安全, 1983, 6 (1): 1 ~ 79.

[9] CIB W14. 合理安全的建筑物耐火性能工程方法．国际建筑研究与文献委员会, CIB Report No. 269, 国际建筑和施工研究及创新委员会, Rotterdam, The Netherlands, 2001.

[10] Culver C G. 办公建筑中火灾荷载的特点．消防技术. 1978, 1491: 51 ~ 60.

[11] Huang Z, Burgess I W, Plank R J. 火灾中组合钢结构框架建筑的三维分析．结构工程, ASCE, 2000, 126 (3): 389 ~ 397.

[12] Jeanes D C. 计算机在模拟钢结构楼盖体系的耐火极限中的应用．消防安全, 1985, 9: 119 ~ 135.

[13] Kruppa J. 抗火设计的最新进展．结构工程和材料进展. 2000, 2 (1): 6 ~ 15.

[14] Lane B. 耐火承载力的性能化设计．现代钢结构. AISC, 2000, 12: 54 ~ 61.

[15] Lawson R M. 钢和组合结构房屋的抗火工程设计．建筑钢结构研究. 2001, 57: 1233 ~ 1247.

[16] Lie T T. 钢结构的耐火性能．工程. AISC, 1978, 15 (4): 116 ~ 125.

[17] Lie T T, Almand K H. 预测钢结构房屋柱子耐火性能的方法．工程. AISC, 1990, 27: 158 ~ 167.

[18] Magnusson S E, Thelandersson S. 室内火灾探讨．消防技术. 1974, 10 (4): 228 ~ 246.

[19] Milke J A. 现有确定耐火性能的分析方法概述．消防技术. 1985, 21 (1): 59 ~ 65.

[20] Milke J A. 软件综述：受火结构的温度分析．消防技术. 1992, 28 (2): 184 ~ 189.

[21] Newman G. 卡丁顿燃烧试验．北美钢结构会议论文集. Toronto, Canada, AISC, Chicago, IL, 1999: 28. 1 ~ 28. 22.

[22] Nwosu D I, Kodur V K R. 火灾作用下钢框架的性能．加拿大土木工程. 1999, 26: 156 ~ 167.

[23] Sakumoto Y. 用于房屋建筑的耐火钢高温特性．结构工程. ASCE, 1992, 18 (2): 392 ~ 407.

[24] Sakumoto Y. 关于新型耐火材料和消防安全设计的研究．结构工程. ASCE, 1999, 125 (12): 1415 ~ 1422.

[25] Toh W S, Tan K H, Fung T C. 火灾条件下钢框架的承载力和稳定性：Rankine 方法．结构工程. ASCE, 2001, 127 (4): 461 ~ 468.

[26] Usmani A S, Rotter J M, Lamont S, et al. 受热效应作用的结构性能的局部原理．消防安全. 2001, 36 (8).

[27] Wang Y C, Moore D B. 火灾条件下的钢框架：分析．工程结构. 1995, 17 (6): 462 ~ 472.

[28] Wang Y C , Kodur V K R. 对使用未作防火保护钢结构的研究．结构工程. ASCE, 2000, 120 (12): 1442 ~ 1450.

[29] Wang Y C. 在两次 BRE（Building Research Establishment 建筑研究所）燃烧试验过程中, 卡丁顿钢框架房屋的整体性能分析．工程结构. 2000, 22: 401 ~ 412.

条文说明　附录 5　对现有结构的评估

5.1. 一般规定

本附录中所涉及的荷载组合指的是重力载荷组合，因为重力荷载是最为常见的情况。如果需要考虑其他荷载作用状态的话，如侧向荷载，则应按照 ASCE/SEI 7（ASCE，2010）或现行建筑法规的要求采用相应的荷载组合。

当对现有建筑物进行抗震鉴定时，ASCE/SEI 31（ASCE，2003）规定了一个三个层次的鉴定步骤，用以确定现有建筑物的设计和施工是否具有足够的抗震性能。该标准明确了鉴定的要求以及详细的鉴定程序。可依照该标准中关于结构损伤限制在能够最大限度地确保人员生命安全（life safety performance levels）或结构受到有限的损伤，但保持了震前的抗震性能，能够立即使用（immediate occupancy performance levels）性能水准，来进行抗震鉴定评估。当要求对现有钢结构建筑物进行抗震加固时，抗震加固工程可按照 ASCE/SEI 41（ASCE，2006）标准或其他相应的标准执行。使用上述两种标准对现有钢结构建筑物的抗震鉴定及抗震加固需得到主管部门的批准。

5.2. 材料特性

1. 确定要求进行的试验

所要求试验的范围取决于工程项目的性质、所评估的结构体系或构件的危险程度，以及与工程项目相关的文件档案的有效性。因此，责任工程师应负责确定所要求进行的专门试验和确定获取试验样品的位置。

2. 抗拉性能

应从应力比较小的区域截取抗拉试验所需的样本，如梁端的翼缘末端以及外伸钢板的边缘，这样可以降低对取样区域的影响。所要求的试验次数主要取决于是仅仅为了确定已知材料的强度，还是为了确定某些其他钢材的强度。

应当了解，由于试验过程中的动力影响，通过标准 ASTM 方法所确定的和由轧制厂和试验机构所提供的屈服应力，会略高于静态的屈服应力。同样，试验样品的取样位置也会有一定的影响。在本规范的承载力标准值计算公式中已经考虑了这些影响。然而，当采用荷载试验来进行承载力评估时，在荷载试验计划中就应当考虑这种影响，因为屈服往往会比预期的更早出现。可以通过如下计算式，用常规 ASTM 方法所得到的 F_y 来估计静态屈服应力 F_{ys}（Galambos，1978；Galambos，1998）：

$$F_{ys} = R(F_y - 4) \tag{C-A-5-1}$$

$$[公制：F_{ys} = R(F_y - 27)] \tag{C-A-5-1M}$$

式中 F_{ys}——静态屈服应力，ksi(MPa)；

F_y——所记录的屈服应力，ksi(MPa)；

R——当从腹板取样进行试验时，$R=0.95$；当从翼缘取样进行试验时，$R=1.00$。

式（C-A-5-1）中的系数 R 考虑了记录屈服应力的取样点位置的影响。在1997年之前，关于结构用型钢的材料合格试验报告都是从腹板上提取试样进行试验的，且符合 ASTM A6/A6M(ASTM，2009f）的要求。后来，所规定的取样位置改变到翼缘上。

4. 母材的冲击韧性

试样的取样位置应由责任工程师确定。应采用火焰切割或锯切割方法在中心部位取样。在有可能使用螺栓拼接板的部位，应由责任工程师确定是否需要采取修补措施。

5. 焊材

由于连接接头往往会比结构构件可靠，因此通常不需要进行焊材的强度试验。然而，现场检查有时候会发现梁-柱接头的全熔透坡口焊缝不符合 AWS D1.1/D1.1M（AWS，2010）的要求。在 AWS D1.1/D1.1M 第5.2.4款所规定的条款为评估此类焊缝质量提供了一种方法。可能的话，所有试样都应当从受压接头而不是受拉接头取得，因为对恢复取样部位采取修补措施不会产生太大的影响。

6. 螺栓和铆钉

由于连接接头往往会比结构构件更可靠，因此通常不需要拆除紧固件并对其进行强度试验。然而，如果无法准确识别螺栓强度，则需要对其进行强度试验。由于拆除铆钉并对其进行强度试验较为困难，可以取铆钉为最低强度等级，以简化对铆钉的检查鉴定。

5.3. 通过结构分析进行评估

2. 承载力评估

抗力和安全系数反映了在确定构件和连接承载力上的变化，比如理论以及材料特性和尺寸变化的不确定性。如果对现有结构的鉴定评估表明在材料特性或者尺寸上的变化要明显大于在新结构中所预计的变化，那么责任工程师就应当考虑使用更加偏于安全的数值。

5.4. 通过荷载试验进行评估

1. 通过试验确定额定荷载值

一般情况下，可以按本规范规定来设计的结构并不需要通过试验来确认计算得出的结果。然而，有些特殊情况可能会希望通过试验来对计算结果加以确认。在此，我们提供了一个确定结构额定活荷载值的最简单的试验方法。然而，在任何情况下，通过试验所确定的额定活荷载值都不得超过采用本规范中的规定计算所得到的额定活荷载值。对于那些本规范中没有完全涵盖的特殊结构类型或者外形的情况，并不排除要通过荷载试验来进行鉴定评估。

责任工程师必须采取一切必要的预防措施来确保结构在荷载试验期间不会出现灾难性的损坏。一项基本要求是在荷载试验之前对结构状况进行仔细的评估。包括精确测定和描述构件、连接和构造的承载力和尺寸大小。必须严格遵守OSHA和其他相关机构的所有安全条例。应按照要求在试验区附近采用支撑和脚手架，以防止意外情况发生。必须仔细监控结构变形，并且必须对结构状态进行持续的评估。在某些情况下最好也对应变进行监控。

但是，责任工程师必须根据判断来确定结构在什么情况下会出现变形过大，并在一个安全的荷载水平上终止荷载试验，即使还没有达到期望的荷载情况。应当对负载增量进行规定，这样就可以对变形情况进行精确的监控，同时也可以仔细地对结构性能进行观测。开始的时候负载增量应当足够小，以便确定明显屈服的开始时间。当非弹性动态增加时，负载增量可以降低，并且在该水平处的动态情况应当仔细进行评估，以确定何时可以安全地终止测试。当非弹性动态开始后，定期进行卸载将有助于工程记录确定该何时终止测试，以避免出现过度的永久变形或者灾难性的失效。

必须承认，在试验中采用最大荷载水平时的安全裕度可能是很低的，主要取决于原来的设计、试验目的和结构状态等因素。因此，必须采取一切适当的安全措施。建议对应用于荷载试验的最大活荷载进行偏于保守的选择。应当指出，很少有荷载试验的范围会超过结构的一跨。提出在 1h 的时间段内变形增加的规定，为的是采用积极的手段来确保结构在进行荷载试验时处于稳定状态。

2. 适用性评估

在某些情况下，必须通过荷载试验来确定结构的适用性性能。应该认识到，在移除最大试验荷载后，由于局部屈服、组合结构中的混凝土板与钢结构界面的滑动、混凝土板中的蠕变、混凝土板中抗剪连接件的局部损坏或变形、螺栓连接中的滑移以及连续性效应等因素的影响，是不可能完全回到初始变形形态的。由于初次承受荷载作用时，大多数结构都会呈现出某些松弛现象，这时就最好将初次加载的荷载-变形曲线设定为零荷载，来确定松弛的大小并从所测定的变形中剔除松弛成分。如果有必要的话，可以重复该加载顺序，以便证明该结构在正常使用荷载作用下基本上处于弹性状态，且永久变形无不利影响。

5.5. 评估报告

当现有结构的文档资料缺失或者对现有结构的状况产生明显分歧时，通常需要对现有结构进行广泛的评估和荷载试验。只有在具备了完整翔实的结构文档资料，特别是涉及荷载试验的情况时，鉴定评估的结果才是有效的。此外，为了避免随着时间的推移，对评估结果可能出现不同的解释，要对包括材料特性、承载力和刚度在内的所有结构性能参数进行详细记录，以备查询。

条文说明　附录 6　梁柱构件的稳定支撑

6.1. 一般规定

Winter（1958，1960）提出了一种针对支撑设计的双重要求概念，这种概念同时涉及了承载力和刚度的设计准则。附录 6 中的设计要求正是基于了这种方法［有关此方法的详细讨论，可参见 Ziemian（2010）的相关文献］，并且考虑了两种常规使用的支撑体系，即相对支撑和结点支撑，如图 C-A-6-1 所示。

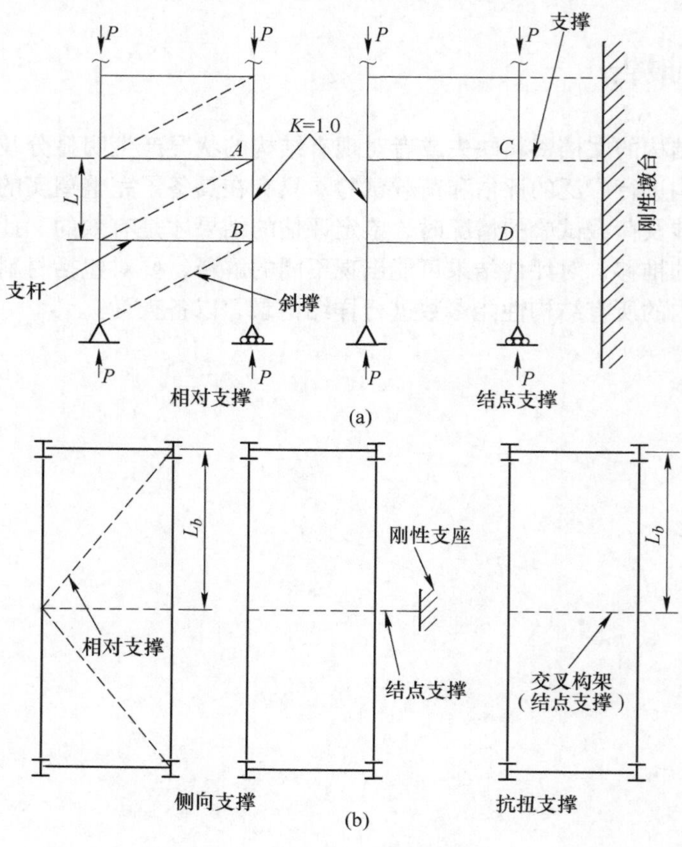

图 C-A-6-1　支撑的种类
（a）柱支撑；（b）梁支撑

一根柱子的相对支撑（比如斜支撑或剪力墙）沿柱长度在两个点与柱子连接，该两点之间的距离为柱子的无支撑（自由）长度 L，对于这样的柱子，可以采用 $K=1.0$。图 C-A-6-1（a）中的相对支撑体系由斜杆和直杆（diagonals and struts）构成，用以限制无支撑长度的一端 A 与无支撑长度另一端 B 之间的相对位移。这些支撑单元中的力可以分解为被支撑框架中梁和柱子中的力。斜杆和直杆都对相对支撑体系的承载力和刚度有所贡献。然而，当直杆为楼盖的横梁而斜杆是支撑时，楼盖横梁的刚度通常要比支撑的刚度大。在这种情况下，斜杆的承载力和刚度常常会对相对支撑体系的承载力和刚度起控制作用。柱子的结点支撑只限制了支撑点的位移，与相邻的支撑点并没有直接的相互影响。与相邻支撑点之间的距离则为柱子的无支撑长度 L，对于这样的柱子，可以采用 $K=1.0$。图 C-A-6-1（a）中所示的结点支撑体系由一系列独立的支撑构成，这些支撑从支撑点（包括 C 点和 D 点）与刚性墩台相连。这些支撑单元中的力可以分解为不属于被支撑框架的其他结构单元中的力。

如图 C-A-6-1（b）所示，梁的相对支撑体系通常由带有斜支撑的体系构成；当相邻两根梁之间有一个外部支撑点（支座）或有一个交叉构架时，通常为结点支撑体系。该只在特定的交叉构架处防止了梁的扭曲（不是侧向位移）。当在梁端对其侧移和转动进行约束时，在所有情况下，从支撑点（支座）至被支撑点的距离则为梁的无支撑长度 L_b。

本附录中所规定的柱子支撑要求，使得柱子能够承受基于支撑点和使用 $K=1.0$ 之间的无支撑长度 L 的最大荷载。这和无侧移情况是不一样的。如图 C-A-6-2 所示，悬臂柱在其柱顶带有刚度可变的支撑时，当 $K=1.0$ 时临界刚度为 P_e/L。然而，当支撑刚度为临界刚度 5 倍时只达到使用 $K=0.7$ 时所需值的 95%，从理论上来说，只有采用无限刚的支撑才能满足无侧移的要求。同样，对于要求达到所规定转动能力或延性极限的支撑计算，超出了这些建议的范围。

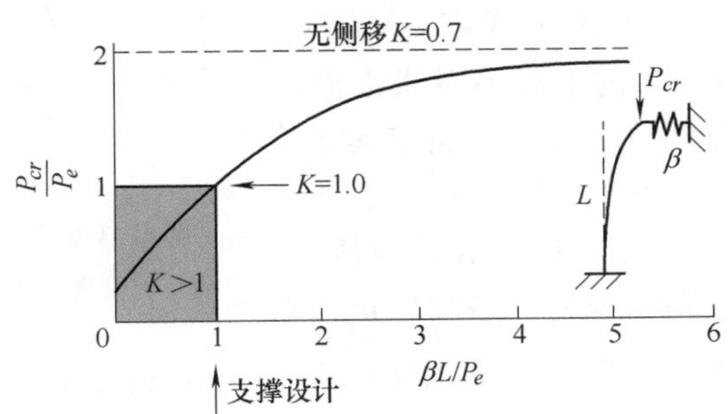

图 C-A-6-2　在柱顶设有支撑的悬臂柱

在第 6.2 条及 6.3 条中分别规定了对柱子和梁所必需的支撑刚度 β_{br}，确定等于其临界刚度的两倍，并且对于支撑刚度的所有规定，均取 $\phi=0.75$ 和 $\Omega=$

2.00。支撑承载力 P_{rb} 是初始不平直度 Δ_o 及支撑刚度 β 的函数。在计算支撑承载力时并不考虑 ϕ 和 Ω 的影响；当在本规范其他章节的规定中用来设计承受这些作用力的构件和连接时，就要考虑 ϕ 和 Ω 的影响。

对于一个相对支撑体系而言，在图 C-A-6-3 中显示了柱子荷载、支撑刚度和侧移之间的相互关系。如果支撑刚度 β 等于一根完全垂直柱的临界支撑刚度 β_i，当侧移增加时 P 会接近 P_e。然而，如此大的位移可能会产生巨大的支撑力，在实际设计中必须保持较小的 Δ_z 值。

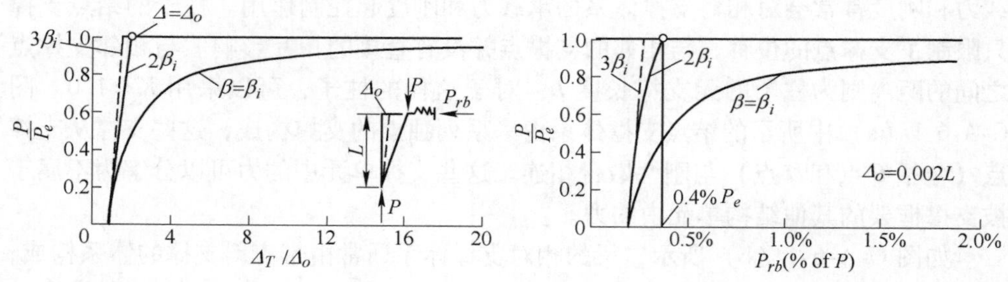

图 C-A-6-3　初始不平直度的影响

在图 C-A-6-3 中所示的相对支撑体系中，采用 $\beta_{br}=2\beta_i$ 和初始位移 $\Delta_o=L/500$ 时，得到 P_{rb} 等于 0.4% 的 P_e。其中，L 是相邻支撑点之间的距离（如图 C-A-6-4 所示），Δ_o 是由侧向荷载、安装偏差、柱子缩短和其他原因所引起的支撑点位移，但不包括因重力荷载所产生的支撑伸长。

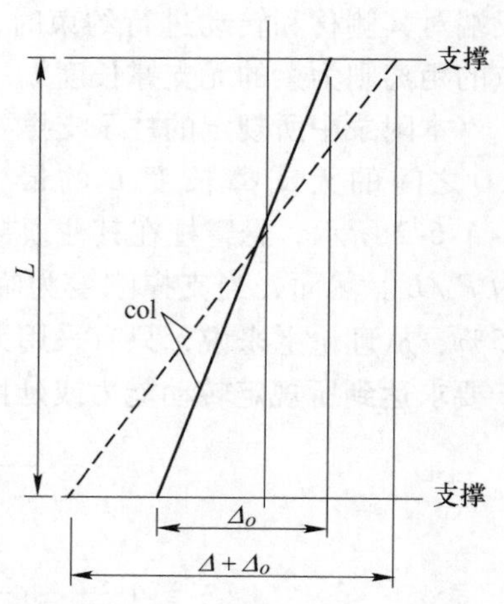

图 C-A-6-4　相对支撑和结点支撑初始位移的定义

正如第 C 章所述，$\Delta_o=L/500$ 是根据 AISC《建筑及桥梁钢结构标准施工规范》（AISC，2010a）中所规定的最大的框架不垂直度而确定的。同样，对于梁的抗扭支撑，假定其初始扭转转角为 $\theta_o=L/(500h_o)$，其中 h_o 是上下翼缘形心之间的距离。当 Δ_o 和 θ_o 取其他值时，可以按正比关系对支撑承载力 P_{rb} 和 M_{rb} 进行修正。由于同一楼层中的全部柱子不大可能向同一方向倾斜（不垂直），Chen 和 Tong（1994）建议取平均初始侧移值 $\Delta_o=L/(500\sqrt{n_o})$，其中 n_o 是由支撑体系保持稳定的柱子根数，每根柱子的 Δ_o 是随机的。当稳定支撑力与风力和地震力相组合时，Δ_o 就可能会适当减少。

本附录中所涉及的荷载组合指的是重力载荷组合，因为重力荷载是最为常见的情况。如果需要考虑其他荷载作用的话，如侧向荷载，则应按照 ASCE/SEI 7（ASCE，2010）或现行建筑法规的要求采用相应的荷载组合。

如果实际提供的支撑刚度 β_{act} 大于 β_{br}，则支撑承载力 P_{rb}（或抗扭支撑，则为 M_{rb}）可以乘以下述系数：

$$\frac{1}{2-\frac{\beta_{br}}{\beta_{act}}} \tag{C-A-6-1}$$

如果支撑体系中的连接比较柔或者可能出现滑移的话，支撑刚度应按下式计算：

$$\frac{1}{\beta_{act}}=\frac{1}{\beta_{conn}}+\frac{1}{\beta_{brace}} \tag{C-A-6-2}$$

用上式计算得到的支撑体系刚度 β_{act} 会小于连接刚度 β_{conn} 和支撑刚度 β_{brace} 两者中的较小者。除了只使用少量螺栓连接的情况外，采用标准圆孔连接无须考虑滑移。

在对成列柱子或梁的支撑进行计算时，必须考虑到支撑力的叠加，这可能会在每根柱子或梁的位置上产生不同的位移。通常，可以通过增加支撑跨的数量和采用刚性支撑的方法来降低支撑力。

杆件的非弹性特性对于支撑的稳定没有明显的影响（Yura，1995）。

6.2. 柱支撑

对于柱子的结点支撑而言，其临界刚度是柱中间支撑数量的函数（Winter，1958，1960）。当中间支撑为一根时，$\beta_i=2P_r/L_b$，而当设有多根中间支撑时，$\beta_i=4P_r/L_b$。临界刚度与支撑数量 n 之间的关系可以近似表示为（Yura，1995）：

$$\beta_i=\left(4-\frac{2}{n}\right)\frac{P_r}{L_b} \tag{C-A-6-3}$$

对于最不利的情况（设有多道支撑），支撑刚度要求可以采用 $\beta_{br}=2\times 4P/L_b$。可以将式（A-6-4）中的支撑刚度乘以下述比值，来考虑实际支撑数量的影响：

$$\frac{2n-1}{2n} \tag{C-A-6-4}$$

设式（A-6-4）中的无支撑（自由）长度等于能使柱子达到 P_r 的长度 KL。当实际支撑间距小于按上述假设确定的 KL 时，计算得到的所需刚度会变得相当保守，这是因为刚度计算式与 L_b 是成反比的。这时，L_b 可以等于 KL。对于梁支点支撑，式（A-6-8）和式（A-6-9）中的 L_b 也可以用 KL 来替代。

例如，一根 W12 × 53（W310 × 79）型钢，采用 LRFD 荷载组合的 P_u = 400kips(1780kN)，或采用 ASD 荷载组合的 P_a = 267kips(1190kN)，当钢材强度等级为 ASTM A992 时，其最大无支撑长度为 18ft(5.5m)。如果实际支撑间距为 8ft(2.4m) 的话，那么就可以在式（A-6-4）中使用 18ft(5.5m) 来确定所需的刚度。在式（A-6-4）中采用 L_b 等于 KL，对支撑刚度作出了合理的估计；但是，该计算结果还是偏于保守的。可以通过将支撑体系按连续支撑体系来处理，从而提高计算结果的精度（Lutz 和 Fisher, 1985；Ziemian, 2010）。

就支撑承载力而言，Winter 的刚性支撑模型只是考虑了侧向位移所产生的力的影响，并得出了仅考虑侧向位移力影响的支撑力等于 P_r 的 0.8%。当考虑由于构件曲率而产生的附加力时，此支撑力的理论值已增加至 P_r 的 1.0%。

6.3. 梁支撑

梁支撑必须限制截面的扭曲，但并不需要其限制侧向位移。侧向支撑（如与简支梁受压翼缘相连的钢格栅梁）和抗扭支撑（如相邻大梁之间的交叉构架或隔板），都可以用来限制扭曲。但应该注意，仅在靠近钢梁形心位置连接的侧向支撑体系，通常对限制扭曲是不起作用的。

当梁受反向弯曲时，不能将一个未被支撑的反弯点视作被支撑点，因为在该点会发生扭曲（Ziemian，2010）。如果要求在该处设支撑，则靠近反弯点的侧向支撑必须与梁的上下两个翼缘都相连，以防止扭曲；也可以设置抗扭支撑。设置在靠近反弯点处与梁的一个翼缘相连的侧向支撑对限制扭曲是不起作用的。

本节中有关梁支撑的要求，是根据 Yura(2001) 的建议制定的。

1. 侧向支撑

可以根据以下 Winter 的方法推导得到侧向支撑的刚度：

$$\beta_{br} = 2N_iC_t(C_bP_f)C_d/\phi L_b \qquad \text{(C-A-6-5)}$$

式中 N_i ——对于相对支撑，$N_i = 1.0$，对于支点支撑，$N_i = 4 - 2/n$；

C_t ——当荷载作用在梁的形心上时，$C_t = 1.0$，当荷载作用在梁的上翼缘时，$C_t = 1 + (1.2/n)$；

n——中间支撑的数量；

P_f ——受压翼缘作用力，kips(N)，$P_f = \pi^2EI_{yc}/L_b{}^2$；

I_{yc} ——受压翼缘平面外惯性矩，$in^4(mm^4)$；

C_b ——在第 F 章中定义的侧向扭转屈曲修正系数；

C_d ——双曲率系数（double curvature factor）（上下翼缘均受压），取值为 $1 + (M_S/M_L)^2$；

M_S ——引起任一翼缘受压的最小弯矩，kip · ft（N · mm）；

M_L ——引起任一翼缘受压的最大弯矩，kip · ft（N · mm）。

系数 C_d 在 1 ~ 2 中间变化，只适用于接近反弯点的支撑。当结点支撑数量任意时，2 N_iC_t 项可以偏于保守地近似取为 10，而当为相对支撑时，则可取值为 4，C_bP_f 项可近似按 M_r/h_o 取值，从而将刚度计算式（A-6-6）和式（A-6-8）简化为式（C-A-6-5）。式（C-A-6-5）可以用来替代式（A-6-6）和式（A-6-8）。

相对支撑的支撑承载力为：

$$P_{rb} = 0.004M_rC_tC_d/h_o \tag{C-A-6-6a}$$

结点支撑的支撑承载力则为：

$$P_{rb} = 0.01M_rC_tC_d/h_o \tag{C-A-6-6b}$$

这些公式是根据假设了受压翼缘的初始侧向位移为 $0.002L_b$ 而得出的。支撑承载力计算式（A-6-5）和式（A-6-7）是从式（C-A-6-6a）和式（C-A-6-6b）推导而来的，假定作用于上翼缘的荷载为（$C_t = 2$）。式（C-A-6-6a）和式（C-A-6-6b）分别可以用来替代式（A-6-5）和式（A-6-7）。

2. 抗扭支撑

抗扭支撑可以沿梁的全长连续设置（例如金属楼承板或混凝土板），也可以沿构件长度分散设置（例如交叉构架）。就梁的响应而言，设置在受拉翼缘上的抗扭支撑与设置在梁高的中间或受压翼缘上的抗扭支撑，其效果是相同的。虽然，梁的响应通常对支撑的位置并不敏感，但是在横截面上支撑的位置确实会对支撑的刚度产生影响。例如，设置在下翼缘上的抗扭支撑常常会出现单曲率弯曲（例如，根据支撑的特性，其弯曲刚度为 $2EI/L$），而设置在上翼缘上的抗扭支撑则通常会出现双曲率弯曲（例如，根据支撑特性，其弯曲刚度为 $6EI/L$）。如果在计算抗扭支撑刚度时考虑了（半刚性）连接的刚度的话，则可以采用部分约束（半刚性）连接。

抗扭支撑的承载力是基于沿梁全长设有连续抗扭支撑的梁的屈曲承载力而得到的，该项结果由 Taylor 和 Ojalvo（1966）提出，并由 Yura（1993），考虑了横截面的扭曲做了如下相应的修正：

$$M_r \leqslant M_{cr} = \sqrt{(C_{bu}M_o)^2 + \frac{C_b^2EI_y\overline{\beta}_T}{2C_{tt}}} \tag{C-A-6-7}$$

$C_{bu}M_o$ 项是没有抗扭支撑情况下梁的屈曲承载力。当荷载作用在上翼缘时，$C_{tt}=1.2$，当荷载作用在梁的形心上时，$C_{tt}=1.0$。$\overline{\beta}_T = n\beta_T/L$ 为每单位长度上连续抗扭支撑的刚度或等效的 n 个结点支撑的刚度，该结点支撑每根刚度为 β_T，沿梁跨 L 全长设置，式（C-A-6-7）中的“2”考虑了初始不平直度。式（A-6-11）忽略了无支撑梁的屈曲项，则对抗扭支撑刚度的估计值是偏于保守的。

梁抗扭支撑的承载力要求是根据假设初始扭曲缺陷为 $\theta_o = 0.002L_b/h_o$ 而得出的，其中 h_o 为梁的高度。如果达到至少两倍的理想刚度，则支撑力为 $M_{rb} = \beta_T\theta_o$。如果采用式（A-6-11）而（不考虑 ϕ 或 Ω），那么抗扭支撑的承载力则为：

$$M_{rb} = \beta_T\theta_o$$

$$= \frac{2.4LM_r^2}{nEI_yC_b^2} \times \frac{L_b}{500h_o} \quad \text{(C-A-6-8)}$$

为了得到式（A-6-9），上式可进行如下简化：

$$M_{rb} = \frac{2.4LM_r^2}{nEI_yC_b^2} \times \frac{L_b}{500h_o} \times \frac{\pi^2L_b^2}{\pi^2L_b^2}$$

$$= \frac{2.4\pi^2M_rL}{500nC_bL_b} \times \frac{M_r}{h_o} \times \frac{L_b^2}{C_b\pi^2EI_y} \quad \text{(C-A-6-9)}$$

M_r/h_o 项可以作为翼缘力 P_f 的近似值，$L_b^2/C_b\pi^2EI_y$ 项可以表示为两倍翼缘屈曲承载力的倒数［$1/(2P_f)$］，将上述各项代入并对常数进行运算，得到：

$$M_{rb} = \frac{0.024M_rL}{nC_bL_b} \quad \text{(C-A-6-10)}$$

该式即为式（A-6-9）。

式（A-6-9）和式（A-6-12）给出了双轴对称梁的承载力和刚度要求。对于单轴对称截面，通常这些公式是偏于保守的。使用式（C-A-6-8），将 I_y 替换成 I_{eff}，可以更好地估计单轴对称截面抗扭支撑的承载力，I_{eff} 由下式计算：

$$I_{eff} = I_{yc} + \left(\frac{t}{c}\right)I_{yt} \quad \text{(C-A-6-11)}$$

式中 t——从中和轴到最边缘受拉纤维之间的距离，in(mm)；

c——从中和轴到最边缘受压纤维之间的距离，in(mm)；

I_{yc}, I_{yt}——分别是受压和抗拉翼缘绕穿过腹板轴的惯性矩，$in^4(mm^4)$。

对于单轴对称的工字型梁，可以通过使用式（A-6-11），将 I_y 替换成 I_{eff}［I_{eff} 由式（C-A-6-11）给出］，则可以更好地估算抗扭支撑的刚度。

式（A-6-10）、式（A-6-12）和式（A-6-13）中的 β_{sec} 项考虑了横截面的扭曲。支撑点处的腹板加劲肋可以减少横截面的扭曲，并改善抗扭支撑的效果。当在靠近上下翼缘的位置与交叉构架连接时，或者横隔板近似等于梁高时，那么腹板就不会发生扭曲，从而 β_{sec} 等于无穷大。可以通过求解下述表达式得到由式（A-6-10）给出的所要求的支撑刚度 β_{Tb}，该表达式表示了包括扭曲效应在内的支撑体系刚度：

$$\frac{1}{\beta_T} = \frac{1}{\beta_{Tb}} + \frac{1}{\beta_{sec}} \quad \text{(C-A-6-12)}$$

平行弦桁架的上下弦杆延伸到全跨并与支座相连，则可以被视作为梁。在式（A-6-5）~式（A-6-9）中，M_u 可以按最大受压弦杆的内力乘以桁架的高度取值，来确定支撑的承载力和刚度。当在桁架的全高采用交叉构架作为支撑时，可以不考虑横截面的扭曲效应 β_{sec}。当上下弦杆中的任一根弦杆没有延伸至全跨时，则应考虑在靠近桁架的跨端处设置交叉构架或系杆，来限制其发生扭曲。

6.4. 压弯构件支撑

在 2010 版的钢结构设计规范中引入了有关压弯构件支撑的相关内容。实际上可以将受压支撑的承载力及刚度和受弯支撑的承载力及刚度进行叠加，来得到压弯构件的承载力及刚度。这种方法会偏于保守，比较理想的是通过合理的分析来得到更加精确的结果。

条文说明　附录7　稳定设计的替代方法

本附录介绍的有效长度法和一阶分析方法是在第C章中所提出的直接分析法的替代方法。当分别满足本附录第7.2.1条和第7.3.1条规定的使用限制条件时，则可以使用这些稳定设计的替代方法。

本附录中的两种方法在分析中都使用了公称几何特性和公称弹性刚度（EI，EA）。因此，需要强调第C章和附录7所规定的侧移放大限值（$\Delta_{2nd\text{-}order}/\Delta_{1st\text{-}order}$或$B_2$）是不相同的。对于第C章中的直接分析法，针对某些要求的限值1.7是基于采用了折减后的刚度（EI^* 和 EA^*）。而对于有效长度法和一阶分析方法，相应的限值1.5则是基于采用了未折减的刚度（EI和EA）。

7.2. 有效长度法

自1961年以来，有效长度法（虽然该名称未经正式确认）已经以各种形式在AISC规范中得到广泛应用。现行规定基本上与2005版《建筑钢结构设计规范》（AISC，2005a）第C章的条款相同，但下列情况除外：

这些规定，以及在某些情况下在计算有效承载力时所使用的柱子有效长度，大于其实际长度，考虑了初始倾斜和由于塑性的发展导致构件的刚度降低的影响。在分析中不再需要进行刚度折减。

按照弹性（或非弹性）稳定理论，或者根据等效弹性柱屈曲荷载$F_e=\pi^2EI/(KL)^2$来确定柱子屈曲的柱子有效长度KL，可以通过一条柱子的经验曲线来计算柱轴向抗压承载力P_c，该经验曲线考虑了几何缺陷和屈服分布情况（包括残余应力的影响）。然后，在压弯构件的相互作用公式中将柱子承载力与抗弯承载力M_c和构件的二阶作用力P_r和M_r结合在一起。

带支撑框架

支撑框架一般被理想化为竖向的悬臂式铰接桁架体系，可以忽略该体系中任何次要弯矩。带支撑框架构件的有效长度系数K通常取为1.0，除非经过结构分析可以证明采用较小值是合理的，并且构件和连接设计应符合这一假定。如果在分析中节点连接按刚接模拟，那么设计中必须考虑构件和连接所产生的弯矩。

如果在支撑框架中计算P_n时采用$K<1$，则必须考虑对稳定支撑体系的附加要求和柱子对梁约束所产生二阶弯矩的影响。附录6中的规定没有涉及因采用$K<1$对支撑构件的附加要求。通常，在计算柱子对梁约束所产生的二阶弯矩时，

需要进行精确的二阶弹性分析，因此，除了那些进行附加计算是合理的特殊情况外，建议在设计中采用 $K=1$。

抗弯框架

抗弯框架主要依靠相互连接的梁、柱的抗弯刚度。当梁跨度很小和/或梁高很大（深梁）时，可能需要考虑由于剪切变形所引起的刚度降低。

当采用有效长度法时，必须根据一个大于实际长度 L 的有效长度 KL 来设计抗弯框架中的所有压弯构件，遇到结构刚度很大的特殊情况时除外。当侧移放大（$\Delta_{2nd\text{-}order}/\Delta_{1st-order}$ 或 B_2）不大于 1.1，框架设计时对柱子可使用 $K=1.0$。对于刚度较大结构的简化，在第 H 章，在平面内的压弯构件承载力校核时最大会产生 6% 的误差（White 和 Hajjar，1997a）。当侧移放大较大时，必须计算 K 值。

在有关 K-系数计算的相关文献（Kavanagh，1962；Johnston，1976；LeMessurier，1977；ASCE Task Committee on Effective Length，1997；White 和 Hajjar，1997b）中提出了各种各样的方法。这些方法包括单根柱子的简化模型（示于表 C-A-7-1 中），直至用于特殊框架和加载条件的复杂的屈曲解。在某些类型的框架中，很容易对 K-系数进行估计或计算，并且可以作为稳定设计的一个很方便的工具。对于其他类型的结构，精确确定 K-系数要通过繁复的手工计算，并且为了更有效地评估结构体系的稳定，可能需要采用直接分析方法。

表 C-A-7-1 有效长度系数 K 的近似值

柱子屈曲形状如虚线所示	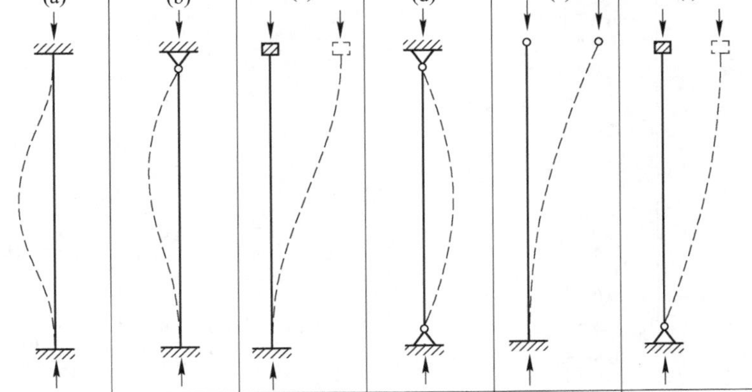 (a)	(b)	(c)	(d)	(e)	(f)
理论 K 值	0.5	0.7	1.0	1.0	2.0	2.0
当与理想的条件接近时的建议设计值	0.65	0.80	1.2	1.0	2.1	2.0
柱端条件图示	 转动固定、平动固定 转动自由、平动固定 转动固定、平动自由 转动自由、平动自由					

确定 K 值最常见的方法是使用计算图表（alignment charts），图 C-A-7-1 所示为侧移受约束的框架，图 C-A-7-2 所示为侧移未受约束的框架（Kavanagh，1962）。这些图表的基本假定是结构符合如下所述的理想化条件，而这些条件在实际结构中几乎是不可能完全满足的：

（1）结构为纯弹性特性。

（2）所有构件均为等截面构件。

（3）所有结点均为刚接。

（4）对于受约束的框架中的柱子，受约束梁的两端的转角大小相等，而方向相反，产生单曲率弯曲。

（5）对于未受约束的框架中的柱子，受约束梁的两端的转角大小相等，方向相同，产生双曲率弯曲。

（6）所有柱子的刚度参数 L 相等。

（7）当两根柱子连接时，其接头的反力按 EI/L 的比例在接头的上柱和下柱进行分配。

（8）所有柱子同时达到屈曲。

（9）在主梁中无明显的轴压力存在。

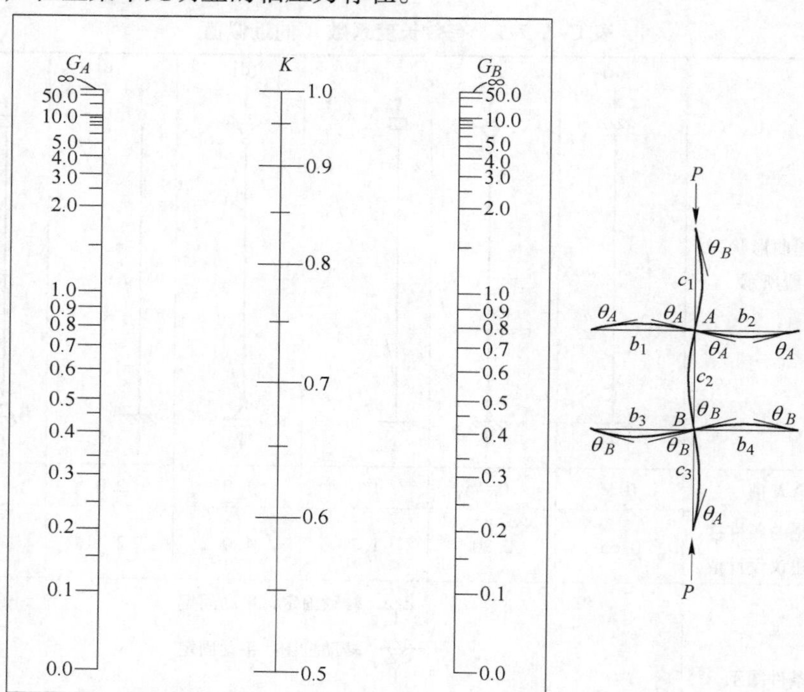

图 C-A-7-1　计算图表——侧移受约束的框架（带支撑框架）

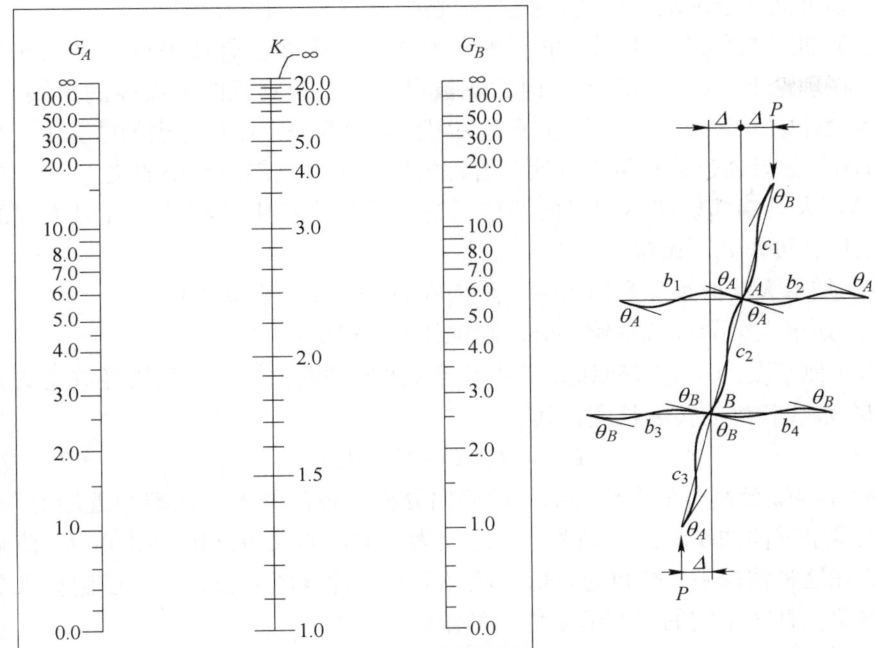

图 C-A-7-2　计算图表——侧移未受约束的框架（抗弯框架）

图 C-A-7-1 中所示侧移受约束的框架的计算图表基于下列公式：

$$\frac{G_A G_B}{4}(\pi/K)^2 + \left(\frac{G_A + G_B}{2}\right)\left(1 - \frac{\pi/K}{\tan(\pi/K)}\right) + \frac{2\tan(\pi/2K)}{(\pi/K)} - 1 = 0 \tag{C-A-7-1}$$

图 C-A-7-2 中所示侧移未受约束的框架的计算图表基于下列公式：

$$\frac{G_A G_B(\pi/K)^2 - 36}{6(G_A + G_B)} - \frac{(\pi/K)}{\tan(\pi/K)} = 0 \tag{C-A-7-2}$$

式中

$$G = \frac{\Sigma(E_c I_c/I_c)}{\Sigma(E_g I_g/L_g)} = \frac{\Sigma(EI/L)_c}{\Sigma(EI/L)_g} \tag{C-A-7-3}$$

上述公式中的下标 A 和 B 指的是所考虑的柱子端部节点。符号 Σ 是指所有与节点刚接的构件的总和，并且位于所考虑的柱子发生屈曲的平面上。E_c 是柱子的弹性模量，I_c 是柱子的惯性矩，L_c 是柱子的无支撑（自由）长度。E_g 是大梁的弹性模量，I_g 是大梁的惯性矩，L_g 是大梁或其他约束构件的无支撑长度。I_c 和 I_g 绕与所考虑柱子的屈曲平面相垂直的轴取值。如果在计算 G 时使用了适当的有效刚度 EI，那么对于各种材料都可以采用计算图表。

必须记住，计算图表是根据上述理想化条件得到的，而这些条件在实际结构中几乎不可能完全满足。因此，往往需要进行调整，如：

（1）柱子端部条件不同时的调整。当柱子支撑在柱脚或基础上，但并非刚接时，在理论上，G 为无限大，但除非被设计为一个真正的无摩擦的销接连接，在实际设计中可取为 10。如果柱子端头刚性连接到一个设计合理的柱脚上，G 可取为 1.0。如果通过分析可以证明是合理的话，也可以使用更小的值。

（2）大梁端部条件不同时的调整。对于侧移受约束的框架，针对不同的梁端部条件，可作如下调整：

1）如果大梁的远端是固定端，则构件的 $(EI/L)_g$ 乘以 2.0。

2）如果大梁的远端是铰支端，则构件的 $(EI/L)_g$ 乘以 1.5。

对于侧移受约束的框架和具有带不同边界条件的大梁，应采用经修正的大梁长度 L'_g 来代替梁的实际长度，其中：

$$L'_g = L_g(2 - M_F/M_N) \tag{C-A-7-4}$$

M_F 和 M_N 分别是根据框架的一阶侧向分析所得到的大梁远端和近端的弯矩。如果大梁呈反向曲率弯曲，则两弯矩之比为正值。如果 $M_F/M_N > 2.0$，L'_g 值则为负值。在这种情况下，G 也为负值，就必须使用计算图表公式。对于侧移未受约束的框架，针对不同的梁端部条件，可作如下调整：

1）如果大梁的远端是固定端，则构件的 $(EI/L)_g$ 乘以 2/3。

2）如果大梁的远端是铰支端，则构件的 $(EI/L)_g$ 乘以 1/2。

（3）对有明显轴向荷载作用的大梁的调整。对于侧移受约束和未受约束两种条件，$(EI/L)_g$ 均乘以 $(1 - Q/Q_{cr})$，其中 Q 为大梁中的轴向荷载，而 Q_{cr} 是基于 $K = 1.0$ 的大梁的平面内屈曲荷载。

（4）考虑柱子非弹性特性的调整。对于侧移受约束和未受约束两种条件，在所有柱子的 G_A 和 G_B 计算公式中，均用 τ_b (E_cI_c) 来代替 (E_cI_c)。

（5）考虑连接柔性的调整。在开发计算图表的过程中，一个重要假定就是，所有的梁柱连接都是刚接的（FR 型连接）。如上所示，当梁的远端不具有按假定的 FR 型连接特性时，就必须作出调整。当一根梁与所考虑柱子的连接是一个只承受剪力的连接时，也就是说不承受弯矩，那么这根梁就不可能对柱子造成约束，且在 G 的计算公式中也就不能考虑 $\sum(EI/L)_g$ 项。只有 FR 型连接才能直接使用确定 G 值的计算公式。可以使用一种有明确证据表明带有弯矩-转角响应的半刚接（PR 型连接），但为了考虑连接的柔性必须对每一根梁的 $(EI/L)_g$ 进行调整。有关带有 PR 型连接的框架稳定性问题，ASCE 的有效长度专业委员会（1997）给出了详尽的论述。

混合体系

当采用混合体系时，结构分析中必须包括其中所有的结构体系。必须考虑在混凝土和砌体抗剪墙中因这些单元可能遇到的不同程度开裂而产生的刚度变化。

这适用于正常使用极限状态荷载组合，也适用于承载力极限状态荷载组合。为了综合考虑所有的性状并保证各体系间的连接构件具有足够的承载力，设计人员应该仔细考虑可能发生的刚度变化范围，以及收缩、突变和荷载作用历史的影响。完成结构分析后，必须采用抗弯框架体系所要求的有效长度，来验算承弯框架中受压构件的有效承载力；而其他受压构件可以使用 $K=1.0$ 来进行验算。

摇摆柱和侧移失稳效应的分布

重力框架体系中的柱子可以被设计为柱端为铰接，取其 $K=1.0$。然而，在设计抗侧力体系时必须充分考虑重力荷载在所有这些柱子上所引起的失稳效应（P-Δ 效应），以及从这些柱子向抗侧力体系的荷载传递。必须明白，建筑物的侧移失稳是一种楼层的现象，它包括该楼层中所有抗侧力单元的侧向抗力的总和，以及该楼层柱子中重力设计荷载的总和。整个楼层没有达到屈曲而楼层中某一根柱子以侧移模式达到屈曲的现象是不可能出现的。

如果楼层中的每一根柱子是属于抗弯框架的一部分，并且每根柱子承受其自身的轴向荷载 P 和 P-Δ 弯矩，那么，每一根柱子对侧向刚度的贡献或楼层的屈曲荷载是和柱子承受的轴向荷载成正比的，所有柱子都会同时达到屈曲。在这种理想化条件下，楼层中的柱子之间不存在相互影响；柱子的侧移失稳和框架失稳会同时发生。当然，一般的框架并不符合这种理想化条件，并且在实际的结构体系中，楼层中抗侧力单元所分配到的楼层 P-Δ 效应是和这些抗侧力单元的刚度成正比的。通常可以通过楼板或水平桁架来实现这种分配。

当建筑物中的柱子对楼层的侧移刚度只有很小甚至没有贡献时，可以称这些柱子为摇摆柱。设计这些柱子可以采用 $K=1.0$，但楼层中的抗侧力单元必须能够承受作用在这些摇摆柱上的荷载所产生的导致失稳的 P-Δ 效应。当对抗弯框架中的所有柱子进行设计时，在确定 K 和 F_e 时必须考虑在柱子中的 P-Δ 效应的重新分配。对于抗弯框架中用来计算 P_c 的 K 系数（考虑了上述这些影响），在下文中用符号 K_2 表示。

楼层稳定的有效长度

公认的评价楼层稳定性的两种方法是：楼层刚度法（LeMessurier，1976，1977）和楼层屈曲法（Yura，1971）。此外，本附录还介绍了由 LeMessurier 提出的简化方法。

在下文的讨论中，把与侧向楼层屈曲相关联的柱子有效长度系数表示为 K_2。根据式（C-A-7-5）或式（C-A-7-8）确定的 K_2 值可以在第 E 章的计算公式中直接使用。但是一定要注意，当采用柱屈曲荷载 $\pi^2 EI/(K_2L)^2$ 的总和来确定楼层屈曲模式时，该计算式是不适用的。还要注意，无论用哪一种方法，用 K_2 值所计算的 P_c 值都不能大于基于侧移受约束框架屈曲所确定的 P_c 值。

（1）楼层刚度法。当采用楼层刚度法时，应按下式确定 K_2：

$$K_2 = \sqrt{\frac{\sum P_r}{(0.85+0.15R_L)\ P_r}\left(\frac{\pi^2 EI}{L^2}\right)\left(\frac{\Delta H}{\sum HL}\right)} \geqslant \sqrt{\frac{\pi^2 EL}{L^2}\left(\frac{\Delta H}{1.7HL}\right)} \tag{C-A-7-5}$$

对于框架的整体抗侧力仅有很少贡献的某些柱子，基于上述不等式左侧的 K_2 值很有可能会小于1.0。而上述不等式右侧的极限值是 K_2 的最小值，考虑了侧移屈曲和无侧移屈曲之间相互影响（ASCE Task Committee on Effective Length，1997；White 和 Hajjar，1997b）。H 是所考虑柱子中由侧向力所产生的剪力，用于计算 ΔH。

可以对式（C-A-7-5）进行重写，得到柱子的屈曲荷载 P_{e2} 如下：

$$P_{e2} = \left(\frac{\sum HL}{\Delta H}\right)\frac{P_r}{\sum P_r}(0.85+0.15R_L) \leqslant 1.7HL/\Delta H \tag{C-A-7-6}$$

R_L 是楼层中所有摇摆柱上的垂直荷载与楼层中所有柱子的垂直荷载之比：

$$R_L = \frac{\sum P_{r摇摆柱}}{\sum P_{r全部柱}} \tag{C-A-7-7}$$

R_L 的用途是用来考虑 P-δ 效应对楼层中柱子侧移刚度的影响。式（C-A-7-5）和式（C-A-7-6）中的 $\sum P_r$ 包括了楼层的全部柱子（包括摇摆柱），而 P_r 则针对所考虑的柱子。由式（C-A-7-6）计算的柱子屈曲荷载 P_{e2} 可能会大于 $\pi^2 EI/L^2$，但不可能大于上述不等式右侧的极限值。

楼层刚度法是附录 8 中计算 B_2（用于 P-Δ 效应）的基础。在附录 8 中的式（A-8-7）中，根据给定的侧向荷载作用下的一阶侧向荷载分析所得到的层间位移角 $\Delta H/L$，来表示楼层的屈曲载荷。在初步设计中，$\Delta H/L$ 可以取该位移角的目标最大值。这种方法将工程师的注意力集中在建筑物框架最基本的稳定要求上：相对于楼层所承受的总垂直荷载 $\alpha \sum P_r$，要提供适当的整体楼层刚度。用层间位移角来表示的弹性楼层刚度和作用在楼层上的总水平荷载为 $H/(\Delta H/L)$。

（2）楼层屈曲法。当采用楼层屈曲法时，应按下式确定 K_2 值：

$$K_2 = \sqrt{\frac{\frac{\pi^2 EI}{L^2}}{P_r}\left(\frac{\sum P_r}{\sum \frac{\pi^2 EI}{(K_{n2}L)^2}}\right)} \geqslant \sqrt{\frac{5}{8}}K_{n2} \tag{C-A-7-8}$$

式中，K_{n2} 是根据计算图 C-A-7-2 直接确定的 K 值。

按上述公式计算的 K_2 值可能会小于 1.0。上述不等式右侧的极限值是 K_2 的最小值，考虑了侧移屈曲和无侧移屈曲之间的相互影响（ASCE Task Committee on Effective Length，1997；White 和 Hajjar，1997b；Geschwindner，2002；AISC-SSRC，2003a）。计算 K_2 值的其他方法，在以前的条文说明和以上所述的参考文献中有相关的介绍。

可以对式（C-A-7-8）进行重写，得到柱子的屈曲荷载 P_{e2} 如下：

$$P_{e2}=\left(\frac{P_r}{\sum P_r}\right)\sum\frac{\pi^2 EI}{(K_{n2}L)^2}\leqslant 1.6\frac{\pi^2 EI}{(K_{n2}L)^2} \qquad (\text{C-A-7-9})$$

式（C-A-7-8）和式（C-A-7-9）中的 $\sum P_r$ 包括了楼层的全部柱子（包括摇摆柱），而 P_r 则针对所考虑的柱子。由式（C-A-7-9）计算的柱子屈曲荷载 P_{e2} 可能会大 $\pi^2 EI/L^2$，但不可能大于上述不等式右侧的极限值。

LeMessurier 法：另一种计算 K_2 值的简化方法是仅根据柱端弯矩来进行计算，即

$$K_2=\left[1+\left(1-\frac{M_1}{M_2}\right)^4\right]\sqrt{1+\frac{5}{6}\times\frac{\sum P_{r\text{摇摆柱}}}{\sum P_{r\text{非摇摆柱}}}} \qquad (\text{C-A-7-10})$$

在该计算公式中，M_1 和 M_2 分别是柱子中的较小和较大弯矩。可以根据框架在侧向荷载作用下的一阶分析来确定这些弯矩。在推导该公式时中考虑了柱子的非弹性特性。使用上述计算公式在 P_c 上所引起的误差，偏于不安全地说，会小于3%，但前提是要满足下列不等式：

$$\left(\frac{\sum P_{y\text{非摇摆柱}}}{\sum HL/\Delta H}\right)\left(\frac{\sum P_{r\text{全部柱}}}{\sum P_{r\text{非摇摆柱}}}\right)\leqslant 0.45 \qquad (\text{C-A-7-11})$$

有关 *K* 值的一些结论

当结构中包括了摇摆柱和/或混合框架体系、特别是考虑了柱子的非弹性特性时，使用 *K*-系数设计柱子可能会相当复杂。如果采用第 C 章的直接分析法（在第 C 章中总是取 $K=1.0$），就可以避免这种复杂性。此外，附录 7 第 7.3 条的一阶分析方法也是基于直接分析方法的，因此在确定 P_c 时也可以取 $K=1.0$。此外，在某些 $\Delta_{2nd-order}/\Delta_{1st-order}$ 或 B_2 足够小的情况下，根据附录 7 第 7.2.3（2）款的规定，有效长度法中可以假定 $K=1.0$。

有效长度法和直接分析法的比较

图 C-C2-5（a）显示了一张使用有效长度法时平面内相互作用公式的图形，图中纵坐标轴上的定位点 P_{nKL} 是用有效长度 *KL* 所确定的。在这张图上还显示了基于屈服荷载 P_y 第一项的类似相互作用公式。对于宽翼缘型钢，这个平面内压弯构件的相互作用公式可以对全截面进入塑性时的内力状态进行合理的估计。

根据二阶的塑性扩散分析（second-order spread-of-plasticity analysis）得到的一个典型构件 *P-M* 响应（称为“实际响应”）给出了构件在突然出现失稳之前所能承受的最大轴力 P_r。就像用有效长度法分析一样，也可以根据二阶弹性分析（采用公称几何尺寸和弹性刚度）得到荷载-变形响应。由于屈服的分布和几何缺陷的综合影响（这在二阶弹性分析中是不包含这些影响的），“实际响应”曲线所给出的弯矩会大于上述二阶弹性曲线所得到的弯矩。

在有效长度法中，二阶弹性分析曲线与 P_{nKL} 相互影响曲线的交点决定了构件

的承载力。图 C-C2-5（a）表明，可以通过对有效长度法的计算结果的校准，得出符合实际响应的最终轴向承载力 P_c 。对于细柔型柱子，当采用有效长度法时，计算有效长度 KL（和 P_{nKL}）是得到精确解的关键。

这一做法的后果是它低估了设计荷载作用下的实际弯矩，如图 C-C2-5（a）所示。这对压弯构件平面内承载力验算是无关紧要的，因为 P_{nKL} 按一定的比例对有效承载力进行了折减。然而，折减后的弯矩会对梁和连接（对柱子提供约束）的设计产生影响。最需要注意的是当计算得到的弯矩很小而轴向荷载很大时的情况，如由柱子的不垂直度会导致相当大的 $P\text{-}\Delta$ 弯矩。

直接分析法和有效长度法之间的重要区别是，在压弯构件承载力验算时前者在分析中使用折减后的刚度和 $K=1.0$，而后者在分析中使用公称刚度和根据侧移屈曲分析所得到的 K 值。直接分析方法可能会对二阶弹性分析的精度比较敏感，因为分析时采用折减后的刚度会加大二阶效应。当然，只有在侧移幅值很大时这个区别才会显得很重要；在达到这种侧移幅值时，用于有效长度法的 K 值的计算精度也会变得越来越重要。

7.3. 一阶分析方法

本节给出了一种使用一阶弹性分析方法，取 $K=1.0$ 的框架设计方法，其前提是满足附录 7 第 7.3.1 条的限制条件。

该方法是通过数学运算从直接分析方法推导而来的（Kuchenbecker 等人，2004），因此二阶内力和弯矩可以直接用一阶分析来确定。它是基于一个最大位移比目标值 Δ/L ，并作如下假设：

（1）假定侧移放大系数 $\Delta_{2\,nd\,order}/\Delta_{1\,st\,order}$（或 B_2）为 1.5。

（2）假定结构的初始倾斜为 $\Delta_o/L=1/500$，但在计算 Δ 时并不需要考虑初始倾斜。

一阶分析采用公称（未折减的）刚度，只在计算放大系数时考虑刚度折减。通过采用附录 8 第 8.2.1 款的 B_1 放大因子，按本节规定的方法，可以将压弯构件的无侧移弯矩进行放大，偏于保守地得到构件的总弯矩。当压弯构件在其受弯平面内构件的支座之间不承受横向荷载时，可取 $B_1=1.0$。

为了确定附加侧向荷载 N_i ，可以在开始设计时假定 LRFD 荷载组合或 ASD 的 1.6 倍荷载组合作用下相应侧移的最大位移比目标值。只要在任何荷载水平作用下都不会超过该位移比，那么设计就会是安全的。

Kuchenbecke 等人（2004）提出了该方法的一种通用形式。如果使用上述方法，可以表明，当 $B_2 \leqslant 1.5$ 和 $\tau_b=1.0$ 时，在结构一阶分析（使用公称刚度）时同其他侧向荷载一同施加的所必须的附加侧向荷载为：

$$N_i = \left(\frac{B_2}{1 - 0.2B_2}\right)\frac{\Delta}{L}Y_i \geqslant \left(\frac{B_2}{1 - 0.2B_2}\right)0.002Y_i \qquad (\text{C-A-7-12})$$

在第 C 章、附录 7 和附录 8 中对上式中的这些变量作了规定。应该注意，如果 B_2（基于未折减的刚度）按第 C 章中所规定的上限设定为 1.5，那么：

$$N_i = 2.1\alpha\left(\frac{\Delta}{L}\right)Y_i \geqslant 0.0042Y_i \qquad (\text{C-A-7-13})$$

上式即为附录 7 第 7.3.2 条中所要求的附加侧向荷载。N_i 最小值取 $0.0042Y_i$ 是基于这样一种假定，即由于 $\Delta/L = 1/500$ 的影响会产生最小的位移比。

条文说明　附录 8　二阶分析的近似方法

第 C2.1（2）款表明，必须采用二阶分析同时得到 $P\text{-}\Delta$ 和 $P\text{-}\delta$ 效应。作为一种精确二阶分析的替代方法，可以采用本附录中的近似方法，对一阶分析所得到的力和弯矩进行放大。这种方法中的主要近似在于，它分别通过独立的 B_2 和 B_1 因子，对 $P\text{-}\Delta$ 和 $P\text{-}\delta$ 效应作出了评估，通过 R_M 只是间接地考虑了 $P\text{-}\delta$ 效应对结构整体响应的影响（反过来又影响 $P\text{-}\Delta$）。当对整个结构的响应具有显著影响构件的 B_1 大于 1.2 时，建议采用精确的二阶弹性分析方法来准确计算框架的内力。

该方法使用一阶弹性分析，将一阶分析所得到的力和弯矩乘以放大系数，来估计二阶的力和弯矩。通常情况下，构件的一阶荷载效应可能与乘以 B_1 因子的侧移无关，而一阶荷载效应是由乘以 B_2 因子的侧移所产生的。系数 B_1 就 $P\text{-}\delta$ 效应对受压构件上无侧移弯矩的影响做出了估计。而系数 B_2 则就 $P\text{-}\Delta$ 效应对所有构件中力和弯矩的影响做出了估计。这些影响已显示在图 C-C2-1 和图 C-A-8-1 中。

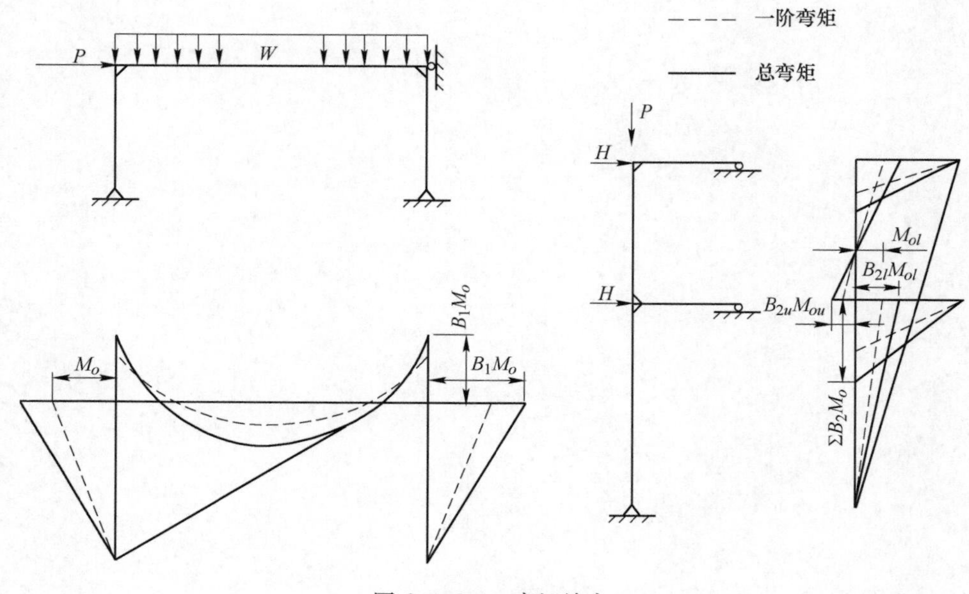

图 C-A-8-1　弯矩放大

B_2 因子仅适用于和侧移相关的内力，并且是针对整个楼层来计算的。在框架设计中预先设定一个 $\Delta H/L$ 限定值，通过用式（A-8-7）中的 $\Delta H/L$ 最大目标限值来设计单根构件，就可以提前确定 B_2 因子。对于设计各种不同类型的建筑物，可以设定侧移限值，以便减少二次弯曲的影响（ATC，1978；Kanchanalai 和 Lu，1979）。然而，仅仅限制侧移还是不能忽视侧移对稳定的影响（LeMessurier，1977）。

在确定 B_2 因子和二阶效应对抗侧力体系的影响时，重要的是，ΔH 不仅包括在抗侧力体系平面内的层间位移，而且还包括楼（屋）盖或水平框架体系上的任何附加位移，这些附加位移有可能加大与楼（屋）盖或水平框架体系相连并抵抗水平体系“倾斜”的柱子的倾覆效应。无论是最大位移还是加权平均位移，均应予以考虑。

近期的规范只给出了一个确定楼层弹性屈曲承载力的公式［式（A-8-7）］；该公式是基于由一阶分析所确定的楼层侧向刚度，对所有建筑物都适用。2005 版 AISC《建筑钢结构设计规范》（AISC，2005a）给出了一个二阶计算公式［见 2005 版中式（C2-6a）］，该公式则基于单个柱子的侧向屈曲承载力，仅适用于侧向刚度完全由承弯框架提供的建筑物。此计算公式为：

$$\sum P_{e2} = \sum \frac{\pi^2 EI}{(K_2 L)^2} \tag{C-A-8-1}$$

式中　$\sum P_{e2}$——楼层的弹性屈曲承载力，kips（N）；

L——楼层高度，in（mm）；

K_2——由侧向屈曲分析得到的弯曲平面内的有效长度系数。

由于上述公式的适用范围有限、难以准确计算式中的 K_2 值以及基于楼层刚度的公式更易于应用等原因，在 2010 版的钢结构设计规范中删除了该楼层弹性屈曲承载力的计算公式。此外，删除这个公式，考虑楼层屈曲承载力并不是楼层中每根柱子承载力的总和，因而将 $\sum P_{e2}$ 改为 $P_{e\ story}$，其含义如前所述。

将侧移受约束结构的一阶内力和弯矩标记为 P_{nt} 和 M_{nt}；而侧向平动的一阶效应则标记为 P_{lt} 和 M_{lt}。当由重力荷载所引起的结构侧向平动可以忽略时，P_{nt} 和 M_{nt} 是重力荷载效应，而 P_{lt} 和 M_{lt} 则是侧向荷载所产生的效应。在一般情况下，P_{nt} 和 M_{nt} 是侧移受约束结构的分析结果；P_{lt} 和 M_{lt} 是将一阶分析所得到的侧向反力作为侧向荷载，进行结构分析的结果（如同计算 P_{nt} 和 M_{nt}）。取乘以式（A-8-1）和式（A-8-2）中所规定的 B_1 和 B_2 因子后的两组力和弯矩的代数和，得出整个合理的二阶的力和弯矩精确值。

B_2 因子适用于所有参与承受侧向荷载的构件中的力和弯矩 P_{lt} 和 M_{lt}（包括梁、柱、斜支撑和剪力墙）。在不参与承受侧向荷载的构件中，P_{lt} 和 M_{lt} 为零；因此，B_2 对这些构件没有影响。B_1 因子则仅适用于受压构件。

针对一个特定的平动方向，如果在建筑物的楼层中 B_2 因子的变化不明显，那么为方便起见，对所有楼层都可以使用最大值，这样就只有两个 B_2 值，一个用于每个方向上，一个用于整个建筑物。当楼层之间的 B_2 值的确相差很大时，用于楼层间梁的 B_2 因子应取较大值。

当采用 B_1 和 B_2 因子对柱端的一阶弯矩进行放大时，需要通过柱子间梁上的弯矩来对柱端弯矩进行平衡（见图 C-A-8-1）。因为 B_2 因子适用于所有构件，所以在这方面不会引起任何困难。然而，B_1 因子只适用于受压构件；可以通过用受压构件的 B_1 因子（如果在节点上有两根或两根以上的受压构件，则取其中最大的 B_1 因子）对这些构件中的弯矩进行放大，来计算相连构件中的相关二阶弯矩。另外，在一个给定的节点上，已放大弯矩（只考虑 B_1）和受压构件中的一阶弯矩之间的差，可以按这些构件的相对刚度的比例分配给与受压构件相连的任何其他承弯构件。根据工程上的判断，可以忽略它们之间的轻微的不平衡。采用坚强的二阶分析方法就可以更方便地处理较复杂的情况。

在带支撑框架和承弯框架中，如果构件受到明显的双向弯曲或不符合第 H1.3 条中的规定时，不论其弯曲的平面，P_c 都受最大长细比的控制。第 H1.3 条是验算压弯构件承载力的一种替代方法，对于在框架平面内主要承受弯曲的构件，可以分别校核其平面内和平面外的稳定。但是，可以用平面内弯曲的长细比来计算由式（A-8-5）所表示的 P_{e1}。因此，当压弯构件只绕强轴弯曲时，在放大的一阶弹性分析方法和承载力验算中可能会采用两种不同的长细比值。

式（A-8-7）中系数 R_M 考虑了 $P\text{-}\delta$ 效应对侧移放大的影响。当 R_M 楼层中包含有承弯框架时可以取 0.85 作为其下限值（LeMessurier，1977）；如果楼层中没有承弯框架，则 $R_M=1$。在这两个上、下限值之间，可以使用式（A-8-8）来精确计算 R_M 值。

用不同的结构分析方法得出的二阶内力通常是不能进行叠加的，因为二阶放大是根据结构内部总轴力得到的一种非线性效应；因此，必须对设计中所考虑的每一种荷载组合进行单独的分析。然而，在附录 8 中使用放大一阶弹性分析结果的方法中，对放大前计算得到的一阶内力可以进行叠加，以此确定总的一阶内力。

系数 C_m 和有效长度系数 K

对于无相对节点位移且构件两端之间无横向荷载作用的受压构件，可以使用式（A-8-3）和式（A-8-4）来近似估计其最大二阶弯矩。图 C-A-8-2 中对采用式（A-8-4）C_m 的近似解与承受杆端弯矩作用的压弯构件的精确理论解作了比较（Chen 和 Lui，1987）。图中将 C_m 的近似值和分析值相对于不同 P/P_e（$P_e=P_{e1}$ 且 $K=1$）时的杆端弯矩比 M_1/M_2 绘制成曲线。图 C-A-8-3 所示为与构件中的最大二阶弹性弯矩 M_r 所对应的近似解和分析解相对于不同杆端弯矩比 M_1/M_2 时的轴向荷载 P/P_e 的曲线。

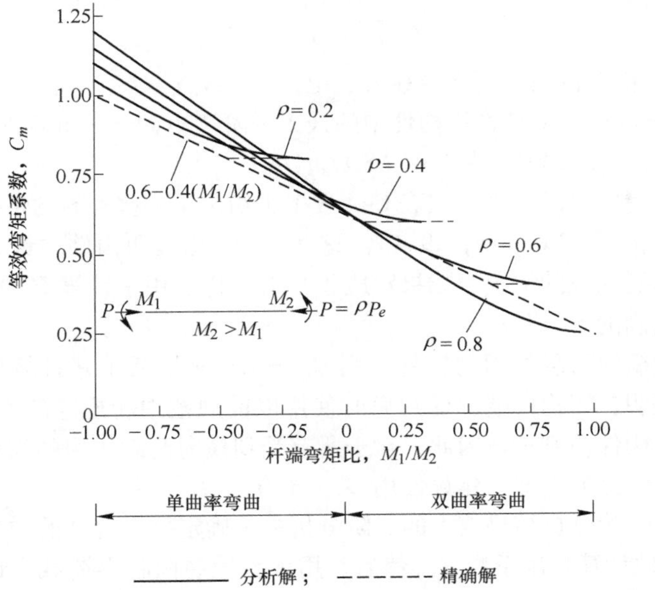

图 C-A-8-2　受端部弯矩作用的压弯构件的等效弯矩系数 C_m

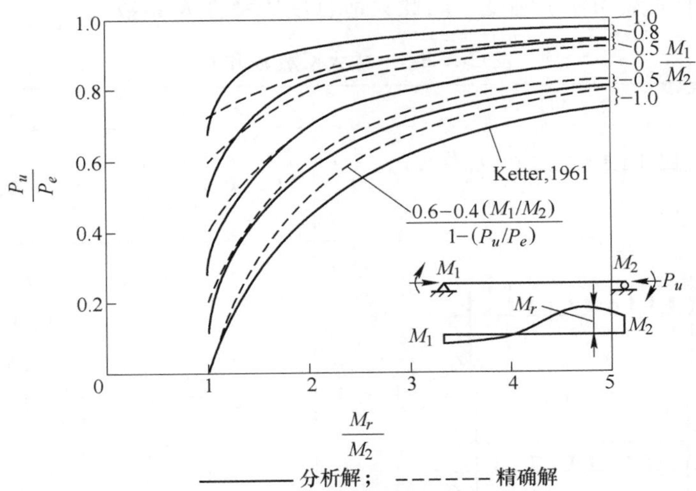

图 C-A-8-3　受端部弯矩作用的压弯构件的最大二阶弯矩 M_r

当压弯构件受横向荷载作用时，二阶弯矩可以按简支构件近似计算，其 C_m 按下式取值：

$$C_m = 1 + \psi\left(\frac{\alpha P_r}{P_{e1}}\right) \tag{C-A-8-2}$$

$$\psi = \frac{\pi^2 \delta_o EI}{M_o L^2} - 1 \qquad (\text{C-A-8-3})$$

式中 δ_o——横向荷载作用下的最大变位，in(mm)；

M_o——因横向荷载作用构件中的最大一阶弯矩，kip · in(N · mm)；

α——1.0(LRFD) 或 1.6(ASD)。

对于端部受约束的构件，在表 C-A-8-1 中给出了一些临界的情况以及两种简支压弯构件的情况（Iwankiw，1984）。这些 C_m 值总是和构件中最大弯矩同时使用。对于端部受约束的情况，如果对应于杆端条件、用于计算 P_{e1} 的 $K<1.0$，就可以得到最精确的 B_1 值。

对于受到横向荷载作用的构件，用 $C_m = 1.0$ 来取代上述计算公式是偏于保守的。结果表明，当构件端部受约束时使用以前规范中所规定的 $C_m = 0.85$，有时会严重低估构件的弯矩。因此，对于所有受到横向荷载作用的构件，作为一种简便的、偏于安全的近似，建议使用 $C_m = 1.0$。

在通过对一阶分析结果放大的二阶分析中，确定一个构件的弹性屈曲临界荷载 P_{e1} 采用有效计算长度系数 K。然后，用该弹性屈曲临界荷载来计算对应的放大系数 B_1。

由于放大的一阶弹性分析方法涉及计算弹性屈曲荷载，该弹性屈曲荷载可以用来度量一个框架和柱子刚度，因此只适合使用弹性 K 系数。

表 C-A-8-1 放大系数 ψ 和 C_m

项　目	ψ	C_m
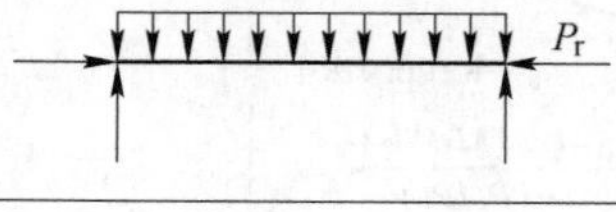 P_r	0	1.0
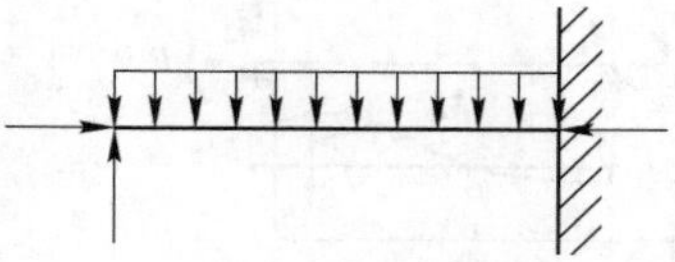	−0.4	$1-0.4\frac{\alpha P_r}{P_{e1}}$
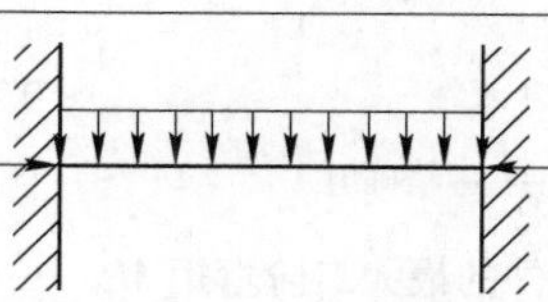	−0.4	$1-0.4\frac{\alpha P_r}{P_{e1}}$
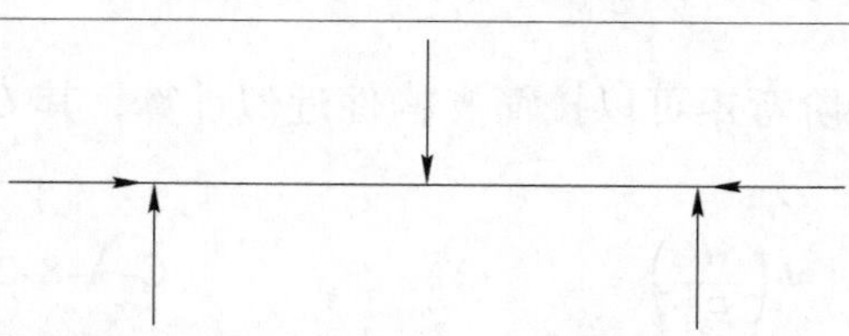	−0.2	$1-0.2\frac{\alpha P_r}{P_{e1}}$

续表 C-A-8-1

项　目	ψ	C_m
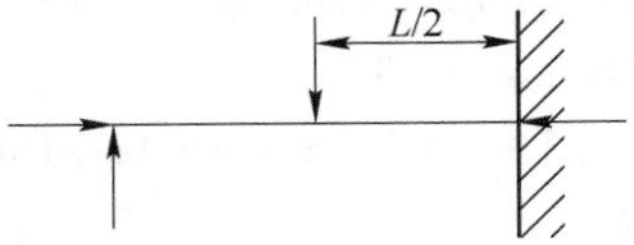 L/2	-0.3	$1-0.3\dfrac{\alpha P_r}{P_{e1}}$
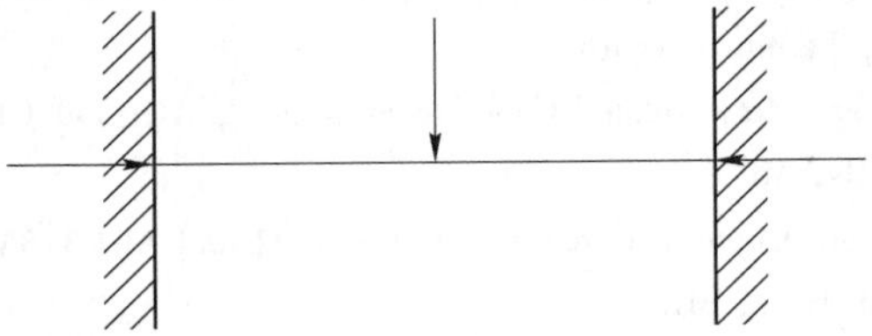	-0.2	$1-0.2\dfrac{\alpha P_r}{P_{e1}}$

小结——B_1 和 B_2 系数的应用

每个楼层和楼层的每个平动方向都有一个单独的 B_2 值，譬如说对于总体坐标系中是 B_{2X}和 B_{2Y}。B_{2X} 因子适用于在总体坐标系中 X 方向上楼层的平动所产生的全部轴力、剪力和弯矩。因此，通常重力荷载并不产生平动而 X 方向的平动是 X 方向侧向荷载作用所产生的情况下，B_{2X} 因子适用于在总体坐标系中 X 方向上楼层的平动所产生的全部轴力、剪力和弯矩。同样，B_{2Y} 因子适用于在总体坐标系中 Y 方向上楼层的平动所产生的全部轴力、剪力和弯矩。

应该注意，B_{2X} 和 B_{2Y} 与总体坐标系中的 X 轴和 Y 轴，以及楼层平动或荷载作用的方向有关，但与单根构件的弯曲方向完全无关。因此，如果总体坐标系中 X 方向的侧向荷载或平动在一根特定的构件中绕其 X 和 Y 轴产生了 M_x和 M_y，那么 M_x和 M_y 必须都乘以 B_{2X} 因子。

对于在构件的每个弯曲方向，每根受压和受弯构件都会有一个单独的 B_1 值，譬如说对构件两个轴的 B_{1X} 和 B_{1Y}。B_{1X} 因子适用于绕构件 X 轴的弯矩，而与产生该弯矩的荷载无关。同样，B_{1Y} 因子适用于绕构件 Y 轴的弯矩，而与产生该弯矩的荷载无关。

参 考 文 献

[1] AASHTO (2002), Standard Specifications for Highway Bridges, 17th Ed., American Association of State Highway and Transportation Officials, Washington, DC.

[2] AASHTO (2010), LRFD Bridge Design Specifications, 5th Ed., American Association of State Highway and Transportation Officials, Washington, DC.

[3] ACI (1997), Prediction of Creep, Shrinkage and Temperature Effects in Concrete Structures, ACI 209R-92, American Concrete Institute, Farmington Hills, MI.

[4] ACI (2001), Code Requirements for Nuclear Safety Related Concrete Structures, ACI 349-01, American Concrete Institute, Farmington Hills, MI.

[5] ACI (2002), Building Code Requirements for Structural Concrete, ACI 318-02 and ACI 318M-02, American Concrete Institute, Farmington Hills, MI.

[6] ACI (2005), Specification for Structural Concrete, ACI 301-05, American Concrete Institute, Farmington Hills, MI.

[7] ACI (2006), Specifications for Tolerances for Concrete Construction and Materials, ACI 117-06, American Concrete Institute, Farmington Hills, MI.

[8] ACI (2008), Building Code Requirements for Structural Concrete, ACI 318-08 and ACI 318M-08, American Concrete Institute, Farmington Hills, MI.

[9] AISC (1969), Specification for the Design, Fabrication, and Erection of Structural Steel for Buildings, American Institute of Steel Construction, Chicago, IL.

[10] AISC (1973), "Commentary on Highly Restrained Welded Connections," Engineering Journal, American Institute of Steel Construction, Vol. 10, No. 3, 3rd Quarter, pp. 61-73.

[11] AISC (1975), Australian Standard AS1250, Australian Institute of Steel Construction, Sydney, Australia.

[12] AISC (1978), Specification for the Design, Fabrication, and Erection of Structural Steel for Buildings, American Institute of Steel Construction, Chicago, IL.

[13] AISC (1986), Load and Resistance Factor Design Specification for Structural Steel Buildings, American Institute of Steel Construction, Chicago, IL.

[14] AISC (1989), Specification for Structural Steel Buildings—Allowable Stress Design and Plastic Design, American Institute of Steel Construction, Chicago, IL.

[15] AISC (1993), Load and Resistance Factor Design Specification for Structural Steel Buildings, American Institute of Steel Construction, Chicago, IL.

[16] AISC (1997a), A Guide to Engineering and Quality Criteria for Steel Structures, American Institute of Steel Construction, Chicago, IL.

[17] AISC (1997b), "AISC Advisory Statement on Mechanical Properties Near the Fillet of Wide Flange Shapes and Interim Recommendations, January 10, 1997," Modern Steel Construction, American Institute of Steel Construction, Chicago, IL, February, p. 18.

[18] AISC (2000a), Specification for the Design of Steel Hollow Structural Sections, American Institute of Steel Construction, Chicago, IL.

[19] AISC (2000b), Load and Resistance Factor Design Specification for Structural Steel Buildings, December 27, 1999, American Institute of Steel Construction, Chicago, IL.

[20] AISC (2005a), Specification for Structural Steel Buildings, ANSI/AISC 360-05, American Institute of Steel Construction, Chicago, IL.

[21] AISC (2005b), Steel Construction Manual, 13th Ed., American Institute of Steel Construction, Chicago, IL.

[22] AISC (2005c), Design Examples, V13. 1, www. aisc. org.

[23] AISC (2006a), Seismic Design Manual, American Institute of Steel Construction, Chicago, IL.

[24] AISC (2006b), Standard for Steel Building Structures, AISC 201-06, Certification Program for Structural Steel Fabricators, American Institute of Steel Construction, Chicago, IL.

[25] AISC (2010a), Code of Standard Practice for Steel Buildings and Bridges, AISC 303-10, American Institute of Steel Construction, Chicago, IL.

[26] AISC (2010b), Seismic Provisions for Structural Buildings, American Institute of Steel Construction, Chicago, IL.

[27] AISC-SSRC (2003a), "Basic Design for Stability: Lecture 3—Frame Stability—Alignment Charts and Modifications," American Institute of Steel Construction and Structural Stability Research Council, Chicago, IL.

[28] AISC-SSRC (2003b), "Background and Illustrative Examples on Proposed Direct Analysis Method for Stability Design of Moment Frames," Technical White Paper, AISC Technical Committee 10, AISC-SSRC Ad Hoc Committee on Frame Stability, American Institute of Steel Construction, Chicago, IL.

[29] AISI (1969), Specification for the Design of Cold-Formed Steel Structural Members, American Iron and Steel Institute, Washington, DC.

[30] AISI (1970), "Interior Corrosion of Structural Steel Closed Sections," Bulletin 18, February, American Iron and Steel Institute, Washington, DC.

[31] AISI (1979), Fire-Safe Structural Design A Design Guide, American Iron and Steel Institute, Washington, DC.

[32] AISI (2001), North American Specification for the Design of Cold-Formed Steel Structural Members, American Iron and Steel Institute, Washington, DC.

[33] AISI (2007), North American Specification for the Design of Cold-Formed Steel Structural Members, ANSI/AISI Standard S100 2007, Washington, DC.

[34] Allan, R. N. and Fisher, J. W. (1968), "Bolted Joints with Oversize and Slotted Holes," Journal of the Structural Division, ASCE, Vol. 94, No. ST9, September, pp. 2061-2080.

[35] Amrine, J. J. and Swanson, J. A. (2004), "Effects of Variable Pretension on Bolted onnection Behavior," Engineering Journal, AISC, Vol. 41, No. 3, 3rd Quarter, pp. 107-116.

[36] Ang, A. H-S. and Tang, H. T. (1984), Probability Concepts in Engineering Planning and Design, Vol. Ⅱ: Decision, Risk and Reliability, John Wiley & Sons Inc., New York, NY.

[37] Ang, K. M. and Morris, G. A. (1984), "Analysis of Three-Dimensional Frames with Flexible Beam-Column Connections," Canadian Journal of Civil Engineering, Vol. 11, No. 2, pp. 245-

254.

[38] API (1993), Recommended Practice for Planning, Designing and Constructing Fixed Offshore Platforms—Load and Resistance Factor Design, 1st Ed., American Petroleum Institute, Washington, DC, July.

[39] ASCE (1971), Plastic Design in Steel, A Guide and a Commentary, ASCE Manuals and Reports on Engineering Practice No. 41, American Society of Civil Engineers, New York, NY.

[40] ASCE (1979), Structural Design of Tall Steel Buildings, American Society of Civil Engineers, New York, NY.

[41] ASCE (1981), "Planning and Environmental Criteria for Tall Buildings, A Monograph on Planning and Design of Tall Buildings," Vol. PC, Chapter PC-13, American Society of Civil Engineers, New York, NY.

[42] ASCE (1999), Specification for Structural Steel Beams with Web Openings, ASCE/SEI 23-97, American Society of Civil Engineers, Reston, VA.

[43] ASCE (2000), Design of Latticed Steel Transmission Structures, ASCE 10-97, American Society of Civil Engineers, Reston, VA.

[44] ASCE (2003), Seismic Evaluation of Existing Buildings, ASCE/SEI 31-03, American Society of Civil Engineers, Reston, VA.

[45] ASCE (2005a), Standard Calculation Methods for Structural Fire Protection, ASCE/SEI/SFPE 29-05, American Society of Civil Engineers, Reston, VA.

[46] ASCE (2005b), Minimum Design Loads for Buildings and Other Structures, ASCE/SEI 7-05, American Society of Civil Engineers, Reston, VA.

[47] ASCE (2006), Seismic Rehabilitation of Existing Buildings, ASCE/SEI 41-06, American Society of Civil Engineers, Reston, VA.

[48] ASCE (2008), Standard Calculation Methods for Structural Fire Protection, ASCE/SEI/ SFPE 29-08, American Society of Civil Engineers, Reston, VA.

[49] ASCE (2010), Minimum Design Loads for Buildings and Other Structures, ASCE/SEI 7-10, American Society of Civil Engineers, Reston, VA.

[50] ASCE Task Committee on Design Criteria for Composite Structures in Steel and Concrete (1992a), "Proposed Specification for Structural Steel Beams with Web Openings," Journal of Structural Engineering, ASCE, Vol. 118, No. ST12, December, pp. 3, 315-3, 324.

[51] ASCE Task Committee on Design Criteria for Composite Structures in Steel and Concrete (1992b), "Commentary on Proposed Specification for Structural Steel Beams with Web Openings," Journal of Structural Engineering, ASCE, Vol. 118, No. ST12, December, pp. 3, 325-3, 349.

[52] ASCE Task Committee on Drift Control of Steel Building Structures (1988), "Wind Drift Design of Steel-Framed Buildings: State of the Art," Journal of the Structural Division, ASCE, Vol. 114, No. 9, pp. 2, 085-2, 108.

[53] ASCE Task Committee on Effective Length (1997), Effective Length and Notional Load Approaches for Assessing Frame Stability: Implications for American Steel Design, American Society of

Civil Engineers, New York, NY.

[54] Aslani, F. and Goel, S. C. (1991), "An Analytical Criteria for Buckling Strength of Built- Up Compression Members," Engineering Journal, AISC, Vol. 28, No. 4, 4th Quarter, pp. 159-168.

[55] ASNT (2006a), Personnel Qualification and Certification in Nondestructive Testing, ASNT SNT-TC-1A-2003, American Society of Nondestructive Testing, Columbus, OH.

[56] ASNT (2006b), Standard for Qualification and Certification of Nondestructive Testing Personnel, ANSI/ASNT CP-189-2006, American Society of Nondestructive Testing, Columbus, OH.

[57] ASTM (2006), Standard Test Methods for Determining Effects of Large Hydrocarbon Pool Fires on Structural Members and Assemblies, ASTM E1529-06, American Society for Testing and Materials, West Conshohocken, PA.

[58] ASTM (2007a), Standard Practice for Safeguarding Against Warpage and Distortion During Hot-Dip Galvanizing of Steel Assemblies, ASTM A384/A384M-07, American Society for Testing and Materials, West Conshohocken, PA.

[59] ASTM (2007b), Standard Practice for Castings, Carbon, Low-Alloy, and Martensitic Stainless Steel, Ultrasonic Examination Thereof, ASTM A609/A609M-91(2007), American Society for Testing and Materials, West Conshohocken, PA.

[60] ASTM (2007c), Standard Specification for Carbon Steel Bolts and Studs, 60000 PSI Tensile Strength, ASTM A307-07b, American Society for Testing and Materials, West Conshohocken, PA.

[61] ASTM (2007d), Standard Specification for Cold-Formed Welded and Seamless Carbon Steel Structural Tubing in Rounds and Shapes, ASTM A500/A500M-07, American Society for Testing and Materials, West Conshohocken, PA.

[62] ASTM (2009a), Standard Specification for Zinc Coating (Hot-Dip) on Iron and Steel Hardware, ASTM A153/153M-09, American Society for Testing and Materials, West Conshohocken, PA.

[63] ASTM (2009b), Standard Practice for Providing High-Quality Zinc Coatings (Hot-Dip), ASTM A385/A385M-09, American Society for Testing and Materials, West Conshohocken, PA.

[64] ASTM (2009c), Standard Practice for Repair of Damaged and Uncoated Areas of Hot-Dip Galvanized Coatings, ASTM A780/A780M-09, American Society for Testing and Materials, est Conshohocken, PA.

[65] ASTM (2009d), Standard Test Methods for Fire Tests of Building Construction and Materials, ASTM E119-09c, American Society for Testing and Materials, West Conshohocken, PA.

[66] ASTM (2009e), Standard Specification for Zinc (Hot-Dip Galvanized) Coatings on Iron and Steel Products, ASTM A123/A123M-09, American Society for Testing and Materials, West Conshohocken, PA.

[67] ATC (1978), "Tentative Provisions for the Development of Seismic Regulations for Buildings," Publication 3-06, Applied Technology Council, Redwood City, CA, June.

[68] Austin, W. J. (1961), "Strength and Design of Metal Beam-Columns," Journal of the Structural Division, ASCE, Vol. 87, No. ST4, April, pp. 1-32.

[69] AWS (1977), Criteria for Describing Oxygen-Cut Surfaces, AWS C4. 1-77, American Welding Society, Miami, FL.

[70] AWS (2003), Specification For The Qualification Of Welding Inspectors, AWS B5. 1: 03, American Welding Society, Miami, FL.

[71] AWS (2010), Structural Welding Code—Steel, AWS D1. 1/D1. 1M: 2010, American Welding Society, Miami, FL.

[72] Bartlett, R. M., Dexter, R. J., Graeser, M. D., Jelinek, J. J., Schmidt, B. J. and Galambos, T. V. (2003), "Updating Standard Shape Material Properties Database for Design and Reliability," Engineering Journal, AISC, Vol. 40, No. 1, pp. 2-14.

[73] Basler, K. (1961), "Strength of Plate Girders in Shear," Journal of the Structural Division, ASCE, Vol. 104, No. ST9, October, pp. 151-180.

[74] Basler, K., Yen, B. T., Mueller, J. A. and Thurlimann, B. (1960), "Web Buckling Tests on Welded Plate Girders," Welding Research Council Bulletin No. 64, September, New York, NY.

[75] Basler, K. and Thurlimann, B. (1963), "Strength of Plate Girders in Bending," Transactions of the American Society of Civil Engineers, Vol. 128, Part Ⅱ, pp. 655-682.

[76] Bathe, K. (1995), Finite Element Procedures, Prentice-Hall, Upper Saddle River, NJ. Beedle, L. S. (1958), Plastic Design of Steel Frames, John Wiley & Sons Inc., New York, NY.

[77] Bigos, J., Smith, G. W., Ball, E. F. and Foehl, P. J. (1954), "Shop Paint and Painting Practice," Proceedings of AISC National Engineering Conference, Milwaukee, WI, American Institute of Steel Construction, Chicago, IL.

[78] Bijlaard, F. S. K., Gresnigt, A. M. and van der Vegte, G. J. (eds.) (2005), Connections in Steel Structures V, Bouwen met Staal, Delft, the Netherlands.

[79] Birkemoe, P. C. and Gilmor, M. I. (1978), "Behavior of Bearing-Critical Double-Angle Beam Connections," Engineering Journal, AISC, Vol. 15, No. 4, 4th Quarter, pp. 109-115.

[80] Birnstiel, C. and Iffland, J. S. B. (1980), "Factors Influencing Frame Stability," Journal of the Structural Division, ASCE, Vol. 106, No. 2, pp. 491-504.

[81] Bjorhovde, R. (1972), "Deterministic and Probabilistic Approaches to the Strength of Steel Columns," Ph. D. Dissertation, Lehigh University, Bethlehem, PA, May.

[82] Bjorhovde, R. (1978), "The Safety of Steel Columns," Journal of the Structural Division, ASCE, Vol. 104, No. ST9, September, pp. 1371-1387.

[83] Bjorhovde, R. and Birkemoe, P. C. (1979), "Limit States Design of HSS Columns," Canadian Journal of Civil Engineering, Vol. 6, No. 2, pp. 276-291.

[84] Bjorhovde, R., Brozzetti, J. and Colson, A. (eds.) (1988), Connections in Steel Structures: Behaviour, Strength and Design, Elsevier Applied Science, London, England.

[85] Bjorhovde, R. (1988), "Columns: From Theory to Practice," Engineering Journal, AISC, Vol. 25, No. 1, 1st Quarter, pp. 21-34.

[86] Bjorhovde, R., Colson, A. and Brozzetti, J. (1990), "Classification System for Beam-to-Column Connections," Journal of Structural Engineering, ASCE, Vol. 116, No. 11, pp. 3, 059-3, 076.

[87] Bjorhovde, R., Colson, A., Haaijer, G. and Stark, J. W. B. (eds.) (1992), Connections in Steel Structures Ⅱ: Behavior, Strength and Design, American Institute of Steel Construction, Chicago, IL.

[88] Bjorhovde, R., Colson, A. and Zandonini, R. (eds.) (1996), Connections in Steel Structures Ⅲ: Behaviour, Strength and Design, Pergamon Press, London, England.

[89] Bjorhovde, R., Goland, L. J. and Benac, D. J. (1999), "Tests of Full-Scale Beam-to-Column Connections," Southwest Research Institute, San Antonio, TX and Nucor-Yamato Steel Company, Blytheville, AR.

[90] Bjorhovde, R. (2006), "Cold Bending of Wide-Flange Shapes for Construction," Engineering Journal, AISC, Vol. 43, No. 4, 4th Quarter, pp. 271-286.

[91] Bjorhovde, R., Bijlaard, F. S. K. and Geschwindner, L. F. (eds.) (2008), Connections in Steel Structures Ⅵ, AISC, Chicago, IL.

[92] Bleich, F. (1952), Buckling Strength of Metal Structures, McGraw-Hill, New York, NY. Blodgett, O. W. (1967), "The Question of Corrosion in Hollow Steel Sections," Welding Design Studies in Steel Structures, Lincoln Electric Company, D610.163, August, Cleveland, OH.

[93] Borello, D. B., Denavit, M. D. and Hajjar, J. F. (2009), "Behavior of Bolted Steel Slip-Critical Connections with Fillers," Report No. NSEL-017, Department of Civil and Environmental Engineering, University of Illinois at Urbana-Champaign, Urbana, IL, August.

[94] Bradford, M. A., Wright, H. D. and Uy, B. (1998), "Local Buckling of the Steel Skin in Lightweight Composites Induced by Creep and Shrinkage," Advances in Structural Engineering, Vol. 2, No. 1, pp. 25-34.

[95] Bradford, M. A., Loh, H. Y. and Uy, B. (2002), "Slenderness Limits for Filled Circular Steel Tubes," Journal of Constructional Steel Research, Vol. 58, No. 2, pp. 243-252.

[96] Brandt, G. D. (1982), "A General Solution for Eccentric Loads on Weld Groups," Engineering Journal, AISC, Vol. 19, No. 3, 3rd Quarter, pp. 150-159.

[97] Bridge, R. Q. (1998), "The Inclusion of Imperfections in Probability-Based Limit States Design," Proceedings of the 1998 Structural Engineering World Congress, San Francisco, CA, July.

[98] Bridge, R. Q. and Bizzanelli, P. (1997), Imperfections in Steel Structures, Proceedings—1997 Annual Technical Session, and Meeting, Structural Stability Research Council, pp. 447-458.

[99] Brockenbrough, R. B. and Johnston, B. G. (1981), USS Steel Design Manual, United States Steel Corporation, Pittsburgh, PA.

[100] Brockenbrough, R. L. (1983), "Considerations in the Design of Bolted Joints or Weathering Steel," Engineering Journal, AISC, Vol. 20, No. 1, 1st Quarter, pp. 40-45.

[101] Brosnan, D. P. and Uang, C. M. (1995), "Effective Width of Composite L-Beams in Buildings," Engineering Journal, AISC, Vol. 30, No. 2, 2nd Quarter, pp. 73-81.

[102] Bruneau, M., Uang, C.-M. and Whittaker, A. (1998), Ductile Design of Steel Structures, McGraw Hill, New York, NY.

[103] BSSC (2003), NEHRP Recommended Provisions for Seismic Regulations for New Buildings and Other Structures, FEMA 450-1, Building Seismic Safety Council, Washington, DC.

[104] BSSC (2009), NEHRP Recommended Seismic Provisions for New Buildings and Other Structures, FEMA P-750, Building Seismic Safety Council, Washington, DC.

[105] Buonopane, S. G. and Schafer, B. W. (2006), "Reliability of Steel Frames Designed with Advanced Analysis," Journal of Structural Engineering, ASCE, Vol. 132, No. 2, pp. 267-276.

[106] Butler, L. J., Pal, S. and Kulak, G. L. (1972), "Eccentrically Loaded Welded Connections," Journal of the Structural Division, ASCE, Vol. 98, No. ST5, May, pp. 989-1, 005.

[107] Carter, C. J., Tide, R. H. and Yura, J. A. (1997), "A Summary of Changes and Derivation of LRFD Bolt Design Provisions," Engineering Journal, AISC, Vol. 34, No. 3, 3rd Quarter, pp. 75-81.

[108] Carter, C. J. (1999), Stiffening of Wide-Flange Columns at Moment Connections: Wind and Seismic Applications, Design Guide 13, AISC, Chicago, IL.

[109] CEN (1991), Eurocode 1: Basis of Design and Actions on Structures, EC1 1991-2-2, ComiteEuropeen de Normalisation, Brussels, Belgium.

[110] CEN (2003), Eurocode 4: Design of Composite Steel and Concrete Structures, ComiteEuropeen de Normalisation, Brussels, Belgium.

[111] CEN (2005), Eurocode 3: Design of Steel Structures, ComiteEuropeen de Normalisation, Brussels, Belgium.

[112] Charney, F. A. (1990), "Wind Drift Serviceability Limit State Design of Multi-story Buildings," Journal of Wind Engineering and Industrial Aerodynamics, Vol. 36, pp. 203-212.

[113] Chen, W. F. and Kim, S. E. (1997), LRFD Steel Design Using Advanced Analysis, CRC Press, Boca Raton, FL.

[114] Chen, P. W. and Robertson, L. E. (1972), "Human Perception Thresholds of Horizontal Motion," Journal of the Structural Division, ASCE, Vol. 98, No. ST8, August, pp. 1681-1695.

[115] Chen, S. and Tong, G. (1994), "Design for Stability: Correct Use of Braces," Steel Structures, Journal of the Singapore Structural Steel Society, Vol. 5, No. 1, December, pp. 15-23.

[116] Chen, W. F. and Atsuta, T. (1976), Theory of Beam-Columns, Volume Ⅰ: In-Plane Behavior and Design, and Volume Ⅱ: Space Behavior and Design, McGraw-Hill, New York, NY.

[117] Chen, W. F. and Atsuta, T. (1977), Theory of Beam Columns, Volume Ⅱ: Space Behavior and Design, McGraw-Hill, New York, NY.

[118] Chen, W. F. and Lui, E. M. (1987), Structural Stability: Theory and Implementation, Elsevier, New York, NY.

[119] Chen, W. F. and Lui, E. M. (1991), Stability Design of Steel Frames, CRC Press, Boca Raton, FL.

[120] Chen, W. F. and Toma, S. (eds.) (1994), Advanced Analysis of Steel Frames: Theory, Software and Applications, CRC Press, Boca Raton, FL.

[121] Chen, W. F. and Sohal, I. (1995), Plastic Design and Second-Order Analysis of Steel Frames, Springer Verlag, New York, NY.

[122] Chen, W. F., Goto, Y. and Liew, J. Y. R. (1995), Stability Design of Semi-Rigid Frames, John Wiley & Sons, Inc., New York, NY.

[123] Cheng, J. J. R. and Kulak, G. L. (2000), "Gusset Plate Connection to Round HSS Tension Members," Engineering Journal, AISC, Vol. 37, No. 4, 4th Quarter, pp. 133-139.

[124] Chien, E. Y. L. and Ritchie, J. K. (1984), Composite Floor Systems, Canadian Institute of Steel Construction, Willowdale, Ontario, Canada.

[125] Clarke, M. J., Bridge, R. Q., Hancock, G. J. and Trahair, N. S. (1992), "Advanced Analysis of Steel Building Frames," Journal of Constructional Steel Research, Vol. 23, No. 1-3, pp. 1-29.

[126] Cooke, G. M. E. (1988), "An Introduction to the Mechanical Properties of Structural Steel at Elevated Temperatures," Fire Safety Journal, Vol. 13, pp. 45-54.

[127] Cooney, R. C. and King, A. B. (1988), "Serviceability Criteria for Buildings," BRANZ Report SR14, Building Research Association of New Zealand, Porirua, New Zealand.

[128] Cooper, P. B., Galambos, T. V. and Ravindra, M. K. (1978), "LRFD Criteria for Plate Girders," Journal of the Structural Division, ASCE, Vol. 104, No. ST9, September, pp. 1389-1407.

[129] Crisfield, M. A. (1991), Nonlinear Finite Element Analysis of Solids and Structures, John Wiley & Sons, Inc., NY.

[130] CSA (2004), General Requirements for Rolled or Welded Structural Quality Steel/ Structural Quality Steel, CAN/CSA-G40. 20/G40. 21-04, Canadian Standards Association, Mississauga, Ontario, Canada.

[131] CSA (2009), Limit States Design of Steel Structures, CSA Standard S16-09, Canadian Standards Association, Rexdale, Ontario, Canada.

[132] Darwin, D. (1990), Steel and Composite Beams with Web Openings, Design Guide 2, AISC, Chicago, IL.

[133] Davies, G. and Packer, J. A. (1982), "Predicting the Strength of Branch Plate—RHS Connections for Punching Shear," Canadian Journal of Civil Engineering, Vol. 9, pp. 458-467.

[134] Dekker, N. W., Kemp, A. R. and Trinchero, P. (1995), "Factors Influencing the Strength of Continuous Composite Beams in Negative Bending," Journal of Constructional Steel Research, Vol. 34, Nos. 2-3, pp. 161-185.

[135] Dexter, R. J. and Melendrez, M. I. (2000), "Through-Thickness Properties of Column Flanges in Welded Moment Connections," Journal of Structural Engineering, ASCE, Vol. 126, No. 1, pp. 24-31.

[136] Dexter, R. J., Hajjar, J. F., Prochnow, S. D., Graeser, M. D., Galambos, T. V. and Cotton, S. C. (2001), "Evaluation of the Design Requirements for Column Stiffeners and Doublers and the Variation in Properties of A992 Shapes," Proceedings of the North American Steel Construction Conference, Fort Lauderdale, FL, May 9-12, 2001, AISC, Chicago, IL, pp. 14.1-14.21.

[137] Dexter, R. J. and Altstadt, S. A. (2004), "Strength and Ductility of Tension Flanges in Girders," Recent Developments in Bridge Engineering, Proceedings of the Second New York City Bridge Conference, October 20-21, 2003, New York, NY, Mahmoud, K. M. (ed.), A. A. Balkema/Swets&Zeitlinger, Lisse, the Netherlands, pp. 67-81.

[138] Disque, R. O. (1964), "Wind Connections with Simple Framing," Engineering Journal, AISC, Vol. 1, No. 3, July, pp. 101-103.

[139] Dusicka, P. and Iwai, R. (2007), "Development of Linked Column Frame Lateral Load Resisting System," 2nd Progress Report for AISC and Oregon Iron Works, Portland State University, Portland, OR.

[140] Earls, C. J. and Galambos, T. V. (1997), "Design Recommendations for Equal Leg Single Angle Flexural Members," Journal of Constructional Steel Research, Vol. 43, Nos. 1-3, pp. 65-85.

[141] Easterling, W. S., Gibbings, D. R. and Murray, T. M. (1993), "Strength of Shear Studs in Steel Deck on Composite Beams and Joists," Engineering Journal, AISC, Vol. 30, No. 2, 2nd Quarter, pp. 44-55.

[142] Easterling, W. S. and Gonzales, L. (1993), "Shear Lag Effects in Steel Tension Members," Engineering Journal, AISC, Vol. 30, No. 3, 3rd Quarter, pp. 77-89.

[143] ECCS (1984), Ultimate Limit States Calculations of Sway Frames With Rigid Joints, Publications No. 33, European Convention for Constructional Steelwork, Rotterdam, the Netherlands.

[144] ECCS (2001), Model Code on Fire Engineering, 1st Ed., European Convention for Constructional Steelwork Technical Committee 3, Brussels, Belgium.

[145] Elgaaly, M. (1983), "Web Design under Compressive Edge Loads," Engineering Journal, AISC, Vol. 20, No. 4, 4th Quarter, pp. 153-171.

[146] Elgaaly, M. and Salkar, R. (1991), "Web Crippling Under Edge Loading," Proceedings of AISC National Steel Construction Conference, Washington, DC.

[147] Ellifritt, D. S., Wine, G., Sputo, T. and Samuel, S. (1992), "Flexural Strength of WT Sections," Engineering Journal, AISC, Vol. 29, No. 2, 2nd Quarter, pp. 67-74.

[148] Ellingwood, B. and Leyendecker, E. V. (1978), "Approaches for Design Against Progressive Collapse," Journal of the Structural Division, ASCE, Vol. 104, No. 3, pp. 413-423.

[149] Ellingwood, B. E., MacGregor, J. G., Galambos, T. V. and Cornell, C. A. (1982), "Probability-Based Load Criteria: Load Factors and Load Combinations," Journal of the Structural Division, ASCE, Vol. 108, No. 5, pp. 978-997.

[150] Ellingwood, B. and Corotis, R. B. (1991), "Load Combinations for Building Exposed to Fires," Engineering Journal, AISC, Vol. 28, No. 1, pp. 37-44.

[151] El-Zanaty, M. H. , Murray, D. W. and Bjorhovde, R. (1980), "Inelastic Behavior Of Multistory Steel Frames," Structural Engineering Report No. 83, University of Alberta, Alberta, BC.

[152] Felton, L. P. and Dobbs, M. W. (1967), "Optimum Design of Tubes for Bending and Torsion," Journal of the Structural Division, ASCE, Vol. 93, No. ST4, pp. 185-200.

[153] FEMA (1995), Interim Guidelines: Evaluation, Repair, Modification and Design of Welded Steel Moment Frame Structures, Bulletin No. 267, Federal Emergency Management Agency, Washington, DC.

[154] FEMA (1997), "Seismic Performance of Bolted and Riveted Connections" Background Reports; Metallurgy, Fracture Mechanics, Welding, Moment Connections and Frame Systems Behavior, Bulletin No. 288, Federal Emergency Management Agency, Washington, DC.

[155] FEMA (2000), Steel Moment-Frame Buildings: Design Criteria for New Buildings, FEMA-350, Prepared by the SAC Joint Venture for the Federal Emergency Management Agency, Washington, DC.

[156] FHWA (1999), "FHWA Demonstration Project Heat Straightening Repair for Damaged Steel Bridges," FHWA Report No. FHWA-IF-99-004, Federal Highway Administration, Washington, DC.

[157] Fielding, D. J. and Huang, J. S. (1971), "Shear in Steel Beam-to-Column Connections," The Welding Journal, AWS, Vol. 50, No. 7, Research Supplement, pp. 313-326.

[158] Fielding, D. J. and Chen, W. F. (1973), "Steel Frame Analysis and Connection Shear Deformation," Journal of the Structural Division, ASCE, Vol. 99, No. ST1, January, pp. 1-18.

[159] Fisher, J. M. and West, M. A. (1997), Erection Bracing of Low-Rise Structural Steel Buildings, Design Guide 10, AISC, Chicago, IL.

[160] Fisher, J. M. and Kloiber, L. A. (2006), Base Plate and Anchor Rod Design, 2nd Edition, Design Guide 1, AISC, Chicago, IL.

[161] Fisher, J. W. , Frank, K. H. , Hirt, M. A. and McNamee, B. M. (1970), "Effect of Weldments on the Fatigue Strength of Beams," Report 102, National Cooperative Highway Research Program, Washington, DC.

[162] Fisher, J. W. , Albrecht, P. A. , Yen, B. T. , Klingerman, D. J. and McNamee, B. M. (1974), "Fatigue Strength of Steel Beams with Welded Stiffeners and Attachments," Report 147, National Cooperative Highway Research Program, Washington, DC.

[163] Fisher, J. W. , Galambos, T. V. , Kulak, G. L. and Ravindra, M. K. (1978), "Load and Resistance Factor Design Criteria for Connectors," Journal of the Structural Division, ASCE, Vol. 104, No. ST9, September, pp. 1, 427-1, 441.

[164] Frank, K. H. and Fisher, J. W. (1979), "Fatigue Strength of Fillet Welded Cruciform Joints," Journal of the Structural Division, ASCE, Vol. 105, No. ST9, September.

[165] Frank, K. H. and Yura, J. A. (1981), "An Experimental Study of Bolted Shear Connections," FHWA/RD-81/148, Federal Highway Administration, Washington, DC, December.

[166] Frater, G. S. and Packer, J. A. (1992a), "Weldment Design for RHS Truss Connections.

Ⅰ: Applications," Journal of Structural Engineering, ASCE, Vol. 118, No. 10, pp. 2, 784-2, 803.

[167] Frater, G. S. and Packer, J. A. (1992b), "Weldment Design for RHS Truss Connections. Ⅱ: Experimentation," Journal of Structural Engineering, ASCE, Vol. 118, No. 10, pp. 2, 804-2, 820.

[168] Freeman, F. R. (1930), "The Strength of Arc-Welded Joints," Proceedings of the Institution of Civil Engineers, Vol. 231, London, England.

[169] Freeman, S. (1977), "Racking Tests of High Rise Building Partitions," Journal of the Structural Division, ASCE, Vol. 103, No. 8, pp. 1, 673-1, 685.

[170] Galambos, T. V. (1968a), Structural Members and Frames, Prentice-Hall, Englewood Cliffs, NJ.

[171] Galambos, T. V. (1968b), "Deformation and Energy Absorption Capacity of Steel Structures in the Inelastic Range," Steel Research for Construction Bulletin No. 8, American Iron and Steel Institute.

[172] Galambos. T. V. (1978), "Proposed Criteria for Load and Resistance Factor Design of Steel Building Structures," AISI Bulletin No. 27, American Iron and Steel Institute, Washington, DC, January.

[173] Galambos, T. V., Ellingwood, B., MacGregor, J. G. and Cornell, C. A. (1982), "Probability-Based Load Criteria: Assessment of Current Design Practice," Journal of the Structural Division, ASCE, Vol. 108, No. ST5, May, pp. 959-977.

[174] Galambos, T. V. (1983), "Reliability of Axially Loaded Columns," Engineering Structures, Vol. 5, No. 1, pp. 73-78.

[175] Galambos, T. V. and Ellingwood, B. (1986), "Serviceability Limit States: Deflections," Journal of the Structural Division, ASCE, Vol. 112, No. 1, pp. 67-84.

[176] Galambos, T. V. (1991), "Design of Axially Loaded Compressed Angles," Proceedings of the Annual Technical Session and Meeting, Chicago, IL, April 15-17, 1991, Structural Stability Research Council, Bethlehem, PA, pp. 353-367.

[177] Galambos, T. V. (ed.) (1998), Guide to Stability Design Criteria for Metal Structures, 5th Ed., Structural Stability Research Council, John Wiley & Sons, Inc., New York, NY.

[178] Galambos, T. V. (2001), "Strength of Singly Symmetric I-Shaped Beam-Columns," Engineering Journal, AISC, Vol. 38, No. 2, 2nd Quarter, pp. 65-77.

[179] Galambos, T. V. and Surovek, A. E. (2008), Structural Stability of Steel—Concepts and Applications for Structural Engineers, John Wiley & Sons, Inc., New York, NY.

[180] Geschwindner, L. F. (2002), "A Practical Approach to Frame Analysis, Stability and Leaning Columns," Engineering Journal, AISC, Vol. 39, No. 4, 4th Quarter, pp. 167-181.

[181] Geschwindner, L. F. and Disque, R. O. (2005), "Flexible Moment Connections for Unbraced Frames Subject to Lateral Forces—A Return to Simplicity," Engineering Journal, AISC, Vol. 42, No. 2, 2nd Quarter, pp. 99-112.

[182] Geschwindner, L. F. (2010a), "Notes on the Impact of Hole Reduction on the Flexural Strength of Rolled Beams," Engineering Journal, AISC, Vol. 47, No. 1, 1st Quarter, pp. 37-40.

[183] Geschwindner, L. F. (2010b), "Discussion of Limit State Response of Composite Columns and Beam-Columns Part Ⅱ: Application of Design Provisions for the 2005 AISC Specification," Engineering Journal, AISC, Vol. 47, No. 2, 2nd Quarter, pp. 131-139.

[184] Geschwindner, L. F. and Gustafson, K. (2010), "Single-Plate Shear Connection Design to Meet Structural Integrity Requirements," Engineering Journal, AISC, Vol. 47, No. 4, 3rd Quarter.

[185] Gewain, R. G. and Troup, E. W. J. (2001), "Restrained Fire Resistance Ratings in Structural Steel Buildings," Engineering Journal, Vol. 38, No. 2, pp. 78-89.

[186] Gibson, G. T. and Wake, B. T. (1942), "An Investigation of Welded Connections for Angle Tension Members," The Welding Journal, AWS, January, p. 44.

[187] Giddings, T. W. and Wardenier, J. (1986), "The Strength and Behaviour of Statically Loaded Welded Connections in Structural Hollow Sections," CIDECT Monograph No. 6, Sections 1-10, British Steel Corporation Tubes Division, Corby, England.

[188] Gioncu, V. and Petcu, D. (1997), "Available Rotation Capacity of Wide-Flange Beams and Beam-Columns, Part 1. Theoretical Approaches, and Part 2. Experimental and Numerical Tests," Journal of Constructional Steel Research, Vol. 43, Nos. 1-3, pp. 161-244.

[189] Gjelsvik, A. (1981), The Theory of Thin-Walled Bars, John Wiley & Sons, Inc., New York, NY.

[190] Goble, G. G. (1968), "Shear Strength of Thin Flange Composite Specimens," Engineering Journal, AISC, Vol. 5, No. 2, 2nd Quarter, pp. 62-65.

[191] Gomez, I., Kanvinde, A., Kwan, Y. K. and Grondin, G. (2008), "Strength and Ductility of Welded Joints Subjected to Out-of-Plane Bending," Final Report to AISC, University of California, Davis, and University of Alberta, July.

[192] Goverdhan, A. V. (1983), "A Collection of Experimental Moment Rotation Curves: Evaluation of Predicting Equations for Semi-Rigid Connections," M. S. Thesis, Vanderbilt University, Nashville, TN.

[193] Graham, J. D., Sherbourne, A. N. and Khabbaz, R. N. (1959), "Welded Interior Beam-to-Column Connections," American Institute of Steel Construction, Chicago, IL.

[194] Graham, J. D., Sherbourne, A. N., Khabbaz, R. N. and Jensen, C. D. (1960), "Welded Interior Beam-to-Column Connections," Welding Research Council, Bulletin No. 63, pp. 1-28.

[195] Grant, J. A., Fisher, J. W. and Slutter, R. G. (1977), "Composite Beams with Formed Steel Deck," Engineering Journal, AISC, Vol. 14, No. 1, 1st Quarter, pp. 24-43.

[196] Griffis, L. G. (1992), Load and Resistance Factor Design of W-Shapes Encased in Concrete, Design Guide 6, AISC, Chicago, IL.

[197] Griffis, L. G. (1993), "Serviceability Limit States Under Wind Load," Engineering Journal,

AISC, Vol. 30, No. 1, 1st Quarter, pp. 1-16.

[198] Grondin, G., Jin, M. and Josi, G. (2007), "Slip Critical Bolted Connections A Reliability Analysis for the Design at the Ultimate Limit State," Preliminary Report prepared for AISC, University of Alberta, Edmonton, Alberta, CA.

[199] Hajjar, J. F. (2000), "Concrete-Filled Steel Tube Columns under Earthquake Loads," Progress in Structural Engineering and Materials, Vol. 2, No. 1, pp. 72-82.

[200] Hajjar, J. F., Dexter, R. J., Ojard, S. D., Ye, Y. and Cotton, S. C. (2003), "Continuity Plate Detailing for Steel Moment-Resisting Connections," Engineering Journal, AISC, No. 4, 4th Quarter, pp. 81-97.

[201] Hansen, R. J., Reed, J. W. and Vanmarcke, E. H. (1973), "Human Response to Wind-Induced Motion of Buildings," Journal of the Structural Division, ASCE, Vol. 99, No. ST7, pp. 1, 589-1, 606.

[202] Hardash, S. G. and Bjorhovde, R. (1985), "New Design Criteria for Gusset Plates in Tension", Engineering Journal, AISC, Vol. 22, No. 2, 2nd Quarter, pp. 77-94.

[203] Heinzerling, J. E. (1987), "Structural Design of Steel Joist Roofs to Resist Ponding Loads," Technical Digest No. 3, Steel Joist Institute, Myrtle Beach, SC.

[204] Helwig, T. A., Frank, K. H. and Yura, J. A. (1997), "Lateral-Torsional Buckling of Singly-Symmetric I-Beams," Journal of Structural Engineering, ASCE, Vol. 123, No. 9, September, pp. 1, 172-1, 179.

[205] Higgins, T. R. and Preece, F. R. (1968), "AWS-AISC Fillet Weld Study, Longitudinal and Transverse Shear Tests," Internal Report, Testing Engineers, Inc., Oakland, CA, May 31.

[206] Horne, M. R. and Morris, L. J. (1982), Plastic Design of Low-Rise Frames, MIT Press, Cambridge, MA.

[207] Horne, M. R. and Grayson, W. R. (1983), "Parametric Finite Element Study of Transverse Stiffeners for Webs in Shear," Instability and Plastic Collapse of Steel Structures, Proceedings of the Michael R. Horne Conference, L. J. Morris (ed.), Granada Publishing, London, pp. 329-341.

[208] Hsieh, S. H. and Deierlein, G. G. (1991), "Nonlinear Analysis of Three-Dimensional Steel Frames with Semi-Rigid Connections," Computers and Structures, Vol. 41, No. 5, pp. 995-1009.

[209] ICBO (1997), Uniform Building Code, International Conference of Building Officials, Whittier, CA.

[210] ICC (2009), International Building Code, International Code Council, Falls Church, VA.

[211] IIW (1989), "Design Recommendations for Hollow Section Joints—Predominantly Statically Loaded," 2nd Ed., IIW Document XV-701-89, IIW Annual Assembly, Subcommission XV-E, International Institute of Welding, Helsinki, Finland.

[212] Irwin, A. W. (1986), "Motion in Tall Buildings," Second Century of the Skyscraper, L. S. Beedle (ed.), Van Nostrand Reinhold Co., New York, NY.

[213] Islam, M. S., Ellingwood, B. and Corotis, R. B. (1990), "Dynamic Response of Tall Build-

ings to Stochastic Wind Load," Journal of Structural Engineering, ASCE, Vol. 116, No. 11, November, pp. 2982-3002.

[214] ISO (1977), "Bases for the Design of Structures—Deformations of Buildings at the Serviceability Limit States," ISO 4356, International Standards Organization, Geneva, Switzerland.

[215] Iwankiw, N. (1984), "Note on Beam-Column Moment Amplification Factor," Engineering Journal, AISC, Vol. 21, No. 1, 1st Quarter, pp. 21-23.

[216] Jacobs, W. J. and Goverdhan, A. V. (2010), "Review and Comparison of Encased Composite Steel-Concrete Column Detailing Requirements," Composite Construction in Steel and Concrete VI, R. Leon et al. (eds.), ASCE, Reston, VA.

[217] Jayas, B. S. and Hosain, M. U. (1988a), "Composite Beams with Perpendicular Ribbed Metal Deck," Composite Construction in Steel and Concrete Ⅱ, C. D. Buckner and I. M. Viest, (eds.), American Society of Civil Engineers, New York, NY, pp. 511-526.

[218] Jayas, B. S. and Hosain, M. U. (1988b), "Behaviour of Headed Studs in Composite Beams: Push-Out Tests," Canadian Journal of Civil Engineering, Vol. 15, pp. 240-253.

[219] JCRC (1971), Handbook of Structural Stability, Japanese Column Research Council, English translation, pp. 3-22.

[220] Johnson, D. L. (1985), "An Investigation into the Interaction of Flanges and Webs in Wide-Flange Shapes," Proceedings of the Annual Technical Session and Meeting, Cleveland, OH, April 16-17, 1985, Structural Stability Research Council, Bethlehem, PA, pp. 397-405.

[221] Johnson, D. L. (1996), "Final Report on Tee Stub Tests," Butler Corporation Research Report, Grandview, MO, May.

[222] Johnson, R. P. and Yuan, H. (1998), "Existing Rules and New Tests for Stud Shear Connectors in Troughs of Profiled Sheeting," Proceedings of the Institution of Civil Engineers: Structures and Buildings, Vol. 128, No. 3, pp. 244-251.

[223] Johnston, B. G. (1939), "Pin-Connected Plate Links," Transactions of the ASCE, Vol. 104, pp. 314-339.

[224] Johnston, B. G. and Green, L. F. (1940), "Flexible Welded Angle Connections," The Welding Journal, AWS, October.

[225] Johnston, B. G. and Deits, G. R. (1942), "Tests of Miscellaneous Welded Building Connections," The Welding Journal, AWS, November, p. 5.

[226] Johnston, B. G. (ed.) (1976), Guide to Stability Design for Metal Structures, 3rd Ed., Structural Stability Research Council, John Wiley & Sons, Inc., New York, NY.

[227] Kaczinski, M. R., Schneider, C. R., Dexter, R. J. and Lu, L.-W. (1994), "Local Web Crippling of Unstiffened Multi-Cell Box Sections," Proceedings of the ASCE Structures Congress'94, Atlanta, GA, Vol. 1, American Society of Civil Engineers, New York, NY, pp. 343-348.

[228] Kaehler, R. C., White, D. W. and Kim, Y. D. (2010), Frame Design Using Web-Tapered Members, Design Guide 25, Metal Building Manufacturers Association and AISC, Chicago, IL.

[229] Kanchanalai, T. (1977), The Design and Behavior of Beam-Columns in Unbraced Steel Frames, AISI Project No. 189, Report No. 2, Civil Engineering/Structures Research Lab., University of Texas, Austin, TX.

[230] Kanchanalai, T. and Lu, L.-W. (1979), "Analysis and Design of Framed Columns under Minor Axis Bending," Engineering Journal, AISC, Vol. 16, No. 2, 2nd Quarter, pp. 29-41.

[231] Kato, B. (1990), "Deformation Capacity of Steel Structures," Journal of Constructional Steel Research, Vol. 17, No. 1-2, pp. 33-94.

[232] Kaufmann, E. J., Metrovich, B., Pense, A. W. and Fisher, J. W. (2001), "Effect of Manufacturing Process on k-Area Properties and Service Performance," Proceedings of the North American Steel Construction Conference, Fort Lauderdale, FL, May 9-12, 2001, American Institute of Steel Construction, Chicago, IL, pp. 17.1-17.24.

[233] Kavanagh, T. C. (1962), "Effective Length of Framed Columns," Transactions of the American Society of Civil Engineers, Vol. 127, pp. 81-101.

[234] Keating, P. B. and Fisher, J. W. (1986), "Evaluation of Fatigue Tests and Design Criteria on Welded Details," NCHRP Report No. 286, Transportation Research Board, Washington DC, September.

[235] Kemp, A. R. (1996), "Inelastic Local and Lateral Buckling in Design Codes," Journal of Structural Engineering, ASCE, Vol. 122, No. 4, pp. 374-382.

[236] Kim, H. J. and Yura, J. A. (1996), "The Effect of End Distance on the Bearing Strength of Bolted Connections," PMFSEL Report No. 96-1, University of Texas, Austin, TX.

[237] Kim, Y. D., Jung, S.-K. and White, D. W. (2007), "Transverse Stiffener Requirements in Straight and Horizontally Curved Steel I-Girders," Journal of Bridge Engineering, ASCE, Vol. 12, No. 2, pp. 174-183.

[238] Kirby, B. R. and Preston, R. R. (1988), "High Temperature Properties of Hot-Rolled Structural Steels for Use in Fire Engineering Design Studies," Fire Safety Journal, Vol. 13, pp. 27-37.

[239] Kirby, P. A. and Nethercot, D. A. (1979), Design for Structural Stability, John Wiley & Sons, Inc., New York, NY.

[240] Kishi, N. and Chen, W. F. (1986), "Data Base of Steel Beam-to-Column Connections," Vol. 1 and 2, Structural Engineering Report No. CE-STR-86-26, School of Civil Engineering, Purdue University, West Lafayette, IN.

[241] Kitipornchai, S. and Trahair, N. S. (1980), "Buckling Properties of Monosymmetric I-Beams," Journal of the Structural Division, ASCE, Vol. 106, No. ST5, May, pp. 941-957.

[242] Kitipornchai, S. and Traves, W. H. (1989), "Welded-Tee End Connections for Circular Hollow Tubes," Journal of Structural Engineering, ASCE, Vol. 115, No. 12, pp. 3, 155-3, 170.

[243] Kloppel, K. and Seeger, T. (1964), "DauerversucheMitEinschnittigen HV-VerbindurgenAus ST37," Der Stahlbau, Vol. 33, No. 8, August, pp. 225-245 and Vol. 33, No. 11, November, pp. 335-346.

[244] Kosteski, N. and Packer, J. A. (2003), "Longitudinal Plate and Through Plate-to-HSS Welded Connections," Journal of Structural Engineering, ASCE, Vol. 129, No. 4, pp. 478-486.

[245] Kuchenbecker, G. H., White, D. W. and Surovek-Maleck, A. E. (2004), "Simplified Design of Building Frames Using First-Order Analysis and K = 1," Proceedings of the Annual Technical Session and Meeting, Long Beach, CA, March 24-27, 2004, Structural Stability Research Council, Rolla, MO, pp. 119-138.

[246] Kulak, G. L., Fisher, J. W. and Struik, J. H. A. (1987), Guide to Design Criteria for Bolted and Riveted Joints, 2nd Ed., John Wiley & Sons, Inc., New York, NY.

[247] Kulak, G. L. and Grondin, G. Y. (2001), "AISC LRFD Rules for Block Shear—A Review," Engineering Journal, AISC, Vol. 38, No. 4, 4th Quarter, pp. 199-203.

[248] Kulak, G. L. and Grondin, G. Y. (2002), "Closure: AISC LRFD Rules for Block Shear—A Review," Engineering Journal, AISC, Vol. 39, No. 4, 4th Quarter, p. 241.

[249] Kulak, G. L. (2002), High Strength Bolts: A Primer for Structural Engineers, Design Guide 17, AISC, Chicago, IL.

[250] Kurobane, Y., Packer, J. A., Wardenier, J. and Yeomans, N. F. (2004), "Design Guide for Structural Hollow Section Column Connections," CIDECT Design Guide No. 9, CIDECT (ed.) and Verlag TUV Rheinland, Koln, Germany.

[251] Lawson, R. M. (1992), "Shear Connection in Composite Beams," Composite Construction in Steel and Concrete Ⅱ, W. S. Easterling and W. M. K. Roddis, (eds.), American Society of Civil Engineers, New York, NY.

[252] Lee, D., Cotton, S., Dexter, R. J., Hajjar, J. F., Ye, Y. and Ojard, S. D. (2002a), "Column Stiffener Detailing and Panel Zone Behavior of Steel Moment Frame Connections," Report No. ST-01-3.2, Department of Civil Engineering, University of Minnesota, Minneapolis, MN.

[253] Lee, S. C., Yoo, C. H. and Yoon, D. Y. (2002b), "Behavior of Intermediate Transverse Stiffeners Attached on Web Panels," Journal of Structural Engineering, ASCE, Vol. 128, No. 3, pp. 337-345.

[254] Leigh, J. M. and Lay, M. G. (1978), "Laterally Unsupported Angles with Equal and Unequal Legs," Report MRL 22/2, July, Melbourne Research Laboratories, Clayton, Victoria, Australia.

[255] Leigh, J. M. and Lay, M. G. (1984), "The Design of Laterally Unsupported Angles," Steel Design Current Practice, Section 2, Bending Members, American Institute of Steel Construction, Chicago, IL, January.

[256] LeMessurier, W. J. (1976), "A Practical Method of Second Order Analysis, Part 1—Pin-Jointed Frames," Engineering Journal, AISC, Vol. 13, No. 4, 4th Quarter, pp. 89-96.

[257] LeMessurier, W. J. (1977), "A Practical Method of Second Order Analysis, Part 2—Rigid Frames," Engineering Journal, AISC, Vol. 14, No. 2, 2nd Quarter, pp. 49-67.

[258] LeMessurier, W. J. (1995), "Simplified K Factors for Stiffness Controlled Designs," Restructuring: America and Beyond, Proceedings of ASCE Structures Congress XⅢ, Boston, MA,

April 2-5, 1995, American Society of Civil Engineers, New York, NY, pp. 1, 797-1, 812.

[259] Leon, R. T. (1990), "Serviceability of Composite Floor," Proceedings of the 1990 National Steel Construction Conference, AISC, pp. 18: 1-18: 23.

[260] Leon, R. T. and Alsamsam, I. (1993), Performance and Serviceability of Composite Floors, Structural Engineering in Natural Hazards Mitigation, Proceedings of the ASCE Structures Congress, ASCE, pp. 1, 479-1, 484.

[261] Leon, R. T. (1994), "Composite Semi-Rigid Construction," Engineering Journal, AISC, Vol. 31. No. 2, 2nd Quarter, pp. 57-67.

[262] Leon, R. T., Hoffman, J. and Staeger, T. (1996), Design of Partially-Restrained Composite Connections, Design Guide 8, AISC, Chicago, IL.

[263] Leon, R. T. and Easterling, W. S. (eds.) (2002), Connections in Steel Structures Ⅳ Behavior, Strength and Design, American Institute of Steel Construction, Chicago, IL.

[264] Leon, R. T., Kim, D. K. and Hajjar, J. F. (2007), "Limit State Response of Composite Columns and Beam-Columns Part 1: Formulation of Design Provisions for the 2005 AISC Specification," Engineering Journal, AISC, Vol. 44, No. 4, 4th Quarter, pp. 341-358.

[265] Leon, R. T. and Hajjar, J. F. (2008), "Limit State Response of Composite Columns and Beam-Columns Part 2: Application of Design Provisions for the 2005 AISC Specification," Engineering Journal, AISC, Vol. 45, No. 1, 1st Quarter, pp. 21-46.

[266] Lesik, D. F. and Kennedy, D. J. L. (1990), "Ultimate Strength of Fillet Welded Connections Loaded in Plane," Canadian Journal of Civil Engineering, Vol. 17, No. 1, pp. 55-67.

[267] Lewis, B. E. and Zwerneman, F. J. (1996), "Edge Distance, Spacing, and Bearing in Bolted Connections," Research Report, Department of Civil and Environmental Engineering, Oklahoma State University, Stillwater, OK, July.

[268] Liew, J. Y., White, D. W. and Chen, W. F. (1993), "Second-Order Refined Plastic-Hinge Analysis for Frame Design, Parts Ⅰ and Ⅱ," Journal of Structural Engineering, ASCE, Vol. 119, No. 11, pp. 3, 196-3, 237.

[269] Lorenz, R. F., Kato, B. and Chen, W. F. (eds.) (1993), Semi-Rigid Connections in Steel Frames, Council for Tall Buildings and Urban Habitat, Bethlehem, PA.

[270] Lu, Y. O. and Kennedy, D. J. L. (1994), "The Flexural Behaviour of Concrete-Filled Hollow Structural Sections," Canadian Journal of Civil Engineering, Vol. 21, No. 1, pp. 111-130.

[271] Lui, Z. and Goel, S. C. (1987), "Investigation of Concrete-Filled Steel Tubes Under Cyclic Bending and Buckling," UMCE Report 87-3, Department of Civil and Environmental Engineering, University of Michigan, Ann Arbor, MI.

[272] Lutz, L. A. and Fisher, J. M. (1985), "A Unified Approach for Stability Bracing Requirements," Engineering Journal, AISC, Vol. 22, No. 4, 4th Quarter, pp. 163-167.

[273] Lutz, L. A. (1992), "Critical Slenderness of Compression Members with Effective Lengths about Non-Principal Axes," Proceedings of the Annual Technical Session and Meeting, April 6-7, 1992, Pittsburgh, PA, Structural Stability Research Council, Bethlehem, PA.

[274] Lyse, I. and Schreiner, N. G. (1935), "An Investigation of Welded Seat Angle Connec-

tions," The Welding Journal, AWS, February, p. 1.

[275] Lyse, I. and Gibson, G. J. (1937), "Effect of Welded Top Angles on Beam-Column Connections," The Welding Journal, AWS, October.

[276] Madugula, M. K. S. and Kennedy, J. B. (1985), Single and Compound Angle Members, Elsevier Applied Science, New York, NY.

[277] Marino, F. J. (1966), "Ponding of Two-Way Roof Systems," Engineering Journal, AISC, Vol. 3, No. 3, 3rd Quarter, pp. 93-100.

[278] Marshall, P. W. (1992), Design of Welded Tubular Connections: Basis and Use of AWS Code Provisions, Elsevier, Amsterdam, the Netherlands.

[279] Martinez-Garcia, J. M. and Ziemian, R. D. (2006), "Benchmark Studies to Compare Frame Stability Provisions," Proceedings—Annual Technical Session and Meeting, Structural Stability Research Council, San Antonio, TX, pp. 425-442.

[280] McGuire, W. (1992), "Computer-Aided Analysis," Constructional Steel Design: An International Guide, P. J. Dowling, J. E. Harding and R. Bjorhovde (eds.), Elsevier Applied Science, New York, NY, pp. 915-932.

[281] McGuire, W., Gallagher, R. H. and Ziemian, R. D. (2000), Matrix Structural Analysis, 2nd Ed., John Wiley & Sons, Inc., New York, NY.

[282] Mottram, J. T. and Johnson, R. P. (1990), "Push Tests on Studs Welded Through Profiled Steel Sheeting," The Structural Engineer, Vol. 68, No. 10, pp. 187-193.

[283] Munse, W. H. and Chesson, Jr., E., (1963), "Riveted and Bolted Joints: Net Section Design," Journal of the Structural Division, ASCE, Vol. 89, No. ST1, February, pp. 49-106.

[284] Murray, T. M., Kline, D. P. and Rojani, K. B. (1992), "Use of Snug-Tightened Bolts in End-Plate Connections," Connections in Steel Structures Ⅱ, R. Bjorhovde, A. Colson, G. Haaijer and J. W. B. Stark, (eds.), AISC, Chicago, IL.

[285] Murray, T. M., Allen, D. E. and Ungar, E. E. (1997), Floor Vibrations Due to Human Activity, Design Guide 11, AISC, Chicago, IL.

[286] Murray, T. M. and Sumner, E. A. (2004), End-Plate Moment Connections—Wind and Seismic Applications, Design Guide 4, 2nd Ed., AISC, Chicago, IL.

[287] Nethercot, D. A. (1985), "Steel Beam to Column Connections—A Review of Test Data and Their Applicability to the Evaluation of the Joint Behaviour of the Performance of Steel Frames," CIRIA, London, England.

[288] NFPA (2002a), Standard for the Inspection, Testing, and Maintenance of Water-Based Fire Protection Systems, NFPA 25, National Fire Protection Association, Quincy, MA.

[289] NFPA (2002b), Standard on Smoke and Heat Venting, NFPA 204, National Fire Protection Association, Quincy, MA.

[290] Nowak, A. S. and Collins, K. R. (2000), Reliability of Structures, McGraw-Hill, New York, NY.

[291] NRC (1974), "Expansion Joints in Buildings," Technical Report No. 65, Standing Committee on Structural Engineering of the Federal Construction Council, Building Research Advisory

Board, Division of Engineering, National Research Council, National Academy of Sciences, Washington, DC.

[292] NRCC (1990), National Building Code of Canada, National Research Council of Canada, Ottawa, Ontario, Canada.

[293] Oehlers, D. J. and Bradford, M. A. (1995), Composite Steel and Concrete Members, Elsevier Science, Inc., Tarrytown, NY.

[294] Ollgaard, J. G., Slutter, R. G. and Fisher, J. W. (1971), "Shear Strength of Stud Shear Connections in Lightweight and Normal Weight Concrete," Engineering Journal, AISC, Vol. 8, No. 2, 2nd Quarter, pp. 55-64.

[295] OSHA (2001), Safety and Health Regulations for Construction, Standards—29 CFR 1926 Subpart R—Steel Erection, Occupational Safety and Health Administration, Washington, DC.

[296] Packer, J. A., Birkemoe, P. C. and Tucker, W. J. (1984), "Canadian Implementation of CIDECT Monograph No. 6," CIDECT Report No. 5AJ-84/9-E, University of Toronto, Toronto, Canada.

[297] Packer, J. A. and Cassidy, C. E. (1995), "Effective Weld Length for HSS T, Y and X Connections," Journal of Structural Engineering, ASCE, Vol. 121, No. 10, pp. 1, 402-1, 408.

[298] Packer, J. A. and Henderson, J. E. (1997), Hollow Structural Section Connections and russes—A Design Guide, 2nd Ed., Canadian Institute of Steel Construction, Toronto, Canada.

[299] Packer, J. A. (2004), "Reliability of Welded Tubular K-Connection Resistance Expressions," International Institute of Welding (IIW) Document XV-E-04-291, University of Toronto, Toronto, Canada.

[300] Packer, J. A. and Wardenier, J. (2010), "Design Guide for Rectangular Hollow Section (RHS) Joints under Predominantly Static Loading," Design Guide No. 3, CIDECT, 2nd Ed., LSS Verlag, Koln, Germany.

[301] Pallares, L. and Hajjar, J. F. (2010a), "Headed Steel Stud Anchors in Composite Structures: Part Ⅱ. Tension and Interaction," Journal of Constructional Steel Research, Vol. 66, No. 2, February, pp. 213-228.

[302] Pallares, L. and Hajjar, J. F. (2010b), "Headed Steel Stud Anchors in Composite Structures: Part Ⅰ. Shear," Journal of Constructional Steel Research, Vol. 66, No. 2, February, pp. 198-212.

[303] Pate-Cornell, E. (1994), "Quantitative Safety Goals for Risk Management of Industrial Facilities," Structural Safety, Vol. 13, No. 3, pp. 145-157.

[304] Popov, E. P. and Stephen, R. M. (1977), "Capacity of Columns with Splice Imperfections," Engineering Journal, AISC, Vol. 14, No. 1, 1st Quarter, pp. 16-23.

[305] Popov, E. P. (1980), "An Update on Eccentric Seismic Bracing," Engineering Journal, AISC, Vol. 17, No. 3, 3rd Quarter, pp. 70-71.

[306] Preece, F. R. (1968), "AWS-AISC Fillet Weld Study—Longitudinal and Transverse Shear Tests," Testing Engineers, Inc., Los Angeles, CA, May.

[307] Prion, H. G. L. and Boehme, J. (1994), "Beam-column behaviour of steel tubes filled with

high strength concrete," Canadian Journal of Civil Engineering, Vol. 21, No. 2, pp. 207-218.

[308] Prochnow, S. D., Ye, Y., Dexter, R. J., Hajjar, J. F. and Cotton, S. C. (2000), "Local Flange Bending and Local Web Yielding Limit States in Steel Moment Resisting Connections," Connections in Steel Structures Ⅳ Behavior, Strength and Design, R. T. Leon and W. S. Easterling (eds.), AISC, Chicago, IL, pp. 318-328.

[309] Rahal, K. N. and Harding, J. E. (1990a), "Transversely Stiffened Girder Webs Subjected to Shear Loading—Part 1: Behaviour," Proceedings of the Institution of Civil Engineers, Part 2, 1989, March, pp. 47-65.

[310] Rahal, K. N. and Harding, J. E. (1990b), "Transversely Stiffened Girder Webs Subjected to Shear Loading—Part 2: Stiffener Design," Proceedings of the Institution of Civil Engineers, Part 2, 1989, March, pp. 67-87.

[311] Rahal, K. N. and Harding, J. E. (1991), "Transversely Stiffened Girder Webs Subjected to Combined In-Plane Loading," Proceedings of the Institution of Civil Engineers, Part 2, 1991, June, pp. 237-258.

[312] Ravindra, M. K. and Galambos, T. V. (1978), "Load and Resistance Factor Design for Steel," Journal of the Structural Division, ASCE, Vol. 104, No. ST9, September, pp. 1, 337-1, 353.

[313] RCSC (2009), Specification for Structural Joints Using High Strength Bolts, Research Council on Structural Connections, American Institute of Steel Construction, Chicago, IL.

[314] Ricker, D. T. (1989), "Cambering Steel Beams," Engineering Journal, AISC, Vol. 26, No. 4, 4th Quarter, pp. 136-142.

[315] Ricles, J. M. and Yura, J. A. (1983), "Strength of Double-Row Bolted Web Connections," Journal of the Structural Division, ASCE, Vol. 109, No. ST 1, January, pp. 126-142.

[316] Roberts, T. M. (1981), "Slender Plate Girders Subjected to Edge Loading," Proceedings of the Institution of Civil Engineers, Part 2, No. 71, September.

[317] Robinson, H. (1967), "Tests of Composite Beams with Cellular Deck," Journal of the Structural Division, ASCE, Vol. 93, No. ST4, pp. 139-163.

[318] Roddenberry, M. R., Easterling, W. S. and Murray, T. M. (2002a), "Behavior and Strength of Welded Stud Shear Connectors," Report No. CE/VPI-02/04, Virginia Polytechnic Institute and State University, Blacksburg, VA.

[319] Roddenberry, M. R., Lyons, J. C., Easterling, W. S. and Murray, T. M. (2002b), "Performance and Strength of Welded Shear Studs," Composite Construction in Steel and Concrete Ⅳ, J. F. Hajjar, M. Hosain, W. S. Easterling and B. M. Shahrooz (eds.), American Society of Civil Engineers, Reston, VA, pp. 458-469.

[320] Roeder, C. W., Cameron, B. and Brown, C. B. (1999), "Composite Action in Concrete Filled Tubes," Journal of Structural Engineering, ASCE, Vol. 125, No. 5, May, pp. 477-484.

[321] Roik, K. and Bergmann, R. (1992), "Composite Column," Constructional Steel Design: An

International Guide, P. J. Dowling, J. E. Harding and R. Bjorhovde, (eds.), Elsevier Applied Science, London, United Kingdom.

[322] Rolloos, A. (1969), "The Effective Weld Length of Beam to Column Connections without Stiffening Plates," Stevin Report 6-69-7-HL, Delft University of Technology, Delft, the Netherlands.

[323] Ruddy, J. (1986), "Ponding of Concrete Deck Floors," Engineering Journal, AISC, Vol. 3, No. 3, 3rd Quarter, pp. 107-115.

[324] Ruddy, J. L., Marlo, J. P., Ioannides, S. A. and Alfawakhiri, F. (2003), Fire Resistance of Structural Steel Framing, Design Guide 19, AISC, Chicago, IL.

[325] Salmon, C. G. and Johnson, J. E. (1996), Steel Structures, Design and Behavior, 4th Ed., HarperCollins College Publishers, New York, NY.

[326] Salmon, C. G., Johnson, J. E. and Malhas, F. A. (2008), Steel Structures: Design and Behavior, Prentice-Hall, Upper Saddle River, NJ.

[327] Salvadori, M. (1956), "Lateral Buckling of Eccentrically Loaded I-Columns," Transactions of the ASCE, Vol. 122, No. 1.

[328] Sato, A. and Uang, C. M. (2007), "Modified Slenderness Ratio for Built-up Members," Engineering Journal, AISC, pp. 269-280.

[329] Schilling, C. G. (1965), Buckling Strength of Circular Tubes, Journal of the Structural Division, ASCE, Vol. 91, No. ST5, pp. 325-348.

[330] Schuster, J. W. (1997), Structural Steel Fabrication Practices, McGraw-Hill, New York, NY.

[331] SDI (2001), Standard Practice Details, Steel Deck Institute, Fox River Grove, IL.

[332] SDI (2004), Diaphragm Design Manual, Steel Deck Institute, Fox River Grove, IL.

[333] Seaburg, P. A. and Carter, C. J. (1997), Torsional Analysis of Structural Steel Members, Design Guide 9, AISC, Chicago, IL.

[334] SFPE (2002), Handbook of Fire Protection Engineering, 3rd Ed., P. J. DiNenno (ed.), National Fire Protection Association, Quincy, MA.

[335] SFSA (1995), Steel Castings Handbook, Steel Founders Society of America, Crystal Lake, IL.

[336] Shanmugam, N. E. and Lakshmi, B. (2001), "State of the Art Report on Steel-Concrete Composite Columns," Journal of Constructional Steel Research, Vol. 57, No. 10, October, pp. 1, 041-1, 080.

[337] Sherbourne, A. N. and Jensen, C. D. (1957), "Direct Welded Beam Column Connections," Report. No. 233. 12, Fritz Engineering Laboratory, Lehigh University, Bethlehem, PA.

[338] Sherman, D. R. (1976), "Tentative Criteria for Structural Applications of Steel Tubing and Pipe," American Iron and Steel Institute, Washington, DC, August.

[339] Sherman, D. R. and Tanavde, A. S. (1984), "Comparative Study of Flexural Capacity of Pipes," Internal Report, Department of Civil Engineering, University of Wisconsin-Milwaukee, WI, March.

[340] Sherman, D. R. and Ales, J. M. (1991), "The Design of Shear Tabs with Tubular Col-

umns," Proceedings of the National Steel Construction Conference, Washington, DC, American Institute of Steel Construction, Chicago, IL, pp. 1.2-1.22.

[341] Sherman, D. R. (1992), "Tubular Members," Constructional Steel Design—An International Guide, P. J. Dowling, J. H. Harding and R. Bjorhovde (eds.), Elsevier Applied Science, London, England, pp. 91-104.

[342] Sherman, D. R. (1995a), "Stability Related Deterioration of Structures," Proceedings of the Annual Technical Session and Meeting, Kansas City, MO, March 27-28, 1995, Structural Stability Research Council, Bethlehem, PA.

[343] Sherman, D. R. (1995b), "Simple Framing Connections to HSS Columns," Proceedings of the National Steel Construction Conference, San Antonio, Texas, American Institute of Steel Construction, Chicago, IL, pp. 30.1-30.16.

[344] Sherman, D. R. (1996), "Designing with Structural Tubing," Engineering Journal, AISC, Vol. 33, No. 3, 3rd Quarter, pp. 101-109.

[345] Slutter, R. G. and Driscoll, G. C. (1965), "Flexural Strength of Steel-Concrete Composite Beams," Journal of the Structural Division, ASCE, Vol. 91, No. ST2, April, pp. 71-99.

[346] Sourochnikoff, B. (1950), "Wind Stresses in Semi-Rigid Connections of Steel Framework," Transactions of the ASCE, Vol. 115, pp. 382-402.

[347] Stang, A. H. and Jaffe, B. S. (1948), Perforated Cover Plates for Steel Columns, Research Paper RP1861, National Bureau of Standards, Washington, DC.

[348] Stanway, G. S., Chapman, J. C. and Dowling, P. J. (1993), "Behaviour of a Web Plate in Shear with an Intermediate Stiffener," Proceedings of the Institution of Civil Engineers, Structures and Buildings, Vol. 99, August, pp. 327-344.

[349] Stanway, G. S., Chapman, J. C. and Dowling, P. J. (1996), "A Design Model for Intermediate Web Stiffeners," Proceedings of the Institution of Civil Engineers, Structures and Buildings, Vol. 116, February, pp. 54-68.

[350] Summers, P. A. and Yura, J. A. (1982), "The Behavior of Beams Subjected to Concentrated Loads," Report No. 82-5, Phil M. Ferguson Structural Engineering Laboratory, University of Texas, Austin, TX, August.

[351] Surovek-Maleck, A. E. and White, D. W. (2003). "Direct Analysis Approach for the Assessment of Frame Stability: Verification Studies," Proceedings—Annual Technical Session and Meeting, Structural Stability Research Council, Baltimore, MD, pp. 423-441.

[352] Surovek-Maleck, A., White, D. W. and Leon, R. T. (2004), "Direct Analysis and Design of Partially-Restrained Steel Framing Systems," Journal of Structural Engineering, ASCE, Vol. 131, No. 9, pp. 1376-1389.

[353] Takagi, J. and Deierlein, G. G. (2007), "Strength Design Criteria for Steel Members atElevated Temperatures," Journal of Constructional Steel Research, Vol. 63, pp. 1036-1050.

[354] Taylor, A. C. and Ojalvo, M. (1966), "Torsional Restraint of Lateral Buckling," Journal of the Structural Division, ASCE, Vol. 92, No. ST2, pp. 115-129.

[355] Thoft-Christensen, P. and Murotsu, Y. (1986), Application of Structural System Reliability

Theory, Springer Verlag, Berlin.

[356] Tide, R. H. R. (1985), "Reasonable Column Design Equations," Proceedings of the Annual Technical Session and Meeting, Cleveland, OH, April 16-17, 1985, Structural Stability Research Council, Bethlehem, PA.

[357] Tide, R. H. R. (1999), "Evaluation of Steel Properties and Cracking in the 'k' -area of W Shapes," Engineering Structures, Vol. 22, pp. 128-124.

[358] Tide, R. H. R. (2001), "A Technical Note: Derivation of the LRFD Column Design Equations," Engineering Journal, AISC, Vol. 38, No. 3, 3rd Quarter, pp. 137-139.

[359] Tide, R. H.R. (2010), "Bolt Shear Design Considerations," Engineering Journal, AISC, Vol. 47, No. 1, 1st Quarter, pp. 47-64.

[360] Timoshenko, S. P. (1956), Strength of Materials, Vol. Ⅱ, 3rd Ed., D. Van Nostrand, New York, NY.

[361] Timoshenko, S. P. and Gere, J. M. (1961), Theory of Elastic Stability, McGraw-Hill Book Company, New York, NY.

[362] Troup, E. W. (1999), "Effective Contract and Shop Drawings for Structural Steel," Proceedings of the AISC National Steel Construction Conference, Toronto, Ontario, May 19-21, 1999, American Institute of Steel Construction, Chicago, IL pp. 37-1-37-15.

[363] Van der Sanden, P. G. F. J. (1995), "The Behaviour of a Headed Stud Connection in a 'New' Push Test including a Ribbed Slab. Tests: Main Report," BKO Report No. 95-16, Eindhoven University of Technology, Eindhoven, the Netherlands, March.

[364] Varma, A. H., Ricles, J. M., Sause, R. and Lu, L. W. (2002), "Experimental Behavior of High Strength Square Concrete Filled Steel Tube (CFT) Columns," Journal of Structural Engineering, ASCE, Vol. 128, No. 3, pp. 309-318.

[365] Varma, A. H. and Zhang, K. (2009), "Slenderness Limits for Noncompact/Slender Filled Members," Bowen Laboratory Report No. 2009-01, School of Civil Engineering, Purdue University, West Lafayette, IN, August.

[366] Vickery, B. J., Isyumov, N. and Davenport, A. G. (1983), "The Role of Damping, Mass and Stiffness in the Reduction of Wind Effects on Structures," Journal of Wind Engineering and Industrial Aerodynamics, Vol. 11, Nos. 1-3, pp. 285-294.

[367] Viest, I. M., Siess, C. P., Appleton, J. H. and Newmark, N. (1952), "Full-Scale Tests of Channel Shear Connectors and Composite T-Beams," Bulletin Series No. 405, Vol. 50, No. 29, University of Illinois Engineering Experiment Station, University of Illinois, Urbana, IL.

[368] Viest, I. M., Colaco, J. P., Furlong, R. W., Griffis, L. G., Leon, R. T. and Wyllie, L. A., Jr. (1997), Composite Construction: Design for Buildings, McGraw-Hill, New York, NY.

[369] von Karman, T., Sechler, E. E. and Donnell, L. H. (1932), "The Strength of Thin Plates in Compression," Transactions of the ASME, Vol. 54.

[370] Wardenier, J., Davies, G. and Stolle, P. (1981), "The Effective Width of Branch Plate to RHS Chord Connections in Cross Joints," Stevin Report 6-81-6, Delft University of Technolo-

gy, Delft, the Netherlands.

[371] Wardenier, J., Kurobane, Y., Packer, J. A., Dutta, D. and Yeomans, N. (1991), Design Guide for Circular Hollow Section (CHS) Joints under Predominantly Static Loading, CIDECT Design Guide No. 1, CIDECT (ed.) and Verlag TUV Rheinland, Koln, Germany.

[372] West, M. A. and Fisher, J. M. (2003), Serviceability Design Considerations for Steel Buildings, Design Guide 3, 2nd Ed., AISC, Chicago, IL.

[373] Wheeler, A. and Bridge, R. (2006), "The Behaviour of Circular Concrete-Filled Thin-Walled Steel Tubes in Flexure," Proceedings of the 5th International Conference on Composite Construction in Steel and Concrete Ⅴ, R. T. Leon and J. Lange (eds.), ASCE, Reston, Virginia, pp. 413-423.

[374] White, D. W. and Chen, W. F. (ed.) (1993), Plastic Hinge Based Methods for Advanced Analysis and Design of Steel Frames: An Assessment of State-of-the-Art, Structural Stability Research Council, Bethlehem, PA.

[375] White, D. W. and Hajjar, J. F. (1997a), "Design of Steel Frames without Consideration of Effective Length," Engineering Structures, Vol. 19, No. 10, pp. 797-810.

[376] White, D. W. and Hajjar, J. F. (1997b), "Buckling Models and Stability Design of Steel Frames: a Unified Approach," Journal of Constructional Steel Research, Vol. 42, No. 3, pp. 171-207.

[377] White, D. W. (2003), "Improved Flexural Design Provisions for I-Shaped Members and Channels," Structural Engineering, Mechanics and Materials Report No. 23, School of Civil and Environmental Engineering, Georgia Institute of Technology, Atlanta, GA.

[378] White, D. W. and Jung, S. K. (2003), "Simplified Lateral-Torsional Buckling Equations for Singly-Symmetric I-Section Members," Structural Engineering, Mechanics and Materials Report No. 24b, School of Civil and Environmental Engineering, Georgia Institute of Technology, Atlanta, GA.

[379] White, D. W. (2004), "Unified Flexural Resistance Equations for Stability Design of Steel I-Section Members Overview," Structural Engineering, Mechanics and Materials Report No. 24a, School of Civil and Environmental Engineering, Georgia Institute of Technology, Atlanta, GA.

[380] White, D. W. and Barker, M. (2008), "Shear Resistance of Transversely-Stiffened Steel IGirders," Journal of Structural Engineering, ASCE, Vol. 134, No. 9, pp. 1, 425-1, 436.

[381] White, D. W. and Goverdhan, A. V. (2008), "Design of PR Frames Using the AISC Direct Analysis Method," in Connections in Steel Structures Ⅵ, R. Bjorhovde, F. S. K. Bijlaard and L. F. Geschwindner (eds.), AISC, Chicago, IL, pp. 255-264.

[382] Wilkinson, T. and Hancock, G. J. (1998), "Tests to Examine Compact Web Slenderness of Cold-Formed RHS," Journal of Structural Engineering, ASCE, Vol. 124, No. 10, October, pp. 1, 166-1, 174.

[383] Wilkinson, T. and Hancock, G. J. (2002), "Predicting the Rotation Capacity of Cold-Formed RHS Beams Using Finite Element Analysis," Journal of Constructional Steel Research,

Vol. 58, No. 11, November, pp. 1, 455-1, 471.

[384] Wilson, W. M. (1934), "The Bearing Value of Rollers," Bulletin No. 263, University of Illinois Engineering Experiment Station, Urbana, IL.

[385] Winter, G. (1947), "Strength of Thin Steel Compression Flanges," Transactions of the ASCE, Vol. 112, p. 547.

[386] Winter, G. (1958), "Lateral Bracing of Columns and Beams," Journal of the Structural Division, ASCE, Vol. 84, No. ST3, March, pp. 1, 561-1-1, 561-22.

[387] Winter, G. (1960), "Lateral Bracing of Columns and Beams," Transactions of the ASCE, Vol. 125, Part 1, pp. 809-825.

[388] Winter, G. (1968), Commentary on the Specification for the Design of Cold-Formed Steel Members, American Iron and Steel Institute, Washington, DC.

[389] Winter, G. (1970), Light Gage Cold-Formed Steel Design Manual: Commentary of the 1968 Edition, American Iron and Steel Institute, Washington, DC.

[390] Wong, M. B. (2009), Plastic Analysis and Design of Steel Structures, Butterworth-Heinemann, Burlington, MA.

[391] Xie, M. and Chapman, J. C. (2003), "Design of Web Stiffeners: Axial Forces," Journal of Constructional Steel Research, Vol. 59, pp. 1, 035-1, 056.

[392] Yuan, H. (1996), "The Resistances of Stud Shear Connectors with Profiled Sheeting," Ph. D.

[393] Dissertation, Department of Engineering, The University of Warwick, Coventry, England.

[394] Yuan, Q., Swanson, J. and Rassati, G. A. (2004), "An Investigation of Hole Making Practices in the Fabrication of Structural Steel," Internal Report, Department of Civil and Environmental Engineering, University of Cincinnati, Cincinnati, OH.

[395] Yura, J. A. (1971), "The Effective Length of Columns in Unbraced Frames," Engineering Journal, AISC, Vol. 8, No. 2, 2nd Quarter, pp. 37-42.

[396] Yura, J. A., Galambos, T. V. and Ravindra, K. (1978), "The Bending Resistance of Steel Beams," Journal of the Structural Division, ASCE, Vol. 104, No. ST9, pp. 1, 355-1, 370.

[397] Yura, J. A., Birkemoe, P. C. and Ricles, J. M. (1982), "Beam Web Shear Connections: An Experimental Study," Journal of the Structural Division, ASCE, Vol. 108, No. ST2, February, pp. 311-326.

[398] Yura, J. A. (1995), "Bracing for Stability—State-of-the-Art," Proceedings of the ASCE Structures Congress XIII, Boston, MA, April 2-5, 1995, American Society of Civil Engineers, New York, NY, pp. 88-103.

[399] Yura, J. A., Kanchanalai, T. and Chotichanathawenwong, S. (1996), "Verification of Steel Beam-Column Design Based on the AISC-LRFD Method," Proceedings—5th International Colloquium on the Stability of Metal Structures, SSRC, Bethelem, PA, pp. 21-30.

[400] Yura, J. A. (2001), "Fundamentals of Beam Bracing," Engineering Journal, AISC, Vol. 38, No. 1, 1st Quarter, pp. 11-26.

[401] Yura, J. A. and Helwig, T. A. (2009), "Bracing for Stability," Short Course Notes, Structural Stability Research Council, North American Steel Construction Conference, Phoenix, AZ,

April.

[402] Zahn, C. J. and Haaijer, G. (1987), "Effect of Connector Spacing on Double Angle Compressive Strength," Materials and Member Behavior, Proceedings, Structures Congress 1987, ASCE, Orlando, FL, pp. 199-212.

[403] Zandonini, R. (1985), "Stability of Compact Built-Up Struts: Experimental Investigation and Numerical Simulation," CostruzioniMetalliche, No. 4.

[404] Ziemian, R. D., McGuire, W. and Deierlein, G. (1992), "Inelastic Limit States Design, Part Ⅰ: Planar Frame Studies, and Part Ⅱ: Three-Dimensional Frame Study," Journal of Structural Engineering, ASCE, Vol. 118, No. 9, pp. 2532-2567.

[405] Ziemian, R. D. and Miller, A. R. (1997), "Inelastic Analysis and Design: Frames With Members in Minor-Axis Bending," Journal of Structural Engineering, ASCE, Vol. 123, No. 2, pp. 151-157.

[406] Ziemian, R. D. and McGuire, W. (2002), "Modified Tangent Modulus Approach, a Contribution to Plastic Hinge Analysis," Journal of Structural Engineering, ASCE, Vol. 128, No. 10, October, pp. 1301-1307.

[407] Ziemian, R. D., McGuire, W. and Seo, D. W. (2008), "On the Inelastic Strength of Beam-Columns under Biaxial Bending," Proceedings—Annual Stability Conference, Structural Stability Research Council, Nashville, TN.

[408] Ziemian, R. D. (ed.) (2010), Guide to Stability Design Criteria for Metal Structures, 6th Ed., John Wiley & Sons, Inc., Hoboken, NJ.